新一代信息技术网络空间安全高等教育系列教材（丛书主编：王小云 沈昌祥）

密码学概论

主　编　魏普文　王美琴

编　者　王　薇　许光午　庄金成　王伟嘉

　　　　陈　宇　郭　淳　李增鹏　孙　玲

科学出版社

北　京

内 容 简 介

本书是新一代信息技术网络空间安全高等教育系列教材之一, 系统介绍了现代密码学设计、分析及实现的基本理论与技术, 主要内容包括对称密码、公钥密码与密码协议三部分. 对称密码部分涉及对称加密、杂凑函数、消息认证码等, 公钥密码部分涉及公钥加密、数字签名等, 作为对称密码与公钥密码的综合应用, 密码协议部分介绍密钥建立、零知识证明、电子支付等. 本书精选密码学典型理论技术, 注重阐述密码方案的研究动机与研究思路, 探讨方案所蕴含的安全性(隐患), 强调对称密码、公钥密码和密码协议在设计、分析与应用上的内在关联, 引导读者抽丝剥茧, 把握各类技术发展的继承关系, 理解密码学理论体系. 同时, 密码实现技术相关章节介绍经典的密码快速实现技术, 帮助读者初步掌握密码应用方法. 通过扫描二维码, 即可访问配套电子课件和关键知识点的教学视频, 方便广大教师和同学们参考.

本书可作为密码科学与技术、网络空间安全、数学、计算机等相关专业的本科或研究生密码学教材, 也适用于网络空间安全相关从业人员及密码学爱好者作为参考书籍.

图书在版编目(CIP)数据

密码学概论 / 魏普文, 王美琴主编. -- 北京 : 科学出版社, 2024. 9.
ISBN 978-7-03-079299-0

I. TN918.1

中国国家版本馆 CIP 数据核字第 2024BH4455 号

责任编辑: 张中兴 梁 清 孙翠勤 / 责任校对: 杨聪敏
责任印制: 赵 博 / 封面设计: 有道设计

科学出版社 出版
北京东黄城根北街 16 号
邮政编码: 100717
http://www.sciencep.com
保定市中画美凯印刷有限公司印刷
科学出版社发行 各地新华书店经销
*
2024 年 9 月第 一 版 开本: 720×1000 1/16
2024 年 11 月第二次印刷 印张: 30 1/2
字数: 615 000

定价: 119.00 元
(如有印装质量问题, 我社负责调换)

丛书编写委员会

（按姓名笔画排序）

主　编：王小云　沈昌祥

副主编：方滨兴　冯登国　吴建平　郑建华

　　　　郭世泽　蔡吉人　管晓宏

编　委：王美琴　韦　韬　任　奎　刘建伟

　　　　刘巍然　许光午　苏　洲　杨　珉

　　　　张　超　张宏莉　陈　宇　封化民

　　　　段海新　鞠　雷　魏普文

丛 书 序

  随着人工智能、量子信息、5G 通信、物联网、区块链的加速发展,网络空间安全面临的问题日益突出,给国家安全、社会稳定和人民群众切身利益带来了严重的影响.习近平总书记多次强调"没有网络安全就没有国家安全","没有信息化就没有现代化",高度重视网络安全工作.

  网络空间安全包括传统信息安全所研究的信息机密性、完整性、可认证性、不可否认性、可用性等,以及构成网络空间基础设施、网络信息系统的安全和可信等.维护网络空间安全,不仅需要科学研究创新,更需要高层次人才的支撑.2015年,国家增设网络空间安全一级学科.经过八年多的发展,网络空间安全学科建设日臻完善,为网络空间安全高层次人才培养发挥了重要作用.

  当今时代,信息技术突飞猛进,科技成果日新月异,网络空间安全学科越来越呈现出多学科深度交叉融合、知识内容更迭快、课程实践要求高的特点,对教材的需求也不断变化,有必要制定精品化策略,打造符合时代要求的高品质教材.

  为助力学科发展和人才培养,山东大学组织邀请了清华大学等国内一流高校及阿里巴巴集团等行业知名企业的教师和杰出学者编写本丛书.编写团队长期工作在教学和科研一线,在网络空间安全领域内有着丰富的研究基础和高水平的积淀.他们根据自己的教学科研经验,结合国内外学术前沿和产业需求,融入原创科研成果、自主可控技术、典型解决方案等,精心组织材料,认真编写教材,使学生在掌握扎实理论基础的同时,培养科学的研究思维,提高实际应用的能力.

  希望本丛书能成为精品教材,为网络空间安全相关专业的师生和技术人员提供有益的帮助和指导.

沈昌祥

2023 年 12 月 1 日

序　一

密码是国家重要战略资源，是保障网络与信息安全的核心技术和基础支撑. 密码学是网络空间安全一级学科的核心课程，相关教材建设对培养服务网络强国的专业人才至关重要.

山东大学在密码学领域积淀深厚，在密码算法的设计和分析方面都取得了一批具有重大国际影响力的学术成果. 2002 年，设立信息安全专业，是国家级特色专业. 2018 年，成立网络空间安全学院，入选一流网络安全学院建设示范项目. 2021 年，首批获批增设密码科学与技术战略新兴专业. 现有密码科学与技术、网络空间安全、信息安全三个国家级一流本科专业建设点. 自 2002 年以来，密码学一直作为专业必修课，面向本科生开设.

为深入贯彻党的二十大精神，坚持"四个面向"，服务国家战略，针对密码学内容更迭快、实践要求高等特点，山东大学网络空间安全学院教师组建编写团队，结合多年的教学经验和自身科研成果编写了本书.

在知识体系上，本书结合国内外密码领域学术前沿和产业需求，融入具有我国自主知识产权的国密标准、高水平原创科研成果、自主可控技术和典型解决方案，建构自主密码知识体系；在组织结构上，将算法、协议、实现和安全性分析融为一体，在阐述算法和协议后紧跟密码工程和安全性分析理论，环环相扣，助力读者培养科学思维方法和提升实战能力；在教学资源上，充分利用信息化技术，以优质慕课为基础，提供丰富的数字化教学资源.

本书是网络空间安全类相关专业人才培养的专业教材，同时也适用于数学、计算机、信息等专业背景的读者作为开展密码学研究的入门读物. 相信本书的出版，能吸引更多青年学者投身到密码相关研究与应用中，为网络安全人才提供宝贵的知识营养.

2024 年 1 月

序 二

密码是保障网络安全的核心技术和基础支撑, 在国家安全、数字经济安全、国家信息基础设施安全、大数据安全、个人信息保护等领域发挥关键作用. 培养高水平密码人才对于提升我国密码科技创新、推动我国密码事业发展与数字经济高质量发展、实现我国网络空间安全关键核心技术自立自强具有重要意义.

山东大学网络空间安全学院组织密码理论与技术教研室骨干教师精心编写了《密码学概论》. 该书介绍了密码设计、密码分析的经典理论与实现技术, 既涵盖了密码分析与设计的基础知识与理论体系, 又关注密码理论与技术前沿最新进展以及当前产业界广泛应用的密码技术标准等. 密码学作为有敌手假设的独特学科, 数学、计算机科学、信息论等多学科交叉特色鲜明. 在内容编排上, 本书遵循由浅入深、循序渐进的原则, 从研究对象与目标出发, 逐步深入分析密码方案的设计原理、安全性能与实现效率, 巧妙揭示各类密码算法与系统的数学原理与内在联系, 引领读者系统性地构建密码学知识理论体系, 培养密码学科研思维. 现代密码技术日新月异, 新思想、新技术不断涌现, 该书难以穷尽所有密码理论与技术内容, 但是, 其内容能够提升读者的科研与思维能力, 以应对未来密码技术的挑战, 并为有效防范密码实践中的潜在风险提供科学思想与方法.

《密码学概论》的编写团队拥有丰富一线教学经验与卓越科研成就, 他们在对称密码、公钥密码、零知识证明、区块链、密码工程等多个前沿领域勇于探索、敢于创新, 将各自的研究思维与教学经验融入教材内容. 此外, 该书配套丰富的数字化教学资源, 通过多元化的学习方式, 帮助读者快速掌握核心知识体系.

希望《密码学概论》能够成为网络空间安全领域的广大师生以及密码学从业者所喜爱的优秀书籍, 为我国密码优秀人才的培养打下坚实的基础, 助力我国密码和网络安全事业的繁荣与高质量发展.

王小云

2024 年 1 月

前　言

　　密码自古以来便是人类追求安全的重要工具, 历经千年的发展, 人们对密码的研究始终源于对安全的根本需求. 如今, 密码的应用领域已远超战争与外交的界限, 融入了日常生活工作的方方面面. 从金融交易到社交媒体, 从物联网设备到人工智能, 密码无处不在. 党的二十大报告明确指出"健全国家安全体系","强化经济、重大基础设施、金融、网络、数据、生物、资源、核、太空、海洋等安全保障体系建设". 作为保障网络安全的核心技术和基础支撑, 密码在保护个人与企业数据、维护国家基础设施安全、国家经济安全、国防安全等方面一直发挥着重要作用. 随着数据成为新型生产要素, 现代密码技术迸发出新的活力, 它不仅是保障数据安全的守护之盾, 更是探索信息世界、驾驭数据资源的智慧之钥.

　　本书将为您揭开密码的神秘面纱, 探索密码世界的内部规律与重要作用, 系统介绍密码设计、分析及实现的基本理论与技术. 主要内容包括对称密码、公钥密码与密码协议三部分, 其中对称密码部分涉及对称加密、杂凑函数、消息认证码等, 公钥密码部分涉及公钥加密、数字签名等, 作为对称密码与公钥密码的综合应用, 密码协议部分介绍密钥建立、零知识证明、电子支付等 (如图 1 所示). 相关内容兼顾经典方案与新兴技术, 注重国密标准与我国前沿成果的介绍. 无论您是网络空间安全相关专业学生、从业人员或是对密码感兴趣但无相关专业背景的读者, 本书都将为您提供系统的密码学基础.

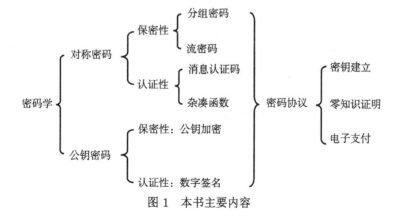

图 1　本书主要内容

本书各章主要内容如下.

第 1 章　密码学概述　围绕什么是密码学, 概述密码学发展历史, 展示密码学的重要意义, 介绍现代密码学的基本概念与观点.

第 2 章　古典密码　介绍几类典型的古典密码, 展示 (古典) 密码的安全隐患, 初步介绍密码设计与分析的基本思想.

第 3 章　密码学信息理论基础　介绍信息理论基本概念与性质, 以及如何利用信息论工具刻画密码的安全性.

第 4 章　分组密码　阐述分组密码基本功能、概念、安全要求与设计原理, 介绍 DES、AES、SM4 等典型分组密码算法, 讨论强力攻击、差分分析、线性分析等安全性分析技术, 介绍分组密码的常用工作模式以及基本的分组密码实现技术.

第 5 章　流密码　阐述流密码的基本功能、概念、安全要求与设计原理, 介绍典型流密码算法 RC4、Trivium、ZUC 以及基本分析思想.

第 6 章　密码杂凑函数　介绍杂凑函数的基本功能、概念、安全属性, 讨论基于分组密码算法设计杂凑函数和定制杂凑函数的常见迭代结构, 介绍杂凑函数标准 SHA-2、SM3 和 SHA-3.

第 7 章　消息认证码　介绍消息认证码的基本功能、概念、安全要求与设计原理, 讨论基于密码杂凑函数和分组密码构造的典型消息认证码算法 DAA 与 CMAC, 介绍认证加密算法 CCM 与 GCM.

第 8 章　密码学的复杂性理论基础　介绍计算模型、问题复杂性、密码学复杂性理论假设等, 从复杂性理论角度讨论各类对称密码方案的设计与安全性.

第 9 章　公钥加密　介绍公钥加密的基本功能、概念、安全要求及设计原理、讨论 RSA 加密、ElGamal 加密、SM2 加密、后量子加密 Kyber 的设计与安全分析, 介绍公钥密码相关数学困难问题以及基本的公钥密码实现技术.

第 10 章　数字签名　介绍数字签名的基本功能、概念、安全要求及设计原理、讨论 RSA 数字签名、ElGamal 数字签名、Schnorr 数字签名、DSA 数字签名、SM2 数字签名、后量子数字签名 Dilithium 等典型方案的设计与安全性分析.

第 11 章　其他公钥密码体制　介绍基于身份的加密与签名、同态加密、秘密分享、门限签名、签密等方案的基本功能、概念、安全要求与设计原理.

第 12 章　密钥建立协议　介绍密钥建立相关协议的基本功能、概念、安全要求、设计原理与安全分析, 包括基于对称密码的密钥传输、基于公钥密码的密钥传输、Diffie-Hellman 密钥协商、认证密钥协商、PKI、TLS 1.3、量子密钥分发等内容.

第 13 章　零知识证明　介绍零知识证明的基本概念与性质, 讨论对所有 $\mathcal{NP}$ 语言的零知识证明系统和 Σ 协议的设计与安全性证明.

第 14 章　电子支付与数字货币　介绍典型电子支付协议与区块链技术的基

本功能、概念、安全要求、设计原理与安全性分析, 包括 SET 协议、eCash 协议、比特币、基于权益的区块链以及拜占庭共识协议.

第 15 章　数学基础　介绍密码学的基本数学知识, 包括初等数论、抽象代数与概率论.

现代密码学发展迅速, 新兴技术不断涌现, 各类方案纷繁芜杂. 本书精选典型理论技术, 注重阐述相关方案的研究动机与研究思路, 展示方案所蕴含的安全性 (隐患), 强调对称密码、公钥密码、密码协议在设计、分析与应用上的内在关联, 帮助读者抽丝剥茧把握各类技术发展的继承关系, 理解密码学理论体系, 密码实现技术相关章节介绍经典的密码快速实现技术, 让读者初步掌握密码应用方法.

本书可作为密码科学与技术、网络空间安全、数学、计算机等相关专业的本科或研究生密码学教材. 核心教学内容配有电子课件, 关键知识点配有视频教学资源, 方便教师与同学们参考使用. 针对不同背景、不同需求的读者, 分别推荐以下使用方法.

● 不具备相关数学背景的密码学爱好者:

密码学相关数学知识涉及概率、数论及抽象代数等, 但未学习过相关知识的读者也不必担心, 本书在内容编排上将相关数学知识点, 以简要的形式融合在相关密码方案的介绍中. 同时, 本书配套有视频学习资料, 其中涵盖相关数学知识点的短视频讲解, 此外, 本书第 15 章的数学基础方便读者学习与查阅.

如果仅需对密码学基本思想与主要技术作大致了解, 推荐阅读第 1~7、9、10、12 章, 其中各章涉及密码安全性分析与证明的小节可以暂时忽略. 注意, 数学是准确理解密码安全性的重要工具, 如果深入掌握密码学, 系统学习相关数学知识是必不可少的!

● 网络空间安全相关专业学生与从业人员:

已具备相关数学背景并对密码应用有需求的读者, 推荐阅读第 1~10、12 章. 其中带有 "*" 的章节涉及更为复杂的密码分析与实现技术, 可根据自身需求有选择地阅读. 第 8 章是承上启下的一章, 从复杂性理论角度重新解释了对称密码的设计原理及安全性, 同时为深入把握公钥密码的安全性奠定基础. 第 11、13、14 章是对称密码与公钥密码的发展及综合应用, 相关阅读有助于进一步理解密码设计与分析, 快速掌握各类新兴技术. 因此, 对于有志于密码学相关研究的读者, 推荐阅读第 8、11、13、14 章.

本书由山东大学网络空间安全学院王美琴教授组织密码理论与技术教研室相关研究方向教师编写, 编写团队教师包括: 魏普文教授、王美琴教授、王薇副教授、许光午教授、庄金成教授、王伟嘉教授、陈宇教授、郭淳教授、李增鹏副研究员、孙玲研究员. 感谢各位同事的辛勤耕耘与无私奉献, 在无数个日夜的讨论、修订与打磨中, 大家紧密协作, 积极分享各自在对称密码、公钥密码、密码工程等方向的研究积累与教学思考, 让这本教材得以从无到有, 从初具雏形到日臻完善. 本书部分章节资料来自清华大学喻杨副研究员、王安宇副研究员、奇安信科技集团股份有限公司乔思远博士、中国电子信息产业集团有限公司陈怀凤博士等专家, 感谢各位专家提供的宝贵资料, 进一步丰富了本书前沿技术内容. 感谢杭州师范大学陈克非教授、北京电子科技学院封化民教授、中国科学院信息工程研究所林东岱研究员等多位专家提供的宝贵修改意见. 特别感谢参与本书编写的网络空间安全学院的研究生吴世晨、刘丽、许欣、邹昀妍等, 本书能够顺利完成离不开诸位在资料整理、文字编辑、图形绘制、勘误校对等各个环节的辛苦付出! 感谢在教学过程中积极贡献修改意见的网络空间安全学院的本科生们, 以及不厌其烦、耐心细致的出版社编辑老师, 你们的奇思妙想、敏锐的洞察力与高度的责任心, 使得本书质量在出版过程中得以快速提升.

　　感谢您选择本书作为密码学入门的引导, 衷心希望本书能够激发并满足您对密码学的浓厚兴趣与求知欲. 若您发现书中存在任何不妥或可改进之处, 敬请您不吝批评指正. 您的每一条意见和反馈都是我们前进的动力, 也是我们不断完善本书、提升内容质量的宝贵资源. 期待与您一同在密码世界中探索与成长.

编　者

2024 年 2 月

目　录

第 1 章

密码学概述

第1章课件

　　密码对于大多数人来说是一个既 "熟悉" 又 "陌生" 的概念. 对它熟悉, 是因为生活中我们经常会用到 "密码", 例如, 在银行提款时要输入提款 "密码", 在网上购物时要输入支付 "密码", 以及在登录社交账号时要输入账号 "密码". 对它陌生, 是因为密码的含义与应用领域远比上述场景更为丰富, 从古代的军事战争到现在的量子通信卫星, 从网页浏览到医疗、教育、金融、交通等基础设施, 都有密码的身影. 可以说, 当今社会, 密码无处不在. 那么, 究竟什么是密码? 我们为什么需要密码? 在本章, 我们将通过介绍密码学发展历史解答上述问题, 并进一步介绍密码学的基本概念与思想.

1.1　密码学发展史

密码学
发展史

　　密码学是一门古老而又年轻的科学. 说它古老, 因为人类使用密码的历史已逾千年, 说它年轻, 因为密码真正成为一门科学也不过几十年. 下面我们将介绍密码学发展历史中的典型事件, 让读者初步了解密码的含义.

　　密码学发展史可大体划分为以下阶段.

1.1.1　第一阶段: 古代到 1949 年

　　这个时期的密码被称为朴素的古典密码, 称其为朴素是因为该时期的密码设计主要是基于设计者的直觉和经验, 而缺乏系统的理论支撑, 其安全性通常依赖于对设计方法的保密. 典型的古典密码包括古希腊斯巴达时期的密码棒、高卢战争时期的凯撒密码、16 世纪晚期的维吉尼亚密码等.

　　● **斯巴达密码棒**　斯巴达密码棒最早应用于 2400 多年前的伯罗奔尼撒战争, 用于隐藏军事情报. 斯巴达密码棒由腰带与木棒组成, 腰带表面上看是一条布满无序字母排列的普通腰带, 难以分辨出任何有意义的文字信息, 但是当把腰带规则地缠绕在木棒上时, 它的意义 (情报内容) 便显现出来, 如图 1.1 所示.

• **凯撒密码**　凯撒密码同样是一种传递军事情报的简易密码装置, 相传是距今 2000 余年的罗马帝国统帅凯撒所使用. 该密码由内外两个圆环嵌套构成, 如图 1.2 所示, 两个圆环上都标有按顺序排列的 26 个英文字母, 使用者可根据外环字母和内环字母的位置对应关系进行消息的加密与解密.

• **维吉尼亚密码**　维吉尼亚密码实际上是一种升级版的凯撒密码, 曾被用于美国南北战争, 且一度被称为 "不可破解的密码". 但是, 19 世纪 50 年代英国科学家查尔斯·巴贝奇 (Charles Babbage) 首先破解了该密码, 随后在 1863 年普鲁士少校弗里德里希·卡西斯基 (Friedrich Kasiski) 也提出了他的破解方法.

图 1.1　　斯巴达密码棒

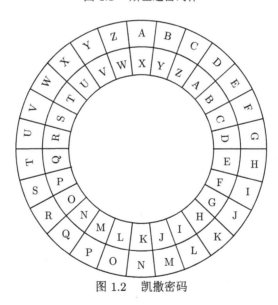

图 1.2　　凯撒密码

值得一提的是, 中国古代出现过许多非常巧妙的密码方案, 例如, 虎符与阴书.

• **虎符**　虎符最早出现于战国时期, 是一种铜制的虎形令牌. 与上述古典密码的功能不同, 该令牌并非用于隐藏机密信息, 而是作为中央发给地方驻军首领的调兵凭证, 用于证明所下达的军令来源的真实性——证明军令确实由国君下达, 防范假传军令.

• **阴书**　阴书则是古代兵书《六韬》记载的一种军事文书, 使用时将所要传递的机密消息拆解为三个部分, 分别由三位信使携带, 即每位信使只传递消息的一部分, 即所谓的 "一合而再离, 三发而一知". 这实际也是现代密码学领域一种经典的秘密分享思想, 通过将秘密进行 "分散", 降低秘密泄露的风险.

随着人类机械技术与电子通信技术的发展, 第二次世界大战 (以下简称二战) 时期的密码成为古典密码技术发展的顶峰. 二战期间最具有代表性的密码装置当属德国的恩尼格玛 (Enigma) 机. Enigma 机是德军采用的一种机械电子装置, 用于加密军事情报, 该装置所采用的加密算法能够很好地隐藏密文的统计规律, 同时, Enigma 机使用的机械电子技术极大提升了加解密效率, 使其成为当时可以进行大规模量产的先进密码设备. 但是, 从来就没有 "不可破解的密码", 密码破译者们扮演了扭转战局的英雄角色. 波兰数学家马里安·雷耶夫斯基 (Marian Rejewski) 首先成功破解了 Enigma 机, 然而德军随后对 Enigma 机进行了改进, 极大提升了破解难度, 马里安的破解方法不再适用. 面对升级版 Enigma 机的破解挑战, 英国数学家、计算机之父艾伦·图灵 (Alan Turing) 设计了人类历史上第一台用于密码破解的电子计算机, 并利用它彻底破解了德军的 Enigma 机, 加速了盟军夺取欧洲战场胜利的进程. 二战期间另一个典型的密码案例是日本的 "紫密", 它是日本采用的一种机械电子加密装置. 但是, 美国在 1940 年就已成功破解了 "紫密", 从而能够提前获知日本进攻中途岛的作战计划, 并在中途岛战役中大获全胜, 一举扭转了太平洋战争局势.

1.1.2 第二阶段: 1949 年 ～ 1975 年

1949 年, 美国数学家、信息论之父克劳德·香农 (Claude Shannon) 发表了论文《保密系统的通信理论》[1], 这是密码学发展史上一项具有里程碑意义的工作, 它为密码学奠定了坚实的理论基础, 从此密码成为一门学科, 其发展有了严谨的理论支撑.

另一项代表性工作是 20 世纪 70 年代初期 IBM 公司的技术报告《Lucifer 密码的设计》, 其中 Lucifer 密码正是日后美国数据加密标准 DES 的雏形.

1.1.3 第三阶段: 1976 年至今

密码学理论和应用在该阶段得到了蓬勃发展, 密码设计、分析与证明理论不断成熟, 密码技术不再局限于军事和外交领域, 开始进入人们工作与生活的方方面面. 这个时期产生了三个具有代表性工作.

1. DES 数据加密标准 DES(data encryption standard) 全称数据加密标准, 是美国国家安全局 (NSA) 基于 Lucifer 密码设计的商用加密算法, 该算法于 1977 年正式成为美国商用数据加密标准. DES 是历史上第一个公开算法技术细节的商用密码标准, 随后在国际上被广泛使用.

2. 公钥密码诞生 1976 年, 惠特菲尔德·迪菲 (Whitfield Diffie) 与马丁·赫尔曼 (Martin Hellman) 发表了论文《密码学的新方向》[2], 创造性地解决了对称密码密钥预分配的问题, 提出了公钥密码的概念与设计方法, 公钥密码由此诞生.

3. **RSA 密码体制** 1977 年, 罗纳德·瑞维斯特 (Ronald Rivest)、阿迪·沙米尔 (Adi Shamir) 和伦纳德·阿德曼 (Leonard Adleman) 提出了第一个具体的公钥密码方案, 相关方案 (包括加密与签名) 以三人姓氏首字母命名, 即著名的 RSA 密码体制. RSA 密码体制的提出为公钥密码走向大规模应用跨出了重要一步.

现在, 各类密码方案被广泛应用于国防、金融、交通、医疗、教育等领域, 帮助我们保护数据隐私、确认数据真实性等. 然而随着量子技术的不断成熟, 目前所采用的大部分密码算法将难以抵抗未来量子计算机的破解. 为了防范量子计算机的威胁, 近年来各类抗量子计算的密码算法相继提出, 密码研究与应用开始跨入后量子时代. 当前被广泛应用的各类密码算法未来终将被能够抵抗量子计算的密码技术所取代.

从上述密码发展历史可以看出, **密码学主要研究如何保障信息不被非法获取、篡改伪造等**. 密码方案在密码设计者与密码破解者之间的反复较量中伴随人类科技飞速发展, 这场较量已从古代的军事战争扩散至当今网络空间的各个角落——密码已成为保障网络空间安全的核心技术与基础支撑. 近年来, 各类网络安全事件层出不穷, 大至破坏国家基础设施的大规模网络攻击, 小至植入手机应用窃取个人隐私的恶意代码, 对国家安全与个人财产甚至生命安全造成严重威胁. 因此, 在万物互联的时代, 人们更加向往一个安全可靠、风清气朗的网络空间. 这种向往源自于人们对安全的根本需求, 而这种根本需求正是密码学不断发展的原动力.

1.2 现代密码学基本概念与观点

现代密码学
基本概念
与观点

密码学的研究内容可划分为密码设计与密码分析, 简单来说, 密码设计是寻求消息保密性与认证性的方法, 即研究如何设计安全的密码方案 (达成安全性). 密码分析是研究加密消息的破解或消息的伪造, 即研究如何破解密码方案 (破坏安全性). 两个方向并非相互独立, 而是相辅相成的: 设计安全的密码方案需要充分掌握其可能遭受的攻击, 而这离不开对方案长期深入的密码分析; 成功的密码分析需要充分理解方案各组件的功能与局限性, 而这依赖于对密码设计方法、动机与原理的深刻理解. 那么, 究竟什么是安全的密码方案? 或者说密码方案所谓的安全性究竟意味着什么? 围绕该问题, 我们将介绍现代密码学的基本概念与观点.

1.2.1 基本概念

为了方便介绍现代密码学的基本观点, 我们以加密场景为例, 引入以下几个基本概念.

- **明文** (plaintext): 需要被隐藏 (加密) 的消息.
- **密文** (ciphertext): 隐藏 (加密) 后输出的消息.
- **加密** (encryption): 将明文转换成密文的过程.
- **加密算法** (encryption algorithm): 对明文进行加密时具体所采用的规则.
- **解密** (decryption): 由密文恢复出原明文的过程.
- **解密算法** (decryption algorithm): 对密文进行解密时具体所采用的规则.
- **密钥** (key): 加密算法/解密算法通常在一组密钥 (encryption key/decryption key) 的控制下进行.

如图 1.3 所示, 发送者要加密一条明文, 需运行加密算法, 以明文与加密密钥 k_1 为输入, 生成密文. 密文通过公开 (不安全的) 信道发送给接收者. 在密文传递过程中, 可能会遭受到来自敌手的攻击, 例如, 监听、篡改等. 接收者收到密文后, 运行解密算法, 以密文与解密密钥 k_2 为输入, 输出明文.

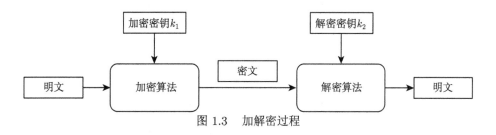

图 1.3 加解密过程

根据密钥可以将密码体制大体分为两类.

- 对称密码 (symmetric cipher), 这一类密码的发送者和接收者具有相同的密钥, 例如, 图 1.3 中 $k_1 = k_2$.
- 非对称密码 (asymmetric cipher), 也被称为公钥 (public key) 密码. 这一类密码的发送者和接收者使用的密钥是不相等的, 例如, 图 1.3 中 $k_1 \neq k_2$.

注意, 对称密码与非对称密码的研究对象非常丰富, 并不局限于加密算法, 本节仅以加密算法为例阐述密码基本理念.

1.2.2 安全性与攻击

密码用于保障数据安全, 但密码学中的安全性 (security) 究竟是什么? 不同的密码方案拥有不同的安全性刻画, 其中两个最根本的安全属性是**保密性**和**认证性**. 简单来说, 保密性是指保护信息不被泄露, 而认证性是指期望的接收者能够检验消息的合法性, 确认消息来源的真实性. 实际上, 密码学安全性的含义比上述描述更为丰富, 各种对于安全性的刻画总有其局限性, 这是因为密码的安全性是相对于攻击而言的, 而攻击变化多样. 提到攻击一般会涉及两个方面——攻击目的与攻击方法.

1.2.2.1　攻击目的

　　针对不同功能的密码方案, 敌手有不同的攻击目的. 在密码学中, 存在许多不同功能的密码方案, 例如, 加密方案用来隐藏消息, 数字签名方案用来验证消息来源的真实性. 针对上述密码方案, 敌手对应的攻击目的也有所区别: 对于加密方案, 敌手的攻击目的是获取目标密文所对应的明文信息. 如果敌手能够有效地确定其密钥或目标明文的相关信息, 就称该加密方案是可破解的 (不安全的). 而对于数字签名, 敌手的攻击目的是伪造合法签名者的签名. 如果敌手 (在没有签名密钥的条件下) 能够有效地伪造签名, 则称该签名是可破解的 (不安全的).

1.2.2.2　攻击方法

　　关于攻击方法通常有两种分类方式.

　　第一种分类, 根据敌手的能动性可以分为**被动攻击**和**主动攻击**. 被动攻击的敌手可以针对通信信道实施监听, 通过监听截获密文后进行分析. 主动攻击的敌手的能动性会更强, 可以对系统进行串扰、删除、更改、增填、重放、伪造等攻击.

　　第二种分类, 根据攻击者已具备的前提条件进行划分, 以加密算法为例, 主要有以下四种攻击手段:

　　1. 唯密文攻击 (ciphertext-only attack): 敌手只具备密文, 根据密文进一步分析密钥以及对应的目标明文.

　　2. 已知明文攻击 (known plaintext attack): 敌手可以获知一些明文及其所对应的密文, 根据这些明文与密文对进一步分析获取密钥或者目标密文所对应的明文信息.

　　3. 选择明文攻击 (chosen plaintext attack): 敌手可以选择所需要的明文并能够得到这些明文所对应的密文, 根据这些明文与密文对进一步分析获取密钥或目标密文所对应的明文信息.

　　4. 选择密文攻击 (chosen ciphertext attack): 敌手可以选择任意想要的密文并能够获得这些密文所对应的明文, 根据这些明文与密文对进一步分析获取密钥或目标密文所对应的明文信息.

　　从唯密文攻击、已知明文攻击、选择明文攻击到选择密文攻击, 敌手的攻击能力依次增强: 能够实施已知明文攻击的敌手通常可以实施唯密文攻击; 与已知明文攻击相比, 选择明文攻击的敌手的能动性更强, 敌手可以选择他所需要的明文而且能够通过某种方式得到这些明文所对应的密文, 选择明文攻击通常蕴含着已知明文攻击; 能够实施选择密文攻击的敌手 (通常也具备选择明文攻击能力), 其能力似乎强大到不合常理, 但在实际中并非不可能, 例如, 敌手通过某种手段能够访问具备解密能力的服务器 (但无法直接询问目标密文的明文信息).

注 1.1 上述攻击分类是对攻击手段的广义抽象, 并不局限于具体攻击策略, 例如, 在选择明文攻击中, 并没有考虑具体采用何种策略与技术得到对应的密文. 这种抽象方法有利于设计者在证明密码方案安全性时, 涵盖更多样的具体攻击策略 (包括未知的攻击策略).

1.2.2.3 计算能力

除了敌手的攻击方法与攻击目的外, 敌手本身拥有的计算能力 (或计算资源) 通常也需纳入安全性分析的考虑因素. 因为不同计算能力的敌手对于安全性的威胁是具有差异的. 例如, 相对于仅拥有笔记本电脑的个人, 具有超级计算机的组织机构显然具有更强的密码破解能力. 基于敌手的计算能力, 通常考虑以下两类安全性.

- **无条件安全** (unconditional security) 对于一个密码方案, 如果敌手即使具有无限的计算能力也无法破解该方案, 则我们称该密码方案是无条件安全的, 或信息理论安全的 (information theoretical security). 其中, 无限的计算能力意味着敌手拥有无限的计算空间与计算时间资源.

- **计算安全** (computational security) 与无条件安全不同, 计算安全考虑的是计算能力有界的敌手. 对于一个密码方案, 如果计算能力有界的敌手难以破解该方案, 或者说破解该方案所需的代价远超过该敌手所能容忍的计算资源, 则称该密码方案是计算安全的.

计算安全的密码方案未必是无条件安全的. 例如, 某密码方案被证明能够在理论上找到一种破解算法, 该破解算法使用当前全球所有计算设备持续运行 1,000,000 年后, 密码方案能够成功被破解的概率为 $1/2^{128}$. 显然, 该密码方案不是无条件安全的 (理论上可破解), 但实际的破解代价远超目前所有敌手能够容忍的计算资源, 所以该方案可认为是计算安全的. 因此, 计算安全关注的是, 当面对有界计算能力的敌手时, 密码方案实际上能被破解的可能性.

1.2.2.4 基本原则

柯克霍夫原则 在评估密码安全性的时候, 我们通常假设敌手已知所使用的密码算法 (除了密钥外的所有细节信息), 即柯克霍夫假设, 也称为**柯克霍夫原则** (Kerckhoffs principle). 这一假设由 19 世纪荷兰密码学家奥古斯特·柯克霍夫 (Auguste Kerckhoffs) 提出, 原意为即使密码系统的细节全部泄露, 只要密钥保密, 密码系统应该仍然能够保障安全性, 即不应该把密码的安全性建立在算法保密的基础上. 这是因为算法的描述可能会轻易地落入敌手手中, 比如通过公司内部人士泄露、通过逆向工程恢复等. 相反, 一个安全的密码算法应经得起公开评估, 公开算法可以让更多研究人员了解算法设计细节, 算法安全性能够得到广泛而深入的评估. 如果算法存在问题, 也能得到及时的反馈与修正, 进而改进算法. 不仅如此, 算法公开还有助于算法形成标准, 实现大规模部署应用, 降低实现成本. 因此, 现代密码学的一个基本观点是**密码算法能够在柯克霍夫假设下达到安全**.

理论不可破与实际不可破　现代密码学的另一个基本观点是, 密码方案即使达不到理论上是不可破解的, 也应当是实际上不可破解的, 或者说, 密码方案至少应达到计算安全. 信息理论安全的密码方案尽管在理论上拥有最强的安全性, 但实际中信息理论安全的密码在设计或使用方面难以实现. 目前实际使用的密码通常为计算安全, 破解这类密码的代价远超目前敌手的计算能力或资源.

显然, 要达到计算安全, 需要首先明确目前敌手计算能力的上界. 然而, 我们并没有目前敌手计算能力的准确上界. 此外, 由于科学技术不断进步, 计算机计算能力飞速提升, 敌手计算能力的上界不断发生变化, 这意味着即使我们可以估计目前敌手的计算能力上界, 目前计算安全的密码方案将来未必仍然满足计算安全. 那么, 究竟如何界定计算安全?

对于一个密码方案, 如果已知其方案描述 (柯克霍夫假设), 最通用的攻击方法是穷举搜索可能的密钥. 因为, 密码方案描述通常明确了密钥搜索的可能范围. (特别地, 对于一个安全的密码方案, 我们希望除了穷举搜索密钥外, 难以找到其他更好的攻击方法.) 例如, 加密算法 AES128, 其密钥是长度为 128 个比特的 01 数据串, 而长度 128 比特的数据串共有 2^{128} 种可能, 即密钥共有 2^{128} 种可能. 若已知 AES128 加密生成的密文 c, 则尝试 2^{128} 种可能的密钥去解密该密文, 即运行 2^{128} 次解密操作 (operation), 通过识别解密后的明文是否满足某些已知的特征 (如自然语言的统计规律) 可以找到其中正确的密钥. 其中, 2^{128} 次解密操作反映了敌手的计算代价.

执行 2^{128} 次解密操作究竟又需要花费多长时间呢? 假设 1GHz 的处理器每秒可执行 10^9 次解密操作, 即每秒可测试 10^9 个密钥 (每纳秒测试 1 个密钥), 则该处理器测试 2^{128} 个密钥需要约 2^{98} 秒. 注意到宇宙的年龄约为 2^{58} 秒 (一百多亿年), 而该处理器穷举搜索 2^{128} 个密钥的时间约为宇宙年龄的 2^{40} 倍! 当然, 可以通过其他方式缩短密钥搜索时间, 例如, 选用性能更高的处理器、多个处理器的并行, 甚至考虑未来几年处理器性能的提升 (摩尔定律) 等. 然而, 这些方式减少的时间相对于宇宙的年龄显得非常有限, 最终的执行时间仍然超过我们所能容忍的极限.

因此, 2^{128} 次操作通常被认为是目前所有计算设备难以企及的计算能力上限. 当然, 不排除计算机计算能力的提升会超出预测, 故在某些安全要求更为苛刻的场景中, 需考虑 2^{192}, 2^{256} 的穷举搜索范围. 此处, "操作" 仍然不是一个明确的概念, 不同的操作, 如加密操作、解密操作、签名操作等, 在不同的计算平台上执行所消耗的时间一般也是不同的. 为此, 我们常用关于安全参数 (如密钥长度 n) 的函数 $t(n)$ 及大 O 符号以渐近的方式刻画攻击算法执行所需的时间和空间, 该方法可以忽略计算平台的性能差异、不同操作的实现差异等影响, 直接反映攻击算法的内在复杂性随密钥长度 n 的变化速度, 例如, 多项式时间、指数时间等. 对于一个安全的密码方案, 我们希望密钥长度 n 的微小增长, 会导致攻击复杂度的函数 $t(n)$ 显著增长, 即 $t(n)$ 应具有较快的增长速度. 图 1.4 展示了各种函数的增长速度对比. 关于大 O 及渐近复杂性将在第 8 章详细介绍.

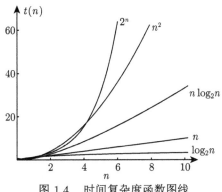

图 1.4 时间复杂度函数图线

对于一个计算安全的密码方案, 除了计算资源应超过敌手可容忍范围外, 我们希望敌手成功破解的概率也要足够小, 例如, $\dfrac{1}{2^{128}}$, $\dfrac{1}{2^{256}}$. 类似地, 也可以用渐近的方式刻画成功破解发生的概率, 即用关于密钥长度 n 的函数 $f(n)$ 反映破解成功的可能性随 n 增长的变化趋势. 我们希望 n 较小的增长会引起对应的 $f(n)$ 的显著降低. 通常, 成功破解一个安全的密码方案的概率应是一个关于密钥长度 n 的可忽略函数. 关于可忽略函数的定义如下.

定义 1.1 令 f 表示定义域为自然数, 值域为正实数的函数. 如果对于每个正多项式 $poly$, 存在一个 c 满足对于所有的整数 $n > c$, 满足 $f(n) < \dfrac{1}{poly(n)}$, 则称 f 是可忽略的.

典型的可忽略函数有 $f(n) = \dfrac{1}{2^n}$, 伴随 n 的增长, 2^n 比任何多项式 $poly(n)$ 增长得快, 对应地, $\dfrac{1}{2^n}$ 比 $\dfrac{1}{poly(n)}$ 下降得快.

但是, 拥有可忽略的破解概率并不意味着密码方案一定是实际安全的, 攻击成功的概率还与敌手的运行时间和攻击的实例数量有关. 假设敌手破解某种密码方案 (密钥长度为 n), 每纳秒成功破解的概率为 $\dfrac{1}{2^n}$. 敌手运行 t 纳秒后, 成功破解的概率为 $\dfrac{t}{2^n}$; 如果敌手同时考虑该种密码方案的 m 个实例, 对于每次测试的密钥, 检查其与 m 个实例中的哪个实例匹配, 运行 t 纳秒后, 存在某个实例被破

解的概率为 $\frac{t \times m}{2^n}$. 在实际应用中, n 通常取值为 128, 此时对此类密码方案的一个实例, 每纳秒成功破解的概率为 $\frac{1}{2^{128}}$, 敌手运行 2^{58} 纳秒 (约为 8 年), 则成功率为 $\frac{2^{58}}{2^{128}} = \frac{1}{2^{70}}$, 这仍然是一个非常小的成功概率. 但是, 如果考虑多个实例, 例如, TLS 协议广泛部署于全球互联网, 每秒内会发生大量加密的会话. 假设每秒有 2^{30} 次采用上述加密方案的 TLS 加密会话, 则能够成功破解其中一个加密会话的概率进一步增大为 $\frac{2^{40}}{2^{70}} = \frac{1}{2^{30}}$. 因此, 计算安全是一种相对的安全, 面对密码的具体应用, 需要考虑敌手现在及未来一段时间内的具体计算能力、攻击所需计算资源的增长趋势, 根据密码方案的具体应用场景的安全需求, 确定计算安全的时间、空间、成功率等界限.

综上所述, 在理解密码的安全性时, 需要结合密码的功能、敌手的攻击方法、攻击目的与计算能力, 通常使用安全模型 (security model) 来刻画相关信息. 我们说一个密码方案是安全的, 其含义为密码方案在柯克霍夫假设下能够达到 ×× 安全模型下 (明确敌手计算能力、攻击方法与目的) 的 ×× 安全性 (何种安全性). 需要注意的是, 一个 "好" 的密码算法不仅要具有 "好" 的安全性, 也要具有 "好" 的效率, 应该既易于实现又易于使用. 本书的后续内容将会展示密码方案的安全性与效率通常是矛盾的, 密码设计的挑战之一就在于如何权衡密码的安全性与效率.

1.3　练习题

练习 1.1　请阐述采用凯撒密码加密消息 m 的方法及其对应的解密方法.

练习 1.2　虎符是一种用来证明消息或身份真实性的凭证, 请思考生活中还有哪些场景需要证明消息或身份的真实性, 并介绍相关的证明方法.

练习 1.3　我们登录银行账户时需要输入账户名称及账户 "密码" 或 "口令", 请问此类 "密码" 或 "口令" 提供何种安全功能?

练习 1.4　你还知道哪些密码工具? 请根据密码学发展历史以及你所了解密码应用, 阐述你对密码的基本功能的理解.

练习 1.5　请尝试总结已知明文攻击、选择明文攻击以及选择密文攻击的区别与联系.

练习 1.6　请总结计算安全与无条件安全的区别, 并尝试分析练习 1.3 中的 "密码" 属于何种安全性.

练习 1.7　请阐述你对柯克霍夫假设的理解.

参考文献

[1] Shannon C E. Communication theory of secrecy systems. Bell System Technical Journal, 1949, 28(4): 656-715.

[2] Diffie W, Hellman M. New directions in cryptography. IEEE Transactions on Information Theory, 1976, 22(6): 644-654.

第 2 章

古典密码

第2章课件

本章将介绍三个典型的古典密码, 分别是凯撒密码、维吉尼亚密码和希尔密码, 以便于读者初步了解古典密码设计与分析的基本理念与技术. 为了方便介绍, 我们引入如下符号表示.

- $\mathbb{P}$ 表示明文空间, 即所有可能的明文组成的有限集 $\mathbb{P} = \{m\}$, 其中 m 表示明文.
- $\mathbb{C}$ 表示密文空间, 即所有可能的密文组成的有限集 $\mathbb{C} = \{c\}$, 其中 c 表示密文.
- $\mathbb{K}$ 表示密钥空间, 即所有可能的密钥组成的有限集 $\mathbb{K} = \{k\}$, 其中 k 表示密钥.
- Enc 表示加密算法 (encryption algorithm). $Enc_k(m) = c$ 表示加密算法 Enc 以密钥 k、明文 m 为输入, 输出密文 c.
- Dec 表示解密算法 (decryption algorithm). $Dec_k(c) = m$ 表示解密算法 Dec 以密钥 k、密文 c 为输入, 输出明文 m.

一个加密方案通常由三个算法构成, 密钥生成算法、加密算法与解密算法. 注意, 加密方案需满足**正确性**.

定义 2.1 (正确性)　对每个明文 $m \in \mathbb{P}$ 及密钥 $k \in \mathbb{K}$ 都满足

$$Dec_k\big(Enc_k(m)\big) = m.$$

加密方案需保证对于所有明文与密钥的加解密功能都能够正常执行.

2.1 凯撒密码

2.1.1 凯撒密码方案描述

凯撒密码

凯撒密码相传为古罗马帝国军事统帅尤利乌斯・凯撒 (Julius Caesar) 所使用, 该密码由内外两个圆环构成, 如图 2.1所示: 外环与内环均为 A 到 Z 的顺序排列 (顺时针). 假设内环表示明文字母表, 外环表示对应的密文字母表. 其中, (内环) 明文字母 A 对应的 (外环) 密文字母为 D, (内环) 明文字母 B 对应的 (外环) 密文字母为 E, · · · , (内环) 明文字母 Z 对应的 (外环) 密文字母为 C. 可见, 凯撒密码将明文中的每个字母用字母表中该字母后的第三个字母替换, 相当于密文字母表 (外环) 相对于明文字母表 (内环) 逆时针转动了 3 个位置.

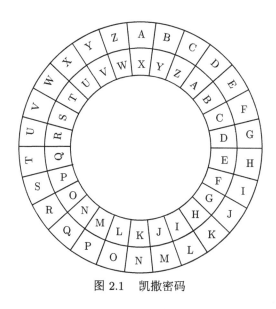

图 2.1 凯撒密码

例子 2.1 凯撒密码加密明文 HAPPY, 在图 2.1 的内环找到字母 H、A、P、P、Y, 对应的外环字母即为密文, 因此, 我们有

$$明文: \text{HAPPY},$$
$$密文: \text{KDSSB}.$$

类似地可推出凯撒密码的解密规则: 给定密文 KDSSB, 在图 2.1 的外环找到字母 K、D、S、S、B 对应的内环字母即为明文.

从字母表顺序移位角度解释: 如图 2.2, 字母 H 之后的第三个字母为 K, 因此, 例子 2.1 中, 明文字母 H 对应的密文字母为 K, 明文字母 A、P、P 对应的密文字母可依此类推. 注意, 英文字母表中 Y 后面的第一个字母为 Z, 但第二个字母就已超出字母表范围, 此时, 我们需要考虑 "循环移位", 即需要回到字母表的第一个字母 A, 作为 Y 后面的第二个字母, 依序继续寻找 Y 后面的第三个字母 B 作为 Y 的密文字母. 关于解密, 仅需要对密文字母做相反的操作即可解密, 例如, 若收到的密文字母是 K, 则找到字母表中 K 之前的第三个字母 H, 即为 K 的明文.

如果把英文字母表中的每个字母按顺序用 0~25 中的一个数字依次表示 (如表 2.1 所示), 则凯撒密码的加密算法可以理解为明文字母对应的数字加 3 的运算.

例如, 明文字母 H 对应的数字为 7, 其密文为 $7 + 3 = 10$, 而 10 对应的字母为 K. 如果加和大于等于 26, 则需要减去 26(即如图 2.2 所示的循环移位). 例如, 明文字母 Y 对应的数字为 24, 其密文为 $24 + 3 = 27 > 26$, 故需减去 26, 即密文字母对应的数字为 $24 + 3 - 26 = 1$, 而 1 对应字母 B. 其中 3 扮演了密钥的角色, 其对应的字母为 D, 称 D 为**密钥字**.

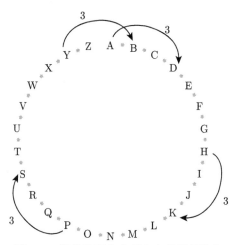

图 2.2　凯撒密码在字母表中的循环移位

表 2.1　英文字母对照表

A	B	C	D	E	F	G	H	I	J	K	L	M
0	1	2	3	4	5	6	7	8	9	10	11	12
N	O	P	Q	R	S	T	U	V	W	X	Y	Z
13	14	15	16	17	18	19	20	21	22	23	24	25

我们也可以使用明文数字加 3 模 26 的运算来刻画凯撒密码的加密算法. 此处模 26 的运算表示为 mod 26, 可以理解为除以 26 求余数的运算, 例如

$$(24 + 3) \bmod 26 = 27 \bmod 26 = 1 \bmod 26.$$

可见, 对字母做加 3 模 26 的运算相当于向后移动 (或循环移位)3 位, 相反, 减 3 模 26 的运算相当于向前移动 (循环移位)3 位. 而对字母做加 26 模 26 的运算相当于向后循环移动了 26 位, 结果还是其本身, 字母未做改变. 关于模运算的更多介绍, 可参考本书第 15 章的数学基础部分. 凯撒密码加密过程的数学表示如表 2.2 所示.

表 2.2　凯撒密码的数学表示 $(m + 3) \bmod 26$

明文 (字母)	H	A	P	P	Y
明文 (数字)	7	0	15	15	24
密钥	3	3	3	3	3
密文 (数字)	10	3	18	18	1
密文 (字母)	K	D	S	S	B

不知道该密钥的人难以根据密文 KDSSB 直接理解其含义; 拥有密钥的人可以通过密文减去密钥的方式解密获得明文. 注意, 本例中对于密文字母 B(对应数字 1) 的解密出现了负数 $(1 - 3) \mod 26 = (-2) \mod 26$. 在字母表中 (如图 2.2), 当 B 向前移动 3 位时, 已经超过了 A, 此时需考虑循环移位, 即从 Z 再向前移动 1 位得到 Y. 此时, 相当于 B 向后移动了 23 位. 因此, $(-2) \mod 26 = (-2 + 26) \mod 26 = 24 \mod 26$.

2.1.2 移位密码与单表代换

凯撒密码本质是一种**移位密码**: 明文字母通过移动固定位置 (循环移位) 得到密文字母. 表 2.3 展示了凯撒密码的明文字母表及移位后对应的密文字母表, 我们可以通过直接查询该表进行凯撒密码的加解密. 此类每个明文字母对应唯一的密文字母的加密方式称为**单表代换**.

表 2.3 凯撒密码代换表 (单表代换)

明文字母表	A	B	C	D	E	F	G	H	I	J	K	L	M	N	O	P	Q	R	S	T	U	V	W	X	Y	Z
密文字母表	D	E	F	G	H	I	J	K	L	M	N	O	P	Q	R	S	T	U	V	W	X	Y	Z	A	B	C

下面, 我们给出移位密码的正式描述.

- 密钥生成: 假设 $\mathbb{P} = \mathbb{C} = \mathbb{K} = \mathbb{Z}_{26} = \{0, 1, 2, 3, \cdots, 25\}$, 随机选择 $k \in \mathbb{Z}_{26}$ 作为密钥.
- 加密算法: $Enc_k(m) = (m + k) \mod 26$, 其中明文 $m \in \mathbb{Z}_{26}$.
- 解密算法: $Dec_k(c) = (c - k) \mod 26$, 其中密文 $c \in \mathbb{Z}_{26}$.

注 2.1 此处, "随机选择" 指每个密钥被选中的概率均等, 即每个密钥被选中的概率均为 $1/26$. "随机" 一词刻画概率分布情况, 但密码学中的 "随机" 与概率论中的 "随机" 有所区别: 密码学中的随机通常指随机变量服从均匀分布, 但概率论中的随机更为广义, 也可以服从 (除均匀分布之外的) 其他分布, 例如, 服从正态分布的随机采样.

2.1.3 安全性分析

如果一条密文 c^* 是使用凯撒密码加密得到的 (已知凯撒密码的加密算法描述), 破解 c^* 是很容易的——只需按表 2.3 查找即可解密. 如果目标密文 c^* 是使用一般的移位密码加密得到的, 尽管密钥是未知的, 但密钥空间 $\mathbb{K}$ 并不大, 例如, $|\mathbb{K}| = 26$, 只需在解密算法中对 c^* 穷举密钥空间中所有的 26 种可能, 通过辨别其输出是否为有意义的明文 (如果加密的明文是自然语言), 即可得到正确的明文. 如果明文长度很短, 手工计算即可完成上述破解工作. 因此, 我们说凯撒密码以及一般的移位密码是不安全的, 一个重要原因是密钥空间太小.

除了密钥空间的问题外, 移位密码的密文具有较强的规律性: **相同的明文字母总是对应相同的密文字母**. 回忆例子 2.1, 明文 HAPPY 中字母 PP 的密文是 SS. 这种明文字母与密文字母之间的确定性关系是一种信息的泄露, 使得密文不能很好地隐藏明文的统计规律 (如自然语言的统计规律), 而这可以帮助密码分析人员进一步缩小搜索范围, 大大降低破解难度, 具体分析方法将在 2.4 节介绍.

由上述分析可知, 一个安全的加密算法至少应该具有足够大的密钥空间, 并且所生成的密文应该能够很好地隐藏明文的统计规律.

2.2 维吉尼亚密码

维吉尼亚
密码

2.2.1 维吉尼亚密码方案描述

针对移位密码的上述安全性问题, 以法国外交官、密码学家布莱斯·维吉尼亚 (Blaise de Vigenère) 命名的维吉尼亚密码做出了进一步改进: 按 "分组" 的方式进行加密, 对应的密钥不是单个字母, 而是多个字母构成的向量, 对应的明文与密文也是由多个字母构成的向量. 维吉尼亚密码算法描述如下.

• 密钥生成: 假设 $\mathbb{P} = \mathbb{C} = \mathbb{K} = \mathbb{Z}_{26}^n$, 即明文空间、密文空间与密钥空间中每个元素都是长度为 n 的向量, 向量的每个分量是 $\mathbb{Z}_{26}^n$ 中的元素. 随机选择密钥 $k = (k_1, k_2, \cdots, k_n) \in \mathbb{Z}_{26}^n$, 其中 $k_i \in \mathbb{Z}_{26}$, $i \in \{1, \cdots, n\}$.

• 加密算法: $Enc_k(m) = m + k \bmod 26$, 即

$$Enc_k(m_1, m_2, \cdots, m_n) = (m_1 + k_1, m_2 + k_2, \cdots, m_n + k_n),$$

其中明文 $m = (m_1, m_2, \cdots, m_n) \in \mathbb{Z}_{26}^n$.

• 解密算法: $Dec_k(c) = c - k \bmod 26$, 即

$$Dec_k(c_1, c_2, \cdots, c_n) = (c_1 - k_1, c_2 - k_2, \cdots, c_n - k_n),$$

其中密文 $c = (c_1, c_2, \cdots, c_n) \in \mathbb{Z}_{26}^n$.

注意, 上述算法中向量的加减法规则是向量中各分量对应做模 26 的加减法, 为简化描述, 我们省略了 mod 26 表示.

下面我们给出一个维吉尼亚加密的具体实例.

例子 2.2 假设维吉尼亚密码的密钥字是 WHITE, 即密钥 $k = (22, 7, 8, 19, 4)$, 明文是以下字符串:

$$\text{DIVERTTROOPSTOEASTRIDGE.}$$

根据表 2.1中字母与数字的对应关系, 我们可以将上述字符串转换为以下数字序列:

$$3, 8, 21, 4, 17, 19, 19, 17, 14, 14, 15, 18, 19, 14, 4, 0, 18, 19, 17, 8, 3, 6, 4.$$

注意到明文字符串长度为 23 个字符, 但是密钥长度仅为 5 个字符. 此时, 我们需要对明文进行分组, 连续的 5 个字母为一组, 并对每个分组 (block) 执行维吉尼亚加密算法. 具体过程如表 2.4 所示, 表中对应的明文字母与密钥字母进行模 26 的加法, 得到密文数字序列:

$$25, 15, 3, 23, 21, 15, 0, 25, 7, 18, 11, 25, 1, 7, 8, 22, 25, 1, 10, 12, 25, 13, 12,$$

对应的字符串为

ZPDXVPAZHSLZBHIWZBKMZNM.

表 2.4 维吉尼亚加密

明文	3	8	21	4	17	19	19	17	14	14	15	18	19	14	4	0	18	19	17	8	3	6	4
密钥	22	7	8	19	4	22	7	8	19	4	22	7	8	19	4	22	7	8	19	4	22	7	8
密文	25	15	3	23	21	15	0	25	7	18	11	25	1	7	8	22	25	1	10	12	25	13	12

2.2.2 多表代换

从维吉尼亚密码算法描述可见, 它的本质是一种并行版本的移位密码: 每一个分量的加解密过程正是移位密码, 每一个密钥字母对应一张明密文代换表 (单表代换), 如表 2.5 所示. 由于多个密钥字对应多个代换表, 因此, 我们说维吉尼亚密码是一种**多表代换**.

表 2.5 维吉尼亚密码的多表代换解释

	A	B	C	D	E	F	G	H	I	J	K	L	M	N	O	P	Q	R	S	T	U	V	W	X	Y	Z
A	A	B	C	D	E	F	G	H	I	J	K	L	M	N	O	P	Q	R	S	T	U	V	W	X	Y	Z
B	B	C	D	E	F	G	H	I	J	K	L	M	N	O	P	Q	R	S	T	U	V	W	X	Y	Z	A
C	C	D	E	F	G	H	I	J	K	L	M	N	O	P	Q	R	S	T	U	V	W	X	Y	Z	A	B
D	D	E	F	G	H	I	J	K	L	M	N	O	P	Q	R	S	T	U	V	W	X	Y	Z	A	B	C
E	E	F	G	H	I	J	K	L	M	N	O	P	Q	R	S	T	U	V	W	X	Y	Z	A	B	C	D
F	F	G	H	I	J	K	L	M	N	O	P	Q	R	S	T	U	V	W	X	Y	Z	A	B	C	D	E
G	G	H	I	J	K	L	M	N	O	P	Q	R	S	T	U	V	W	X	Y	Z	A	B	C	D	E	F
H	H	I	J	K	L	M	N	O	P	Q	R	S	T	U	V	W	X	Y	Z	A	B	C	D	E	F	G
I	I	J	K	L	M	N	O	P	Q	R	S	T	U	V	W	X	Y	Z	A	B	C	D	E	F	G	H
J	J	K	L	M	N	O	P	Q	R	S	T	U	V	W	X	Y	Z	A	B	C	D	E	F	G	H	I
K	K	L	M	N	O	P	Q	R	S	T	U	V	W	X	Y	Z	A	B	C	D	E	F	G	H	I	J
L	L	M	N	O	P	Q	R	S	T	U	V	W	X	Y	Z	A	B	C	D	E	F	G	H	I	J	K
M	M	N	O	P	Q	R	S	T	U	V	W	X	Y	Z	A	B	C	D	E	F	G	H	I	J	K	L
N	N	O	P	Q	R	S	T	U	V	W	X	Y	Z	A	B	C	D	E	F	G	H	I	J	K	L	M
O	O	P	Q	R	S	T	U	V	W	X	Y	Z	A	B	C	D	E	F	G	H	I	J	K	L	M	N
P	P	Q	R	S	T	U	V	W	X	Y	Z	A	B	C	D	E	F	G	H	I	J	K	L	M	N	O
Q	Q	R	S	T	U	V	W	X	Y	Z	A	B	C	D	E	F	G	H	I	J	K	L	M	N	O	P
R	R	S	T	U	V	W	X	Y	Z	A	B	C	D	E	F	G	H	I	J	K	L	M	N	O	P	Q
S	S	T	U	V	W	X	Y	Z	A	B	C	D	E	F	G	H	I	J	K	L	M	N	O	P	Q	R
T	T	U	V	W	X	Y	Z	A	B	C	D	E	F	G	H	I	J	K	L	M	N	O	P	Q	R	S
U	U	V	W	X	Y	Z	A	B	C	D	E	F	G	H	I	J	K	L	M	N	O	P	Q	R	S	T
V	V	W	X	Y	Z	A	B	C	D	E	F	G	H	I	J	K	L	M	N	O	P	Q	R	S	T	U
W	W	X	Y	Z	A	B	C	D	E	F	G	H	I	J	K	L	M	N	O	P	Q	R	S	T	U	V
X	X	Y	Z	A	B	C	D	E	F	G	H	I	J	K	L	M	N	O	P	Q	R	S	T	U	V	W
Y	Y	Z	A	B	C	D	E	F	G	H	I	J	K	L	M	N	O	P	Q	R	S	T	U	V	W	X
Z	Z	A	B	C	D	E	F	G	H	I	J	K	L	M	N	O	P	Q	R	S	T	U	V	W	X	Y

在表 2.5 中, 第一行表示明文字母, 第一列表示密钥字母. 例如, 第四行对应的密钥字为 D, 则该行表示了位移为 3 的密文字母表 (凯撒密码). 通过查找表 2.5, 无需转化为数字, 同样可以完成维吉尼亚密码的加解密.

例子 2.3 对于例子 2.2, 通过查表 2.5 进行加密. 对于每个明文分组中的每个字母及其对应的密钥字, 分别查找其在表 2.5 中所在的列与行, 行列相交处的字母即为对应的密文字母. 例如, 明文字母 D 对应的密钥字母为 W, 在表 2.5 中, 第一行表示明文字母, 在该行中找到 D, 第一列表示密钥字母, 在该列中找到 W. D 所在的列与 W 所在的行相交的字母为 Z, 则 D 的密文为 Z. 以此类推, 如表 2.6所示, 明文所有字母通过查表得到对应密文为

$$ZPDXVPAZHSLZBHIWZBKMZNM.$$

表 2.6 例子 2.2 查表加密

明文	D	I	V	E	R	T	T	R	O	O	P	S	T	O	E	A	S	T	R	I	D	G	E
密钥	W	H	I	T	E	W	H	I	T	E	W	H	I	T	E	W	H	I	T	E	W	H	I
密文	Z	P	D	X	V	P	A	Z	H	S	L	Z	B	H	I	W	Z	B	K	M	Z	N	M

2.2.3 安全性分析

相比于凯撒密码, 维吉尼亚密码使用了多个密钥字, 使得相同的明文字母能够加密为不同的密文字母, 相同的密文字母可对应不同的明文字母, 从而进一步隐藏明文的统计规律. 例如, 上例中明文字符串 DIVERTTROOPSTOEASTRIDGE 的 OO 对应的密钥字为 TE, 密文为 HS; 所有密文中共有两个字母 P, 分别对应的明文字母为 I 和 T, 密钥字为 H 与 W. 同时, 密钥长度的增加扩大了密钥空间, 长度为 n 的密钥, 密钥空间大小为 $|\mathbb{K}| = 26^n$. 密钥空间的扩大增加了敌手通过穷举搜索密钥破解密码的难度.

2.3 希尔密码

2.3.1 希尔密码方案描述

希尔密码由美国数学家莱斯特·希尔 (Lester Hill) 于 1929 年提出, 主要思想是采用基于矩阵的线性变换实现加密. 例如, 设明文 $m = (m_1, m_2)$, 密文 $c = (c_1, c_2)$, 则希尔密码加密过程为

$$c_1 = (11m_1 + 3m_2) \bmod 26,$$

$$c_2 = (8m_1 + 7m_2) \bmod 26.$$

也可将上式表示为矩阵形式

$$[c_1, c_2] = [m_1, m_2] \begin{bmatrix} 11 & 8 \\ 3 & 7 \end{bmatrix},$$

其中矩阵 $\begin{bmatrix} 11 & 8 \\ 3 & 7 \end{bmatrix}$ 为密钥. 对应解密过程为

$$[m_1, m_2] = [c_1, c_2] \begin{bmatrix} 11 & 8 \\ 3 & 7 \end{bmatrix}^{-1}.$$

希尔密码的正式描述如下.

• 密钥生成: 假设 $\mathbb{P} = \mathbb{C} = \mathbb{Z}_{26}^n$. 随机生成 $n \times n$ 的矩阵 T, 即随机选择 $\mathbb{Z}_{26}$ 中的元素构成矩阵, 其形式如下所示,

$$T = \begin{bmatrix} k_{1,1} & k_{1,2} & \cdots & k_{1,n} \\ k_{2,1} & k_{2,2} & \cdots & k_{2,n} \\ \vdots & \vdots & & \vdots \\ k_{n,1} & k_{n,2} & \cdots & k_{n,n} \end{bmatrix},$$

其中 $k_{i,j} \in \mathbb{Z}_{26}$, $i, j \in \{1, \cdots, n\}$. 如果满足 T 是可逆矩阵 (请读者思考: 为什么要求可逆?), 则密钥 $k = T$.

• 加密算法:

$$Enc_k(m) = m \cdot T = [m_1, m_2, \cdots, m_n] \begin{bmatrix} k_{1,1} & k_{1,2} & \cdots & k_{1,n} \\ k_{2,1} & k_{2,2} & \cdots & k_{2,n} \\ \vdots & \vdots & & \vdots \\ k_{n,1} & k_{n,2} & \cdots & k_{n,n} \end{bmatrix},$$

其中明文 $m = [m_1, m_2, \cdots, m_n] \in \mathbb{Z}_{26}^n$.

• 解密算法:

$$Dec_k(c) = c \cdot T^{-1} = [c_1, c_2, \cdots, c_n] \begin{bmatrix} k_{1,1} & k_{1,2} & \cdots & k_{1,n} \\ k_{2,1} & k_{2,2} & \cdots & k_{2,n} \\ \vdots & \vdots & & \vdots \\ k_{n,1} & k_{n,2} & \cdots & k_{n,n} \end{bmatrix}^{-1},$$

其中密文 $c = [c_1, c_2, \cdots, c_n] \in \mathbb{Z}_{26}^n$.

2.3.2 安全性分析

与维吉尼亚密码相比, 希尔密码的加密算法同样是将一个分组的明文经过线性变换后生成密文. 但不同的是, 维吉尼亚密码的线性变换中每个密文字母仅与其对应的明文字母有关, 而希尔密码中的**每个密文字母的生成与同分组内所有明文字母都有关系**, 例如 $c_1 = m_1 k_{1,1} + m_2 k_{2,1} + \cdots + m_n k_{n,1}$. 这使得明文与密文之间的对应关系更为复杂, 每个明文统计规律在密钥与其他明文字母的影响下进一步得到隐藏. 在密钥空间方面, $\mathbb{Z}_{26}$ 上所有 $n \times n$ 的可逆矩阵构成了希尔密码的密钥空间, 比同分组长度的维吉尼亚密码拥有更大的密钥空间 (注意 $|\mathbb{K}| < 26^{n^2}$). 当 n 足够大时, 敌手进行穷举搜索是困难的.

2.4 破解维吉尼亚密码

破解维吉尼亚密码

古典密码在设计上的诸多局限性, 导致其易被破解, 即便是曾经一度被认为是不可破解的维吉尼亚密码, 也并非完美. 本节将介绍破解古典密码的基本方法, 并进一步介绍如何破解维吉尼亚密码.

2.4.1 穷举搜索

由于密钥空间通常是有限的, 所以穷举搜索密钥空间是破解所有密码最直接的方法. 给定目标密文 c(假设对应明文为自然语言), 仅需调用解密算法 $Dec_k(c) = m$, 穷举遍历所有可能的 $k \in \mathbb{K}$, 直到输出的 m 为有意义的明文. 直观上, 总会找到这样的 k, 即理论上总是可破解的. 但在实际应用中, 我们需要考虑破解算法本身的 "复杂度", 这决定了密码是否为 "实际可破解的". 例如, 移位密码的密钥空间为 26, 因此穷举搜索的次数最多为 26, 所以破解移位密码是容易的. 但是, 如果密码算法的密钥空间足够大, 比如, $|\mathbb{K}| \geqslant 2^{128}$, 穷举搜索复杂度已远超当今 (甚至未来一段时间内) 世界上所有国家能够承受的计算能力, 此类穷举搜索不再是实际有效的破解方法. 对于维吉尼亚密码的密钥空间 $|\mathbb{K}| = 26^n$, 如果 n 足够大, 例如 $n = 40$ 时, 穷举搜索同样不再适用于实际破解. 因此, 穷举搜索密钥空间通常仅适用于密钥空间小的密码算法.

注 2.2 现代计算机的计算能力不断增强, 穷举搜索密钥空间的速度不断提升, 密钥空间究竟多大才算是 "足够大"? 该问题并没有固定答案, 就目前而言, 普遍认为 $|\mathbb{K}| = 2^{128}$ 是足够大的密钥空间.

2.4.2 频率分析

频率分析巧妙地利用了明文的统计规律以及明文与密文的确定性关系, 极大缩小了敌手的搜索复杂度. 注意, 尽管目标密文所对应的明文未知, 但是该明文服从的概率分布通常是已知的. 例如, 如果明文是英文自然语言, 那么各个英文字母出现的概率是相对固定的, 如表 2.7 所示.

表 2.7 英文字母出现概率

字母	概率	字母	概率
A	0.082	N	0.067
B	0.015	O	0.075
C	0.028	P	0.019
D	0.043	Q	0.001
E	0.127	R	0.060
F	0.022	S	0.063
G	0.020	T	0.091
H	0.061	U	0.028
I	0.070	V	0.010
J	0.002	W	0.023
K	0.008	X	0.001
L	0.040	Y	0.020
M	0.024	Z	0.001

图 2.3 形象地展示出各字母出现概率的差异, 字母 E 出现的概率最高, 而字母 Z 与 X 出现概率较低. 这种明文的概率分布信息有时可以帮助密码分析者快速破解某些密码. 在介绍凯撒密码时, 我们曾经提到过移位密码 (单表代换) 的密文规律性——相同的明文字母总是对应相同的密文字母. 这种规律性使得密文无法隐藏明文字符的概率分布, 这意味着, 当用移位密码加密明文 (英文自然语言) 后, 生成的密文中出现频率最高的密文字母很有可能对应的明文字母是 E. 同理, 密文中出现的连续重复字母, 也会符合明文 (自然语言) 的单词构成规则, 如凯撒密码的密文字母组合 SS 很可能对应明文字母组合 PP、OO, 而不太可能是 JJ、VV. 如果说移位密码是一位乔装者, 它能够变换明文字母的 "长相", 却无法掩盖

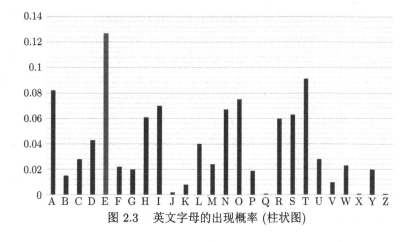

图 2.3 英文字母的出现概率 (柱状图)

明文字母的 "行为" 规律, 而频率分析利用这种 "行为" 规律帮助密码分析者缩小搜索范围, 锁定目标明文.

然而, 维吉尼亚密码 (多表代换) 由于多个密钥字的影响进一步抹平了密文字母出现频率的差异性, 直接应用频率分析方法难以获取明文有用信息. 但实际使用维吉尼亚密码时, 其密钥长度 (分组长度) 的限制使得分析者能够发现密文规律的蛛丝马迹. 下面, 我们正式介绍如何破解维吉尼亚密码.

2.4.3 维吉尼亚密码破解方法

维吉尼亚密码的破解总共包括三步, 分别是确定密钥长度、确定密钥字相对位移以及穷举搜索密钥字.

2.4.3.1 第一步: 确定密钥长度

有两种方法可以帮助我们确定密钥长度 (分组长度), 分别是卡西斯基测试法与重合指数法.

• 卡西斯基测试法

方法 寻找密文中相同的字母序列 (连续的密文字母), 它们之间的字母间隔很可能是密钥长度的整数倍.

原理 密文中出现两组相同的字母序列, 它们所对应的明文字母很有可能是相同的, 且分别对应相同的密钥字. 因此, 这样的两组密文字母序列之间的距离可能为密钥长度的整数倍. 如表 2.8 所示.

表 2.8   维吉尼亚密码的密钥、明文与密文

密钥	W	H	I	T	E	W	H	I	T	E	W	H	I	T	E	W	H	I	T	E	W	H	I
明文	D	I	V	E	R	T	T	R	O	O	P	S	T	O	E	A	S	T	R	I	D	G	E
密文	Z	P	D	X	V	P	A	Z	H	S	L	Z	B	H	I	W	Z	B	K	M	Z	N	M

表 2.8 的密文中出现了两组 ZB, 实际分别位于两个分组中, 对应的密钥字均为 HI, 而明文均为 ST, 这两组 ZB 间隔为 5 个字母, 正是密钥字长度的整数倍. 由此可见, 尽管维吉尼亚密码采用不同的密钥字以隐藏明文的统计规律, 使得相同的密文字母可能对应不同的明文字母, 但是, 位于不同分组的相同的明文, 如果其对应的密钥字相同, 则其密文必然是相同的. 所以, 如果相同的两组密文字母序列正好位于两个不同密文分组中, 此时这两组密文字母序列的字母间距很可能是分组 (密钥) 长度的整数倍. 注意, 连续的相同密文字母序列越长, 上述结论成立的可能性越大.

• 重合指数法

重合指数法是一种刻画序列统计规律的方法, 其定义如下.

定义 2.2 设 $x = x_1 x_2 \cdots x_n$, 其中每个元素 $x_i (1 \leqslant i \leqslant n)$ 是英文字母表中的字母, 则 x 的重合指数 $I_c(x)$ 是在 x 中随机选择两个元素且这两个元素相同的概率, 即

$$I_c(x) = \frac{\sum\limits_{i=0}^{25} f_i(f_i - 1)}{n(n-1)},$$

其中 f_i 为英文字母表中第 i 个字母在 x 中出现的次数.

例如, $x =$ AAZZZ, 字符串长度为 $n = 5$, 其中字母 A 出现了 2 次, 字母 Z 出现了 3 次, 则 $f_0 = 2, f_{25} = 3$. 我们有

$$I_c(x) = \frac{f_0(f_0 - 1) + f_{25}(f_{25} - 1)}{n(n-1)} = \frac{2+6}{20} = 0.4.$$

对于自然语言 (英语) 构成的字符串, 其重合指数可借助英文字母出现概率表 (表 2.7) 进行计算. 当 n 足够大时, 其中每个字母出现的频率接近于表 2.7 所示的概率, 即 $\frac{f_i}{n} \approx \frac{f_i - 1}{n-1} \approx p_i$, 其中 p_i 表示表 2.7 中第 i 个字母出现的概率. 例如, 字母 A 出现的概率 $p_0 = 0.082$. 因此, 对于足够长的自然语言字符串 x, 其重合指数计算如下:

$$I_c(x) \approx \sum_{i=0}^{25} p_i^2 \approx 0.065.$$

注意单表代换不改变自然语言的重合指数 0.065, 即用相同密钥字加密自然语言后, 生成的密文字符串的重合指数仍然接近 0.065(留作练习). 基于该性质, 我们可以使用重合指数猜测密钥长度.

方法 假设密钥长度为 d, 提取相同密钥字加密的密文, 测试其重合指数. 如果猜测正确, 则重合指数值接近 0.065. 否则, 字符串表现得更为随机, 一般在 0.038(1/26)~0.065 之间.

原理 猜测密钥长度为 d, 相当于对密文按 d 进行分组, 每个分组都用相同的密钥 $k = k_1 k_2 \cdots k_d$ 加密. 如果猜测正确, 则字符串中所有用相同的密钥字 (例如, k_1) 加密的密文可以看作是单表代换生成的. 由上述性质可知, 对应密文的重合指数值应接近 0.065.

例子 2.4 已知一段由维吉尼亚密码加密的生成的密文字符串 (如表 2.9 所示), 我们的目标是破解其对应的明文.

表 2.9　维吉尼亚密码的密文内容

C	B	K	Z	N	K	I	Y	J	S	R	O	F	G	N	Q	A	D	N	Z	U	Q	I	G	S	C
V	X	I	Z	G	S	J	W	U	C	U	S	R	D	K	X	U	A	H	G	Z	R	H	Y	W	T
V	D	J	E	I	U	W	S	R	R	T	N	P	S	Z	B	V	P	Z	N	C	N	G	Z	T	B
V	S	R	N	Z	U	Q	I	G	S	C	V	F	J	W	Q	G	J	W	C	Y	T	W	D	A	Z
U	Q	I	G	S	C	V	F	J	W	Q	G	J	W	J	H	K	F	D	Y	L	M	C	B	M	H
O	N	B	M	B	V	D	N	V	B	M	W	B	N	A	C	J	A	P	H	H	O	N	B	M	B
V	D	N	V	B	M	W	B	N	A	U	B	L	S	B	D	N	J	J	N	E	O	R	O	Y	F
M	X	F	H	I	X	P	Z	P	C	O	Z	Z	U	Q	I	G	S	C	V	X	C	V	H	D	M
F	G	X	M	G	O	V	Z	V	W	Y	Z	V	W	Y	Z	M	S	C	Z	O	A	J	S		
E	J	I	F	O	A	K	D	C	R	E	H	W	H	G	D	E	H	V	M	T	M	V	V	M	
E	S	V	Z	I	F	U	T	Z	F	J	Z	O	A	L	W	Q	Z	T	U	N	W	V	D	V	M
F	H	E	S	V	Z	I	F	U	T	Z	F	J	Z	O	A	L	W	Q	Z	T	U	N	P	S	N
O	Y	F	L	E	O	X	D	E	T	B	W	F	S	O	Y	F	J	M	F	H	J	U	X	U	A
G	N	A	R	S	F	Q	Y	D	O	Y	F	J	Z	S	R	Z	E	U	J	M	F	H	J	U	U
B	I	H	R	J	D	F	I	N	W	S	N	E	P	C	A	W	D	N	K	B	O	B	V	N	M
Z	U	C	M	G	H	I	J	J	M	B	S	C	J	E	J	N	A	P	D	D	E	H	L	M	Q
D	D	M	F	X	N	C	Q	B	F	P	X	W	F	E	J	F	P	Q	Z	H	I	K	I	Y	
A	I	O	Z	I	M	U	B	W	U	Z	U	F	A	Z	S	D	J	W	D	I	U	D	Z	M	Z
T	I	V	C	M	G	P																			

按照维吉尼亚密码的破解步骤，首先需要确认该密文的密钥字长度 (分组长度). 根据卡西斯基测试法，观察到密文中有以下两种密文字符串出现了重复：

• 字符串 HONBMBVDNVBMWBNA 出现了两次，其位置 (首字母位置) 分别为 130 与 151，间隔为 21.

• 字符串 ESVZIFUTZFJZOALWQZTUN 出现了两次，其位置 (首字母位置) 分别为 261 与 289，间隔为 28.

21 与 28 都可能为密钥字长度的整数倍，而 21 与 28 的最大公因子为 7，因此猜测密钥长度为 7. 采用重合指数方法进一步验证该猜测. 假设密钥长度 $d = 7$，即假设上述密文按密钥 $k = k_1k_2k_3k_4k_5k_6k_7$ 进行分组加密. 令 C_i 表示所有用 k_i 加密生成的密文字母构成的集合，如表 2.10 所示，并根据定义 2.2，分别计算 $I_c(C_i)$，其中 $1 \leqslant i \leqslant 7$，可得表 2.11.

表 2.10　密文第一行中分别属于 $C_1, \cdots, C_7$ 的密文字母

密钥 / 密文	k_1	k_2	k_3	k_4	k_5	k_6	k_7	k_1	k_2	k_3	k_4	k_5	k_6	k_7	k_1	k_2	k_3	k_4	k_5	k_6	k_7	k_1	k_2	k_3	k_4	k_5
密文	C	B	K	Z	N	K	I	Y	J	S	R	O	F	G	N	Q	A	D	N	Z	U	Q	I	G	S	C
C_1	C							Y							N							Q				
C_2		B							J							Q							I			
C_3			K							S							A							G		
C_4				Z							R							D							S	
C_5					N							O							N							C
C_6						K							F							Z						
C_7							I							G							U					

表 2.11

C_i	C_1	C_2	C_3	C_4	C_5	C_6	C_7
$I_c(C_i)$	0.054872	0.060579	0.069359	0.090869	0.087796	0.068042	0.085934

为了方便对比, 我们可以假设密钥长度 $d = 1, 2, 3, 4, 5, 6, 7$, 并分别计算对应的密文集合重合指数 $I_c(C_i)$, 如表 2.12 所示.

通过对比可以发现, 只有当 $d = 7$ 时, 其对应的各个 $I_c(C_i)$ 基本在 0.065 附近, 而当 $d = 1, 2, 3, 4, 5, 6$ 时, 对应的各个 $I_c(C_i)$ 基本在 $0.03 \sim 0.05$ 之间. 因此, 可以判定密钥长度为 7.

表 2.12 重合指数表

d	重合指数
1	0.0416433
2	0.0408822, 0.0436602
3	0.0395669, 0.0444247, 0.0409578
4	0.0374591, 0.0471443, 0.0421592, 0.0407069
5	0.0378499, 0.0450168, 0.0396417, 0.0412094, 0.0450168
6	0.0392405, 0.0451152, 0.0412204, 0.0431678, 0.041545, 0.0421941
7	0.0548727, 0.0605795, 0.0693591, 0.0908692, 0.0877963, 0.0680421, 0.085934

2.4.3.2 第二步: 确定密钥字相对位移

确定密钥长度 d 后, 下一步将确定密钥的具体值. 一种直接的方法是穷举搜索密钥空间, 其大小为 $26^7 = 8,031,810,176$. 是否有更为有效的方法能够降低密钥搜索空间? 下面将介绍一种利用重合互指数确定密钥字之间关系的方法, 能够帮助我们降低密钥搜索复杂度.

定义 2.3 设 $x = x_1 x_2 \cdots x_n$, $y = y_1 y_2 \cdots y_{n'}$, 其中 $x_i, y_j (1 \leqslant i \leqslant n, 1 \leqslant j \leqslant n')$ 是英文字母表中的字母, 则 x 与 y 的重合互指数 $MI_c(x, y)$ 是在 x 与 y 中分别随机选出一个元素且两个元素相同的概率, 即

$$MI_c(x, y) = \frac{\sum\limits_{i=0}^{25} f_i f_i'}{n n'},$$

其中 f_i 与 f_i' 为英文字母表中第 i 个字母分别在 x 与 y 中出现的次数.

在第一步的重合指数法中, 我们已将密文按密钥字重新进行了划分, 将相同密钥字加密的密文字母放在同一集合中, 共有 d 个集合, 即 $C_1, C_2, \cdots, C_d$, 分别对应密钥字 $k_1, k_2, \cdots, k_d$. 下面我们考虑各集合之间的重合互指数, 即不同密钥字加密后密文串的重合互指数. 注意, 由于每个 C_i 是英文自然语言在密钥 k_i 作用下的移位密码, 则 C_i 中字母 A(对应数字为 0) 对应的明文字母 (数字) 可表示为 $0 - k_i \bmod 26$, 且该明文字母应服从英文自然语言的概率分布 p_{0-k_i}. 那么, 随机选择 C_i 中的一个字母与 C_j 中的一个字母都是 A 的概率近似为 $p_{0-k_i} p_{0-k_j}$, 同理可计算选中 B, C, D, $\cdots$, Z 的概率. 所以, 我们有

$$MI_c(C_i, C_j) \approx \sum_{l=0}^{25} p_{l-k_i} p_{l-k_j} = \sum_{l=0}^{25} p_l p_{l+k_i-k_j} = \sum_{l=0}^{25} p_{l+k_j-k_i} p_l.$$

由上式可知, MI_c 取决于 $|k_i - k_j|$, 即密钥 k_i 与 k_j 的**相对位移**. 遍历 $|k_i - k_j|$ 所有可能, 即可遍历 MI_c 所有可能. 表 2.13 展示了重合互指数的期望值 (为何只遍历 $0 \sim 13$? 留作练习).

表 2.13 期望的重合互指数

相对位移	0	1	2	3	4	5	6	7	8	9	10	11	12	13
MI_c期望值	0.065	0.039	0.032	0.034	0.044	0.033	0.036	0.039	0.034	0.034	0.038	0.045	0.039	0.043

由表 2.13 可知, 如果 $k_i = k_j$(即分别在 C_i 与 C_j 中选到的密文字母实际对应相同的明文字母), 则上式取值为自然语言的重合指数 0.065, 而其余取值则介于 $0.03 \sim 0.05$. 我们利用下式猜测不同密钥字的相对位移.

$$MI_c(C_i, C_j) = \frac{\sum\limits_{t=0}^{25} f_{i,t} f_{j,t-s}}{n_i n_j},$$

其中 $f_{i,t}$ 表示集合 C_i 中数字 t 对应字母出现的次数, $f_{j,t-s}$ 表示集合 C_j 中数字 $t-s \bmod 26$ 对应字母出现的次数, n_i 与 n_j 分别表示 C_i 与 C_j 中字母的数量. 对上式遍历 $s \in \{0, 1, \cdots, 25\}$ 所有可能, 如果某个 s 的取值使得 $MI_c(C_i, C_j)$ 接近 0.065, 这意味着 t 与 $t-s$ 对应的实际是相同的明文字母. 假设该明文字母为 m, 我们有

$$m = t - k_i \bmod 26,$$
$$m = (t-s) - k_j \bmod 26.$$

由上式可得 $s = k_i - k_j \bmod 26$. 因此, 我们对不同的 $MI_c(C_i, C_j)$ 遍历所有 s, 寻找其中接近 0.065 的数值, 其所对应的 s 即为 $k_i - k_j$. 反之, 对于 "错误" 的 s 取值, 其 $MI_c(C_i, C_j)$ 取值介于 $0.03 \sim 0.05$.

对于例子 2.4, 我们遍历其 $MI_c(C_i, C_j)$ 所有可能, 如表 2.14 所示.

表 2.14 遍历重合互指数

i	j	$MI_c(C_i, C_j)$								
		0.045	0.053	0.033	0.031	0.045	0.036	0.029	0.032	0.049
1	2	0.032	0.022	0.039	0.061	0.047	0.031	0.042	0.051	0.034
		0.029	0.038	0.043	0.024	0.034	0.040	0.041	0.038	
		0.025	0.032	0.052	0.035	0.031	0.039	0.061	0.046	0.040
1	3	0.034	0.047	0.029	0.030	0.035	0.034	0.032	0.041	0.048
		0.039	0.040	0.049	0.052	0.035	0.030	0.038	0.028	

续表

i	j	$MI_c(C_i, C_j)$								
1	4	0.255	0.021	0.036	0.034	0.0267	0.043	0.053	0.039	0.040
		0.054	0.058	0.030	0.022	0.045	0.028	0.024	0.026	0.054
		0.030	0.028	0.047	0.072	0.042	0.032	0.038	0.050	
1	5	0.056	0.030	0.037	0.049	0.032	0.024	0.033	0.042	0.027
		0.035	0.046	0.047	0.041	0.046	0.054	0.038	0.023	0.038
		0.029	0.028	0.029	0.045	0.034	0.024	0.045	0.069	
1	6	0.033	0.036	0.035	0.060	0.047	0.037	0.033	0.038	0.038
		0.036	0.034	0.029	0.036	0.046	0.048	0.037	0.044	0.051
		0.046	0.030	0.031	0.041	0.033	0.024	0.032	0.047	
1	7	0.037	0.034	0.029	0.041	0.051	0.036	0.045	0.054	0.056
		0.028	0.023	0.047	0.029	0.025	0.032	0.054	0.029	0.027
		0.043	0.068	0.039	0.036	0.038	0.048	0.025	0.024	
2	3	0.036	0.037	0.035	0.038	0.048	0.042	0.042	0.038	0.042
		0.044	0.031	0.025	0.037	0.034	0.032	0.035	0.055	0.041
		0.024	0.039	0.068	0.043	0.027	0.037	0.040	0.030	
2	4	0.018	0.042	0.036	0.024	0.036	0.056	0.039	0.028	0.045
		0.077	0.034	0.014	0.039	0.047	0.029	0.026	0.039	0.040
		0.033	0.050	0.048	0.041	0.035	0.050	0.048	0.027	
2	5	0.037	0.041	0.042	0.034	0.023	0.028	0.038	0.030	0.033
		0.051	0.042	0.028	0.043	0.080	0.042	0.016	0.037	0.045
		0.038	0.028	0.035	0.043	0.033	0.040	0.043	0.049	
2	6	0.046	0.050	0.048	0.034	0.038	0.051	0.037	0.028	0.029
		0.040	0.035	0.026	0.032	0.050	0.043	0.027	0.038	0.060
		0.044	0.026	0.030	0.040	0.039	0.046	0.033	0.030	
2	7	0.035	0.025	0.036	0.051	0.034	0.029	0.041	0.073	0.037
		0.015	0.038	0.042	0.028	0.028	0.040	0.045	0.034	0.049
		0.049	0.037	0.038	0.054	0.046	0.024	0.025	0.047	
3	4	0.052	0.041	0.043	0.051	0.051	0.040	0.022	0.031	0.030
		0.036	0.024	0.045	0.032	0.036	0.045	0.084	0.034	0.020
		0.043	0.058	0.027	0.023	0.028	0.028	0.035	0.041	
3	5	0.026	0.027	0.028	0.040	0.047	0.046	0.041	0.045	0.040
		0.053	0.029	0.019	0.034	0.042	0.025	0.039	0.040	0.029
		0.050	0.080	0.043	0.019	0.042	0.055	0.034	0.027	
3	6	0.034	0.049	0.040	0.036	0.028	0.026	0.041	0.046	0.048
		0.033	0.045	0.046	0.039	0.036	0.039	0.028	0.026	0.035
		0.027	0.050	0.037	0.029	0.041	0.072	0.042	0.028	
3	7	0.043	0.055	0.048	0.032	0.032	0.035	0.027	0.033	0.026
		0.042	0.029	0.041	0.041	0.077	0.034	0.022	0.037	0.057
		0.029	0.025	0.033	0.036	0.034	0.035	0.055	0.038	
4	5	0.049	0.039	0.020	0.040	0.092	0.056	0.023	0.032	0.047
		0.037	0.020	0.027	0.033	0.019	0.033	0.055	0.058	0.038
		0.040	0.049	0.060	0.028	0.023	0.030	0.027	0.024	
4	6	0.032	0.029	0.020	0.029	0.060	0.039	0.025	0.036	0.077
		0.050	0.035	0.025	0.043	0.032	0.040	0.026	0.026	0.032
		0.043	0.057	0.037	0.045	0.045	0.042	0.035	0.040	
4	7	0.027	0.034	0.058	0.024	0.022	0.027	0.039	0.020	0.040
		0.064	0.040	0.040	0.050	0.059	0.030	0.027	0.034	0.031
		0.021	0.030	0.053	0.030	0.026	0.036	0.096	0.038	

续表

i	j	$MI_c(C_i, C_j)$								
5	6	0.046	0.042	0.024	0.042	0.072	0.054	0.029	0.033	0.039
		0.037	0.051	0.027	0.021	0.037	0.056	0.051	0.035	0.040
		0.050	0.038	0.032	0.030	0.030	0.026	0.023	0.032	
5	7	0.027	0.032	0.032	0.027	0.058	0.051	0.040	0.043	0.064
		0.050	0.024	0.024	0.038	0.026	0.023	0.041	0.041	0.029
		0.025	0.046	0.082	0.042	0.022	0.041	0.047	0.027	
6	7	0.034	0.043	0.043	0.047	0.036	0.053	0.033	0.037	0.029
		0.022	0.039	0.035	0.039	0.026	0.034	0.045	0.074	0.036
		0.030	0.039	0.062	0.028	0.021	0.033	0.040	0.040	

在表 2.14 中, 取定一组 i, j 后, 其对应的 $MI_c(C_i, C_j)$ 有 26 种可能, 由左及右、由上到下, 分别对应的 $k_i - k_j$ 的取值为 $0 \sim 25$. 对于每个 $MI_c(C_i, C_j)$ 寻找最接近 0.065 的值, 该值对应的位置, 即最可能的 $k_i - k_j$. 例如, 当 $i = 1, j = 2$ 时, $MI_c(C_1, C_2) = 0.061$ 最接近 0.065, 而该值的位置为 12, 即 $k_1 - k_2 = 12$. 观察发现, $MI_c(C_1, C_2)$, $MI_c(C_1, C_3)$, $MI_c(C_1, C_4)$, $MI_c(C_1, C_5)$, $MI_c(C_1, C_6)$, $MI_c(C_1, C_7)$ 的统计数据中均有接近 0.065 的取值 (表 2.14 中灰色区域所标记的取值), 因而可以得到以下密钥字之间的关系.

$$k_2 = k_1 - 12,$$
$$k_3 = k_1 - 6,$$
$$k_4 = k_1 + 5,$$
$$k_5 = k_1 + 1,$$
$$k_6 = k_1 - 3,$$
$$k_7 = k_1 + 7.$$

由上式可知, $k_2, \cdots, k_7$ 的取值完全可由 k_1 确定, 我们仅需穷举 k_1 的 26 种可能, 即可确定所有可能的密钥字.

2.4.3.3　第三步: 穷举搜索密钥字

确定密钥字间的相对位移后, 密钥搜索空间被进一步缩小, 此时再对目标密文调用解密算法 $Dec_k(c)$ 进行密钥穷举搜索, 直至解密结果为有意义的明文.

例子 2.4 确认密钥字相对位移后, 密钥搜索空间降为 26, 通过维吉尼亚解密算法遍历 26 种输出明文. 通过对比 26 种明文, 可识别出其中有意义的明文 (如表 2.15 所示), 该明文所对应的密钥为 20, 8, 14, 25, 21, 17, 1, 即 UIOZVRB.

2.4.4　破解维吉尼亚密码的启示

从维吉尼亚密码的破解分析过程可以看出, 一个安全的密码算法至少应该满足以下属性:

表 2.15 明文内容

I	T	W	A	S	T	H	E	B	E	S	T	O	F	T	I	M	E	S	I	T	W	A	S	T	H
E	W	O	R	S	T	O	F	T	I	M	E	S	I	T	W	A	S	T	H	E	A	G	E	O	F
W	I	S	D	O	M	I	T	W	A	S	T	H	E	A	G	E	O	F	F	O	O	L	I	S	H
N	E	S	S	I	T	W	A	S	T	H	E	E	P	O	C	H	O	F	B	E	L	I	E	F	I
T	W	A	S	T	H	E	E	P	O	C	H	O	F	I	N	C	R	E	D	U	L	I	T	Y	I
T	W	A	S	T	H	E	S	E	A	S	O	N	O	F	L	I	G	H	T	I	T	W	A	S	T
H	E	S	E	A	S	O	N	O	F	D	A	R	K	N	E	S	S	I	T	W	A	S	T	H	E
S	P	R	I	N	G	O	F	H	O	P	E	I	T	W	A	S	T	H	E	W	I	N	T	E	R
O	F	D	E	S	P	A	I	R	W	E	H	A	D	E	V	E	R	Y	T	H	I	N	G	B	E
F	O	R	E	U	S	W	E	H	A	D	N	O	T	H	I	N	G	B	E	F	O	R	E	U	S
W	E	W	E	R	E	A	L	L	G	O	I	N	G	D	I	R	E	C	T	T	O	H	E	A	V
E	N	W	E	W	E	R	E	A	L	L	G	O	I	N	G	D	I	R	E	C	T	T	H	E	O
T	H	E	R	W	A	Y	I	N	S	H	O	R	T	T	H	E	P	E	R	I	O	D	W	A	S
S	O	F	A	R	L	I	K	E	T	H	E	P	R	E	S	E	N	T	P	E	R	I	O	D	T
H	A	T	S	O	M	E	O	F	I	T	S	N	O	I	S	I	E	S	T	A	U	T	H	O	R
I	T	I	E	S	I	N	S	I	S	T	E	D	O	N	I	T	S	B	E	I	N	G	R	E	C
E	I	V	E	D	F	O	R	G	O	O	D	O	R	F	O	R	E	V	I	L	I	N	T	H	E
S	U	P	E	R	L	A	T	I	V	E	D	E	G	R	E	E	O	F	C	O	M	P	A	R	I
S	O	N	O	N	L	Y																			

- 能够隐藏明文与密文在统计规律上的关系, 密文的每个字母在出现频率上要**足够随机**, 以防敌手从密文统计规律识别相关明文信息.
- 密钥空间要**足够大**, 以防敌手对密钥空间直接进行穷举搜索.

那么, 究竟怎样才算**足够随机**? 密钥空间如何达到**足够大**? 安全的密码方案是否还应满足其他属性? 我们将在第 3 章进一步给出解答.

此外, 本节仅从唯密文攻击角度讨论了古典密码的分析方法, 事实上, 由于古典密码的明文、密钥与密文的关系较为简单, 难以抵抗已知明文攻击、选择明文攻击与选择密文攻击. 例如, 已知移位密码的明密文对, 可推出对应的密钥字.

2.5 推荐阅读

古典密码种类繁多, 更多古典密码的介绍与分析, 请参考文献 [1–3], 其中文献 [3] 介绍了密码历史上的种种奇闻轶事. 关于我国古代经典密码以及密码技术当前进展, 请访问中国密码学会网站科普栏目.

2.6 练习题

练习 2.1 单表代换不改变自然语言的重合指数 0.065, 即用相同密钥字加密自然语言后, 生成的密文字符串的重合指数仍然是 0.065. 请解释为什么.

练习 2.2 表 2.13 只展示了相对位移遍历 $0 \sim 13$ 的重合互指数值, 为何不需考虑取值为 $14 \sim 25$ 的相对位移?

练习 2.3　给定一段采用维吉尼亚密码加密的密文 (如表 2.16 所示), 已知对应明文为英文自然语言, 请破解该密文.

表 2.16　密文内容

K	R	K	P	E	K	M	C	W	X	T	V	K	N	U	G	C	M	K	X	F	W	M	G	M	J
V	P	T	T	U	F	L	I	H	C	U	M	G	X	A	F	S	D	A	J	F	U	P	G	Z	Z
M	J	L	K	Y	Y	K	X	D	V	C	C	Y	Q	I	W	D	N	C	E	B	W	H	Y	J	M
G	K	A	Z	Y	B	T	D	F	S	I	T	N	C	W	D	N	O	L	Q	I	A	C	M	C	H
N	H	W	C	G	X	F	Z	L	W	T	X	Z	L	V	G	Q	E	C	L	L	H	I	M	B	N
U	D	Y	N	A	G	R	T	T	G	I	I	Y	C	M	V	Y	Y	I	M	J	Z	Q	A	X	V
K	C	G	K	G	R	A	W	X	U	P	M	J	W	Q	E	M	I	P	T	Z	R	T	M	Q	D
C	I	A	K	J	U	D	N	N	U	A	D	F	R	I	M	B	B	U	V	Y	A	E	Q	W	S
H	T	P	U	Y	Q	H	X	V	Y	A	E	F	F	L	D	M	T	V	R	J	K	P	L	L	S
X	T	R	L	N	V	K	I	A	J	F	U	K	Y	C	V	G	J	G	I	B	U	B	L	D	P
P	K	F	P	M	K	K	U	P	L	A	F	S	L	A	Q	Y	C	A	I	G	U	S	H	M	Q
X	C	I	T	Y	R	W	U	K	Q	D	F	T	K	G	R	L	S	T	C	U	D	N	N	U
Z	T	E	Q	J	R	X	Y	A	F	S	H	A	Q	L	J	S	L	J	F	U	N	H	W	I	Q
T	E	H	N	C	P	K	G	X	S	P	K	F	V	B	S	T	A	R	L	S	G	K	X	F	I
B	F	F	L	D	M	E	R	P	T	R	Q	L	Y	G	X	P	F	R	W	X	T	V	B	D	G
Q	K	Z	T	M	T	F	S	Q	E	G	U	M	C	F	A	R	A	R	H	W	E	R	C	H	V
Y	G	C	Z	Y	Z	J	A	A	C	G	N	T	G	V	F	K	T	M	J	V	L	P	M	K	F
L	P	E	C	J	Q	T	F	D	C	C	L	B	N	C	Q	W	H	Y	C	C	C	B	G	E	A
N	Y	C	I	C	L	X	N	C	R	W	X	O	F	Q	I	E	Q	M	C	S	H	H	D	C	C
U	G	H	S	X	X	V	Z	D	N	H	W	T	Y	C	M	C	B	C	C	R	T	T	U	M	R
Q	L	P	H	X	N	W	D	G	X	D	L	R	C	H	V	Y	G	Z	K	E	R	W	X	Y	F
K	C	P	G	A	D	M	G	X	D	L	R	C	H	V	Y	G	Z	C	Z	K	E	R	W	X	Y
P	A	W	E	F	S	A	W	U	K	M	E	F	G	K	M	P	W	Q	I	C	N	H	W	L	N
I	H	V	Y	C	S	X	C	K	F																

练习 2.4　如果维吉尼亚密码加密的明文不是自然语言, 该如何进行破解?

练习 2.5　如果增加维吉尼亚密码的密钥长度 d 会对安全性产生何种影响? 如果密钥长度与要加密的明文长度相等, 本章分析方法还是否适用? 请解释原因.

练习 2.6　令 $n \geqslant 2$ 为正整数. 设 A 为一个 $n \times n$ 的可逆矩阵, b 为一个 $1 \times n$ 的向量, 明文 m 被表示为一个 $1 \times n$ 的向量. 在希尔密码算法中, 密钥为 (A, b), 加密算法为 $Enc_k(m) = mA + b$. 考虑所有的运算都在 $\mathbb{F}_2 = \{0, 1\}$ 上的情况. 例如

$$A = \begin{bmatrix} 1 & 0 & 0 & 1 & 1 \\ 0 & 1 & 0 & 1 & 0 \\ 0 & 0 & 1 & 0 & 0 \\ 0 & 0 & 0 & 1 & 0 \\ 0 & 0 & 0 & 0 & 1 \end{bmatrix}, \quad b = [1, 0, 1, 0, 1], \quad m = [1, 1, 1, 0, 0],$$

则 $Enc_k(m) = [0, 1, 0, 0, 0]$. 请考虑如下问题:

(1) 给出上述希尔密码的解密算法;

(2) 在选择明文攻击下, 给出该算法的密钥恢复方法;

(3) 假设攻击者得到了一个挑战 (challenge) 密文 c, 在选择密文攻击下, 敌手可获得除 c 以外任选密文对应的明文, 能否仅选择不超过 3 个密文即可解密 c (无需恢复密钥)?

参考文献

[1] Stinson D R. Cryptography: Theory and Practice. 3rd ed. New York: Chapman and Hall/CRC, 2006.

[2] Stallings W. 密码编码学与网络安全: 原理与实践. 8 版. 陈晶, 杜瑞颖, 唐明, 等译. 北京: 电子工业出版社, 2021.

[3] Singh S. The Code Book. New York: Anchor, 2001.

第 3 章

密码学信息理论基础

1948 年, 克劳德·香农发表了《通信的数学原理》[1], 奠定了现代数字通信的理论基础, 被后人誉为信息论之父. 1949 年, 他发表的另一篇论文——《保密系统的通信理论》[2] 用信息论的观点对信息保密问题做了全面的阐述, 该工作成为密码学的重要理论基础, 为密码设计与密码分析提供了重要方法. 从此, 密码研究有了系统全面的理论支撑, 密码成为一门学科. 在本章中, 我们将介绍香农保密系统的信息理论基本概念与性质, 并揭示如何利用信息论刻画密码的安全性.

3.1 香农保密系统的数学模型

为了刻画通信保密系统的安全性, 我们将通信保密系统抽象为如图 3.1 所示的简单数学模型. 该图展示了明文生成、加密、传输、解密的全过程.

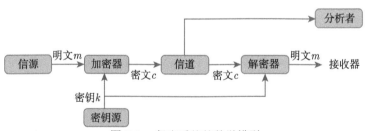

图 3.1 保密系统的数学模型

图 3.1 中, 信源生成明文消息 m, 密钥源产生密钥 k. 加密器通过运行加密算法, 生成对应的密文 c, 并将其通过公开信道发送给接收者. 在密文传输过程中, 会遭遇分析者 (敌手) 的攻击. 当解密器收到密文后, 运行解密算法输出明文 m, 接收者最终得到明文. 其中, 关于信源与密钥源的进一步解释如下.

- **信源** 信源是产生明文消息的 "源", 可生成离散的字母或符号. 信源能够产生的所有可能字符构成的集合称为信源字母表, 记为

$$M = \{a_1, a_2, \cdots, a_N\},$$

其中 a_i 表示信源产生的字符 $(1 \leqslant i \leqslant N)$, N 表示信源能够产生的字符种类数量. 例如, 当我们讲话时, 我们本身可以看作一种信源, 所说的每一句话都由离散的汉字 (或字母) 组成, 信源字母表即我们使用的自然语言字符表. 此外, 信源通常按一定的概率分布输出符号, 例如, 自然语言中字符的出现服从特定的概率分布. 令 $p(a_i)$ 表示字符 a_i 出现的概率 (也用 $\mathrm{Pr}[\ ]$ 表示). 因此, 信源的概率分布应满足

$$p(a_i) \geqslant 0 \quad \text{且} \quad \sum_{i=1}^{N} p(a_i) = 1.$$

信源逐个字符依次输出, 多个连续的字符便构成了明文消息序列. 信源产生的长度为 L 个字符的明文消息序列表示为

$$m = (m_1, m_2, \cdots, m_L), \quad \text{其中 } m_i \in M, 1 \leqslant i \leqslant L.$$

考虑输出明文消息长度为 L 的信源, 其对应的明文空间表示如下

$$\mathbb{P} = M^L = \{m = (m_1, m_2, \cdots, m_L) | m_i \in M, 1 \leqslant i \leqslant L\},$$

其中 $|\mathbb{P}| = N^L$.

当信源是无记忆时, 消息 m 出现的概率可表示为

$$p(m) = p(m_1, m_2, \cdots, m_L) = \prod_{i=1}^{L} p(m_i).$$

此处所谓的无记忆, 可以理解为字符之间彼此独立, 当前字符的出现不受之前发送过的字符的影响.

• **密钥源** 密钥源是产生密钥字符序列的源. 所有可能的密钥字符构成的集合被称为密钥字母表, 记为

$$B = \{b_1, b_2, \cdots, b_s\},$$

其中 b_i 表示密钥字符 $(1 \leqslant i \leqslant s)$, s 表示密钥源能够产生的字符种类数量, 并满足

$$p(b_i) \geqslant 0 \quad \text{且} \quad \sum_{i=1}^{s} p(b_i) = 1.$$

注意, 在密码系统中, **密钥源的概率分布一般要求为无记忆均匀分布**.

长度为 r 个字符的密钥序列表示为

$$k = (k_1, k_2, \cdots, k_r), \quad \text{其中 } k_i \in B, 1 \leqslant i \leqslant r.$$

所有长度为 r 的密钥序列构成的密钥空间记为 $\mathbb{K} = B^r$.

在本模型中, 假设密文 c 由 L' 个密文字符构成, 即

$$c = (c_1, c_2, \cdots, c_{L'}) = Enc_k(m_1, m_2, \cdots, m_L).$$

所有的密文构成密文空间 $\mathbb{C}$. 注意, 在实际密码系统中, 明文与密文的长度可能并不相等. 为了方便理解本章内容, 我们仅考虑 $L' = L$ 的情况.

由于密文完全由加密算法的输入——明文与密钥所确定, 因此, 密文空间的统计特性由明文空间与密钥空间的统计特性完全决定. 从密码分析角度, 我们更关心给定密文后, 相关明文出现的可能性. 下面利用概率工具, 将明文、密钥与密文视为随机变量, 探讨明文、密钥与密文间的相互关系. 本节需要应用条件概率公式与贝叶斯 (Bayes) 公式.

- **条件概率公式**

$$p(x, y) = p(x|y)p(y) = p(y|x)p(x).$$

- **Bayes 公式**　当 $p(y) > 0$ 时,

$$p(x|y) = \frac{p(y|x)p(x)}{p(y)}.$$

设明文 x 出现的概率为 $p_{\mathbb{P}}(x)$, 密钥 k 出现的概率为 $p_{\mathbb{K}}(k)$. 假定明文空间与密钥空间是**独立的** (明文生成与密钥生成互不影响). 注意到对于同一个密文 y, 可能存在多组 (k, m) 满足 $y = Enc_k(m)$. 因此, 密文 y 的概率表示为

$$p_{\mathbb{C}}(y) = \sum_{\{k|y \in \mathbb{C}_k\}} p_{\mathbb{K}}(k) \cdot p_{\mathbb{P}}(Dec_k(y)), \tag{3.1}$$

其中 $\{k|y \in \mathbb{C}_k\}$ 表示能够生成 y 的所有可能密钥的集合, $\mathbb{C}_k = \{Enc_k(m)|m \in \mathbb{P}\}$ 表示 Enc 的输入 k 固定, 明文遍历所有可能时, 输出的所有可能密文. $p_{\mathbb{P}}(Dec_k(y))$ 表示使用密钥 k 对 y 解密后, 对应的明文出现的概率.

此外, 当明文 x 确定后, y 出现的概率完全由密钥决定, 即

$$p_{\mathbb{C}}(y|x) = \sum_{\{k|x=Dec_k(y)\}} p_{\mathbb{K}}(k). \tag{3.2}$$

其中 $\{k|x = Dec_k(y)\}$ 表示能够将 y 解密为 x 的所有可能密钥. 根据 Bayes 公式以及等式 (3.1)、(3.2), 可以得到明文关于密文的条件概率:

$$p_{\mathbb{P}}(x|y) = \frac{p_{\mathbb{P}}(x)p_{\mathbb{C}}(y|x)}{p_{\mathbb{C}}(y)}$$

$$= \frac{p_{\mathbb{P}}(x) \cdot \sum_{\{k|x=Dec_k(y)\}} p_{\mathbb{K}}(k)}{\sum_{\{k|y\in \mathbb{C}_k\}} p_{\mathbb{K}}(k) \cdot p_{\mathbb{P}}(Dec_k(y))}.$$

条件概率 $p_{\mathbb{P}}(x|y)$ 刻画了给定密文 y 后, 其对应明文是 x 的可能性或明文的不确定性. 对于密码分析者而言, 当得到目标密文后, 他期望能够获取对应明文的相关信息, 也就是降低对于目标明文的不确定性. 对于这种不确定性, 信息理论采用熵的概念进行量化.

3.2 熵

熵原本是一个物理学概念, 用于描述物质的状态, 但在香农的信息理论中, 熵是对信息或不确定性的数学度量, 利用概率函数进行计算. 为了解释熵的概念, 我们先讨论下面的例子.

例子 3.1 设随机变量 X 的所有可能取值为 x_1, x_2, x_3, 且三种取值的概率分别为

$$p(x_1) = \frac{1}{2}, \quad p(x_2) = \frac{1}{4}, \quad p(x_3) = \frac{1}{4}.$$

每个 x_i 出现的不确定性, 用 $I(x_i)$ 表示:

$$I(x_i) = \log_2 \frac{1}{p(x_i)} = -\log_2 p(x_i).$$

$I(x_i)$ 称为关于 x_i 的自信息, 单位是比特 (bit). 可以推出

$$I(x_1) = \log_2 \frac{1}{p(x_1)} = -\log_2 \frac{1}{2} = 1 \text{ 比特}.$$

同理可得 $I(x_2) = I(x_3) = -\log_2 \frac{1}{4} = 2$ 比特.

关于 X 的平均不确定性, 我们可以用各个事件的自信息的期望来刻画, 即

$$p(x_1) \cdot I(x_1) + p(x_2) \cdot I(x_2) + p(x_3) \cdot I(x_3) = \frac{1}{2} \times 1 + \frac{1}{4} \times 2 + \frac{1}{4} \times 2 = 1.5 \text{ 比特}.$$

此时, 我们称 X 的熵为 1.5 比特.

由上例可知, 熵是用来刻画平均不确定性的, 熵的正式定义如下.

3.2.1　熵的定义

定义 3.1　设随机变量 X 的取值范围是 $\{x_i | i = 1, 2, \cdots, n\}$，其中 $0 \leqslant p(x_i) \leqslant 1$，且 $\sum_{i=1}^{n} p(x_i) = 1$，则 X 的熵定义为

$$H(X) = -\sum_{i=1}^{n} p(x_i) \cdot \log_2 p(x_i).$$

注 3.1　(1) 当取以 2 为底的对数时，熵的单位是比特 (bit). 注意，比特通常也用来作为数据存储的单位，例如，"长度为 128 比特的数据". 但是，作为熵的单位时，比特用来表示不确定性的程度.

(2) 当 $p(x_i) = 0$ 时，定义 $0 \times \log_2 0 = 0$.

关于熵的含义，可以从以下三种角度理解.

(1) X 中所有事件出现的平均不确定性.

(2) 为确定 X 中出现一个事件平均所需的信息量 (观测之前).

(3) X 中每出现一个事件平均给出的信息量 (观测之后).

例子 3.2　设 X 的取值范围是 $\{x_1, x_2\}$，其概率分布为 $p(x_1) = p$，$p(x_2) = 1 - p = q$，则 X 的熵

$$H(X) = -p \log_2 p - (1 - p) \log_2 (1 - p).$$

当 $p = 0$ 或 1 时，$H(X) = 0$ 比特，此时表明 X 的取值没有不确定性.

当 $p = \dfrac{1}{2}$ 时，$H(X) = 1$ 比特. 对于只有两种取值可能的 X，$p = \dfrac{1}{2}$ 意味着取值为 x_1 与 x_2 是等可能的，此时 X 的不确定性达到最大.

3.2.2　熵的基本性质

接下来，我们将介绍熵的基本性质. 为便于理解相关性质证明，需要先了解上凸函数与詹森 (Jensen) 不等式的概念.

定义 3.2　我们称 f 是区间 I 上的上凸函数，如果对于任意的 $x, y \in I$ 满足

$$f\left(\frac{x + y}{2}\right) \geqslant \frac{f(x) + f(y)}{2}.$$

我们称 f 是区间 I 上的严格上凸函数，如果对于任意的 $x, y \in I, x \neq y$ 满足

$$f\left(\frac{x + y}{2}\right) > \frac{f(x) + f(y)}{2}.$$

定理 3.1 (Jensen 不等式)　假设 f 是区间 I 上的一个连续的严格上凸函数，

$a_i > 0, 1 \leqslant i \leqslant n$, 满足 $\sum_{i=1}^{n} a_i = 1$. 则对于任意 $x_i \in I, 1 \leqslant i \leqslant n$, 有

$$f\left(\sum_{i=1}^{n} a_i x_i\right) \geqslant \sum_{i=1}^{n} a_i f(x_i),$$

当且仅当 $x_1 = x_2 = \cdots = x_n$ 时, 等号成立.

利用上述工具, 可以得到熵的基本性质:

性质 3.1　$H(X) = 0 \Leftrightarrow \exists i$, 使得 $p(x_i) = 1$, 且 $p(x_j) = 0, j \neq i$.

性质 3.2　$H(X) = \log_2 n \Leftrightarrow p(x_i) = \dfrac{1}{n}, 1 \leqslant i \leqslant n$.

性质 3.3　$0 \leqslant H(X) \leqslant \log_2 n$.

直观上, 性质 3.3 实际刻画了熵的可能取值范围, 性质 3.1 表明如果有一个事件发生的概率为 1, 则 X 的平均不确定性降为 0 比特, 因为此时已经可以确定是哪个事件必定会发生. 性质 3.2 表明当 X 中每个事件出现概率均等时, 熵可以达到最大值 $\log_2 n$, 这里的 n 代表 X 中可能发生事件的个数.

证明　考虑熵的定义, $H(X) = -\sum_{i=1}^{n} p(x_i) \log_2 p(x_i)$, 由于每个事件 x_i 满足 $0 \leqslant p(x_i) \leqslant 1$, 并且 $\sum_i p(x_i) = 1$, 根据上述熵的定义可得到, $H(X) \geqslant 0$. 因此 $H(X) = 0$ 当且仅当存在某个 i, 满足 $p(x_i) = 1$, 且其余 $p(x_j) = 0, j \neq i$. 性质 3.1 得证.

由于 $\log_2(\cdot)$ 是上凸函数, 当 $p(x_i) > 0, 1 \leqslant i \leqslant n$ 时, 对熵的表达式应用 Jensen 不等式可得

$$H(X) = \sum_{i=1}^{n} p(x_i) \log_2 \frac{1}{p(x_i)} \leqslant \log_2 \left(\sum_{i=1}^{n} p(x_i) \times \frac{1}{p(x_i)}\right) = \log n,$$

当且仅当 $p(x_i) = \dfrac{1}{n}, i = 1, 2, \cdots, n$ 时, 上式取到等号 (最大值).

当存在部分 $p(x_i) = 0$ 时, 我们可对其余概率取值不为 0 的 x_j(假设共有 n' 个, $n' < n$) 应用 Jensen 不等式, 此时, $H(X) \leqslant \log n' < \log n$.

因此, 性质 3.2、性质 3.3 得证.　　□

根据熵的定义与基本性质, 进一步引入联合熵和条件熵的定义.

定义 3.3　设 X 的概率分布同上, 随机变量 Y 的取值范围是 $\{y_j | j = 1, 2, \cdots, m\}$, 其中 $0 \leqslant p(y_j) \leqslant 1$, 且 $\sum_{j=1}^{m} p(y_j) = 1$, 则 X 和 Y 的联合熵定义为

$$H(XY) = H(X, Y) = -\sum_{i=1}^{n} \sum_{j=1}^{m} p(x_i y_j) \cdot \log_2 p(x_i y_j).$$

X 相对于事件 y_j 的条件熵定义为

$$H(X|y_j) = -\sum_{i=1}^{n} p(x_i|y_j) \cdot \log_2 p(x_i|y_j).$$

则 X 关于 Y 的条件熵定义为

$$H(X|Y) = \sum_{j=1}^{m} p(y_j) \cdot H(X|y_j) = -\sum_{j=1}^{m}\sum_{i=1}^{n} p(x_iy_j) \cdot \log_2 p(x_i|y_j).$$

联合熵 $H(XY)$ 刻画了事件 X 和 Y 同时出现的平均不确定性, 通过 X 和 Y 的联合概率来表示. X 相对于事件 y_j 的条件熵 $H(X|y_j)$ 的含义为在 y_j 事件出现的情况下, X 的平均不确定性, 通过条件概率 $p(x_i|y_j)$ 来进行刻画. 而对于 X 关于 Y 的条件熵 $H(X|Y)$, 可理解为对于 $H(X|y_j)$ 遍历不同的 y_j 所求的期望值, 刻画了当观察到 Y 后, 对于 X 仍保留的平均不确定性.

性质 3.4 $H(X,Y) \leqslant H(X) + H(Y)$, 当且仅当 X 和 Y 统计独立时等号成立.

证明   由全概率公式可得, 对于所有的 $1 \leqslant i \leqslant n, 1 \leqslant j \leqslant m$, 我们有

$$p(x_i) = \sum_{j=1}^{m} p(x_iy_j), \quad p(y_j) = \sum_{i=1}^{n} p(x_iy_j).$$

因此

$$H(X) + H(Y)$$
$$= -\sum_{i=1}^{n} p(x_i) \log_2 p(x_i) - \sum_{j=1}^{m} p(y_j) \log_2 p(y_j)$$
$$= -\sum_{i=1}^{n}\sum_{j=1}^{m} p(x_iy_j) \log_2 p(x_i) - \sum_{j=1}^{m}\sum_{i=1}^{n} p(x_iy_j) \log_2 p(y_j)$$
$$= -\sum_{i=1}^{n}\sum_{j=1}^{m} p(x_iy_j) \log_2 p(x_i)p(y_j).$$

根据联合熵定义, 我们有

$$H(XY) - (H(X) + H(Y))$$
$$= \sum_{i=1}^{n}\sum_{j=1}^{m} p(x_iy_j) \log_2 \frac{p(x_i)p(y_j)}{p(x_iy_j)}$$

$$\leqslant \log_2 \sum_{i=1}^{n} \sum_{j=1}^{m} p(x_i)p(y_j)$$

$$= \log_2 1$$

$$= 0,$$

其中 "$\leqslant$" 的推导, 应用了 Jensen 不等式. 因此, $H(X,Y) \leqslant H(X) + H(Y)$.

根据 Jensen 不等式, 等号成立当且仅当存在常数 c 对于所有 $1 \leqslant i \leqslant n, 1 \leqslant j \leqslant m$ 满足 $\dfrac{p(x_i)p(y_j)}{p(x_iy_j)} = c$. 又因为

$$\sum_{i=1}^{n} \sum_{j=1}^{m} p(x_iy_j) = \sum_{i=1}^{n} \sum_{j=1}^{m} p(x_i)p(y_j) = 1,$$

我们有 $c = 1$. 这意味着, 等号成立当且仅当对于所有 $1 \leqslant i \leqslant n, 1 \leqslant j \leqslant m$, $p(x_i)p(y_j) = p(x_iy_j)$, 即 X 与 Y 是统计独立的. □

性质 3.5 $H(X,Y) = H(Y) + H(X|Y) = H(X) + H(Y|X)$.

性质 3.5 的证明根据联合熵与条件熵定义容易推得, 留作课后习题.

根据性质 3.4 与性质 3.5, 我们可以得到如下推论:

推论 3.1 $H(X|Y) \leqslant H(X)$, 当且仅当 X 和 Y 统计独立时等号成立.

本推论刻画了 X 关于 Y 的条件熵不会大于 X 的熵, 也就是说当我们知道了 Y(发生后), 有可能降低我们对于 X 的平均不确定性. 但是, 如果 X 和 Y 毫无关联, 或者统计独立时, 即使我们知道了 Y, 也不会影响我们对 X 的平均不确定性.

3.3 完美保密性

本节从熵的角度刻画加密算法的安全性. 注意, 密码的安全性是相对攻击而言的, 在本节中, 我们针对唯密文攻击, 考虑无限计算能力的敌手. 敌手的攻击目的是获得明文相关信息, 或者说是降低其不确定性, 可表示为

$$H(P) - H(P|C),$$

其中 $H(P)$ 表示对明文的不确定性, 而 $H(P|C)$ 表示当看到密文之后, 对明文仍然保留的不确定性. 这两个不确定性的差值, 则表示敌手能够从密文中确定的关于明文的信息量.

另一方面, 敌手通常也会关心密钥的信息, 即从密文中提取有关密钥的信息,

表示为

$$H(K) - H(K|C),$$

其中 $H(K)$ 表示对密钥的不确定性, 而 $H(K|C)$ 表示当看到密文之后, 对密钥仍然保留的不确定性, 两者之差刻画了敌手能够从密文确定的关于密钥的信息量.

从以上两个式子中可以看出, $H(P|C)$ 和 $H(K|C)$ 越大, 敌手能够提取 (确定) 的信息量越少. 这也告诉我们, 一个安全的加密算法需要保障足够大的 $H(P|C)$ 和 $H(K|C)$.

3.3.1 完美保密性的定义

定义 3.4　如果一个保密系统能够满足 $H(P){=}H(P|C)$, 即明文的熵等于明文关于密文的条件熵, 我们称该密码系统可以达到完美保密性 (perfect secrecy), 也称为无条件安全 (unconditional security).

对于完美保密系统, 即使具有无限计算能力的敌手获得了密文, 也无法从密文中提取到关于明文的任何信息.

为了达到完美保密性, 我们考察 $H(P|C)$ 的取值受哪些条件影响. 根据熵的性质, 可以得到关于 P, K, C 的如下不等式:

$$
\begin{aligned}
H(P|C) &\leqslant H(P|C) + H(K|(PC)) \\
&= H(PC) - H(C) + H(KPC) - H(PC) \\
&= H(KPC) - H(C) \\
&= H(KC) - H(C) \quad //\text{明文 } P \text{ 完全由密钥 } K \text{ 与密文 } C \text{ 确定} \\
&= H(K|C) \\
&\leqslant H(K).
\end{aligned}
$$

由上述推导可知 $H(P|C) \leqslant H(K)$, 也就是说, 如果要达到完美安全性, 应保证密码系统拥有足够大的密钥熵, 因为密钥熵界定了 $H(P|C)$ 的最大值. 根据密钥熵的公式

$$H(K) = -\sum_{i=1}^{n} p(k_i) \log_2 p(k_i),$$

以及熵的基本性质, 密钥熵能否足够大由以下两个因素决定.
- 密钥数量 n 应足够多, 即应当保证密钥空间 $|\mathbb{K}|$ 足够大.
- 密钥的分布服从 (独立) 均匀分布, 使得密钥的熵达到最大值.

满足上述两个条件, 可以使 $|\mathbb{K}|$ 足够大且密钥熵达到最大值 $\log_2 |\mathbb{K}|$, 进而保障产生足够大的密钥熵. (注意, $|\mathbb{K}|$ 表示密钥空间中元素的个数.)

再进一步, 结合先前给出的完美保密性的判定条件, 即 $H(P|C) = H(P)$, 我们可以得到达到完美保密性的必要条件:

$$H(P) \leqslant H(K) \leqslant \log_2 |\mathbb{K}|,$$

即**完美保密系统的密钥熵大于等于明文空间的熵**.

3.3.2 一次一密

能够达到完美保密性的加密方案是否存在? 如果存在, 如何证明此类方案满足完美保密性? 下面, 我们给出一种能够达到完美保密性的加密方案——一次一密 (one-time pad), 并证明其完美保密性.

一次一密方案描述如下.

- 密钥生成: 设 $\mathbb{P} = \mathbb{K} = \mathbb{C} = \mathbb{Z}_2^n$, 即

$$\mathbb{P} = \{m = (m_1, m_2, \cdots, m_n) | m_i \in \mathbb{Z}_2, 1 \leqslant i \leqslant n\},$$

$$\mathbb{K} = \{k = (k_1, k_2, \cdots, k_n) | k_i \in \mathbb{Z}_2, 1 \leqslant i \leqslant n\},$$

$$\mathbb{C} = \{c = (c_1, c_2, \cdots, c_n) | c_i \in \mathbb{Z}_2, 1 \leqslant i \leqslant n\}.$$

随机选择 $k \in \mathbb{K}$ 作为密钥. 注意, 在密码学中, "随机选择" 意味着每个密钥被选中的概率均等, 即 $p_{\mathbb{K}}(k) = \left(\dfrac{1}{2}\right)^n$.

- 加密算法: 输入明文 $m \in \mathbb{P}$、密钥 k, 计算

$$c = Enc_k(m) = m \oplus k = (m_1 \oplus k_1, \cdots, m_n \oplus k_n),$$

此处 $\oplus$ 表示异或操作, 即模 2 的加法.

- 解密算法: 输入密文 $c \in \mathbb{C}$、密钥 k, 计算

$$m = Dec_k(c) = c \oplus k = (c_1 \oplus k_1, \cdots, c_n \oplus k_n).$$

注意, 上述算法仅能使用一次, 即密钥只能加密一条明文, 如果要加密下一条明文, 需重新运行密钥生成算法, 生成新的密钥. 由于每次加密都需要生成 "新" 的密钥, 故称为一次一密.

下面, 我们将证明一次一密能够达到完美保密性, 即满足 $H(P|C) = H(P)$. 要证明该式成立, 只需要证明明文空间 $\mathbb{P}$ 与密文空间 $\mathbb{C}$ 相互统计独立, 即对任意的 $m \in \mathbb{P}$, $c \in \mathbb{C}$ 满足 $p_{\mathbb{P}}(m|c) = p_{\mathbb{P}}(m)$.

证明　已知密文是由密钥和明文共同确定的, 因而对于任意密文 $c \in \mathbb{C}$, 我们有

$$
\begin{aligned}
p_{\mathbb{C}}(c) &= \sum_{k \in \mathbb{K}} p_{\mathbb{K}}(k) \cdot p_{\mathbb{P}}(Dec_k(c)) \\
&= \frac{1}{2^n} \sum_{k \in \mathbb{K}} p_{\mathbb{P}}(Dec_k(c)) \quad //\text{密钥与明文相互独立且} p_{\mathbb{K}}(k) = \left(\frac{1}{2}\right)^n \\
&= \frac{1}{2^n} \sum_{k \in \mathbb{K}} p_{\mathbb{P}}(c \oplus k) \\
&= \frac{1}{2^n},
\end{aligned}
$$

其中, 最后一个等号成立的原因是, 当 k 遍历所有可能时, $c \oplus k$ 遍历明文空间所有可能, 因此, $\sum_{k \in \mathbb{K}} p_{\mathbb{P}}(c \oplus k) = 1$. 从而有 $p_{\mathbb{C}}(c) = \frac{1}{2^n}$, 即密文服从均匀分布. 又因为当确定明文后, 密文完全由对应的密钥决定, 可得密文关于明文的条件概率为

$$
p_{\mathbb{C}}(c|m) = p_{\mathbb{K}}(c \oplus m) = \frac{1}{2^n}.
$$

由 Bayes 公式可以得到明文关于密文的条件概率, 即

$$
p_{\mathbb{P}}(m|c) = \frac{p_{\mathbb{C}}(c|m) p_{\mathbb{P}}(m)}{p_{\mathbb{C}}(c)} = \frac{\frac{1}{2^n} \cdot p_{\mathbb{P}}(m)}{\frac{1}{2^n}} = p_{\mathbb{P}}(m).
$$

一次一密的完美保密性得证.　　　　　　　　　　　　　　　　　　　　□

一次一密意味着每次加密都需要重新生成密钥, 这保证了密钥的熵不小于明文的熵, 且密文同样服从均匀分布. 由于每次使用 "新" 密钥, 密文 c 对应的真实明文也具有所有可能, 即 $m = k \oplus c$, 不同的密钥对应不同的明文, 这使得即使敌手具有无穷能力, 也无法确认哪个才是真正的明文. 但是, 如果相同的密钥使用了多次, 则会造成明文信息的泄露. 例如, 密钥 k 加密了 m 与 m', 即 $c = k \oplus m$, $c' = k \oplus m'$, 则 $c \oplus c' = k \oplus m \oplus k \oplus m' = m \oplus m'$, 这意味着明文的信息遭到泄露: 密文的异或等于对应明文的异或. 另一方面, 在已知明文攻击下, 敌手可以通过明密文对, 轻易获取密钥 $k = c \oplus m$, 因此, 多次使用相同的密钥是不安全的.

要保障安全地使用一次一密, 加密者需将密钥通过安全信道发送给解密者, 且发送的密钥数量与要加密的明文数量一样多. 这类一次一密方案曾经应用于一战和二战, 它要求加密方案的加密者随身携带一个 "便签"(pad), 便签上记录了所有

可用的密钥, 在每次加密一条消息时, 都要从便签中按照规则选择一个没有被使用过的密钥来加密这条消息. 对应地, 解密者需能够安全地获取并保管该便签, 例如, 预先进行现场交付便签, 每次解密时按同样的规则从便签中选取对应的密钥进行解密. 然而, 如果加密的消息数量巨大, 大量的密钥需要被安全地传递和保管. 在实际应用中, 密钥的安全分发是一项代价高昂的工作, 现场交付的形式显然不适用于加密大量消息的场景. 这种缺陷限制了一次一密在商业上的应用. 因此, 在实际的商用密码方案中, 我们希望一个密钥能够用于加密多条消息, 且仍然保证 (计算) 安全性.

3.4 练习题

练习 3.1 设随机变量 X 的概率分布如下所示, 请计算 $I(x_1)$ 与 $H(X)$.

$$\left\{ \begin{matrix} x_1 & x_2 & x_3 & x_4 \\ \dfrac{1}{4} & \dfrac{1}{4} & \dfrac{1}{4} & \dfrac{1}{4} \end{matrix} \right\}$$

练习 3.2 X 与 Y 是取值为 $0, 1$ 的随机变量, XY 的联合概率为

$$p(00) = p(11) = \frac{1}{8}, \quad p(01) = p(10) = \frac{3}{8},$$

计算 $H(X|Y)$.

练习 3.3 一个密码方案的密钥长度为 128 比特, 其密钥熵一定可以达到 128 比特吗? 为什么?

练习 3.4 证明: $H(X,Y) = H(Y) + H(X|Y) = H(X) + H(Y|X)$.

练习 3.5 证明: 如果一个密码系统具有完美保密性且 $|K| = |C| = |P|$, 那么每个密文出现的概率都是相等的.

练习 3.6 某加密方案的密钥可以用于加密多条消息 (消息长度大于密钥长度), 该加密方案能否达到完美安全? 为什么?

参考文献

[1] Shannon C E. A mathematical theory of communication. Bell System Technical Journal, 1948, 27(3): 379-423.

[2] Shannon C E. Communication theory of secrecy systems. Bell System Technical Journal, 1949, 28(4): 656-715.

第 4 章

分组密码

第4章课件

对称密码体制根据其所实现的功能属性, 可分为对称加密 (symmetric encryption) 和消息认证码 (message authentication code, MAC), 前者主要保证消息的机密性, 后者提供认证性. 其中, 对称加密又根据其处理消息方式的不同, 分为流密码 (stream cipher) 和分组密码 (block cipher).

本章介绍分组密码, 按分组密码算法和工作模式展开讨论. 首先, 阐述现代分组密码算法的基本原理和设计原则. 然后, 介绍分组密码的典型加密算法, 如 DES, AES, SM4 等, 再介绍几种基础的安全性分析技术——强力攻击、差分分析和线性分析的原理, 以及轻量级分组密码算法概况. 接着, 讨论分组密码的五种常见的工作模式. 最后, 以 AES 算法为例介绍分组密码的两种软件实现方法.

4.1 分组密码概述

4.1.1 对称加密

分组密码
概述

对称加密用于保护明文信息不被泄露, 其特点是加密者与解密者预先共享同一个密钥 k. 例如, 凯撒密码、希尔密码、维吉尼亚密码即属于对称加密. 设明文空间、密文空间、密钥空间分别为 $\mathbb{P}$、$\mathbb{C}$、$\mathbb{K}$, 关于对称加密的正式定义如下.

定义 4.1 对称加密方案由以下三部分组成:

- 密钥生成算法 $KeyGen$: $k \leftarrow KeyGen(1^l)$,

输入安全参数 l, 输出 $k \in \mathbb{K}$. l 通常表示密钥长度, 一般建议 $l \geqslant 128$.

- 加密算法 Enc: $c \leftarrow Enc_k(m)$,

输入密钥 $k \in \mathbb{K}$ 与明文 $m \in \mathbb{P}$, 输出密文 $c \in \mathbb{C}$.

- 解密算法 Dec: $m \leftarrow Dec_k(c)$,

输入密钥 $k \in \mathbb{K}$ 与密文 $c \in \mathbb{C}$, 输出明文 $m \in \mathbb{P}$.

注意, 对称加密应满足正确性, 即对每个明文 $m \in \mathbb{P}$ 及密钥 $k \in \mathbb{K}$ 都满足 $Dec_k(Enc_k(m)) = m$.

对称加密的安全性 对称加密的安全性依赖于密钥的保密性, 即加解密双方必须在某种安全的方式下获得共享密钥, 并且在使用中保证密钥不被第三方获取. 直观上, 对称加密的安全性意味着不知道密钥 k 的参与方 (敌手), 难以确定密文 c 对应的明文 m 的任何信息. 相对于古典密码的对称加密, 现代对称加密算法通常具有更 "强" 的安全性要求 (以下简称安全要求)——即使攻击者具有选择明文或密文的能力 (攻击手段), 也难以获取目标明文的任何信息或恢复密钥 (攻击目标).

具体来说, 对称加密的安全性分析有以下三类攻击目标:

1. 恢复密钥;

2. 恢复明文;

3. 恢复与明文有关的信息 (除长度信息以外), 例如, 明文的部分比特信息.

上述三类目标对敌手的要求依次减弱: 如果敌手能够达到目标 1, 则必然能够达到目标 2; 如果敌手能达到目标 2, 则必然能够达到目标 3. 若所有 (计算能力有界的) 敌手即便面对第三类目标都无法实现, 则称该对称加密是语义安全 (semantically secure) 的.

4.1.2 分组密码

分组密码是对称加密的一个重要分支. 分组密码将任意长度的明文分割为 n-bit 的数据块, n 称为分组长度, 以一个分组作为加密处理的基本单元. 对一个分组的加解密过程如图 4.1 所示. 发送方将 n-bit 的明文 m, 在 l-bit 的密钥 k 的作用下, 经过加密算法得到 n-bit 的密文 c, 并将 c 通过公开信道传输给接收方; 接收方收到密文 c 后, 在密钥 k 的作用下, 经过解密算法还原为 n-bit 的明文 m. 对任意长度的明文的加解密通常结合工作模式来实现.

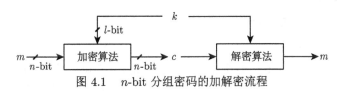

图 4.1　n-bit 分组密码的加解密流程

在现代分组密码的发展历史中, 最早的、完全公开实现细节的商业级算法是由美国国家标准局 (National Bureau of Standards, NBS) 于 1977 年颁布的数据加密标准 (Data Encryption Standard, DES)[1]. DES 算法采用的 Feistel 结构也成为分组密码设计的典型结构之一. 1990 年, 来学嘉与 James Massey 提出通过混合使用来自不同代数群中的运算进行加密的 IDEA(international data encryption algorithm)[2], 采用 Lai-Massey 结构, 打破了 DES 类密码的垄断局面. 1997 年, 由于 DES 类密钥长度过短, 无法提供足够的安全性, 美国国家标准与技术研究院 (NIST) 开展了对高级加密标准 (advanced encryption standard, AES) 的征集活动, 掀起了分组密码研究的新高潮. 2001 年, 基于 SPN(substitution-permutation network) 结构的 Rijndael 算法获胜[3], 成为高级加密标准 AES. AES 的设计理念也影响了新一代杂凑函数标准 SHA-3 和轻量级认证加密标准 Ascon 的设计. 我国商用密码的设计水平和国际竞争力也在不断提升, 2006 年, 我国公开发布自主设计的基于广义 Feistel 结构的 SM4 算法[4], 并于 2012 年 3 月成为我国行业标准, 2016 年 8 月成为我国国家标准, 2021 年 6 月纳入 ISO/IEC 国际标准. 为繁荣我国密码理论和应用研究, 推动密码算法技术进步, 促进密码人才培养, 中国密码学会 (CACR) 于 2018~2019 年举办全国密码算法设计竞赛[5,6], 全国高校、科研院所、产业单位的 42 个团队提交了 79 个密码算法. 经过两轮的检测评估, 最终评选出一等奖 5 个 (2 个分组密码算法, 3 个公钥密码算法)、二等奖 7 个和三等奖 12 个, 其中获得一等奖的分组密码算法为 uBlock 和 Ballet.

在分组密码的安全性分析方面, 1990 年以后公开发表了大量的分析技术和分析结果, 其中, 差分分析[7]、线性分析[8]、积分分析[9] 等成为现代密码分析的主流分析技术.

此外, 随着传感器网络和 RFID 射频网络的发展和普及, 众多的轻量级设备, 如移动电话、智能卡和电子护照等都提出了对机密性和认证性的安全性需求, 这些设备的优势是体积小、可移动、费用低, 但相应的缺点是计算能力、存储和供电非常有限. 因此, 针对这种资源受限的场景, 需要一类新的密码算法——轻量级密码算法. 目前, 已纳入 ISO/IEC 国际标准的轻量级分组密码标准仅有 PRESENT 算法[10]、CLEFIA 算法[11] 和 LEA 算法. 轻量级密码算法的安全性分析与设计已成为密码学研究领域的热点问题.

4.2 安全要求与设计原理

4.2.1 理想分组密码

分组密码的
安全要求与
设计原理

对分组长度为 n-bit 的分组密码, 通常情况下, $\mathbb{P}$ 和 $\mathbb{C}$ 都含有 2^n 个元素. 为满足正确性, 分组密码本质上是一个由密钥 k 决定的 $\mathbb{P}$ 到 $\mathbb{C}$ 的单表代换, 即 $\{0,1\}^n \to \{0,1\}^n$ 的一一映射. 任意一个 $\{0,1\}^n$ 到 $\{0,1\}^n$ 的一一映射 P, 可看成一个含 2^n 项的表格 (如表 4.1 所示), 对 $x = 0, \cdots, 2^n - 1$, 已知 x 可以唯一确定 $P(x)$, 已知 $P(x)$ 也可以唯一确定 x. 知道了这个表格, 则确定了一种输入 x 和输出 $P(x)$ 的一一对应. 若将输入 x 看作明文, 输出 $P(x)$ 看作密文, 密钥为表 4.1, 则加解密运算均可通过查表来实现（单表代换）. 此时, 密钥空间中不同密钥的个数 $\mathbb{K}$ 就是所有一一映射表的个数, 而 $\{0,1\}^n \to \{0,1\}^n$ 的一一映射一共有 $2^n!$ 种可能[①], 即密钥空间的规模达到最大, 满足 $|\mathbb{K}| = 2^n!$. 若一个

---

① 对第一个输入, 可以映射为 2^n 种输出; 对第二个输入, 可以映射为剩下的 $2^n - 1$ 种输出, 依此类推.

n-bit 的分组密码能够从 $2^n!$ 种一一映射中随机选择一种用作加密, 此类分组密码称为**理想分组密码**[12,13].

表 4.1 $\{0,1\}^n$ 到 $\{0,1\}^n$ 的一一映射

x	$P(x)$
0	$P(0)$
1	$P(1)$
$\vdots$	$\vdots$
$2^n - 1$	$P(2^{n-1})$

然而, 在实际应用中直接采用这种方法却有一定的困难. 当分组长度 n 较小时, 这种实现方式等价于传统的单表代换密码, 易遭受穷举搜索或频率分析. 当分组长度较大时, 能一定程度上抵抗频率分析等攻击手段, 但表 4.1的存储或实现将变得困难. 例如, $n = 64$ 时, 表 4.1的存储需 $64 \times 2^{64} = 2^{70}$ -bit $= 2^{27}$ -TB, 远超个人电脑的存储能力.

如果从计算安全的角度出发, 只需使得计算能力有界的敌手难以在可容忍的计算资源下恢复密钥, 则可以考虑一种理想分组密码的近似设计来实现安全高效的加解密, 即找到一种算法, 在密钥控制下能够从一个 "足够大" 且 "足够好" 的一一映射的子集（不必包含全部 $2^n!$ 种）中, 简单而迅速地选出一个映射, 实现明密文的加解密. 此时, 密钥空间的规模 $|\mathbb{K}|$ 通常由密钥 k 的长度所决定. 假设密钥长度为 l-bit, 则 $|\mathbb{K}| = 2^l$, 即能生成 2^l 种一一映射. 因此, 若 l 足够大, 密钥空间就足够大, 考虑当前敌手的计算能力, 为抵抗穷举搜索或频率分析, 一般建议 $l \geqslant 128$.

4.2.2 分组密码的设计原则

如何设计安全且有效的分组密码达到上述计算安全性? 主要考虑安全性原则和实现原则[12].

安全性原则 安全性原则基于香农提出的两种抗统计分析的方法——混淆 (confusion) 和扩散 (diffusion).

- **混淆**是指使得密文和密钥之间的统计关系复杂化, 以阻止攻击者发现密钥. 只利用线性函数难以实现混淆, 例如, 古典密码中的凯撒密码, 由密文的统计特性可以推测出密钥. 因此, 往往需要结合复杂的非线性运算来实现, 例如, 高级加密标准 AES 中的非线性 S 盒的每一个输出比特都是涉及所有输入比特的复杂的高次布尔函数表达式, 结合线性操作, 经过多轮迭代后, 使得密文的每一比特与密钥的所有比特的关系复杂化.

- **扩散**是指每个密文比特受到所有明文比特的影响, 使得明文的统计特性消散在密文中. 这可以借助多次使用置换、矩阵乘等线性变换的组合来实现. 例如,

高级加密标准 AES 中的列混合操作, 设输入的一列 (4 个字节) 为 (x_0, x_1, x_2, x_3), 按如下矩阵乘运算得到输出的 4 个字节 (y_0, y_1, y_2, y_3).

$$
\begin{bmatrix} y_0 \\ y_1 \\ y_2 \\ y_3 \end{bmatrix} = \begin{bmatrix} 02 & 03 & 01 & 01 \\ 01 & 02 & 03 & 01 \\ 01 & 01 & 02 & 03 \\ 03 & 01 & 01 & 02 \end{bmatrix} \begin{bmatrix} x_0 \\ x_1 \\ x_2 \\ x_3 \end{bmatrix},
$$

其中, 输出的每个字节都与输入的 4 个字节有关, 例如, $y_0 = 02 \cdot x_0 + 03 \cdot x_1 + x_2 + x_3$, 输出每个字节的频率比输入更趋于一致, 从而减弱输入的统计特性, 再结合其他操作, 经过多轮迭代, 使得密文的每一比特受到明文所有比特的影响, 取得较好的扩散效果.

Feistel 提出 "乘积密码" 来实现混淆和扩散, 进而逼近理想分组密码. 其主要思想是两种或两种以上基本密码的迭代应用, 所得结果的安全强度高于单个基本密码的安全强度. 特别地, 可通过交替使用代换 (substitution) 与置换 (permutation) 来实现混淆与扩散. 如果将 n-bit 输入以 s-bit 为单位进行划分, 例如, $s = 1$, 4 或 8, 每 s-bit 记为一个**元素**, 则

- **代换**是指每个输入元素或元素组被唯一地替换为相应的输出元素或元素组. 例如, 查表运算, 直接查找 $\{0,1\}^s$ 到 $\{0,1\}^s$ 的映射表实现输入元素到输出元素的代换.
- **置换**是指改变输入元素的顺序, 即输入元素的序列被替换为该序列的一个置换. 例如, 对输入进行循环移位操作.

实现原则   实现原则主要包括以下内容:
- 简洁清楚的算法描述, 更易于算法实现和进行安全性分析;
- 算法的加解密执行速率高;
- 适于软硬件实现.

结合后文介绍的具体分组密码算法及安全性分析, 可更具体深刻地理解本小节讨论的内容.

4.2.3 分组密码的典型结构

在以上设计原则的指导下, 现代分组密码多采用轮函数的迭代结构 (轮函数的重复使用) 进一步提升混淆与扩散的效果. 具体而言, 分组密码算法主要包含以下参数与函数.
- 分组长度: 一次加密处理的明文分组的比特数. 分组越长越容易消除明文的统计特性, 但是会降低加解密的速度. 一般来说, 分组长度至少为 64-bit.
- 密钥长度: 密钥越长越能抵抗强力攻击, 但也会降低加解密速度.

• 轮函数 (round function): 用于迭代的函数. 为满足正确性, 对每个轮密钥, 轮函数在轮输入上是一个双射.

• 迭代轮数: 轮函数迭代的次数, 一般单轮不能提供足够的安全性, 需要借助多轮迭代来达到较高的安全性, 但过多的轮数将影响加解密效率.

• 轮密钥生成方案 (key schedule): 我们将定义 4.1 中 $KeyGen$ 生成的 l-bit 的密钥 k 称为主密钥, 由主密钥为轮函数每次迭代生成的密钥, 称为轮密钥. 由主密钥生成轮密钥的算法叫做轮密钥生成方案.

在进行分组密码的设计时, 上述因素需要在安全性和实现效率之间进行权衡.

根据轮函数处理方式的不同, 可分为多种设计结构, 本节仅讨论 Feistel 结构和 SPN 结构.

4.2.3.1 Feistel 结构

Feistel 结构的典型代表是数据加密标准 DES, 现已成为分组密码的主流结构之一. 如图 4.2(a) 所示, 设输入的明文为 n-bit, 将其分为左右等长的两部分 (L_0, R_0), 第 i 轮的输出记为 (L_i, R_i), 加密 r 轮后输出密文 $c = (L_r, R_r)$.

第 i 轮 $(i = 1, \cdots, r-1)$ 的轮函数定义如下:

$$L_i = R_{i-1},$$

$$R_i = L_{i-1} \oplus f(K_{i-1}, R_{i-1}),$$

其中, "$\oplus$" 为异或 (按比特的模 2 加) 操作, K_{i-1} 为 s-bit 的轮密钥, f 为 $\{0,1\}^{s+n/2} \to \{0,1\}^{n/2}$ 的函数[①].

$i = r$(最后一轮) 的轮函数定义如下:

$$L_r = L_{r-1} \oplus f(K_{r-1}, R_{r-1}),$$

$$R_r = R_{r-1}.$$

注意到, 最后一轮没有左右两部分的置换操作, 这保证了加解密算法的一致性, 即加密算法和解密算法的运算过程完全一致, 仅轮密钥逆序使用. 具体而言, 若要实现解密功能, 仅需图 4.2(a) 中的密文由下而上反向运算即可得到明文, 即直接由最后一轮求解得

$$L_{r-1} = L_r \oplus f(K_{r-1}, R_r),$$

$$R_{r-1} = R_r.$$

---

① 本书将 f 看作轮函数的一部分, 但在相关文献中有时也将 f 称为轮函数.

为了与加密算法一致, 将上式等价表示为

$$L'_{r-1} = R_{r-1} = R_r,$$

$$R'_{r-1} = L_{r-1} = L_r \oplus f(K_{r-1}, R_r).$$

从而, 对 $i = r-2, \cdots, 1$ 有

$$L'_i = R'_{i-1},$$

$$R'_i = L'_{i-1} \oplus f(K_{i-1}, R'_{i-1}).$$

当 $i = 0$ 时, 可得

$$L_0 = L'_1 \oplus f(K_0, R'_1),$$

$$R_0 = R'_1.$$

该流程图如图 4.2(b) 所示, 可见, 解密算法的轮函数与加密算法的轮函数结构完全相同, 但解密算法的轮密钥逆序使用, 即第 i 轮的轮函数采用轮密钥 K_{r-i}.

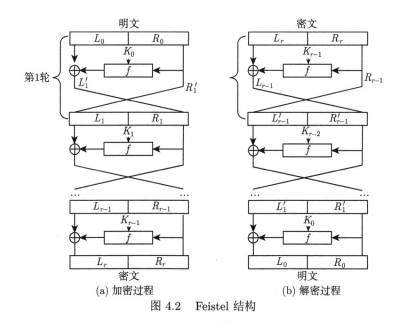

图 4.2 Feistel 结构

事实上, Feistel 结构的轮函数是可逆置换, 但不要求 f 函数可逆, 因此, 设计时限制更少, 更为灵活, 同时, 加解密一致的算法在实现时无需分别实现加解密算

法, 可以节省软硬件资源. 但 Feistel 结构每轮实际上只更新一半的状态, 混淆和扩散较慢, 所以, 迭代轮数 r 一般较长, 例如, DES 算法的 $r = 16$.

4.2.3.2 SPN 结构

SPN 结构 (substitution-permutation network) 的典型代表是高级加密标准 AES, 现已成为分组密码的主流结构之一. 如图 4.3(a) 所示, 设输入的明文为 n-bit, 将其分为 n/s 个 s-bit 的分块, 将每个分块输入 S 盒 (可以是不同的也可以是同一个 S 盒) 实现代换操作, 然后将 n-bit 的状态看作一个整体, 经过运算 P 实现置换操作, 轮密钥一般在进入 S 盒之前或经过置换 P 之后通过与 n-bit 的状态异或来介入. 轮函数包括异或密钥、过 S 盒和置换 P.

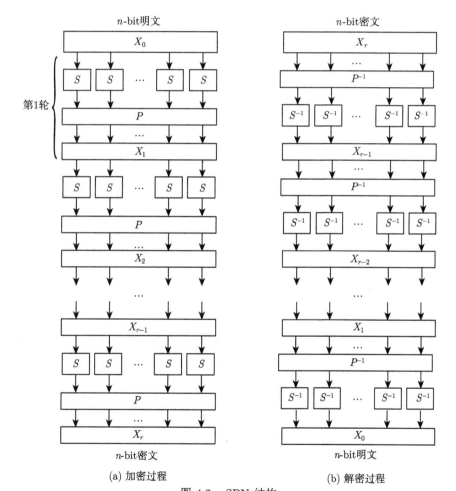

图 4.3 SPN 结构

解密算法如图 4.3(b) 所示, 为了从密文还原出明文, 图 4.3(a) 中的过程要由下到上进行计算. 与 Feistel 结构不同, 除轮密钥逆序使用外, 解密时 S 盒和置换 P 都要替换为相应的逆运算, 即要求 S 盒和置换 P 是可逆的, 这导致了 SPN 结构的加密算法与解密算法的定义不同, 需要分别实现.

SPN 结构每轮对整个输入状态都进行了代换和置换的操作, 能够更快地对所有输入比特实现混淆和扩散, 所以, 迭代轮数 r 相对较短, 例如, AES-128 算法的 $r = 10$.

4.3 数据加密标准 DES

早在 20 世纪 60 年代, IBM 公司成立由 Feistel 负责的计算机密码学研究项目, 70 年代初设计出 LUCIFER (128 位) 算法. 1972 年美国国家标准局 NBS 提出计算机数据保护标准的发展规划, 之后于 1973 年在联邦记录中发布公告, 征求保护数据传输和存贮安全的密码算法. 1975 年 3 月 17 日, 数据加密标准 (Data Encryption Standard, DES) 在联邦记录中公布, 1977 年正式作为美国联邦信息处理标准 (FIPS 46) 发布. DES 是第一个商用密码标准, 应用范围非常广泛, 一旦安全性出现问题, 会对实际应用产生严重影响, 因此, DES 的安全性受到极大关注, 一度成为密码学界的研究热点, 激发了差分分析、线性分析等现代密码分析技术的出现. 直到 20 世纪 90 年代, 随着计算机性能的提升, DES 因密钥长度太短 (仅 56-bit) 而停止使用. 现在, 以 DES 为基本部件的三重数据加密算法 (triple DES, TDEA) 仍在实际中广泛使用.

DES 算法采用 Feistel 结构, 分组长度为 64-bit, 密钥长度为 56-bit, 迭代轮数为 16 轮. 下面依次介绍 DES 算法的加密算法、轮密钥生成方案和解密算法.

4.3.1 加密算法

DES 的加密算法如图 4.4 所示.

1. 输入的 64-bit 明文 m, 经过初始置换 IP, 得到 $L_0 || R_0 = IP(m)$, L_0 和 R_0 均为 32-bit. 其中明文的比特表示为 $m = m_1 m_2 \cdots m_{64}$, m_j 表示 m 的第 j 比特 $(j = 1, \cdots, 64)$.

2. 以 $L_0 || R_0$ 为输入, 进行 16 轮迭代运算, 每一轮有一个轮密钥 K_i 参与运算.

第 i 轮 $(i = 1, \cdots, 15)$ 的轮函数如下:

$$L_i = R_{i-1},$$

$$R_i = L_{i-1} \oplus f(K_{i-1}, R_{i-1}).$$

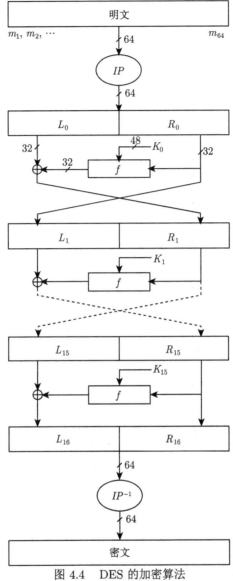

图 4.4　DES 的加密算法

第 16 轮左右不交换, 以保持加解密一致性, 即

$$L_{16} = L_{15} \oplus f(K_{15}, R_{15}),$$
$$R_{16} = R_{15}.$$

3. 对 $L_{16} \| R_{16}$ 进行初始置换的逆运算 IP^{-1}, 输出 64-bit 密文 c, 即 $c = IP^{-1}(L_{16} \| R_{16})$.

其中, 初始置换 IP 及其逆运算 IP^{-1} 和 f 函数的定义如下.

(1) 初始置换 IP 及其逆运算 IP^{-1} 因为这两个置换中没有密钥介入, 可以从明文 (或密文) 计算 IP 置换后 (IP^{-1} 置换前) 的结果, 故对算法安全性没有影响, 在进行安全性分析时往往省略这两个置换. 其主要目的是打乱明文的 ASCII 码字划分关系. 如表 4.2 和表 4.3 所示, IP 表格中规定了对比特的重新排序, 由左至右, 由上至下依次读取明文比特, 即将输入 m 的 m_{58} 放在最左侧第一个比特, m_{50} 放在最左侧第二个比特, 依此类推. 从而, IP 表格上半部分的 32 比特均为明文的偶数比特, 记为 L_0; 下半部分均为明文的奇数比特, 记为 R_0. 即

$$L_0 = m_{58}m_{50}\cdots m_8, \quad R_0 = m_{57}m_{49}\cdots m_7.$$

表 4.2　IP 置换

58	50	42	34	26	18	10	2
60	52	44	36	28	20	12	4
62	54	46	38	30	22	14	6
64	56	48	40	32	24	16	8
57	49	41	33	25	17	9	1
59	51	43	35	27	19	11	3
61	53	45	37	29	21	13	5
63	55	47	39	31	23	15	7

表 4.3　IP^{-1} 置换

40	8	48	16	56	24	64	32
39	7	47	15	55	23	63	31
38	6	46	14	54	22	62	30
37	5	45	13	53	21	61	29
36	4	44	12	52	20	60	28
35	3	43	11	51	19	59	27
34	2	42	10	50	18	58	26
33	1	41	9	49	17	57	25

(2) f 函数 如图 4.5 所示, f 函数定义如下:

$$f\left(K_{i-1}, R_{i-1}\right) = P\left(S\left(E\left(R_{i-1}\right) \oplus K_{i-1}\right)\right).$$

- E 扩展: 将 32-bit 的 R_{i-1}, 填充为 48-bit. 如表 4.4 所示, 首先将 R_{i-1} 每 4 个连续比特分成一组, 再在其两侧填充与这 4 个比特的头尾比特相邻的两个比特. 例如, 在编号为 1, 2, 3, 4 的 4 个连续比特的前面填充第 32 个比特, 后面填充第 5 个比特. 依次填充后, 得到的 48-bit 可看作 8×6 的矩阵, 一共有 8 行, 每一行有 6 个比特. 按此方式进行 E 扩展, 可与后面的 S 盒配合, 实现类似多表代换的效果.

- 轮密钥加: 48-bit 的轮密钥 K_{i-1} 与 $E(R_{i-1})$ 进行异或运算, 记 $B = K_{i-1} \oplus E(R_{i-1})$.

- 过 S 盒: 将 48-bit 的 B 替换为 32-bit. 首先, 将输入按 6-bit 进行分块, 共 8 个分块, 记为

$$B = B_1 B_2 B_3 B_4 B_5 B_6 B_7 B_8.$$

对 $j = 1, \cdots, 8$, 以 B_j 为输入, 对应查找 S 盒 S_j, 得到 4-bit 的输出 $S_1(B_1)$. $S_1(B_1), \cdots, S_8(B_8)$ 级联在一起构成 32-bit 的输出.

将 $B_j(j = 1, \cdots, 8)$ 按比特记为

$$B_j = b_{j,1} b_{j,2} b_{j,3} b_{j,4} b_{j,5} b_{j,6}.$$

每个 $S_j : \{0,1\}^6 \to \{0,1\}^4$ 为一个 4 行 16 列的表格, 如表 4.5 所示.

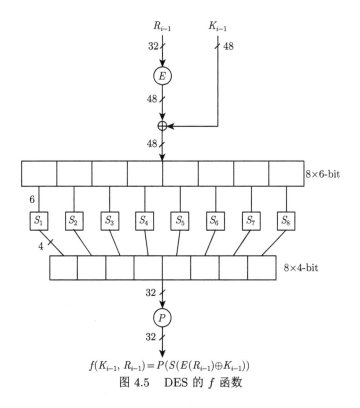

$$f(K_{i-1}, R_{i-1}) = P(S(E(R_{i-1}) \oplus K_{i-1}))$$

图 4.5   DES 的 f 函数

表 4.4   DES 算法的 E 扩展

			E		
32	1	2	3	4	5
4	5	6	7	8	9
8	9	10	11	12	13
12	13	14	15	16	17
16	17	18	19	20	21
20	21	22	23	24	25
24	25	26	27	28	29
28	29	30	31	32	1

$b_{j,1}b_{j,6}$ 决定表格的行标, $b_{j,2}b_{j,3}b_{j,4}b_{j,5}$ 决定表格的列标, 即

$$S_j(B_j) = S_j[b_{j,1}b_{j,6}][b_{j,2}b_{j,3}b_{j,4}b_{j,5}].$$

注 4.1   注意表格 S_j 的行标和列标从 0 开始计数.

例子 4.1   以 S_1 为例, 如表 4.5 所示, 当 6-bit 输入为 000001B(B 表示二进制) 时, 行标为 01B = 1, 列标为 0000B = 0, 则 $S_1(000001B) = S_1[1][0] = 0$.

表 4.5　DES 算法的 S 盒

S_1															
14	4	13	1	2	15	11	8	3	10	6	12	5	9	0	7
0	15	7	4	14	2	13	1	10	6	12	11	9	5	3	8
4	1	14	8	13	6	2	11	15	12	9	7	3	10	5	0
15	12	8	2	4	9	1	7	5	11	3	14	10	0	6	13

S_2															
15	1	8	14	6	11	3	4	9	7	2	13	12	0	5	10
3	13	4	7	15	2	8	14	12	0	1	10	6	9	11	5
0	14	7	11	10	4	13	1	5	8	12	6	9	3	2	15
13	8	10	1	3	15	4	2	11	6	7	12	0	5	14	9

S_3															
10	0	9	14	6	3	15	5	1	13	12	7	11	4	2	8
13	7	0	9	3	4	6	10	2	8	5	14	12	11	15	1
13	6	4	9	8	15	3	0	11	1	2	12	5	10	14	7
1	10	13	0	6	9	8	7	4	15	14	3	11	5	2	12

S_4															
7	13	14	3	0	6	9	10	1	2	8	5	11	12	4	15
13	8	11	5	6	15	0	3	4	7	2	12	1	10	14	9
10	6	9	0	12	11	7	13	15	1	3	14	5	2	8	4
3	15	0	6	10	1	13	8	9	4	5	11	12	7	2	14

S_5															
2	12	4	1	7	10	11	6	8	5	3	15	13	0	14	9
14	11	2	12	4	7	13	1	5	0	15	10	3	9	8	6
4	2	1	11	10	13	7	8	15	9	12	5	6	3	0	14
11	8	12	7	1	14	2	13	6	15	0	9	10	4	5	3

S_6															
12	1	10	15	9	2	6	8	0	13	3	4	14	7	5	11
10	15	4	2	7	12	9	5	6	1	13	14	0	11	3	8
9	14	15	5	2	8	12	3	7	0	4	10	1	13	11	6
4	3	2	12	9	5	15	10	11	14	1	7	6	0	8	13

S_7															
4	11	2	14	15	0	8	13	3	12	9	7	5	10	6	1
13	0	11	7	4	9	1	10	14	3	5	12	2	15	8	6
1	4	11	13	12	3	7	14	10	15	6	8	0	5	9	2
6	11	13	8	1	4	10	7	9	5	0	15	14	2	3	12

S_8															
13	2	8	4	6	15	11	1	10	9	3	14	5	0	12	7
1	15	13	8	10	3	7	4	12	5	6	11	0	14	9	2
7	11	4	1	9	12	14	2	0	6	10	13	15	3	5	8
2	1	14	7	4	10	8	13	15	12	9	0	3	5	6	11

可见, 每个 S_j 的每行是 $0 \sim 15$ 的一个置换, 查表操作实际是对 $b_{j,2}b_{j,3}b_{j,4}b_{j,5}$ 进行代换操作, 4 行代表 4 个置换表, 具体用哪个表由 $b_{j,1}b_{j,6}$ 决定, 实现类似多表代换的效果. 此外, S 盒是多到一的函数, 不是可逆运算.

• P 置换: 将经过 S 盒之后的 32-bit 输出重新排序, 如表 4.6 所示. 可见, 按 4 比特一行进行划分, 每一行中的 4 个比特都来自不同的 S 盒, 或者说, 每一个 S 盒的 4-bit 输出经过 P 置换后进入了不同行 (结合下一轮运算思考这样设计的原因). 例如, 设 S_1 的 4-bit 输出为 $x_1x_2x_3x_4$, 则根据表 4.6 中定义, 经过 P 置换, x_1 移入第 3 行第 1 列, x_2 移入第 5 行第 1 列, x_3 移入第 6 行第 3 列, x_4 移入第 8 行第 3 列, 进入 4 个不同的行. 从而 S_4 的一个输出比特 x_{16} 经过 P 置换后放在最左侧第一个比特, S_2 的一个输出比特 x_7 经过 P 置换后放在最左侧第二个比特, 依此类推.

DES 各部件的选取原则以达到较好的混淆和扩散效果为目标. 例如, 每个 S 盒的输出比特都不是输入的线性或仿射函数; 改变 S 盒的一个输入比特 (例如, 由 0 变为 1), 其输出至少有两比特发生改变; 每个 S 盒输出的 4 个比特, 经过 P 置换被分配到表 4.6 的 4 个不同的行中, 并且将在下一轮进入 6 个不同的 S 盒. 更多设计原则的讨论请参考文献 [14].

表 4.6   DES 算法的 P 置换

P			
16	7	20	21
29	12	28	17
1	15	23	26
5	18	31	10
2	8	24	14
32	27	3	9
19	13	30	6
22	11	4	25

4.3.2 轮密钥生成方案

DES 的主密钥 K 为 56-bit[①], 主密钥通过轮密钥生成方案生成 16 个轮密钥 (每轮对应一个轮密钥). 如图 4.6 所示, 轮密钥生成方案的具体部件为两个选择表和循环移位.

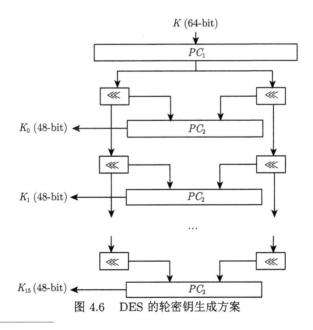

图 4.6   DES 的轮密钥生成方案

---

① 从表示上看, DES 算法的主密钥是 64-bit 的, 但通过轮密钥生成方案的 PC_1 可见, 实际只采用了 56-bit.

设主密钥 $K = k_1 k_2 \cdots k_{64}$. 如表 4.7 所示, 经过选择表 PC_1 的处理, $k_8, k_{16}, \cdots,$ k_{64}(常用作校验位) 不参与下面的运算, 且剩下的 56-bit 的顺序被打乱, 即

$$PC_1(K) = k_{57} k_{49} \cdots k_4.$$

表 4.7   DES 的轮密钥生成方案的选择表

(a) 选择表 PC_1						
57	49	41	33	25	17	9
1	58	50	42	34	26	18
10	2	59	51	43	35	27
19	11	3	60	52	44	36
63	55	47	39	31	23	15
7	62	54	46	38	30	22
14	6	61	46	45	37	29
21	13	5	28	20	12	4

(b) 选择表 PC_2					
14	17	11	24	1	5
3	28	15	6	21	10
23	19	12	4	26	8
16	7	27	20	13	2
41	52	31	37	47	55
30	40	51	45	33	48
44	49	39	56	34	53
46	42	50	36	29	32

然后, 对 56-bit 的 $PC_1(K)$ 进行迭代处理. 每次迭代的过程如下.

1. 将 56-bit 的输入分为两部分 (各 28-bit), 分别进行循环左移. 根据轮数 i 的不同, 循环移位的比特数不同, 具体为

$$i = 1, 2, 9, 16 : 循环左移 1 位, 记为 \lll 1,$$

$$i = 3 \sim 8, 10 \sim 15 : 循环左移 2 位, 记为 \lll 2.$$

2. 如表 4.7 所示, 利用选择表 PC_2, 从 56-bit 中选出 48-bit 作为轮密钥 k_{i-1}.

例如, $i = 1$ 时, $PC_1(K)$ 经过循环移位处理, 得到 $k_{49} k_{41} \cdots k_{63}$, 再经过 PC_2, 可得

$$K_0 = k_{10} k_{51} \cdots k_{31}.$$

可见, DES 算法的轮密钥生成方案中没有非线性运算, 这也是从实现效率的角度来考虑的.

4.3.3   解密算法

因采用 Feistel 结构, DES 算法具有加解密一致性, 因此, 解密算法与加密算法一致, 仅需将参与第 $i(i = 1, \cdots, 16)$ 轮迭代运算的轮密钥由 K_{i-1} 替换为 K_{16-i} 即可.

4.3.4 DES 的安全强度

4.3.4.1 雪崩效应

密码算法的设计者期望通过混淆和扩散, 打乱明文、密钥与密文之间的关系, 使得密文的每个比特都依赖于密钥和明文的所有比特, 明文、密钥和密文之间没有明显的统计关联. 那么, 测试一个密码算法的雪崩效应就是初步评估明文、密钥和密文之间的是否存在明显统计关联的一种方式.

定义 4.2 (雪崩效应) 雪崩效应是指明文或密钥的微小改变会导致输出的不可区分性的改变, 即输入改变, 则输出中每个比特改变或者不改变的概率为 50%.

上述定义中, 明文或密钥的微小改变是指少量比特信息的改变, 例如, 1-bit 的变化.

以 DES 为例, 分组长度为 64-bit, 若两个明文仅有 1-bit 不同, 则按照雪崩效应的定义, 对应的两个密文应约有 $64 \times 50\% = 32$-bit 不同.

选取两个仅有 1 比特不同的明文 (十六进制表示):

$$00000000 \quad 00000000 \quad \text{和} \quad 00000000 \quad 00000001,$$

设置加密密钥为 (十六进制表示)

$$12345678 \quad 12345678,$$

分别输入 DES 算法, 得到每一步的两个输出结果 $L_i R_i$ 和 $L_i' R_i'$, 并统计每轮输出的不同比特数, 具体结果如表 4.8 所示.

表 4.8 DES 算法的雪崩效应

轮数 i	$L_i R_i$	$L_i' R_i'$	不同比特数
1	0x00000000F8BDFC5A	0x00000000F8BDFCDA	1
2	0xF8BDFC5A9484C21F	0xF8BDFCDA94B4C616	6
3	0x9484C21F35D4A7BB	0x94B4C6162DA5197A	20
4	0x35D4A7BBC1D19A73	0x2DA5197AD28E9C1C	32
5	0xC1D19A73D26922C6	0xD28E9C1C63846C9B	36
6	0xD26922C6C4C56627	0x63846C9B4B36F41B	37
7	0xC4C56627A04CF487	0x4B36F41BB0CDF0D2	26
8	0xA04CF487EB450AF5	0xB0CDF0D2E90DC042	21
9	0xEB450AF51C5AC7C5	0xE90DC0424E705C72	30
10	0x1C5AC7C53410983E	0x4E705C72BB2C66E0	39
11	0x3410983ED73DFEA3	0xBB2C66E030A963C0	40
12	0xD73DFEA3105E5AFC	0x30A963C08850F5D1	34
13	0x105E5AFCD862F19E	0x8850F5D149F5C125	32
14	0xD862F19E40A78B4B	0x49F5C12500EE7DB6	33
15	0x40A78B4BCE4BFDE9	0x00EE7DB6DC79E716	33
16	0x6FB1C8BF5D1BBA8B	0x2C4A8AE0E27CF989	34

可见, 仅经过 4 轮加密, 两个输出已有 32 位不同. 此后, 不同的比特数在 32 左右浮动, 全部 16 轮迭代完成后得到的两个密文有 34 位不同. 同理, 可以测试, 密钥仅有 1 比特不同, 但两个明文相同时的密文变换情况. 可见, DES 算法仅仅经过几轮迭代就达到比较强的雪崩效应.

4.3.4.2 DES 的密钥特性

根据柯克霍夫原则, 密码算法的安全性依赖于对密钥的保密 (而非对算法的保密), 围绕 DES 的密钥空间, 有如下特性:

性质 4.1 (DES 的互补特性) 若 $c = Enc_k(m)$, 则 $\bar{c} = Enc_{\bar{k}}(\bar{m})$, 其中, Enc 为 DES 加密算法, c, k, m 分别表示密文、密钥与明文, $\bar{c}, \bar{k}, \bar{m}$ 分别表示 c, k, m 按位取反 (即 0 变 1, 1 变 0).

基于互补特性, 可按如下步骤进行选择明文攻击.

1. 选择两个明文 (m_1, m_2), 其中, $m_2 = \overline{m_1}$, 并获得相应的密文 (c_1, c_2). 注意, 此时 $c_1 = Enc_k(m_1)$, $c_2 = Enc_k(m_2) = Enc_k(\overline{m_1})$, 根据互补特性, 有

$$\overline{c_2} = Enc_{\bar{k}}(\overline{m_1}) = Enc_{\bar{k}}(m_1).$$

2. 遍历密钥 k, 计算 $Enc_k(m_1)$, 并与 c_1 和 $\overline{c_2}$ 进行比较.

- 若某个取值 k^* 满足 $Enc_{k^*}(m_1) = c_1$, 则说明此时 k^* 的值可能为正确密钥; 若 $Enc_{k^*}(m_1) = \overline{c_2}$, 则说明此时 $\overline{k^*}$ 的值可能为正确密钥.
- 反之, 若 $Enc_{k^*}(m_1) \neq c_1$ 和 $\overline{c_2}$, 则说明 k^* 和 $\overline{k^*}$ 一定是错误密钥, 从可能的密钥集合中排除.

在以上选择明文攻击里, 每次 $Enc_k(m_1)$ 的计算可排除两个密钥, 故仅需遍历 2^{55} 种密钥可能, 即可识别正确密钥.

此外, DES 的 2^{56} 种密钥里, 存在一些弱密钥, 即会弱化算法安全性的密钥. DES 的一种弱密钥是: 56-bit 的主密钥 k 生成的轮密钥均相等, 例如, $k = 00 \cdots 00$ 时, 生成的轮密钥均为 $00 \cdots 00$. 此时, 加密算法与解密算法完全一样, 即

$$Enc_k(c) = Dec_k(c) = Dec_k(Enc_k(m)) = m.$$

这意味着再加密一次密文, 即可恢复出对应的明文. 从而, 可进行选择明文攻击——仅需将选择的明文设置为要解密的目标密文. 但是, 由于主密钥是随机生成的, 则相比 2^{56} 的密钥空间, 弱密钥所占比例极小, 因此, 通常不认为弱密钥的存在会危及 DES 的安全性. 更多 DES 的弱密钥与半弱密钥的讨论请参考文献 [14].

4.3.4.3 DES 的穷举攻击

尽管差分分析、线性分析等新型分析技术给出了对 DES 算法的复杂度低于穷举攻击的分析结果, 但迫使 DES 退出历史舞台的关键原因仍是其密钥长度太

短, 仅有 56-bit, 从而, 无需借助复杂的分析技术, 仅需利用穷举攻击, 直接遍历 2^{56}(约 10 亿亿) 种可能, 即可试出正确密钥. 此外, 结合并行计算, 还可以进一步加快搜索速度.

1977 年, 密码学家 Diffie 和 Hellman 指出, 若能制造每秒测试 10^6 个密钥的专用芯片, 将这样的 100×10^4 个芯片并行搜索, 大约 1 天时间即可恢复正确密钥, 成本约为 2000 万美元. 随着芯片价格及性能方面的改善, 成本不断降低. 1993 年, Wiener 给出一个详细设计的密钥搜索机方案, 大约耗资 100 万美元, 平均 3.5 小时即可恢复正确密钥. 1997 年 1 月 28 日, 美国的 RSA 公司 (RSA Security) 公布了一项 "密钥挑战" 竞赛, 公布 3 个明密文对 $(m_i, c_i)(i = 1, 2, 3)$(已知明文), 悬赏 10000 美元破解一段用 DES 加密的密文. 美国科罗拉多州的程序员 Rocke Verser 设计了一个可以通过互联网分段运行的密钥穷举搜索程序, 组织实施了名为 DESHALL 的搜索行动, 在上数万名志愿者的协同工作下, 从 1997 年 3 月 13 日起用了 96 天的时间, 于 1997 年 6 月 17 日成功地找到了 DES 的密钥. 1998 年 7 月, 电子前沿基金会 (EFF) 使用一台 25 万美元的电脑 Deep Crack 在 56 小时内即可实现破解[14]. 一系列事件表明, 由于计算机性能不断提升, 仅靠穷举攻击破解 DES 已经可行, 必须设计密钥长度更长的加密方案. 现在, 各国研发的超级计算机更为算法的安全性分析提供了强大的算力支撑. 例如, 我国发布于 2016 年 6 月的 "神威·太湖之光", 由国家并行计算机工程技术研究中心研制, 峰值性能可达每秒 12.5 亿亿次, 持续性能每秒 9.3 亿亿次, 可轻松进行 2^{56} 量级的运算, 因此, 为抵抗强力搜索, 现在通常要求对称密码的密钥长度 $\geqslant$ 128-bit.

4.4　分组密码的安全性分析

密码算法的设计和分析是相辅相成、相互促进的. 一个新的算法的出现, 一定要能够抵抗现有的分析方法. 而新的分析方法的出现, 也会对现有密码算法的安全性和设计理念产生新的影响. 在分析和设计的破与立中, 密码学不断发展. 本节先介绍分组密码的安全性分析的相关概念, 然后简要介绍强力攻击及差分分析、线性分析等常见的密码分析方法的原理.

4.4.1　基本概念

攻击目标　本节讨论的安全性分析以恢复密钥为目标.

敌手能力　根据第 1 章介绍的柯克霍夫原则, 密码体制的安全性依赖于密钥的保密性, 而非算法本身的保密性. 从密码分析者的角度理解, 该原则说明在评估密码体制安全性时, 攻击者可以得到除密钥以外的有关算法的任何信息, 包括每一个设计细节. 同时, 攻击者的攻击手段有第 1.2 节介绍的 4 种: 唯密文攻击、已知明文攻击、选择明文攻击和选择密文攻击, 这刻画了攻击者获取信息的方式.

攻击复杂度　判断一个攻击是否实际可行, 或者对不同的攻击结果进行比较, 一般在相同的成功率下, 用攻击复杂度来衡量, 而攻击复杂度涉及三个指标.

- 数据复杂度 D: 实现攻击所需的明文或密文的总量. 例如, 在已知 (选择) 明文攻击中, D 为已知 (选择) 明文的个数.
- 时间复杂度 T: 对采集到的数据进行分析和处理所消耗的时间, 一般以运行一次加密算法的时间为单位.
- 存储复杂度 M: 实现攻击占用存储空间的大小, 一般以字节或分组长度为单位.

要开展攻击, 以上三个指标均需考虑.

攻击方法　分组密码常见的攻击方法主要分为三类.

一类是强力攻击, 这是一种通用的攻击方法, 主要包括穷举攻击、查表攻击和时间-存储权衡攻击等.

一类是基于算法具体结构或部件存在的特殊规律的攻击方法, 例如, 差分分析、线性分析等. 其主要思想是结合数学推导、编程测试和统计分析, 发现算法结构或某个部件的特殊规律, 进而扩展到多轮算法, 建立数学模型, 开展分析工作.

一类是基于算法具体实现时产生的物理参量的攻击方法, 也称作侧信道攻击 (side-channel attack), 例如, 计时攻击、能量分析、电磁攻击等. 由于算法在芯片中运行泄露的某些物理参量, 如执行时间、电流、电压、电磁辐射、声音等信息与密码算法在芯片中运行的中间状态数据和运算操作存在一定的相关性, 攻击者通过采集这些泄露信息, 推测密钥.

4.4.2　强力攻击

强力攻击是通用的攻击, 即无论算法结构如何设计, 部件如何选取, 都无法避免的攻击. 强力攻击给出了算法的安全上界 (即所有攻击的复杂度上界), 因此, 算法的参数选择首先要保证强力攻击是实际中不可行的. 分组密码算法的安全性依赖于密钥的保密性, 而密钥是一个长度有限的比特串, 可通过穷举攻击、查表攻击等方式进行恢复.

正确密钥和错误密钥的判定条件, 即二者的不同表现, 一般为以不同的概率满足方程. 在强力攻击中, 设分组密码的分组长度为 n-bit, 密钥空间的大小为 2^l, 则对任意明密文对 (m, c), 有

- 正确密钥 k_R 一定 (以概率 1) 满足 $Enc_{k_R}(m) = c$.
- 错误密钥 k_W 以 $\dfrac{1}{2^n}$ 的概率满足 $Enc_{k_W}(m) = c$.

注意到, 错误密钥并不是一定不满足方程, 而是假设利用错误密钥对 m 进行加密后, 得到的密文 x 是一个随机值, 即在密文的所有可能性 (共 2^n 种可能) 中均匀分布, 则 x 恰好等于 c 的概率为 $1/2^n$.

4.4.2.1 穷举攻击

顾名思义, 穷举攻击即为取遍密钥空间 $\mathbb{K}$ 的所有可能, 依次进行验证的攻击. 具体来说, 穷举攻击是一种已知明文攻击, 需要事先已知若干明密文对 (m_i, c_i) $(i = 1, \cdots, j)$, 按以下步骤进行密钥恢复.

1. 对密钥的每一种可能 $k \in \mathbb{K} = \{0, \cdots, 2^l - 1\}$, 计算

$$x_1 = Enc_k(m_1),$$

并比较 x_1 与 c_1:

- 若 $x_1 \neq c_1$, 则判定此时的 k 为错误密钥, 从密钥空间中删除.
- 若 $x_1 = c_1$, 则依次计算 $x_i = Enc_k(m_i)$ $(i = 1, \cdots, j)$, 并比较 x_i 与 c_i, 进行类似的筛选, 若均满足 $x_i = c_i$, 则输出此时的 k 为正确密钥.

由以上步骤可以看出, 对任一 i, 错误密钥 k_W 以 $\dfrac{1}{2^n}$ 的概率满足 $Enc_{k_W}(m_i) = c_i$, 从而, 以 $1/(2^n)^j$ 的概率满足 $Enc_{k_W}(m_i) = c_i$ $(i = 1, \cdots, j)$, 即经过 j 个明密文对的筛选, 没有被删除的错误密钥的个数的期望值为 $2^l \times \dfrac{1}{(2^n)^j}$. 要使得以较高的概率只有正确密钥保留下来, 即错误密钥都被删除, 则需满足

$$2^l \times \frac{1}{(2^n)^j} < 1, \ \text{即} \ j > \frac{l}{n}.$$

为保证较高的成功率, 一般取 $j = \left\lfloor \dfrac{l}{n} \right\rfloor + 1$.

例子 4.2　以 DES 算法为例, 按如上步骤进行穷举攻击, 分析该攻击的复杂度.

根据 $l = 56$, $n = 64$, $\left\lfloor \dfrac{l}{n} \right\rfloor + 1 = 1$, 因此, 已知 1 个明密文对, 即可保证以较高的概率恢复出正确密钥. 攻击的复杂度为

- 数据复杂度: 1 个明文.
- 时间复杂度: 对密钥的 2^{56} 种可能性, 依次计算 x_1, 并与 c_1 进行比较. 故需进行 2^{56} 次加密运算及 2^{56} 次比较. 经过第一次比较后, 没有被删除的错误密钥的个数的期望值为

$$(2^{56} - 1) \times \frac{1}{2^{64}} \approx \frac{1}{2^8} < 1.$$

此过程中 x_1 的计算占主项, 总的时间复杂度约为 2^{56} 次加密运算.

- 存储复杂度: 只需要存储 1 个明密文对及若干个中间变量.

可见, 在穷举攻击中, 时间复杂度占主项, 由密钥空间大小, 即密钥长度 l 所决定.

4.4.2.2　查表攻击

与穷举攻击不同, 查表攻击是一种选择明文攻击, 需要预先选定一个明文, 并计算在所有可能密钥下, 该明文对应的密文, 具体分为预计算阶段和在线阶段.

- 预计算阶段: 按如下方式构造预计算表 $\mathbb{T}$(如表 4.9 所示).

任意取定一个明文 m^*, 对密钥的每一种可能 $k \in \mathbb{K} = \{0, \cdots, 2^l - 1\}$, 计算 $c_k^* = Enc_k(m^*)$, 并存入表 $\mathbb{T}$.

- 在线阶段: 选择明文 m^*, 获得对应的密文 c^*, 查表 $\mathbb{T}$, 获得以 c^* 为索引的项对应的密钥, 作为可能正确的密钥. 若可能正确的密钥个数多于 1 个[①], 再结合已知明密文对, 做进一步筛选.

注意到查表攻击必须获得构造预计算表时选定的明文 m^* 对应的密文, 因此, 需要敌手具备选择明文的能力.

表 4.9　查表攻击预计算表 $\mathbb{T}$

c_k^*	k
$Enc_0(m^*)$	0
$Enc_1(m^*)$	1
$\cdots$	$\cdots$
$Enc_{2^l-1}(m^*)$	$2^l - 1$

错误密钥 k_{W} 以 $1/2^n$ 的概率满足 $Enc_{k_{\mathrm{W}}}(m^*) = c^*$, 因此, 利用 (m^*, c^*) 筛选后, 没被排除的错误密钥的个数的期望值为 $2^l/2^n = 2^{l-n}$. 然后, 类似穷举攻击, 已知一个明密文对 (m, c), 又以 $1/2^n$ 的概率继续进行筛选. 为保证较高的成功率, 即只有正确密钥被保留下来, 一般取已知明密文对的对数为 $\left\lfloor \dfrac{l-n}{n} \right\rfloor + 1 = \left\lfloor \dfrac{l}{n} \right\rfloor$.

例子 4.3　以 DES 算法为例, 按上步骤进行查表攻击, 分析该攻击的复杂度.

---

① 将分组加密看作一个随机置换, 则选定的明文在不同密钥作用下映射到的密文是随机值, 可能出现相等的情况.

根据 $l = 56$, $n = 64$, $\left\lfloor \dfrac{l}{n} \right\rfloor = 0$, 因此, 敌手需选择明文 m^* 获得对应的密文 c^*.

- 数据复杂度: 1 个明文.
- 时间复杂度: 预计算阶段需进行 2^{56} 次加密运算, 得到预计算表 $\mathbb{T}$. 在线阶段错误密钥保留下来的期望个数为 $2^{56} \times \dfrac{1}{2^{64}} = \dfrac{1}{2^8}$, 需一次查表运算. 预计算阶段的时间复杂度占主项.
- 存储复杂度: 预计算表的存储复杂度占主项, 需存储 2^{56} 个密钥, 为 $2^{56} \times$ 56-bit, 约为 $2^{58.8}$ 个字节.

可见, 在查表攻击中, 时间复杂度和存储复杂度占主项, 由密钥空间大小, 即密钥长度 l 所决定. 注意到, 预计算表可通过并行计算获得, 而且, 查表攻击中的预计算表是可以重复使用的, 执行一次预计算阶段后, 即使通信双方更新了密钥, 只需执行在线阶段, 即可恢复正确密钥. 而穷举攻击, 每次更新密钥后, 都需要进行约 2^l 次加密计算, 才能恢复正确密钥.

4.4.2.3 时间-存储权衡攻击

为改进查表攻击的存储复杂度, 1980 年, Hellman 提出了时间-存储权衡 (time-memory trade-off, TMTO) 攻击[15]. 这也是一种选择明文攻击, 现已发展出多种变体, 常与其他攻击结合使用. 该攻击综合了穷举攻击和查表攻击, 以时间换取空间, 或者以空间换取时间, 取得二者的平衡. 其关键思想在于将密钥空间中的密钥建立链接关系, 进行分类, 从而实现对密钥空间的分割, 降低存储量.

与查表攻击类似, 时间-存储权衡攻击分为预计算阶段和在线阶段.

- 预计算阶段: 构造 s 个预计算表 $\mathbb{T}_\alpha$ $(\alpha = 1, \cdots, s)$, 每个预计算表的构造方式如下 (如图 4.7 所示).

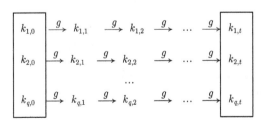

图 4.7 时间-存储权衡攻击的预计算表 $\mathbb{T}_\alpha$ 的构造

1. 随机选择 q 个长度为 l-bit 的数据 $k_{1,0}, k_{2,0}, \cdots, k_{q,0}$.
2. 任意取定一个明文 m^*, 对 $i = 1, \cdots, q, j = 1, \cdots, t$, 计算

$$k_{i,j} = g(k_{i,j-1}) = R_\alpha(Enc_{k_{i,j-1}}(m^*)),$$

其中, g 为链接函数, 由函数 R 与加密算法 Enc 构成, 函数 R 为 $\{0,1\}^n \to \{0,1\}^l$ 的函数, 主要用于将 n-bit 的密文转化为 l-bit 的密钥 (具体可通过第 6 章介绍的杂凑函数或简单截短来实现), 因此, 函数 R 被称为约化函数. 不同的 α, 对应不同的函数 R, 记为 R_α.

此步骤借助明文 m^* 的加密及约化函数在密钥之间形成链条. 可见, 只要知道起点 $k_{i,0}$ $(i = 1, \cdots, q)$, 就可以计算出同一条链上的所有密钥.

3. 存储每条链的起点 $k_{i,0}$ 和终点 $k_{i,t}$[①].

• 在线阶段: 选择明文 m^*, 获得对应的密文 c^*. 对 $\alpha = 1, \cdots, s$, 即每个预计算表 $\mathbb{T}_\alpha$,

1. 计算 $c_1 = R_\alpha(c^*)$.

2. 对 $j = 1, \cdots, t$, 比较 c_j 与每条链的终点 $k_{i,t}$ $(i = 1, \cdots, q)$:

若存在 i, 满足 $c_j = k_{i,t}$, 则从 $k_{i,0}$ 出发计算出 $k_{i,t-j}$. 代入 $c^* = Enc_{k_{i,t-j}}(m^*)$ 进行验证. 若成立, 将 $k_{i,t-j}$ 正确密钥的候选值.

否则, 计算 $c_{j+1} = g(c_j)$, 继续与终点进行比较.

3. 若可能正确的密钥个数多于 1 个, 再结合已知明密文对, 做进一步筛选.

下面, 对以上正确密钥的判定依据给出简要分析. 如图 4.8 所示,

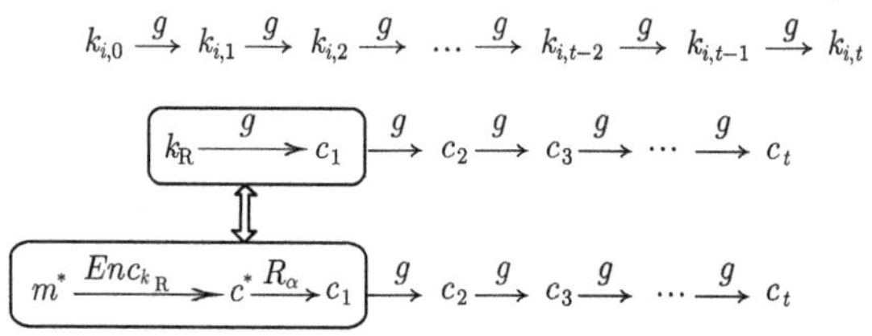

图 4.8　时间-存储权衡攻击在线阶段示例

$$c_1 = R_\alpha(c^*) = R_\alpha(Enc_{k_R}(m^*)) = g(k_R).$$

即若以正确密钥 k_R 为起点, 构造密钥链条, 则 c_j $(j = 1, \cdots, t)$ 组成链条上的点. 若存在 $c_j = k_{i,t}$, 例如, $c_2 = k_{i,t}$, 则有

$$g(g(k_R)) = g(k_{i,t-1}) = g(g(k_{i,t-2})).$$

函数 $g \cdot g$ 的输出 c_2 和 $k_{i,t}$ 相等, 很可能是由输入相等导致的. 即若 $k_{i,t-2}$ 是正确

---

① 存储时以 $k_{i,t}$ 为索引.

密钥, 则一定满足上式; 而若 $k_{i,t-2}$ 是错误密钥, 则以 $\dfrac{1}{2^l}$ 的概率满足. 从而, 我们将 $k_{i,t-2}$ 作为正确密钥的候选值. 具体的概率分析请参考文献 [15].

以上过程中, 预计算阶段构造一条密钥链需 t 次链接函数的运算, 每个表 $\mathbb{T}_\alpha$ 有 q 条链, 共 s 个表, 故时间复杂度为 $O(qts)$. 在线阶段对每个表, 分别计算 t 个 c_j 进行比较, 故时间复杂度为 $O(ts)$. 每条链只存储起点和终点, 故存储复杂度为 $O(qs)$.

在线阶段中, c_j 与 q 个终点 $k_{i,t}$ 的比较, 本质上是对 q 个中间链接点 $k_{i,t-j}$ 的筛选. 从穷举攻击的角度理解, 要保证能筛出正确密钥, 首先要保证所有的中间链接点构成的集合中, 一定包含了正确密钥. 而所有的中间链接点的个数为 qts, 因此, 直观来看, 需满足 $qts \approx 2^l$, 且尽量不要有重复点, 方能涵盖整个密钥空间. Hellman 的论文 [15] 中指出, 若 $qts \approx 2^l$, 则上述算法成功的概率约为 $0.8qt/2^l$, 并建议取 $q \approx t \approx s \approx 2^{l/3}$, 且每个表使用不同的约化函数 R_α 以降低重复率. 从而, 存储复杂度为 $O(2^{2l/3})$, 实现了对存储复杂度的降低. 尽管预计算阶段的时间复杂度仍为 $O(2^l)$, 但可通过并行计算等方式来缩短实际需要的时间. 注意到, 此时, 在线阶段的时间复杂度相较于查表攻击提高为 $O(2^{2l/3})$, 即用时间换取了存储.

4.4.3 专用分析技术

专用分析技术是指基于算法具体结构或部件存在的特殊规律的攻击方法, 这类方法的关键要素是 "区分" 和 "分割". 在进行分析时, 假设敌手可以访问加密 (或解密) 机. 例如, 在选择明文攻击中, 敌手可选择明文, 询问加密机, 获得对应的密文. 一个好的密码算法, 其明文、密钥和密文之间没有明显的统计关联, 即输入和输出之间 "看上去" 没有任何关系, 或者说, 输出结果 "像" 是随机的, 即由一个随机置换生成.

"区分" 是指找到一个与具体算法有关的可计算或统计的指标, 根据敌手能力询问加 (解) 机, 通过获取的信息计算该指标的分布情况, 从而对加 (解) 密机是特定的密码算法, 还是随机置换作出判断. 若在复杂度允许的范围内, 能以不可忽略的概率成功区分这两种函数, 则该指标就被称为不随机特征 (或不随机现象); 利用该指标将密码算法和随机置换进行区分的算法, 就称为区分器或区分攻击. 区分往往是开展各类攻击的第一步.

"分割" 有两层含义. 一个是指对密码算法的分割. 这是指在寻找区分器时, 往往将算法的各个部件分开考虑, 来发现不随机现象. 另一个是指对搜索空间的分割. 这是指将必须整体搜索的大空间分割为可局部搜索的小空间. 在强力攻击中, 判定条件依赖于密钥的全部比特, 若能发现只与部分密钥比特有关的可验证的判定条件, 那么, 就可先对这部分密钥进行恢复, 再恢复其余密钥, 这种 "两步走" 的策略, 对应的复杂度是 "相加" 的关系, 从而降低总体的复杂度.

通常, 对 r-轮分组密码算法的密钥恢复攻击一般分为两步 (如图 4.9 所示): 第一步, 找到一个 d-轮区分器, 例如, 线性近似式或差分等等, 得到一个与区分器的头尾 (X,Y) 有关的函数 $D(X,Y)$, 该函数的取值分布与加密算法为随机置换时对应函数的取值分布可区分; 第二步, 利用区分器实现密钥空间的分割, 只需考虑由明文 m 加密到区分器头部 X 涉及的密钥, 以及密文 c 求解到区分器尾部 Y 涉及的密钥即可. 可见, 攻击的复杂度与函数 $D(X,Y)$ 及求解 (X,Y) 的方式和涉及的密钥量有关.

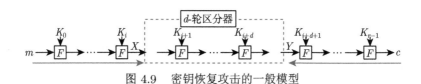

图 4.9　密钥恢复攻击的一般模型

现代密码分析经过几十年的发展, 出现了很多典型的分析技术, 例如差分分析[7]、线性分析[8]、中间相遇攻击[16]、积分攻击[9] 等等. 不同攻击方法的侧重点不同, 对同一个算法的攻击效果不同. 因此, 衡量一个密码算法的安全性, 往往需要考虑各种攻击方法的影响. 特别是新的密码算法公布时, 设计者往往同时提供利用现有各种攻击技术对算法进行安全性分析得到的详细数据, 作为衡量算法安全性的重要指标.

4.4.3.1　差分分析

1990 年, Eli Biham 与 Adi Shamir 在密码学会议美密会 (CRYPTO) 上公开发表了对 DES 算法的差分分析[7]. 1992 年, 他们进一步改进分析结果, 给出 16 轮 DES 算法的密钥恢复攻击. 复杂度为 2^{47} 个选择明文、2^{37} 次加密及可忽略的存储量[17], 远低于穷举搜索的复杂度. 差分分析是一种选择明文攻击, 现已成为分析迭代型分组密码安全性的重要手段, 在流密码、杂凑函数、消息认证码的安全性分析中也起到重要作用.

先来看一个异或加密的例子. 明文 m 按照如下方式加密:

$$c = m \oplus k,$$

其中, $\oplus$ 为按比特的异或运算. 那么, 明文对 $(m, m')(m \neq m')$ 对应的密文对 (c, c') 满足

$$c \oplus c' = (m \oplus k) \oplus (m' \oplus k) = m \oplus m'.$$

可见, 通过异或运算消除了密钥的影响, 密文对的异或直接等于明文对的异或. 此

现象启发了差分分析技术的产生.

定义 4.3　设 X 和 X' 是两个长度为 n-bit 的二进制串, 则 $\Delta X = X \oplus X'$ 称为 X 和 X' 的差分[①].

注 4.2　差分和明文对之间不是一一对应的关系, 即不同的明文对可以具有相同的差分值. 例如, 对二进制串 $(X, X') = (0000, 0011)$ 或 $(0001, 0010)$ 或 $(0100, 0111)$, 均有 $0001 \oplus 0010 = 0000 \oplus 0011 = 0100 \oplus 0111 = 0010$.

下面以 3 轮 DES 算法为例, 阐述差分分析的主要思想.

如图 4.10 所示, 3 轮 DES 算法是指, DES 算法不是运行 16 轮, 而是经过 3 轮迭代 (最后一轮左右不交换) 就输出密文. 因为初始置换 IP 及其逆运算 IP^{-1} 对算法安全性没有影响, 在分析中往往忽略这两个操作.

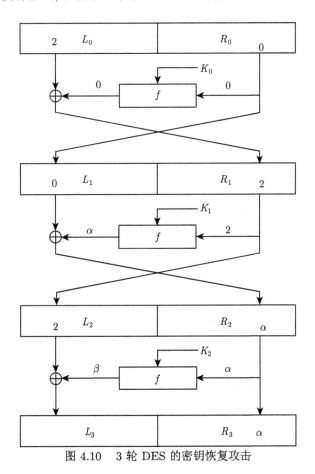

图 4.10　3 轮 DES 的密钥恢复攻击

[①] 差分的定义并不唯一, 具体的差分形式根据具体算法来定.

注 4.3　对 3 轮 DES 算法进行选择明文攻击时, 敌手可以选择明文, 并得到 3 轮 DES 算法的输出值 (密文), 但不能获知中间状态的信息, 例如, 1 轮迭代后的结果对敌手来说仍是未知的.

例子 4.4　若 3 轮 DES 算法的两个 64-bit 的输入 (L_0, R_0), (L'_0, R'_0), 满足

$$L_0 \oplus L'_0 = 2, R_0 \oplus R'_0 = 0,$$

则 $\Delta L_1 =?$, $\Delta R_1 =?$, $\Delta L_2 =?$, $\Delta R_2 =?$

如图 4.10 所示, 因为 $R_0 \oplus R'_0 = 0$, 即 $R_0 = R'_0$, 第 1 轮 f 函数的输入相等, 从而输出一定相等, 则

$$\Delta L_1 = L_1 \oplus L'_1 = R_0 \oplus R'_0 = 0,$$

$$\Delta R_1 = R_1 \oplus R'_1 = (L_0 \oplus f(K_0, R_0)) \oplus (L'_0 \oplus f(K_0, R'_0)) = 2.$$

第 2 轮 f 函数的两个输入不相等, 不妨设 $f(K_1, R_1) \oplus f(K_1, R'_1) = \alpha$, 则

$$\Delta L_2 = L_2 \oplus L'_2 = R_1 \oplus R'_1 = 2,$$

$$\Delta R_2 = R_2 \oplus R'_2 = (L_1 \oplus f(K_1, R_1)) \oplus (L'_1 \oplus f(K_1, R'_1)) = \alpha.$$

下面详细分析 $\Delta R_1 = 2$ 经过 f 函数的差分传播情况 (如图 4.11 所示).

1. 过线性变换 E 扩展:

$$E(R_1) \oplus E(R'_1) = E(R_1 \oplus R'_1) = E(0000 \cdots 0010) = 000000 \cdots 000100.$$

2. 异或密钥: 差分值不变, 从而可以确定每个 S 盒的输入差分.

3. 过 S 盒: 若某个 S 盒的输入差分为 0, 即表示输入相等, 则相应的输出差分一定为 0, 从而, 前 7 个 S 盒的输出差分均为 0. 最后一个 S 盒 S_8 的输入差分非零, 我们用一个例子来说明其 4-bit 输出差分的情况.

例子 4.5　对 DES 的 S 盒 S_8 (定义见表 4.5), 取输入差分为 000100 的两个输入对 $(000000, 000100)$ 和 $(000001, 000101)$, 对应的输出差分分别为 (二进制表示)

$$S(000000) \oplus S(000100) = 1101 \oplus 1000 = 0101,$$

$$S(000001) \oplus S(000101) = 0001 \oplus 1101 = 1100.$$

可见, S 盒的输入差分非零时, 输出差分的取值不确定. 从而, S_8 的 4-bit 输出差分不确定, 用 ???? 表示. 根据 DES 算法 S 盒的特性, 输入 1-bit 不同至少引

起输出 2-bit 不同, 即 α 中非零比特的个数在 2 到 4 之间. 再结合 P 置换的特性, 这 4-bit 在下一轮会影响 6 个 S 盒, 即第 3 轮 f 函数中至少有 2 个 S 盒的输入差分为零.

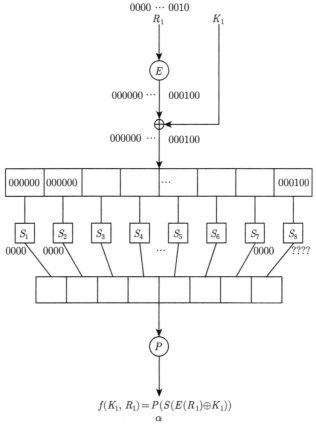

$$f(K_1, R_1) = P(S(E(R_1) \oplus K_1))$$
$$\alpha$$

图 4.11 f 函数的差分传播 (差分值用二进制表示)

结合以上分析, 可以得出以下性质.

性质 4.2 差分在不同部件中的传播特性:

• **过线性变换差分值确定** 设 P 为线性变换, 则 $P(X) \oplus P(X') = P(X \oplus X') = P(\Delta X)$.

• **异或密钥差分值不变** 设 K_i 为第 i 轮的轮密钥, 则 $(X \oplus K_i) \oplus (X' \oplus K_i) = X \oplus X' = \Delta X$.

• **非零差分过非线性变换差分值不确定** 设 S 为非线性变换, 若 $\Delta X = 0$, 则 $S(X) \oplus S(X') = 0$; 若 $\Delta X \neq 0$, 则 $S(X) \oplus S(X')$ 的取值不确定. 当变换 S 的输入规模比较小, 例如输入长度为 8-bit 时, 输出差分的具体分布情况可通过遍历所有满足输入差分 ΔX 的输入对 (X, X') (其中, $X' = X \oplus \Delta X$), 得到相应的输出对 $(S(X), S(X'))$, 再统计差分 $S(X) \oplus S(X')$ 的不同取值出现的次数来得到, 即 S 盒的差分分布表.

差分分析重点研究差分在多轮迭代运算中的传播特性. 下面给出 i 轮差分及其概率的定义.

定义 4.4　设 $\beta_0, \beta_i \in \{0,1\}^n$, 假设分组密码的输入对 (X, X') 的差分值 $\Delta X = \beta_0$, 经过 i 轮加密之后, 相应的输出对 (Y, Y') 的差分值 $\Delta Y = \beta_i$, 则称 $\beta_0 \xrightarrow{i轮} \beta_i$ 为一个 i 轮差分.

在迭代分组密码算法中, 因为非线性部件的存在, 随着轮数的增长, 多轮差分一般不会以概率 1 出现, 一般地, 我们给出 i 轮差分概率的定义.

定义 4.5　给定 $\beta_0, \beta_i \in \{0,1\}^n$, 假设某分组密码的输入 X 以及轮密钥 $K_0, K_1, \cdots, K_{i-1}$ 的取值相互独立且均匀分布, 则满足输入差分为 β_0 的输入对 (X, X'), 经过 i 轮加密运算后的输出对 (Y, Y') 满足 $\Delta Y = \beta_i$ 的概率, 称为该迭代分组密码的 i 轮差分 $\beta_0 \xrightarrow{i轮} \beta_i$ 对应的概率, 记为 $DP(\beta_0 \xrightarrow{i轮} \beta_i)$.

注意到, 例子 4.4 中, $R_3 = R_2$ 且 $R'_3 = R'_2$, 从而, $\Delta R_3 = \Delta R_2 = \alpha$, 即 α 可由密文对直接计算得到. 那么, 对于 DES 算法, 若选择一对满足例子 4.4 条件的明文, (L_0, R_0) 和 (L'_0, R'_0), 并得到过 3 轮 DES 的输出对, (L_3, R_3) 和 (L'_3, R'_3), 则找到一条概率为 1 的 2 轮差分, 即

$$DP((2,0) \xrightarrow{2轮} (2, \Delta R_3)) = 1. \tag{4.1}$$

而对于随机置换 RP, 若选择一对满足例子 4.4 条件的输入, 则相应的输出对为随机数, 其差分也随机, 即

$$\Pr((2,0) \xrightarrow{RP} (2, \Delta R_3)) = \frac{1}{2^{64}} \ll 1. \tag{4.2}$$

从而, 可以利用该 2 轮差分进行 3 轮 DES 算法的密钥恢复攻击, 由密文对解密到区分器尾部, 尝试恢复轮密钥 K_2 的部分比特. 此时, 根据 $R_2 = R_3$, 可由密文得到 f 函数的输入, 从而, 正确密钥和错误密钥的判定条件为

- 正确密钥 $K_{2,\mathrm{R}}$ 一定 (以概率 1) 满足

$$f(K_{2,\mathrm{R}}, R_3) \oplus f(K_{2,\mathrm{R}}, R'_3) = \Delta L_2 \oplus \Delta L_3 = 2 \oplus \Delta L_3. \tag{4.3}$$

- 错误密钥 $K_{2,\mathrm{W}}$ 求解出随机的中间值, 从而以 $\dfrac{1}{2^{64}}$[①]的概率满足式 (4.3).

---

① 这里假设 f 函数的输出均匀分布.

一个直接的方式, 就是采用穷举攻击, 遍历 48-bit 的 K_2 的所有可能, 代入方程

$$f(K_2, R_2) \oplus f(K_2, R_2') = 2 \oplus \Delta L_3, \tag{4.4}$$

进行验证, 进而识别正确密钥, 复杂度由 2^{49} 次 f 函数的计算占主项.

下面我们来看, 如何结合 f 函数的内部运算将式 (4.4) 进一步分割, 降低求解复杂度.

根据第 3 轮 f 函数的输入值 R_3 和 R_3', 可以确定经过 E 扩展后的输出 $E(R_3)$ 和 $E(R_3')$. 而每个 S 盒对应的 4-bit 输出差分, 可由 $P^{-1}(2 \oplus \Delta L_3)$ 计算得出, 记为 Y. 将 $E(R_3)$、$E(R_3')$ 和 K_2 按 6-bit 分块, 记为

$$E(R_3) = E(R_3)_1 \cdots E(R_3)_8, \quad E(R_3') = E(R_3')_1 \cdots E(R_3')_8, \quad K_2 = K_{2,1} \cdots K_{2,8},$$

则 S 盒 S_i ($i = 1, \cdots, 8$) 的 6-bit 输入分别为 $X_i = E(R_3)_i \oplus K_{2,i}$ 和 $X_i' = E(R_3')_i \oplus K_{2,i}$. 将 S 盒的输出差分按 4-bit 分块, 即 $Y = P^{-1}(2 \oplus \Delta L_3) = Y_1 \cdots Y_8$, 则方程 (4.4) 等价于 8 个输入为 6-bit 的方程构成的方程组

$$\begin{cases} S(E(R_3)_1 \oplus K_{2,1}) \oplus S(E(R_3')_1 \oplus K_{2,1}) = Y_1, \\ S(E(R_3)_2 \oplus K_{2,2}) \oplus S(E(R_3')_2 \oplus K_{2,2}) = Y_2, \\ \qquad\qquad \cdots\cdots \\ S(E(R_3)_8 \oplus K_{2,8}) \oplus S(E(R_3')_8 \oplus K_{2,8}) = Y_8. \end{cases} \tag{4.5}$$

根据前面的分析, 其中至少有两个方程的输入差分为 0, 从而输出差分一定为 0, 方程恒成立, 不能提供关于子密钥的信息. 而对于第 i 个输入差分非零的方程, $E(R_3)_i$, $E(R_3')_i$ 和 Y_i 由密文对确定, 只有 6-bit 的密钥 $K_{2,i}$ 未知, 且有

- 正确密钥 $K_{2,i,\mathrm{R}}$ 一定满足方程.
- 错误密钥 $K_{2,i,\mathrm{W}}$ 以 $\dfrac{1}{2^4}$[①]的概率满足方程.

从而, 可分别对每个方程遍历 6-bit 的密钥的所有可能, 采用穷举攻击进行密钥恢复. 根据概率, 一个方程平均有 $2^6 \times \dfrac{1}{2^4} = 2^2$ 个候选密钥保留. 若利用 $\left\lceil \dfrac{6}{4} \right\rceil + 1 = 3$ 个密文对, 则可建立 3 个方程组, 同时满足 3 个方程组中对应第 i 个方程的 6-bit 密钥 $K_{2,i}$ 即为正确密钥[②].

---

① 此时每个方程右侧的数值为 4-bit.

② 这里为了简化分析, 假设每个密文对对应的输入差分非零的 S 盒是相同的, 共有 x 个. 实际进行分析时, 不同的密文对对应地可用于求解密钥的方程可能不同, 此时, 再多选择几对明文对即可, 对攻击的整体复杂度影响不大.

综上, 3 轮 DES 算法的差分分析如下.

1. 采样: 选择 3 对满足 $\Delta L_0 = 2$, $\Delta R_0 = 0$ 的明文对 $(m^j, m^{j'})$ $(j = 0, 1, 2)$, 并获得相应的密文对.

2. 恢复部分轮密钥: 根据以上分析, 得到 3 个如式 (4.5) 所示的方程组. 设每个方程组有 $x(0 < x < 7)$ 个输入差分非零的方程, 其中, 每 6-bit 密钥 $K_{2,i}$ 需同时满足三个方程, 即

$$
\begin{cases}
S(E(R_3^0)_i \oplus K_{2,i}) \oplus S(E(R_3^{0'})_i \oplus K_{2,i}) = Y_i^0, \\
S(E(R_3^1)_i \oplus K_{2,i}) \oplus S(E(R_3^{1'})_i \oplus K_{2,i}) = Y_i^1, \\
S(E(R_3^2)_i \oplus K_{2,i}) \oplus S(E(R_3^{2'})_i \oplus K_{2,i}) = Y_i^2.
\end{cases}
\tag{4.6}
$$

方程组 (4.6) 中第一个方程的求解需遍历 2^6 种密钥可能, 过滤出 2^2 个候选密钥, 在此基础上, 经过第二、三个方程的进一步筛选, 期望只有正确密钥保留下来. 此步骤将 48-bit 密钥的直接穷举分割为 x 个 6-bit 密钥的分别穷举, 时间复杂度约为 $x \times 2 \times (2^6 + 2^2 + 1) \approx 2^{7.1}x$ 次 S 盒查表运算. 3 轮 DES 的加密运算含 $8 \times 3 = 24$ 次 S 盒查表, 故约为 $2^{7.1}x \times \dfrac{1}{8 \times 3} \approx 2^{1.5}x$ 次 3 轮 DES 的加密运算.

3. 恢复 56-bit 主密钥: 将求解出的 $6x$-bit 轮密钥, 根据密钥生成方案, 对应到主密钥的 $6x$-bit, 对其余的 $(56 - 6x)$-bit 密钥利用穷举攻击进行恢复. 结合 DES 的互补特性, 此步骤的时间复杂度约为 2^{55-6x} 次加密运算.

可见, 总的攻击复杂度由时间复杂度占主项, 远小于强力攻击给出的安全上界 2^{55}. 以上密钥恢复攻击的过程与图 4.9 所示的一般模型吻合, 先找到区分器, 即 i 轮差分, 再在区分器的尾部扩展 1 轮, 建立与部分密钥有关的方程组, 实现对密钥空间的分割. 具体求解时, 再将方程组分割为相互独立的方程, 进一步降低求解复杂度. 可见, 与强力攻击只关注一个输入不同, 差分分析利用满足特定差分 (ΔX) 的输入对 (两个输入) 经过若干轮加密后对应特定输出差分 (ΔY) 的不均匀性建立区分器, 进而尝试恢复密钥. 将输入成对考虑, 增加了区分器的可能形式, 引入了更加多样化的判定条件. 差分传播的不随机性是进行差分分析的基础, 本小节仅讨论了概率为 1 的区分器, 而实际攻击中, 随着迭代轮数的增长, 难以发现以概率 1 成立的多轮差分, 需要通过仔细分析测试, 发现带概率 (概率 < 1) 的长轮数的差分, 建立区分器, 进而对更长轮数的算法乃至全算法 (例如, 16 轮 DES) 进行密钥恢复攻击, 更多的讨论请参考文献 [7]. 关于差分分析复杂度的评估请参考文献 [18].

4.4.3.2　线性分析

1993 年, Mitsuru Matsui 在密码学会议欧密会 (EUROCRYPT) 上公开发表了对 DES 算法的线性分析[8], 复杂度主项为 2^{47} 个已知明文, 远低于穷举搜索的

复杂度. 线性分析是一种已知明文攻击, 现已成为分析迭代型分组密码安全性的重要手段.

从异或加密出发, 若明文 m, 密钥 k 和密文 c 之间满足

$$c = m \oplus k,$$

那么, 可直接得到密钥、明文和密文之间的以概率 1 成立的线性关系

$$k = m \oplus c, \tag{4.7}$$

从而, 若已知明密文对 (m, c), 则由上述线性关系式 (4.7) 可直接计算出密钥. 推广到一般情况, 若算法采用的运算均为线性变换, 则总可以找到类似的线性表达式, 直接求解密钥.

因此, 算法必须引入非线性部件. 一种常见的非线性部件为 S 盒, 通过其布尔函数表达式可知, S 盒输出的每一比特都是与输入所有比特相关的非线性布尔函数. 现代分组密码算法, 难以找到恒成立的线性关系, 而线性分析考虑的是能否找到以一定概率 (< 1) 成立的线性近似式, 只要可以与随机置换区分, 即可用来进行密钥恢复攻击.

下面我们以 1 轮的简化加密算法为例, 阐述线性分析的主要思想[19].

设两个相互独立的密钥 $K_0, K_1 \in \{0,1\}^k$, 非线性部件 $S : \{0,1\}^n \to \{0,1\}^n$, 1 轮加密算法 Enc_1 如图 4.12 所示. 根据 $U = m \oplus K_0$, $V = c \oplus K_1$, 1 轮算法进行线性分析的关键在于 U, V 之间关系式. 而 S 盒是非线性部件, 为了构造区分器, 线性分析不是将 U, V 看作 n-bit 的整体, 而是考虑比特级的各种形式的线性组合, 是否存在与随机置换可区分的关系式.

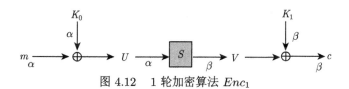

图 4.12　1 轮加密算法 Enc_1

为简化表示形式, 引入内积和线性掩码的定义.

定义 4.6　设 $\boldsymbol{a} = (a_0, a_1, \cdots, a_{n-1})$, $\boldsymbol{b} = (b_0, b_1, \cdots, b_{n-1}) \in \mathbb{F}_2^n$, 向量 $\boldsymbol{a}$ 与 $\boldsymbol{b}$ 的内积为

$$\boldsymbol{a} \cdot \boldsymbol{b} = \langle \boldsymbol{a}, \boldsymbol{b} \rangle = \bigoplus_{i=0}^{n-1} a_i \wedge b_i,$$

其中, $\wedge$ 为比特级乘法 (与) 运算, 即只有当 $a_i = b_i = 1$ 时, 有 $1 \wedge 1 = 1$, 其余情

况均为 0.

例子 4.6　向量 $a = (0, 1, 0, 1)$, 则 $a \cdot b = b_1 \oplus b_3$.

向量 a 与 b 的内积可看作根据向量 a 中取值为 1 的比特, 将向量 b 中对应位置的比特取出做异或运算.

在线性分析中, 将 a 称作 b 的线性掩码.

线性分析重点研究 i 轮加密的输入和输出之间的线性近似, i 轮线性近似在掩码下的定义为

定义 4.7　设 $\alpha, \beta \in \{0, 1\}^n$, 假设分组密码的输入为 X, 经过 i 轮加密之后, 相应的输出为 Y, 则称 $\alpha \cdot X \oplus \beta \cdot Y$ 为 i 轮加密的一个线性近似, 记为 (α, β). 特别地, 称 α 为该线性近似的输入掩码, β 为输出掩码.

给定一个 i 轮线性近似 (α, β), 其概率定义如下.

定义 4.8　i 轮线性近似 (α, β) 的概率 $\Pr(\alpha, \beta)$ 为使得该线性近似取值为 0 的输入在整个输入空间中所占的比例. 理论上, 可用下式计算

$$\Pr(\alpha, \beta) = \frac{\#\{X \in \mathbb{F}_2^n \mid \alpha \cdot X \oplus \beta \cdot Y = 0\}}{2^n}, \tag{4.8}$$

其中, n 为输入的比特长度.

而对于随机置换, 对任意 (α, β), 相应线性近似取 0 或 1 的可能性相等, 即取 0 的概率为 $\dfrac{1}{2}$.

可见, 要想区分 i 轮加密与随机置换, $\Pr(\alpha, \beta)$ 与 1/2 的差异非常关键.

定义 4.9　i 轮线性近似 (α, β) 的概率与 1/2 的差值, 即

$$\varepsilon(\alpha, \beta) = \Pr(\alpha, \beta) - \frac{1}{2}.$$

称为该线性近似的偏差, 记为 $\varepsilon(\alpha, \beta)$.

$\varepsilon(\alpha, \beta)$ 的绝对值 $|\varepsilon(\alpha, \beta)|$ 代表该线性近似的 "有效性", $|\varepsilon(\alpha, \beta)|$ 越大, 线性近似越有效.

下面举例说明当 $\alpha = (1, 0, 0, 1)$, $\beta = (0, 0, 1, 0)$ 时, 1 轮加密的线性近似及概率计算.

例子 4.7　设 4-bit 的 S 盒定义如表 4.10 所示, 则 U, V 之间的线性近似 $\alpha \cdot U \oplus \beta \cdot V$, 即 S 盒的线性近似, 其相应概率式 (4.8), 需计算 $\alpha \cdot U$ 及相应的 $\beta \cdot V = \beta \cdot S(U)$, 如表 4.11 所示.

表 4.10 1 轮加密的 S 盒 (十六进制)

输入 x	0	1	2	3	4	5	6	7	8	9	A	B	C	D	E	F
输出 $S(x)$	F	E	B	C	6	D	7	8	0	3	9	A	4	2	1	5

表 4.11 S 盒的线性近似

输入 x	0	1	2	3	4	5	6	7	8	9	A	B	C	D	E	F
$\alpha \cdot U$	0	1	0	1	0	1	0	1	1	0	1	0	1	0	1	0
$\beta \cdot S(U)$	1	1	1	0	1	0	1	0	0	1	0	1	0	1	0	0

从而, $\Pr(\alpha, \beta) = \dfrac{2}{16} = \dfrac{1}{8}$. 即

$$\Pr(\alpha \cdot U = \beta \cdot V) = \frac{1}{8}.$$

结合 1 轮加密的中间状态和明文、密文、密钥之间的关系

$$\begin{cases} \alpha \cdot U = \alpha \cdot m \oplus \alpha \cdot K_0, \\ \beta \cdot V = \beta \cdot c \oplus \beta \cdot K_1, \end{cases}$$

有

$$\Pr(\alpha \cdot m \oplus \alpha \cdot K_0 = \beta \cdot c \oplus \beta \cdot K_1) = \frac{1}{8},$$

即

$$\Pr(\alpha \cdot m \oplus \beta \cdot c = \alpha \cdot K_0 \oplus \beta \cdot K_1) = \frac{1}{8}. \tag{4.9}$$

式 (4.9) 意味着, 对任意给定的密钥 (K_0, K_1),

- 若 $\alpha \cdot K_0 \oplus \beta \cdot K_1 = 0$, 则 $\Pr(\alpha \cdot m \oplus \beta \cdot c = 0) = \dfrac{1}{8}$.
- 若 $\alpha \cdot K_0 \oplus \beta \cdot K_1 = 1$, 则 $\Pr(\alpha \cdot m \oplus \beta \cdot c = 1) = \dfrac{1}{8}$.

这里, $\alpha \cdot K_0 \oplus \beta \cdot K_1$ 的取值为 0 或 1(原因), 直接影响了明文空间中的明文及相应密文代入 $\alpha \cdot m \oplus \beta \cdot c$ 取值为 0 或 1 的概率 (结果). 在密钥恢复攻击中, 虽然密钥是未知的, 但我们可以通过观察结果, 对导致该结果的原因进行推测.

将式 (4.9) 一般化为 i 轮加密的情况, 记密钥相关的掩码为 γ, $\Pr(\alpha \cdot m \oplus \beta \cdot c = \gamma \cdot k) = p$, 则已知 N 个 i 轮加密的明密文对, 有以下直接求解密钥比特之间的线性关系 $\gamma \cdot k$ 的算法, 在线性分析中称为**算法 1**, 具体步骤如下.

1. 构建计数器 Cnt 记录明密文对中满足 $\alpha \cdot m \oplus \beta \cdot c = 0$ 的数量.

2. 通过 p 和 Cnt 猜测 $\gamma \cdot k$:

- 当 $p > 1/2$ 时: 若 Cnt $> N/2$, 则 $\gamma \cdot k = 0$; 否则 $\gamma \cdot k = 1$.
- 当 $p < 1/2$ 时: 若 Cnt $> N/2$, 则 $\gamma \cdot k = 1$; 否则 $\gamma \cdot k = 0$.

算法 1 为概率算法, 直观来看, 要保证猜测正确或者说成功率高, 需要加大已知明文量, 文献 [8] 中指出明文量与偏差的平方成反比, 要达到相同的成功率, 偏差越大, 需要的明文量越小.

可见, 线性近似是进行线性分析的关键, 找到长轮数的 "有效的" 线性近似, 即可利用已知的明密文, 按照算法 1, 恢复密钥的线性表达式.

注意到, 算法 1 仅恢复了密钥的线性表达式 $\gamma \cdot k$, 只有 1-bit 的密钥信息, 要想利用同一线性近似恢复更多的密钥信息或如何发现更长轮数的线性近似, 请参考文献 [8]. 关于线性分析复杂度的评估请参考文献 [18, 20].

4.5 高级加密标准 AES

高级加密标准 AES

1997 年 9 月, 美国国家标准与技术研究院 NIST 公开征集新的高级加密标准 (Advanced Encryption Standard, AES), 取代 DES 算法. 1998 年 6 月, 提交过程截止, 共收到 21 个算法. 经过简单筛选, 1998 年 8 月, 公布来自 12 个国家的 15 个候选算法进入第一轮. 1999 年 8 月, 5 个候选算法进入第二轮, 分别是 MARS、RC6、Rijndael、Serpent 和 Twofish 算法. 2000 年 10 月, 由比利时密码学家 Daemen 和 Rijmen 共同设计的 Rijndael 算法获胜, 经过讨论和规范后, 于 2001 年 12 月作为 FIPS 197 发布, 成为高级加密标准 AES. 详细的 AES 算法的评估标准及 Rijndael 获胜的理由可参考文献 [21].

AES 算法采用 SPN 结构, 分组长度为 128-bit. 将输入按字节划分, 从 0 到 15 标号, 并按照如式 (4.10) 所示的顺序排列

$$
\begin{array}{|c|c|c|c|}
\hline
0 & 4 & 8 & 12 \\
\hline
1 & 5 & 9 & 13 \\
\hline
2 & 6 & 10 & 14 \\
\hline
3 & 7 & 11 & 15 \\
\hline
\end{array}
. \tag{4.10}
$$

AES 算法共有三个版本, 对应不同的密钥长度与安全强度: 当密钥长度为 128-bit 时, 迭代轮数为 10 轮; 当密钥长度为 192-bit 时, 迭代轮数为 12 轮; 当密钥长度为 256-bit 时, 迭代轮数为 14 轮, 分别记为 AES-128/192/256. 下面以 AES-128 为例, 依次介绍加密算法、轮密钥生成方案和解密算法[22].

4.5.1 加密算法

AES-128 的加密算法如图 4.13(a) 所示. 具体步骤为

1. 轮密钥加: 输入的 128-bit 明文 m 与密钥 K_0 异或, 记为 $X_0 = m \oplus K_0$.

2. 进行 10 轮迭代运算, 每轮有一个 128-bit 的轮密钥 K_i 参与运算 ($i = 1, \cdots, 10$).

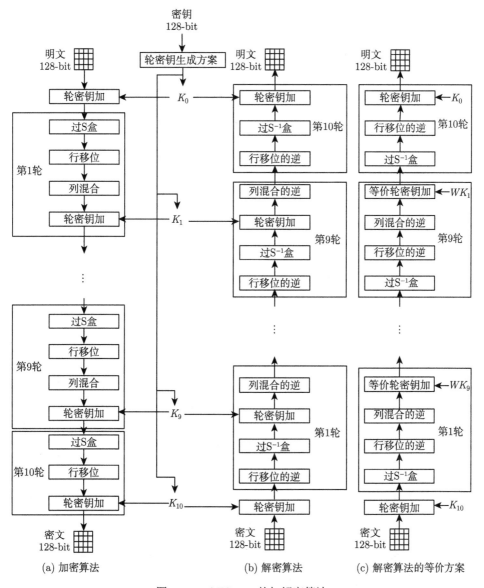

图 4.13 AES-128 的加解密算法

第 i 轮 ($i = 1, \cdots, 9$) 的轮函数如下:

$$X_i^S = SubBytes(X_{i-1}),$$

$$X_i^{SR} = ShiftRows(X_i^S),$$

$$X_i^{MC} = MixColumns(X_i^{SR}),$$

$$X_i = AddRoundKey(X_i^{MC}, K_i).$$

第 10 轮的轮函数与前 9 轮相似, 但没有 $MixColumns$ 运算, 即

$$X_{10}^S = SubBytes(X_9),$$

$$X_{10}^{SR} = ShiftRows(X_{10}^S),$$

$$X_{10} = AddRoundKey(X_{10}^{SR}, K_{10}).$$

3. 输出 128-bit 密文 $c = X_{10}$.

其中, AES 轮函数的四个基本操作具体定义如下.

• 过 S 盒 (SubBytes, 字节代换)

S 盒是 AES 算法中唯一的非线性部件, 对每个字节单独进行查表代换操作. 如图 4.14 所示. 记 $X_{i-1} = X_{i-1}[0] \cdots X_{i-1}[15]$, 其中, 每个 $X_{i-1}[j](j = 0, \cdots, 15)$ 为一个字节, 则 $X_{i-1}[j]$ 过 S 盒之后的输出结果

$$X_i^S[j] = S(X_{i-1}[j]).$$

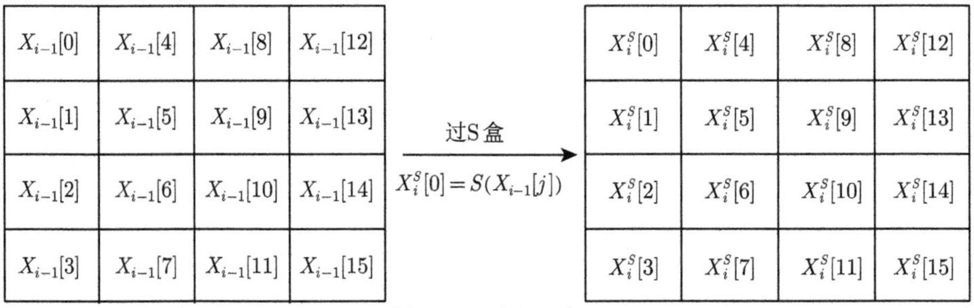

$X_{i-1}[0]$	$X_{i-1}[4]$	$X_{i-1}[8]$	$X_{i-1}[12]$
$X_{i-1}[1]$	$X_{i-1}[5]$	$X_{i-1}[9]$	$X_{i-1}[13]$
$X_{i-1}[2]$	$X_{i-1}[6]$	$X_{i-1}[10]$	$X_{i-1}[14]$
$X_{i-1}[3]$	$X_{i-1}[7]$	$X_{i-1}[11]$	$X_{i-1}[15]$

过S盒
$X_i^S[0] = S(X_{i-1}[j])$

$X_i^S[0]$	$X_i^S[4]$	$X_i^S[8]$	$X_i^S[12]$
$X_i^S[1]$	$X_i^S[5]$	$X_i^S[9]$	$X_i^S[13]$
$X_i^S[2]$	$X_i^S[6]$	$X_i^S[10]$	$X_i^S[14]$
$X_i^S[3]$	$X_i^S[7]$	$X_i^S[11]$	$X_i^S[15]$

图 4.14　过 S 盒

与 DES 算法采用 8 个 S 盒不同, AES 采用 1 个 S 盒, 定义如表 4.12 所示. 在查表时, 将每个字节的高位 4-bit 看作行标, 低位 4-bit 看作列标, 对应取值即为输出字节. 例如, $S(0x07) = 0xC5$.

为兼顾安全性和实现效率, S 盒的设计从代数复杂度、相关度等多方面考虑, 同时必须满足可逆特性. 对任意 8-bit 输入 a, $S(a)$ 的计算包含以下两步, 如图 4.15 所示.

1. 计算输入 a 在 $\mathbb{F}_{2^8}$ 上的逆 a^{-1}, 模多项式为 $x^8 + x^4 + x^3 + x + 1$. 0x00 的逆为 0x00. 将 a^{-1} 按比特表示为 $b_7 b_6 \cdots b_0$ (注意, b_7 为最高位).

2. 将 $(b_0, b_1, \cdots, b_7)$ 看作向量 $\boldsymbol{v}$ (注意顺序), 在 $\mathbb{F}_2$ 上进行形如 $\boldsymbol{Av} + \boldsymbol{u}$ 的仿射变换, $\boldsymbol{A}$ 和 $\boldsymbol{u}$ 的定义如图 4.15 所示, $+$ 为 $\oplus$ 运算. 例如,

$$b_0' = b_0 \oplus b_4 \oplus b_5 \oplus b_6 \oplus b_7 \oplus 1.$$

表 4.12　AES 的 S 盒

	0	1	2	3	4	5	6	7	8	9	A	B	C	D	E	F
0	63	7C	77	7B	F2	6B	6F	C5	30	01	67	2B	FE	D7	AB	76
1	CA	82	C9	7D	FA	59	47	F0	AD	D4	A2	AF	9C	A4	72	C0
2	B7	FD	93	26	36	3F	F7	CC	34	A5	E5	F1	71	D8	31	15
3	04	C7	23	C3	18	96	05	9A	07	12	80	E2	EB	27	B2	75
4	09	83	2C	1A	1B	6E	5A	A0	52	3B	D6	B3	29	E3	2F	84
5	53	D1	00	ED	20	FC	B1	5B	6A	CB	BE	39	4A	4C	58	CF
6	D0	EF	AA	FB	43	4D	33	85	45	F9	02	7F	50	3C	9F	A8
7	51	A3	40	8F	92	9D	38	F5	BC	B6	DA	21	10	FF	F3	D2
8	CD	0C	13	EC	5F	97	44	17	C4	A7	7E	3D	64	5D	19	73
9	60	81	4F	DC	22	2A	90	88	46	EE	B8	14	DE	5E	0B	DB
A	E0	32	3A	0A	49	06	24	5C	C2	D3	AC	62	91	95	E4	79
B	E7	C8	37	6D	8D	D5	4E	A9	6C	56	F4	EA	65	7A	AE	08
C	BA	78	25	2E	1C	A6	B4	C6	E8	DD	74	1F	4B	BD	8B	8A
D	70	3E	B5	66	48	03	F6	0E	61	35	57	B9	86	C1	1D	9E
E	E1	F8	98	11	69	D9	8E	94	9B	1E	87	E9	CE	55	28	DF
F	8C	A1	89	0D	BF	E6	42	68	41	99	2D	0F	B0	54	BB	16

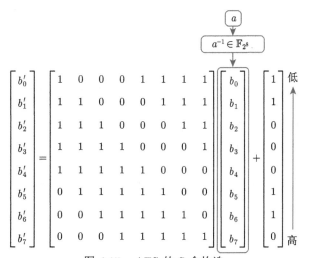

图 4.15　AES 的 S 盒构造

例子 4.8　输入 $a = $ 0x07, 对应 $\mathbb{F}_{2^8}$ 上的多项式 $x^2 + x + 1$, 则根据例子 15.10, 由扩展 Euclid 算法可得, $a^{-1} = $ 0xD1 $= 11010001$ (二进制比特串), 代入仿射变换

得 $S(a) =$ 0xC5.

- 行移位 (ShiftRows)　行移位以行为单位, 对状态矩阵的每一行按字节进行循环左移操作. 如图 4.16 所示, 第一行 $\lll$ 0(循环左移) 字节 (相当于保持不变), 第二行 $\lll$ 1 字节, 第三行 $\lll$ 2 字节, 第四行 $\lll$ 3 字节. 通过行移位, 每列的 4 个字节扩散到 4 列. 记行移位之后的状态为 X^{SR}.

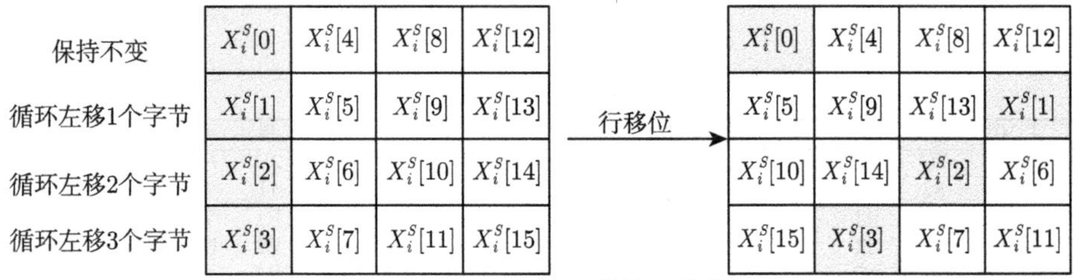

保持不变	$X_i^s[0]$	$X_i^s[4]$	$X_i^s[8]$	$X_i^s[12]$		$X_i^s[0]$	$X_i^s[4]$	$X_i^s[8]$	$X_i^s[12]$
循环左移1个字节	$X_i^s[1]$	$X_i^s[5]$	$X_i^s[9]$	$X_i^s[13]$	行移位	$X_i^s[5]$	$X_i^s[9]$	$X_i^s[13]$	$X_i^s[1]$
循环左移2个字节	$X_i^s[2]$	$X_i^s[6]$	$X_i^s[10]$	$X_i^s[14]$		$X_i^s[10]$	$X_i^s[14]$	$X_i^s[2]$	$X_i^s[6]$
循环左移3个字节	$X_i^s[3]$	$X_i^s[7]$	$X_i^s[11]$	$X_i^s[15]$		$X_i^s[15]$	$X_i^s[3]$	$X_i^s[7]$	$X_i^s[11]$

图 4.16　AES 轮函数的行移位

- 列混合 (MixColumns)　列混合以一列 (4 个字节) 为单位, 对状态矩阵的每一列左乘一个矩阵. 将输入列混合运算的状态矩阵的每一列的 4 个字节以列向量表示, 记为 $\boldsymbol{x} - (x_0, x_1, x_2, x_3)^{\mathrm{T}}$. 例如, $(X_1^{SR}[0], X_1^{SR}[1], X_1^{SR}[2], X_1^{SR}[3])^{\mathrm{T}}$. 输出列向量记为 $\boldsymbol{y} = (y_0, y_1, y_2, y_3)^{\mathrm{T}}$, 具体运算规则如下:

$$
\begin{bmatrix} y_0 \\ y_1 \\ y_2 \\ y_3 \end{bmatrix} = \begin{bmatrix} 02 & 03 & 01 & 01 \\ 01 & 02 & 03 & 01 \\ 01 & 01 & 02 & 03 \\ 03 & 01 & 01 & 02 \end{bmatrix} \begin{bmatrix} x_0 \\ x_1 \\ x_2 \\ x_3 \end{bmatrix} = \begin{bmatrix} 2 \cdot x_0 + 3 \cdot x_1 + x_2 + x_3 \\ x_0 + 2 \cdot x_1 + 3 \cdot x_2 + x_3 \\ x_0 + x_1 + 2 \cdot x_2 + 3 \cdot x_3 \\ 3 \cdot x_0 + x_1 + x_2 + 2 \cdot x_3 \end{bmatrix}.
$$

其中, 乘法运算 $\cdot$ 在域 $\mathbb{F}_{2^8}$ 上进行[①], 模不可约多项式为 $x^8 + x^4 + x^3 + x + 1$.

对 $a, b \in \mathbb{F}_{2^8}$, $a + b = a \oplus b$, $3 \cdot a = 2 \cdot a \oplus a$. 记字节 a 按比特表示为 $a_7 a_6 \cdots a_0 (a_7$ 为最高位) 对应 $\mathbb{F}_{2^8}$ 中的多项式 $a_7 x^7 + a_6 x^6 + \cdots + a_1 x + a_0$, 2 对应 $\mathbb{F}_{2^8}$ 中的多项式 x, 则 $2 \cdot a$ 可看作

$$
x(a_7 x^7 + a_6 x^6 + \cdots + a_1 x + a_0) \mod (x^8 + x^4 + x^3 + x + 1)
$$

$$
= a_7 x^8 + a_6 x^7 + \cdots + a_1 x^2 + a_0 x \mod (x^8 + x^4 + x^3 + x + 1)
$$

$$
= \begin{cases} a_6 x^7 + \cdots + a_1 x^2 + a_0 x, & a_7 = 0, \\ a_6 x^7 + \cdots + (a_3 + 1)x^4 + (a_2 + 1)x^3 + a_1 x^2 + (a_0 + 1)x + 1, & a_7 = 1. \end{cases}
$$

---

① $\mathbb{F}_{2^8}$ 上的运算规则请参考第 15.2.3 小节.

再将多项式表示成二进制串, 有

$$
2 \cdot a =
\begin{cases}
a_6 a_5 \cdots a_0 0, & a_7 = 0, \\
a_6 a_5 \cdots a_0 0 \oplus 00011011, & a_7 = 1
\end{cases}
$$

$$
=
\begin{cases}
a_7 a_6 \cdots a_0 \ll 1, & a_7 = 0, \\
(a_7 a_6 \cdots a_0 \ll 1) \oplus 00011011, & a_7 = 1.
\end{cases}
$$

可看作

$$
2 \cdot a = (a_7 a_6 \cdots a_0 \ll 1) \oplus a_7 \cdot (00011011),
$$

其中, $\ll$ 为左移. 可见, 至多采用 2 次基本运算 (一次异或和一次移位) 即可实现 $2 \cdot a$, 从而, 至多采用 3 次基本运算 (两次异或和一次移位) 即可实现 $3 \cdot a$.

可见, 加密算法的列混合矩阵中参数最大为 0x03, 具体实现时需要的运算次数较少. 但是, 后文提及的解密算法中对应的解密矩阵包含较大的系数, 例如, 0x0E, 则需要的运算次数相对较多. 这主要是因为在实际应用中, 加密算法比解密更常用, 例如, 在 4.9 节讨论的 CFB 和 OFB 工作模式中只用到加密算法; 分组密码作为部件去构造杂凑函数和消息认证码时, 大多数情况下只用到加密算法. 因此, 列混合矩阵参数的选择是在不影响安全性的前提下, 优先保证加密算法的速度较快.

需要注意的是, 为有效提高 AES 算法抵抗差分分析和线性分析的能力, AES 的列混合矩阵为极大距离可分 (maximum distance separable, MDS) 矩阵.

定义 4.10 设 M 为 $n \times n$ 的矩阵, 若对任意非零输入 $\boldsymbol{x} = (x_0, x_1, \cdots, x_{n-1})^{\mathrm{T}}$, $x_i \in \mathbb{F}_{2^m} (i = 0, 1, \cdots, n-1)$, 记 $wt(\boldsymbol{x})$ 为向量 $\boldsymbol{x}$ 以 m-bit 为单位的汉明重量, 则称 $\min(wt(\boldsymbol{x}) + wt(M(\boldsymbol{x})))$ 为矩阵 M 的分支数. 若有

$$
\min(wt(\boldsymbol{x}) + wt(M(\boldsymbol{x}))) = n + 1,
$$

则称该矩阵 M 为极大距离可分矩阵.

可见, 当输入有 1 个 m-bit 非零, 即 $wt(\boldsymbol{x}) = 1$ 时, 输出至多 n 个 m-bit 非零, 即 $wt(M(\boldsymbol{x})) \leqslant n$. 因此, 矩阵 M 的分支数最大为 $n+1$, 即 MDS 矩阵可达到最大分支数. 以 AES 为例, 列混合矩阵为 4×4 的 MDS 矩阵, 即满足

$$
\min(wt(\boldsymbol{x}) + wt(M(\boldsymbol{x}))) = 5.
$$

根据矩阵乘的线性特性, 上式中的输入 $\boldsymbol{x}$ 看作输入差分时也成立, 也就是说, 当输

入差分只有 1 个字节非零时, 输出差分一定有 4 个字节非零; 当输入差分只有 2 个字节非零时, 输出差分至少有 3 个字节非零等等, 一定程度上加强了列混合运算的差分扩散情况.

- 轮密钥加 (AddRoundKey)　轮密钥加是 128-bit 的状态直接和 128-bit 的轮密钥进行逐比特异或运算, 如图 4.17 所示.

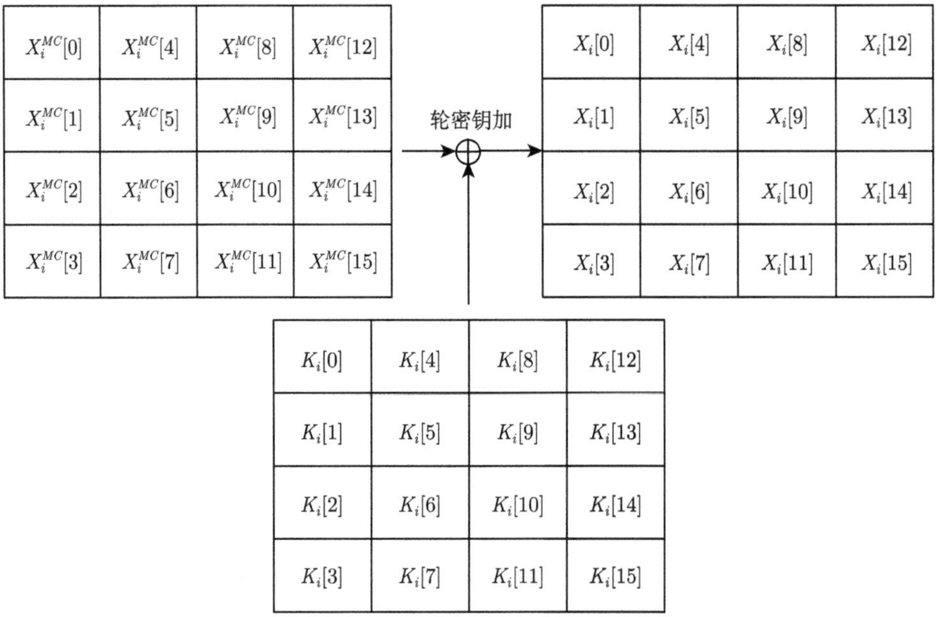

图 4.17　AES 轮函数的轮密钥加

4.5.2　轮密钥生成方案

AES 算法采用三种主密钥长度, 分别为 128/192/256 比特, 不同的密钥对应的迭代轮数 Nr 不同. 主密钥 K 按字节进行划分, 按式 (4.11) 的顺序排列为 $4 \times Nk$ 的矩阵. Nk 和 Nr 的取值见表 4.13.

$$
\begin{bmatrix}
K[0] & K[4] & K[8] & K[12] & \cdots & K[4 \times Nk - 4] \\
K[1] & K[5] & K[9] & K[13] & \cdots & K[4 \times Nk - 3] \\
K[2] & K[6] & K[10] & K[14] & \cdots & K[4 \times Nk - 2] \\
K[3] & K[7] & K[11] & K[15] & \cdots & K[4 \times Nk - 1]
\end{bmatrix}. \tag{4.11}
$$

迭代轮数为 Nr 的轮密钥生成方案将主密钥扩展为 $Nr + 1$ 个 128-bit 的轮密钥. 为便于描述, 每 32-bit 记为一个密钥字 $W[j]$, j 从 0 开始编号. 从而,

$Nr + 1$ 个 128-bit 的轮密钥可用密钥字 $W[0], \cdots, W[4Nr + 3]$ 表示, 其中, 第 $i(i = 0, \cdots, Nr)$ 轮的轮密钥 $K_i = (W[4i], W[4i + 1], W[4i + 2], W[4i + 3])$. 例如, 式 (4.11) 中矩阵的每一列, 依次对应 $W[0], W[1], \cdots, W[Nk - 1]$. 下面, 先以 AES-128 的轮密钥生成方案为例进行介绍.

表 4.13   AES 算法的三个版本

密钥长度	Nr	Nk	32-bit 密钥字的个数
128	10	4	44
192	12	6	52
256	14	8	60

1. 生成轮密钥 K_0: $K_0 = (W[0], W[1], W[2], W[3]) = K$;

2. 生成轮密钥 $K_i(i = 1, \cdots, 10)$: $K_i = (W[4i], W[4i + 1], W[4i + 2], W[4i + 3])$.

$$W[4i] = SubWord(RotWord(W[4i - 1])) \oplus Rcon[i] \oplus W[4i - 4];$$

$$W[4i + 1] = W[4i] \oplus W[4i - 3];$$

$$W[4i + 2] = W[4i + 1] \oplus W[4i - 2];$$

$$W[4i + 3] = W[4i + 2] \oplus W[4i - 1].$$

其中, $RotWord(\cdot)$ 为按字节的循环左移运算, $SubWord(\cdot)$ 为按字节的过 S 盒运算, 与加密算法共用同一个 S 盒. 记一列的四个字节为 $[a_0, a_1, a_2, a_3]$, $RotWord(\cdot)$ 和 $SubWord(\cdot)$ 分别定义如下:

$$RotWord([a_0, a_1, a_2, a_3]) = [a_1, a_2, a_3, a_0],$$

$$SubWord([a_0, a_1, a_2, a_3]) = [S(a_0), S(a_1), S(a_2), S(a_3)].$$

可见, 每个轮密钥的第一列的计算较为复杂, 后三列直接由异或运算得到. 而且, 获得任一轮密钥或者连续 4 个 32-bit 密钥字, 即可推出主密钥. AES 的轮密钥生成方案引入了非线性运算, 提高了算法安全性, 但不是每个字节都要做查表运算, 又兼顾了实现效率. 同时, 为消除对称性, 引入轮常量 $Rcon[i] = (RC[i], 0, 0, 0)$, 其中, $i = 1, \cdots, Nr$, $RC[i]$ 是 $\mathbb{F}_{2^8}$ 中元素 x^{i-1} 对应的值, 具体定义为

$$\begin{cases} RC[1] = 1, \text{即 } 0x01, \\ RC[2] = x, \text{即 } 0x02, \\ RC[i] = x \cdot RC[i - 1] = x^{i-1}, \quad x \geqslant 3. \end{cases}$$

对 AES-128, $RC[i]$ 依次为 01, 02, 04, 08, 10, 20, 40, 80, 1B, 36(十六进制).

对 AES-192/256, 即 $Nk = 6$ 或 8 时, 密钥字 $W[0], W[1], \cdots, W[Nk-1]$ 对应主密钥. 对 $j = Nk, \cdots, 4Nr + 3$, 按如下方式生成:

• 若 $j \mod Nk = 0$,

$$W[j] = SubWord(RotWord(W[j-1])) \oplus Rcon[j/Nk] \oplus W[j-Nk].$$

• 当 $Nk = 8$ 时, 若 $j \mod 8 = 4$,

$$W[j] = SubWord(W[j-1]).$$

• 对 j 的其他取值,

$$W[j] = W[j-1] \oplus W[j-Nk].$$

可见, 从 $W[0]$ 开始, 对 AES-192, 每 6 个字的第一个 32-bit 密钥字计算较为复杂, 后 5 个字直接由异或运算得到; 对 AES-256, 每 4 个字的第一个字会涉及非线性运算, 后 3 个字直接由异或运算得到. 直观来看, AES-128/256, 每 4 个字过一次非线性运算, 而 AES-192, 每 6 个字才经过一次非线性运算, 轮密钥和轮密钥之间的关系相对简单, 在安全性分析中, 攻击者可利用该特性降低攻击复杂度[23,24].

4.5.3 解密算法

因采用 SPN 结构, AES 算法的加解密算法不一致. 如图 4.13 所示, 加密过程是由上到下的, 解密过程为加密的逆运算, 由下到上进行运算. 在解密时, 除了轮密钥加, 涉及的每一步操作都必须是原来的逆运算, 即过 S 盒、行移位、列混合都需替换为相应的逆运算, 而且各操作的运算顺序和加密过程不同. 同时, 轮密钥需要逆序使用. 具体步骤为 (如图 4.13(b) 所示):

1. 轮密钥加: 输入的 128-bit 密文 c 与密钥 K_{10} 异或, 记为 $Y_0 = c \oplus K_{10}$.

2. 进行 10 轮迭代运算, 每轮有一个 128-bit 的轮密钥 K_i 参与运算. 第 i 轮 $(i = 1, \cdots, 9)$ 的运算如下:

$$Y_i^{SR} = ShiftRows^{-1}(Y_{i-1}),$$

$$Y_i^S = SubBytes^{-1}(Y_i^{SR}),$$

$$Y_i^{AK} = AddRoundKey(Y_i^S, K_{10-i}),$$

$$Y_i = MixColumns^{-1}(Y_i^{AK}).$$

第 10 轮没有 $MixColumns^{-1}$ 运算, 即

$$Y_{10}^{SR} = ShiftRows^{-1}(Y_9),$$

$$Y_{10}^{S} = SubBytes^{-1}(Y_{10}^{SR}),$$

$$Y_{10}^{AK} = AddRoundKey(Y_{10}^{S}, K_0).$$

3. 输出 128-bit 明文 $m = Y_{10}^{AK}$.

其中各逆运算定义如下:

• 过 S^{-1} 盒: 按字节的查表运算, 查表方式与过 S 盒相同, 所查表格为表 4.14 定义的 S^{-1} 盒.

表 4.14   AES 的 S^{-1} 盒

	0	1	2	3	4	5	6	7	8	9	A	B	C	D	E	F
0	52	09	6A	D5	30	36	A5	38	BF	40	A3	9E	81	F3	D7	FB
1	7C	E3	39	82	9B	2F	FF	87	34	8E	43	44	C4	DE	E9	CB
2	54	7B	94	32	A6	C2	23	3D	EE	4C	95	0B	42	FA	C3	4E
3	08	2E	A1	66	28	D9	24	B2	76	5B	A2	49	6D	8B	D1	25
4	72	F8	F6	64	86	68	98	16	D4	A4	5C	CC	5D	65	B6	92
5	6C	70	48	50	FD	ED	B9	DA	5E	15	46	57	A7	8D	9D	84
6	90	D8	AB	00	8C	BC	D3	0A	F7	E4	58	05	B8	B3	45	06
7	D0	2C	1E	8F	CA	3F	0F	02	C1	AF	BD	03	01	13	8A	6B
8	3A	91	11	41	4F	67	DC	EA	97	F2	CF	CE	F0	B4	E6	73
9	96	AC	74	22	E7	AD	35	85	E2	F9	37	E8	1C	75	DF	6E
10	47	F1	1A	71	1D	29	C5	89	6F	B7	62	0E	AA	18	BE	1B
11	FC	56	3E	4B	C6	D2	79	20	9A	DB	C0	FE	78	CD	5A	F4
12	1F	DD	A8	33	88	07	C7	31	B1	12	10	59	27	80	EC	5F
13	60	51	7F	A9	19	B5	4A	0D	2D	E5	7A	9F	93	C9	9C	EF
14	A0	E0	3B	4D	AE	2A	F5	B0	C8	EB	BB	3C	83	53	99	61
15	17	2B	04	7E	BA	77	D6	26	E1	69	14	63	55	21	0C	7D

• 行移位的逆: 对状态矩阵的每一行按字节进行循环右移 $\ggg$ 操作, 即第一行保持不变, 第二行 $\ggg$ 1 字节, 第三行 $\ggg$ 2 字节, 第四行 $\ggg$ 3 字节.

• 列混合的逆: 对状态矩阵的每一列左乘一个矩阵 M^{-1}, 定义如下:

$$M^{-1} = \begin{bmatrix} 0E & 0B & 0D & 09 \\ 09 & 0E & 0B & 0D \\ 0D & 09 & 0E & 0B \\ 0B & 0D & 09 & 0E \end{bmatrix}.$$

此外, 根据各运算的定义, 过 S^{-1} 盒与行移位的逆均为以字节为单位的运算, 因此, 若二者交换顺序, 不影响输出结果, 即

$$Y_i^{S} = SubBytes^{-1}(ShiftRows^{-1}(Y_{i-1})) = ShiftRows^{-1}(SubBytes^{-1}(Y_{i-1})),$$

同时, 列混合的逆与轮密钥加均为线性变换, 也可交换运算顺序, 即

$$Y_i = MixColumns^{-1}(Y_i^S \oplus K_{10-i})$$

$$= MixColumns^{-1}(Y_i^S) \oplus MixColumns^{-1}(K_{10-i}).$$

定义等价轮密钥 $WK_{10-i} = MixColumns^{-1}(K_{10-i})$, 则相当于列混合的逆与轮密钥加交换顺序, 也不影响输出结果. 因此, 若将解密算法的每轮迭代中, 过 S^{-1} 盒与行移位的逆交换顺序, 列混合的逆 (如有) 与轮密钥加交换顺序, 则得到解密算法的等价方案如图 4.13(c) 所示. 在等价方案中各操作的运算顺序和加密过程一致, 在某些软硬件实现时, 会采用该等价方案以提升实现效率.

4.5.4 AES 的安全强度

从雪崩效应的角度, 明文或密钥的 1-bit 改变, 经过 2 轮 AES 加密处理, 就有接近一半的比特发生改变, 达到雪崩效应. 从安全性分析技术的角度, 高级加密标准 AES 自提出以来, 就受到密码学界的广泛关注, 涌现了大量优秀的分析结果和新型分析技术, 例如, 不可能差分分析[25]、积分分析[26]、中间相遇攻击[23] 等. 但在现有计算能力下, 目前尚未发现危及全算法安全性的攻击, AES 算法仍被认为是安全的.

4.6 国密标准 SM4

SM4 分组密码算法 (原名 SMS4) 于 2006 年公开发布. 随着我国密码算法标准化工作的开展, SM4 算法于 2012 年 3 月成为国家密码行业标准, 2016 年 8 月发布成为国家标准[4], 2021 年 6 月纳入 ISO/IEC 国际标准.

SM4 算法采用非平衡 Feistel 结构, 分组长度为 128-bit, 密钥长度为 128-bit, 迭代轮数为 32 轮. 下面依次介绍 SM4 算法的加密算法、轮密钥生成方案和解密算法[27].

4.6.1 加密算法

SM4 的加密算法如图 4.18 所示.

1. 输入的 128-bit 明文 m, 按 32-bit 划分, 记为 $(X_0^0, X_0^1, X_0^2, X_0^3)$.

2. 进行 32 轮迭代, 每一轮有一个 32-bit 的轮密钥 K_{i-1} 参与运算. 第 $i(i = 1, \cdots, 32)$ 轮的运算如下 (如图 4.19 所示):

$$X_i^0 = X_{i-1}^1,$$
$$X_i^1 = X_{i-1}^2,$$
$$X_i^2 = X_{i-1}^3,$$

$$X_i^3 = X_{i-1}^0 \oplus T(X_{i-1}^1 \oplus X_{i-1}^2 \oplus X_{i-1}^3 \oplus K_{i-1}).$$

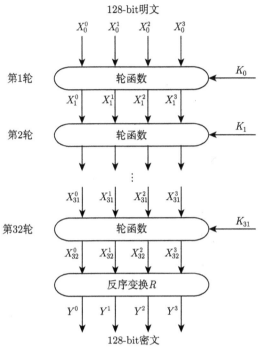

图 4.18 SM4 的加密算法

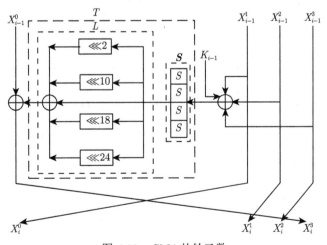

图 4.19 SM4 的轮函数

3. 对最后一轮迭代的输出结果进行反序变换 R, 得到 128-bit 密文 c, 即

$$c = (Y^0, Y^1, Y^2, Y^3) = R(X_{32}^0, X_{32}^1, X_{32}^2, X_{32}^3) = (X_{32}^3, X_{32}^2, X_{32}^1, X_{32}^0).$$

其中, 函数 $T : \mathbb{F}_2^{32} \to \mathbb{F}_2^{32}$, 由非线性变换 $\boldsymbol{S}$ 和线性变换 L 复合而成, 即

$$T = L \circ \boldsymbol{S}.$$

设函数 T 的 32-bit 的输入为 $A = (a_0, a_1, a_2, a_3) \in (\mathbb{F}_{2^8})^4$, 则

• 非线性变换 $\boldsymbol{S}$: 对每个字节单独进行查表代替操作, 即

$$B = (S(a_0), S(a_1), S(a_2), S(a_3)).$$

与 AES 类似, SM4 算法采用 1 个 S 盒, 定义如表 4.15 所示. 在查表时, 将每个字节的高 4-bit 看作行标, 低 4-bit 看作列标, 对应取值即为输出字节. 例如, $S(\text{0x07}) = \text{0xB7}$.

表 4.15 SM4 的 S 盒

	0	1	2	3	4	5	6	7	8	9	A	B	C	D	E	F
0	D6	90	E9	FE	CC	E1	3D	B7	16	B6	14	C2	28	FB	2C	05
1	2B	67	9A	76	2A	BE	04	C3	AA	44	13	26	49	86	06	99
2	9C	42	50	F4	91	EF	98	7A	33	54	0B	43	ED	CF	AC	62
3	E4	B3	1C	A9	C9	08	E8	95	80	DF	94	FA	75	8F	3F	A6
4	47	07	A7	FC	F3	73	17	BA	83	59	3C	19	E6	85	4F	A8
5	68	6B	81	B2	71	64	DA	8B	F8	EB	0F	4B	70	56	9D	35
6	1E	24	0E	5E	63	58	D1	A2	25	22	7C	3B	01	21	78	87
7	D4	00	46	57	9F	D3	27	52	4C	36	02	E7	A0	C4	C8	9E
8	EA	BF	8A	D2	40	C7	38	B5	A3	F7	F2	CE	F9	61	15	A1
9	E0	AE	5D	A4	9B	34	1A	55	AD	93	32	30	F5	8C	B1	E3
A	1D	F6	E2	2E	82	66	CA	60	C0	29	23	AB	0D	53	4E	6F
B	D5	DB	37	45	DE	FD	8E	2F	03	FF	6A	72	6D	6C	5B	51
C	8D	1B	AF	92	BB	DD	BC	7F	11	D9	5C	41	1F	10	5A	D8
D	0A	C1	31	88	A5	CD	7B	BD	2D	74	D0	12	B8	E5	B4	B0
E	89	69	97	4A	0C	96	77	7E	65	B9	F1	09	C5	6E	C6	84
F	18	F0	7D	EC	3A	DC	4D	20	79	EE	5F	3E	D7	CB	39	48

• 线性变换 L: 对非线性变换 $\boldsymbol{S}$ 的 32-bit 输出 B, 计算

$$L(B) = B \oplus (B \lll 2) \oplus (B \lll 10) \oplus (B \lll 18) \oplus (B \lll 24).$$

其中, "$\lll x$" 为循环左移 x-bit.

4.6.2 轮密钥生成方案

SM4 算法的主密钥 k 为 128-bit, 轮密钥生成方案也采用了非平衡 Feistel 结构, 具体操作如下:

1. 将 k 按 32-bit 进行划分, 记为 (MK_0, MK_1, MK_2, MK_3). 然后, 分别与 32-bit 的系统参数 FK_0, FK_1, FK_2, FK_3 异或, 记为

$$K_{-4} = MK_0 \oplus FK_0,$$

$$K_{-3} = MK_1 \oplus FK_1,$$

$$K_{-2} = MK_2 \oplus FK_2,$$

$$K_{-1} = MK_3 \oplus FK_3.$$

其中, $FK_0 = 0\text{xA3B1BAC6}$, $FK_1 = 0\text{x56AA3350}$, $FK_2 = 0\text{x677D9197}$, $FK_3 = \text{B27022DC}$.

2. 生成轮密钥 $K_i (i = 0, \cdots, 31)$:

$$K_i = K_{i-4} \oplus T'(K_{i-3} \oplus K_{i-2} \oplus K_{i-1} \oplus CK_i).$$

其中, 函数 T' 只需将加密算法中的函数 $T = L \circ \boldsymbol{S}$ 中的线性变换 L 替换为

$$L'(B) = B \oplus (B \lll 13) \oplus (B \lll 23),$$

固定参数 $CK_i (i = 0, \cdots, 31)$ 的具体值为

00070E15	1C232A31	383F464D	545B6269
70777E85	8C939AA1	A8AFB6BD	C4CBD2D9
E0E7EEF5	FC030A11	181F262D	343B4249
50575E65	6C737A81	888F969D	A4ABB2B9
C0C7CED5	DCE3EAF1	F8FF060D	141B2229
30373E45	4C535A61	686F767D	848B9299
A0A7AEB5	BCC3CAD1	D8DFE6ED	F4FB0209
10171E25	2C333A41	484F565D	646B7279

4.6.3 解密算法

因采用广义 Feistel 结构, SM4 算法具有加解密结构一致性, 因此, 解密算法与加密算法一致, 仅需将参与第 $i(i = 1, \cdots, 32)$ 轮迭代运算的轮密钥由 K_{i-1} 替换为 K_{32-i} 即可.

4.6.4 SM4 的安全强度

SM4 分组密码算法自发布以来, 其安全性经过来自国内外密码研究人员的广泛的安全性分析和评估[27], 目前尚未有研究表明有任何攻击方法可以威胁 SM4 的安全性.

4.7　其他分组密码算法

本节主要介绍二重 DES、三重 DES 和 IDEA 等分组密码算法, 并讨论针对二重和三重 DES 的中间相遇攻击.

4.7.1　二重与三重加密

设 E 表示一个分组密码, 用带有下标 k 的记号 Enc_k 表示分组密码 E 以 k 为密钥的加密算法. 若 E 的分组长度为 n 比特、密钥长度为 l 比特, 则称之为 (l, n)-分组密码. 一般地, t 重加密指用同一个 (l, n)-分组码 E 基于多个不同的密钥 (严格地说, 多个独立选取的密钥)$k_1, k_2, \cdots, k_t$[①]依次加密同一明文分组, 从而构成一个 (tl, n)-分组密码. 引入这种模式是为了解决 DES 密钥过短不能满足 20 世纪 90 年代以后安全需求的问题. 其他可能的解决方案包括设计新的算法, 或修改 DES 算法细节、增加更多密钥, 但前者非一日之功, 后者则需要对修改后的密码进行大量的分析, 排除其中弱点, 亦不能一蹴而就, 实际也很难保证修改后的密码的安全性. 因此, 使用多重 DES 加密, 基于安全性有限但较为可靠的 DES 本身 (不对其算法细节进行任何修改) 直接建构密钥更长的密码, 就是一种短平快的解决方案. 实际上, 这也是为满足突然出现的新需求设计安全解决方案的常用手段.

为便于理解, 本书仅分别介绍 $t = 2$(二重加密) 与 $t = 3$(三重加密) 两种情形.

4.7.1.1　二重加密

二重加密 (double-encryption) 用同一个 (l, n)-分组密码 E 基于两个不同的密钥 (严格地说, 两个相互独立的密钥)$k_1, k_2 \in \{0, 1\}^l$ 先后加密同一明文分组 $m \in \{0, 1\}^n$, 得到密文分组 c. 二重加密的加密算法定义如下:

$$\mathrm{DE}[E]_{k_1, k_2}(m) := Enc_{k_2}\big(Enc_{k_1}(m)\big). \tag{4.12}$$

如图 4.20(a) 所示. 当 E 是 DES 时, 所得的密码 $\mathrm{DE}[\mathrm{DES}]_{k_1, k_2}$ 称为 2DES, 其密钥长度为 112 比特, 直接穷举搜索密钥的复杂度为 2^{112}.

但二重加密的安全性强度实际上并没有达到期望的 2^{2l}. 以下我们介绍一个计算复杂度仅为 $O(2^l)$ 的 "中间相遇" 攻击. 设攻击者已获得一个任意的明密文对 $c = Enc_{k_2'}(Enc_{k_1'}(m))$, 现意图破解 (未知的) 密钥 k_1' 与 k_2'. 攻击者从 m 与 c 这 "两端" 向二重加密的 "中间" 进行计算, 通过捕捉相同的中间结果来恢复密钥 ("中间相遇"). 具体地,

---

[①] 注意是相互独立的密钥, 不是轮密钥.

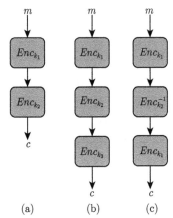

图 4.20 (a) 二重加密 $DE[E]_{k_1,k_2}$; (b) 三密钥三重加密 $3KTE[E]_{k_1,k_2,k_3}$;
(c) 双密钥三重加密 $2KTE[E]_{k_1,k_2}$

1. 对全体 $k_1 \in \{0,1\}^l$, 计算 $z := Enc_{k_1}(m)$, 并将 (z,k_1) 存储在一个表 $\mathcal{L}$ 中;

2. 对全体 $k_2 \in \{0,1\}^l$, 计算 $z' := Enc_{k_2}^{-1}(c) = Dec_{k_2}(c)$, 并将 (z',k_2) 存储在一个表 $\mathcal{L}'$ 中;

3. 如果两个表项 $(z_1,k_1) \in \mathcal{L}$ 与 $(z'_2,k_2) \in \mathcal{L}'$ 满足 $z_1 = z'_2$, 则称它们 "相遇" 了. 对每一对 "相遇" 的表项, 将其所对应的密钥 (k_1,k_2) 添加到一个备选集合 $\mathcal{S}$ 中.

显然, 攻击的时间复杂度和存储复杂度为 $O(2^l)$, 相对于穷举攻击 "一重" 加密而言, 虽然所需的存储空间增加了, 但所需的计算量与攻击 "一重" 加密几乎相同. 这表明二重加密尽管增加了密钥长度以及相应的计算开销, 却没换来期望的安全性, 因此 NIST 从未推荐 2DES 作为密码标准.

4.7.1.2 三重加密

三重加密 (triple encryption) 分为**三密钥三重加密**和**双密钥三重加密**两种方案.

三密钥三重加密用同一个 (l,n)-分组密码 E 基于三个相互独立的密钥 $k_1, k_2,$ $k_3 \in \{0,1\}^l$ 先后加密同一明文分组 $m \in \{0,1\}^n$, 得到密文分组 c, 其定义如下:

$$3KTE[E]_{k_1,k_2,k_3}(m) := Enc_{k_3}\big(Enc_{k_2}^{-1}\big(Enc_{k_1}(m)\big)\big). \tag{4.13}$$

如图 4.20(b) 所示. 当 E 是 DES 时, 称所得的密码 $3KTE[DES]_{k_1,k_2,k_3}$ 为三密钥 3DES(本书简称 3K-3DES), 其密钥长度为 168 比特, 直接穷举搜索密钥的复杂度高达 2^{168}.

双密钥三重加密用同一个 (l,n)-分组密码 E 基于两个相互独立的密钥 k_1, k_2 $\in \{0,1\}^l$, 对明文分组 $m \in \{0,1\}^n$ 依次进行加密、解密、加密, 得到密文分组 c,

其定义如下:

$$2\text{KTE}[E]_{k_1,k_2}(m) := Enc_{k_1}\big(Enc_{k_2}^{-1}\big(Enc_{k_1}(m)\big)\big). \tag{4.14}$$

如图 4.20(c) 所示. 当 E 是 DES 时, 称所得的密码 $2\text{KTE}[\text{DES}]_{k_1,k_2}$ 为双密钥 3DES(本书简称 2K-3DES), 其密钥长度为 112 比特. 对比之下, 3KTE 的优点是有着更长的密钥, 过去 30 年的密码分析结果表明, 它比 2KTE 更安全. 2KTE 的优点则是具备 "向下兼容性": 如果选用相同的两个密钥 $k_1 = k_2 = k$ 运行 2KTE, 则

$$2\text{KTE}[E]_{k,k}(m) = Enc_k\big(Enc_k^{-1}\big(Enc_k(m)\big)\big) = Enc_k(m).$$

此时, 用 2KTE(如 2K-3DES) 的加密与解密机, 可以正确解密 "原分组密码"E(如 DES) 所加密的信息, 从而与仍在使用 "原分组密码"E 的用户进行加密通信.

对 2K-3DES, 存在着复杂度约为 $2^{121}/D$ 的已知明文攻击, D 为可以用于攻击的已知明密文对数目. 这意味着一个密钥累计加密 2^{40} 个明文分组后, 利用 2^{80} 的计算量即可 (在理论上) 以 $1/2$ 的概率破解此密钥. 随计算机软硬件技术的进步, 这种攻击已成为颇为现实的威胁. 此外, 对 2K-3DES 还存在复杂度约为 2^{56} 的选择明文攻击[12]. 因此, NIST 标准于 2017 年删除了对 2K-3DES 的推荐.

4.7.2　IDEA 分组密码算法

IDEA(International Data Encryption Algorithm) 分组密码算法由 Lai 和 Massey 在 1990 年 EUROCRYPT 上提出[2]. Vaudenay 将 IDEA 算法采用的结构抽象为 Lai-Massey 结构.

IDEA 算法的分组长度为 64-bit, 密钥长度为 128-bit, 迭代轮数为 8 轮, 再通过一个输出变换得到最终结果. 主要设计思想是通过混合不同群上的运算来实现混淆, 利用特殊设计的乘加结构实现扩散, 算法的软件实现和硬件实现效率都比较高. 下面仅简要介绍 IDEA 算法的加密算法和轮密钥生成方案, 更多细节请参考文献 [2].

(1) 加密算法　64-bit 的明文 m 按 16-bit 进行分块, 记为 $m = (X_0^0, X_0^1, X_0^2, X_0^3)$, 如图 4.21 所示, 先经过 8 轮迭代, 每轮用 6 个 16-bit 的轮密钥 $(K_i^0, \cdots, K_i^5)$ $(i = 0, \cdots, 7)$, 最后经过一个输出变换, 用 4 个 16-bit 的轮密钥 $(K_8^0, \cdots, K_8^3)$, 得到的 64-bit 密文 c, 记为 $c = (C^0, C^1, C^2, C^3)$. 加密算法中用到的运算定义如下:

- $\oplus$: 异或运算.
- $\boxplus$: 模 2^{16} 的加运算, $a \boxplus b = (a + b) \mod 2^{16}$.
- $\odot$: 模 $2^{16} + 1$ 的乘运算, $a \odot b = (a \times b) \mod 2^{16} + 1$, 全零分块对应 2^{16}.

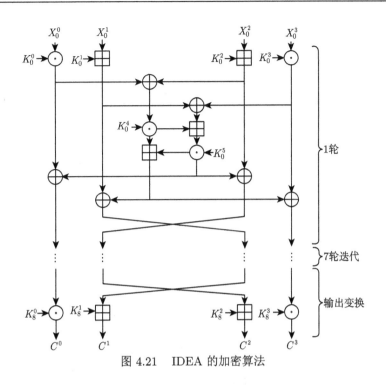

图 4.21 IDEA 的加密算法

(2) 轮密钥生成方案   IDEA 的加密算法中的轮密钥的生成过程为: 将 128-bit 的密钥 k 按 16-bit 分块, 直接赋值给前 8 个 16-bit 轮密钥 $(K_0^0, \cdots, K_0^5, K_1^0, K_1^1)$; 然后, 通过将主密钥 k 循环左移 25-bit, 再按 16-bit 分块, 赋值给 8 个 16-bit 轮密钥 $K_1^2, \cdots, K_1^5, K_2^0, \cdots, K_2^3$; 重复此过程, 直到产生 52 个轮密钥为止.

4.8 *轻量级分组密码

进入 21 世纪, 射频识别 (radio-frequency identification, RFID) 标签、工业控制器、传感器节点和智能卡等小型计算设备的部署变得越来越普遍. 相对于传统台式机, 此类小型计算设备的特点是计算资源受限, 从台式机到小型设备的转变带来了一系列新的安全和隐私问题. 传统加密标准在安全性、性能和资源之间的权衡主要针对桌面-服务器环境进行优化, 这使得它们难以 (甚至不可能) 在资源受限的设备中实现, 即便可以实现, 实现性能可能也无法被用户接受. 在这一背景下, 轻量级密码应运而生. 现如今, 轻量级密码作为密码学的一个子领域, 旨在为资源受限的设备提供量身定制的解决方案.

本节介绍轻量级分组密码, 包括轻量级分组密码的应用场景及性能指标、实现性能优势的常见策略和轻量级分组密码算法的分类.

4.8.1　轻量级密码的应用场景

高端设备包含服务器、台式电脑、平板电脑和智能手机, 与之相对应的低端设备则是指嵌入式系统、RFID 设备和传感器网络等. 传统密码算法通常在高端设备中表现良好, 因此, 这些设备通常不需要轻量级密码算法. 轻量级密码的主要应用情景为相对低端的资源受限设备. 下面列举了几种轻量级密码算法的应用场景.

- **RFID 标签**　非电池供电的 RFID 标签只能从环境中获得有限的电量, 此类设备需要的加密算法不仅需要使用非常少的门数, 而且还需满足严格的时序和功率要求 [28].

- **微控制器**　TI COP912C、NXP RS08 和 Microchip PIC10/12/16 等微控制器的随机存取存储器 (RAM) 和只读存储器 (ROM) 的数量可能非常有限.

虽然轻量级密码算法主要针对低端设备, 但值得注意的是, 在高端设备实现轻量级算法可能也是必要的. 例如: 许多资源受限的传感器可能会向聚合器发送信息, 聚合器在大多数情况下不受约束, 但聚合器必须支持轻量级密码算法, 以便在受限传感器使用轻量级密码算法时与它们进行交互. 综上所述, 在决定传统标准算法是否可接受时, 需要考虑环境和应用. 驱动轻量级密码算法需求的不仅仅是特定设备的限制, 也包括与之直接交互的其他设备.

4.8.2　轻量级分组密码的性能指标

在轻量级分组密码设计中, 需要在性能和安全性之间进行权衡. 性能包括功耗、能耗、延迟和吞吐量等指标.

功耗　功耗指的是在单位时间中所消耗的能源的数量, 该指标对于从周围环境获取电力的设备极其重要. 例如: RFID 芯片使用阅读器传输的电磁场为内部电路供电. 值得注意的是, 功耗也受许多外部因素影响, 例如: 阈值电压、时钟频率和用于实现的技术等.

能耗　能耗为特定时间段内的电力消耗, 在具有固定存储能量的电池供电设备中尤为重要, 因为某些设备中的电池在部署后可能难以充电或更换.

延迟　延迟为从操作的初始请求到产生输出之间的时间度量, 具体到加密操作, 其延迟是从对明文加密的初始请求到返回相应密文回复之间的时间. 延迟与某些实时应用密切相关. 例如: 汽车应用中需要对转向、安全气囊或制动器等组件进行非常迅速的响应.

吞吐量　吞吐量是产生密文的速率. 与传统加密算法不同, 高吞吐量可能并不是轻量级设计的设计目标, 然而在大多数应用中仍需适度的吞吐量.

具体到面向硬件和面向软件的应用, 指标也有所不同.

面向硬件的指标　硬件平台的资源需求通常以门电路的面积来描述, 面积以 μm^2 为单位, 且取决于工艺和标准单元库, 在不同实现中具有不同的表现形式.

FPGA 实现 在可编程门阵列 (field-programmable gate arrays, FPGA) 上, 逻辑块是基本的可重新配置单元, 包含许多查找表 (look-up tables, LUT)、触发器和多路复用器. 面积在 FPGA 实现中体现为不同逻辑块的数量. 由于逻辑块在不同 FPGA 上的实现方式不同, LUT、触发器和多路复用器的数量也取决于 FPGA 系列以及 LUT 的输入和输出位数.

ASIC 实现 ASIC 实现中的面积用 GE 表示. 对于 ASIC, 一个 GE 等于一个两输入与非门所需的面积. GE 的面积通过以 μm^2 为单位的面积除以与非门的面积得到. 因此, ASIC 实现的 GE 数量与特定技术密切相关, 不同技术实现的 GE 数量通常无法直接比较.

面向软件的指标 软件指标主要取决于寄存器的数量以及所需的 RAM 和 ROM 的字节数. 加密函数在寄存器中的部署对于软件实现的性能极为重要.

寄存器 使用少量寄存器的函数具有较低的调用开销, 因此频繁调用的函数使用寄存器可能带来性能的优化.

ROM ROM 通常用于存储程序代码, 可包含固定数据, 如: S 盒或轮密钥.

RAM RAM 通常用于存储可用于计算的中间值.

4.8.3 轻量级分组密码算法实现性能优势的常见策略

为了达到超越传统分组密码算法的性能优势, 轻量级分组密码算法在设计过程中通常采用以下策略.

更小的分组长度 为了节省内存, 轻量级分组密码倾向于使用比 AES 算法 (128 位) 更小的分组长度, 常见的选择是 64 位或 80 位. 需要注意的是, 使用较短分组可能会为安全性带来风险. 例如: 对于某些操作模式, 使用大约 2^{32} 的数据量, 即可将 64 位分组密码的输出与随机序列区分开来; 根据算法的不同, 这可能进一步导致密钥恢复攻击.

更小的密钥长度 为了提高效率, 有些轻量级分组密码算法会使用长度较短的密钥. 例如: PRESENT 算法[10] 的密钥长度为 80 位.

更简单的轮函数 轻量级分组密码算法中使用的组件和操作通常比传统分组密码算法更简单. 当然, 使用简单轮函数需要付出代价, 它们可能需要迭代更多次以保证一定程度的安全性.

• **更小的 S 盒** 在基于 S 盒的轻量级设计中, 通常使用 4 位 S 盒而非 8 位, 使用小 S 盒可显著降低硬件实现面积. 例如: PRESENT 算法使用的 4 位 S 盒需要 28 GE, 而 AES 算法的 8 位 S 盒需要上百 GE.

• **更简单的线性层** 与 AES 算法使用的传统 MDS 矩阵不同, 轻量级设计倾向于使用比特置换或递归 MDS 矩阵等相对简单的线性层. 例如: PRESENT 算法使用比特置换; PHOTON [29] 和 LED [30] 算法使用了递归 MDS 矩阵.

更简单的轮密钥生成算法　由于复杂的密钥生成算法会增大内存、延迟和实现的功耗, 因此大多数轻量级分组密码算法使用可即时生成子密钥的简单轮密钥生成算法, 但可能导致相关密钥、弱密钥、已知密钥甚至选择密钥攻击.

局部实现的最小化　注意到有几种操作模式和协议只需要分组密码算法的加密功能; 某些应用程序可能要求设备仅支持加密或解密操作之一. 对于这些应用情景, 仅实现密码的必要功能可能需要比实现完整密码更少的资源.

4.8.4　轻量级分组密码算法的分类

国际密码学界格外重视与轻量级应用环境相匹配的轻量级分组密码算法研究工作, 软硬件性能占优的轻量级算法在近十年内层出不穷. 按轮函数结构的不同, 大体可分为两类.

基于 SPN 结构的设计　此类设计按轮函数使用的组件细化为四种.

- **AES-like 算法**　包括 AES[21]、KLEIN[31]、LED[30]、Midori[32]、Mysterion[33]、SKINNY[34]、Zorro[35].

- **使用位切片 S 盒的算法**　包括 Fantomas/Robin[36]、Noekeon[37]、PRIDE[38]、RECTANGLE[39].

- **其他基于 SPN 的算法**　包括 mCrypton[40]、MANTIS[34]、PRESENT[10]、PRINCE[41]、GIFT[42].

- **其他 ARX 的 SPN 算法**　包括 Sparx[43].

基于 Feistel 结构的设计　此类设计按轮函数内部结构细化为三种.

- **基于 ARX 的算法**　包括 Chaskey[44]、HIGHT[45]、LEA[46]、RC5[47]、SIMECK[48]、SIMON[49]、SPECK[49]、XTEA[50].

- **二分支 Feistel 结构算法**　包括 DESLX[51]、GOST[52]、ITUbee[53]、MISTY1[54]、KASUMI[55]、LBlock[56]、RoadRunner[57]、SEA[58].

- **广义 Feistel 结构算法**　包括 CLEFIA[11]、Piccolo[59]、Twine[60].

除上述两类主流算法, 也有少数基于流密码思想设计的分组密码算法, 例如: KATAN 和 KTANTAN[61].

从数量上看, 基于 SPN 结构和 Feistel 结构算法的发展几乎并驾齐驱. ARX 类算法得益于避免查表操作、软件实现快、代码量少等天然优势, 在轻量级分组密码算法发展的早期处于领跑地位, 但在可证明安全方面始终缺乏理论支撑, 直至 2016 年, Daniel Dinu 等[43] 提出适用于 ARX 类算法设计的长轨迹策略, 此类算法的设计再度受到关注.

部分轻量级分组密码算法对某些指标进行了有针对性的优化. 例如: PRESENT 算法和 GIFT 算法主要面向硬件实现; HIGHT 算和 CLEFIA 算法主要面向软件实现; PRINCE 算法面向低延迟应用等.

部分轻量级分组密码算法参数可参考表 4.16. 关于轻量级分组密码算法的更多内容可参考 NIST 发布的轻量级密码报告[62].

表 4.16　部分轻量级分组密码算法参数

名称	分组长度	密钥长度	结构	轮数	来源
AES	128	128 / 192 / 256	SPN	10 / 12 / 14	[21]
Chaskey	128	128	ARX	8	[44]
CLEFIA	128	128 / 192 / 256	GFN	18 / 22 / 26	[11]
DESLX	64	184	Feistel	16	[51]
Fantomas	128	128	SPN	12	[36]
GOST	64	256	Feistel	32	[52]
HIGHT	64	128	GFS	32	[45]
ITUbee	80	80	Feistel	20	[53]
KASUMI	64	128	Feistel	8	[55]
KLEIN	64	64 / 80 / 96	SPN	12 / 16 / 20	[31]
KATAN	32 / 48 / 64	80	流密码	254	[61]
KTANTAN	32 / 48 / 64	80	流密码	254	[61]
LBlock	64	80	Feistel	32	[56]
LEA	128	128 / 192 / 256	GFN	24 / 28 / 32	[46]
LED	64	64 / 128	SPN	32 / 48	[30]
MANTIS	64	192	SPN	14	[34]
mCrypton	64	64 / 96 / 128	SPN	12	[40]
Midori	64 / 128	128	SPN	16 / 20	[32]
MISTY1	64	128	Feistel	8	[54]
Mysterion	128 / 256	—	SPN	12 / 16	[33]
Noekeon	128	128	SPN	16	[37]
Piccolo	64	80 / 128	GFN	25 / 31	[59]
PRESENT	64	80 / 128	SPN	31	[10]
PRIDE	64	128	SPN	20	[38]
PRINCE	64	128	SPN	12	[41]
RC5	32 / 64 / 128	0-2040	ARX	12	[47]
Rectangle	64	80 / 128	SPN	25	[39]
RoadRunner	64	80 / 128	Feistel	10 / 12	[57]
Robin	128	128	SPN	16	[36]
SEA	96	96	Feistel	93	[58]
SKINNY	64 / 128	64/128/192 , 128/256/384	SPN	32/36/40 , 40/48/56	[34]
SIMECK	32 / 48 / 64	64 / 96 / 128	Feistel	32 / 36 / 44	[48]
SIMON	32 / 48 / 64 / 96 / 128	64 , 72 / 96 , 96/128 , 96/144 , 128/192/256	Feistel	32 , 36 , 42/44 , 52/54 , 68/69/72	[49]
SPARX	64 / 128	SPN (ARX)	128 , 128/256	24 , 32/40	[43]
SPECK	32 / 48 / 64 / 96 / 128	64 , 72/96 , 96/128 , 96/144 , 128/192/256	ARX	22 , 22/23 , 26/27 , 28/29 , 32/33/34	[49]
Twine	64	80 / 128	GFN	36	[60]
XTEA	64	128	Feistel	64	[50]
Zorro	128	128	SPN	24	[35]

4.9 分组密码的工作模式

分组密码算法主要关注一个明文分组的处理, 但日常所需的密码功能是复杂的, 例如, TLS 协议中, 加密算法需要根据应用需求加密各种长度 (成百上千字节) 的明文. 如何安全地实现对任意长度的明文进行加密? 一个常用的思路是使用安全性久经考验的分组密码标准 (如 AES), 通过一个基于分组密码的 "结构" (construction) 建构起所需的复杂功能, 寄望于结构本身能够保持密码标准的可靠性. 这样的结构称为分组密码的**工作模式** (mode of operation). 这些结构的工作原理通常与所使用的分组密码内部细节无关. 换言之, 一般可以将一个工作模式中的分组密码替换成任意安全的分组密码[①].

不同的工作模式可以实现功能各异的密码, 事实上, 分组密码的工作模式是庞大的知识体系, 难以用一节的内容进行全面介绍. 因此, 本节只简要介绍经典加密工作模式, 包括电码本 (electronic codebook, ECB)、密文分组链接 (cipher block chaining, CBC)、密文反馈 (cipher feedback, CFB)、输出反馈 (output feedback, OFB) 和计数器 (counter, CTR) 模式[63].

4.9.1 电码本模式

设待加密明文 m 的比特长度为 $|m|$-bit, 采用分组密码的分组长度为 n-bit, 则对任意长度的明文通过工作模式进行加密处理时, 往往先按照分组长度[②]将其划分为若干个 n-bit 的分组. 在 ECB、CBC 和 CFB 模式中, 若 $|m|$ 不是 n 的整数倍, 则需对 m 进行填充 (padding) 操作, 以确保填充后的消息长度为 n-bit 的整数倍. 填充方式有多种, 由工作模式的具体标准文件所规定, 这里仅给出一个简单的例子.

例子 4.9 若 $|m|$ 不是 n 的整数倍, 则在明文 m 的末尾填充 1-bit "1", 再填充足够少的 "0", 确保填充后的明文的比特长度是 n 的整数倍. 例如, 设输入消息为 200-bit "1", 即 $m = 111 \cdots 111$, 采用高级加密标准 AES 进行处理, 分组长度为 128-bit, 则需先填充 1-bit "1", 再填充 $128 - (200 \mod 128) - 1 = 55$-bit 的 "0", 得到 2 个 128-bit 的消息分组 m_1, m_2, 其中,

$$m_1 = \underbrace{111 \cdots 111}_{128\text{-bit}},$$

---

① 具体的安全性往往由所用分组密码的密钥长度和分组长度决定.

② 在 CFB 模式中为分段长度 t-bit.

$$m_2 = \underbrace{111\cdots111}_{72\text{-bit}}\,\underbrace{\mathbf{1}}_{1\text{-bit}}\,\underbrace{000\cdots000}_{55\text{-bit}}.$$

为简化, 本节仅讨论待加密明文 m 的长度 $|m|$ 为分组长度 n 的整数倍的情形, 即 $m = m_1\|m_2\|\cdots\|m_s$ 包含 $s \geqslant 1$ 个 n 比特明文分组. 设分组密码 $E = (Key, Gen, Enc, Dec)$.

电码本模式是指逐个加密每一个 n-bit 明文分组, 即密文

$$c = \mathrm{ECB}[E]_k(m) := Enc_k(m_1)\|Enc_k(m_2)\|\cdots\|Enc_k(m_s),$$

如图 4.22 所示. 解密时同样逐分组运用 Dec_k 解密, 即明文

$$m = \mathrm{ECB}[E]_k^{-1}(c) := Dec_k(c_1)\|Dec_k(c_2)\|\cdots\|Dec_k(c_s).$$

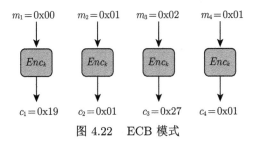

图 4.22　ECB 模式

为便于理解, 我们取若干十六进制数值为例进行诠释, 这并不意味着分组密码 Enc_k 必然将输入 0x00 映射到 0x19 等. 由此, 易见电码本模式会暴露明文分组间的相等关系: 明文分组 m_2 与 m_4 均为 0x01, 必然导致密文分组 c_2 与 c_4 相同; 而不相同的明文分组对应的密文又必然不同, 如图 4.22 所示, 即 ECB 模式会把相同的明文分组 $m_i = m_j$ 加密为相同的密文分组 $Enc_k(m_i) = Enc_k(m_j)$. 实际应用中, 明密文这样的关系存在严重安全隐患. 例如, 很多用户在编辑电子邮件时, 会在邮件末尾附加一段祝福语: 同一个用户通过同一个邮件客户端发送的邮件祝福语一般相同, 例如 "敬礼" "祝工作顺利", 而其他情况下 (不同用户, 或不同客户端发送) 祝福语一般不同. 假使这样的电子邮件是通过电码本模式加密后传输的[①], 则相同的祝福语很可能被加密为相同的密文分组, 网络数据包窃听者从而可以根据数据包末尾某些字节的取值来将收集到的加密邮件数据包分类, 进而判断出哪些邮件来自同一用户、同一客户端.

---

① 当然, 当前实际运用的网络安全协议不太可能仍在使用电码本模式. 我们此处仅以此为例解释这种弱点可能造成的危害.

因此, 一般情况下不应再使用 ECB 模式加密数据.

4.9.2　密文分组链接模式

如前所述, ECB 模式的致命弱点在于第 i 个密文分组 c_i 仅取决于第 i 个明文分组 m_i, 与其他明文分组无关. 于是一个自然的补救思路就是定义一个 c_i 由多个明文分组决定的模式, 这就催生了密文分组链接 (CBC) 模式.

具体而言, $\mathrm{CBC}[E]_k$ 模式的思路是利用 m_1 的密文 c_1 去计算 m_2 的密文 c_2, 从而使 m_1, m_2 同时影响 c_2; 利用 m_2 的密文 c_2 去计算 m_3 的密文 c_3, 从而使 m_1, m_2, m_3 同时影响 c_3; 依此类推. 具体加解密过程见算法 4.1, 亦参见图 4.23(为简化, 同样只考虑待加密明文 m 长度 $|m|$ 为分组长度 n 的整数倍的情形).

算法 4.1　CBC 模式

加密算法 $\mathrm{CBC}[E]_k(m)$, $|m| = sn$, $s \in \mathbb{N}^*$

1. 切分明文 $m = m_1 \| m_2 \| \cdots \| m_s$, 其中 $m_i \in \{0,1\}^n$ 表示第 i 个 n 比特明文分组
2. 随机选取 n 比特初始向量 IV
3. $c_0 := IV$, 即将 IV 视作 "第0个" 密文分组
4. **For** $i = 1, 2, \cdots, s$ **do**
   - $c_i := Enc_k(c_{i-1} \oplus m_i)$
5. 输出密文 $c := IV \| c_1 \| c_2 \| \cdots \| c_s$

解密算法 $\mathrm{CBC}[E]_k^{-1}(c)$, $|c| = (s+1)n$, $s \in \mathbb{N}^*$

1. 切分密文 $c = IV \| c_1 \| c_2 \| \cdots \| c_s$, 其中 $IV \in \{0,1\}^n$ 为随密文传输的初始向量, $c_i \in \{0,1\}^n$ 表示第 i 个 n 比特密文分组
2. $c_0 := IV$, 即将 IV 视作 "第0个" 密文分组
3. **For** $i = 1, 2, \cdots, s$ **do**
   - $m_i := c_{i-1} \oplus Enc_k^{-1}(c_i)$
4. 输出明文 $m := m_1 \| m_2 \| \cdots \| m_s$

注意到, 解密过程必须使用 $c_0 = IV$, 所以初始向量 IV 必须作为密文的一部分传输给接收方, 这就是加密过程输出密文 $IV \| c_1 \| c_2 \| \cdots \| c_s$ 而不只是 $c_1 \| c_2 \| \cdots \| c_s$ 的原因.

不难看出, 由于此前全部的 $i-1$ 个明文分组 $m_1, \cdots, m_{i-1}$ 都会影响第 i 个密文分组 c_i 的计算过程, 相同的明文分组 $m_i = m_j$ 不一定导致相同的密文分组 $c_i = c_j$, 如图 4.23 所示, 这样就避免了 ECB 模式的弱点.

CBC 模式最大的缺点是不能利用并行计算加速不同明文分组的处理过程. 原因是, 根据计算过程 $c_{i+1} := Enc_k(c_i \oplus m_{i+1})$, 加密第 $i+1$ 个明文分组的过程需要第 i 个密文分组参与, 而计算第 i 个密文分组又需要第 $i-1$ 个密文分组参与,

因此只能逐分组加密. 所以如果系统环境允许并行计算, CBC 模式可能并不是效率最好的选择.

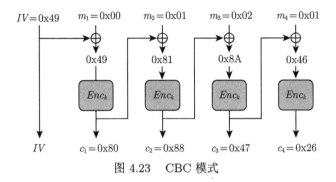

图 4.23 CBC 模式

初始向量的作用与注意事项 对初始向量 IV, 有两种理解方式.

第一种理解方式与算法 4.1 描述的一致, 是将随机选取 IV 看作 $CBC[E]_k$ 密码函数内部的一个步骤, 并集成在其软硬件实现中. 这样, 从用户/密码函数调用者的视角来看, 整个过程就成了 $CBC[E]_k$ 密码函数在内部选取一个随机 IV、完成加密、并最终输出了包含 IV 的密文. 因此, $CBC[E]_k$ 被归为概率性加密方案 (probabilistic encryption), 而 $ECB[E]_k$ 则是确定性加密方案 (deterministic encryption)①.

第二种理解方式是 Phillip Rogaway 在 FSE 2004 会议上提出的, 它将 IV 看作 $CBC[E]_k$ 加密函数的另一个参数, 看作由用户/密码函数调用者在加密前随机选取的参数. 这种理解方式有利于深入分析 IV 的性质对 $CBC[E]_k$ 安全性的影响. 两种理解方式实质是等价的, 选择哪一种方式并不重要, 但需要保持行文一致性, 因此本节统一采用第一种理解方式.

需要加密多条明文 $m^{(1)}, m^{(2)}, \cdots$ 时, 必须对每个明文都随机选取新的 $IV^{(1)}$, $IV^{(2)}, \cdots$ 用于启动加密过程. 注意到, IV 的随机选取保证了 $IV^{(1)}$, $IV^{(2)}, \cdots$ (大概率) 互不相同. 因此, 读者可能会想到, 直接用不同的 IV 来加密多个明文或许也是安全的. 例如, 采用一系列 "计数器" 值, 即令 $IV^{(1)} = \mathsf{str}(1)$, $IV^{(2)} = \mathsf{str}(2)$, $IV^{(3)} = \mathsf{str}(3)$, 依此类推, 其中 $\mathsf{str}(c)$ 为编码整数 c 的 n 比特串. 但对 CBC 而言, 这样是不安全的, 会导致攻击[64]. 此外, CBC 模式在具体应用实现时, 由于解密系统实现不当而泄露的 "额外" 信息, 可能被敌手利用从而导致 CBC 加密被破解. 典型攻击如 Vaudenay 提出的填充谕示攻击 (padding oracle attack)[65], 该攻击利用解密服务器泄露的对明文填充合法性的判定信息 (是否符合 PKCS#5 填

---

① 这两个概念最早是针对公钥加密方案定义的, 但其含义可以直接推广到对称加密中.

充规则) 恢复 CBC 加密的明文.

4.9.3　密文反馈模式

与 ECB 和 CBC 模式不同, 接下来要讨论的 CFB、OFB 和 CTR 模式, 并不 "直接" 用分组密码 Enc_k 加密明文分组, 而是用 Enc_k 构造密钥流生成器, 采用类似流密码的方式进行加解密.

密文反馈 (CFB) 模式的加解密过程见算法 4.2. $\mathrm{CFB}[E]_k$ 将明文分为 t-bit 的分段 (segment) $m_i(i = 1, \cdots, s)$, 相应的密文分段为 c_i. 此处 t 只需满足 $1 \leqslant t \leqslant n$(例如, 可取 $t = 8$, 使分段的长度小于分组长度 n 比特). 与 $\mathrm{CBC}[E]_k$ 类似, $\mathrm{CFB}[E]_k$ 的加密过程也从随机选取初始向量 IV 开始, 而 $\mathrm{CFB}[E]_k$ 将把 IV 设定为一个 n-bit 的寄存器的初始值. 此后, 加密第 i 个明文分段 m_i 时, $\mathrm{CFB}[E]_k$ 调

算法 4.2　CFB 模式

加密算法 $\mathrm{CFB}[E]_k(m)$

1. 切分明文 $m = m_1\|m_2\|\cdots\|m_s$, 其中, 明文分段 $m_1, m_2, \cdots, m_s \in \{0,1\}^t, 1 \leqslant t \leqslant n$
2. 随机选取 n 比特初始向量 IV
3. $c_0 := IV$, 即将 IV 视作 "第 0 个" 密文分组
4. $x_1 := IV$
5. $y_1 := \mathrm{MSB}_t\big(Enc_k(x_1)\big)$, 其中, $\mathrm{MSB}_t\big(Enc_k(x_1)\big)$ 为 $Enc_k(x_1)$ 的高 (左起) t-bit
6. $c_1 := y_1 \oplus m_1$
7. **For** $i = 2, 3, \cdots, s$ **do**
   - $x_i := \mathrm{LSB}_{n-t}(x_{i-1})\|c_{i-1}$, 其中, $\mathrm{LSB}_{n-t}(x_{i-1})$ 为 x_{i-1} 的低 $(n-t)$-bit
   - $y_i := \mathrm{MSB}_t\big(Enc_k(x_i)\big)$
   - $c_i := y_i \oplus m_i$
8. 输出密文 $IV\|c_1\|c_2\|\cdots\|c_s$

解密算法 $\mathrm{CFB}[E]_k^{-1}(c)$

1. 切分密文 $c = IV\|c_1\|c_2\|\cdots\|c_s$, 其中, 密文分段 $IV \in \{0,1\}^n, c_1, c_2, \cdots, c_s \in \{0,1\}^t, 1 \leqslant t \leqslant n$
2. $x_1 := IV$
3. $y_1 := \mathrm{MSB}_t\big(Enc_k(x_1)\big)$, 其中, $\mathrm{MSB}_t\big(Enc_k(x_1)\big)$ 为 $Enc_k(x_1)$ 的高 (左起) t-bit
4. $m_1 := y_1 \oplus c_1$
5. **For** $i = 2, 3, \cdots, s$ **do**
   - $x_i := \mathrm{LSB}_{n-t}(x_{i-1})\|c_{i-1}$, 其中, $\mathrm{LSB}_{n-t}(x_{i-1})$ 为 x_{i-1} 的低 $(n-t)$-bit
   - $y_i := \mathrm{MSB}_t\big(Enc_k(x_i)\big)$
   - $m_i := y_i \oplus c_i$
6. 输出明文 $m_1\|m_2\|\cdots\|m_s$

用分组密码 Enc_k 加密寄存器状态, 将 Enc_k 的输出的最高 t-bit 与明文分段 m_i 异或后得到密文分段 c_i; 然后, 将寄存器存储的 n-bit 序列整体左移 t-bit, 将密文分段 c_i 赋值给寄存器的低 t-bit, 实现寄存器的状态更新, 这种寄存器被称作**移位寄存器**. 重复此过程, 直到完成所有明文分段的加密.

不难看出, CFB 模式的加解密过程只需要实现 E 的加密函数 Enc_k, 无需实现解密函数, 这降低了软件实现的代码量和硬件实现的电路规模. 而且, 在 CFB 模式的解密过程中, 每个明文分段 m_i 的求解只与移位寄存器 (由密文决定) 和密文分段 c_i 有关, 因此, 其解密过程可以并行执行.

如图 4.24 所示, 在 CFB 模式的加密电路中, 每次执行完 Enc_k 的逻辑电路后, 产生的 t-bit 输出被 "反馈" 回移位寄存器中作为下一次加密的输入的一部分, 这就是称为 "密文反馈" 的原因. 与 CBC 类似, CFB 产生的密文分段与前面所有的明文分段也有一定的关系, 因此, 可以基于 CFB 设计消息认证码和认证加密算法.

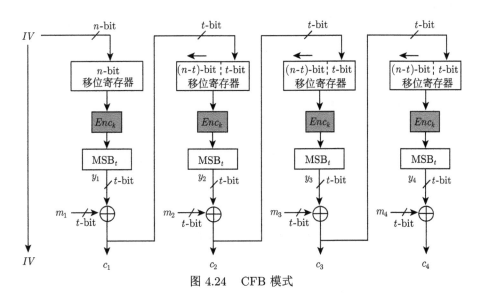

图 4.24 CFB 模式

CFB 模式实际上构成了一个所谓 "自同步" 流密码: 接收方收到连续的 $\frac{n}{t}$ 个密文分段 $c_i, c_{i+1}, \cdots, c_{i+\frac{n}{t}-1}$ 后, 通过计算 $y_{i+\frac{n}{t}} := \mathrm{MSB}_t\big(Enc_k(c_i\|c_{i+1}\|\cdots$ $\|c_{i+\frac{n}{t}-1})\big)$ 可以继续解密过程, 即将后续密文分段 $c_{i+\frac{n}{t}}, c_{i+\frac{n}{t}+1}, \cdots$ 解密为正确的明文分段 $m_{i+\frac{n}{t}}, m_{i+\frac{n}{t}+1}, \cdots$. 这意味着, 如果生成的密文出现丢包或传输错误, 则收到正确传输的连续 $\frac{n}{t}$ 个密文分段后, 从 $c_{i+\frac{n}{t}}$ 开始, 后续的密文仍可以被准确解密. 但需要注意的是, 在一般的流密码算法中, 与明文异或的 "密钥流" 是与

明文无关的, 仅由初始值和密钥所决定, 但在 CFB 模式中, "密钥流" 也受到明文的影响.

4.9.4　输出反馈模式

接下来要讨论的 OFB 和 CTR 模式, 不需要对明文进行填充, 密文与明文等长, 不会造成传输能力的浪费.

输出反馈 (OFB) 模式的加解密过程见算法 4.3. OFB 实际上也类似于流密码: 首先, 根据 IV 和密钥 k 计算一系列密钥流 $y_1, \cdots, y_s^*$, 然后, 将密钥流依次与明文分组进行异或, 得到密文 $c = c_1 \| \cdots \| c_s^*$. 与 CFB 把 "前一个" 密文分组 c_{i-1} 作为反馈不同, OFB 把 "前一个" 分组密码 Enc_k 的 n-bit 输出 y_{i-1} 作为第 i 次分组密码 Enc_k 调用的输入. OFB 的加密示例如图 4.25 所示 (为简化, 同样只考虑待加密明文 m 的长度 $|m|$ 为分组长度 n 的整数倍的情形).

算法 4.3　OFB 模式

加密算法　$\mathrm{OFB}[E]_k(m)$

1. 切分明文 $m = m_1 \| m_2 \| \cdots \| m_{s-1} \| m_s^*$, 其中, 明文分组 $m_1, m_2, \cdots, m_{s-1} \in \{0,1\}^n$, $m_s^* \in \{0,1\}^\lambda$, $1 \leqslant \lambda \leqslant n$
2. 随机选取 n 比特初始向量 IV
3. $y_0 := IV$
4. **For** $i = 1, 2, \cdots, s-1$ **do**
   - $y_i := Enc_k(y_{i-1})$
   - $c_i := y_i \oplus m_i$
5. $y_s^* := \mathrm{MSB}_\lambda\big(Enc_k(y_{s-1})\big)$, 其中, $\mathrm{MSB}_\lambda\big(Enc_k(y_{s-1})\big)$ 为 $Enc_k(y_{s-1})$ 的高 λ-bit
6. $c_s^* := y_s^* \oplus m_s^*$
7. 输出密文 $IV \| c_1 \| c_2 \| \cdots \| c_s^*$

解密算法　$\mathrm{OFB}[E]_k^{-1}(c)$

1. 切分密文 $c = IV \| c_1 \| c_2 \| \cdots \| c_{s-1} \| c_s^*$, 其中, 密文分组 $IV, c_1, c_2, \cdots, c_{s-1} \in \{0,1\}^n$, $c_s^* \in \{0,1\}^\lambda$, $1 \leqslant \lambda \leqslant n$
2. $y_0 := IV$
3. **For** $i = 1, 2, \cdots, s-1$ **do**
   - $y_i := Enc_k(y_{i-1})$
   - $m_i := y_i \oplus c_i$
4. $y_s^* := \mathrm{MSB}_\lambda\big(Enc_k(y_{s-1})\big)$
5. $m_s^* := y_s^* \oplus c_s^*$
6. 输出明文 $m_1 \| m_2 \| \cdots \| m_{s-1} \| m_s^*$

与 CBC 相同, OFB 加密时选取的 IV 也要作为密文的一部分传输, 以便接收方可以进行解密. 与 CFB 类似, OFB 模式的加解密过程只需要实现 E 的加

密函数 Enc_k, 从而降低软件实现的代码量并减小硬件实现的电路规模. 而且, 对 OFB 的加密过程, 在收到完整的明文 $m_1\|m_2\|\cdots\|m_s^*$ 之前, 可以用 "离线" 的方式预先计算密钥流 $y_1 := Enc_k(IV), y_2 := Enc_k(y_1), \cdots$, 存储待用, 从而加快 "在线" 加密过程.

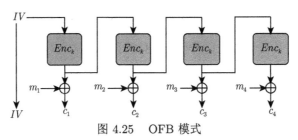

图 4.25   OFB 模式

4.9.5　计数器模式

计数器 (CTR) 模式的加解密过程见算法 4.4. 如图 4.26 所示 (为简化, 同样

算法 4.4　CTR 模式

加密算法 $\mathrm{CTR}[E]_k(m)$

1. 切分明文 $m = m_1\|m_2\|\cdots\|m_{s-1}\|m_s^*$, 其中, 明文分组 $m_1, m_2, \cdots, m_{s-1} \in \{0,1\}^n$, 明文分组 $m_s^* \in \{0,1\}^\lambda, 1 \leqslant \lambda \leqslant n$

2. 随机选取 n 比特 (无符号) 整数 ctr, 作为初始向量

3. **For** $i = 1, 2, \cdots, s-1$ **do**
   - $y_i := Enc_k\big(\mathbf{str}(\mathrm{ctr} + i - 1)\big)$, 其中, $\mathbf{str}(\mathrm{ctr} + i - 1)$ 表示编码 (无符号) 整数 $\mathrm{ctr} + i - 1$ 的 n 比特串
   - $c_i := y_i \oplus m_i$

4. $y_s^* := \mathrm{MSB}_\lambda\big(Enc_k(\mathbf{str}(\mathrm{ctr}+s-1))\big)$, 其中, $\mathrm{MSB}_\lambda\big(Enc_k(\mathbf{str}(\mathrm{ctr}+s-1))\big)$ 为 $Enc_k\big(\mathbf{str}(\mathrm{ctr}+s-1)\big)$ 的高 λ-bit

5. $c_s^* := y_s^* \oplus m_s^*$

6. 输出密文 $\mathbf{str}(\mathrm{ctr})\|c_1\|c_2\|\cdots\|c_{s-1}\|c_s^*$

解密算法 $\mathrm{CTR}[E]_k^{-1}(c)$

1. 切分密文 $c = \mathbf{str}(\mathrm{ctr})\|c_1\|c_2\|\cdots\|c_{s-1}\|c_s^*$, 其中, 密文分组 $\mathbf{str}(\mathrm{ctr})$, c_1, c_2, $\cdots$, $c_{s-1} \in \{0,1\}^n$, $c_s^* \in \{0,1\}^\lambda, 1 \leqslant \lambda \leqslant n$

2. **For** $i = 1, 2, \cdots, s-1$ **do**
   - $y_i := Enc_k\big(\mathbf{str}(\mathrm{ctr} + i - 1)\big)$
   - $m_i := y_i \oplus c_i$

3. $y_s^* := \mathrm{MSB}_\lambda\big(Enc_k(\mathbf{str}(\mathrm{ctr} + s - 1))\big)$

4. $m_s^* := y_s^* \oplus c_s^*$

5. 输出明文 $m_1\|m_2\|\cdots\|m_{s-1}\|m_s^*$

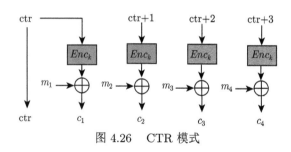

图 4.26　CTR 模式

只考虑待加密明文 m 的长度 $|m|$ 为分组长度 n 的整数倍的情形), CTR 的加密过程类似于为一个计数器设定随机初始值 ctr, 而后不断地令计数器增值, 由计数器生成密钥流分组, 这就是称为 "计数器" 的原因. 将计数器初始值 ctr 视作初始向量, 同样随密文 $c_1 \| \cdots \| c_s^*$ 传输给接收方, 以便解密. 与 CFB 和 OFB 类似, CTR 模式的加解密过程只需要实现 E 的加密函数 Enc_k, 从而降低软件实现的代码量和硬件实现的电路规模. 而且, 密钥流的计算过程与待加密明文无关, 因而可以预计算. 加解密过程中产生的不同密钥流分组 $y_i = Enc_k\big(\text{str}(\text{ctr} + i)\big)$、$y_j = Enc_k\big(\text{str}(\text{ctr} + j)\big)$ 相互没有关联, 加密与解密过程均可完全并行化. 此外, 给定密文 $IV \| c_1 \| \cdots \| c_s^*$, 解密第 i 个密文分组仅需一次 Enc_k 调用, 即 $m_i := Enc_k\big(\text{str}(\text{ctr} + i)\big) \oplus c_i$. CTR 模式还被集成在 CCM、GCM 等认证加密标准中.

　　表 4.17 对本节所介绍的 5 种工作模式的特性进行了总结. 具体应用时将根据实际应用场景的需要进行取舍, 优先保证最需要的性能/安全特性.

表 4.17　分组密码的经典工作模式总结

工作模式	是否需要填充	加密的并行性	解密的并行性
ECB	是	✓	✓
CBC	是	×	✓
CFB	否	×	✓
OFB	否	✓ (结合预计算)	×
CTR	否	✓	✓

4.10　*对称密码的软件实现

　　密码算法的软件实现是指把密码算法以指令序列的形式放在通用处理器上运行. 同直接使用硬件电路的方式相比, 软件实现速度较慢、功耗较大, 但是优势在于成本较低、在部署上灵活方便, 并且一般有比较大的内存可以供查找表使用.

　　处理器提供的指令往往具有比较高的通用性, 所以很多适用于低功耗、资源受限的处理器所提供的指令集是极其有限的, 很少有密码算法的专用指令. 对于 AES 来说, AddRoundKey 和 ShiftRows 的实现可以直接使用处理器自带的指令集, 如异或、移位、取数指令. 但是, S 盒和 MixColumns 则不能直接使用以上通用的指令实现. 其他的密码算法或者其内部部件的软件实现也具备类似的特点.

综上所述, 密码算法的软件实现关注的主要问题是: **如何利用有限的指令集实现各种复杂的密码运算**. 本节我们以 AES 为例, 介绍两种密码算法实现的基本方法.

4.10.1 基于查找表的方法

AES 的 S 盒是一个 8 比特输入 8 比特输出的置换, 一个非常直观的实现方法是把该置换表示成包含 $2^8 = 256$ 个元素的查找表, 其中第 i 个表项是 S 盒的输入值 $i(0 \leqslant i \leqslant 255)$. 在密码算法运行的时候, 可以根据 8 比特的输入值来读取对应的输出. 对于 AES 每一轮, 以上方法只需要 16 次内存访问操作即可完成 S 盒的运算. 另外, 还需要 0.25 KB 的内存用于存放以上的查找表.

相比 S 盒, AES 的 MixColumns 运算就不能直接使用查找表了. MixColumns 对 4 个字节的状态信息进行操作, 同样输出 4 个字节的状态信息. 如果直接使用查找表的话, 就需要建立一个包含 2^{32} 个元素、每个元素占 32 比特的表, 而这个表的大小为 $4 \times 2^{32} = 16$ GB. 存储这么大的表在当前大部分的场景中是不现实的.

所以, 我们需要进一步分析 MixColumns 的结构. 以下是其计算过程, 输入输出的数据可以分别表示为 4 个有限域 $\mathbb{F}_{2^8}$ 上的元素, 这里以两个列向量表示, 分别是 $[x_0, x_1, x_2, x_3]^{\mathrm{T}}$ 和 $[y_0, y_1, y_2, y_3]^{\mathrm{T}}$. MixColumns 对输入的列向量左乘一个固定的矩阵, 得到输出列向量. 其中矩阵中的元素也是 $\mathbb{F}_{2^8}$ 上的元素, 乘法则是有限域 $\mathbb{F}_{2^8}$ 上的乘法.

$$\begin{bmatrix} y_0 \\ y_1 \\ y_2 \\ y_3 \end{bmatrix} = \begin{bmatrix} 02 & 03 & 01 & 01 \\ 01 & 02 & 03 & 01 \\ 01 & 01 & 02 & 03 \\ 03 & 01 & 01 & 02 \end{bmatrix} \begin{bmatrix} x_0 \\ x_1 \\ x_2 \\ x_3 \end{bmatrix}.$$

我们可以看到, MixColumns 操作是由 $2\cdot$、$3\cdot$ 以及一些有限域上的加法 (即异或运算) 运算所组成. 其中, $2\cdot$、$3\cdot$ 往往不能直接用处理器的指令实现, 但是可以对它们分别建立查找表. 建立查找表的思路和 S 盒类似. 对于 $2\cdot$ 操作, 建立一个有 256 个表项的表, 其中第 i 个表项的值存放 $2\cdot i$. 这样, 我们可以利用 $8 \times 4 = 32$ 次内存访问操作和若干次异或操作就可以实现 MixColumns. 同时需要 $2 \times 2^8 = 0.5$ KB 的内存空间来存放查找表.

另外, 由于 $2 \cdot x \oplus x = 3 \cdot x$, 我们可以进一步把 MixColumns 写成如下形式:

$$
\begin{bmatrix} y_0 \\ y_1 \\ y_2 \\ y_3 \end{bmatrix} = \begin{bmatrix} 02 & 03 & 01 & 01 \\ 01 & 02 & 03 & 01 \\ 01 & 01 & 02 & 03 \\ 03 & 01 & 01 & 02 \end{bmatrix} \begin{bmatrix} x_0 \\ x_1 \\ x_2 \\ x_3 \end{bmatrix} = \begin{bmatrix} 2(x_0 \oplus x_1) \oplus x_1 \oplus x_2 \oplus x_3 \\ x_0 \oplus 2(x_1 \oplus x_2) \oplus x_2 \oplus x_3 \\ x_0 \oplus x_1 \oplus 2(x_2 \oplus x_3) \oplus x_3 \\ 2(x_0 \oplus x_3) \oplus x_0 \oplus x_1 \oplus x_2 \end{bmatrix},
$$

其中, 我们只需要对 $x \to 2x$ 建立查找表即可. 这样, 我们可以利用 $4 \times 4 = 16$ 次内存访问操作和若干次异或操作就可以实现 MixColumns. 同时需要 $2^8 = 0.25$ KB 的内存空间来存放查找表. 对于位宽是 8-bit 的处理器, 以上方法是目前已知基于查找表方法中最高效的.

我们观察到, 对于 32 位或者 64 位的处理器, 以上的方法其实只使用了 32 位寄存器中的 8 位, 存在一定的浪费. 下面我们介绍一种在 32 或 64 位处理器上的优化方法. 首先, MixColumns 操作可以进一步写成以下形式:

$$
\begin{bmatrix} y_0 \\ y_1 \\ y_2 \\ y_3 \end{bmatrix} = \begin{bmatrix} 02 & 03 & 01 & 01 \\ 01 & 02 & 03 & 01 \\ 01 & 01 & 02 & 03 \\ 03 & 01 & 01 & 02 \end{bmatrix} \begin{bmatrix} x_0 \\ x_1 \\ x_2 \\ x_3 \end{bmatrix} = \begin{bmatrix} 02 \\ 01 \\ 01 \\ 03 \end{bmatrix} x_0 + \begin{bmatrix} 03 \\ 02 \\ 01 \\ 01 \end{bmatrix} x_1 + \begin{bmatrix} 01 \\ 03 \\ 02 \\ 01 \end{bmatrix} x_2 + \begin{bmatrix} 01 \\ 01 \\ 03 \\ 02 \end{bmatrix} x_3.
$$

根据以上表示的形式, 我们可以建立 $x \to (2x, x, x, 3x)$ 的查找表, 即查找表中有 $2^8 = 256$ 个表项, 其中第 x 个表项为 32-bit 值 $(2x, x, x, 3x)$. 同时, 我们注意到, 要计算 $(3x, 2x, x, x)$, 只需要对 $(2x, x, x, 3x)$ 循环右移 1 个字节 (即 8-bit) 即可. 而计算 $(x, 3x, 2x, x)$ 和 $(x, x, 3x, 2x)$ 也类似, 只需要对 $(2x, x, x, 3x)$ 分别循环右移 2 个和 3 个字节即可. 综上所述, 令 $x \to (2x, x, x, 3x)$ 的查找表为 $L(\cdot)$, Mixcolums 的计算可以表示为

$$
[y_0, y_1, y_2, y_3] = L(x_0) \oplus L(x_1) \ggg 8 \oplus L(x_2) \ggg 16 \oplus L(x_3) \ggg 24.
$$

那么, AES 每一轮的 MixColumns 操作只需要 $4 \times 4 = 16$ 次内存访问、若干位移和异或操作即可. 同时需要 $256 \times 4 = 1$ KB 的内存用于存放以上的查找表.

考虑 AES 一轮中存在 SubBytes→ShiftRows→MixColumns 三个连续操作, 我们进一步进行优化. 因为 SubBytes 对状态的每个字节做 S 盒的操作, 而 ShiftRows 对每一行做移位, 所以对 ShifRows 和 SubBytes 的位置进行调换是不会影响正确性的. 为了高效实现, 我们这里对上述两个操作进行位置上的调换, 使得计算次序是 ShiftRows→SubBytes→MixColumns. 此时我们就可以把 SubBytes 和 MixColumns 放在一起进行操作. 令这一轮输入的 16 个字节为 $a_{i,j}$, 其中 $i, j \in \{0, \cdots, 3\}$, 则经过 MixColumns 后, 第 j 列为

$$[a'_{0,j}, a'_{1,j}, a'_{2,j}, a'_{3,j}]$$
$$= L\big(S(a_{0,j})\big) \oplus L\big(S(a_{1,(j+1)\bmod 4})\big) \ggg 8$$
$$\oplus L\big(S(a_{2,(j+2)\bmod 4})\big) \ggg 16 \oplus L\big(S(a_{3,(j+3)\bmod 4})\big) \ggg 24.$$

根据以上的推导, 我们可以构造一个查找表 $T = L\big(S(\cdot)\big)$, 然后有

$$[a'_{0,j}, a'_{1,j}, a'_{2,j}, a'_{3,j}]$$
$$= T(a_{0,j}) \oplus T(a_{1,(j+1)\bmod 4}) \ggg 8 \oplus T(a_{2,(j+2)\bmod 4}) \ggg 16 \oplus T(a_{3,(j+3)\bmod 4}) \ggg 24.$$

那么, AES 每一轮的 SubBytes、ShiftRows、MixColumns 只需要 $4 \times 4 = 16$ 次内存访问、若干移位和异或操作即可. 同时需要 $256 \times 4 = 1\,\text{KB}$ 的内存用于存放以上的查找表.

4.10.2 比特切片的方法

比特切片是一种在软件实现中非常规但有效的策略, 它将密码算法分解为逻辑比特操作, 从而能够在 N 比特的处理器中同时完成 N 个并行加密. 换而言之, 比特切片要求使用简单的逻辑操作 (与、异或、或、非等) 完成对密码算法的函数表达, 并通过机器指令实现, 如同在硬件实现中的逻辑电路[66]. 执行速度或吞吐量在很大程度上取决于实现加密算法所需的逻辑门的数量, 同时也意味着我们可以通过最小化逻辑门数来优化加密算法的比特切片实现. 比特切片的优势一方面是更高的吞吐量. 首先, 如果使用比特切片的表达方式, 比特置换仅仅是在相关的计算过程中选择 "正确" 的变量 (或寄存器), 相关解析在编译时已经完成, 并不会在运行时产生额外的开销. 同时, 线性的程序代码也可以在流水线型的中央处理器中运行良好. 另一方面是更好的并行性. 良好的并行性质使得运用比特切片策略的加密算法, 能够与并行的工作模式 CTR、ECB 模式紧密结合.

Matthew Kwan 在看到 Eli Biham 于 1997 年发表的文章 "A Fast New DES Implementation in Software" 后, 创造性地提出了 "比特切片" 的概念[67]. 使用该策略的密码算法的时间复杂度与输入规模无关, 即密码算法的比特切片实现具有常数时间. 与此同时, 比特切片作为一种软件实现策略, 它的计算过程不需要借助任何查找表. 因此, 能够帮助密码算法抵抗与缓存和时间相关的侧信道攻击. 理论上, 比特切片这一并行化技术可以被用于任何密码算法的实现, 其实现效率取决于许多因素, 例如原始密码算法的效率、处理器的字长等, 但显然这种实现方式对于逻辑操作简单的密码算法更具吸引力.

比特切片的软件实现使用非标准的表达方式, 将处理器看作支持单指令多数据 (single instruction multiple data, SIMD) 的计算机, 例如在机器字长为 128 比

特的计算机中, 同时有 128 个并行的 1 比特处理器在执行相同的指令[68]. 图 4.27 给出了典型分组密码算法的比特切片过程, 图中以多个不同分组的同一字节为例, 不是一次加密多个长度为 128 比特的分组, 而是一条指令同时处理 128 个不同分组的某一相同比特位.

图 4.27　典型分组密码算法的比特切片过程

在介绍加密轮函数比特切片软件实现的具体操作前, 首先要考虑的关键问题是如何从标准的分组的表达方式转换为非标准的比特切片的表达方式. 分组密码算法 AES 的输入是 128 比特, 在 N 比特的处理器中, 每个分组就需要 $128/N$ 个机器字长的变量来存放. 基于前文的相关定义, 在比特切片的软件实现中需要一次处理 N 个加密算法的输入 (即分组), 我们称之为 1 个 bundle[69]. 如图 4.28 所示考虑 $N = 128$ 时的转换结果 (属于同一分组的不同比特使用相同颜色标注, 其中 b_i^j 表示第 i 分组的第 j 比特, r_n 表示第 n 个字长变量). 在机器字长为 128 比特的处理器中, 1 个 bundle 包含 128 个连续的 AES 输入分组且每个分组会占据 1 个机器字长的变量. 转换后重新排列的 bundle, 所有输入分组的第 0 比特存放在第 0 个字长变量, 第 1 比特存放在第 1 个字长变量, 依此类推.

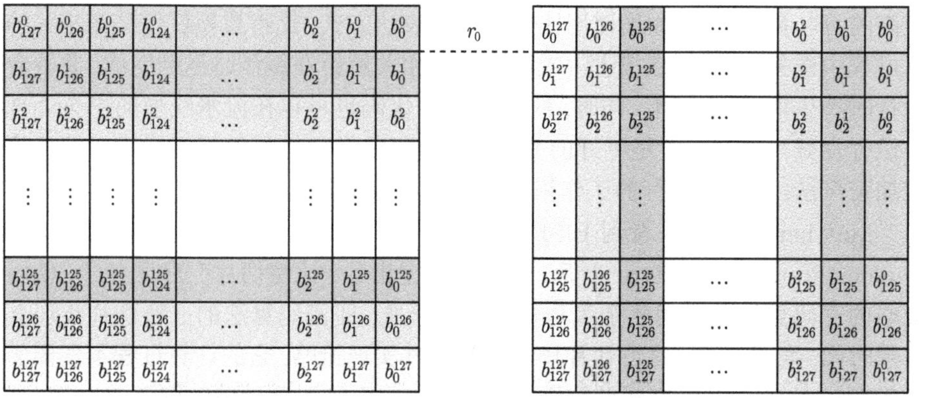

初始的矩阵分组　　　　　　　　　　比特切片后的矩阵分组(bundle)

图 4.28　128 个标准分组转换为 1 个 bundle

SubBytes 操作　Rijmen 实现了将 S 盒的查找表替换为有效的硬件组合逻辑电路[70], Canright[71]、Boyar[72] 等在此基础上继续优化, 最终使字节代换函数能够通过有限的逻辑操作实现. 完成 SubBytes 操作的 bundle 如图 4.29 所示,其中每个 128 比特的字长变量 r_n 都包含并行处理的 128 个加密分组, S_m 表示每个分组中的第 m 个字节且包含 $8m \sim 8m+7$ 共 8 个字长变量[69].

S_0 $r_0 \sim r_7$	S_4 $r_{32} \sim r_{39}$	S_8 $r_{64} \sim r_{71}$	S_{12} $r_{96} \sim r_{103}$
S_1 $r_8 \sim r_{15}$	S_5 $r_{40} \sim r_{47}$	S_9 $r_{72} \sim r_{79}$	S_{13} $r_{104} \sim r_{111}$
S_2 $r_{16} \sim r_{23}$	S_6 $r_{48} \sim r_{55}$	S_{10} $r_{80} \sim r_{87}$	S_{14} $r_{112} \sim r_{119}$
S_3 $r_{24} \sim r_{31}$	S_7 $r_{56} \sim r_{63}$	S_{11} $r_{88} \sim r_{95}$	S_{15} $r_{120} \sim r_{127}$

图 4.29 完成 SubBytes 操作的 bundle

ShiftRows 操作 完成 ShiftRows 操作后的 AES 分组如图 4.30 所示. ShiftRows 操作并不会对字长变量内部产生影响, 只是将字节之间的相对位置进行简单的变换.

S_0 $r_0 \sim r_7$	S_4 $r_{32} \sim r_{39}$	S_8 $r_{64} \sim r_{71}$	S_{12} $r_{96} \sim r_{103}$
S_5 $r_{40} \sim r_{47}$	S_9 $r_{72} \sim r_{79}$	S_{13} $r_{104} \sim r_{111}$	S_1 $r_8 \sim r_{15}$
S_{10} $r_{80} \sim r_{87}$	S_{14} $r_{112} \sim r_{119}$	S_2 $r_{16} \sim r_{23}$	S_6 $r_{48} \sim r_{55}$
S_{15} $r_{120} \sim r_{127}$	S_3 $r_{24} \sim r_{31}$	S_7 $r_{56} \sim r_{63}$	S_{11} $r_{88} \sim r_{95}$

图 4.30 完成 ShiftRows 操作的 bundle

MixColumns 操作 MixColumns 操作的本质是矩阵的每一列与一个固定的矩阵做乘法, 例如, MixColumns 操作后输出的第一个字节可以由等式 $S_0' = 2S_0 + 3S_5 + S_{10} + S_{15}$ 给出[69]. $2\cdot$ 的计算可以通过移位操作实现. 在比特切片的表达方式下, 移位操作是通过各字长变量之间的位置移动实现的, 也可以认为是选择 "正确" 的比特位参与运算. 如果计算结果发生溢出, 则会通过添加常量 0x1B 来解决, 即溢出位将被加到每个字节的第 0, 1, 3 和 4 个字长变量中.

AddRoundKey 操作 AddRoundKey 操作是将 bundle 中每个字长变量与对应的轮密钥字长变量相加. 下列等式表示的是 ShiftRows、MixColumns 以及 AddRoundKey 操作后第一个字节的输出. 其中, rk_i 是比特切片后的轮密钥表示, $of = r_7 + r_{47}$ 作溢出处理.

$$r_0' = r_{40} + r_{80} + r_{120} + rk_0 + of,$$

$$r_1' = r_0 + r_{40} + r_{41} + r_{81} + r_{121} + rk_1 + of,$$

$$r_2' = r_1 + r_{41} + r_{42} + r_{82} + r_{122} + rk_2,$$

$$r_3' = r_2 + r_{42} + r_{43} + r_{83} + r_{123} + rk_3 + of,$$

$$r_4' = r_3 + r_{43} + r_{44} + r_{84} + r_{124} + rk_4 + of,$$

$$r_5' = r_4 + r_{44} + r_{45} + r_{85} + r_{125} + rk_5,$$

$$r_6' = r_5 + r_{45} + r_{46} + r_{86} + r_{126} + rk_6,$$

$$r_7' = r_6 + r_{46} + r_{47} + r_{87} + r_{127} + rk_7.$$

至此, 我们已经对 AES 分组密码算法的比特切片实现做出了完整描述, 主要包括在标准的明文分组的表达方式与非标准的比特切片的表达方式之间完成转换以及在比特切片策略下实现轮函数 (SubBytes、ShiftRows、MixColumns 以及 AddRoundKey) 的迭代.

实践证明, 比特切片快速软件实现的关键之一是找到对于密码分组而言更高效的比特切片表达方式. 随着比特切片技术的应用和发展, 研究者不再局限于使用传统比特切片的表达方式, 他们根据密码算法本身的结构特征进行创新, 从而实现资源利用率的最大化. 比如, 针对分组密码算法 AES, 研究者也给出了如图 4.31 所示的比特切片的表达方式[73,74]. 这一方式将每个明文分组中的各个字节中的最高有效位均存放在同一个字长变量中并进行了一定的组合, 但需要注意的是此时轮函数的实现需要针对新的比特切片的表达方式做出相应的改变.

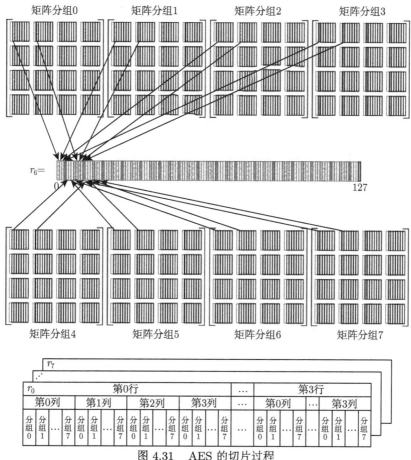

图 4.31 AES 的切片过程

_____

4.11 练习题

练习 4.1 请比较 Feistel 结构与 SPN 结构.

练习 4.2 请证明 DES 的互补特性.

练习 4.3 请通过编程测试或分析说明 DES 算法的每个 S 盒的 4-bit 输出经过 P 置换后, 会影响下一轮几个 S 盒的输入, 即这 4-bit 经过 P 置换与左半支异或后, 对应这一轮加密输出的 4-bit, 再进行下一轮加密, 经过 E 扩展和轮密钥加, 对应的 6-bit 会扩散到几个 S 盒的输入里.

练习 4.4 结合 AES 算法, 体会混淆和扩散. 在同一密钥下 (任取即可), 选择 10 对明文, 每对明文只有最左侧的 1-bit 不同, 其余比特都取同一常数, 例如, $(P_1 = 00 \cdots 0, P_1' = 10 \cdots 0)$, $(P_2 = 010 \cdots 0, P_2' = 110 \cdots 0)$, $\cdots$. 分别测试算法

进行以下修改后, 2 轮加密后的 10 对输出的异或值, 并尝试分析不同情况下输出表现不同的原因.

(1) AES 的轮函数, 即进行的运算依次为

$$AK_0, SB, SR, MC, AK_1, SB, SR, MC, AK_2.$$

(2) AES 的轮函数删除 MC 变换, 即进行的运算依次为

$$AK_0, SB, SR, AK_1, SB, SR, AK_2.$$

(3) AES 的轮函数删除过 S 盒操作, 即进行的运算依次为

$$AK_0, SR, MC, AK_1, SR, MC, AK_2.$$

练习 4.5 查阅文献并编程求解 AES 和 SM4 算法的 S 盒的每一个输出比特关于输入比特的布尔函数表达式.

练习 4.6 结合 AES-128 的轮密钥生成方案, 请说明如何根据第一轮的轮密钥求解 128-bit 主密钥.

练习 4.7 AES 算法的雪崩效应测试:

• 固定一个密钥, 例如, $00\cdots0$, 分别对 100 个明文对 (m, m') 进行加密, 其中, 每对明文仅有 1-bit 不同 (不同比特的位置随机选择), 统计每轮迭代后, 输出结果的不同比特数;

• 固定一个明文, 例如, $00\cdots0$, 分别在 100 个密钥对 (k, k') 下进行加密, 其中, 每对密钥仅有 1-bit 不同 (不同比特的位置随机选择), 统计每轮迭代后, 输出结果的不同比特数.

练习 4.8 请证明 SM4 算法的加解密一致性.

练习 4.9 考虑分组长度为 128 比特, 密钥长度为 128 比特的 16 轮 Feistel 结构的密码. 假设对于给定的主密钥 k, 前 8 个轮密钥 $k_1, k_2, \cdots, k_8$ 由密钥生成算法生成, 其余轮密钥直接赋值, 即 $k_9 = k_8, k_{10} = k_7, \cdots, k_{16} = k_1$. 请问如何恢复密文 c 对应的明文 m?

练习 4.10 请写出 IDEA 的加密算法的表达式, 并说明 IDEA 算法是否具有加解密一致性.

练习 4.11 已知用某算法 T 加密的 2 个明密文对 (P_1, C_1) 和 (P_2, C_2), 算法 T 的分组长度为 64-bit, 密钥长度为 80-bit, 若穷举攻击按以下步骤进行,

(1) 对每一个 $K_{possible} \in \mathbb{K}$, 计算

$$c_1 = Enc_{K_{possible}}(P_1).$$

比较 c_1 与 C_1, 若 $c_1 = C_1$, 则将此时的 $K_{possible}$ 存入表 $\mathbb{T}$.

(2) 对每一个 $K_{possible} \in \mathbb{T}$, 计算

$$c_2 = Enc_{K_{possible}}(P_2).$$

若 $c_2 = C_2$, 则输出此时的 $K_{possible}$ 为正确密钥.

(1) 请分析该攻击的复杂度并与第 4.4.2.1 小节给出的攻击进行比较.

(2) 假设该算法在个人电脑 (双核, 主频 2.50GHz) 上每秒可进行 10^5 次加密运算, 则在个人电脑上进行穷举攻击, 大约需要多长时间可恢复正确密钥?

(3) 若在太湖之光超级计算机上进行穷举攻击, 大约需要多长时间可恢复正确密钥?

练习 4.12 对于 AES 的 S 盒, 若输入差分 $\Delta_{in} = 0x1$, 则输出差分 Δ_{out} 有几种可能取值, 可能为 0 吗? 取到每种输出差分的概率相同吗? DES 的 S 盒呢? 能用来构造区分器吗?

练习 4.13 尝试对 4 轮 DES 算法进行差分分析, 5 轮呢?

练习 4.14 设明文 $m \in \{0,1\}^{64}$, 考虑以下基于 DES 构造的分组加密算法:

$$Enc_K(m) = DES_{k_1}(m \oplus k_3) \oplus k_2,$$

其中, 密钥 $k = (k_1, k_2, k_3)$ 为 184-bit, $k_1 \in \{0,1\}^{56}$, $k_2 \in \{0,1\}^{64}$, $k_3 \in \{0,1\}^{64}$.

(1) 请给出解密算法.

(2) 请在选择明文攻击下, 给出对该算法的攻击复杂度不超过 2^{70} 的密钥恢复攻击.

练习 4.15 设明文 $m \in \{0,1\}^{64}$, 考虑以下基于 DES 构造的分组加密算法:

$$Enc_K(m) = DES_{k_1}(m) \oplus k_2,$$

其中, 密钥 $k = (k_1, k_2)$ 为 120-bit, $k_1 \in \{0,1\}^{56}$, $k_2 \in \{0,1\}^{64}$.

(1) 请给出解密算法.

(2) 请在已知明文攻击下, 给出对该算法的攻击复杂度不超过 2^{60} 的密钥恢复攻击.

练习 4.16 S 盒定义如表 4.10 所示,

(1) 当 $\alpha = (0,0,1,1), \beta = (0,0,1,1)$ 时, $\Pr(\alpha, \beta) =$?

(2) 如何找到该 S 盒的最有效的线性近似?

练习 4.17 (1) 构造 256 个明文构成的集合, 其中, 每个明文的第 0 字节遍历 256 种可能, 其余字节取任意常数, 进行 3 轮 AES 加密 (即加密 3 轮就输出结果), 计算 256 个输出的异或值, 观察是否有异或值为 0 的字节.

(2) 更换常数值, 再构造 1 个这样的集合, 重复以上过程, 观察异或值为 0 的字节是否仍然存在.

(3) 更换集合中遍历 256 种可能的字节位置, 重复以上过程, 观察异或值为 0 的字节是否仍然存在.

尝试分析导致该现象的原因.

练习 4.18　我们一再强调, 要避免初始向量复用. 研究 OFB、CTR 模式的加解密过程, 探索初始向量复用造成的损害. 具体地, 假设已知 $\mathrm{OFB}[E]_k(m_1\|m_2) = IV\|c_1\|c_2$, 即 $\mathrm{OFB}[E]_k$ 使用初始向量 IV 加密 2 分组明文 $m_1\|m_2$ 所得的密文是 $c_1\|c_2$, 则当下一次加密产生的密文是 $\mathrm{OFB}[E]_K(\star) = IV\|c_3\|c_4$ 时, 对于下一次加密所处理的明文可以得出怎样的结论? 类似的结论对 CTR 模式成立吗?

练习 4.19　在第 4.9.2 节中, 我们强调 "需要加密多个明文时, 必须对每个明文都随机选取新的初始向量用于启动加密". 研究 OFB、CTR 模式的加解密过程, 探索初始向量选取不随机造成的损害. 具体地, 假设

(1) 已知 $\mathrm{CTR}[E]_k(m_1\|m_2\|m_3) = \mathrm{str}(\mathrm{ctr}_1)\|c_1\|c_2\|c_3$, 即 $\mathrm{CTR}[E]_k$ 使用计数器 ctr_1 加密 3 分组明文 $m_1\|m_2\|m_3$ 所得的密文是 $c_1\|c_2\|c_3$;

(2) 敌手可以选取下一次 $\mathrm{CTR}[E]_k$ 使用的计数器初始值, 但要求所选取的数值必须与上述所得 ctr_1 不同. 且可获得下一次 $\mathrm{CTR}[E]_k$ (使用所指定的计数器初始值) 加密产生的密文,

则能否通过为下一次加密选取 (不良的) 计数器初始值以便恢复 $m_1\|m_2\|m_3$ 的信息? 类似的结论对 OFB 模式成立吗?

参考文献

[1] National Bureau of Standards. Data Encryption Standard (DES) (withdrawn May 19, 2005). FIPS pub 46-3, 1977.

[2] Lai X J, Massey J L. A proposal for a new block encryption standard. Advances in Cryptology—EUROCRYPT'90, Springer of LNCS, 1991, 473: 389-404.

[3] Daemen J, Rijmen V. The Design of Rijndael: AES—The Advanced Encryption Standard. Information Security and Cryptography, Springer, 2002.

[4] 国家标准化管理委员会. GB/T 32907-2016: 信息安全技术 SM4 分组密码算法, 2016 [2023-5-8]. https://openstd.samr.gov.cn/bzgk/gb/newGbInfo?hcno=7803DE42D3BC5 E80B0C3E5D8E873D56A.

[5] 中国密码学会. 关于举办全国密码算法设计竞赛的通知, 2018[2023-5-8]. https://www.cacrnet.org.cn/site/content/259.html.

[6] 中国密码学会. 关于全国密码算法设计竞赛算法评选结果的公示, 2020[2023-5-8]. https://www.cacrnet.org.cn/site/content/854.html.

[7] Biham E, Shamir A. Differential cryptanalysis of DES-like cryptosystems. Advances in Cryptology—CRYPTO'90, 10th Annual International Cryptology Conference, Springer of LNCS, 1990, 537: 2-21.

[8] Matsui M. Linear cryptanalysis method for DES cipher. Advances in Cryptology—EUROCRYPT'93, Workshop on the Theory and Application of Cryptographic Techniques, Springer of LNCS, 1993, 765: 386-397.

[9] Daemen J, Knudsen L R, Rijmen V. The block cipher square. Fast Software Encryption, 4th International Workshop, FSE'97, Springer of LNCS, 1997, 1267: 149-165.

[10] Bogdanov A, Knudsen L R, Leander G, et al. PRESENT: An ultra-lightweight block cipher. Cryptographic Hardware and Embedded Systems—CHES 2007, 9th International Workshop, Springer of LNCS, 2007, 4727: 450-466.

[11] Shirai T, Shibutani K, Akishita T, et al. The 128-bit blockcipher CLEFIA (extended abstract). Fast Software Encryption, 14th International Workshop, FSE 2007, volume Springer of LNCS, 2007, 4593: 181-195.

[12] Stallings W. 密码编码学与网络安全: 原理与实践. 8 版. 陈晶, 杜瑞颖, 唐明, 等译. 北京: 电子工业出版社, 2020.

[13] Feistel H, Notz W A, Smith J L. Some cryptographic techniques for machine-to-machine data communications. Proceedings of the IEEE, 1975, 63(11): 1545-1554.

[14] 冯登国, 裴定一. 密码学导引. 北京: 科学出版社, 1999.

[15] Hellman M. A cryptanalytic time-memory trade-off. IEEE Transactions on Information Theory, 1980, 26(4):401-406.

[16] Demirci H, Selçuk A A. A meet-in-the-middle attack on 8- round AES. Fast Software Encryption, 15th International Workshop, FSE 2008, Springer of LNCS, 2008, 5086: 116-126.

[17] Biham E, Shamir A. Differential cryptanalysis of the full 16-round DES. Advances in Cryptology—CRYPTO'92, Springer Berlin Heidelberg of LNCS, 1993, 740: 487-496.

[18] Selçuk A A. On probability of success in linear and differential cryptanalysis. Journal of Cryptology, 2008, 21(1):131-147.

[19] Knudsen L R, Robshaw M J B. The Block Cipher Companion. Berlin: Springer Publishing Company, Incorporated, 2011.

[20] Blondeau C, Nyberg K. Joint data and key distribution of simple, multiple, and multidimensional linear cryptanalysis test statistic and its impact to data complexity. Des. Codes Cryptogr, 2017, 82(1-2):319-349.

[21] Nechvatal J, Barker E B, Bassham L E, et al. Report on the development of the advanced encryption standard (AES). Journal of Research of the National Institute of Standards and Technology, 2001, 106: 511-577.

[22] NIST. FIPS 197: Advanced Encryption Standard (AES), 2001 [2023-8-5]. https:// csrc.nist.gov/publications/ detail/fips/197/final.

[23] Dunkelman O, Keller N, Shamir A. Improved single-key attacks on 8-round AES-192 and AES-256. Advances in Cryptology—ASIACRYPT 2010-16th International Conference on the Theory and Application of Cryptology and Information Security, Springer of LNCS, 2010, 6477: 158-176.

[24] Zhang W T, Wu W L, Zhang L, et al. Improved related-key impossible differential attacks on reduced-round AES-192. Selected Areas in Cryptography, 13th International Workshop, SAC 2006, Springer of LNCS, 2006, 4356: 15-27.

[25] Mala H, Dakhilalian M, Rijmen V, et al. Improved impossible differential cryptanalysis of 7- round AES-128. Progress in Cryptology—INDOCRYPT 2010, Springer Berlin Heidelberg of LNCS, 2010, 6498: 282-291.

[26] Ferguson N, Kelsey J, Lucks S, et al. Improved cryptanalysis of Rijndael. Fast Software Encryption, Springer of LNCS, 2001, 1978: 213-230.

[27] 吕述望, 苏波展, 王鹏, 等. SM4 分组密码算法综述. 信息安全研究, 2016, 2(11):13.

[28] Saarinen M J O, Engels D W. A Do-It-All-Cipher for RFID: Design requirements (extended abstract). IACR Cryptol. ePrint Arch., 2012, page 317[2023-8-6]. http://eprint.iacr.org/2012/317.

[29] Guo J, Peyrin T, Poschmann A. The PHOTON family of lightweight hash functions. Advances in Cryptology—CRYPTO 2011 31st Annual Cryptology Conference, Springer of LNCS, 2011, 6841: 222-239.

[30] Guo J, Peyrin T, Poschmann A, et al. The LED block cipher. Cryptographic Hardware and Embedded Systems-CHES 2011- 13th International Workshop, Springer of LNCS, 2011, 6917: 326-341.

[31] Gong Zh, Nikova S, Law Y W. KLEIN: A new family of lightweight block ciphers. RFID. Security and Privacy-7th International Workshop, RFIDSec 2011, Springer of LNCS, 2011, 7055: 1-18.

[32] Banik S, Bogdanov A, Isobe T, et al. Midori: A block cipher for low energy. Advances in Cryptology- ASIACRYPT 2015-21st International Conference on the Theory and Application of Cryptology and Information Security, Springer of LNCS, 2015, 9453: 411-436.

[33] Journault A, Standaert F X, Varici K. Improving the security and efficiency of block ciphers based on LS-designs. Des. Codes Cryptogr., 2017, 82(1-2): 495-509.

[34] Beierle C, Jean J, Kölbl S, et al. The SKINNY family of block ciphers and its low-latency variant MANTIS. Advances in Cryptology—CRYPTO 2016-36th Annual International Cryptology Conference, Springer of LNCS, 2016, 9815: 123-153.

[35] Gérard B, Grosso V, Plasencia M N, et al. Block ciphers that are easier to mask: How far can we go? Cryptographic Hardware and Embedded Systems- CHES 2013- 15th International Workshop, Springer of LNCS, 2013, 8086: 383-399.

[36] Grosso V, Leurent G, Standaert F X, et al. Ls-designs: Bitslice encryption for efficient masked software implementations. Fast Software Encryption- 21st International Workshop, FSE 2014, Springer of LNCS, 2014, 8540: 18-37.

[37] Daemen J, Peeters M, Assche G V, et al. Nessie proposal: Noekeon. First open NESSIE workshop, 2000, pages 213-230.

[38] Albrecht M R, Driessen B, Kavun E B, et al. Block ciphers- focus on the linear layer(feat. PRIDE). Advances in Cryptology—CRYPTO 2014- 34th Annual Cryptology Conference, Springer of LNCS, 2014, 8616: 57-76.

[39] Zhang W T, Bao Z Z, Lin D D, et al. RECTANGLE: A bit-slice lightweight block cipher suitable for multiple platforms. Sci. China Inf. Sci., 2015, 58(12):1-15.

[40] Lim C H, Korkishko T. mCrypton-A lightweight block cipher for security of low-cost RFID tags and sensors. Information Security Applications, 6th International Workshop, WISA 2005, Springer of LNCS, 2005, 3786: 243-258.

[41] Borghoff J, Canteaut A, Güneysu T, et al. PRINCE- A low-latency block cipher for pervasive computing applications-extended abstract. Advances in Cryptology—ASIACRYPT 2012- 18th International Conference on the Theory and Application of Cryptology and Information Security, Springer of LNCS, 2012, 7658: 208-225.

[42] Banik S, Pandey S K, Peyrin T, et al. GIFT: A small present-towards reaching the limit of lightweight encryption. Cryptographic Hardware and Embedded Systems-CHES 2017-19th International Conference, Springer of LNCS, 2017, 10529: 321-345.

[43] Dinu D, Perrin L, Udovenko A, et al. Design strategies for ARX with provable bounds: Sparx and LAX. Advances in Cryptology- ASIACRYPT 2016-22nd International Conference on the Theory and Application of Cryptology and Information Security, Springer of LNCS, 2016, 10031: 484-513.

[44] Mouha N, Mennink B, Van Herrewege A, et al. Chaskey: An efficient MAC algorithm for 32-bit microcontrollers. Selected Areas in Cryptography- SAC 2014- 21st International Conference, Springer of LNCS, 2014, 8781: 306-323.

[45] Hong D, Sung J, Hong S, et al. HIGHT: A new block cipher suitable for low-resource device. In Cryptographic Hardware and Embedded Systems-CHES 2006, 8th International Workshop, Springer of LNCS, 2006, 4249: 46-59.

[46] Hong D, Lee J K, Kim D C, et al. LEA: A 128-bit block cipher for fast encryption on common processors. Information Security Applications- 14th International Workshop, WISA 2013, Springer of LNCS, 2013, 8267: 3-27.

[47] Rivest R L. The RC5 encryption algorithm. Fast Software Encryption: Second International Workshop, Springer of LNCS, 1994, 1008: 86-96.

[48] Yang G Q, Zhu B, Suder V, et al. The simeck family of lightweight block ciphers. Cryptographic Hardware and Embedded Systems- CHES 2015, Springer of LNCS, 2015, 9293: 307-329.

[49] Beaulieu R, Shors D, Smith J, et al. The SIMON and SPECK families of lightweight block ciphers. IACR Cryptol. ePrint Arch., 2013, page 404[2023-8-7]. https://eprint.iacr.org/2013/404.

[50] Needham R M, Wheeler D J. Tea extensions. Technical Report. Cambridge: Cambridge University, 1997.

[51] Leander G, Paar C, Poschmann A, et al. New lightweight DES variants. Fast Software Encryption, 14th International Workshop, FSE 2007, Springer of LNCS, 2007, 4593: 196-210.

[52] Poschmann A, Ling S, Wang H X. 256 bit standardized crypto for 650 GE-GOST revisited. Cryptographic Hardware and Embedded Systems, CHES 2010, 12th International Workshop, Springer of LNCS, 2010, 6225: 219-233.

[53] Karakoç F, Demirci H, Harmanci A E. ITUbee: A software oriented lightweight block cipher. Lightweight Cryptography for Security and Privacy - Second International Workshop, Springer of LNCS, 2013, 8162: 16-27.

[54] Matsui M. New block encryption algorithm MISTY. Fast Software Encryption, 4th International Workshop, FSE'97, Springer of LNCS, 1997, 1267: 54-68.

[55] Jeong J M, Lee G Y, Lee Y. General report on the design, specification and evaluation of 3GPP standard confidentiality and integrity algorithms general report on the design, specification and evaluation of 3GPP standard confidentiality and integrity algorithms, 2000. IEICE transactions on information and systems, 2003, 86(11): 2479-2482.

[56] Wu W L, Zhang L. Lblock: A lightweight block cipher. In Applied Cryptography and Network Security - 9th International Conference, ACNS 2011, Springer of LNCS, 2011, 6715: 327-344.

[57] Baysal A, Sahin S. Roadrunner: A small and fast bitslice block cipher for low cost 8-bit processors. Lightweight Cryptography for Security and Privacy-4th International Workshop, Springer of LNCS, 2015, 9542: 58-76.

[58] Standaert F X, Piret G, Gershenfeld N, et al. SEA: A scalable encryption algorithm for small embedded applications. In Smart Card Research and Advanced Applications. CARDIS 2006, Springer of LNCS, 2006, 3928: 222-236.

[59] Shibutani K, Isobe T, Hiwatari H, et al. Piccolo: An ultra-lightweight blockcipher. In Cryptographic Hardware and Embedded Systems- CHES 2011- 13th International Workshop, Springer of LNCS, 2011, 6917: 342-357.

[60] Suzaki T, Minematsu K, Morioka S, et al. Twine : A lightweight block cipher for multiple platforms. Selected Areas in Cryptography, 19th International Conference, SAC 2012, Springer of LNCS, 2012, 7707: 339-354.

[61] De Cannière C, Dunkelman O, Knezevic M. KATAN and KTANTAN: A family of small and efficient hardware-oriented block ciphers. Cryptographic Hardware and Embedded Systems- CHES 2009, 11th International Workshop, Springer of LNCS, 2009, 5747: 272-288.

[62] McKay K, Bassham L, Turan M S, et al. Report on lightweight cryptography. Technical report, National Institute of Standards and Technology, 2016.

[63] Dworkin M. Recommendation for block cipher modes of operation: methods and techniques, Special Publication (NIST SP) 800-38A, National Institute of Standards and Technology, 2001.

[64] Bellare M, Rogaway P. Introduction to Modern Cryptography. 2001[2023-8-7]. https://www.cs.ucdavis.edu/ rogaway/classes/227/fall01/book/main.pdf.

[65] Vaudenay S. Security Flaws Induced by CBC Padding Applications to SSL, IPSEC, WTLS.... In Advances in Cryptology—EUROCRYPT 2002, volume 2332 of Lecture Notes in Computer Science, pages 534-545. Springer-Verlag, 2002.

[66] Sasdrich P, Güneysu T. Exploring RFC 7748 for hardware implementation: Curve25519 and curve448 with side-channel protection. Journal of Hardware and Systems Security, 2018, 2:297-313.

[67] Kwan M. Reducing the gate count of bitslice DES. IACR Cryptol. ePrint Arch., 2000, 2000(51): 51[2023-8-7]. https://eprint.iacr.org/2000/051.

[68] Biham E. A fast new DES implementation in software. Fast Software Encryption: 4th International Workshop, FSE'97, Springer of LNCS, 1997, 1267: 260-272.

[69] Rebeiro C, Selvakumar D, Devi A. Bitslice implementation of AES. International Conference on Cryptology and Network Security, Springer of LNCS, 2006, 4301: 203-212.

[70] Rijmen V. Efficient implementation of the Rijndael S-box. Belgium: Katholieke Universiteit Leuven, Dept. ESAT, 2000.

[71] Canright D. A very compact Rijndael S-box. Technical Report, Citeseer, 2004.

[72] Boyar J, Matthews P, Peralta R. Logic minimization techniques with applications to cryptology. Journal of Cryptology, 2013, 26: 280-312.

[73] Käsper E, Schwabe P. Faster and timing-attack resistant AES-GCM. International Workshop on Cryptographic Hardware and Embedded Systems, Springer of LNCS, 2009, 5747: 1-17.

[74] Nishikawa N, Amano H, Iwai K. Implementation of bitsliced AES encryption on CUDA-enabled GPU. Network and System Security: 11th International Conference, Springer of LNCS, 2017, 10394: 273-287.

第 5 章

流 密 码

本章介绍另一类对称加密算法——流密码. 在之前的章节中, 我们提到了一种达到完美安全的密码算法, 即一次一密. 该算法把密钥和明文表示成连续的符号或二进制比特串, 将二者直接异或得到密文, 其安全性建立在密钥流的真随机性上. 但是在实际应用中, 真随机序列的生成并不容易. 一种思路就是由 "短" 的种子密钥通过特殊的算法产生一个 "长" 的伪随机序列, 将伪随机序列与明文流异或得到密文流, 并满足计算安全性. 这就是流密码设计的初衷.

本章首先概述流密码的特点及与分组密码的区别; 然后阐述流密码的典型结构与设计原理; 最后介绍流密码的典型算法, 如 RC4、Trivium 和 ZUC.

5.1 流密码概述

流密码也被称为序列密码, 属于对称加密算法. 如图 5.1 所示, 由密钥流生成算法产生密钥流 $k_0 k_1 \cdots$, 同时将明文表示成连续的符号 (8-bit) 或二进制流 $m_0 m_1 \cdots$, 经过加密算法获得密文流 $c_0 c_1 \cdots$, 其中 $c_i = Enc_{k_i}(m_i), i = 0, 1, \cdots$. 类似地, 经过解密算法恢复明文流 $m_0 m_1 \cdots$, 其中 $m_i = Dec_{k_i}(c_i)$, $i = 0, 1, \cdots$. 例如, 一次一密和维吉尼亚密码都是流密码, 但一次一密的密钥流没有周期性, 而维吉尼亚密码的密钥流会出现重复, 存在周期性.

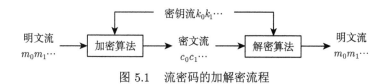

图 5.1 流密码的加解密流程

流密码和分组密码都属于对称密码. 它们之间的区别主要体现在两个方面.

● 处理消息的方式不同. 分组密码将消息分割成固定长度的数据块, 以分组大小作为每次处理的基本单元. 而流密码加密不定长度的明文数据流, 以一个元素 (字母或比特) 为基本处理单元.

- 记忆性不同. 分组密码的加解密变换不是时变的, 不存在记忆元件. 而在流密码中, 加解密变换是时变的, 密钥流的产生由当前时刻的内部状态和种子密钥所决定, 其时变性由加密器 (或解密器) 中的记忆元件保证.

相对于分组密码, 流密码在实时处理方面效率更高, 实现比较简单, 非常便于硬件实现, 并且没有或只有有限的错误传输. 对于需要对数据流进行处理的应用是很好的解决方案. 近年来移动通信的飞速发展促进了流密码的研究, 出现了大量新型设计思想 (如 S 盒、扩散部件、有限状态机), 也引发了新型安全问题和效率问题.

5.2 安全要求与设计原理

流密码的安全要求与设计原理

5.2.1 流密码的典型结构

在流密码中, 密文流往往通过明文流和密钥流的直接异或来得到, 即 $c_i = \mathrm{Enc}_{k_i}(m_i) = k_i \oplus m_i (i = 0, 1, \cdots)$, 因此, 密钥流生成器是流密码设计的关键. 密钥流生成器 g 一般由 i 时刻流密码的内部状态 σ_i(记忆元件) 和被称为种子密钥 (或实际密钥) 的 k 所决定, 一般可写为 $k_i = g(k, \sigma_i)$. 其中, 内部状态 σ_i 由状态转移函数 f(也称下一状态函数或状态更新函数) 决定, 随 i 而变化[1].

根据状态转移函数 f 是否依赖于密文, 可将流密码分为同步流密码 (synchronous stream cipher) 和自同步流密码 (self-synchronous stream cipher)[1].

- 同步流密码. 如图 5.2 所示, 在同步流密码中, 状态转移函数与密文无关, 密钥流的产生独立于密文, i 时刻输出的密文 c_i 也不依赖于 i 时刻之前的明文元素. 在同步流密码中, 只要发送方和接收方具有相同的种子密钥和内部状态, 就能产生相同的密钥流, 此时, 我们说发送方和接收方的密钥流生成器是同步的. 从而, 同步流密码的一个优点是在传输期间, 一个密文字符被改变, 只影响该字符的恢复, 不会对后继字符产生影响, 这被称为无错误传输. 但这也会引起新的问题, 因为敌手篡改一个字符比篡改一组字符容易. 通过附加非线性纠错码可克服这个缺点. 需要注意的是, 这里提到的改变不是删除和插入操作, 这些操作将导致同步丢失.

- 自同步流密码. 如图 5.3 所示, 在自同步流密码中, 密钥流的产生与种子密钥和已经产生的固定数量的密文字符有关, i 时刻输出的密文 c_i 不仅仅依赖于明文元素 m_i.

图 5.4 给出了一个自同步流密码的密钥流生成器的例子. 设 i 时刻流密码的内部状态 $\sigma_i = (c_{i-n} c_{i+1-n} \cdots c_{i-1})$ 均为 n-bit, 初始内部状态为固定值 IV, 即 $\sigma_0 = IV = (c_{-n} c_{1-n} \cdots c_{-1})$. 从而, i 时刻生成的密文比特 c_i, 会成为 $i+1$ 至 $i+n$ 时刻的内部状态 $\sigma_j (j = i+1, \cdots, i+n)$ 中的一个比特. 根据 $k_j = g(k, \sigma_j)$,

c_i 会对密钥流 $k_{i+1}k_{i+2}\cdots k_{i+n}$ 产生影响.

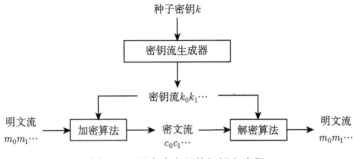

图 5.2   同步流密码的加解密流程

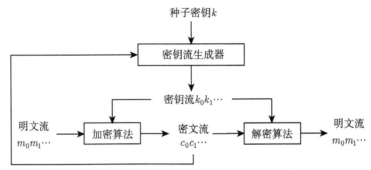

图 5.3   自同步流密码的加解密流程

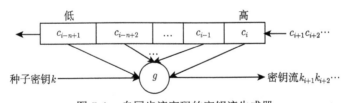

图 5.4   自同步流密码的密钥流生成器

例子 5.1   设种子密钥 $k = k_{-3}k_{-2}k_{-1} = 101\mathrm{B}$(B 表示二进制), $IV = 001\mathrm{B}$, $g = k_{-3}c_{i-3} + k_{-2}c_{i-2} + k_{-1}c_{i-1}$, 即 $g = c_{i-3} + c_{i-1}$(+ 相当于 $\oplus$), 内部状态 σ_i 为 3-bit, 密文比特 $c_i = k_i \oplus m_i$. 如果输入明文流为 100110B, 则得到的密文流为多少?

将每一步的运算过程在表 5.1 中列出, 可得密文流为 001010B.

将表 5.1 中的明文流和密文流的两列交换, 即为解密过程. 可见, 对于自同步流密码, 在传输期间, 一个密文比特被改变, 至多影响 n-bit 密钥的生成, 需等到该错误移出内部状态时, 发送方和接收方的密钥流生成器才能同步, 所以自同步流密码的错误传播是有限的. 在同步丢失后, 可以自动恢复正确解密, 只有固定数量的明文字符不能被恢复.

表 5.1 自同步流密码的加密过程举例

i	σ_i			密钥流 $k_i = c_{i-3} + c_{i-1}$	明文流 m_i	密文流 c_i
	c_{i-3}	c_{i-2}	c_{i-1}			
0	0	0	1	1	1	0
1	0	1	0	0	0	0
2	1	0	0	1	0	1
3	0	0	1	1	1	0
4	0	1	0	0	1	1
5	1	0	1	0	0	0

5.2.2 密钥流生成器

类似分组密钥, 实际使用的流密码不是完美安全的保密系统, 但应当达到计算安全. 流密码的安全性取决于密钥流生成器的设计. 密钥流生成器所生成的密钥流 $k_0 k_1 \cdots$ 应当满足一定的要求, 如长周期、随机性、足够大的线性复杂度、能够对抗已知的攻击方法等等.

安全高效的密钥流生成器往往分为两部分[1]. 一部分是驱动部分, 通过控制生成器的内部状态, 为非线性组合部分提供统计性能良好的序列源. 驱动部分通常由线性反馈移位寄存器 (linear feedback shift register, LFSR) 生成. 随着新的设计理念的提出, 也出现了用非线性反馈移位寄存器 (non-linear feedback shift register, NLFSR) 来实现驱动部分的设计. 另一部分是非线性部分, 将驱动部分所提供的序列源进行非线性改造形成密钥流.

5.2.2.1 线性反馈移位寄存器

驱动部分通常利用 n(正整数) 级线性反馈移位寄存器生成. 具体来说, n 级线性反馈移位寄存器是由 n 个二元存储器与若干个 $\mathbb{F}_2$ 上的乘法器和加法器连接而成的. n 称为 LFSR 的级数或长度. n 个二元存储器构成一个移位寄存器, 所有的单元被一个 n-bit 的序列初始化后, 通过线性反馈函数对移位寄存器进行更新.

如图 5.5 所示, 在 j 时刻, 线性反馈移位寄存器的状态由 $(s_j s_{j+1} \cdots s_{j+n-1})$ 变为 $(s_{j+1} s_{j+2} \cdots s_{j+n})$, 并将最低位 s_j 作为输出, 即每输出一位, 移位寄存器就相应的左移一位, 最后一位 s_{j+n} 则由反馈函数计算并补入, 从而完成状态更新. 反馈函数的定义如下:

$$s_{j+n} = t_1 s_{j+n-1} + t_2 s_{j+n-2} + \cdots + t_n s_j \quad (t_i, s_j \in \mathbb{F}_2),$$

其中, + 为异或运算. 可见, 初始状态固定 (可由用户指定) 后, 整个移位寄存器完全由 t_i 决定.

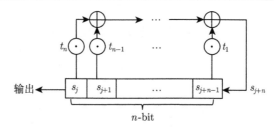

图 5.5　n 级线性反馈移位寄存器

根据反馈函数, 反馈多项式 $f(x)$ 定义如下:

$$f(x) = 1 + t_1 x + t_2 x^2 + \cdots + t_n x^n.$$

设延迟算子 D 满足

$$Ds_{k+1} = s_k \quad (k \geqslant n).$$

即延迟算子作用于 s_{k+1} 得到 s_{k+1} 的前一位 s_k, 则将 $f(D)$ 作用到 s_k 上, 有

$$f(D)s_k = 0 \quad (k \geqslant n).$$

例子 5.2　设某 4 级 LFSR 的反馈函数为 $s_{j+4} = s_j \oplus s_{j+3}$, 假设初始状态为 $(s_0 s_1 s_2 s_3) = 0110\text{B}$. 请计算该 LFSR 在时刻 $j = 0, 1, \cdots, 15$ 的输出.

首先对 4-bit 的寄存器初始化, 然后在 j 时刻, 将寄存器左移 1 位, 根据反馈函数将 $s_j \oplus s_{j+3}$ 作为最高位补入, 将 s_j 输出. 具体过程如表 5.2 所示.

表 5.2　4 级 LFSR 的输出计算过程举例

j	s_j	s_{j+1}	s_{j+2}	s_{j+3}	输出	j	s_j	s_j	s_{j+2}	s_{j+3}	输出
0	0	1	1	0	0	8	0	1	1	1	0
1	1	1	0	0	0	9	1	1	1	1	0
2	1	0	0	1	1	10	1	1	1	0	1
3	0	0	1	0	1	11	1	1	0	1	1
4	0	1	0	0	0	12	1	0	1	0	1
5	1	0	0	0	0	13	0	1	0	1	1
6	0	0	0	1	1	14	1	0	1	1	0
7	0	0	1	1	0	15	0	1	1	0	1

观察发现, 在上述例子中, $j = 15$ 与 $j = 0$ 时刻的 4-bit 寄存器状态相等, 即移位寄存器的内部状态出现了重复, 那么之后的运算都会出现重复, 呈现周期特性, 我们将存在这种特性的序列称为周期序列.

定义 5.1 对于 $\mathbb{F}_2$ 上的半无限序列 $s = s_0 s_1 s_2 \cdots$, 如果存在正整数 T 和非负整数 j_0, 使得 $s_{j+T} = s_j$, 对于所有的 $j \geqslant j_0$ 都成立, 则称该序列是周期序列, 且 T 为该序列的一个周期. 所有可能周期的最小者, 称为序列的最小周期, 记为 $p(s)$[1].

对于线性反馈移位寄存器生成的序列, 周期特性一定存在.

定理 5.1 设 n 是任意一个正整数, 则 $\mathbb{F}_2$ 上的任意 n 级 LFSR 产生的序列 s 都是周期序列, 且最小周期 $p(s) \leqslant 2^n - 1$.

证明 对 n 级 LFSR, 设 j 时刻的状态为 $\sigma_j = (s_j s_{j+1} \cdots s_{j+n-1})$.

- 若 $\sigma_j = (00 \cdots 0)$, 则之后状态全是零状态, 最小周期为 1.
- 若 LFSR 任何时刻的状态都不是全零, 则因 $\mathbb{F}_2$ 上只有 $2^n - 1$ 种 n 维非零向量, 所以 2^n 个状态构成的集合 $\{\sigma_j \mid 0 \leqslant j \leqslant 2^n - 1\}$ 中至少有两个相同, 即存在 $i \neq j \, (0 \leqslant i, j \leqslant 2^n - 1)$, 满足 $\sigma_i = \sigma_j$.

从而, 序列 s 为周期序列, 且 $p(s) \leqslant |j - i| \leqslant 2^n - 1$. $\square$

定义 5.2 若 n 级 LFSR 产生序列的周期为 $2^n - 1$, 则称该序列为 n 级最大周期 LFSR 序列, 简称 m-序列.

m-序列具有周期长、统计特性好等优点. 下面讨论 LFSR 产生 m-序列的充要条件.

$f(x)$ 的互反多项式 $\overline{f(x)} = x^n f\left(\dfrac{1}{x}\right) = x^n + t_1 x^{n-1} + \cdots + t_{n-1} x + t_n$ 称为 LFSR 的**特征多项式**.

LFSR 序列的特征多项式并不唯一, 但次数最小的特征多项式是唯一的, 称为序列的极小多项式, 此时的 LFSR 称作最短 LFSR. 极小多项式的次数又称作序列的**线性复杂度**, 线性复杂度从本质上衡量了序列的线性不可预测性.

性质 5.1 设 n 级 LFSR 的极小多项式为 $f(x)$, 则该 LFSR 的输出序列 s 是 m-序列的充要条件是 $f(x)$ 为 n 次本原多项式.

若根据一个周期序列 s 的部分比特能确定产生整条序列 s 的极小多项式, 则可以确定由此 LFSR 产生的全部序列.

若已知线性反馈移位寄存器的级数为 n 和 $2n$ 比特输出序列 $s = (s_1 s_2 \cdots s_{2n})$, 则输出序列之间的关系可以由以下 n 个线性方程组刻画:

$$\begin{bmatrix} s_{n+1} \\ s_{n+2} \\ \vdots \\ s_{2n} \end{bmatrix} = \begin{bmatrix} s_n & \cdots & s_1 \\ s_{n+1} & \cdots & s_2 \\ \vdots & \ddots & \vdots \\ s_{2n-1} & \cdots & s_n \end{bmatrix} \begin{bmatrix} t_1 \\ t_2 \\ \vdots \\ t_n \end{bmatrix}.$$

通过求解线性方程组可以得到 $t_1, \cdots, t_n$.

因此, 已知 $2n$ 个连续输出比特, 就可以恢复 n 级线性反馈移位寄存器的特征多项式. 但是, 该攻击过程需要已知 LFSR 的级数, 若级数未知, 则如下的 Berlekamp-Massey(B-M) 算法[2,3] 对线性复杂度不超过 n 的序列, 可以在已知连续 $2n$-bit 的前提下, 恢复极小多项式.

B-M 算法的主要思想是根据延迟算子作用于 $s_k(k \geqslant n)$ 的性质 $f(D)s_k = 0(k \geqslant n)$, 不断生成前 i 个比特的反馈多项式. 记 $\langle f_i(x), l_i \rangle$ 为前 i 个比特的反馈多项式和对应的级数. 已知 N-bit 的输出序列 $s = (s_0 s_1 \cdots s_{N-1})$, 按如下步骤计算 $\langle f_N(x), l_N \rangle$:

(1) 初始化 $i = 0$, $\langle f_0(x), l_0 \rangle \leftarrow \langle 1, 0 \rangle$.

(2) 计算 $d_i = f_i(D)s_i$.

• 若 $d_i = 0$ 时, 则 $\langle f_{i+1}(x), l_{i+1} \rangle \leftarrow \langle f_i(x), l_i \rangle$, 运行步骤 (3);

• 若 $d_i = 1$ 且 $l_0 = l_1 = \cdots = l_i = 0$, 则 $\langle f_{i+1}(x), l_{i+1} \rangle \leftarrow \langle 1 + x^{i+1}, i + 1 \rangle$, 运行步骤 (3);

• 若 $d_i = 1$ 且 $l_m < l_{m+1} = l_{m+2} = \cdots = l_i$, 则 $\langle f_{i+1}(x), l_{i+1} \rangle \leftarrow \langle f_i(x) + x^{i-m} f_m(x), \max\{l_i, i + 1 - l_i\} \rangle$, 运行步骤 (3).

(3) 若 $i < N - 1$, 则 $i = i + 1$, 返回第 (2) 步; 否则, 输出 $\langle f_N(x), l_N \rangle$.

B-M 算法的时间复杂度是 $O(N^2)$ 次比特操作, 空间复杂度是 $O(N)$ 比特.

例子 5.3　设 $\mathbb{F}_2$ 上一个 8-bit 的序列 $s = (s_0 s_1 \cdots s_7) = 00101101$, 求产生该序列的反馈多项式和对应的级数.

计算过程如表 5.3 所示. 因此, $1 + x + x^2$ 为产生所给序列的一个反馈多项式, 级数为 4.

表 5.3　B-M 算法计算过程示例

i	s_i	d_i	$f_i(x)$	l_i
0	0	0	1	0
1	0	0	1	0
2	1	1	1	0
3	0	0	$1 + x^3$	3
4	1	1	$1 + x^3$	3
5	1	0	$1 + x^2 + x^3$	3
6	0	1	$1 + x^2 + x^3$	3
7	1	1	$1 + x^2 + x^3 + x^4$	4
8			$1 + x + x^2$	4

5.2.2.2　非线性部分

以上分析说明, 线性移位寄存器虽然适合硬件实现, 生成的 m-序列周期大、统计特性好, 但是其输出与内部状态之间存在线性关系, 将其输出直接作为密钥流是不安全的, 因此, 往往利用一些非线性运算使密钥流与种子密钥及内部状态之间的关系复杂化, 增强安全性. 本小节给出几种非线性运算的例子.

例子 5.4 非线性组合生成器: 对于多个线性反馈移位寄存器通过一个非线性函数计算密钥流[4].

例如, Geffe 生成器[5] 将 3 个 LFSR(分别记为 LFSR 1、LFSR 2 和 LFSR 3) 的输出比特通过一些基本的布尔函数运算来生成 i 时刻的密钥比特. 如图 5.6 所示,

$$k_i = x_{1,i}x_{2,i} \oplus \bar{x}_{2,i}x_{3,i} = x_{1,i}x_{2,i} \oplus (1 + x_{2,i})x_{3,i} = x_{1,i}x_{2,i} \oplus x_{2,i}x_{3,i} \oplus x_{3,i}.$$

可以观察到输出序列与 LFSR 2 的输出 $x_{2,i}$ 的相关性较高, 容易受到相关攻击.

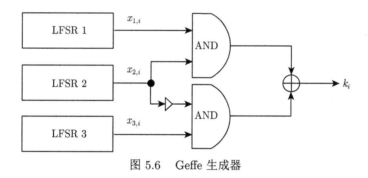

图 5.6　Geffe 生成器

例子 5.5 钟控生成器: 由统一时钟控制 LFSR 的状态更新和输出[6,7].

例如, 交错停走式生成器[7] 如图 5.7 所示, 使用三个不同级数的 LFSR, 当 LFSR 1 的输出是 1 时, LFSR 2 被时钟驱动, LFSR 3 未驱动, 重复上一步的输出比特. 当 LFSR 1 的输出序列依次为 1010 时, LFSR 2 和 3 交错更新内部状态, 故称为交错停走式.

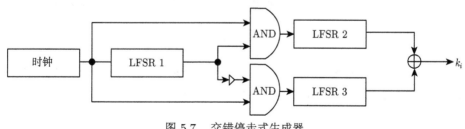

图 5.7　交错停走式生成器

5.3 RC4 流密码

本节介绍由公钥密码标准 RSA 的设计者之一、著名密码学家 Rivest 在 1987 年设计的 RC4 算法[8,9]. RC4 算法曾经被广泛应用于 WEP 协议、SSL/TLS 协议等. 但发现其安全性存在一些问题, 目前在实际应用中很少采用, 已被一些更安全的算法所取代.

RC4 算法以字节为单位进行操作, 密文流通过明文流和密钥流的直接异或来得到, 即加密算法为

$$c[i] = k[i] \oplus m[i] \quad (i = 0, 1, \cdots).$$

相应的解密算法为

$$m[i] = k[i] \oplus c[i] \quad (i = 0, 1, \cdots),$$

其中, $m[i], k[i], c[i](i = 0, 1, \cdots)$ 均为一个字节.

RC4 算法属于同步流密码算法, 种子密钥 k 的比特长度 l 可变, 结合安全性考虑, 一般建议 $l \geqslant 128$. 密钥流生成算法分为两步: 初始化阶段和密钥流生成阶段.

5.3.1 初始化阶段

初始化阶段由种子密钥 k 生成一个 256 个字节组成的状态 S, 每个字节的取值均不相同.

(1) 赋初值: 如图 5.8 所示, 将 256 个字节组成的状态 S 赋值为从 0 到 255 的一个顺序排列, 即

$$S[0] = 0, S[1] = 1, \cdots, S[255] = 255.$$

将种子密钥 k 划分为 L 个字节循环填充到 256 个字节组成的状态 T 中, 即

$$T[i] = k[i \bmod L].$$

(2) 状态更新: 把 S 和 T 按字节划分为 $S[i]$ 和 $T[i](i = 0, \cdots, 255)$, 对 S 中的字节按以下步骤进行 256 次位置互换 (如图 5.9 所示).

(a) 令 $a = 0$.

(b) 对 $b = 0, \cdots, 255$, 依次执行

i) $a = (a + S[b] + T[b])(\bmod 256)$;

ii) 交换 $S[a]$ 和 $S[b]$ 的取值: $t = S[a], S[a] = S[b], S[b] = t$.

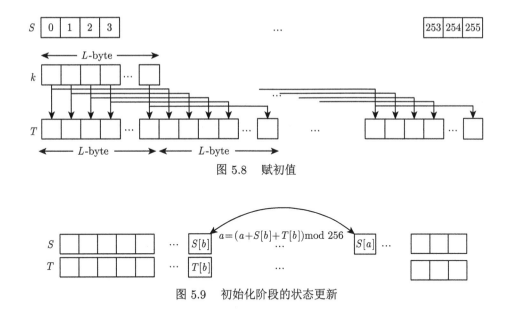

图 5.8 赋初值

图 5.9 初始化阶段的状态更新

5.3.2 密钥流生成阶段

在密钥流生成阶段, 种子密钥不再使用, 仍通过不断更新状态 S 依次生成密钥流的每个字节 $k[i](i = 0, 1, \cdots)$. 具体步骤如下:

(1) 令 $a = b = 0$.

(2) 对 $i = 0, 1, \cdots$, 依次执行

(a) $a = (a + 1)(\mathrm{mod}\,256)$;

(b) $b = (b + S[a])(\mathrm{mod}\,256)$;

(c) 交换 $S[a]$ 和 $S[b]$ 的取值;

(d) 令 $t = (S[a] + S[b])(\mathrm{mod}\,256)$;

(e) 输出 $k[i] = S[t]$.

5.4 流密码标准 Trivium

由于线性反馈移位寄存器驱动的流密码算法容易利用 B-M 算法、相关攻击等方法进行攻击, 其安全性受到很大的挑战. 而非线性反馈移位寄存器具有高代数复杂度、相关免疫等特性, 从而在现代流密码设计中得到了广泛应用, 典型代表是流密码算法 Trivium. Trivium 算法[10,11] 是 eSTREAM 计划的胜出算法, 已纳入 ISO/IEC 标准.

与 RC4 算法相同, Trivium 算法的加 (解) 密过程只需要明 (密) 文流和密钥流直接异或, 具有很高的计算效率. Trivium 算法属于同步流密码算法, 密钥流生成算法的输入包括两部分: 种子密钥和初始向量. 种子密钥 80 比特, 记为 $k = (k_0, \cdots, k_{79})$, 初始向量 80 比特, 记为 $IV = (iv_0, \cdots, iv_{79})$. 在实际应用中, 初始向量 IV 往往是公开的, 如语音加密中的数据帧号可以作为 IV 使用. IV 的使用可以避免主密钥重用问题, 即使重用了主密钥而 IV 不同也会产生不同的密钥流.

Trivium 算法的密钥流生成算法分为初始化阶段和密钥流生成阶段. 初始化阶段只迭代更新寄存器状态, 不输出密钥流; 密钥流生成阶段, 每输出一个密钥比特, 都进行一次内部状态更新.

在初始化阶段, 288-bit 的内部状态 $(s_0, \cdots, s_{287})$ 由三个不同长度的非线性反馈移位寄存器组成, 由种子密钥和初始向量赋值后, 进行 $4 \times 288 = 1152$ 次更新, 具体定义如下:

(1) 赋初值:

$(s_0, s_1, \cdots, s_{92}) \leftarrow (k_0, \cdots, k_{79}, 0, \cdots, 0);$

$(s_{93}, s_{94}, \cdots, s_{176}) \leftarrow (iv_0, \cdots, iv_{79}, 0, \cdots, 0);$

$(s_{177}, s_{178}, \cdots, s_{287}) \leftarrow (0, \cdots, 0, 1, 1, 1).$

(2) 状态更新:

对 $i = 0, \cdots, 4 \times 288 - 1$, 依次执行

(a) $t_1 = s_{65} \oplus s_{90} \cdot s_{91} \oplus s_{92} \oplus s_{170};$

(b) $t_2 = s_{161} \oplus s_{174} \cdot s_{175} \oplus s_{176} \oplus s_{263};$

(c) $t_3 = s_{242} \oplus s_{285} \cdot s_{286} \oplus s_{287} \oplus s_{68};$

(d) $(s_0, s_1, \cdots, s_{92}) \leftarrow (t_3, s_0, \cdots, s_{91});$

(e) $(s_{93}, s_{94}, \cdots, s_{176}) \leftarrow (t_1, s_{93}, \cdots, s_{175});$

(f) $(s_{177}, s_{178}, \cdots, s_{287}) \leftarrow (t_2, s_{177}, \cdots, s_{286}).$

经过上述初始化过程后, 开始产生密钥流. 假设需要产生 n-bit 密钥流, 具体计算过程如下 (如图 5.10 所示):

对 $i = 0, \cdots, n - 1$, 依次执行

(1) 输出 1-bit 密钥 $o_i = s_{65} \oplus s_{92} \oplus s_{161} \oplus s_{176} \oplus s_{242} \oplus s_{287};$

(2) $t_1 = s_{65} \oplus s_{90} \cdot s_{91} \oplus s_{92} \oplus s_{170};$

(3) $t_2 = s_{161} \oplus s_{174} \cdot s_{175} \oplus s_{176} \oplus s_{263};$

(4) $t_3 = s_{242} \oplus s_{285} \cdot s_{286} \oplus s_{287} \oplus s_{68};$

(5) $(s_0, s_1, \cdots, s_{92}) \leftarrow (t_3, s_0, \cdots, s_{91});$

(6) $(s_{93}, s_{94}, \cdots, s_{176}) \leftarrow (t_1, s_{93}, \cdots, s_{175});$

(7) $(s_{177}, s_{178}, \cdots, s_{287}) \leftarrow (t_2, s_{177}, \cdots, s_{286}).$

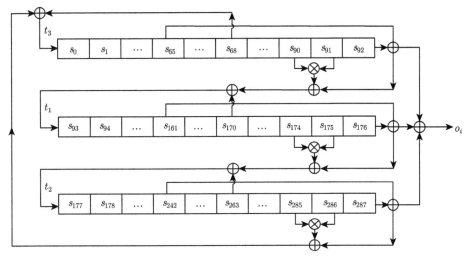

图 5.10 流密码标准 Trivium 算法的密钥流生成过程

Trivium 算法采用 3 个非线性反馈移位寄存器, 每个 NLFSR 的次数为 2, 硬件实现上只需要异或和与操作; 前 65-bit 都不会出现抽头, 每个新的状态比特在生成后至少移位 65 次后才会被反馈函数调用, 便于在软件上执行 64-bit 的字操作, 获得加速.

5.5 国密标准 ZUC

祖冲之序列密码算法是我国自主研制的, 是移动通信 4G 网络中采用的国际标准密码算法, 该算法包括祖冲之 (ZUC) 算法、保密性算法 (128-EEA3) 和完整性算法 (128-EIA3) 三个部分, 其中祖冲之算法是保密性算法和完整性算法的核心. 祖冲之序列密码算法于 2011 年 9 月被 3GPP LTE 采纳为国际标准, ZUC 算法于 2016 年 10 月被发布为国家标准[12], 2020 年 8 月被纳入 ISO/IEC 国际标准.

与 RC4 算法相同, 基于 ZUC 算法的保密性算法的加 (解) 密过程只需要明 (密) 文流和密钥流直接异或; 而完整性算法则根据明文流选取某些 32-bit 密钥字的异或产生标签. 因此, 本小节只介绍 ZUC 算法, 关于保密性算法和完整性算法, 请参考文献 [13, 14].

ZUC 算法是一个基于 32-bit 字设计的密钥流生成器, 其输入包括两部分——种子密钥和初始向量. 种子密钥 k 和初始向量 IV 均为 128-bit, 按字节划分为

$$k = (k_0, \cdots, k_{15}),$$
$$IV = (iv_0, \cdots, iv_{15}).$$

算法分为初始化阶段和密钥流生成阶段. 初始化阶段利用种子密钥和初始向量进行初始化, 迭代更新寄存器状态, 不产生输出; 密钥流生成阶段, 每一个时钟脉冲产生一个 32-bit 的密钥输出.

5.5.1 初始化阶段

ZUC 算法的初始化过程如图 5.11 所示, 每次迭代依次执行比特重组 (BR)、非线性函数 F 和线性反馈移位寄存器 LFSR 初始化模式下的状态更新 3 个步骤. 具体如下:

(1) 用种子密钥 k 和初始向量 IV 初始化 LFSR 的内部状态 $s_0, s_1, \cdots, s_{15}$, 其中,

$$s_i = k_i || d_i || iv_i \quad (i = 0, \cdots, 15),$$

这里 $d_i (i = 0, \cdots, 15)$ 为 15-bit 的常数, 取值 (按二进制表示) 如下:

$$d_0 = 100010011010111,$$
$$d_1 = 010011010111100,$$
$$d_2 = 110001001101011,$$
$$d_3 = 001001101011110,$$
$$d_4 = 101011110001001,$$
$$d_5 = 011010111100010,$$
$$d_6 = 111000100110101,$$
$$d_7 = 000100110101111,$$
$$d_8 = 100110101111000,$$
$$d_9 = 010111100010011,$$
$$d_{10} = 110101111000100,$$
$$d_{11} = 001101011110001,$$
$$d_{12} = 101111000100110,$$
$$d_{13} = 011110001001101,$$
$$d_{14} = 111100010011010,$$
$$d_{15} = 100011110101100.$$

(2) 令非线性函数 F 的两个 32-bit 的记忆单元变量 R_1 和 R_2 均为 0.

(3) 依次执行下述过程 32 次:

(a) 执行比特重组 BR 生成 4 个 32-bit 字 X_0, X_1, X_2, X_3;

(b) 计算 32-比特字 $W = F(X_0, X_1, X_2)$;

(c) 计算 31-bit 的 $u = W \gg 1$(右移 1-bit, 即舍弃 W 的最右侧 1-bit), 执行 LFSR 的初始化模式, 对寄存器的内部状态进行更新.

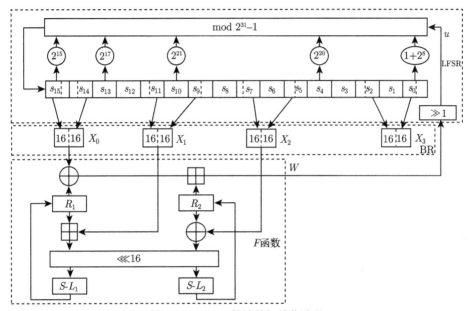

图 5.11　ZUC 算法的初始化阶段

下面给出比特重组 BR、非线性函数 F 和线性反馈移位寄存器 LFSR 初始化模式下状态更新的定义.

比特重组 BR 从 LFSR 的寄存器单元变量 $s_0, s_2, s_5, s_7, s_9, s_{11}, s_{14}$ 和 s_{15} 中抽取 128-bit 组成 4 个 32-bit 字 X_0, X_1, X_2, X_3, 供非线性函数 F 和密钥流生成阶段使用. 具体计算过程如下:

(1) $X_0 = s_{15\mathrm{H}} \| s_{14\mathrm{L}}$;

(2) $X_1 = s_{11\mathrm{L}} \| s_{9\mathrm{H}}$;

(3) $X_2 = s_{7\mathrm{L}} \| s_{5\mathrm{H}}$;

(4) $X_3 = s_{2\mathrm{L}} \| s_{0\mathrm{H}}$.

其中, $s_{i\mathrm{H}}$ 和 $s_{i\mathrm{L}}$ 分别表示 31-bit 寄存器单元变量 s_i 的高 16-bit 和低 16-bit(最高位位于字的最左边).

非线性函数 F 包含 2 个 32-bit 记忆单元变量 R_1 和 R_2, 其输入为比特重组 BR 输出的 3 个 32-bit 字 X_0, X_1, X_2, 输出为一个 32-bit 字 W, 具体计算过程如下:

(1) $W = (X_0 \oplus R_1) \boxplus R_2$;

(2) $W_1 = R_1 \boxplus X_1$;

(3) $W_2 = R_2 \oplus X_2$;

(4) $R_1 = S[L_1(W_{1L}\|W_{2H})]$;

(5) $R_2 = S[L_2(W_{2L}\|W_{1H})]$.

其中, $\boxplus$ 为模 2^{32} 的加法运算. W_{iH} 和 W_{iL} 分别表示取 32-bit 字 W_i 的高 16-bit 和低 16-bit. 设 X 为 32-bit 的输入, 则线性变换 L_1 和 L_2 的定义如下:

$$L_1(X) = X \oplus (X \lll 2) \oplus (X \lll 10) \oplus (X \lll 18) \oplus (X \lll 24),$$

$$L_2(X) = X \oplus (X \lll 8) \oplus (X \lll 14) \oplus (X \lll 22) \oplus (X \lll 30).$$

将 32-bit 的输入 X 按字节划分为 $X = (x_0, x_1, x_2, x_3)$, 则非线性变换 S 的定义如下:

$$S(X) = (S_0(x_0), S_1(x_1), S_0(x_2), S_1(x_3)),$$

其中, S_0 和 S_1 为两个 8-bit 的 S 盒, 定义分别如表 5.4 和表 5.5 所示. 在查表时, 将每个字节的高 4-bit 看作行标, 低 4-bit 看作列标, 对应取值即为输出字节.

表 5.4　ZUC 算法的 S 盒 S_0

	0	1	2	3	4	5	6	7	8	9	a	b	c	d	e	f
0	3e	72	5b	47	ca	e0	00	33	04	d1	54	98	09	b9	6d	cb
1	7b	1b	f9	32	af	9d	6a	a5	b8	2d	fc	1d	08	53	03	90
2	4d	4e	84	99	e4	ce	d9	91	dd	b6	85	48	8b	29	6e	ac
3	cd	c1	f8	1e	73	43	69	c6	b5	bd	fd	39	63	20	d4	38
4	76	7d	b2	a7	cf	ed	57	c5	f3	2c	bb	14	21	06	55	9b
5	e3	ef	5e	31	4f	7f	5a	a4	0d	82	51	49	5f	ba	58	1c
6	4a	16	d5	17	a8	92	24	1f	8c	ff	d8	ae	2e	01	d3	ad
7	3b	4b	da	46	eb	c9	de	9a	8f	87	d7	3a	80	6f	2f	c8
8	b1	b4	37	f7	0a	22	13	28	7c	cc	3c	89	c7	c3	96	56
9	07	bf	7e	f0	0b	2b	97	52	35	41	79	61	a6	4c	10	fe
a	bc	26	95	88	8a	b0	a3	fb	c0	18	94	f2	e1	e5	e9	5d
b	d0	dc	11	66	64	5c	ec	59	42	75	12	f5	74	9c	aa	23
c	0e	86	ab	be	2a	02	e7	67	e6	44	a2	6c	c2	93	9f	f1
d	f6	fa	36	d2	50	68	9e	62	71	15	3d	d6	40	c4	e2	0f
e	8e	83	77	6b	25	05	3f	0c	30	ea	70	b7	a1	e8	a9	65
f	8d	27	1a	db	81	b3	a0	f4	45	7a	19	df	ee	78	34	60

LFSR 包括 16 个 31-bit 的寄存器单元变量 $s_i (i = 0, \cdots, 15)$, 特征多项式 $f(x) = x^{16} - (2^{15}x^{15} + 2^{17}x^{13} + 2^{21}x^{10} + 2^{20}x^4 + (2^8 + 1))$ 为素域 $\mathrm{GF}(2^{31} - 1)$ 上的本原多项式. LFSR 在初始化模式中接收 1 个 31-bit 的 u 作为输入, 对内部状态 s 进行更新, 具体计算过程如下:

(1) $v = 2^{15}s_{15} + 2^{17}s_{13} + 2^{21}s_{10} + 2^{20}s_4 + (1 + 2^8)s_0 \mod (2^{31} - 1)$;

(2) $s_{16} = (v + u) \mod (2^{31} - 1)$;

(3) 若 $s_{16} = 0$, 则令 $s_{16} = 2^{31} - 1$;

(4) 更新内部状态: $(s_0, s_1, \cdots, s_{14}, s_{15}) \leftarrow (s_1, s_2, \cdots, s_{15}, s_{16})$.

其中, 模 $2^{31} - 1$ 乘法和模 $2^{31} - 1$ 加法可在 32 位处理平台上快速实现.

表 5.5　ZUC 算法的 S 盒 S_1

	0	1	2	3	4	5	6	7	8	9	a	b	c	d	e	f
0	55	c2	63	71	3b	c8	47	86	9f	3c	da	5b	29	aa	fd	77
1	8c	c5	94	0c	a6	1a	13	00	e3	a8	16	72	40	f9	f8	42
2	44	26	68	96	81	d9	45	3e	10	76	c6	a7	8b	39	43	e1
3	3a	b5	56	2a	c0	6d	b3	05	22	66	bf	dc	0b	fa	62	48
4	dd	20	11	06	36	c9	c1	cf	f6	27	52	bb	69	f5	d4	87
5	7f	84	4c	d2	9c	57	a4	bc	4f	9a	df	fe	d6	8d	7a	eb
6	2b	53	d8	5c	a1	14	17	fb	23	d5	7d	30	67	73	08	09
7	ee	b7	70	3f	61	b2	19	8e	4e	e5	4b	93	8f	5d	db	a9
8	ad	f1	ae	2e	cb	0d	fc	f4	2d	46	6e	1d	97	e8	d1	e9
9	4d	37	a5	75	5e	83	9e	ab	82	9d	b9	1c	e0	cd	49	89
a	01	b6	bd	58	24	a2	5f	38	78	99	15	90	50	b8	95	e4
b	d0	91	c7	ce	ed	0f	b4	6f	a0	cc	f0	02	4a	79	c3	de
c	a3	ef	ea	51	e6	6b	18	ec	1b	2c	80	f7	74	e7	ff	21
d	5a	6a	54	1e	41	31	92	35	c4	33	07	0a	ba	7e	0e	34
e	88	b1	98	7c	f3	3d	60	6c	7b	ca	d3	1f	32	65	04	28
f	64	be	85	9b	2f	59	8a	d7	b0	25	ac	af	12	03	e2	f2

5.5.2　密钥流生成阶段

经过上述初始化过程后, 祖冲之算法首先执行比特重组 (BR)、非线性函数 F 和线性反馈移位寄存器 LFSR 工作模式下的状态更新 3 个步骤, 然后开始产生密钥流, 每次迭代输出一个 32-bit 的密钥字 Z. 密钥流生成阶段的具体计算过程如下 (如图 5.12 所示):

(1) 执行一次比特重组 BR 生成 4 个 32-bit 字 X_0, X_1, X_2, X_3;

(2) 执行一次非线性函数 $F(X_0, X_1, X_2)$, 但不输出任何信息;

(3) 执行一次 LFSR 的工作模式, 对寄存器的内部状态进行更新;

(4) 设要输出 L 个 32-bit 的密钥字, 则依次执行下述过程 L 次:

(a) 执行比特重组 BR 生成 4 个 32-bit 字 X_0, X_1, X_2, X_3;

(b) 计算 32-bit 字 $W = F(X_0, X_1, X_2)$;

(c) 计算 32-bit 密钥字 $Z = W \oplus X_3$ 并输出;

(d) 执行 LFSR 的工作模式, 对寄存器的内部状态进行更新.

其中, 比特重组 BR 和非线性函数 F 的计算过程与初始化阶段相同, LFSR 工作模式下的状态更新不需额外的输入, 具体计算过程如下:

(1) $s_{16} = 2^{15}s_{15} + 2^{17}s_{13} + 2^{21}s_{10} + 2^{20}s_4 + (1 + 2^8)s_0 \mod (2^{31} - 1)$;

(2) 若 $s_{16} = 0$, 则令 $s_{16} = 2^{31} - 1$;

(3) 更新内部状态: $(s_0, s_1, \cdots, s_{14}, s_{15}) \leftarrow (s_1, s_2, \cdots, s_{15}, s_{16})$.

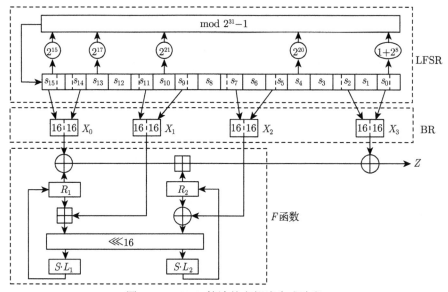

图 5.12   ZUC 算法的密钥流生成阶段

ZUC 算法的 LFSR 首次采用素域 $\mathrm{GF}(2^{31} - 1)$ 上的 m-序列作为源序列, 具有周期大、随机统计特性好等特点, 且在二元域上是非线性的, 可以提高抵抗二元域上密码分析的能力. 非线性 F 函数的设计借鉴了分组密码中扩散和混淆特性好的线性变换和 S 盒, 可提供高的非线性性. 国内外分析结果表明, ZUC 算法能抵抗现有流密码分析方法[15].

5.6   练习题

练习 5.1   如表 5.6 所示, 若表 5.1 中 c_1 在传输过程中出错, 请分析错误传输情况, 即影响多少明文比特的恢复.

练习 5.2   已知 LFSR 的反馈多项式为 $f(x) = 1 + x + x^3$, 假设初始状态 $(a_0, a_1, a_2, a_3) = 0111\mathrm{B}$, 则该 LFSR 的周期为多少?

练习 5.3   设得到一个 7-bit 的序列 0011101, 利用 B-M 算法求解生成该序列的反馈多项式及级数.

练习 5.4   随着 SIMD(单指令多数据) 技术的发展, CPU 可以处理的寄存器的长度越来越大, 现代 CPU 可以支持高达 256 甚至 512-bit 的操作. 例如, 给定两个 64-bit 字 A 和 B, 则 $A \oplus B$ 只需要一个时钟周期就可以完成. 请根据这一特性, 给出 Trivium 算法以 64-bit 字为单位的等价密钥流生成算法, 实现软件加速. (提示: 所有的运算以 64-bit 字为单位, 一次性输出 64-bit 的密钥流.)

表 5.6 自同步流密码的错误传输举例

i	σ_i			密钥流k_i	密文流c_i	明文流m_i
	c_{i-3}	c_{i-2}	c_{i-1}			
0	0	0	1		0	
1					1✘	
2					1	
3					0	
4					1	
5					0	

参考文献

[1]   冯登国. 序列密码分析方法. 北京: 清华大学出版社, 2021.

[2]   Massey J L. Shift-register synthesis and BCH decoding. IEEE Transactions on Information Theory, 1969, 15:122-127.

[3]   Berlekamp E R. Algebraic coding theory. New York: McGraw-Hill, 1968.

[4]   Groth E. Generation of binary sequences with controllable complexity. IEEE Transactions on Information Theory, 1971, 17(3): 288-296.

[5]   Geffe. How to protect data with ciphers that are really hard to break. Electronics, 1973, 46(1): 99-101.

[6]   Beth T, Piper F. The Stop-and-Go generator. EUROCRYPT'84, Springer, 1984, 84: 88-92.

[7]   Günther C G. Alternating step generators controlled by de Bruijn sequences. Workshop on the Theory and Application of Cryptographic Techniques, Springer of LNCS, 1987, 304: 5-14.

[8]   Jindal P, Singh B. RC4 encryption: A literature survey. Procedia Computer Science, 2015, 46: 697-705.

[9]   Paul G, Maitra S. RC4 stream cipher and its variants. Boca Raton: CRC Press, 2011.

[10]   De Cannière C. Trivium: A stream cipher construction inspired by block cipher design principles. Information Security, 9th International Conference, ISC 2006, Springer of LNCS, 2006, 4176: 171-186.

[11]   Cannière C D, Preneel B. Trivium. In New Stream Cipher Designs: The eSTREAM Finalists, Springer of LNCS, 2008, 4986: 244-266.

[12]　国家标准化管理委员会. GB/T 33133.1-2016：信息安全技术祖冲之序列密码算法第 1 部分：算法描述, 2016[2023-8-15]. https://openstd.samr.gov.cn/bzgk/gb/ newGbInfo?hcno =8C41A3AEECCA52B5C0011C8010CF0715.

[13]　国家标准化管理委员会. GB/T 33133.2-2021：信息安全技术祖冲之序列密码算法第 2 部分：保密性算法, 2021[2023-8-15]. https://openstd.samr.gov.cn/bzgk/ gb/newG-bInfo?hcno=5D3CBA3ADEC7989344BD1E63006EF2B3.

[14]　国家标准化管理委员会. GB/T 33133.3-2021：信息安全技术祖冲之序列密码算法第 3 部分：完整性算法, 2021[2023-8-15]. https://openstd.samr.gov.cn/bzgk/ gb/newG-bInfo?hcno=C6D60AE0A7578E970EF2280ABD49F4F0.

[15]　冯秀涛. 祖冲之序列密码算法. 信息安全研究, 2016, 2(11): 1028-1041.

第 6 章

密码杂凑函数

第6章课件

在实际应用中, 我们常常需要一种方法能够迅速地确认数据是否被改动过 (哪怕只有 1 比特的变动). 当数据量较少时, 可以对数据字符做逐一的比对检查. 然而, 当数据量较大时, 逐一比对字符的方法由于效率过低而不再适用. 例如, 确认所下载的安装程序是否完整、传输的数据是否被修改过、系统当前数据与备份数据是否相同等. 为了实现快速检验, 我们需要用到一类重要的密码学工具——密码杂凑函数 (通常简称为杂凑函数). 杂凑函数能够将任意长度的消息压缩成固定长度的杂凑值, 常用于信息的完整性验证. 杂凑函数的功能看似简单, 但它在现代密码学中有着极其重要的作用, 是构造各类密码方案的基本工具: 由于杂凑函数的高效性、单向性、抗碰撞等属性, 杂凑函数是数字签名和区块链的关键技术, 广泛应用于数字签名、消息认证码、伪随机数生成器、认证协议、电子支付协议等.

本章首先介绍杂凑函数的基本概念、应用及安全属性. 然后, 分别给出基于分组密码算法设计杂凑函数和定制杂凑函数的几种常见的迭代结构. 最后, 介绍杂凑函数标准 SHA-2、SM3 和 SHA-3.

6.1 杂凑函数概述

杂凑函数概述

1980 年, 为了避免对 RSA 等数字签名算法的存在性伪造, Davies 和 Price 将杂凑函数 (哈希函数, hash function) 用于数字签名, 标志着密码杂凑函数应用研究的开始[1].

定义 6.1 杂凑函数 $h : \{0,1\}^* \to \{0,1\}^n$, 其输入为任意长度的消息 M, 输出为固定 n-bit 长度的杂凑值 $H = h(M)$, 其中 H 也称为像, M 称为 H 的原像.

密码杂凑函数能够将任意长度的消息, 压缩为固定长度的杂凑值. 杂凑值又称为杂凑码、哈希值、消息摘要或数字指纹. 杂凑函数最基本的作用是赋予每个消息唯一的 "指纹", 即使消息只有一个比特被更改, 其对应的杂凑值也会变为截然不同的 "指纹".

杂凑函数应具备以下基本属性:

- 压缩性: 可应用于任意长度①的消息, 产生固定长度的输出.
- 有效性: 对任意给定的消息, 消息的杂凑值是易于计算的.

同时, 根据杂凑函数的不同应用环境, 还应满足多种安全属性, 详见第 6.1.2 节.

6.1.1 杂凑函数的应用

杂凑函数的应用非常广泛, 为了更好地理解杂凑函数的安全属性要求, 首先介绍杂凑函数的几个代表性应用[2].

口令保护 杂凑函数常用于操作系统的口令 (password) 保护机制, 用于生成单向口令文件. 如图 6.1 所示, 大多数操作系统仅存储口令的杂凑值, 而不存储原始口令. 当收到用户输入的口令时, 操作系统对口令做杂凑运算, 对比所输出的杂凑值和事先存储在本地口令文件中的杂凑值. 如果一致, 则认为是正确的口令. 操作系统仅存储杂凑值的优势在于, 即使敌手能够入侵系统获取口令文件, 其仅能够得到口令的杂凑值, 而难以获取真正的口令. 类似地, 杂凑函数还用于入侵检测和病毒检测: 事先将系统内数据文件的杂凑值进行安全存储. 当需要检测时, 重新计算当前文件的杂凑值并将其与事先存储的杂凑值对比, 进而来判断当前文件是否已被恶意篡改.

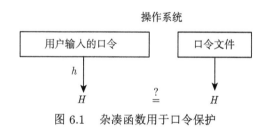

图 6.1   杂凑函数用于口令保护

消息传输 杂凑函数用于在消息传输时提供消息完整性保护, 即确保接收方收到的消息与发送方发出的相同, 消息在传输过程中没有发生改变. 此处, 消息的改变可能是由于敌手的恶意篡改, 如修改、插入、删除等, 抑或是由于信道噪声等影响导致的数据改变.

如图 6.2 所示, 使用杂凑函数验证消息完整性的基本方法是, 发送方将待发送的消息 M 输入杂凑函数计算一个杂凑值 H, 然后将 (M, H)②一起发送. 接收方收到 (M, H) 后, 自行计算消息 M 的杂凑值 H', 若 $H' \neq H$, 则认为消息发生改变.

注 6.1   这里假设杂凑值是以安全的方式传送给接收方, 即敌手在更改或替换消息时, 难以对其杂凑值进行相应修改以欺骗接收方. 相关内容涉及消息认证码, 请参考第 7 章.

---

① 有的杂凑函数因为填充信息的限制, 规定消息长度不超过 2^l-bit, l 一般为 64 或 128.

② 不要求保证消息的机密性.

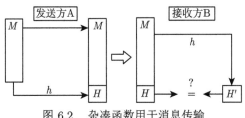

图 6.2 杂凑函数用于消息传输

数字签名 杂凑函数是数字签名的关键技术, 可以提高数字签名的速度, 并提供消息完整性保护. 我们将在第 10 章详细讨论数字签名, 这里可以理解为发送方对消息 M 运行签名算法生成签名 σ, 将 (M, σ) 发送给接收方, 接收方收到后, 将 (M, σ) 输入验证算法进行验证. 如果直接对消息进行签名运算, 则消息越长, 签名消耗的时间越长, 而且, 若签名算法存在某些代数结构, 易遭受伪造攻击. 为加快签名速度, 并破坏代数结构, 提高安全性, 通常在签名算法中引入杂凑函数, 计算关于消息 M 的杂凑值 H, 将任意长度的消息转换为固定长度的杂凑值, 再利用杂凑值 H 计算签名值 σ.

6.1.2 杂凑函数的安全属性

除了压缩性、有效性这两个基本属性之外, 1979 年, Merkle 第一次给出单向杂凑函数的定义[3], 其中包括抗原像攻击和抗第二原像攻击的安全属性, 以提供安全可靠的认证服务. 1987 年, Damgård 首次给出抗碰撞的杂凑函数的正式定义, 并用于设计安全的电子签名方案[4]. 结合第 6.1.1 小节的应用, 为保证口令的安全性, 要求杂凑函数应满足单向性, 仅从口令文件, 难以恢复原始口令信息; 为保证消息传输和数字签名的安全性, 要求难以找到两个不同的消息, 对应同一个杂凑值 (碰撞). 具体来说, 设杂凑函数 $h : \{0,1\}^* \to \{0,1\}^n$, 以上应用需求对应三条安全属性 (如图 6.3 所示).

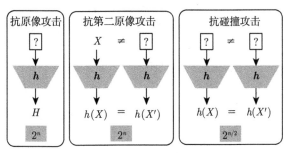

图 6.3 杂凑函数的安全属性

• 抗原像攻击 (单向性, preimage resistance, PR): 给定杂凑值 $H \in_R \{0,1\}^n$,

找到一个输入值 X, 满足 $h(X) = H$ 是困难的, 其理想的复杂度是强力攻击的复杂度 $O(2^n)$(详见第 6.3.1.1 小节的分析).

• 抗第二原像攻击 (弱抗碰撞性, 2nd preimage resistance, 2PR): 给定输入值 $X \in_R \{0,1\}^*$, 找到另一个输入值 X' $(X' \neq X)$, 满足 $h(X') = h(X)$ 是困难的, 其理想的复杂度是强力攻击的复杂度 $O(2^n)$(详见第 6.3.1.1 小节的分析).

• 抗碰撞攻击 (强抗碰撞性, collision resistance, CR): 找到任意两个不同的消息 X 和 X', 满足 $h(X') = h(X)$ 是困难的, 其理想的复杂度是生日攻击的复杂度 $O(2^{n/2})$(详见第 6.3.1.2 小节).

随着杂凑函数的新型安全性分析技术的出现, 如长消息的第二原像攻击[5] 和集群攻击[6] 等, 其他基于杂凑函数构造的密码体制的安全性也受到了影响, 特别是某些基于杂凑函数的消息认证码 (message authentication code, MAC) 发现了区分攻击或伪造攻击, 存在严重安全隐患. 因此, NIST 在征集新的杂凑函数标准 SHA-3 时, 补充了一条安全属性: 抗长度扩展攻击[7].

• 抗长度扩展攻击 (length extension resistance): 给定杂凑值 $h(X)$ 和消息的长度 $|X|$, 找到 H' 和 Z, 满足 $h(X\|Z) = H'$ 是困难的, 其理想的复杂度是强力攻击的复杂度 $O(2^n)$.

注意到, 在长度扩展攻击中, 敌手知道的只有 $h(X)$ 和 $|X|$, 而消息 X 是未知的. 结合消息认证码的安全性分析 (见第 7 章), 更容易理解如此设置的原因.

此外, 在进行 SHA-3 筛选时, 还考虑了对随机杂凑 (randomized hash) 的抗增强目标碰撞攻击 (enhanced target collision resistance, eTCR), 用于构造 HMAC 等算法时抵抗伪随机函数攻击 (PRF-attack).

抗原像攻击、抗第二原像攻击和抗碰撞攻击这三条安全属性之间的关系如图 6.4 所示, 下面依次进行说明.

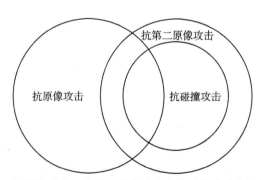

图 6.4　抗原像攻击、抗第二原像攻击和抗碰撞攻击之间的关系

性质 6.1　设函数 $h: \{0,1\}^* \to \{0,1\}^n$, 若 h 抗碰撞攻击, 则 h 一定抗第二

原像攻击.

证明 反证法. 若 h 不抗第二原像攻击, 则对于给定输入值 X, 找到另一个输入值 X' $(X' \neq X)$, 满足 $h(X') = h(X)$ 是容易的.

那么, 也就找到了一对碰撞 (X, X'), 满足 $h(X') = h(X)$, 与已知 h 抗碰撞攻击矛盾. 假设不成立, 命题得证. $\square$

其余关系均可通过举反例来进行说明, 示例如下.

例子 6.1 举例说明存在杂凑函数抗第二原像攻击但不抗碰撞攻击.

解 假设函数 $h: \{0,1\}^* \to \{0,1\}^n$ 定义如下:

$$h(X) = \begin{cases} g(X), & X \neq 1, \\ g(0), & X = 1, \end{cases} \tag{6.1}$$

其中, X 为任意长度的消息, 函数 $g: \{0,1\}^* \to \{0,1\}^n$ 满足抗第二原像特性.

显然, $X = 0$ 和 $X = 1$ 对应的杂凑值均为 $g(0)$, 找到一对碰撞, 从而, 函数 h 不满足抗碰撞特性. 下面说明函数 h 抗第二原像.

反证法. 设函数 h 不抗第二原像攻击, 则对于给定输入值 X, 可找到另一个输入值 X' $(X' \neq X)$, 满足 $h(X') = h(X)$.

因为给定的输入值 $X \in_R \{0,1\}^*$, 故 $X = 0$ 或 1 的概率可忽略. 不妨设 $X \neq 0, 1$. 从而, 对给定的输入值 X, 有 $h(X) = g(X)$.

- 若 $X' \neq 1$, 则 $h(X') = g(X')$. 根据 $h(X') = h(X)$, 可得 $g(X') = g(X)$, 找到 X 关于函数 g 的第二原像 X'.

- 若 $X' = 1$, 则 $h(X') = g(0)$. 根据 $h(X') = h(X)$, 可得 $g(0) = g(X)$, 找到 X 关于函数 g 的第二原像 0.

从而, 与函数 g 抗第二原像矛盾, 假设不成立, 函数 h 不抗第二原像.

这也与抗第二原像攻击又叫做弱抗碰撞性, 而称抗碰撞攻击为强抗碰撞性吻合.

例子 6.2 举例说明存在杂凑函数抗碰撞攻击但不抗原像攻击.

解 假设函数 $h: \{0,1\}^* \to \{0,1\}^n$ 定义如下:

$$h(X) = \begin{cases} 0\|X, & X < 2^{n-1}, \\ 1\|g(X), & X \geqslant 2^{n-1}, \end{cases} \tag{6.2}$$

其中, X 为任意长度的消息, 函数 $g: \{0,1\}^* \to \{0,1\}^{n-1}$ 满足抗碰撞特性.

根据 h 的定义, 有

- 若 $X < 2^{n-1}$ 且 $X' \geqslant 2^{n-1}$, 则根据 $0 \neq 1$, 一定不满足 $h(X') = h(X)$.

- 若 $X < 2^{n-1}$ 且 $X' < 2^{n-1}$, 则根据 $X \neq X'$, 一定不满足 $h(X') = h(X)$.
- 若 $X \geqslant 2^{n-1}$ 且 $X' \geqslant 2^{n-1}$, 则根据 g 抗碰撞攻击, 一定不满足 $h(X') = h(X)$.

可见, 函数 h 满足抗碰撞特性.

但是, 若杂凑值 $H = 0\|H'$, 其中, H' 为 $(n-1)$-bit, 易得, 原像 $X = H'$. 从而, 函数 h 不抗原像.

例 6.2 中, 若假设函数 $g : \{0,1\}^* \to \{0,1\}^{n-1}$ 满足抗第二原像特性, 则可类似地说明存在杂凑函数抗第二原像但不抗原像攻击.

当函数 h 满足某些特殊属性时, 这三种安全属性之间还存在额外的关系. 更精确的分析, 需要定义敌手的能力, 攻击环境等多种因素, 可参考文献 [8].

6.2 杂凑函数的设计

杂凑函数
的设计

鉴于杂凑函数在密码学中的广泛应用, 如何设计快速安全的杂凑函数一直是密码学重要的研究问题. 已有的杂凑函数大都采用了基于压缩函数 (或置换函数)[①]的迭代结构, 每个压缩函数的输入为一固定长度的消息分组, 而且对每个分组采用相似的操作, 具体过程如下:

(1) 对任意长度的消息进行填充操作, 以确保填充后的消息长度为 m-bit 的整数倍. 其中, m 为消息分组的长度, 填充方式有多种, 由具体杂凑函数规定.

(2) 如图 6.5 所示, 将填充后的消息分割成 t 个 m-bit 的分组 $M_0, \cdots, M_{t-1}$, 其中, M_0 表示第一个分组, M_1 表示第二个分组, 依此类推.

(3) 使用压缩函数 $f : \{0,1\}^{l+m} \to \{0,1\}^l$ 对每个消息分组依次进行迭代 (如图 6.6 所示).

(a) 令 $H_0 = IV$, IV 为固定的 l-bit 的常数, 由具体杂凑函数规定.

(b) 对 $i = 0, \cdots, t-1$, 依次计算:

$$H_{i+1} = f(H_i, M_i).$$

其中, H_0 称为初始链接变量, H_{i+1} 称为中间链接变量.

(4) 对 H_t 进行输出变换 $g : \{0,1\}^l \to \{0,1\}^n$, 得到 n-bit 的杂凑值 H. 输出变换可选, 即有的杂凑函数无需进行输出变换.

因此, 杂凑函数的设计主要考虑迭代结构的设计和压缩函数的设计两个方面.

---

① 为描述简便, 以下以压缩函数为例进行说明.

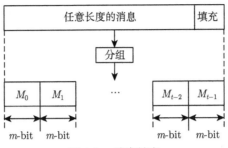

图 6.5 消息填充

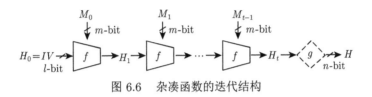

图 6.6 杂凑函数的迭代结构

6.2.1 迭代结构的设计

Merkle[9] 和 Damgård[10] 在 1989 年国际密码会议 CRYPTO 上独立给出了一种构造杂凑函数的迭代结构, 后被称为 MD 结构 (Merkle-Damgård structure), 是目前使用最广泛的杂凑函数构造方法. 1990 年 CRYPTO 上, Rivest[11] 设计了第一个基于 MD 结构的专用杂凑函数 MD4, 此后, 又陆续出现了基于 MD 结构的 MD5[12]、HAVAL[13]、SHA-1[14]、SHA-2 系列[15]、RIPEMD 系列[16] 以及我国杂凑函数标准 SM3[17] 等.

随着杂凑函数分析技术的不断成熟, MD 结构暴露了一些典型的安全性问题, 如易于进行长度扩展攻击、多碰撞攻击和长消息的第二原像攻击等. 为了克服这些问题, 一些改进的 MD 结构随之出现. 例如, Biham 和 Dunkelman[18] 在 2006 年的杂凑函数研讨会上提出了 HAIFA 结构, 通过在压缩函数的输入中随机增加盐值 (salt) 和已杂凑比特 (bh), 增强迭代函数之间的关联性, 第三代杂凑函数标准 SHA-3 征集活动第 3 轮 (最终轮) 的候选算法之一 BLAKE 算法[19] 就是典型的 HAIFA 结构. Lucks[20] 在 2005 年亚密会 (ASIACRYPT) 上提出了宽管道结构和双管道结构, 这种结构要求将压缩函数的链接值加倍. RIPEMD 系列杂凑函数就是典型的双管道结构, 并联使用 2 个尺寸相同的窄管道杂凑函数, 对每个消息分组并行压缩 2 次, 对最终的压缩结果再进行压缩得到杂凑值. 可见, 这些改进通常比较复杂, 实现效率低.

在 2007 年的国际密码会议 ECRYPT 上, Bertoni[21] 等提出了基于大状态置换的海绵结构 (sponge structure), 成为继 MD 结构后被广泛采用的结构, 如 SHA-3

标准 Keccak[22]、轻量级杂凑函数 PHOTON[23]、QUARK[24]、SPONGENT[25] 等. 本节主要介绍 MD 结构和海绵结构.

6.2.1.1　MD 结构

如图 6.7 所示, MD 结构是一种基于压缩函数构造杂凑函数的方法. 设输入消息 M 的长度为 b-比特 $(b < 2^m)$, 初始链接变量 IV 为 l-bit 的常数, 压缩函数 $f : \{0,1\}^{l+m} \to \{0,1\}^l$. 具体过程如下:

(1) 在消息 M 的末尾填充足够多的比特 '0'①, 使得填充后的消息长度为 m 的整数倍, 并将填充后的消息分割成 $t-1$ 个 m-bit 的分组 $M_0, \cdots, M_{t-2}$.

(2) 将输入消息的长度 b 表示为 m-bit 的二进制, 并作为最后一个消息分组 M_{t-1}. 这一步又称为 MD 强化.

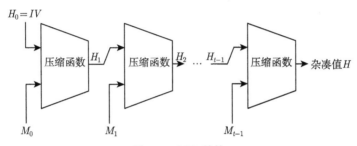

图 6.7　MD 结构

例子 6.3　设输入消息为 540-比特 '1', 即 $M = 111 \cdots 111$, 分组长度 m=512, 则需先填充 $512 - (540 - 512) = 484$ 比特 '0', 再填充长度分组, 得到三个 512-bit 的消息分组 M_0, M_1, M_2. 其中,

$$M_0 = \underbrace{111 \cdots 111}_{512\text{-bit}},$$

$$M_1 = \underbrace{111 \cdots 111}_{28\text{-bit}} \underbrace{000 \cdots 000}_{484\text{-bit}},$$

$$M_2 = \underbrace{000 \cdots 000}_{502\text{-bit}} 1000011100.$$

(3) 使用压缩函数 f 对每个消息分组依次进行迭代:

(a) 令初始链接变量 $H_0 = IV$.

(b) 对 $i = 0, \cdots, t-1$, 依次计算:

$$H_{i+1} = f(H_i, M_i).$$

---

① 不是所有采用 MD 结构的杂凑函数都采用此填充方式, 具体填充方式以杂凑函数定义的为准.

(4) 输出 H_t 作为 n-bit 的杂凑值 H.

定理 6.1 若压缩函数 f 满足抗碰撞特性, 则基于 MD 结构的杂凑函数 h 也是抗碰撞的.

证明 反证法. 假设杂凑函数 h 不抗碰撞, 即容易找到两个不同的消息 X, X', 满足 $h(X) = h(X')$. 记填充后的消息分别为

$$X : X_0, X_1, \cdots, X_{t-1};$$
$$X' : X'_0, X'_1, \cdots, X'_{t'-1}.$$

其中, X_{t-1} 和 $X'_{t'-1}$ 对应了原始消息的长度信息. 则杂凑值 $h(X)$ 和 $h(X')$ 的计算过程如表 6.1 所示: 因为 $h(X) = h(X')$, 则 $H_t = H'_{t'}$.

表 6.1 杂凑值 $h(X)$ 和 $h(X')$ 的计算过程

$H_0 = IV$	$H_0 = IV$
$H_1 = f(H_0, X_0)$	$H'_1 = f(H_0, X'_0)$
$H_2 = f(H_1, X_1)$	$H'_2 = f(H'_1, X'_1)$
$\cdots$	$\cdots$
$H_{t-1} = f(H_{t-2}, X_{t-2})$	$H'_{t'-1} = f(H'_{t'-2}, X'_{t'-2})$
$h(X) = H_t = f(H_{t-1}, X_{t-1})$	$h(X') = H'_{t'} = f(H'_{t'-1}, X'_{t'-1})$

• 若 X, X' 的长度不同, 则 $X_{t-1} \neq X'_{t'-1}$, 从而, 找到 f 函数的一对碰撞 (H_{t-1}, X_{t-1}) 与 $(H'_{t'-1}, X'_{t'-1})$, 与 f 函数的抗碰撞特性矛盾.

• 若 X, X' 的长度相同, 即 $t = t'$ 且 $X_{t-1} = X'_{t'-1}$. 因为 $X \neq X'$, 不妨设 $i(0 \leqslant i \leqslant t-1)$ 为满足以下条件的最大值

$$(H_i, X_i) \neq (H'_i, X'_i).$$

从而, $H_{i+1} = f(H_i, X_i) = f(H'_i, X'_i) = H'_{i+1}$. 找到 f 函数的一对碰撞 (H_i, X_i) 与 (H'_i, X'_i), 与 f 函数的抗碰撞特性矛盾. □

该证明过程采用的反证法, 是基于一定的安全假设来证明密码算法安全性时常用的一种方法, 也体现了可证明安全理论中 "归约" 的思想.

由定理 6.1 可知, 对 MD 结构的安全性分析以及设计的难点主要集中在压缩函数 f.

MD 结构的特点 每次压缩函数的计算只与前一个链接变量和当前消息分块有关. 而这一特点, 也导致存在如下安全性问题:

• 易于构造二次碰撞: 若已经找到了一对碰撞, 则在此基础上, 易于构造新的碰撞. 例如, 若找到两个不同的消息 (M, M'), 满足 $h(M) = h(M')$ 且填充后分块数相同, 则任取消息 X, 均满足

$$h(M\|pad_M\|X) = h(M'\|pad_{M'}\|X).$$

其中, pad_M 和 $pad_{M'}$ 分别对应消息 M 和 M' 进行杂凑时的填充信息. 从而, 找到新的碰撞 $(M\|pad_M\|X, M'\|pad_{M'}\|X)$.

- 易于进行长度扩展: 已知消息 M 的长度及对应杂凑值 H_M, 则 H_M 实际是消息填充后对应的第 t 个分组经过压缩函数之后得到的链接变量, 在此基础上, 任取消息 X, 在不知道 M 的情况下, 可继续计算 $f(H_M, X_0), \cdots$. 即令 $Z = pad_M\|X$, 则在不知道 M 的情况下, 也可计算 $H' = h(M\|Z)$.

- 易于构造 2^t-多碰撞 (multi-collision)[26]: 如图 6.8 所示, 以 H_0 为初始值, 利用生日攻击 (详见第 6.3.1.2 小节) 找到 f 函数的一对碰撞 (B_0, B_0'), 同时, 获得相应的碰撞杂凑值 H_1. 进而, 以 H_1 为初始值, 利用生日攻击找到 f 函数的一对碰撞 (B_1, B_1'), 依此类推, 构造 t 对碰撞. 由于 MD 结构的特点, 这 t 对碰撞可生成 2^t 个消息:

$$B_0\|B_1\|\quad\cdots\quad\|B_{t-1},$$
$$B_0'\|B_1\|\quad\cdots\quad\|B_{t-1},$$
$$\cdots$$
$$B_0'\|B_1'\|\quad\cdots\quad\|B_{t-1}'$$

均对应同一个杂凑值 H_t, 即 2^t-多碰撞, 复杂度仅为 $O(t \times 2^{n/2})$[①], 远低于 2^t-多碰撞问题的理想强度.

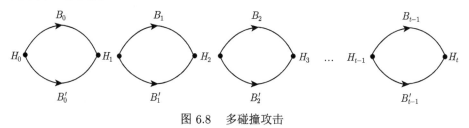

图 6.8　多碰撞攻击

以上安全性问题会导致 MD 结构的长消息的第二原像攻击、伪原像攻击、固定点攻击等等.

6.2.1.2　海绵结构

如图 6.9 所示, 海绵结构是一种基于置换函数构造杂凑函数的方法, 包含吸收 (absorbing) 和挤压 (squeezing) 2 个过程. 由固定长度的置换函数 $f: \{0,1\}^{r+c} \to \{0,1\}^{r+c}$, 填充规则 pad 和比率 (rate)$r$ 定义, 记为 $\mathrm{SPONGE}[f, \mathrm{pad}, r]$. 一般称 r 为输入分组的比特长度, c 为容量 (capacity), 初始状态赋为全 0. 记 $r+c = b$, 称为 f 函数的宽度.

---

① 此处 $O(2^{n/2})$ 为生日攻击的复杂度, 详见第 6.3.1.2 小节.

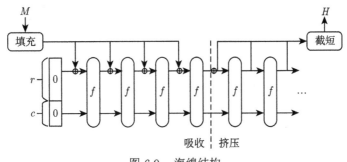

图 6.9 海绵结构

杂凑函数 $\mathrm{SPONGE}[f, \mathrm{pad}, r](M, d)$ 用于对任意长度的输入消息 M, 计算长度为 d(d 可任意取值)-bit 的杂凑值, 具体定义如下:

(1) 根据填充规则 pad 对消息 M 进行填充①, 使得填充后的消息长度为 r 的整数倍, 并将填充后的消息分割成 t 个 r-bit 的分组 $M_0, \cdots, M_{t-1}$.

(2) 吸收: 使用置换函数 f 对每个消息分组依次进行迭代.

(a) 令 $S = 0^b$(即初始状态 S 为 b-bit 的 0).

(b) 对 $i = 0, \cdots, t-1$, 依次计算:

$$S = f(S \oplus (M_i \| 0^c)).$$

(3) 挤压: 借助置换函数 f 生成 d-bit 的杂凑值.

(a) 令 Z 为空串.

(b) 令 $Z = Z \| Trunc_r(S)$, 其中, $Trunc_r(S)$ 指截取 S 的 r-bit.

(c) 若 $d \leqslant |Z|$, 则输出 $Trunc_d(Z)$; 否则, 计算 $S = f(S)$, 并返回上一步.

6.2.2 压缩函数的设计

杂凑函数的压缩 (或置换) 函数有两种基本的构造方法: 基于分组密码的构造方法和直接构造法 (定制杂凑函数)[27].

6.2.2.1 基于分组密码的构造方法

最早的杂凑函数设计基于成熟的分组密码. 最直接的转换方式是利用密文分组链接 (CBC) 模式或密文反馈 (CFB) 模式, 用初始值 IV 充当密钥, 对消息分组逐次加密, 只输出最后一个密文分组作为杂凑值. 这种杂凑函数的安全性分析侧重于结构的分析.

更一般地, 当杂凑值长度等于分组密码的分组大小或密钥长度时, 设第 i 个输入分组为 M_i, $H_0 = IV$, IV 是一个给定的初始值, 则压缩 (或置换) 函数有如下

---

① 具体填充方式以杂凑函数定义的为准.

形式:

$$H_{i+1} = E_A(B) \oplus C,$$

其中, $A, B, C \in \{M_i, H_i, M_i \oplus H_i, c\}$, c 是一个常量. 可见, H_i 共有 $4 \times 4 \times 4 = 64$ 种情况. Preneel 对这 64 种情况给出了详细的分析, 并证明其中有 12 种结构是安全的. 其中, 目前常用的有 Davies-Meyer(DM) 结构、Matyas-Meyer-Oseas(MMO) 结构和 Miyaguchi-Preneel 结构, 如图 6.10 所示.

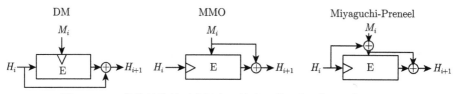

图 6.10　3 种常见的基于分组密码构造压缩 (或置换) 函数的方法

设分组密码 E_A 的分组长度为 n-bit, 密钥 A 的长度为 m-bit, IV 为固定的 n-bit 初始值. 下面以 DM 结构为例, 介绍杂凑值的计算.

(1) 在消息 M 的末尾填充 1-bit '1' 和足够多的 '0'①, 使得填充后的消息长度为 m 的整数倍, 并将填充后的消息分割成 t 个 m-bit 的分组 $M_0, \cdots, M_{t-1}$.

(2) 令初始链接变量 $H_0 = IV$.

(3) 对 $i = 0, \cdots, t-1$, 依次计算:

$$H_{i+1} = E_{M_i}(H_i) \oplus H_i.$$

(4) 输出 H_t 作为 n-bit 的杂凑值 H.

当分组大小或密钥长度较短时, 例如, 利用 DES 算法按 DM 结构来构造杂凑函数, 则杂凑值只有 64-bit, 难以满足抗碰撞特性. 因此, 也出现了并联或串联多个分组密码算法来生成更长杂凑值的杂凑算法, 如 MDC-2、MDC-4 等. 但这些结构处理一个消息分组往往需要 2 次以上的加密运算, 影响处理效率.

可见, 基于分组密码的构造方法多利用较为成熟的分组密码算法, 假如系统中已经有了分组密码的一个有效实现, 把它作为杂凑函数的中心元件, 几乎不需附加代价, 但其实现效率一般不如定制杂凑函数.

6.2.2.2　定制杂凑函数

1990 年, 密码学家 Rivest[11] 针对 32 位计算机系统设计了杂凑函数 MD4, 具有高速的软件实现效率. 该算法不基于分组密码等任何的密码学原语 (primitive), 称为定制杂凑函数 (dedicated hash function). Rivest[12] 还设计了 MD4 的加强

---

① 具体填充方式以杂凑函数定义的为准.

算法 MD5, 两个算法的杂凑值长度均为 128 比特. 1992 年, Zheng(郑玉良) 等[13]利用高度非线性的轮函数代替 MD4 和 MD5 普遍采用的简单的轮函数, 设计出 HAVAL 算法. 基于 MD4 的设计技术, 并改进消息扩展算法来加强算法的安全性, NIST 于 1993 年推出了安全杂凑函数 SHA 系列, 包括 SHA-0 和 SHA-1 算法[14], 其杂凑值长度都是 160 比特. 2002 年, NIST 又推出了 SHA-2 系列杂凑函数[15], 其输出长度可取 224 比特、256 比特、384 比特、512 比特, 分别对应 SHA-224、SHA-256、SHA-384、SHA-512. SHA-2 系列杂凑函数比之前的杂凑函数具有更强的安全强度和更灵活的杂凑长度. 目前, 使用最广泛的杂凑函数仍然是 SHA-2 系列. 与此同时, 著名的欧洲密码工程 RIPE(RACE integrity primitives evaluation) 提出了 RIPEMD 算法[28], 该算法采用 2 条并行的 MD4 算法. 随后, Dobbertin 等[16] 又设计了其强化变种版本 RIPEMD-128 和 RIPEMD-160. 这些杂凑函数都是在 MD4 设计思想的基础上, 介入了新的设计理念, 以提高算法的安全性, 统称为 MDx 系列杂凑函数.

2004 年至 2005 年我国密码学家王小云等[29-32] 公布了包括 MD4、MD5、SHA-1、RIPEMD 和 HAVAL 等 MD 系列杂凑函数的破解结果, 彻底动摇了杂凑函数设计的理论根基, 引起了国际密码学界的强烈反响. 杂凑函数设计新理论成为国际重大难题. 在国家密码管理局组织下, 王小云院士牵头设计自主可控密码杂凑函数. 首次将比特追踪法用于算法设计, 研制出 SM3 算法. SM3 算法由国家密码管理局于 2010 年正式发布, 是我国杂凑函数密码行业标准和国家标准, 并于 2018 年纳入 ISO/IEC 国际标准.

为了应对系列杂凑函数的破解结果, NIST 于 2007 年至 2012 年开展了新一代杂凑函数标准 SHA-3 的公开征集活动[33]. SHA-3 竞赛征集到了 64 个算法, 这些候选算法各具特色, 体现了很多新的设计理念. 经过 5 年的遴选, Keccak 算法[22] 凭借其足量的安全冗余、出色的整体表现、高效的硬件效率和适当的灵活性最终胜出, 成为 SHA-3 标准. 2022 年 12 月 15 日, NIST 宣布将于 2030 年 12 月 31 日全面停用 SHA-1 算法, 当前应尽快完成过渡, 使用 SHA-2 或 SHA-3 作为 SHA-1 的替代方案[34].

6.3 杂凑函数的安全性分析

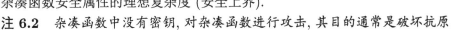

杂凑函数
的生日攻击

类似分组密码的安全性分析, 对杂凑函数的攻击分为通用的杂凑函数攻击方法以及针对一类或者具体杂凑函数的攻击方法. 对于通用的杂凑函数攻击方法, 无论杂凑函数如何设计都无法避免, 因此, 通用攻击实际展示了杂凑函数安全属性的理想复杂度 (安全上界).

注 6.2 杂凑函数中没有密钥, 对杂凑函数进行攻击, 其目的通常是破坏抗原像、抗第二原像、抗碰撞和抗长度扩展等的安全属性.

6.3.1 强力攻击

强力攻击只与杂凑值长度 n 有关. 在讨论以下攻击时, 假设杂凑函数 h : $\{0,1\}^* \to \{0,1\}^n$ 的杂凑值在 $0, \cdots, 2^n - 1$ 中均匀分布.

6.3.1.1 穷举攻击

从杂凑函数的四条安全属性的定义来看, 找到原像、第二原像、碰撞和进行长度扩展, 均可看作求解方程问题, 从而总可以通过强力 (穷举、查表、时间存储权衡) 攻击求得满足方程的解. 以下以穷举攻击找原像为例进行说明.

例子 6.4 给定杂凑值 $H \in_R \{0,1\}^n$, 利用穷举攻击, 找到一个输入值 X, 满足 $h(X) = H$.

解 根据假设, 对任一消息 Y, 杂凑值 $h(Y)$ 在 $0, \cdots, 2^n - 1$ 中均匀分布, 则 $\Pr(h(Y) = H) = \dfrac{1}{2^n}$, 从而

$$\Pr(h(Y) \neq H) = 1 - \frac{1}{2^n}.$$

若随机选取 s 个消息, 则其相应的杂凑值均不等于 H 的概率为 $\left(1 - \dfrac{1}{2^n}\right)^s$, 从而, s 个消息中至少存在一个消息的杂凑值等于 H 的概率为

$$1 - \left(1 - \frac{1}{2^n}\right)^s \approx 1 - \left(1 - \frac{s}{2^n}\right)^{①} = \frac{s}{2^n}.$$

从而, 随机选取 2^n 个消息, 依次计算杂凑值并与 H 进行比较, 会以很高的概率找到一个原像.

找第二原像是指, 给定输入值 $X \in_R \{0,1\}^*$, 找到另一个输入值 X' ($X' \neq X$), 满足 $h(X') = h(X)$, 该方程与原像类似, 也可以用穷举攻击求解, 因此, 抗第二原像攻击的理想复杂度也是 $O(2^n)$.

对于找碰撞, 根据性质 6.1, 能够找到第二原像即能够找到碰撞, 从而以 $O(2^n)$ 的复杂度可找到一对碰撞. 但是, 存在复杂度更低的攻击方法可以找到碰撞——第 6.3.1.2 节利用生日攻击进一步将抗碰撞攻击的理想复杂度降低为 $O(2^{n/2})$.

长度扩展攻击是指, 给定杂凑值 $h(X)$ 和消息的长度 $|X|$, 找到 H' 和 Z, 满足 $h(X\|Z) = H'$, 若任意取定 H', 则该方程与原像类似, 也可以用穷举攻击求解, 因此, 抗长度扩展攻击的理想复杂度也是 $O(2^n)$.

---

① 二项式定理: $(1-a)^s = 1 - sa + \dfrac{s(s-1)}{2!}a^2 - \dfrac{s(s-1)(s-2)}{3!}a^3 + \cdots$. 当 a 很小时, 可用 $1 - sa$ 近似.

6.3.1.2 生日攻击

本小节主要讨论找碰撞的通用方法——生日攻击.

生日攻击源于概率论中的一个有趣的问题——生日问题.

例子 6.5 (生日问题) 假设有 $m(m < 365)$ 个人, 且这 m 个人的生日在一年 (365 天) 中均匀分布. 为保证这 m 个人中至少有两人生日相同的概率大于 $1/2$, 求 m 的取值.

解 为便于计算, 先考虑 m 个人生日都不同的概率 $\overline{p(m)}$:

$$\overline{p(m)} = 1 \times \left(1 - \frac{1}{365}\right) \times \left(1 - \frac{2}{365}\right) \times \cdots \times \left(1 - \frac{m-1}{365}\right),$$

根据泰勒 (Taylor) 展开式 $\mathrm{e}^{-x} = 1 - x + \frac{x^2}{2!} + \cdots$, 可得 $\mathrm{e}^{-x} \geqslant 1 - x$.

因此, $\overline{p(m)}$ 可用下式逼近

$$\overline{p(m)} \leqslant \mathrm{e}^{-\frac{1}{365}} \cdot \mathrm{e}^{-\frac{2}{365}} \cdots \mathrm{e}^{-\frac{m-1}{365}} = \mathrm{e}^{-\frac{m(m-1)/2}{365}}.$$

因为事件 "至少两人生日相同" 为事件 "m 个人生日都不同" 的补, 所以

$$p(m) = 1 - \overline{p(m)} \geqslant 1 - \mathrm{e}^{-\frac{m(m-1)/2}{365}}.$$

从而, 要使得 $p(m) > 1/2$, 则

$$m \geqslant \sqrt{2\ln 2 \times 365} \approx 1.18\sqrt{365}. \tag{6.3}$$

当 $m = 23$ 时, 上式约为 0.507.

直观感觉上, 我们似乎很少遇到与自己同月同日的人, 但上述结论意味着 23 个人中就有两个人同月同日生此类事件出现的概率竟然超过 50%, 似乎与人们的直观感觉相悖, 因此该问题又被称为 "生日悖论"(birthday paradox).

基于这一悖论, Gideon Yuval[35] 在 1979 年提出生日攻击, 用于杂凑函数的碰撞攻击, 该技术可进一步可用于分析基于杂凑函数的数字签名等算法的安全性.

将生日问题与碰撞攻击类比, 生日问题是要找到两个人具有相同的生日, 而碰撞攻击的目的是找到两个消息具有相同的杂凑值. 因此, 对碰撞攻击来说, 把消息看作 "人", 消息的杂凑值看作 "人的生日". 设杂凑值的长度为 n-bit, 则将式 (6.3) 中的 365 用 2^n 代替, 可得对于杂凑函数通用的生日攻击.

定理 6.2 (生日攻击) 随机选择 $O(2^{\frac{n}{2}})$ 个消息构成的集合 S, 利用杂凑值表, 以 $O(2^{\frac{n}{2}})$ 的复杂度即可找到一对碰撞, 即找到 $(X, X') \in S$, 满足 $h(X) = h(X')$ 且 $X \neq X'$.

例子 6.6 假设杂凑值长度为 64-bit, 则根据生日攻击, 随机选取 2^{32} 个消息, 即可以约 $\frac{1}{2}$ 的概率找到一对碰撞.

生日攻击告诉我们, n-bit 输出长度的杂凑函数的碰撞攻击的复杂度上界约为 $2^{\frac{n}{2}}$. 要抵抗实际的碰撞攻击, $2^{\frac{n}{2}}$ 应超过当前 (及未来一段时间内) 敌手的计算能力, 例如, 2^{128}. 因此, **一般建议杂凑值的长度 $n \geqslant 256$.**

有意义的碰撞 尽管生日攻击并未要求找到的碰撞对 (X, X') 是 "有意义的" 或者含义有所关联, 但要想找到这样碰撞对并没有想象的那么困难. 例如, 敌手可以改动文件的冗余信息, 或者简单地改变消息的措辞即可构造意思相近或相反的句子, 图 6.11 中举例说明了这种方法. 一句话中的部分词组有多种措辞, 从而该图对应 $4 \times 2 \times 2 \times 4 \times 2 = 2^7$ 个有意义的句子. 要找到 $2^{\frac{n}{2}}$ 个有意义的消息对, 至多在 $\frac{n}{2}$ 个位置改变措辞即可.

碰撞用于伪造签名 Yuval 提出的利用生日攻击发现碰撞, 伪造签名的过程如下 (如图 6.12 所示):

(1) 敌手生成合法消息 (例如, 金额为 100 元的账单) 的 $2^{n/2}$ 个含义相近的变体, 构成集合 $\mathbb{X}$, 存储消息及相应的杂凑值, 记为表 T.

(2) 敌手生成伪造消息 (例如, 金额为 10000 元的账单) 的含义相近的不同的变体 Y, 计算 $h(Y)$ 并检查是否与表 T 中的值吻合, 直到找到消息 Y, 满足 $h(Y) = h(X)$. 根据生日攻击, 约 $2^{n/2}$ 个 Y 会找到一对碰撞.

(3) 敌手将合法消息的变体 X 提供给用户 A 签名.

(4) 敌手获得签名后, 将消息 X 替换为 Y, 并将 Y 及签名发送给用户 B, 向用户 B 证明用户 A 签署了消息 Y. 签名可通过验证, 从而, 尽管敌手不知道用户 A 的私钥也能伪造成功.

杂凑函数广泛应用于社会各领域, 特别是金融领域, 上述碰撞攻击一旦被有效实现, 将会对我们的工作生活产生严重影响.

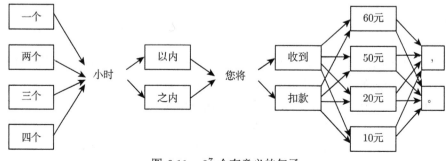

图 6.11 2^7 个有意义的句子

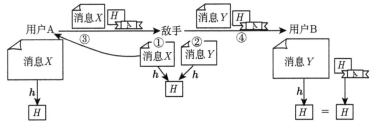

图 6.12　利用碰撞伪造签名

现在, 生日攻击已经成为多种分析方法的基础, 只要能将问题的求解分割为两个相互独立的集合通过某种运算满足某种特性, 都可以尝试结合生日攻击来解决. 2002 年, David Wagner 提出广义生日攻击[36], 将生日攻击推广到更一般的多个相互独立的集合的情况, 文献 [37] 给出了在时间复杂度不变的情况下, 将生日攻击的存储复杂度降为常数级的算法. 生日攻击及其变体对杂凑函数、消息认证码、数字签名等密码算法, 特别是 AdHash、基于 ROS 问题的盲签名算法等的安全性分析产生了重要影响.

6.3.2 专用分析技术

除强力攻击之外, 杂凑函数的安全性分析还存在多种结合算法的具体细节, 发现不随机特性, 进而开展攻击的技术. 对这些分析技术的衡量标准也是将其与强力攻击的复杂度进行比较. 也就是说, 安全杂凑函数要求现有安全性分析结果的复杂度均大于或等于强力攻击的复杂度. 近年来, 在杂凑函数的安全性分析方面出现了大量优秀的科研成果, 其中, 最具代表性的是, 我国密码学家王小云院士团队自主研发的比特追踪法和消息修改技术, 建立了杂凑函数碰撞攻击的新理论, 破解了包括国际杂凑函数标准 MD5 与 SHA-1 在内的 5 个广泛使用的杂凑算法[29-32], 动摇了杂凑函数及相关密码应用的理论根基, 引发了杂凑函数研究的热潮, 有力推动了杂凑函数分析与设计技术的进一步发展.

传统的差分分析采用异或差分, 只关注一个输入对的异或值经过密码算法传播得到的输出异或值的非随机特性. 而 MD5 和 SHA-1 等杂凑函数均有模加运算, 为了开展有效的分析, 必须提出新的分析方法. 王小云院士等创造性地提出比特追踪法, 准确刻画模减差分和异或差分这两种信息. 利用比特追踪法对杂凑函数进行分析有 4 个步骤[27]:

(1) 选择合适的消息差分, 这直接决定了攻击的成功率.

(2) 根据选择的消息差分寻找可行的差分路线, 这是比特追踪法最关键的一步, 也是最难的一步.

(3) 推导出保证差分路线可行的充分条件, 在寻找差分路线的过程中, 会确定链接变量的条件, 当根据路线推导出来的所有链接变量的条件互不冲突时, 方是一个可行的差分路线.

(4) 使用多种消息修改技术来修改消息, 使得修改后的消息满足尽可能多的充分条件.

MD5 的碰撞攻击已经被用于证书伪造, 直接威胁实际应用安全. 基于王小云等对 MD5 的碰撞攻击方法[31], Stevens 等[38] 于 2007 年给出了 MD5 算法在选择前缀下的实际碰撞攻击结果. 在此基础上, 2009 年, Stevens 等[39] 成功伪造 X.509 数字证书, 该伪造的中间结点证书能够通过合法服务器的认证.

王小云等对系列杂凑函数的破解引发美国标准与技术研究院 (NIST) 专门举办两次研讨会应对杂凑函数安全现状, 并宣布系列政策, 规定联邦机构在 2010 年以前必须停止 SHA-1 在电子签名、数字时间戳和其他一切需要抗碰撞安全特性的密码体制的应用, 并于 2007 年在全球范围内启动了新一代杂凑函数 SHA-3 标准的五年设计工程. 比特追踪法已经成为杂凑函数分析的重要方法, 也用于进行第二原像攻击[40]、基于杂凑函数的消息认证码[41]、基于分组密码的消息认证码[42]、分组密码[43] 和流密码[44] 算法的安全性分析.

6.4 杂凑函数标准 SHA-2

1993 年, NIST 推出 SHA-0 和 SHA-1 算法, 并于 1995 年将 SHA-1 定为杂凑函数标准. 2002 年, NIST 推出了安全强度更高、输出杂凑值长度可选的 SHA-2 系列算法. 各版本均采用了 MD 结构, 但在消息分组长度、压缩函数的迭代步数以及常数选取等方面各有不同. 表 6.2 简要列举不同参数.

表 6.2 杂凑函数标准 SHA-1 和 SHA-2 系列算法

算法	消息长度	分组长度	消息字长度	杂凑值长度
SHA-1				160
SHA-224	$< 2^{64}$	512	32	224
SHA-256				256
SHA-384				384
SHA-512	$< 2^{128}$	1024	64	512
SHA-512/224				224
SHA-512/256				256

本节以 SHA-256 算法为例进行介绍, 其他 SHA-2 系列算法请参考文档 FIPS 180-4[45].

SHA-256 算法采用强化 MD 结构, 可处理长度为 l-bit 的消息, 其中, $0 \leqslant l < 2^{64}$. 一个消息分组 $M_i(i = 0, \cdots, t - 1)$ 的长度为 512-bit, 每个分组又分为 16 个 32-bit 的消息字 (word), 记为 $M_{i,0}, \cdots, M_{i,15}$. 链接变量 $H_i(i = 0, \cdots, t)$ 的长度

为 256-bit, 也以 32-bit 为单位划分为 8 个字, 记为 $H_{i,0}, \cdots, H_{i,7}$. 压缩函数包括 64 步 (step) 步操作, 生成 256-bit 的杂凑值 H_t.

下面依次介绍 SHA-256 算法的预处理阶段和杂凑值计算阶段.

6.4.1 预处理阶段

预处理阶段包括消息填充和设置初始链接变量 H_0 两步.

● 消息填充: 确保填充后的消息长度是 512-bit 的整数倍[①].

具体填充规则为:

(1) 在 l-bit 的消息 M 的末尾, 填充 1-bit'1'.

(2) 继续填充 k-比特 '0', 其中, k 是满足 $l + 1 + k \equiv 448 \mod 512$ 的最小正整数.

(3) 填充 64-bit 的长度信息, 即将原始消息的长度 l 表示为 64-bit 的二进制串.

以消息 "abc" 的填充举例说明.

例子 6.7 消息 "abc" 的 ASCII 码的长度为 $8 \times 3 = 24$-bit. 根据填充规则, 首先在消息末尾附加 1-bit '1', 然后填充 $448 - (24 + 1) = 423$-bit '0', 最后填充 64-bit 的长度信息, 生成一个 512-bit 的消息分组:

● 设置初始链接变量 H_0: 由 8 个 32-bit 字组成, 具体定义如下:

$$H_{0,0} = 6a09e667,$$

$$H_{0,1} = bb67ae85,$$

$$H_{0,2} = 3c6ef372,$$

$$H_{0,3} = a54ff53a,$$

$$H_{0,4} = 510e527f,$$

$$H_{0,5} = 9b05688c,$$

$$H_{0,6} = 1f83d9ab,$$

$$H_{0,7} = 5be0cd19.$$

[①] 消息填充可以在杂凑值计算开始之前进行, 也可以在处理包含填充信息的消息分组之前的任何时间进行.

6.4.2　杂凑值计算阶段

将填充后的消息分割成 t 个 512-bit 的分组 $M_0, \cdots, M_{t-1}$. 对 $i = 0, \cdots, t-1$, 依次执行如下操作:

(1) 消息扩展: 将 512-bit 的消息分组 M_i 按如下规则扩展为 64 个 32-bit 字 W_j $(j = 0, \cdots, 63)$.

$$
W_j = \begin{cases}
M_{i,j}, & 0 \leqslant j \leqslant 15, \\
\sigma_1^{\{256\}}(W_{j-2}) + W_{j-7} + \sigma_0^{\{256\}}(W_{j-15}) + W_{j-16}, & 16 \leqslant j \leqslant 63.
\end{cases}
$$

其中, $+$ 为 mod 2^{32} 的加法, 设 x 为 32-bit 字, 则

$$
\sigma_0^{\{256\}}(x) = ROTR^7(x) \oplus ROTR^{18}(x) \oplus SHR^3(x),
$$

$$
\sigma_1^{\{256\}}(x) = ROTR^{17}(x) \oplus ROTR^{19}(x) \oplus SHR^{10}(x).
$$

这里, $SHR^n(x) = x \gg n$, 即将 32-bit 字 x 右移 (right shift) n 位; $ROTR^n(x) = (x \gg n) \vee (x \ll (32 - n))$, 即将 32-bit 字 x 循环右移 (rotate right) n 位.

(2) 将链接变量 H_i 赋值给 8 个 32-bit 字 $a, b, \cdots, h$:

$$
a = H_{i,0}; \quad b = H_{i,1}; \quad c = H_{i,2}; \quad d = H_{i,3};
$$

$$
e = H_{i,4}; \quad f = H_{i,5}; \quad g = H_{i,6}; \quad h = H_{i,7}.
$$

(3) 对 $j = 0, \cdots, 63$, 依次执行如下步操作 (如图 6.13 所示):

$$
T_1 = h + \sum\nolimits_1^{\{256\}}(e) + Ch(e, f, g) + K_j^{\{256\}} + W_j;
$$

$$
T_2 = \sum\nolimits_0^{\{256\}}(a) + Maj(a, b, c);
$$

$$
h = g;
$$

$$
g = f;
$$

$$
f = e;
$$

$$
e = d + T_1;
$$

$$
d = c;
$$

$$
c = b;
$$

$$
b = a;
$$

$$
a = T_1 + T_2.
$$

其中, $+$ 为 $\bmod 2^{32}$ 的加法, $K_j^{\{256\}}(j = 0, \cdots, 63)$ 为 32-bit 的常数, 具体定义如表 6.3 所示 (十六进制), 即 $K_0^{\{256\}} = 428a2f98, \cdots, K_{63}^{\{256\}} = c67178f2.$

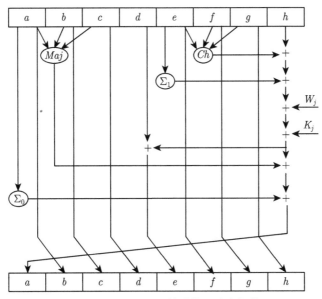

图 6.13 SHA-256 算法的一次步操作

表 6.3 $\quad K_j^{\{256\}}(j = 0, \cdots, 63)$

$428a2f98$	71374491	$b5c0fbcf$	$e9b5dba5$	$3956c25b$	$59f111f1$	$923f82a4$	$ab1c5ed5$
$d807aa98$	$12835b01$	$243185be$	$550c7dc3$	$72be5d74$	$80deb1fe$	$9bdc06a7$	$c19bf174$
$e49b69c1$	$efbe4786$	$0fc19dc6$	$240ca1cc$	$2de92c6f$	$4a7484aa$	$5cb0a9dc$	$76f988da$
$983e5152$	$a831c66d$	$b00327c8$	$bf597fc7$	$c6e00bf3$	$d5a79147$	$06ca6351$	14292967
$27b70a85$	$2e1b2138$	$4d2c6dfc$	$53380d13$	$650a7354$	$766a0abb$	$81c2c92e$	$92722c85$
$a2bfe8a1$	$a81a664b$	$c24b8b70$	$c76c51a3$	$d192e819$	$d6990624$	$f40e3585$	$106aa070$
$19a4c116$	$1e376c08$	$2748774c$	$34b0bcb5$	$391c0cb3$	$4ed8aa4a$	$5b9cca4f$	$682e6ff3$
$748f82ee$	$78a5636f$	$84c87814$	$8cc70208$	$90befffa$	$a4506ceb$	$bef9a3f7$	$c67178f2$

设 x, y, z 均为 32-bit 字, 则

$$\Sigma_0^{\{256\}}(x) = ROTR^2(x) \oplus ROTR^{13}(x) \oplus ROTR^{22}(x),$$
$$\Sigma_1^{\{256\}}(x) = ROTR^6(x) \oplus ROTR^{11}(x) \oplus ROTR^{25}(x),$$
$$Ch(x, y, z) = (x \wedge y) \oplus (\neg x \wedge z),$$
$$Maj(x, y, z) = (x \wedge y) \oplus (x \wedge z) \oplus (y \wedge z).$$

这里, $\wedge$ 为按比特的与运算, $\neg$ 为按位取反.

(4) 计算 256-bit 的中间链接变量 H_{i+1}:

$$H_{i+1,0} = a + H_{i,0};$$

$$H_{i+1,1} = b + H_{i,1};$$

$$H_{i+1,2} = c + H_{i,2};$$

$$H_{i+1,3} = d + H_{i,3};$$

$$H_{i+1,4} = e + H_{i,4};$$

$$H_{i+1,5} = f + H_{i,5};$$

$$H_{i+1,6} = g + H_{i,6};$$

$$H_{i+1,7} = h + H_{i,7}.$$

处理完 t 个消息分组后, 得到 256-bit 的链接变量 H_t, 即

$$H_{t,0}||H_{t,1}||H_{t,2}||H_{t,3}||H_{t,4}||H_{t,5}||H_{t,6}||H_{t,7},$$

作为杂凑值输出.

6.5   国密标准 SM3

密码杂凑算法 SM3 是安全高效且具有我国自主知识产权的杂凑函数, 由国家密码管理局于 2010 年正式发布, 2012 年成为我国行业标准, 2016 年成为国家标准, 2018 年正式纳入 ISO/IEC 国际标准.

密码杂凑算法 SM3 采用强化 MD 结构, 可处理长度为 l-bit 的消息, 其中, $0 \leqslant l < 2^{64}$. 一个消息分组 $M_i(i = 0, \cdots, t-1)$ 的长度为 512-bit, 每个分组又分为 16 个 32-bit 的消息字, 记为 $M_{i,0}, \cdots, M_{i,15}$. 链接变量 $H_i(i = 0, \cdots, t)$ 的长度为 256-bit, 也以 32-bit 为单位划分为 8 个字, 记为 $H_{i,0}, \cdots, H_{i,7}$. 压缩函数包括 64 步 (step) 步操作, 生成 256-bit 的杂凑值 H_t.

下面依次介绍 SM3 算法的预处理阶段和杂凑值计算阶段[46].

6.5.1   预处理阶段

预处理阶段包括消息填充和设置初始链接变量 H_0 两步.

● 消息填充   确保填充后的消息长度是 512-bit 的整数倍. 填充规则与 SHA-256 算法相同.

• 设置初始链接变量 H_0 由 8 个 32-bit 字组成, 具体定义如下:

$$H_{0,0} = 7380166f,$$

$$H_{0,1} = 4914b2b9,$$

$$H_{0,2} = 172442d7,$$

$$H_{0,3} = da8a0600,$$

$$H_{0,4} = a96f30bc,$$

$$H_{0,5} = 163138aa,$$

$$H_{0,6} = e38dee4d,$$

$$H_{0,7} = b0fb0e4e.$$

6.5.2 杂凑值计算阶段

将填充后的消息分割成 t 个 512-bit 的分组 $M_0, \cdots, M_{t-1}$. 对 $i = 0, \cdots, t-1$, 依次执行如下操作:

(1) **消息扩展** 如图 6.14 所示, 将 512-bit 的消息分组 M_i 按如下规则扩展为 132 个 32-bit 字 $W_0, W_1, \cdots, W_{67}, W'_0, W'_1, \cdots, W'_{63}$. 首先, 生成 68 个 W_j $(j = 0, \cdots, 67)$,

$$W_j = \begin{cases} M_{i,j}, & 0 \leqslant j \leqslant 15, \\ P_1(W_{j-16} \oplus W_{j-9} \oplus (W_{j-3} \lll 15)) \oplus (W_{j-13} \lll 7) \oplus W_{j-6}, & 16 \leqslant j \leqslant 67, \end{cases}$$

其中, 设 x 为 32-bit 字, 则 $P_1(x) = x \oplus (x \lll 15) \oplus (x \lll 23)$. 这里, $\lll$ 表示循环左移.

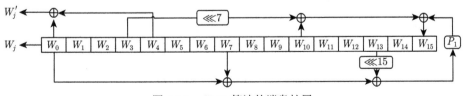

图 6.14 SM3 算法的消息扩展

然后, 生成 64 个 $W'_j(j = 0, \cdots, 63)$,

$$W'_j = W_j \oplus W_{j+4}.$$

(2) 将链接变量 H_i 赋值给 8 个 32-bit 字 $a, b, \cdots, h$,

$$a = H_{i,0}; \quad b = H_{i,1}; \quad c = H_{i,2}; \quad d = H_{i,3};$$

$$e = H_{i,4}; \quad f = H_{i,5}; \quad g = H_{i,6}; \quad h = H_{i,7}.$$

(3) 对 $j = 0, \cdots, 63$, 依次执行如下步操作 (如图 6.15 所示):

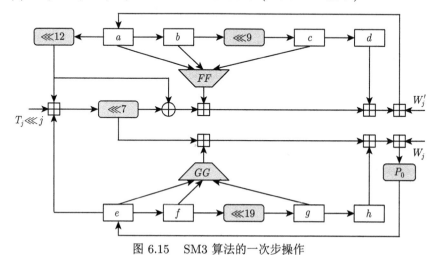

图 6.15   SM3 算法的一次步操作

$$SS1 = ((a \lll 12) + e + (T_j \lll j)) \lll 7;$$

$$SS2 = SS1 \oplus (a \lll 12);$$

$$TT1 = FF_j(a, b, c) + d + SS2 + W_j';$$

$$TT2 = GG_j(e, f, g) + h + SS1 + W_j;$$

$$d = c;$$

$$c = b \lll 9;$$

$$b = a;$$

$$a = TT1;$$

$$h = g;$$

$$g = f \lll 19;$$

$$f = e;$$

$$e = P_0(TT2).$$

其中, + 为 mod 2^{32} 的加法, $T_j(j = 0, \cdots, 63)$ 为 32-bit 的常数, 定义如下:

$$T_j = \begin{cases} 79cc4519, & 0 \leqslant j \leqslant 15, \\ 7a879d8a, & 16 \leqslant j \leqslant 63. \end{cases}$$

设 x, y, z 均为 32-bit 字, 则

$$FF_j(x, y, z) = \begin{cases} x \oplus y \oplus z, & 0 \leqslant j \leqslant 15, \\ (x \wedge y) \vee (x \wedge z) \vee (y \wedge z), & 16 \leqslant j \leqslant 63; \end{cases}$$

$$GG_j(x, y, z) = \begin{cases} x \oplus y \oplus z, & 0 \leqslant j \leqslant 15, \\ (x \wedge y) \vee (\neg x \wedge z), & 16 \leqslant j \leqslant 63; \end{cases}$$

$$P_0(x) = x \oplus (x \lll 9) \oplus (x \lll 17).$$

(4) 计算 256-bit 的中间链接变量 H_{i+1}:

$$H_{i+1,0} = a \oplus H_{i,0};$$

$$H_{i+1,1} = b \oplus H_{i,1};$$

$$H_{i+1,2} = c \oplus H_{i,2};$$

$$H_{i+1,3} = d \oplus H_{i,3};$$

$$H_{i+1,4} = e \oplus H_{i,4};$$

$$H_{i+1,5} = f \oplus H_{i,5};$$

$$H_{i+1,6} = g \oplus H_{i,6};$$

$$H_{i+1,7} = h \oplus H_{i,7}.$$

处理完 t 个消息分组后, 得到 256-bit 的链接变量 H_t, 即

$$H_{t,0} || H_{t,1} || H_{t,2} || H_{t,3} || H_{t,4} || H_{t,5} || H_{t,6} || H_{t,7},$$

作为杂凑值输出.

6.5.3　密码杂凑算法 SM3 的特点

密码杂凑算法 SM3 的设计主要遵循以下原则:

- 能够有效抵抗比特追踪法及其他分析方法;
- 软硬件实现需求合理;
- 在保障安全性的前提下, 综合性能指标与 SHA-256 同等条件下相当.

从算法描述可见, SM3 算法压缩函数的设计, 提出了多种新型设计理念, 包括消息双字介入、P 置换等, 可以快速导致雪崩效应, 有效抵抗比特追踪法等密码分析技术, 提高安全性. 同时, 采用了适合 32 位微处理器和 8 位智能卡实现的基本运算, 具有跨平台实现的高效性和广泛的适用性.

更多关于 SM3 算法的讨论, 包括设计原理、各种参数的选择、软硬件实现和安全性分析等, 请参考文献 [46].

6.6　杂凑函数标准 SHA-3

2012 年 10 月, Bertoni 等设计的 Keccak 算法[22] 被 NIST 选为第三代杂凑函数标准 SHA-3, 并于 2015 年 8 月发布标准文档 FIPS 202[33], 作为对 FIPS 180-4 中 SHA-1 和 SHA-2 系列算法的补充. FIPS 202 中包含了 4 个杂凑函数和 2 个可扩展输出函数 (extendable-output functions, XOFs), 均采用了海绵结构, 且都基于类似的置换函数. 表 6.4 简要列举 4 个杂凑函数的不同参数, 更详细的信息请参考文献 FIPS 202[33].

表 6.4　杂凑函数标准 SHA-3 系列算法

算法	消息长度	消息字长度	轮数	分组长度 r	容量 c	杂凑值长度 d
SHA3-224	无限制	64	24	1152	448	224
SHA3-256				1088	512	256
SHA3-384				832	768	384
SHA3-512				576	1024	512

根据第 6.2.1.2 节介绍的海绵结构的定义 (如图 6.9 所示), 要说明某个采用海绵结构的具体杂凑算法 SPONGE$[f, \text{pad}, r](M, d)$, 只需说明 4 个参数. 对 SHA-3 标准中的 4 个杂凑算法来说, r 和 d 由表 6.4 定义, 下面说明置换函数 f 和填充规则 pad.

6.6.1　填充规则 pad

SHA-3 算法可处理任意长度的消息 M, 消息填充确保填充后的消息长度是 r-bit 的整数倍. 为了与 SHA-3 标准中包含的 XOF 函数区分, 杂凑函数需要首先填充 2-bit 后缀 '01', 再使用填充规则 pad10*1 进行填充. 具体填充步骤如下:

(1) 在 l-bit 的消息 M 的末尾, 填充 2-bit '01'.

(2) 填充 1-bit '1'.

(3) 继续填充 k-比特 '0', 其中, $k = (-l - 4) \mod r^{①}$.

(4) 填充 1-bit '1'.

其中, 步骤 (2)、步骤 (4) 定义了填充规则 pad10*1.

以 SHA3-256 算法对消息 "abc" 的填充举例说明.

例子 6.8 消息 "abc" 的 ASCII 码的长度为 $8 \times 3 = 24$-bit. 根据填充规则, 首先在消息末尾附加 2-bit '01', 然后填充 $1088 - (24 + 4) = 1060$-bit '0', 最后填充 1-bit '1', 生成一个 1088-bit 的消息分组:

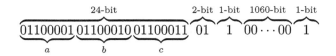

6.6.2 置换函数 f

置换函数 f 采用 Keccak-p 置换. 类似分组密码, Keccak-p 置换将输入分组进行多轮迭代得到与输入长度相同的输出. 具体地, 将输入分组长度为 b-bit, 迭代轮数为 n_r 的 Keccak-p 置换记为 Keccak-$p[b, n_r]$, 共包括 7 个版本.

参考 FIPS 202, 我们讨论一般化的置换 Keccak-$p[b, n_r]$, 将 b-bit 输入 S 通过 n_r 轮迭代置换为 b-bit 输出 S'. 具体步骤为:

(1) 将 b-bit 输入分组记为 $S = S[0]||S[1]||\cdots||S[b-2]||S[b-1]$, 按照一定的规则排列为一个三维状态数组 (state array)A, 其中, $w = b/25$. A 以坐标 (x, y, z) 为索引, 其中 $0 \leqslant x \leqslant 4, 0 \leqslant y \leqslant 4, 0 \leqslant z \leqslant w - 1$. 位于坐标 (x, y, z) 处的比特记为 $A[x, y, z]$.

(2) 进行 n_r 轮迭代运算.

对 $i_r(i_r = 12 + 2\log_2 w - n_r, \cdots, 12 + 2\log_2 w - 1)$, 计算 $A = Rnd(A, i_r)$. 其中, $Rnd(A, i_r)$ 为轮函数, 对 SHA-3 标准, $i_r = 0, \cdots, 23$.

(3) 将状态数组 A 还原为 b-bit 输出 S'.

(4) 返回 S'.

6.6.2.1 各类数组

为便于描述, 首先给出轮函数 $Rnd(A, i_r)$ 中涉及的一维、二维及三维数组的定义.

---

① k 的取值保证填充后的消息是 r 的整数倍, 具体表达式根据后缀长度 (2-bit 或 4-bit) 调整.

状态 (state)   一个 $5 \times 5 \times w$ 的三维数组 $A[x,y,z](0 \leqslant x, y \leqslant 4, 0 \leqslant z \leqslant w-1)$.
面 (plane) y 取定值, 状态 $A[x,y,z]$ 对应的二维数组, 每个面 $b/5$-bit.
片 (slice) z 取定值, 状态 $A[x,y,z]$ 对应的二维数组, 每个片 25-bit.
sheet x 取定值, 状态 $A[x,y,z]$ 对应的二维数组, 每个 sheet $b/5$-bit.
行 (row) y 和 z 取定值, 状态 $A[x,y,z]$ 对应的一维数组, 每行 5-bit.
列 (column) x 和 z 取定值, 状态 $A[x,y,z]$ 对应的一维数组, 每列 5-bit.
lane x 和 y 取定值, 状态 $A[x,y,z]$ 对应的一维数组, 每个 lane $b/25$-bit.

例子 6.9 当 $b = 1600$, $w = 64$(SHA-3 标准采用的参数) 时, 各类数组的定义如图 6.16 所示. 三维数组 $A[x,y,z](0 \leqslant x, y \leqslant 4, 0 \leqslant z \leqslant 63)$ 与 S 的对应关系如下:

$$A[0,0,0] = S[0] \qquad A[1,0,0] = S[64] \qquad \cdots \qquad A[4,0,0] = S[256]$$
$$A[0,0,1] = S[1] \qquad A[1,0,1] = S[65] \qquad \cdots \qquad A[4,0,1] = S[257]$$
$$\cdots \qquad\qquad \cdots \qquad\qquad \cdots \qquad\qquad \cdots$$
$$A[0,0,63] = S[63] \quad A[1,0,63] = S[127] \quad \cdots \quad A[4,0,63] = S[319]$$
$$\cdots \qquad\qquad \cdots \qquad\qquad \cdots \qquad\qquad \cdots$$
$$A[0,4,0] = S[1280] \quad A[1,4,0] = S[1344] \quad \cdots \quad A[4,4,0] = S[1536]$$
$$A[0,4,1] = S[1281] \quad A[1,4,1] = S[1345] \quad \cdots \quad A[4,4,1] = S[1537]$$
$$\cdots \qquad\qquad \cdots \qquad\qquad \cdots \qquad\qquad \cdots$$
$$A[0,4,63] = S[1343] \quad A[1,4,63] = S[1407] \quad \cdots \quad A[4,4,63] = S[1599]$$

一维数组 $lane(x,y)$ 与 $A[x,y,z]$ 的对应关系如下:

$$lane(0,0) = A[0,0,0]||A[0,0,1]||A[0,0,2]||\cdots||A[0,0,63],$$
$$lane(1,0) = A[1,0,0]||A[1,0,1]||A[1,0,2]||\cdots||A[1,0,63],$$
$$\cdots\cdots$$
$$lane(4,4) = A[4,4,0]||A[4,4,1]||A[4,4,2]||\cdots||A[4,4,63].$$

从而, 二维数组 $plane(y)$ 为

$$plane(0) = lane(0,0)||lane(1,0)||lane(2,0)||lane(3,0)||lane(4,0),$$
$$plane(1) = lane(0,1)||lane(1,1)||lane(2,1)||lane(3,1)||lane(4,1),$$
$$\cdots\cdots$$
$$plane(4) = lane(0,4)||lane(1,4)||lane(2,4)||lane(3,4)||lane(4,4),$$

即

$$S = plane(0)||plane(1)||\cdots||plane(4).$$

其余数组不再一一举例.

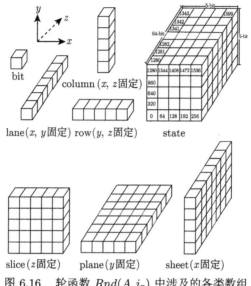

图 6.16　轮函数 $Rnd(A, i_r)$ 中涉及的各类数组

6.6.2.2　轮函数

轮函数 $Rnd(A, i_r)$ 由五个步操作构成,

$$Rnd(A, i_r) = \iota\big(\chi(\pi(\rho(\theta(A)))), i_r\big),$$

其中, 只有 ι 操作用到了轮索引 i_r. 每个步操作以状态数组 A 作为输入, 返回一个更新的状态数组 A', 状态大小为 b-bit. 下面简要给出步操作 θ, ρ, π, χ 和 ι 的定义, 更详细的解释及图例请参考文献 [33].

- $\theta(A)$: 将状态中的每个比特与两列的奇偶性 (parity) 进行异或.

(1) 对所有可能的 (x, z), 其中, $0 \leqslant x \leqslant 4$, $0 \leqslant z \leqslant w - 1$, 计算

$$C(x, z) = A[x, 0, z] \oplus A[x, 1, z] \oplus A[x, 2, z] \oplus A[x, 3, z] \oplus A[x, 4, z],$$

即计算每一列 5 个 bit 的异或值 (即奇偶性).

(2) 对所有可能的 (x, z), 其中, $0 \leqslant x \leqslant 4$, $0 \leqslant z \leqslant w - 1$, 计算

$$D(x, z) = C((x - 1) \bmod 5, z) \oplus C((x + 1) \bmod 5, (z - 1) \bmod w).$$

(3) 对所有可能的 (x, y, z), 其中, $0 \leqslant x, y \leqslant 4$, $0 \leqslant z \leqslant w - 1$, 计算

$$A'[x, y, z] = A[x, y, z] \oplus D(x, z).$$

- $\rho(A)$: 对每个 lane 中的比特进行循环移位.

(1) 对所有可能的 z, 其中, $0 \leqslant z \leqslant w-1$, 令 $A'[0,0,z] = A[0,0,z]$.

(2) 令 $(x,y) = (1,0)$.

(3) 对 $t = 0, \cdots, 23$, 执行

(a) 对所有可能的 z, 其中, $0 \leqslant z \leqslant w-1$, 令

$$A'[x,y,z] = A[x,y,(z-(t+1)(t+2)/2) \bmod w].$$

(b) 令 $(x,y) = (y,(2x+3y)\bmod 5)$.

(4) 返回 A'.

- $\pi(A)$: 以 lane 为单位进行重新排列 (rearrange).

(1) 对所有可能的 (x,y,z), 其中, $0 \leqslant x,y \leqslant 4, 0 \leqslant z \leqslant w-1$, 计算

$$A'[x,y,z] = A[(x+3y)\bmod 5, x, z].$$

(2) 返回 A'.

- $\chi(A)$: 将每一比特与同一行中其他两比特的非线性函数进行异或, 可看作按行过非线性运算.

(1) 对所有可能的 (x,y,z), 其中, $0 \leqslant x,y \leqslant 4, 0 \leqslant z \leqslant w-1$, 计算

$$A'[x,y,z] = A[x,y,z] \oplus ((A[(x+1)\bmod 5, y, z] \oplus 1) \wedge A[(x+2)\bmod 5, y, z]).$$

(2) 返回 A'.

- $\iota(A)$: 基于 i_r 修改 $lane(0,0)$ 的某些比特.

(1) 对所有可能的 (x,y,z), 其中, $0 \leqslant x,y \leqslant 4, 0 \leqslant z \leqslant w-1$, 令 $A'[x,y,z] = A[x,y,z]$.

(2) 对所有可能的 z, 其中 $0 \leqslant z \leqslant w-1$, 计算

$$A'[0,0,z] = A'[0,0,z] \oplus RC[z],$$

其中, RC 为基于 i_r 计算出的 64-bit 的轮常数, $RC[z]$ 为 1-bit. SHA-3 标准中用到的 24 个 64-bit 的轮常数的取值如表 6.5 所示.

表 6.5　SHA-3 标准中的轮常数 RC

i_r	RC	i_r	RC	i_r	RC
0	0000000000000001	8	000000000000008A	16	8000000000008002
1	0000000000008082	9	0000000000000088	17	8000000000000080
2	800000000000808A	10	0000000080008009	18	000000000000800A
3	8000000080008000	11	000000008000000A	19	800000008000000A
4	000000000000808B	12	000000008000808B	20	8000000080008081
5	0000000080000001	13	800000000000008B	21	8000000000008080
6	8000000080008081	14	8000000000008089	22	0000000080000001
7	8000000000008009	15	8000000000008003	23	8000000080008008

(3) 返回 A'.

6.6.2.3　杂凑函数 SHA3-224/256/384/512

SHA-3 标准中规定的算法均基于置换函数 $\text{Keccak-}p[1600, 24]$, 4 个杂凑函数的具体定义如下:

$$\text{SHA3-224}(M) = \text{Keccak}[448](M\|01, 224),$$
$$\text{SHA3-256}(M) = \text{Keccak}[512](M\|01, 256),$$
$$\text{SHA3-384}(M) = \text{Keccak}[768](M\|01, 384),$$
$$\text{SHA3-512}(M) = \text{Keccak}[1024](M\|01, 512),$$

其中,

$$\text{Keccak}[c](M\|01, d) = \text{SPONGE}[\text{Keccak-}p[1600, 24], \text{pad}10^*1, 1600 - c](M\|01, d).$$

6.7　练习题

练习 6.1　查阅并分析海绵结构、HAIFA 结构和 Wide-Pipe 结构是否抗长度扩展攻击.

练习 6.2　海绵结构易于构造二次碰撞吗?

练习 6.3　设 $f : \{0,1\}^* \to \{0,1\}^{2n}$ 和 $g : \{0,1\}^{2n} \to \{0,1\}^n$ 为两个抗碰撞的杂凑函数, 则如下定义的杂凑函数是否满足抗碰撞特性?

(1) $h_1 : \{0,1\}^* \to \{0,1\}^n$, $h_1 = g(f(x))$.

(2) $h_2 : \{0,1\}^* \to \{0,1\}^{2n}$, $h_2 = f(x)\|g(x)$.

(提示: 反证法)

练习 6.4　举例说明一个杂凑函数抗原像攻击, 但不抗第二原像攻击.

练习 6.5　对给定的 n-bit 的口令的杂凑值, 请分析如何通过时间存储权衡攻击来寻找一个对应的口令. 该口令一定与用户设置的一样吗? 是否一样对攻击效果有影响? (时间存储权衡攻击可参考文献 [27])

练习 6.6　设 $f : \{0,1\}^{2n} \to \{0,1\}^n$ 为抗原像的杂凑函数, 对 4n-bit 的输入 $x = x_L \| x_R$, 其中, x_L 和 x_R 均为 2n-bit, 如下定义杂凑函数 $h : \{0,1\}^{4n} \to \{0,1\}^n$,

$$h = f(x_L \oplus x_R),$$

请分析 H 是否满足抗原像、抗第二原像和抗碰撞特性. (提示: 反证法)

练习 6.7　测试杂凑函数 SHA-256 和 SM3 的雪崩效应.

参考文献

[1] Davies D W, Price W L. The application of digital signatures based on public key cryptosystem. Proc. 4th ICCC, Atlanta, Octiber, 1980: 525-530.

[2] Stallings W. 密码编码学与网络安全: 原理与实践. 8 版. 陈晶, 杜瑞颖, 唐明, 等译. 北京: 电子工业出版社, 2020.

[3] Merkle R C. Secrecy, authentication, and public key systems. Palo Alto: Stanford University, 1979.

[4] Damgård I B. Collision free hash functions and public key signature schemes. Advances in Cryptology—EUROCRYPT' 87, LNCS 304, Springer, 1988: 203-216.

[5] Kelsey J, Schneier B. Second preimages on n-bit hash functions for much less than 2n work. Advances in Cryptology—EUROCRYPT 2005, LNCS 3494, Springer, 2005: 474-490.

[6] Kelsey J, Kohno T. Herding hash functions and the nostradamus attack. Advances in Cryptology—EUROCRYPT 2006, LNCS 4004, Springer, 2006: 183-200.

[7] Nandi M. NIST's views on SHA-3' s security requirements and evaluation of attacks. First SHA-3 Candidate Conference, 2009.

[8] Rogaway P, Shrimpton T. Cryptographic hash-function basics: Definitions, implications, and separations for preimage resistance, second-preimage resistance, and collision resistance. Fast Software Encryption, LNCS 3017, Springer, 2004: 371-388.

[9] Merkle R C. One way hash functions and DES. Advances in Cryptology-CRYPTO' 89 Proceedings, LNCS 435, Springer, 1990: 428-446.

[10] Damgård I B. A design principle for hash functions. Advances in Cryptology-CRYPTO' 89, LNCS 435, Springer, 1990: 416-427.

[11] Rivest R L. The MD4 message digest algorithm. Advances in Cryptology-CRYPTO' 90, Berlin, Heidelberg, Springer, 1991: 303-311.

[12] Rivest R L. The MD5 message digest algorithm. 1992[2023-08-20]. http://dl.acm.org/doi/book/10.17487/RFC1321.

[13] Zheng Y L, Pieprzyk J, Seberry J. HAVAL: A one-way hashing algorithm with variable length of output (extended abstract). Advances in Cryptology-AUSCRYPT' 92, LNCS 718, Springer, 1993: 81-104.

[14] NIST. FIPS PUB 180-1 Secure Hash Standard. 1993. withdrawn.

[15] NIST. FIPS 180-2 Secure Hash Standard. 2002, withdrawn.

[16] Dobbertin H, Bosselaers A, Preneel B. RIPEMD-160: A strengthened version of RIPEMD. Fast Software Encryption, LNCS 1039, Springer, 1996: 71-82.

[17] 国家密码管理局. SM3 密码杂凑算法, 2010[2023-8-20]. https://oscca.gov.cn/sca/xxgk/2010-12/17/content_1002389.shtml.

[18] Biham E, Dunkelman O. A framework for iterative hash functions- HAIFA. 2006. Hash Functions workshop 2006.

[19] Aumasson J P, Henzen L, Meie W, et al. SHA-3 proposal BLAKE, 2009.

[20] Lucks S. A failure-friendly design principle for hash functions. Advances in Cryptology—ASIACRYPT 2005, Berlin, Heidelberg, LNCS 3788, Springer, 2005: 474-494.

[21] Bertoni G, Daemen J, Peeters M, et al. Sponge functions. ECRYPT Hash workshop, 2007.

[22] Bertoni G, Daemen J, Peeters M, et al. Keccak. Advances in Cryptology—EUROCRYPT 2013, LNCS 7881, Springer, 2013: 313-314.

[23] Guo J, Peyrin T, Poschmann A. The photon family of lightweight hash functions. Advances in Cryptology-CRYPTO 2011, LNCS 6841, Springer, 2011: 222-239.

[24] Aumasson J P, Henzen L, Meier W, et al. Quark: A lightweight hash. Cryptographic Hardware and Embedded Systems, CHES 2010, Springer, 2010, pages 1-15.

[25] Bogdanov A, Knežević M, Leander G, et al. Spongent: A lightweight hash function. Cryptographic Hardware and Embedded Systems—CHES 2011, LNCS 6917, Springer, 2011: 312-325.

[26] Joux A. Multicollisions in iterated hash functions. application to cascaded constructions. Advances in Cryptology—CRYPTO 2004, LNCS 3152, Springer, 2004: 306-316.

[27] 王小云, 于红波. 密码杂凑算法综述. 信息安全研究, 2015, 1(1): 19-30.

[28] Berendschot A, Boer B D, Boly J P, et al. Integrity primitives for secure information systems: Final report of RACE integrity primitives evaluation RIPERACE 1040, 1995.

[29] Wang X Y, Feng D G, Lai X J, et al. Collisions for hash functions MD4, MD5, HAVAL-128 and RIPEMD. IACR Cryptol. ePrint Arch., 2004, 2004:199.

[30] Wang X Y, Lai X J, Feng D G, et al. Cryptanalysis of the hash functions MD4 and RIPEMD. Advances in Cryptology—EUROCRYPT 2005, LNCS 3494, Springer, 2005: 1-18.

[31] Wang X Y, Yu H B. How to break MD5 and other hash functions. Advances in Cryptology—EUROCRYPT 2005, LNCS 3494, Springer, 2005: 19-35.

[32] Wang X Y, Yin Y L, Yu H B. Finding collisions in the full SHA-1. Advances in Cryptology-CRYPTO 2005, LNCS 3621, Springer, 2005: 17-36.

[33] Dworkin M. SHA-3 Standard: Permutation-based hash and extendableoutput functions, NIST FIPS 202, 2015.

[34] NIST. NIST policy on hash functions. 2022[2023-8-20]. https://csrc.nist.gov/Projects/hash-functions/nist-policy-on-hash-functions.

[35] Yuval G. How to swindle Rabin. Cryptologia, 1979, 3(3):187-191.

[36]　Wagner D. A generalized birthday problem. Advances in Cryptology—CRYPTO 2002, LNCS 2442, Springer, 2002: 288-304.

[37]　Katz J, Lindell Y. Introduction to Modern Cryptography. 2nd ed. Boca Raton: CRC Press, 2014.

[38]　Stevens M, Lenstra A, De Weger B. Chosen-prefix collisions for MD5 and colliding X.509 certificates for different identities. In Advances in Cryptology—EUROCRYPT 2007, LNCS 4515, Springer, 2007: 1-22.

[39]　Stevens M, Sotirov A, Appelbaum J, et al. Short chosen-prefix collisions for MD5 and the creation of a rogue CA certificate. Advances in Cryptology—CRYPTO 2009, LNCS 5677, Springer, 2009: 55-69.

[40]　Yu H B, Wang G L, Zhang G Y, et al. The secondpreimage attack on MD4. Cryptology and Network Security, LNCS 3810, Springer, 2005: 1-12.

[41]　Fouque P A, Leurent G, Nguyen P Q. Full keyrecovery attacks on HMAC/NMAC-MD4 and NMAC-MD5. Advances in Cryptology—CRYPTO 2007, LNCS 4622, Springer, 2007: 13-30.

[42]　Yuan Z, Wang W, Jia K T, et al. New birthday attacks on some macs based on block ciphers. Advances in Cryptology—CRYPTO 2009, LNCS 5677, Springer, 2009: 209-230.

[43]　Raddum H. Algebraic analysis of the Simon block cipher family. Progress in Cryptology—LATINCRYPT 2015, LNCS 9230, Springer, 2015: 157-169.

[44]　Knellwolf S, Meier W,Plasencia M N. Conditional differential cryptanalysis of NLFSR-based cryptosystems. Advances in Cryptology- ASIACRYPT 2010, LNCS 6477, Springer, 2010: 130-145.

[45]　NIST. FIPS 180-4·Secure Hash Standard. 2015.

[46]　王小云, 于红波. SM3 密码杂凑算法. 信息安全研究, 2016, 2(11): 983-994.

第 7 章

消息认证码

第7章课件

在日常生活与工作中, 我们经常需要辨别事物的真伪, 例如, 确认证件、现金、发票等不是伪造, 确认收到的求助短信或邮件真的来源于自己的亲友. 在万物互联的时代, 各类事物以数据形式存在于网络空间, 因此, 我们同样需要辨别数据的真伪——确认数据信息来源的真实性、确认消息未被恶意修改、伪造等. 特别是人工智能技术飞速发展的今天, 深度伪造技术可以轻易实现音视频的模拟和伪造, "眼见为实, 耳听为虚" 的判定准则已不再适用. 针对数据的认证性问题, 密码学提供了许多有效的认证性解决方案, 其中两类最基础的方案是消息认证码与数字签名.

本章主要介绍消息认证码, 包括消息认证码的基本概念、实现消息认证码的基本方法、基于密码杂凑函数和分组密码构造的典型消息认证码算法等. 本章最后, 简要讨论同时实现认证和加密功能的认证加密算法.

7.1 消息认证码概述

7.1.1 消息认证

消息认证码概述

提起数据的安全性, 人们首先会想到保障数据信息不被泄露, 即保密性, 而常常忽略数据安全的另一重要方面——确认消息来源和内容的真实性, 即认证性. 事实上, 认证性与保密性是数据安全的两个重要方面, 二者往往缺一不可, 需相互配合才能共同实现数据的安全性. 考虑网络通信中以下可能的攻击:

- 敌手对原本合法的消息内容进行插入、删除、换位等篡改操作;
- 敌手直接生成假消息, 并声称该消息来源于某个合法的实体.

要抵抗这些攻击, 发送方需要对消息内容和消息来源均进行认证, 接收方需要验证收到的消息的确来自真正的发送方, 且消息内容在传输过程中没有被篡改. 我们先考虑直接利用之前介绍的加密和杂凑算法能否抵抗以上攻击.

- 加密算法: 某些密码系统会采用对称加密算法提供认证性. 例如, 假设仅有用户 A 与用户 B 拥有对称加密的密钥 K. 当用户 A 收到密文 C 后, 如果用 K 能够将 C 解密得到 "正确" 的明文 M, 则用户 A 可以确认该密文来源于用户 B, 密文 C 通过验证. 因为, 只有拥有密钥 K 的人才可以生成正确的密文, 而知道密钥 K 的人只有 B. 相反, 不知道 K 的敌手对于密文 C 进行任何修改得到 C' 或直接采用错误的密钥对假消息 M' 加密生成密文 C'', 用户 A 对 C'' 采用 K 进行解密的结果通常为无规律的乱码.

然而, 何谓 "正确" 的明文通常没有统一的判定标准, 这往往与具体应用场景相关, 例如, 某些金融数据本身就看似随机无规律, 对此类数据的密文, 无法根据是否有 "规律" 或 "意义" 来判定解密后的明文是否正确. 因此, 仅仅对数据进行加密并不能直接防范与探测上述攻击, 加解密算法本身不提供探测篡改与识别发送者身份的功能. 根据解密出的明文的正确性来判定密文是否通过验证这种方式, 通常需要明文具有某种易于识别的结构, 并且不知道密钥或明文难以生成通过验证的密文. 一个常用的方法是在加密前对每个消息附加一个错误检测码, 也称帧校验序列 (FCS) 或校验和来实现认证功能. 具体步骤如下:

(1) 发送方 A 和接收方 B 由密钥生成算法生成共享密钥 K;

(2) 发送方 A 将消息 M 输入 F 函数, 生成 $FCS = F(M)$, 再计算 $C = Enc_K(M\|F(M))$, 并将 C 通过公开信道发送给接收方 B;

(3) 接收方 B 收到后, 用事先共享的密钥 K, 对 C 进行解密, 获得明文 $M\|F(M)$, 并自行计算 $F(M)$, 若与解密得到的一致, 则认为消息 M 是由 A 发送的, 且消息内容在传输过程中没有被篡改.

注 7.1 以上方案同时实现了保密性和认证性. 生成 FCS 和加密函数执行的顺序很重要, 上述过程称为内部错误控制. 若先进行加密, 再计算 $FCS = F(Enc_K(M))$, 并将 $(Enc_K(M), FCS)$ 通过公开信道发送给接收方 B, 则是外部错误控制. 此方式敌手可伪造具有正确 FCS 的 $Enc_K(M)$, 虽然敌手不知道解密后的消息是什么, 但可以造成混淆并破坏通信.

注 7.2 对第 9 章将要讨论的公钥加密算法来说, 也可以与数字签名结合, 同时实现保密性和认证性.

• 杂凑函数: 使用杂凑函数提供认证性同样具有局限性. 例如, 如果用户没有原始数据的杂凑值作比对, 则杂凑函数无法进行完整性检测. 而且, 杂凑函数的计算不需要密钥, 即使用户能够收到原始数据的杂凑值, 也不能确认消息来源于所声称的发送者, 从而, 任何人 (包括敌手) 可以对篡改后的数据生成杂凑值. 需要指出的是, 对于被敌手篡改后的消息, 其来源已不再是原消息的发送者, 而是篡改消息的敌手.

因此, 加密算法或杂凑函数通常无法直接帮助用户确认消息来源的真实性, 或者说, 保密性和完整性本身并不蕴含认证性, 除实现效率的因素外, 还有应用需求的考虑, 我们需要额外的能够提供认证性的密码方案. 本章我们介绍一类能够提供认证性的对称密码方案——消息认证码.

7.1.2 消息认证码

消息认证码 (message authentication code, MAC), 又称为消息鉴别码, 主要用于验证消息内容的完整性及消息来源的真实性, 其中验证消息内容的完整性是指验证消息在传输或存储过程中未被篡改; 而验证消息来源的真实性是指确认消息确实来自所声称的用户.

定义 7.1 消息认证码主要由以下三部分组成:

● 密钥生成算法 $KeyGen$: $K \leftarrow KeyGen(1^\lambda)$.

输入安全参数 λ, 输出密钥 K. 所有密钥构成的密钥空间记为 $\mathbb{K}$.

● 标签生成算法 Mac: $T \leftarrow Mac_K(M)$.

输入密钥 K 与需要认证的消息 M, 输出标签 T. 所有消息构成的消息空间记为 $\mathbb{M}$, 对应的标签值空间为 $\mathbb{T}$.

● 标签验证算法 $Vrfy$: $b \leftarrow Vrfy_K(M, T)$.

输入密钥 K、消息 M 与标签 T, 输出 b, 其中, $b \in \{0, 1\}$, $b = 1$ 表示验证通过, 即标签 T 是合法的; $b = 0$ 表示验证不通过, 标签 T 不合法.

正确性 对于每一个 $M \in \mathbb{M}$, $K \in \mathbb{K}$ 应满足

$$Vrfy_K(M, Mac_K(M)) = 1.$$

关于验证算法 常用的消息认证码是确定性的, 即输入密钥与消息能够确定唯一的输出标签. 验证者收到 (M, T) 后运行的验证算法通常是计算 $T' \leftarrow Mac_K(M)$, 并比对 $T' \overset{?}{=} T$, 如果相等, 则标签合法; 否则, 非法.

图 7.1 展示了用户 A 与用户 B 如何应用消息认证码为他们之间的通信提供认证性:

(1) 用户 A(或用户 B) 运行密钥生成算法 $KeyGen$ 生成密钥 K. 假设 A 与 B 能够通过某种安全的方式实现 K 的共享;

(2) 用户 A 作为发送方想要向 B 发送消息 M, 同时能够让 B 确认 M 确由 A 生成且传输过程中没有被篡改过. 此时, 发送方 A 利用标签生成算法计算消息 M 的标签 $T = Mac_K(M)$, 并将 (M, T) 通过公开信道发送给接收方 B;

(3) 接收方 B 收到后, 用事先共享的密钥 K, 利用标签生成算法自行计算消息 M 的标签 T'. 若 $T = T'$, 则认为消息 M 是由 A 发送的, 且消息内容在传输过程中没有被篡改.

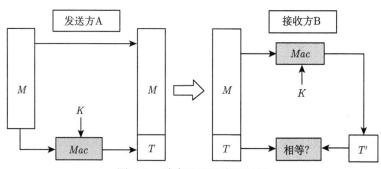

图 7.1　　消息认证码应用示例

与对称加密的区别　消息认证码与对称加密在密钥的使用方面类似, 通信双方都需要共享密钥 K, 但 MAC 的标签生成算法没有可逆性要求 (通常无法从标签值恢复出原始消息), 而加密算法必须是可逆的 (否则无法由密文恢复出对应的明文); 而且, MAC 算法一般是多对一函数, 即从定义域到值域的映射关系来说, 对值域中的同一个标签值, 可能有多个定义域中的消息与之对应[①], 这也解释了消息认证码为何通常不是可逆的. 而且, MAC 算法通常不具有保密性, 因为消息需以明文形式发送, 此外, 标签值本身也可能泄露消息的信息.

7.2　安全要求与设计原理

7.2.1　消息认证码的安全要求

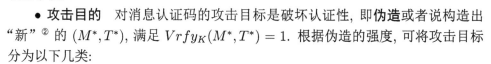

简单地说, 一个安全的消息认证码应满足: 对于不知道密钥 K 的敌手, 难以生成满足 $Vrfy_K(M,T)=1$ 验证的 (M,T), 这意味着, 若消息 M 被敌手篡改为 M^* 并伪造其标签值 T^*, 则 (M^*,T^*) 通过验证的概率是可忽略的. 为了进一步明确消息认证码的安全性, 我们需考虑敌手的攻击目标与攻击手段.

● **攻击目的**　对消息认证码的攻击目标是破坏认证性, 即**伪造**或者说构造出"新"[②] 的 (M^*,T^*), 满足 $Vrfy_K(M^*,T^*)=1$. 根据伪造的强度, 可将攻击目标分为以下几类:

(1) 恢复密钥 K: 敌手能够获得 MAC 算法的密钥, 这意味着, 敌手与通信双方掌握相同的信息量. 从而, 对任意消息 $M^* \in \mathbb{M}$, 可以直接使用共享密钥, 计算 $T^* = Mac_K(M^*)$, 且满足 $Vrfy_K(M^*,T^*)=1$, 故可以成功进行伪造.

---

① 如果 MAC 算法在有界计算资源下是足够安全的 (计算安全), 则难以找到对应同一个标签值的两个不同的消息 (消息碰撞).

② 此处的 "新" 是指在通信中没有出现过, 后文攻击手段中有进一步讨论.

(2) 通用性伪造 (universal forgery)：敌手找到一种生成合法 (M^*, T^*) 的等价算法，无需恢复密钥 K，就可对任意消息 $M^* \in \mathbb{M}$，构造出满足 $Vrfy_K(M^*, T^*) = 1$ 的 T^*.

(3) 选择性伪造 (selective forgery)：敌手能够针对事先选择的某个特殊消息 $M^* \in \mathbb{M}$，构造出满足 $Vrfy_K(M^*, T^*) = 1$ 的 T^*.

(4) 存在性伪造 (existential forgery)：敌手可构造一个 (M^*, T^*)，满足 $Vrfy_K(M^*, T^*) = 1$. 存在性伪造中，M^* 可能是无任何意义的消息，即不对 M^* 作任何限制，只要能通过验证即可.

可见，上述目标对敌手的要求 (伪造能力) 依次减弱.

• **攻击手段** 对消息认证码进行安全性分析，一般假设敌手已知消息认证码方案但不知道密钥 K，但实际应用中，敌手可能获取额外信息，例如，可以通过搭线窃听等方式获得接收方和发送方通信中传输过的 (M, T). 具体而言，根据敌手的能力及其掌握的信息，可将攻击手段分为以下两类：

(1) 已知消息攻击：敌手可通过监听、截获等被动攻击形式，获取某些消息及其对应的标签.

(2) 选择消息攻击：敌手可以选择任意的消息并获取其对应的合法标签.

敌手的攻击手段从上到下依次增强：与已知消息攻击相比，选择消息攻击更具主动性——敌手可选择对其分析有利的消息，并得到其标签. 利用上述攻击手段所收集到的消息-标签对的集合记为 $\mathcal{S} = \{(M, T)\}$，敌手基于 $\mathcal{S}$ 进行密码分析，并进一步伪造 "新" 的消息-标签对 (M^*, T^*). 攻击目标中伪造 "新" 的 (M^*, T^*)，是指伪造的消息 M^* 不包含在 $\mathcal{S}$ 中的任何一个消息-标签对内[①].

重放攻击 上述攻击手段并未考虑重放攻击 (replay attack)，即敌手将所收集过的某个消息-标签对 (M, T) 进行重放. 尽管此类重放的 (M, T) 在上述分析中并未被认定为有效的伪造，但是，重放攻击是密码系统在实际部署中最易遭受的一类攻击，可能导致密码系统认证性甚至保密性的破坏. 为了防范针对消息认证码的重放攻击，常用的方法是在消息中添加时间戳、序列号或随机数，以唯一标记每一次的 MAC 标签. 例如，$T \leftarrow Mac_K(M')$，其中 $M' = M \| time$，$time$ 为当前时间. 此时，验证者不仅验证 T 是否满足验证算法，还需检查消息中的 $time$ 是否与其本地时间匹配.

一般来说，密码方案能够抵抗的敌手攻击目标越低、攻击手段越强，方案就越安全. 究竟选择哪种攻击目标用以刻画敌手，这与密码方案具体的应用场景密切相关，例如，某些场景下难以判定消息是否合法或有意义，此时，消息的存在性伪造即可构成合法伪造；而在某些场景下，消息有着明确的格式或含义，此时伪造

[①] 在某些安全定义中，仅要求 $(M^*, T^*) \notin \mathcal{S}$.

需考虑选择性伪造. 然而, 一个密码方案将应用于何种场景是难以预测的. 因此, 定义密码安全性时, 通常考虑对于敌手最有利的情形, 即敌手在最强攻击手段下达到最低攻击目标. 对于消息认证码的安全性, 通常考虑选择消息攻击下的存在性伪造, 也就是说, 一个安全的消息认证码应满足**选择消息攻击下的存在性不可伪造**.

7.2.2　*安全性的形式化定义

我们将上述攻击手段进行抽象, 以访问 MAC 谕示 $\mathcal{O}_{MAC}(\cdot)$ 的形式, 来刻画敌手进行选择消息攻击: 敌手向 MAC 谕示 $\mathcal{O}_{MAC}(\cdot)$ 询问消息 M, $\mathcal{O}_{MAC}(\cdot)$ 反馈给敌手 M 的标签值 T, 其中 $T = Mac_K(M)$. 通过该方式, 我们可以得到消息认证码的安全性定义.

定义 7.2 (选择消息攻击下的存在性不可伪造)　对于消息认证码

$$\Pi = (KeyGen, Mac, Vrfy)$$

运行 $K \leftarrow KeyGen(1^\lambda)$. 敌手能够向 $\mathcal{O}_{MAC}(\cdot)$ 询问消息 M, 获得对应的标签 $T = Mac_K(M)$. 将每次询问的消息记录在列表 $\mathcal{Q}$ 中, 即 $\mathcal{Q} = \{M\}$. 敌手最终输出伪造的消息-标签对 (M^*, T^*). 如果对于任意敌手均满足

$$\Pr[Vrfy_K(M^*, T^*) = 1 且 M^* \notin \mathcal{Q}] \leqslant negl(1^\lambda),$$

则称该消息认证码是选择消息攻击下存在性不可伪造的.

注 7.3　上述定义并未考虑敌手的计算能力. 如果敌手仅为计算能力有界的 (如, 多项式时间), 则上述安全性为计算安全; 如果敌手具有无限计算能力, 则上述安全为完美安全.

7.2.3　*消息认证码的通用攻击

为进一步理解消息认证码的安全性与相关参数设置, 本节介绍针对消息认证码的通用攻击方法——穷举攻击. 该攻击不依赖于消息认证码的具体构造算法, 适用于所有消息认证码. 穷举攻击从穷举密钥空间、消息空间或标签值三个角度给出了伪造攻击的复杂度上界.

● **穷举密钥空间, 恢复密钥 K**　类似对称加密算法, K 是消息认证码算法中唯一保密的信息. 若敌手可以恢复 K, 即可计算任意消息 M 对应的有效标签 T. 假设密钥 K 的长度为 l-bit, 且敌手已获得 x 个消息-标签对 (M_i, T_i) $(i = 0, \cdots, x-1)$, 则可通过穷举密钥的所有可能, 代入验证表达式 $Vrfy_K(M_i, T_i)$, 根据是否为 1 进行筛选. 正确密钥一定能通过 x 次验证, 错误密钥以概率 (< 1) 通

过 x 次验证. 要唯一识别出正确密钥, x 的下界由错误密钥通过的概率所决定. 该攻击方法的在最差情况下的复杂度约为 2^l.

- **穷举消息空间** 假设标签值 T 的长度为 n-bit. 在密钥事先约定的情况下, 对任一给定的标签值 T, 从消息空间中随机选取消息 M, 则 M 对应的 n-bit 标签值 T_M 为标签值空间 $\mathbb{T}$ 中的随机值, 恰好满足 $T_M = T$ 的概率为 $\frac{1}{2^n}$, 因此, 随机选择 2^n 个消息, 期望其中存在一个消息 M^* 满足 $T_{M^*} = T$, 即找到合法的 (M^*, T).

- **穷举标签值** 固定消息 M, 标签值的可能取值只有 2^n 种可能, 穷举所有可能, 即可找到合法的 (M, T).

注 7.4 穷举消息空间或标签值的攻击需要代入密钥 K 对应的验证算法进行验证, 因此, 需要询问 $\mathcal{O}_{MAC}(\cdot)$.

从以上攻击可以看出, 穷举攻击决定了消息认证码的安全上界为 $\min(2^l, 2^n)$, 要保证安全性, 一般要求 $\min(\lambda, n) \geqslant 128$.

除穷举攻击外, 类似对称加密算法和杂凑函数的安全性分析, 也可以利用算法部件或结构的某些不随机特性, 或借助侧信道攻击来实施伪造. 考虑以下例子.

例子 7.1 设消息 $M = X_0 \| X_1 \| \cdots \| X_{m-1}$, 其中, X_i 均为 128-bit. 记 $\Delta M = X_0 \oplus X_1 \oplus \cdots \oplus X_{m-1}$, K 为 128-bit, Enc 为 AES-128 加密算法, 定义标签生成算法如下:

$$Mac_K(M) = Enc_K(\Delta M).$$

其验证算法 $Vrfy$ 为计算 $T' \leftarrow Mac_K(M)$, 并比较 $T \overset{?}{=} T'$. 该 MAC 算法是否安全?

上述 MAC 算法并不安全, 不能抵抗已知消息攻击下的存在性伪造. 具体攻击如下:

若敌手已知一个合法的消息–标签对 (M, T), 则可任取 $Y_0 \| Y_1 \| \cdots \| Y_{m-2}$ 满足 $Y_0 \| Y_1 \| \cdots \| Y_{m-2} \neq X_0 \| X_1 \| \cdots \| X_{m-2}$, 其中, Y_i 均为 128-bit, 并计算 128-bit 的

$$Y_{m-1} = \Delta M \oplus (Y_0 \oplus Y_1 \oplus \cdots \oplus Y_{m-2}),$$

从而, $Y_0 \oplus Y_1 \oplus \cdots \oplus Y_{m-1} = \Delta M$.

记消息 $M' = Y_0 \| Y_1 \| \cdots \| Y_{m-1}$, 我们有 $\Delta M' = \Delta M$, 这意味着

$$Mac_K(M') = Enc_K(\Delta M') = Enc_K(\Delta M) = Mac_K(M).$$

进一步可以得到

$$Vrfy_K(M', T) = Vrfy_K(M, T) = 1.$$

因此, (M', T) 可通过验证, 伪造成功.

　　上述例子中的消息认证码尽管采用了足够安全的对称加密算法、足够大的密钥空间与标签值空间, 但仍不能保证 MAC 的安全性, MAC 自身的设计是决定其安全性的重要因素.

7.2.4　消息认证码的设计

　　消息认证码主要有基于杂凑函数构造, 如 HMAC[1]、KMAC[2] 等; 基于分组密码算法构造, 如 DAA、CMAC[3] 等; 以及基于 Universal Hashing 构造, 如 UMAC[4] 等. 其中, HMAC、KMAC 和 CMAC 是 NIST 推荐采用的 MAC 算法.

7.3　基于杂凑函数的消息认证码

基于杂凑函数的消息认证码

　　消息认证码与杂凑函数类似, 都是把任意长度的消息压缩成固定长度的输出. 但是, 杂凑函数中没有密钥, 而消息认证码需要密钥的介入. 考虑到杂凑函数高速的软件执行速度, 基于杂凑函数构造消息认证码是一种主流思路. 基于杂凑函数构造的消息认证码又称为带密钥的杂凑函数.

7.3.1　密钥前缀的 MAC

　　有许多方案讨论了将密钥以何种方式加入到已有的杂凑函数中. 早期的设计思路是直接将消息 M 级联在密钥 K 的后面看作一个整体, 即将 $K\|M$ 作为杂凑函数的输入, 这种 MAC 叫做密钥前缀 (secret prefix) 的 MAC, 类似的, 也有密钥后缀 (secret suffix, $M\|K$) 和密钥封装 (envelope, $K\|M\|K$) 模式. 这三种结构及其变型被用于早期的 SNMP 协议. 1995 年, Preneel 和 van Oorschot[5] 指出这些 MAC 采用 MD 结构的杂凑函数存在缺陷, 可通过长度扩展攻击、生日攻击等方式进行伪造.

　　例子 7.2　设密钥 K 为 128-bit, 消息 M 为 l-bit, 其中, $0 \leqslant l < 2^{64} - 512$, h 为 SHA-256 算法, pad_K 为密钥的填充信息, $K\|pad_K$ 为 512-bit. 记 $X = K\|pad_K\|M$, 定义标签生成算法如下:

$$Mac_K(M) = h(X).$$

设计算杂凑值时, 消息 X 的填充信息为 pad_X, 则 $X\|pad_X$ 被划分为 t 个 512-bit 的消息分组 $(K\|pad_K)\|M_1\|\cdots\|M_{t-1}$, 依次输入压缩函数进行迭代, 杂凑值即为标签 T.

若敌手已知一个合法的消息-标签对 (M, T), 则将 T 看作中间链接变量, 即可继续对任意消息 M' 继续进行压缩函数的迭代. 当 M' 的长度在 448-bit 以内时, 杂凑值计算过程如图 7.2 所示. 在此基础上, 即使不知道密钥 K, 也可得到消息 $Y = X \| pad_X \| M' = h_T(M')$ 对应的杂凑值 T', 其中, h_T 表示将杂凑函数的初始链接变量 IV 用 T 替换.

从而, 构造出合法的消息–标签对 $(M \| pad_X \| M', T')$, 伪造成功[①].

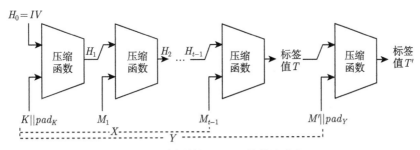

图 7.2　密钥前缀 MAC 的伪造攻击

7.3.2　消息认证码标准 HMAC

1996 年, Bellare 等在密码学会议美密会 (CRYPTO) 上提出通过两层杂凑函数的嵌套实现消息认证的 HMAC 算法, 后期又给出其安全性证明. HMAC 算法现已纳入 ISO/IEC 9797-2:2002、RFC 2104[6]、FIPS PUB 198-1[1] 等标准.

RFC 2104 中列出了 HMAC 的设计目标:

• 可无需修改而直接使用现有的杂凑函数, 特别是软件优势突出、代码免费且广泛可用的杂凑函数.

• 尽量保持杂凑函数的性能.

• 密钥的使用和处理方式简单.

• 基于对杂凑函数的合理假设, 给出消息认证码算法安全强度的全面评估.

• 在发现或需要更快或更安全的杂凑函数时, 易于对采用的杂凑函数进行替换.

因此, 实现 HMAC 时可将现有杂凑函数作为一个模块, 以便在需要时直接使用, 而且, 若已嵌入的杂凑函数不再安全, 则只需用更安全的杂凑函数模块替换, 仍可保证 HMAC 算法的安全性.

---

① 与存在性伪造不同, 此处敌手可以在询问 $\mathcal{O}_{MAC}(\cdot)$ 之前, 事先公布要伪造的消息 $(M \| pad_X \| M')$, 攻击的难度更大, 为选择性伪造.

7.3.2.1　HMAC 算法描述

设 h 为一个杂凑函数 (例如, SHA-256、SM3 或 SHA3-256 等), K 为密钥, 消息分组长度为 b-bit, 则 HMAC 算法对消息 M 计算标签值如下:

$$HMAC_K(M) = h\big((K_{pad} \oplus \mathrm{opad})\|h(K_{pad} \oplus \mathrm{ipad}\|M)\big)$$

其中,

$$\mathrm{ipad} = 0x36\ 36\cdots 36\ (\text{十六进制}), \text{即 36 重复} b/8\text{次},$$

$$\mathrm{opad} = 0x5C\ 5C\cdots 5C\ (\text{十六进制}), \text{即 5C 重复} b/8\text{次},$$

K_{pad} 为密钥 K 填充后的结果. 出于安全性的考虑, 一般要求 K 的比特长度 λ 至少为杂凑值的比特长度 n. K_{pad} 的计算过程如下:

• 若 $\lambda > b$, 则将 K 作为杂凑函数 h 的输入, 产生一个 n-bit 的取值 $h(K)$, 再在 $h(K)$ 右侧填充 $(b-n)$-bit 的 '0', 得到 b-bit 的 K_{pad}, 即 $K_{pad} = h(K)\|0\cdots 0$.

• 若 $\lambda \leqslant b$, 则直接在 K 右侧填充 $(b - \lambda)$-bit 的 '0', 得到 b-bit 的 K_{pad}, 即 $K_{pad} = K\|0\cdots 0$.

例如, 若采用 SHA-256 算法, K 的长度为 160-bit, 则在 K 右侧填充 352-bit '0'.

我们以底层杂凑函数 h 为 MD 结构的情况为例详细说明计算过程.

设 IV 为初始链接变量, f 为杂凑函数 h 内部采用的压缩函数, 则 HMAC 算法计算标签值的过程如图 7.3 所示:

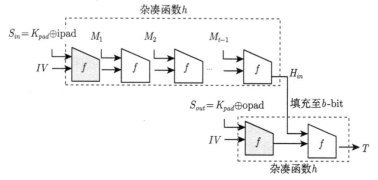

图 7.3　HMAC 算法示意图

(1) 将填充后的密钥 K_{pad} 与常量 ipad 异或得到一个 b-bit 的分组 S_{in}:

$$S_{in} = K_{pad} \oplus \mathrm{ipad}.$$

(2) 在 S_{in} 后级联消息 M, 将 $S_{in}\|M$ 经消息填充后, 划分为 t 个 b-bit 的消息分组 $(K_{pad} \oplus \mathrm{ipad})\|M_1\|\cdots\|M_{t-1}$ ①. 经过 t 次迭代, 得到内部杂凑值 H_{in}:

---

① 注意, 此处将 $S_{in}\|M$ 视为杂凑函数的输入, 按照 MD 结构的填充规则, M_{t-1} 中包含 $S_{in}\|M$ 的长度信息.

$$H_{in} = h(S_{in} \| M).$$

(3) 将填充后的密钥 K_{pad} 与常量 opad 异或得到一个 b-bit 的分组 S_{out}:

$$S_{out} = K_{pad} \oplus \text{opad}.$$

(4) 在 S_{out} 后级联 H_{in}, 输入杂凑函数 h 得到相应的杂凑值, 即为消息 M 的标签值 T:

$$T = h(S_{out} \| H_{in}).$$

注 7.5 通过与 ipad 和 opad 异或, 密钥 K_{pad} 的比特有一半发生了改变, 得到两个不同的分组: $K_{pad} \oplus$ ipad 与 $K_{pad} \oplus$ opad, 再分别经过压缩函数 f. 上述过程可以理解为由原始密钥 K_{pad} 产生了两个伪随机密钥: $f(IV, K_{pad} \oplus \text{ipad})$ 与 $f(IV, K_{pad} \oplus \text{opad})$. 此外, $f(IV, K_{pad} \oplus \text{ipad})$ 与 $f(IV, K_{pad} \oplus \text{opad})$ 可进行预计算, 提高 HMAC 的实现效率.

与评估一个分组密码算法的安全性需要说明该算法抵抗各种现有攻击不同, HMAC 算法是可证明安全的. 简单来说, 只要底层的杂凑函数具有某些良好的属性, HMAC 算法就可以证明是安全的[7].

7.3.2.2 HMAC 算法的安全性

MD 结构的杂凑函数易于构造二次碰撞的特性, 也可导致基于 MD 结构的杂凑函数构造的 HMAC 算法的伪造攻击. 设标签值长度为 n-bit, 该攻击具体步骤如下:

(1) 随机选择 $O(2^{n/2})$ 个长度相同的消息 M_i, 并获得相应标签值 T_i.

(2) 利用生日攻击, 在 $O(2^{n/2})$ 个 T_i 中找到一对碰撞 (外部碰撞) $T = T'$. 根据 $T = h(S_{out} \| H_{in})$ 和 $T' = h(S_{out} \| H'_{in})$ 可知, 该外部碰撞以很高的概率由内部碰撞 $H_{in} = H'_{in}$, 即 $h(S_{in} \| M) = h(S_{in} \| M')$ 所导致. 从而, 以很高的概率找到一对内层杂凑函数的碰撞 (内部碰撞).

(3) 根据 MD 结构易于构造二次碰撞的特性, 任取消息 N, 设 pad_X 为对消息 $S_{in} \| M$ 的填充信息, $pad_{X'}$ 为对消息 $S_{in} \| M'$ 的填充信息, 则

$$h(S_{in} \| M \| pad_X \| N) = h(S_{in} \| M' \| pad_{X'} \| N)$$

以很高的概率成立.

(4) 选择消息 $M \| pad_X \| N$, 并获得对应的标签值 T_N.

(5) 输出合法的消息-标签对 $(M' \| pad_{X'} \| N, T_N)$, 伪造成功.

以上攻击的复杂度由生日攻击所决定, 从而, 该类消息认证码的伪造攻击的安全上界为 $O(2^{n/2})$①.

---

① 注意到, 这里要先询问 $\mathcal{O}_{MAC}(\cdot)$ 获得外部碰撞, 再构造要伪造的消息, 不是事先选定的消息, 因此, 为存在性伪造.

此外, 具体采用的杂凑函数的安全性也会影响基于该函数构造的 MAC 算法的安全性. 例如, 2005 年, 王小云等首次提出利用杂凑函数的碰撞路线对消息认证码进行密钥恢复的思想[8], 将生日攻击与传统分组密码或杂凑函数的分析方法相结合, 充分利用底层密码算法的弱点及消息认证码的结构特点, 找出中间链接值与最终输出值之间的关系, 影响了基于 MD5、SHA-1 等杂凑算法及 4 轮 AES 算法的 MAC 的安全性[9–11].

7.4 基于分组密码的消息认证码

分组密码的工作模式可以处理任意长度的消息, 因此, 一个直接的思路是基于工作模式构造消息认证码, 只将最后一个明文分组对应的密文值作为标签输出. 本节首先介绍基于密文分组链接 (CBC) 模式的数据认证算法 (DAA); 然后, 指出其安全问题; 最后, 介绍 NIST 推荐的 CMAC 算法.

7.4.1 数据认证算法 DAA

基于 DES 的数据认证算法 (data authentication algorithm, DAA) 是 ANSI X9.17、FIPS PUB 113 和 ISO/IEC 9797 标准, 曾是应用最广泛的消息认证码之一. 然而, 因为存在安全问题, 已被更安全的算法所替代.

DAA 基于 CBC 工作模式构造, 分组密码采用 DES 算法, 设 Enc_K 表示 DES 加密算法, 标签值的计算过程如图 7.4 所示.

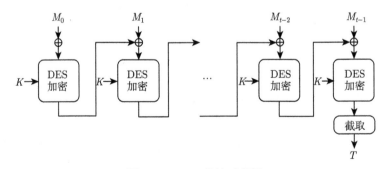

图 7.4 DAA 算法示意图

(1) 消息 M 经填充后, 划分为 t 个 64-bit 的消息分组 $M_0\|\cdots\|M_{t-1}$.

(2) 设初始向量 $IV = 0$.

(3) $C_{-1} := IV$, 即将 IV 视作 “第 0 个” 密文分组.

(4) 对 $i = 0, \cdots, t-1$, 计算

$$C_i := Enc_K(C_{i-1} \oplus M_i).$$

(5) 输出最后一个密文分组 C_{t-1} 最左侧的 $n(16 \leqslant n \leqslant 64)$ 比特作为消息 M 的标签值 T.

注 7.6 DAA 算法只输出最后一个密文分组的 n-bit, 中间密文分组不输出.

DAA 的安全性 DAA 只能处理固定长度的消息, 即这个长度是事先约定好后固定不变的, 否则, 可如下进行伪造攻击.

例子 7.3 若已知 64-bit 消息 X 对应的 64-bit 标签值 T(不考虑截取), 则伪造消息-标签对 $(X\|(X \oplus T), T)$, 也能通过验证.

这是因为, 按照 DAA 运算规则, 消息 X 的标签值 $T = Enc_K(X)$, 消息 $X\|(X \oplus T)$ 的标签值计算如下:

$$C_1 = Enc_K(X) = T,$$
$$C_2 = Enc_K(C_1 \oplus (X \oplus T)) = Enc_K(T \oplus (X \oplus T)) = Enc_K(X) = T.$$

即消息 $X\|(X \oplus T)$ 的标签值也为 T, 伪造成功.

可见, 该攻击与长度扩展攻击类似.

7.4.2 消息认证码标准 CMAC

由于 DAA 算法只能处理固定长度的消息, 对于变长的消息是不安全的, 因此, 出现了一系列改进方案, 如 OMAC、XCBC、TMAC 等. 2005 年, NIST 建议在分组密码算法模块可用时, 采用 CMAC[3] 进行认证. 但是, 这些算法的实现效率往往依赖于分组密码的实现效率, 在处理海量数据时, 成为瓶颈.

CMAC 算法仍基于 CBC 工作模式, 加密算法可采用 AES 和 3DES 等. 对不同的消息长度, CMAC 算法采用两种不同的处理方式, 如图 7.5 所示.

• 当消息 M 的长度为分组长度的整数倍时, 对最后一个明文分组进行特殊处理, 标签值的具体计算过程为:

(1) 将消息 M 划分为 t 个 b-bit 的消息分组 $M_0\|\cdots\|M_{t-1}$. 其中, b 为分组密码的明文长度, 例如, 对 AES 算法, $b = 128$.

(2) 设初始向量 $IV = 0$.

(3) $C_{-1} := IV$, 即将 IV 视作 "第 0 个" 密文分组.

(4) 对 $i = 0, \cdots, t-2$, 计算

$$C_i := Enc_K(C_{i-1} \oplus M_i).$$

(5) 计算

$$C_{t-1} := Enc_K(C_{t-2} \oplus M_{t-1} \oplus K_1).$$

(6) 输出最后一个密文分组 C_{t-1} 最左侧的 n 比特作为消息 M 的标签值 T.

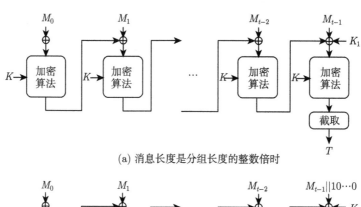

(a) 消息长度是分组长度的整数倍时

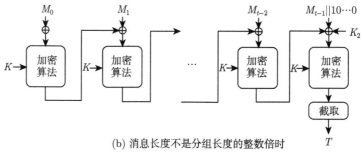

(b) 消息长度不是分组长度的整数倍时

图 7.5　CMAC 算法示意图

• 当消息 M 的长度不是分组长度的整数倍时, 需要先对消息进行填充, 即在最后一个分组的右侧填充 1-bit 的 '1' 和足够多的 '0', 使得分组长度为 b-bit, 然后也按以上步骤进行标签值的计算, 只需将 C_{t-1} 的计算替换为

$$C_{t-1} = Enc_K\big(C_{t-2} \oplus (M_{t-1}\|10\cdots0) \oplus K_2\big).$$

为便于密钥管理, 以上过程中涉及的 b-bit 的密钥 K_1 和 K_2 是由 λ-bit 的主密钥 K 生成的, 具体计算公式为

$$
\begin{aligned}
L &= Enc_K(0^b), \\
K_1 &= L \cdot x, \\
K_2 &= L \cdot x^2 = (L \cdot x) \cdot x,
\end{aligned}
\tag{7.1}
$$

其中, · 为域 $\mathbb{F}_{2^b}$ 上的乘法. 对 $b = 64$, 不可约多项式为 $x^{64} + x^4 + x^3 + x + 1$, 对 $b = 128$, 不可约多项式为 $x^{128} + x^7 + x^2 + x + 1$.

7.5 *认证加密

由于保密性和认证性是两种不同的安全属性, 通常采用不同的密码方案分别实现. 在实践中, 这两种属性在许多应用和协议中都需要同时达成, 于是出现了同时考虑机密性和认证性的算法, 以进一步提升实现效率. 本节讨论的认证加密 (authenticated encryption, AE) 是一类对称密码算法, 能够同时保障保密性和认证性.

本节首先介绍认证加密的通用构造方案, 而后介绍 NIST 标准分组密码链接-消息认证码的计数器 (CCM) 模式和伽罗瓦/计数器 (GCM) 模式, 最后介绍轻量级认证加密标准 Ascon.

7.5.1 认证加密的通用构造

构建认证加密算法的一个直接思路是以某种方式将加密算法和消息认证码进行组合. 设 K_1 为对称加密算法 E 的密钥, K_2 为消息认证码 MAC 的密钥, M 为明文消息, 本小节讨论如下三种组合方式[12]:

• 独立进行加密和认证 (encrypt-and-authenticate, E+A): 发送方如下计算 (C, T), 并发送给接收方.

$$C = Enc_{K_1}(M), \quad T = Mac_{K_2}(M).$$

接收方收到后, 先利用共享密钥 K_1 解密 C_1 恢复 M, 然后代入 $Vrfy_{K_2}(M, T)$ 进行验证. 若 $Vrfy_{K_2}(M, T) = 1$, 则返回明文 M, 否则返回 $\perp$.

• 先认证后加密 (Authenticate-then-Encrypt, AtE): 发送方按如下公式计算标签值 T, 并对消息和标签同时进行加密, 得到密文 C, 仅将 C 发送给接收方.

$$T = Mac_{K_2}(M), \quad C = Enc_{K_1}(M\|T).$$

接收方收到后, 先利用密钥 K_1 解密 C 恢复 $M\|T$, 然后代入 $Vrfy_{K_2}(M, T)$ 进行验证. 若 $Vrfy_{K_2}(M, T) = 1$, 则返回明文 M, 否则返回 $\perp$.

• 先加密后认证 (encrypt-then-authenticate, EtA): 发送方按如下公式计算密文 C, 并对密文 C 计算标签值 T, 将 (C, T) 发送给接收方.

$$C = Enc_{K_1}(M), \quad T = Mac_{K_2}(C).$$

接收方收到后, 先代入 $Vrfy_{K_2}(C, T)$ 进行验证. 若 $Vrfy_{K_2}(C, T) = 1$, 则解密恢复 M, 否则返回 $\perp$.

其中, E+A 和 EtA 模式需要先解密, 再验证; 而 AtE 需要先验证, 后解密.

注 7.7 出于安全性的考虑, 不同的安全目标采用不同的密钥, 即一般要求 K_1 和 K_2 相互独立.

安全性分析 一个 "好" 的认证加密的构造方案应具有通用性, 即任何安全的加密算法与安全的 MAC 代入该构造都应构成安全的认证加密方案. 此处, 安全的加密算法意味着满足加密方案的安全要求, 安全的 MAC 意味着满足 MAC 方案的安全要求, 而安全的 AE 意味着应同时满足加密与 MAC 的安全要求. 如果存在某些安全的加密与 MAC 代入某构造后, 导致所实现的 AE 不满足安全要求, 此时, 我们认为该构造不安全. 下面我们从通用性角度简要分析认证加密的三种组合方式的安全性.

● E+A: 因为消息认证码本身不提供机密性保障, 因此在计算标签值 T 时, Mac_{K_2} 算法有可能暴露消息 M 的信息.

例如, 考虑 $Mac_{K_2}(M) = M \| HMAC_{K_2}(M)$. 该 MAC 方案即使满足认证性, 但用在 E+A 中, 会导致消息的泄露.

● AtE: 考虑如下特殊设计的加密方案 E.

(1) 对消息 M 进行预处理 $F(M)$: 消息 M 中的比特 '0' 用 '00' 代替, 比特 '1' 用 '01' 或 '10' 代替. 相应地, 解密时只需将 '00' 用 '0' 代替, '01' 或 '10' 用 '1' 代替即可, 若出现 '11', 则输出 $\perp$.

(2) $Enc_{K_1}(M) = Enc'_{K_1}(F(M))$, 其中, Enc'_{K_1} 为计数器工作模式 (CTR 模式, 详见第 4.9.5 节), 即通过生成伪随机数流与消息异或进行加密.

该加密方案采用函数 F 对明文做了特殊的编码处理, 并不影响加密安全性. 如果 Enc' 是安全的, 则 Enc 也是安全的.

若采用上述加密构造 AE, 则敌手可通过如下选择密文攻击, 恢复目标密文 C^* 对应的明文 M^*, 其中 C^* 形式如下:

$$C^* = Enc'_{K_1}\big(F(M^* \| Mac_{K_2}(M^*))\big).$$

(1) 由于 C^* 的第一个分组为计数器, 翻转 C^* 的第二个分组的前两比特, 得到新的密文 C'.

(2) 通过选择密文攻击, 获得 C' 是否为有效密文的判断. 根据 01 或 10 翻转仍为 $F(M)$ 的有效输出, 而 00 翻转得 11 是无效输出, 从而, 若 C' 是有效密文, 则说明对应明文 M^* 的第一个比特为 1; 否则, 说明明文 M^* 的第一个比特为 0.

(3) 类似地, 可恢复 M^* 的其余比特.

上述加密构造看似并不自然, 但该攻击利用反馈的解密是否错误的信息恢复明文比特的思想, 本质上类似填充谕示 (padding oracle) 攻击[12]. 填充谕示攻击利用填充规则获取解密错误信息, 是一类可构成实际威胁的攻击. 而且, 在 AtE 模式中, 即便将解密错误信息与 MAC 验证错误信息统一设置为错误信息 (不区分两类错误信息), 敌手仍有可能根据执行时间进一步判定属于何种错误 (timing attack): AtE 模式先解密, 再作 MAC 验证, 两者具有时间差.

- EtA: 这是三种模式中相对安全的一类通用构造方法. 该模式对密文进行 MAC, 在保护明文的同时, 使得敌手难以对密文做出修改, 即被修改的密文难以通过 MAC 的验证, 且仅反馈 MAC 验证错误信息.

由以上讨论可以看出, 不是任一加密算法和消息认证码代入以上模式, 都能提供高强度的安全性. 需要强调的是, 尽管 E+A、AtE 模式不是安全的通用构造, 但仍可以存在安全的具体实现, 这取决于具体采用的加密与 MAC 的性质. 实际应用中, 应考虑具体场景安全性与效率需求, 选择合适的 AE 构造. 例如, 早期的 SSL/TLS 协议中采用 AtE 模式, SSH 协议采用 E+A 模式, IPsec 协议采用 EtA 模式.

此外, ISO/IEC 19772:2020[①]标准规定了下列五种基于分组密码的认证加密方案:

- Key Wrap;
- Counter with CBC-MAC, CCM;
- Encrypt then Authenticate then Flate, EAX;
- Encrypt-then-MAC, EtM(EtA);
- Galois/counter mode, GCM.

这些标准化算法基于不同设计理念且面向不同应用需求, 是现阶段具有代表性和影响力的算法. 其中, CCM 和 GCM 算法也是 NIST 标准, 将在下文介绍.

7.5.2 认证加密标准 CCM

CCM 算法使用分组密码链接-消息认证码的计数器 (counter with CBC-MAC, CCM)[13] 工作模式, 是一种基于 E+A 模式的改进设计, 用 CTR 工作模式进行加密, 并使用消息认证码 CBC-MAC 进行认证, 广泛用于保护 IEEE 802.11 WiFi 无线局域网等网络应用的安全.

CCM 算法是一种带关联数据的认证加密算法 (authenticated encryption with associated data, AEAD), 它允许接收者分别对信息中加密部分和未加密部分进行认证. 例如, 对网络数据包的头部 (包含 IP 地址等), 只需要进行认证, 而对传输的信息则需要保密性和认证性保护, 因此, 头部信息不加密, 直接作为关联数据 (associated data) 参与运算.

CCM 算法主要由分组加密标准 AES、CTR 工作模式和消息认证码 CMAC 组成, 加密和认证使用同一个密钥 K. 其输入包括三部分:

- 待认证和加密的数据, 即明文 M.

---

① https://www.iso.org/standard/81550.html.

● 待认证但无需加密的关联数据 A(可选, 即可以为空). 例如, 时间戳或序列号等用于标识消息的信息.

● 时变值 (nonce)N. 在同一个密钥下, 任意两个不同的数据采用不同的时变值, 即每调用一次 CCM 就更新时变值, 用于抵抗重放等攻击.

CCM 算法的认证-加密流程如图 7.6 所示.

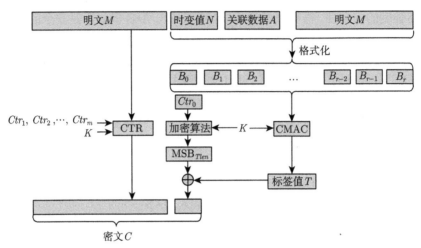

图 7.6　认证加密标准 CCM 的认证-加密流程

对于认证, 输入包括时变值 N、关联数据 A 和明文 M. 对于加密, 输入仅包括明文 M, 与时变值 N 和关联数据 A 无关. 通过 CMAC 将格式化后的数据生成标签值 T, 然后分别对 T 和 M 用计数器模式进行加密, 得到认证-加密流程的输出 C(T 不输出). 具体步骤如下:

(1) 将 (N, A, M) 通过格式化函数 (formatting function) 得到 $r+1$ 个 128-bit 的分组 $B_0, B_1, \cdots, B_r$, 其中, B_0 唯一决定 N. 格式化函数的示例及要求请参考标准文档[13].

(2) 用密钥 K 对分组 B_0 加密, 得到 $Y_0 = Enc_K(B_0)$.

(3) 对 $i = 1, \cdots, r$, 依次计算 $Y_i = Enc_K(B_i \oplus Y_{i-1})$.

(4) 令标签值 $T = \mathrm{MSB}_{Tlen}(Y_r)$, 即取 Y_r 的高 $Tlen$-bit, 其中, $Tlen \leqslant 128$.

(5) 通过计数器生成函数 (counter generation function), 生成计数器分组 $Ctr_0, Ctr_1, \cdots, Ctr_m$, 其中, $m = \lceil Mlen/128 \rceil$, $Mlen$ 为明文 M 的比特长度.

(6) 对 $j = 0, \cdots, m$, 依次计算 $S_j = Enc_K(Ctr_j)$.

(7) 令 $S = S_1 \| S_2 \| \cdots \| S_m$(不包含 S_0).

(8) 输出密文 $C = \left(M \oplus \mathrm{MSB}_{Mlen}(S)\right) \| \left(T \oplus \mathrm{MSB}_{Tlen}(S_0)\right)$.

可见, CCM 算法需对全部明文进行两次处理, 一次用于生成标签, 一次用于生成密文.

在解密-验证流程中, 接收方需要输入: 时变值 N, 关联数据 A 和密文 C. 先解密恢复明文 M, 再验证标签值. 具体步骤如下:

(1) 若密文 C 的比特长度 $Clen \leqslant Tlen$, 则返回 INVALID.

(2) 通过计数器生成函数, 生成计数器分组 $Ctr_0, Ctr_1, \cdots, Ctr_m$, 其中 $m = \lceil (Clen - Tlen)/128 \rceil$.

(3) 对 $j = 0, \cdots, m$, 依次计算 $S_j = Enc_K(Ctr_j)$.

(4) 令 $S = S_1 \| S_2 \| \cdots \| S_m$ (不包含 S_0).

(5) 令 $M = \mathrm{MSB}_{Clen-Tlen}(C) \oplus \mathrm{MSB}_{Clen-Tlen}(S)$.

(6) 令 $T = \mathrm{LSB}_{Tlen}(C) \oplus \mathrm{MSB}_{Tlen}(S_0)$.

(7) 检查 (N, A, M) 是否有效, 若无效, 返回 INVALID; 若有效, 则通过格式化函数将 (N, A, M) 转化为 $r + 1$ 个 128-bit 的分组 $B_0, B_1, \cdots, B_r$.

(8) 令 $Y_0 = Enc_K(B_0)$.

(9) 对 $i = 1, \cdots, r$, 依次计算 $Y_i = Enc_K(B_i \oplus Y_{i-1})$.

(10) 若 $T \neq \mathrm{MSB}_{Tlen}(Y_r)$, 则返回 INVALID, 否则, 返回明文 M.

若返回 INVALID, 则明文和标签信息均不能泄露, 而且, 未授权的人无法区分是第 7 步还是第 10 步返回的 INVALID.

CCM 算法仅为明文 M 提供机密性保障, 为明文 M 和关联数据 A 提供认证性保护. 而且, 密钥 K 既用于生成标签值, 也用于加密明文和标签值, 这样是否会对安全性产生影响, 尚需更深入研究.

7.5.3 认证加密标准 GCM

伽罗瓦/计数器模式[14] 是一种基于 EtA 模式的设计, 用 CTR 工作模式进行加密, 并结合带密钥的杂凑函数 GHASH 进行认证, 可以提供高吞吐率和低成本、低延迟.

GCM 算法主要由分组长度为 128-bit 的分组加密算法 E、CTR 工作模式和带密钥的杂凑函数 GHASH 组成, 加密和认证使用同一个密钥 K. 其输入包括三部分:

● 待认证和加密的数据, 即明文 M.

● 附加认证数据 (additional authenticated data, AAD)A.

● 初始向量 IV(起到时变值的作用), 认证加密的不同数据对应不同的 IV.

GCM 算法的认证-加密流程如图 7.7 所示. 先使用密钥 K 生成 GHASH 的密钥, 再由 IV 生成 GCTR 中的计数器分组 J_0, 然后用 GCTR 模式对需保密的明文 M 加密生成密文 C. 接着, 将附加认证数据 A 和密文分别填充为 128-bit 的整数倍, 输入 GHASH 生成 128-bit 的分组 S, 将 S 输入 GCTR 加密后的密文截短得到标签值 T. 最后, 输出 (C, T). 具体步骤如下:

(1) 令 $H = Enc_K(0^{128})$, 即对 128-bit 的全 0 分组进行加密.

(2) 设 $\text{len}(X)$ 表示二进制串 X 的比特长度. 定义 128-bit 的分组 J_0 如下:

• 若 $\text{len}(IV) = 96$, 则令 $J_0 = IV \| 0^{31} \| 1$.

• 若 $\text{len}(IV) \neq 96$, 则令 $s = 128\lceil \text{len}(IV)/128 \rceil - \text{len}(IV)$, 并计算 $J_0 = GHASH_H(IV \| 0^{s+64} \| [\text{len}(IV)]_{64})$, 其中, $[\text{len}(IV)]_{64}$ 为 $\text{len}(IV)$ 表示为 64-bit 的二进制串.

(3) 计算密文 $C = GCTR_K(inc_{32}(J_0), M)$, 其中,

$$\text{inc}_{32}(X) = \text{MSB}_{\text{len}(X)-32}(X) \| \left[\text{int} \left(\text{LSB}_{32}(X) + 1 \right) \mod 2^{32} \right]_{32}$$

表示提取二进制串 X 的最右侧低 32-bit, 更新为其加 1 模 2^{32} 后的结果, 其余比特保持不变.

(4) 令 $u = 128 \cdot \lceil \text{len}(C)/128 \rceil - \text{len}(C)$, $v = 128 \cdot \lceil \text{len}(A)/128 \rceil - \text{len}(A)$.

(5) 令 128-bit 的分组 $S = GHASH_H\left(A \| 0^v \| C \| 0^u \| [\text{len}(A)]_{64} \| [\text{len}(C)]_{64} \right)$.

(6) 计算标签值 $T = \text{MSB}_t\left(GCTR_K(J_0, S) \right)$, 即标签值的长度为 t-bit.

(7) 输出 (C, T).

其中, GHASH 算法和 GCTR 模式的具体定义如下.

GHASH 算法将密钥 H 和比特长度为 128 的整数倍的数据 X 作为输入, 输出 128-bit 的分组. 函数 $GHASH_H(X)$ 描述如下:

(1) 将输入 X 划分为 m 个 128-bit 的分组 $X_1, X_2, \cdots, X_m$, 即 $X = X_1 \| X_2 \| \cdots \| X_m$.

(2) 令 $Y_0 = 0^{128}$.

(3) 对 $i = 1, \cdots, m$, 依次计算 $Y_i = (Y_{i-1} \oplus X_i) \cdot H$. 其中, $\cdot$ 为域 $\mathbb{F}(2^{128})$ 上的乘法, 详见文献 [14].

(4) 输出 Y_m.

GHASH 函数等价于计算

$$Y_m = (X_1 \cdot H^m) \oplus (X_2 \cdot H^{m-1}) \oplus \cdots \oplus (X_m \cdot H).$$

其中, $H^2, H^3, \cdots, H^m$ 可预计算, 从而上式易于并行处理和快速软硬件实现.

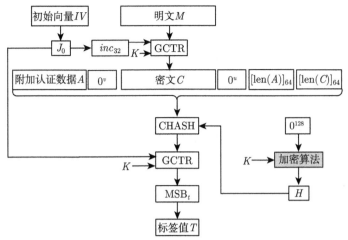

图 7.7 认证加密标准 GCM 的认证-加密流程

GCTR 将密钥 K、初始计数器 ICB 和任意长度的数据 X 作为输入, 输出与 X 等长的比特串 Y. $GCTR_K(ICB, X)$ 的具体描述如下:

(1) 若 X 为空串, 则输出 Y 为空串.

(2) 令 $r = \lceil \mathrm{len}(X)/128 \rceil$.

(3) 将输入 X 按 128-bit 的分组进行划分为 $X_1, X_2, \cdots, X_{r-1}, X_r^*$, 最后一个分组 X_r^* 可以不满 128-bit.

(4) 令 $CB_1 = ICB$.

(5) 对 $i = 2, \cdots, r$, 依次计算 $CB_i = inc_{32}(CB_{i-1})$.

(6) 对 $i = 1, \cdots, r-1$, 依次计算 $Y_i = X_i \oplus Enc_K(CB_i)$.

(7) 令 $Y_r^* = X_r^* \oplus \mathrm{MSB}_{\mathrm{len}(X_r^*)}\big(Enc_K(CB_r)\big)$.

(8) 令 $Y = Y_1 \| Y_2 \| \cdots \| Y_r^*$.

(9) 输出 Y.

在 GCM 的解密-验证流程中, 接收方需要输入: 初始向量 IV, 密文 C, 附加认证数据 A 和标签值 T. 先解密恢复明文 M, 再验证标签值. 具体步骤如下:

(1) 若 IV, C 或 A 的比特长度不是算法支持的长度, 或者 $\mathrm{len}(T) \neq t$, 则返回 FAIL.

(2) 令 $H = Enc_K(0^{128})$.

(3) 定义 128-bit 的分组 J_0 如下:

• 若 $\mathrm{len}(IV) = 96$, 则令 $J_0 = IV \| 0^{31} \| 1$.

• 若 $\mathrm{len}(IV) \neq 96$, 则令 $s = 128\lceil \mathrm{len}(IV)/128 \rceil - \mathrm{len}(IV)$, 并计算 $J_0 = GHASH_H\big(IV \| 0^{s+64} \| [\mathrm{len}(IV)]_{64}\big)$.

(4) 恢复明文 $M = GCTR_K\big(inc_{32}(J_0), C\big)$.

(5) 令 $u = 128 \cdot \lceil \text{len}(C)/128 \rceil - \text{len}(C)$, $v = 128 \cdot \lceil \text{len}(A)/128 \rceil - \text{len}(A)$.

(6) 令 128-bit 的分组 $S = GHASH_H(A\|0^v\|C\|0^u\|[\text{len}(A)]_{64}\|[\text{len}(C)]_{64})$.

(7) 计算 $T' = \text{MSB}_t(GCTR_K(J_0, S))$.

(8) 若 $T = T'$, 则输出 M. 否则, 返回 FAIL.

其中, 只要不影响最终输出, 运算步骤的先后顺序可以调整, 例如, 标签值的验证可以在恢复明文步骤之前.

注 7.8   与 CCM 算法类似, GCM 算法仅为明文 M 提供机密性保障, 为 M 和 A 提供认证性保护. 当不需对输入消息提供机密性保障 (即没有数据被加密 (no data to be encrypted)) 时, CCM 和 GCM 算法也是一种消息认证码算法. 特别地, 仅用作消息认证码的 GCM 算法称为 GMAC[14,15].

7.5.4 轻量级认证加密

7.5.4.1 轻量级认证加密概述

早期认证加密算法面向较为宽泛的通用性场景, 在软硬件性能方面没有严格限制, 对于安全强度和算法功能等通常没有额外的要求. 近年来, 随着信息产业的迅猛发展, 认证加密算法的应用场景更为广泛, 某些应用中软硬件资源极其受限, 没有足够的电池容量、电路门数、内存容量以运行传统算法, 这也导致传统的通用性算法不再适用. 与此同时, 新应用环境可能对算法安全性和功能提出新指标, 这也进一步降低了传统认证加密算法的可使用性.

2014 年 1 月, 在美国国家标准与技术研究院 (NIST) 的支持下, 认证加密竞赛 CAESAR(Competition for Authenticated Encryption: Security, Applicability, and Robustness)[16] 正式启动, 旨在遴选出高安全性、高适用性以及高鲁棒性的认证加密算法, 极大地推动了认证加密算法设计与分析的进程. CAESAR 竞赛要求参加竞赛的候选算法满足两个条件: ①优于 AES-GCM 算法, ②具有广泛的兼容性. 经过三轮筛选, 2019 年 2 月, CAESAR 委员会公布 6 个算法成为最终的获胜算法, 共分为三类:

1. 轻量级 (lightweight applications): Ascon[17](首选) 和 ACORN[18](次选);

2. 高性能 (high-performance applications): AEGIS-128[19] 和 OCB[20];

3. 深度保护 (defense in depth): Deoxys-II[21](首选) 和 COLM[22](次选).

考虑到已有的密码算法标准设计基本面向桌面/服务器环境, 不能满足诸如物联网、传感器网络等一些资源受限应用环境的需求, NIST 又于 2018 年启动了轻量级对称密码算法 (lightweight cryptography) 标准征集工程[23], 征集在资源受限环境下能提供认证加密 (AEAD) 和可选杂凑功能 (optional hashing functionalities) 的算法. 2023 年 2 月, 认证加密算法 Ascon-128、Ascon-128a 及杂凑函数 Ascon-Hash 和 Ascon-Hasha 获选为轻量级算法标准.

这些活动激发了认证加密算法研究热潮, 陆续涌现出一批直接设计的认证加密算法, 这些算法以新型应用环境为导向, 在设计过程专注结合多种策略降低实现代价, 加密效率极高. 然而, 直接设计的认证加密算法的安全性往往也只能通过评估其抵抗各种已有分析方法的强度来说明, 现阶段安全并不保证未来安全. 面向复杂多变的应用环境, 如何设计安全高效的认证加密算法仍是密码领域的长期研究课题.

7.5.4.2 轻量级认证加密标准 Ascon

Ascon 算法是 Christoph Dobraunig 等设计的一族轻量级密码算法, 共有 7 个版本满足不同安全需求[17]. 目前, 认证加密算法 Ascon-128 和 Ascon-128a 已被 CAESAR 竞赛选为轻量级认证加密的首选算法; Ascon-128、Ascon-128a 及杂凑函数 Ascon-Hash 和 Ascon-Hasha 获选为 NIST 轻量级算法标准.

Ascon 系列算法采用海绵结构, 利用一个 SPN 结构的简单高效的轻量级密码置换函数实现轻量级认证加密以及轻量级杂凑函数, 操作简单, 软硬件实现高效. NIST 建议将 Ascon-128 作为轻量级认证加密的首选算法 (primary recommendation), 并建议与 Ascon-Hash 配套使用. 本小节主要介绍 Ascon-128 算法, 其他算法采用的置换函数与 Ascon-128 相同, 只是轮数、分组长度等参数设置不同, 更详细的介绍请参考文献 [17].

Ascon-128 算法的输入包含以下 4 部分:

- 128-bit 的密钥 K;
- 128-bit 的时变值 N, 不能重复使用;
- 任意长度 (可以为空) 的关联数据 A;
- 任意长度的明文 M.

Ascon-128 算法的认证-加密流程如图 7.8 所示. 置换 p^{12} 和 p^6 的输入均为 320-bit, 分别表示将置换 p 运行 12 轮和 6 轮. 先将初始向量 IV、密钥 K 和时变值 N 进行初始化, 再处理关联数据, 然后处理明文, 得到与明文同样长度的密文 C, 最后计算 128-bit 的标签值 T, 输出为 (C, T). 具体步骤如下:

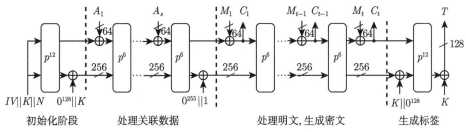

图 7.8 轻量级认证加密标准 Ascon-128 的认证-加密流程

(1) 初始化阶段.

对 Ascon-128, 64-bit 的 $IV = $ 0x80400c0600000000. 令 320-bit 的状态 $S = IV\|K\|N$, 初始化阶段更新 S 如下:

$$S \leftarrow p^{12}(S) \oplus (0^{192}\|K).$$

(2) 处理关联数据 A.

(a) 填充: 在 A 的末尾, 填充 1-bit '1', 再填充足够少的 '0', 确保填充后的比特长度是 64 的整数倍. 将填充后的关联数据分割成 s 个 64-bit 的分组 $A_1, \cdots, A_s$. 如果 A 为空, 则不填充且 $s = 0$. 即

$$A_1, \cdots, A_s \leftarrow \begin{cases} A\|\|1\|0^{64-1-(\text{len}(A) \bmod 64)}, & \text{当 len}(A) > 0, \\ \varnothing, & \text{当 len}(A) = 0. \end{cases}$$

(b) 对 $i = 1, \cdots, s$, A_i 都与状态 S 的高 (most significant) 64-bit S_{64} 进行异或, 然后利用置换 p^6, 更新 S:

$$S \leftarrow p^6((S_{64} \oplus A_i)\|S_{256}).$$

其中, S_{256} 表示状态 S 的低 256-bit.

(c) 在处理完 A_s 后[①], 计算:

$$S \leftarrow S \oplus (0^{319}\|1).$$

(3) 处理明文 M 生成密文 C.

(a) 填充: 在 M 的末尾, 填充 1-bit '1', 再填充足够少的 '0', 确保填充后的 M 的比特长度是 64 的整数倍. 将填充后的明文分割成 t 个 64-bit 的分组 $M_1, \cdots, M_t$, 即

$$M_1, \cdots, M_t \leftarrow M\|1\|0^{64-1-(\text{len}(M) \bmod 64)}.$$

(b) 对 $i = 1, \cdots, t$, 计算 C_i 并更新 S 如下:

$$\begin{aligned} C_i &\leftarrow S_{64} \oplus M_i, \\ S &\leftarrow \begin{cases} p^6(C_i\|S_{256}), & \text{当} 1 \leqslant i < t, \\ C_i\|S_{256}, & \text{当} i = t. \end{cases} \end{aligned}$$

---

① 即使 $s = 0$, 也执行此步骤.

(c) 将 C_t 截短以保证最终得到的密文 C 的比特长度与原始明文 M 相同, 即

$$\tilde{C}_t \leftarrow \mathrm{MSB}_{\mathrm{len}(M) \bmod 64}(C_t).$$

取 C_t 的高 $\mathrm{len}(M) \bmod 64\text{-bit}$.

(4) 生成标签 T.

利用密钥 K 和置换 p^{12} 更新状态 S, 并得到 128-bit 的标签值 T:

$$S \ \leftarrow \ p^{12}(S \oplus (0^{64}\|K\|0^{128})),$$
$$T \ \leftarrow \ \mathrm{LSB}_{128}(S) \oplus K.$$

其中, $\mathrm{LSB}_{128}(S)$ 表示 S 的低 (least significant)128-bit.

(5) 输出 $(C_1\|C_2\|\cdots\|C_{t-1}\|\tilde{C}_t, T)$.

置换 p^{12} 和 p^6 基于 SPN 结构的轮函数 p, 主要由 p_L, p_S 和 $p_\oplus$ 组成, 即

$$p = p_L \circ p_S \circ p_\oplus.$$

将 320-bit 的状态 S 划分为 5 个 64-bit 的字, 记为 $S = x_0\|x_1\|x_2\|x_3\|x_4$. 以下依次给出 $p_L, p_S, p_\oplus$ 的定义.

• $p_\oplus$: 如图 7.9 所示, 在第 r 轮, 将状态 S 的 64-bit 字 x_2 异或一个常数 c_r, 即

$$x_2 \leftarrow x_2 \oplus c_r.$$

其中, 对 p^{12}(或 p^6), $c_r(r = 0, \cdots, 11)$(或 $r = 0, \cdots, 5$) 的定义分别如表 7.1 所示.

图 7.9　320-bit 的状态 S

表 7.1　$p_\oplus$ 的轮常数

p^{12}	p^6	c_r	p^{12}	p^6	c_r
0		00000000000000f0	6	0	0000000000000096
1		00000000000000e1	7	1	0000000000000087
2		00000000000000d2	8	2	0000000000000078
3		00000000000000c3	9	3	0000000000000069
4		00000000000000b4	10	4	000000000000005a
5		00000000000000a5	11	5	000000000000004b

- p_S: 将状态 S 按图 7.9 所示的方式, 按列划分为 64 个 5-bit 的输入, 每个过 5-bit 的 S 盒. S 盒定义如表 7.2 所示.

表 7.2 p_S 的 S 盒 (十六进制表示)

x	0	1	2	3	4	5	6	7	8	9	a	b	c	d	e	f	10	11	12	13	14	15	16	17	18	19	1a	1b	1c	1d	1e	1f
$S(x)$	4	b	1f	14	1a	15	9	2	1b	5	8	12	1d	3	6	1c	1e	13	7	e	0	d	11	18	10	c	1	19	16	a	f	17

- p_L: 将状态 S 按图 7.9 所示的方式, 按行经过线性运算 $\Sigma_i(i = 0, \cdots, 4)$, 具体定义为

$$x_0 \leftarrow \Sigma_0(x_0) = x_0 \oplus (x_0 \ggg 19) \oplus (x_0 \ggg 28),$$

$$x_1 \leftarrow \Sigma_1(x_1) = x_1 \oplus (x_1 \ggg 61) \oplus (x_1 \ggg 39),$$

$$x_2 \leftarrow \Sigma_2(x_2) = x_2 \oplus (x_2 \ggg 1) \oplus (x_2 \ggg 6),$$

$$x_3 \leftarrow \Sigma_3(x_3) = x_3 \oplus (x_3 \ggg 10) \oplus (x_3 \ggg 17),$$

$$x_4 \leftarrow \Sigma_4(x_4) = x_4 \oplus (x_4 \ggg 7) \oplus (x_4 \ggg 41).$$

7.6   练习题

练习 7.1   请思考采用 MD 结构的杂凑函数构造的密钥后缀 MAC 的伪造攻击.

练习 7.2   请分析对 CMAC 算法是否还能用例 7.3 所示的攻击进行伪造.

练习 7.3   E+A 模式中, 加密算法和消息认证码是否可用同一个密钥? 为什么?

练习 7.4   若 GCM 算法中 IV 重用, 会有什么影响?

练习 7.5   给出 Ascon-128 算法的解密-验证流程.

参考文献

[1]   NIST. FIPS 198-1: The keyed-hash message authentication code (HMAC) (will be converted to NIST SP 800-224), 2008[2023-9-16]. https://csrc.nist.gov/pubs/fips/198-1/final.

[2]   Kelsey J, Chang S, Perlner R. SHA-3 derived functions: cSHAKE, KMAC, TupleHash and ParallelHash. NIST SP 800-185, 2016[2023-9-16]. https:// csrc.nist.gov/pubs/ sp/800/185/final.

[3] Dworkin M. NIST SP 800-38B: Recommendation for block cipher modes of operation: the CMAC mode for authentication. 2005 (updated 2016)[2023-9-16]. https://csrc.nist.gov/pubs/sp/800/38/b/upd1/final.

[4] Krovetz T. UMAC: Message authentication code using universal hashing. RFC 4418, 2006.

[5] Preneel B, van Oorschot P C. MDx-MAC and building fast MACs from hash functions. In Advances in Cryptology-CRYPTO' 95, LNCS 963: 1-14. Springer, 1995.

[6] Krawczyk H, Bellare M, Canetti R. HMAC: Keyed-hashing for message authentication, 1997 [2023-9-20]. https://tools.wordtothewise.com/rfc/rfc2104.

[7] Bellare M. New proofs for NMAC and HMAC: Security without collision-resistance. Advances in Cryptology-CRYPTO 2006, LNCS 4117: 602-619. Springer, 2009.

[8] Wang X. What's the potential danger behind the collisions of hash functions. ECRYPT Conference on Hash Functions, Krakow, 2005.

[9] Wang X, Wang W, Jia K, et al. New distinguishing attack on MAC using secret-prefix method. FSE 2009, LNCS 5665: 363-374. Springer, 2009.

[10] Wang X, Yu H, Wang W, et al. Cryptanalysis on HMAC/NMAC-MD5 and MD5-MAC// Joux A, ed. Advances in Cryptology- EUROCRYPT 2009, Berlin Heidelberg: Springer, 2009: 121-133.

[11] Yuan Z, Wang W, Jia K, et al. New birthday attacks on some MACs based on block ciphers//Halevi S, ed. Advances in Cryptology-CRYPTO 2009, Springer Berlin Heidelberg, 2009, pages 209-230.

[12] Katz J, Lindell Y. Introduction to Modern Cryptography. Boca Raton: CRC Press, 2007.

[13] Dworkin M. NIST SP 800-38C: Recommendation for block cipher modes of operation: the CCM mode for authentication and confidentiality, 2004 (update 2007)[2023-9-20]. https://csrc.nist.gov/pubs/sp/800/38/c/upd1/final.

[14] Dworkin M. NIST SP 800-38D: Recommendation for block cipher modes of operation: Galois/Counter mode (GCM) and GMAC. 2007[2023-9-20]. https://csrc.nist.gov/pubs/sp/800/38/d/final.

[15] NIST. Message authentication codes. 2023 [2023-09-20]. https://csrc.nist.gov/projects/message-authentication-codes.

[16] Bernstein D J. CAESAR call for submissions, final. 2014[2023-9-20]. http:// competitions. cr.yp.to/caesar-call.html.

[17] Dobraunig C, Eichlseder M, Mendel F, et al. Ascon v1. 2. Submission to the CAESAR Competition, 2016 [2023-9-20]. https://competitions.cr.yp.to/round3/asconv12.pdf.

[18] Wu H. ACORN: a lightweight authenticated cipher (v3). Submission to the CAESAR Competition, 2016 [2023-9-20]. https:// competitions.cr.yp.to/ round3/acornv3.pdf.

[19] Wu H, Preneel B. AEGIS: A fast authenticated encryption algorithm v1.1. Sub-
      mission to the CAESAR Competition, 2016[2023-9-20]. https://competitions.cr.yp.to/
      round3/aegisv11.pdf.

[20] Krovetz T, Rogawag D. OCB (v1.1). Submission to the CAESAR Competition: 2016
      [2023-9-20]. https://competitions.cr.yp.to/ round3/acornv11.pdf.

[21] Jean J, Nikolić I, Peyrin T, et al. Deoxys v1.41. Submission to the CAESAR Compe-
      tition, 2016 [2023-9-23]. https://competitions.cr.yp.to/round3/deoxysv141.pdf.

[22] Andreeva E, Bogdanov A, Datta N, et al. COLM v1. Submission to the CAESAR
      Competition. 2014[2023-10-20]. https://competitions.cr.yp.to/ round3/colmv1. pdf.

[23] NIST. Lightweight cryptography, 2015(update 2022) [2023-11-20]. https://www.
      nist.gov/programs-projects/lightweight-cryptography.

第 8 章

密码学的复杂性理论基础

第8章课件

一个安全的密码方案意味着难以被敌手破解, 然而, 一个密码方案究竟有多难破解才可以被称为是安全的? 香农的信息理论从熵的角度刻画安全性, 面对无穷计算能力的敌手, 展示了何为完美安全. 然而面对计算安全, 情况往往更为复杂: 由于计算安全是相对于敌手的计算能力而言的, 因此需考虑如何刻画敌手的计算能力、攻击的复杂性随着方案规模的变化趋势、密码方案本身的复杂性等. 为了进一步刻画计算安全, 本章介绍密码学的复杂性理论基础, 包括计算模型、问题复杂性、密码学复杂性理论假设等. 相关内容为刻画计算安全提供有力工具, 为读者准确把握公钥密码的安全性奠定基础, 同时也从理论角度抽象了各类基础的密码原语, 进一步解释了对称密码方案背后依赖的安全假设.

8.1 计算模型及问题复杂性

8.1.1 计算模型

问题与算法　一个要求通过计算给出解答的一般性提问, 称作一个**计算问题**. 一个计算问题 L 可以看作该问题的所有实例的集合 I 和解集合 S 之间的二元关系. 通过适当编码, 可以表示为函数: $f_L : \{0,1\}^* \to \{0,1\}^*$. 特别地, 判定问题可以表示为函数: $f_L : \{0,1\}^* \to \{0,1\}$.

例子 8.1　求解线性方程组问题:

- 实例 (1)

$$\begin{cases} x_1 + x_2 = 5, \\ x_1 - x_2 = 3. \end{cases}$$

- 实例 (2)

$$\begin{cases} a_{11}x_1 + a_{12}x_2 + \cdots + a_{1n}x_n = b_1, \\ a_{21}x_1 + a_{22}x_2 + \cdots + a_{2n}x_n = b_2, \\ \qquad\qquad \cdots\cdots \\ a_{n1}x_1 + a_{n2}x_2 + \cdots + a_{nn}x_n = b_n. \end{cases}$$

实例 (1) 与实例 (2) 是求解线性方程组问题的两个具体实例, 其中 $x_1, x_2, \cdots, x_n$ 为未知量. 显然, 实例 (2) 的 n 与系数取值很大时, 其求解难度高于实例 (1). 因此, 不同的实例的复杂性是不同的, 这与问题实例的规模、参数取值等密切相关.

一个问题可以有不同的版本, 包括求解版本、判定版本等. 例如, 上述求解方程组问题为求解版本, 其对应的判定版本为判定方程组是否有解.

例子 8.2　整数分解问题有如下的不同版本:

(1) 求解版本: 给定正整数 N, 求解 N 的素因子.

(2) 判定版本: 给定正整数 N 与 B, 满足 $B < N$, 判断 N 是否有小于 B 的素因子.

例子 8.3　给定格基 $B \in \mathbb{Z}^{m \times n}$, 记 $L(B)$ 中非零的最短向量长度为 $\lambda_1(L(B))$. 对应格 $L(B)$ 上的最短向量问题 (shortest vector problem, SVP) 有如下版本:

(1) 求解版本: 求解向量 $\boldsymbol{v} \in L(B)$, 使得 $\|\boldsymbol{v}\| = \lambda_1(L(B))$.

(2) 判定版本: 给定有理数 t, 判断是否有 $\lambda_1(L(B)) \leqslant t$.

为了解答问题, 我们需要**算法**. 例如, 采用高斯消元法求解线性方程组问题. 粗略地说, 一个算法 A 是有限的一系列计算步骤的描述, 满足如下基本的性质:

(1) 输入: 算法具有零个或多个输入.

(2) 输出: 算法有一个或多个输出.

(3) 有穷性: 算法执行有限的步骤之后终止.

(4) 确定性: 算法的每一个步骤都具有确定的含义.

(5) 可行性: 算法的每一步都能通过执行有限次基本操作完成.

为了严格地描述算法并且进一步分析算法的复杂度, 研究人员提出了不同的计算模型, 包括基于经典的信息表示的计算模型, 如图灵机计算模型、电路计算模型等, 以及基于量子信息表示的量子计算模型等. 算法需要在计算模型中运行, 相同的算法运行在不同的计算模型上, 其复杂性有着不同的刻画角度.

图灵机计算模型　1936 年, 艾伦·图灵[1] 提出了图灵机模型. 图灵机是一个具有无限读写存储带的有限状态机, 包括一个有限状态控制器, 一个读写头和一条无限的读写存储带. 图 8.1 展示了一种基本的 (确定性的单带) 图灵机模型. 形式上, 图灵机 M 可以通过 (Γ, Q, T) 描述, 其中

(1) Γ 是 M 的读写带上所有可能符号的集合, 称为字母表.

(2) Q 是 M 的所有状态的集合, 其中包括一个初始状态和一个停机状态.

(3) $T: Q \times \Gamma \to Q \times \Gamma \times \{L, S, R\}$ 是 M 的转移函数, 描述了 M 每一步如何操作: 通过现在的状态和读写头读到的符号转移到下一个状态、对读写头当前位置符号的更新以及读写头的移动 (L 向左, S 不动, R 向右).

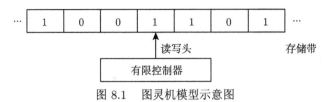

图 8.1 图灵机模型示意图

如果一个图灵机的转移函数是确定性的, 则该图灵机称为确定性图灵机 (deterministic Turing machine, DTM). 此类图灵机的当前状态和读写头读到的符号一旦给定, 则下一步的状态、符号更新及读写头移动方向是唯一确定的. 相反, 如果图灵机的转移函数是非确定性的, 则称其为非确定性图灵机 (non-deterministic Turing machine, NDTM). 此类图灵机给定当前状态和读写头读到的符号, 其下一步的状态、符号更新及读写头移动方向可以有多种选择, 如图 8.2 所示. 非确定性图灵机需要额外的 "随机带" 来为其运行过程中的某些步骤提供随机的选择.

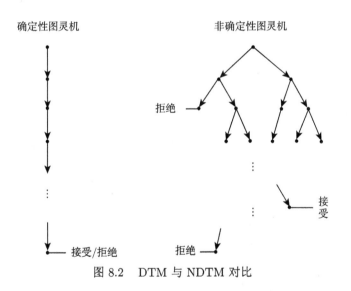

图 8.2 DTM 与 NDTM 对比

尽管看起来图灵机像是模仿用纸笔做计算的简单过程, 但是实际上图灵机的计算能力非常强大.

性质 8.1 (丘奇-图灵论题) 任意物理可实现的计算模型可以计算的函数集合和图灵机可以计算的函数集合是相同的.

图灵机运行的步骤数量, 反映了图灵机的运行时间, 也反映了图灵机或者说图灵机所执行的算法的复杂性.

电路计算模型 电路模型是另一种常用的经典计算模型. 一个电路由电路线

和电路门组成, 输入比特经过电路门的作用, 得到输出比特. 图 8.3 是一个简单的电路示意图. 电路中电路门的数量反映了电路的复杂程度.

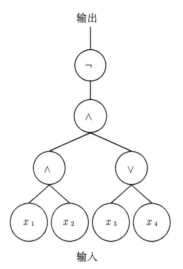

图 8.3 电路示意图. x_1, x_2, x_3, x_4 表示输入比特, $\wedge$、$\vee$ 与 $\neg$ 分别表示与门、或门与非门

渐近复杂性　为了描述渐近意义下解决一个计算问题所需要的资源随着输入规模的增长而变化的情况, 可以使用一些记号进行简化.

定义 8.1　设 f, g 是定义域为非负整数, 值域为非负实数的函数, 我们记

(1) $f = O(g)$ (等价地, $g = \Omega(f)$): 如果存在正整数 c_1, N_1 使得当 $x \geqslant N_1$ 时, $f(x) \leqslant c_1 g(x)$. 此时 g 是 f 的渐近意义下的上界.

(2) $f = \Theta(g)$: 如果 $f = O(g)$ 并且 $g = O(f)$. 此时 f, g 相差常数意义下渐近相等.

(3) $f = o(g)$: $\displaystyle \lim_{n \to \infty} \frac{f(n)}{g(n)} = 0$.

(4) $f = \omega(g)$: $\displaystyle \lim_{n \to \infty} \frac{f(n)}{g(n)} = \infty$.

例子 8.4　假设给定 $\mathbb{N}$ 到 $\mathbb{N}$ 的函数 $f_1(x) = 3$, $f_2(x) = x^2 + 1$, $f_3(x) = 100x^2 + 100x + 100$, $f_4(x) = 2^x + x^{10} + 1$, 那么

$$f_1 = O(1), \quad f_2 = O(x^2), \quad f_3 = O(x^2), \quad f_4 = O(2^x).$$

注意, 尽管 f_2 与 f_3 的表达式不同, 且 f_3 看似会 "大于" f_2, 但它们拥有相同的主项 x^2, 具有相近的增长速度, 所以在渐近意义下是相同的. 可见, O 的刻画方式关注的是函数主项的增长速度.

例子 8.5 (加法运算复杂度) 考虑二进制长度为 n 比特的正整数的加法运算 $a + b = z$. 假设 a, b 的二进制表示如下:

$$a = a_{n-1}2^{n-1} + a_{n-2}2^{n-2} + \cdots + a_1 2 + a_0,$$

$$b = b_{n-1}2^{n-1} + b_{n-2}2^{n-2} + \cdots + b_1 2 + b_0,$$

其中对于任意 $i \in \{0, \cdots, n-1\}$, 有 $a_i, b_i \in \{0, 1\}$. 两个 n 比特的正整数相加的和最大为 $n + 1$ 比特, 因此, z 的形式如下:

$$z = z_n 2^n + z_{n-1}2^{n-1} + \cdots + z_1 2 + z_0.$$

只需计算 $z_n, \cdots, z_0$, 即可得到加和 z.

(1) 对于 $i \in \{0, \cdots, n-1\}$, 计算: $z_i \leftarrow a_i + b_i + c_i \mod 2$.

(2) 对于 $i = n$, 计算: $z_n \leftarrow c_n \mod 2$.

其中 c_i 是 $i-1$ 位置上加法的进位值, 且

$$c_i = \begin{cases} 0, & i = 0 \text{ 或 } a_{i-1} + b_{i-1} + c_{i-1} < 2, \\ 1, & i \neq 0 \text{ 且 } a_{i-1} + b_{i-1} + c_{i-1} \geqslant 2. \end{cases}$$

由上述分析可知, 计算 $a + b$ 需要执行 n 次循环 ($i \in \{0, \cdots, n-1\}$), 每次循环最多执行 2 次加法 ($z_i \leftarrow a_i + b_i + c_i \mod 2$), 因此整数的加法运算最多执行 $2n$ 次加法操作, 其渐近复杂度为 $O(n)$.

其他常见运算的复杂度如表 8.1 所示.

表 8.1 常用运算复杂度

运算	复杂度
加法/减法	$O(n)$
乘法	$O(n^2)$
除法	$O(n^2)$

我们常用 O 刻画算法的复杂度, 其优势是忽略了运行算法的具体计算平台的差异, 而反映算法本身随着输入规模变化的复杂度. 例如, 同一个算法运行在 CPU 主频 3GHz 的计算机和运行在主频 400MHz 的计算机显然执行时间是不同的, 但是, 同一个算法拥有的内在复杂度不因计算平台而改变.

8.1.2　问题复杂性分类

一个复杂性问题类是指在某个计算模型下, 可以在一定资源内求解的问题类. 定义复杂性类时有多种选择:

(1) 计算模型选择图灵机模型、电路模型、量子计算模型或其他模型.

(2) 计算资源可以考虑时间、空间、电路规模等.

(3) 讨论解决问题的平均情形, 或者最坏情形.

(4) 讨论解决问题具体实例的复杂度, 或者考虑输入规模趋于无穷时的渐近复杂度.

(5) 讨论求解问题, 或者判定性问题, 即可以表示为 $f : \{0,1\}^* \to \{0,1\}$ 的问题.

不加特别说明时, 本章通常考虑最坏情形下的复杂度, 即解决此类问题中最难的实例的最优算法所需的最小时间与空间 (渐近复杂度).

给定字母表 $\Sigma = \{0,1\}$, 一个语言 (language) 为子集合 $L \subset \{0,1\}^*$. 判定性问题也可以用语言来描述. 如果 M 计算函数 $f_L : \{0,1\}^* \to \{0,1\}$, 满足

$$f_L(x) = 1 \Leftrightarrow x \in L,$$

则称图灵机 M 决定语言 L.

例子 8.6　将正整数 x 用二进制表示, 考虑语言 $L_p = \{x \mid x \in \mathbb{Z}^+ \text{ 是素数}\}$. 则素判定问题 $f : \mathbb{Z}^+ \to \{0,1\}$ 和语言 L_p 有对应关系:

$$f(x) = 1 \Leftrightarrow x \in L_p.$$

令 x 表示语言 L 的一个实例, $|x|$ 表示该实例的二进制长度 (输入规模).

定义 8.2　如果对于任意给定的 n 和满足 $|x| = n$ 的输入 x, 图灵机 M 运行至多 $T(n)$ 步之后停机, 则称图灵机 M 的运行时间为 $T(n)$.

当采用图灵机实现某个算法时, 该图灵机的运行步骤反映了算法的时间复杂性. 但是, 同一个算法采用的输入规模不同时, 显然运行的步骤会有差异. 例如, 采用高斯消元法求解不同规模的线性方程组. 因此, 我们通常将图灵机运行的步骤数表示为输入规模的函数, 并采用 O 渐近表示.

- **多项式时间算法** (polynomial time algorithm)　令 $poly(n)$ 表示关于输入规模 n 的多项式. 如果一个算法运行的步骤数是关于输入规模的多项式, 即 $T(n) = O(poly(n))$, 则称该算法是多项式时间算法. 例如, 某算法 (图灵机)M 的运行时间是 $O(n^2)$, 我们说算法 (图灵机)M 是多项式时间的. 其他常见的多项式时间复杂度还包括线性复杂度 $O(n)$、立方时间复杂度 $O(n^3)$ 等.

- **指数时间算法** (exponential time algorithm)　令 $exp(n)$ 表示关于输入规模 n 的指数函数. 如果一个算法运行的步骤数是关于输入规模的指数函数, 即

$T(n) = O(exp(n))$, 则称该算法是指数时间算法. 例如, 时间复杂度为 $O(2^n)$ 的算法.

• **亚指数时间算法** (subexponential time algorithm) 时间复杂度为关于输入规模的亚指数函数的一类算法. 例如, 时间复杂度为 $O(2^{\sqrt{n}})$ 的算法. 此类算法的时间复杂度介于指数时间复杂度与多项式时间复杂度之间.

定义 8.3 ($\mathcal{P}$ 语言) 设 L 是一个语言, 如果存在多项式 $poly$, 以及求解该问题的确定性图灵机 M, 对于任意 n 和 L 中的任何一个满足 $|x| = n$ 的实例 x, 解决这个实例在该图灵机上运算的时间 $T_M(n)$ 满足 $T_M(n) \leqslant poly(n)$, 则称语言 L 是属于 $\mathcal{P}$ 类的.

粗略地说, $\mathcal{P}$ 类问题就是确定性图灵机可以在多项式时间内解决的问题. 多项式时间可以计算的问题被认为是容易计算的 (或可有效计算的), 即 $\mathcal{P}$ 类问题是容易解决的.

例子 8.7 (求解最大公因子问题) 给定两个正整数 r_0, r_1, 其中 $r_0 > r_1$, 计算 $\gcd(r_0, r_1)$. 我们通常采用欧几里得 (Euclid) 算法求解两个数的最大公因子, 主要步骤是让 r_0 除以 r_1, 如果得到的余数 r_2 是 0, 则 $\gcd(r_0, r_1) = r_1$; 否则, 让 r_1 除以余数 r_2, 如果得到的余数 r_3 是 0, 则 $\gcd(r_0, r_1) = r_2$; 否则, 让 r_2 除以余数 r_3, $\cdots$, 依次类推, 每次让上一次的除数 r_i 除以上一次的余数 r_{i+1}, 直到最终的余数是 0, 则最后一个非零的余数即为 $\gcd(r_0, r_1)$. 具体算法如下所示:

$$r_0 = q_1 r_1 + r_2, \quad 0 < r_2 < r_1,$$

$$r_1 = q_2 r_2 + r_3, \quad 0 < r_3 < r_2,$$

$$\cdots\cdots$$

$$r_{m-2} = q_{m-1} r_{m-1} + r_m, \quad 0 < r_m < r_{m-1},$$

$$r_{m-1} = q_m r_m.$$

则 $r_m = \gcd(r_0, r_1)$.

可以证明, 对于 $0 \leqslant i \leqslant m - 2$, 有 $\gcd(r_i, r_{i+1}) = \gcd(r_{i+1}, r_{i+2})$, 且 $r_{i+2} < r_i/2$ (留作课后练习). 由此可见, 第 $i+2$ 次除法的余数 r_{i+2} 会比第 i 次除法的余数 r_i 至少缩短 1 比特. 如果 r_0 二进制长度为 n 比特, 则最多执行 $2n$ 次除法, 最后的余数降为 0. 注意, 每次除法可以在多项式时间 $O(n^2)$ 内完成, 所以, 上述算法的复杂度为 $O(n^3)$. 综上所述, 求解最大公因子问题可在多项式时间内解决, 故求解最大公因子问题是 P 问题.

注 8.1 上述算法即著名的 Euclid 算法, 在密码学中具有重要作用, 除了求最大公因子外, 其扩展算法可用于求逆元.

下面定义的 $\mathcal{NP}$ (nondeterministic polynomial time) 类刻画了解容易验证的问题. $\mathcal{NP}$ 类问题可以定义为非确定性图灵机多项式时间可以解决的问题, 也可以使用下面的方式等价的定义.

定义 8.4 ($\mathcal{NP}$ 语言) 对于语言 L, 如果存在一个布尔关系 $R_L \subseteq \{0,1\}^* \times \{0,1\}^*$ 和一个确定的图灵机 M 使得 R_L 可由 M 在确定的多项式时间内识别, 并且 $x \in L$ 当且仅当存在一个 w 使得 $(x,w) \in R_L$ 且 $|w| \leqslant poly(|x|)$, 那么 L 属于 $\mathcal{NP}$. 我们通常称 w 为 $x \in L$ 的证据.

$\mathcal{NP}$ 定义中的 R_L 是判定结果为真的实例应满足的验证关系, w 是验证中使用的证据. 下面例子说明逻辑表达式可满足性问题对应的语言 L_{SAT} 属于 $\mathcal{NP}$ 类.

例子 8.8 给定布尔表达式 $f(x_1, \cdots, x_n)$, 则 $f(x_1, \cdots, x_n) \in L_{SAT}$ 当且仅当存在证据 $w = (x_1, \cdots, x_n)$ 为一组使得 $f(x_1, \cdots, x_n) = 1$ 的赋值, 且验证 $f(x_1, \ldots, x_n) = 1$ 可以在多项式时间内完成.

计算复杂性理论研究不同的复杂性类和它们之间的关系. 首先, $\mathcal{P}$ 类是包含于 $\mathcal{NP}$ 类的 ($\mathcal{P} \subseteq \mathcal{NP}$). 进一步, 二者是否严格相等是计算复杂性理论中未解决的重大公开问题. 许多研究人员猜想 $\mathcal{P} \neq \mathcal{NP}$, 而公钥密码学的理论正是建立在 $\mathcal{P} \neq \mathcal{NP}$ 这一假设的基础上的.

类似于可以通过天平称重比较两件物品相对的质量大小, 可以通过归约的方式比较两个计算问题的相对困难性.

定义 8.5 给定两个判定性问题 L_1, L_2. 如果存在一个多项式时间算法 f, 可以把 L_1 的任意实例 x 变换为 L_2 的实例 $f(x)$, 并且

$$x \in L_1 \Leftrightarrow f(x) \in L_2,$$

那么称 L_1 可以多项式时间归约到 L_2, 记为 $L_1 \leqslant_p L_2$.

图 8.4 是归约的一个示意图. 直观地, $L_1 \leqslant_p L_2$ 表示从计算困难性上 L_1 不超过 L_2. 特别地, 如果 $L_1 \leqslant_p L_2$, 并且存在多项式时间算法 A 求解 L_2, 那么结合 f 和 A 就给出了多项式时间算法求解 L_1.

归约是计算问题之间的一个偏序关系. 使用归约不仅可以比较两个问题之间的相对困难性, 还可以研究一个问题和一个问题类之间的相对困难性. 作为示例, 下面的定义考察一个问题和 $\mathcal{NP}$ 类问题之间的关系.

定义 8.6 假设 L 是一个判定问题, 如果对任意 $L' \in \mathcal{NP}$, 都有 $L' \leqslant_p L$, 那么称 L 是 $\mathcal{NP}$-困难 ($\mathcal{NP}$-hard) 问题; 在此基础上, 如果 $L \in \mathcal{NP}$, 那么称 L 是 $\mathcal{NP}$-完全 ($\mathcal{NP}$-complete, $\mathcal{NPC}$) 问题.

根据定义, $\mathcal{NP}$-困难问题的困难性不低于任意 $\mathcal{NP}$ 类中的问题, $\mathcal{NP}$-完全问题是所有 $\mathcal{NP}$ 类问题中最困难的. Cook [2] 和 Levin [3] 开创性地证明了逻辑表达式可满足性问题 (SAT 问题) 是 $\mathcal{NP}$-完全问题. 在此基础上, 研究人员通过使用

归约的方法证明了不同领域中的数以千计的问题是 $\mathcal{NP}$-完全问题. 如果其中任何一个 $\mathcal{NP}$-完全问题属于 $\mathcal{P}$, 那么有 $\mathcal{P} = \mathcal{NP}$; 反之, 如果存在任何一个 $\mathcal{NP}$-完全问题是难解的 (没有多项式时间算法), 那么 $\mathcal{P} \neq \mathcal{NP}$.

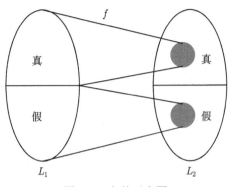

图 8.4　归约示意图

8.2　*量子计算模型

量子算法是借助于量子力学的原理对量子进行运算, 其中的基本运算对象是量子比特. 可以结合图灵机模型和量子比特操作考虑量子图灵机模型, 也可以结合电路模型和量子比特操作考虑量子电路模型. 本节主要讨论量子电路模型, 所关心的是量子计算机可以有效解决的问题及其解决问题的复杂性. $\mathcal{BQP}$ (bounded-error quantum polynomial time) 类问题通常被认为是量子计算机 (容忍一定误差下) 可以高效求解的问题.

1995 年, Peter Shor 设计了基于量子计算模型高效的分解因子算法和交换群的离散对数求解算法, 因此这两个问题属于 $\mathcal{BQP}$ 类, 可以被量子计算机有效地求解. 因此, 基于这两个问题的公钥密码体制不能抵抗量子计算机的攻击.

随着量子计量理论研究和量子计算机研制不断取得突破, 设计能够抵抗量子计算机攻击的密码方案具有重要意义. 此类方案的安全性需要建立在不能被量子计算机高效求解的困难问题之上.

图 8.5 是一个复杂性类关系猜想示意图, 其中 $\mathcal{PSPACE}$ 是确定性图灵机多项式空间内可以解决的问题. 注意图中的包含关系, 其中已被严格证明的有

$$\mathcal{P} \subset \mathcal{BQP}, \quad \mathcal{NP} \subset \mathcal{PSPACE}.$$

而 $\mathcal{BQP}$ 和 $\mathcal{NP}$ 的关系目前仍是一个公开问题.

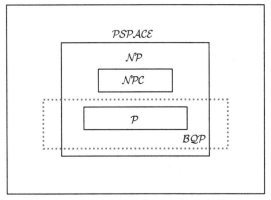

图 8.5　复杂性类关系猜想示意图

8.2.1　量子计算

下面使用线性代数的语言介绍量子计算的基本知识. 粗略地说, 基本的操作对象是量子比特, 可以使用复线性空间中的向量表示. 基本的操作方法是量子门 (quantum gate), 可以使用矩阵表示, 量子门对量子比特的作用可以表示为对应矩阵和向量的乘积.

经典量子比特处于特定的状态. 但是, m 个量子比特组成的系统 (或寄存器) 处于叠加态 (superposition), 可以表示成 $\mathbb{C}^{2^m}$ 中基态的线性组合. 如果使用计算基向量进行测量, 则该状态以一定的概率塌缩到某一个基态.

定义 8.7　单个量子比特 (quantum bit, qubit) 的基态有 2 种

$$|0\rangle = \begin{bmatrix} 1 \\ 0 \end{bmatrix}, \quad |1\rangle = \begin{bmatrix} 0 \\ 1 \end{bmatrix}.$$

一般的量子比特为叠加态

$$|\psi\rangle = \alpha|0\rangle + \beta|1\rangle = \begin{bmatrix} \alpha \\ \beta \end{bmatrix},$$

其中 $\alpha, \beta \in \mathbb{C}$ 被称为振幅, 并且 $|\alpha|^2 + |\beta|^2 = 1$.

如果 $|v\rangle = \alpha|0\rangle + \beta|1\rangle$, 测量后以概率 $|\alpha|^2$ 塌缩到基态 $|0\rangle$, 以概率 $|\beta|^2$ 塌缩到基态 $|1\rangle$.

例子 8.9　2 个量子比特系统的基态包括:

$$|00\rangle, \ |01\rangle, \ |10\rangle, \ |11\rangle,$$

其中

$$|00\rangle = |0\rangle \otimes |0\rangle = \begin{bmatrix} 1 \\ 0 \end{bmatrix} \otimes \begin{bmatrix} 1 \\ 0 \end{bmatrix} = \begin{bmatrix} 1 \\ 0 \\ 0 \\ 0 \end{bmatrix},$$

类似计算可得

$$|01\rangle = \begin{bmatrix} 0 \\ 1 \\ 0 \\ 0 \end{bmatrix}, \quad |10\rangle = \begin{bmatrix} 0 \\ 0 \\ 1 \\ 0 \end{bmatrix}, \quad |11\rangle = \begin{bmatrix} 0 \\ 0 \\ 0 \\ 1 \end{bmatrix}.$$

定义 8.8 n 个量子比特组成的系统可以表示为 $\mathbb{C}^{2^n}$ 中 2^n 个 (表示基态) 基底向量的复线性组合

$$|v\rangle = \sum_{a \in \{0,1\}^n} \alpha_a |a\rangle,$$

其中 $\sum_{a \in \{0,1\}^n} |\alpha_a|^2 = 1$. 有时用整数表示 a, 也记作

$$|v\rangle = \sum_{a=0}^{2^n-1} \alpha_a |a\rangle,$$

8.2.2 量子电路

量子电路由不同功能的量子门构成, 各个量子门之间由量子线路 (quantum wire) 连接. 图 8.6 是一个量子电路的示意图. 量子电路中量子门的数量反映了量子电路的复杂性, 常见的量子门包括 Hadamard 门、相位门、$\pi/8$ 门等.

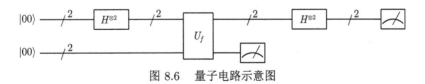

图 8.6　量子电路示意图

定义 8.9 Hadamard 门 (记为 H), 相位门 (记为 S), $\pi/8$ 门 (记为 T) 的矩阵表示分别为

$$\boxed{H} \quad H = \frac{1}{\sqrt{2}} \begin{bmatrix} 1 & 1 \\ 1 & -1 \end{bmatrix},$$

$$-\boxed{S}-\quad S = \begin{bmatrix} 1 & 0 \\ 0 & i \end{bmatrix},$$

$$-\boxed{T}-\quad T = \begin{bmatrix} 1 & 0 \\ 0 & e^{i\pi/4} \end{bmatrix}.$$

例子 8.10　首先考察单个 Hadamard 门的作用.

$$H\left|0\right\rangle = \frac{1}{\sqrt{2}} \begin{bmatrix} 1 & 1 \\ 1 & -1 \end{bmatrix} \begin{bmatrix} 1 \\ 0 \end{bmatrix} = \frac{1}{\sqrt{2}} \begin{bmatrix} 1 \\ 1 \end{bmatrix} = \frac{\left|0\right\rangle + \left|1\right\rangle}{\sqrt{2}},$$

$$H\left|1\right\rangle = \frac{1}{\sqrt{2}} \begin{bmatrix} 1 & 1 \\ 1 & -1 \end{bmatrix} \begin{bmatrix} 0 \\ 1 \end{bmatrix} = \frac{1}{\sqrt{2}} \begin{bmatrix} 1 \\ -1 \end{bmatrix} = \frac{\left|0\right\rangle - \left|1\right\rangle}{\sqrt{2}}.$$

进一步, 计算

$$H^2\left|0\right\rangle = H(H\left|0\right\rangle) = \frac{1}{2} \begin{bmatrix} 1 & 1 \\ 1 & -1 \end{bmatrix} \begin{bmatrix} 1 \\ 1 \end{bmatrix} = \begin{bmatrix} 1 \\ 0 \end{bmatrix} = \left|0\right\rangle,$$

$$H^2\left|1\right\rangle = H(H\left|1\right\rangle) = \frac{1}{2} \begin{bmatrix} 1 & 1 \\ 1 & -1 \end{bmatrix} \begin{bmatrix} 1 \\ -1 \end{bmatrix} = \begin{bmatrix} 0 \\ 1 \end{bmatrix} = \left|1\right\rangle.$$

因此 H 的逆作用还是 H.

下面考察 Hadamard 门作用到 n 个量子比特系统 $\left|x\right\rangle, x \in \{0,1\}^n$.

$$H^n\left|x\right\rangle = \frac{1}{\sqrt{2^n}}(\left|0\right\rangle + (-1)^{x_1}\left|1\right\rangle)\cdots(\left|0\right\rangle + (-1)^{x_n}\left|1\right\rangle)$$

$$= \frac{1}{\sqrt{2^n}} \sum_{y \in \{0,1\}^n} (-1)^{x_1y_1 + x_2y_2 + \cdots + x_ny_n} \left|y\right\rangle$$

$$= \frac{1}{\sqrt{2^n}} \sum_{y \in \{0,1\}^n} (-1)^{x \cdot y} \left|y\right\rangle,$$

这里 x 与 y 的二进制分别表示为 $x_1x_2\cdots x_n$ 与 $y_1y_2\cdots y_n$, 而 $x \cdot y$ 表示 x 与 y 逐位内积.

为了考察量子计算模型相比经典模型的计算效率, Simon [4] 考察了计算周期问题.

例子 8.11 (Simon 算法) 首先考虑简单的例子. 给定定义在 $\mathbb{Z}_2$ 上的周期函数

$$f : \mathbb{Z}_2^2 \longrightarrow \mathbb{Z}_2^2,$$

$$00, 10 \longmapsto 11,$$

$$01, 11 \longmapsto 01.$$

即 f 满足如下条件:

(1) f 的输入和输出是长度为 2 的二进制串.

(2) 存在一个固定的长度为 2 的二进制串 $t = 10$, 称为周期, 使得对任意 $x \in \mathbb{Z}_2^2$, 都有

$$f(x \oplus t) = f(x),$$

其中 $x \oplus t$ 是逐位异或.

给定一个关于 f 的黑盒, 能够对于任意输入询问 x, 返回对应的函数值 $f(x)$. 求解如下的问题: 需要查询多少次函数值, 才能找到 f 的周期?

首先考察经典计算的情况, 为了计算周期, 需要查询不同输入对应的结果, 如果 $f(x) = f(y)$, 则有可能 $t = x \oplus y$. 最好的情况是 2 次查询, 最坏的情况是 3 次查询.

图 8.6 是使用量子计算结合经典计算设计的 Simon 算法. 运行一次 Simon 算法 (询问一次) 可以得到一个和 t 正交的向量. 通过运行至多 2 次 Simon 算法 (询问 2 次), 构建一个线性方程组, 其中每个向量都和 t 正交, 求解该方程组即可唯一确定周期.

一般情况下, 如果是定义在 $\mathbb{Z}_2^n$ 上的周期函数, 使用经典算法的查询复杂度为 $\Omega(2^{n/2})$, 而使用 Simon 算法的查询复杂度为 $O(n)$.

Shor[5] 借鉴了 Simon 算法的思路, 实现了一般的量子傅里叶变换, 以此为工具设计了有效的量子算法求解因子分解问题和离散对数问题. 因此, 基于这两类问题的公钥密码方案不能抵抗量子攻击. 在对称密码方面, 尽管还未找到有效的量子求解算法破解对称密码, 例如, AES、SM4、HMAC 等, 但是 Grover[6] 借助于量子并行性和量子纠缠等特性, 实现了一般的非结构化搜索算法, 设计了二次加速的量子搜索算法. 这导致对称密码方案的安全界被减半, 例如, 密钥搜索复杂度由 $O(2^n)$ 降为 $O(2^{n/2})$, 寻找杂凑函数碰撞复杂度由 $O(2^{n/2})$ 降为 $O(2^{n/3})$. 上述量子算法的出现开启了后量子密码研究的序幕.

8.3　密码学复杂性理论假设

密码学复杂
性理论假设

我们说一个密码方案是 (计算) 安全的, 意味着破解该方案是困难的, 即针对相关方案的破解算法具有极高的复杂度, 或者说对于密码方案所基于的困难问题仍未找到有效的求解算法. 所以, 密码方案的安全性通常需要依赖难以求解的困难问题 (困难性假设). 尽管密码方案的种类与功能千差万别, 但是始终有两个基本的假设贯穿各类密码方案的设计与分析. 这两个基本的假设即**单向性**与**伪随机性**. 本节将介绍最基本的密码学原语: 单向函数、伪随机数生成器和伪随机函数, 并结合对称密码方案, 进一步理解单向性与伪随机性对于密码方案设计与分析的重要意义.

8.3.1　单向函数

在杂凑函数章节, 我们已经接触过单向性的概念. 所谓单向性, 简单地说, 是易于 "正向" 计算而难于 "反向" 求逆. 单向函数 (one-way function) 是一种具有 "单向性" 的函数, 其正式定义如下.

定义 8.10　如果满足以下条件, 我们称函数 $f: \{0,1\}^* \to \{0,1\}^*$ 是单向的:

(1) 对定义域中 $\forall x$, 可以在多项式时间内计算 $f(x)$;

(2) 对值域中几乎所有的 y, 任意多项式时间有界的敌手 $\mathcal{A}$ 计算 $x' \in f^{-1}(y)$[①] 是不可行的, 即

$$\Pr\left[f\Big(\mathcal{A}\big(1^n, f(x)\big)\Big) = f(x)\right] < 1/poly(n),$$

其中 $poly(n)$ 是关于安全参数 n 的任意多项式.

其中条件 (1) 体现了由 x 计算像 $f(x)$ 的有效性, 条件 (2) 体现了求解 $f(x)$ 原像的困难性. 注意, $f(x)$ 的原像可能并非只有 x, 此处要求求解出任何一个原像都应是计算上不可行的 (**并非不可能**). 虽然单向性描述简洁, 然而, 至今还没有找到一个函数可以证明是单向函数, 其存在性仍然只是假设. 实际应用中, 有很多 "可能的" 单向函数, 虽未证明是单向的, 但也未找到有效的求解原像的算法, 例如, Hash 函数、分组密码、因子分解问题、SAT 问题等. 因此, 单向函数假设倾向于认为是成立的 (如果 $\mathcal{P} \neq \mathcal{NP}$ 成立). 更重要的是, 几乎所有的密码方案中都有单向性的身影: 加密算法应该是单向的, 否则, 可由密文有效地求解明文; 消息认证码 (MAC) 应该是单向的, 否则, 可由消息-标签有效地求出密钥. 事实上, 单向函数是对称密码的最低假设, 基于单向函数可以构造对称加密、杂凑函数、消息认证码 (MAC) 等密码方案.

---

① $f^{-1}(y)$ 表示 y 的所有原像的集合, 并非要求 f 是可逆的.

进一步, 如果单向函数 f 还具有置换的性质, 则 f 称为单向置换, 其定义如下:

定义 8.11 如果单向函数 f 是 1-1 映射, 则称 f 是单向置换 (one-way permutation).

例如, 输入输出长度一致的分组密码可以看作是一种 "可能的" 单向置换: 密钥固定的加密算法是关于明文与密文是一一映射, 由明文计算密文是容易的, 但是, 在不知解密密钥的条件下, 由密文计算明文是困难的.

可见, 安全的加密方案蕴含着单向性, 但是, 仅有单向性往往并不足以保障密码方案的安全, 还需具备另一个重要性质——随机性.

8.3.2 伪随机数生成器

"随机性" 是事物表现出的一种不确定性, 在生活中随处可见, 例如, 天气的变化、微粒的布朗运动、金融市场的波动等. 尽管我们常常希望消除随机性带来的负面影响, 但在很多情况下我们需要依赖随机性. 例如, 在计算机科学、统计学、物理学等研究中, 有时需要使用随机数进行模拟、采样、测试等工作. 在密码学中, 随机性更是占有举足轻重的地位. 例如, 安全的分组密码不仅要求敌手难以通过密文恢复出目标明文, 还要求难以通过已知的明密文信息, 求解关于目标明文或密钥的任何信息, 这需要加密算法能够将明文、密钥与密文三者之间的关系变得足够复杂 (混淆与扩散), 并且密钥应是随机的 (服从独立的均匀分布). 要达到上述性质通常需要生成的密文也表现得足够随机. 此外, 在许多 (非确定性的) 密码方案中, 还需要除了密钥外的其他随机数参与运算.

注 8.2 密码学中的随机数意味着该数 (或变量) 应服从独立的均匀分布, 且是难以预测的.

然而, 要生成真正的随机数并不容易. 任何利用确定性的方法生成的所谓 "随机数" 都是可以预测的, 因而并非真正随机. 真随机数的生成一般需要测量不可预测的物理过程, 将测量收集到的相关数据作为真随机数. 例如, 电离辐射的脉冲检测数据、热噪声采样数据等, 此类物理现象由于充满不确定性, 因而难以预测, 倾向于认为是 "真随机" 的, 但此类生成方法效率低且成本很高. (尽管如此, 也难以证明此类数据的 "真随机性".) 在密码算法中, 我们通常需要在短时间内生成大量的随机数. 为了解决这个问题, 我们更多的是使用由**伪随机数生成器**生成的**伪随机数**.

伪随机数生成器 (pseudorandom generator, PRG) 是一种确定性算法, 其输入是固定长度的**真随机数**, 输出任意长度的字符串, 且输出字符串的分布与均匀分布计算不可区分.

定义 8.12 (伪随机数生成器) 对于确定性多项式时间算法 G, 输入长度为 n 的种子 $s \in \{0,1\}^n$, 输出长度为 $p(n)$ 的结果 $G(s)$, 其中 $p(\cdot)$ 为多项式. 如果满足

以下条件, 我们称 G 是扩展因子为 $p(n)$ 的伪随机数生成器:

(1) 对任意输入长度 n, 满足 $p(n) > n$;

(2) 对任意多项式时间区分器算法 D, 均匀选取的真随机数 $r \in \{0,1\}^{p(n)}$,

$$|\Pr[D(G(s)) = 1] - \Pr[D(r) = 1]| \leqslant negl(n),$$

其中 $negl(n)$ 是关于 n 的可忽略函数.

由定义可见, 伪随机数生成器 (PRG) 的功能是将一个短的真随机数 (种子) 进行有效 "拉长", 得到一个 "看似随机" 的伪随机数. 那么, 这个短的真随机 "种子" 从何而来? 除了利用上述物理方法生成真随机数, 更多的是使用计算机系统生成. 该过程如图 8.7 所示. 首先, 在操作系统中收集用户的鼠标键盘活动、硬盘的 IO 操作等看似随机的数据, 以获得高熵数据的集合, 称为 "熵源", 然后将 "熵源" 中的数据通过 "真随机生成器" 进行处理, 得到独立、无偏的随机比特, 作为伪随机数生成器的 "种子".

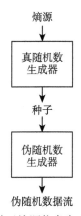

图 8.7　基于熵源信息生成伪随机数

注 8.3　种子 s 的角色类似于加密方案中的密钥, 是需要保密的, 且 s 的长度需足够长, 以防止敌手通过穷举猜测种子, 进而区分或预测 PRG 生成的伪随机数据 $G(s)$. 此外, 由于 PRG 是确定性算法, 计算 $G(s)$ 的过程并不会增加种子 s 的熵. 因此, 尽管 $G(s)$ 的长度可能远大于 s 的长度, 但是 $G(s)$ 的熵不会高于种子 s 的熵.

一个自然的问题是伪随机数生成器是否存在, 或者说如何构造伪随机数生成器. 与单向函数类似, 我们还无法**无条件**地证明其存在性. 但是, 基于单向函数的存在性假设, 可以构造伪随机数生成器. 在实际应用中, 可以利用流密码、分组密码、杂凑函数、公钥密码等构造 PRG.

1) 基于流密码构造 PRG

流密码的密钥流生成过程本身即可看作 PRG, 以同步流密码为例, 同步流密码由密钥流生成器和异或加密组成 (如图 8.8), 密钥流生成器输入短的密钥种子, 输出任意长度的密钥流, 安全的流密码要求密钥流分布与均匀分布在计算上不可区分, 因此密钥流可看作伪随机数.

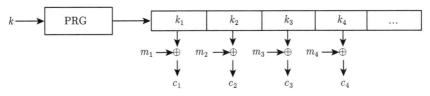

图 8.8　PRG 与同步流密码

2) 基于分组密码构造 PRG

分组密码的密文分布通常是看似随机的, 进一步结合分组密码的工作模式, 可生成任意长度的密文, 作为伪随机数. 例如, 采用 OFB 模式的分组密码加密, 其本质类似于自同步流密码结构. 如图 8.9 所示, 假设 Enc 是分组密码加密算法, k 为密钥, V 作为明文, 通过 OFB 模式的迭代, Enc 输出的密文反馈到下一轮输入的明文, 随着状态 V 的更新, 能够源源不断地生成密文, 即伪随机比特串. 同理, 可以采用 CTR 模式生成伪随机数, 如图 8.10 所示, CTR 模式利用计数器及 UPDATE 函数不断更新状态 V 与密钥 k, 以产生伪随机的密文作为伪随机比特串.

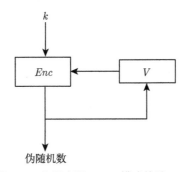

图 8.9　分组密码 OFB 模式构造 PRG

3) 基于杂凑函数或 HMAC 构造 PRG

类似于基于分组密码的构造, 杂凑函数与 HMAC 结合工作模式也可以构造 PRG (假设杂凑函数与 HMAC 的输出具有足够的随机性). 如图 8.11, 与上述 CTR 模式的构造方法类似, 利用计算器与 UPDATE 函数对杂凑函数的输入不断更新, 得到的杂凑值输出即可作为 PRG 的输出. 类似于 OFB 模式的构造方法, 利用 HMAC 同样可以构造 PRG, 如图 8.12, 将 HMAC 的输出反馈到 UPDATE 函数以更新 V 与密钥 k 的状态, 从而得到伪随机的输出.

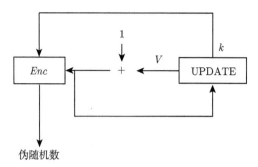

图 8.10　分组密码 CTR 模式构造 PRG

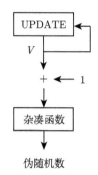

图 8.11　杂凑函数构造 PRG

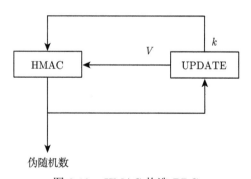

图 8.12　HMAC 构造 PRG

关于基于杂凑函数、HMAC 以及分组密码的伪随机生成器的具体构造, 可参考文献 [7], 其中对 HASH_DRBG、HMAC_DRBG 与 CTR_DRBG 等伪随机生成器方案（包括 UPDATE 函数）做出了详细描述. 注意, 文献 [8] 对相关方案的安全性与隐患给出了深入分析.

直观上, 由于所基于的密码组件有足够好的随机性, 例如, 密钥流、密文、HMAC 或杂凑函数的输出足够随机, 因此, 上述方法构造的 PRG 其输出似乎是伪随机的.

但是, 如何判定一个 PRG 的输出数据是否真正达到伪随机? 一种直接的方法是统计测试. 因为真随机数是服从均匀分布的, 而伪随机数的分布与真随机数的分布在计算上不可区分, 那么它们的统计分布应该具有相似的表现. NIST 曾发布过一系列统计测试标准, 包括频率测试、序列测试、游程测试等. 一个好的 PRG 应该通过这样的统计测试, 但通过测试并不足以保证 PRG 的伪随机性, 仍然可能存在其他未知的统计测试可以区分真随机数和 PRG 的输出, 尚且不清楚通过多少种统计测试才能充分说明 PRG 的输出是足够随机的. 通过统计测试, 仅仅是确保数据伪随机的必要不充分条件.

4) *基于数学难题的 PRG

统计测试只是通过数据的 "外在" 表现来判断随机性, 我们希望能够从 PRG "内在" 的性质来证明其输出伪随机数的质量, 进而作出更严格的、令人信服的判定. 这就需要依赖于 "可证明安全的 PRG". 这类 PRG 的构造一般基于数学困难问题, 能够将伪随机数与真随机数的 "不可区分性" 归约到破解相关数学问题的困难性.

以下为经典的可证明安全 PRG 构造, 读者可以结合第 9 章公钥密码知识理解其原理.

例子 8.12 (Blum-Micali PRG) 基于离散对数困难问题构造 PRG.

输入: 循环群 $\mathbb{G}$ 的描述, 其中 $\mathbb{G}$ 的阶为素数 p, g 是群 $\mathbb{G}$ 的生成元; 随机选择种子 $x_i \in \mathbb{Z}_p^*$. 执行以下计算:

for $i \in \{1, 2, \cdots, L\}$:

(1) $Z_i \leftarrow B(g^{x_i} \mod p)$;

(2) $x_{i+1} \leftarrow g^{x_i} \mod p$;

输出: 序列 $\{Z_i | 1 \leqslant i \leqslant L\}$.

B 是关于 $g^{x_i} \mod p$ 的函数, 称为困难谓词 (hard-core predicate), 该函数的输出可以理解为关于 $g^{x_i} \mod p$ 的离散对数中 "最难" 计算的 1 比特信息, 例如 x_i 的最高位比特, 敌手难以判断其为 0 或 1, 或者说判断正确的优势是可忽略的. 上述迭代过程利用第 (2) 步生成了序列 $g^{x_1}, g^{x_2}, \cdots, g^{x_L}$, 最终输出的伪随机比特序列为 $B(g^{x_1} \mod p), B(g^{x_2} \mod p), \cdots, B(g^{x_L} \mod p)$.

注意, 整个过程并未公开序列 $x_1, x_2, \cdots, x_L$ 以及 $g^{x_1}, g^{x_2}, \cdots, g^{x_L}$. 如果 $f(x) = g^x \mod p$ 是单向的, 则敌手难以由 $B(g^{x_1} \mod p), \cdots, B(g^{x_i} \mod p)$ 计算下一比特 $B(g^{x_{i+1}} \mod p)$.

例子 8.13 (Blum-Blum-Shub PRG) 基于判定二次剩余困难问题构造 PRG:

输入: N, 其中 $N = pq$, p, q 为大素数, $p, q \equiv 3 \mod 4$; 随机选择种子 $x_i \in \mathbb{Z}_p^*$. 执行以下计算:

for $i \in \{1, 2, \cdots, L\}$:

(1) 计算 $x_{i+1} = x_i^2 \mod N$;

(2) $Z_i = x_i$ 的最低比特位;

输出: 序列 $\{Z_i | 1 \leqslant i \leqslant L\}$.

第 (2) 步中 x_i 的最低比特位实际是函数 $x^2 \mod N$ 的困难谓词, 最终输出的伪随机比特序列为 $B(x_1^2 \mod N), B(x_2^2 \mod N), \cdots, B(x_L^2 \mod N)$.

上述基于数学困难问题构造 PRG 的方法, 本质上是利用困难问题的单向性保证 PRG 输出序列每一比特的不可预测性, 从而保证了整个输出的伪随机性. 可以证明, 如果存在有效的区分器能够区分真随机串与上述 PRG 生成的伪随机串, 则可构造有效算法破解所基于的困难问题.

基于单向函数的 PRG　事实上, 可以证明一个更一般的结论——**基于单向函数假设可以构造 PRG**. 相关构造使用的一个重要概念正是 "困难谓词".

定义 8.13 (困难谓词)　如果满足以下条件, 我们称函数 $\mathsf{hc} : \{0,1\}^* \to \{0,1\}$ 是函数 f 的困难谓词:

(1) 对 f 定义域中 $\forall x$, 可以在多项式时间内计算 $\mathsf{hc}(x)$;

(2) 对任意多项式使时间有界的敌手 $\mathcal{A}$, 对于固定长度的 x, 给定 $f(x)$ 的值, 计算 $\mathsf{hc}(x)$ 是不可行的, 即

$$\left| \Pr_{x \leftarrow \{0,1\}^n} [\mathcal{A}(f(x)) = \mathsf{hc}(x)] - 1/2 \right| < 1/poly(n),$$

其中 $poly(n)$ 是关于安全参数 n 的任意多项式.

由定义可见, 困难谓词刻画了函数 $f(x)$ 关于原像 x 的难以计算的 1 比特信息, 蕴含伪随机性. 利用单向函数以及该困难谓词可构造 PRG. 以下为利用单向置换及其困难谓词构造 PRG 的经典结论.

定理 8.1　如果 $f : \{0,1\}^n \to \{0,1\}^n$ 是一个单向置换, hc 是 f 的困难谓词, 那么对 $s \in \{0,1\}^n$, 确定性算法 $G(s) = f(s) \parallel \mathsf{hc}(s)$ 是一个扩展因子为 $n+1$ 的伪随机数生成器.

对于固定长度的随机数串 s, 经过单向置换仍然是一个随机数串, 将困难谓词添加到输出, 则实现了将随机数串 "拉长" 1 比特, 且该比特满足不可预测 (伪随机). 尽管该算法只扩展了 1 比特, 通过使用 $G(\cdot)$ 对种子 $f(s)$ 不断迭代, 可得到任意多项式长度的伪随机数, 从而实现任意扩展因子的 PRG.

单向函数与伪随机数生成器的关系如图 8.13 所示.

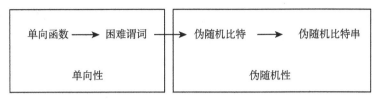

图 8.13 单向函数构造 PRG 的基本思想

基于伪随机数生成器, 可以构造唯密文攻击下安全的对称加密方案. 假设 $G:$ $\{0,1\}^n \to \{0,1\}^l$ 是 PRG, 具体构造如下所示.

算法 8.1 基于 PRG 的对称加密

1. 密钥生成: 输入安全参数 1^n, 输出随机的 $k \in \{0,1\}^n$.
2. 加密: 输入密钥 k, 明文 $m \in \{0,1\}^l$, 输出

$$c = Enc_k(m) = G(k) \oplus m.$$

3. 解密: 输入密钥 k, 密文 $c \in \{0,1\}^l$, 输出

$$m = Dec_k(c) = G(k) \oplus c.$$

该算法形式上类似于一次一密, 但利用 PRG 生成的伪随机串 $G(k)$ 而非真随机串来隐藏明文信息. 如果 $G(k)$ 与真随机串计算上难以区分, 则该方案是唯密文攻击下是计算安全的.

8.3.3 伪随机函数

在介绍伪随机函数之前, 我们先考虑 "真随机" 函数的含义. 简单地说, 真随机函数 (random function, RF, 有时也简称为随机函数) 是具有以下特殊性质的函数 f:

对于定义域中任何元素 x, 即使 x 公开, 其输出 $f(x)$ 是不可预测的随机数.

为了进一步理解真随机函数的性质, 考虑以下由挑战者与敌手参与的游戏:

(1) 设所有的定义域为 $\{0,1\}^n$, 值域为 $\{0,1\}^n$ 的函数构成的集合 $\mathcal{F}$. 该集合中共有 $(2^n)^{2^n}$ 个元素, 因为定义域中共有 2^n 个元素, 每个元素 x 可能对应的 $f(x)$ 有 2^n 种选择, 故定义域为 $\{0,1\}^n$, 值域为 $\{0,1\}^n$ 的函数有 $(2^n)^{2^n}$ 种.

(2) 挑战者在 $\mathcal{F}$ 中随机选择一个函数 f, 但不公开 f 的描述.

(3) 敌手选择一个 $x^* \in \{0,1\}^n$, 并猜测 $f(x^*)$.

由于 f 是在 $(2^n)^{2^n}$ 种函数中均匀随机选取的, 且未公开描述, 因此, 对于敌手而言 $f(x^*)$ 有 2^n 中可能, 敌手猜对 $f(x^*)$ 的概率为 $\dfrac{1}{2^n}$. 更进一步, 可以允许敌手

通过向挑战者提出询问, 获知定义域部分元素对应的函数值. 例如, 敌手提出询问 $x_1, x_2, \cdots$, 并得到挑战者的回答 $f(x_1), f(x_2), \cdots$, 如图 8.14 所示.

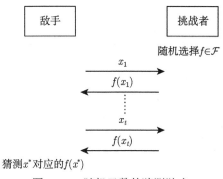

图 8.14　随机函数的猜测游戏

即使敌手拥有上述询问能力, 对于未被询问的元素 x^*, 敌手猜对 $f(x^*)$ 的概率仍为 $\dfrac{1}{2^n}$. 上述游戏中的 f 即为真随机函数. 可见, 真随机函数的输出是真随机的, 即使敌手可恶意选择函数输入, 其输出仍服从均匀分布. 然而, 在实际应用中, 很难构造真随机函数, 例如, 上例中含有 $(2^n)^{2^n}$ 个元素的 $\mathcal{F}$ 以及在 $\mathcal{F}$ 上进行随机选取均难以进行有效的刻画. 因此, 实际应用中使用的是真随机函数的替代——伪随机函数 (pseudorandom function).

伪随机函数, 简称 PRF, 是一种 "带密钥的" 函数, 在密钥保密的条件下, 对于任何输入, 其输出是伪随机的. 正式定义如下.

定义 8.14 (伪随机函数 (PRF))　假设 $F : \mathcal{K} \times \{0,1\}^n \to \{0,1\}^n$ 是可有效计算的带密钥的函数, 其中 $\mathcal{K}$ 表示密钥空间. 对所有的多项式时间的区分器 D, 如果存在可忽略函数 $negl(n)$ 满足

$$\left| \Pr[D^{F_k(\cdot)}(1^n) = 1] - \Pr[D^{O_f(\cdot)}(1^n)] \right| \leqslant negl(n),$$

则称 F 是伪随机函数. 注意, $D^{F_k(\cdot)}$ 表示 D 可以通过谕言机 (oracle)$F_k(\cdot)$ 询问部分元素 x 对应的 $F_k(x)$, $D^{O_f(\cdot)}$ 表示 D 可以通过谕言机 $O_f(\cdot)$(其中 $f : \{0,1\}^n \to \{0,1\}^n$), 询问部分元素 x 对应的真随机函数值 $f(x)$. 此外, 上述概率与 k 的随机选择、f 的随机选择以及 D 的随机数有关.

由 PRF 的定义可见, 任何多项式时间的敌手 (区分器) 都难以区分 PRF 与真随机函数, 即使它可以获取部分 (多项式个) 函数值. 因此, PRF 的输出分布计算上接近于真随机函数. 由于 PRF 可以将低熵的 (公开的) 输入生成伪随机的输出, 许多密码方案需要此类性质, PRF 在密码学中具有重要应用. 理论上, PRF 可以用于构造消息认证码与对称加密.

1) 基于 PRF 构造消息认证码

消息认证码的安全需求与 PRF 具有的随机性是相符的: 确保敌手对一个新的 (没有询问过的) m 难以生成合法的 $MAC_k(m)$. 因此, PRF F 可直接作为生成与验证 MAC 标签的算法, 其中 F 的密钥 k 即为 MAC 的密钥. 设消息 $m \in \{0,1\}^n$, 则对 m 的认证码为 $t = F_k(m)$, 具体描述如下所示.

算法 8.2 基于 PRF 的消息认证码

1. 密钥生成: 输入参数 1^n, 输出 $k \leftarrow \{0,1\}^n$.
2. 标签生成: 输入密钥 k, 消息 $m \in \{0,1\}^n$, 输出标签

$$t = F_k(m).$$

3. 标签验证: 输入密钥 k, 消息 m, 标签 t, 计算

$$t' = F_k(m).$$

如果 $t' = t$, 则输出 1; 否则, 输出 0.

在安全性方面, 对新消息 m^* 的伪造, 相当于猜测伪随机函数的输出 $F_k(m^*)$. 根据伪随机函数的性质, 多项式时间的敌手成功计算 $F_k(m^*)$ 的概率可忽略, 即对 MAC 伪造成功的概率可忽略.

2) 基于 PRF 构造对称加密

由于 PRF 输出的随机性, 其输出可用于隐藏明文信息. 此外, PRF 的输入 (除密钥外) 即使公开, 由于密钥保密, 对应 PRF 的输出仍然是保密的. 因此, 可将公开的随机数作为 PRF 的输入, 随机化 PRF 每次的输出, 进而构成非确定性的对称加密方案, 具体描述如下.

算法 8.3 基于 PRF 的对称加密

1. 密钥生成: 输入参数 1^n, 输出 $k \leftarrow \{0,1\}^n$.
2. 加密: 输入密钥 k, 明文 $m \in \{0,1\}^n$, 随机选取 $r \leftarrow \{0,1\}^n$, 输出密文

$$c = Enc_k(m) = \langle r, F_k(r) \oplus m \rangle.$$

3. 解密: 输入密钥 k, 密文 $c = \langle c_1, c_2 \rangle$, 输出明文

$$m = Dec_k(c) = F_k(c_1) \oplus c_2.$$

基于 PRG 构造的对称加密算法 8.1 由于是确定性的, 并不能抵抗选择明文攻击, 但是, 基于 PRF 构造的对称加密算法 8.3 中引入了随机数 r, 即使对于相同明文的加密, 其对应的密文一般也是不同的.

理论上可以基于 PRG 构造 PRF, Goldreich 等对此给出了非常巧妙的构造及其证明[7], 但此类理论构造通常效率较低并不实用. 实际应用中, PRF 通常基于具体的对称密码算法构造, 例如, HMAC、AES 等. 以 HMAC 为例, 其输出通常被认为具有伪随机性, 且即使敌手已知多组消息-标签对, 新的消息所对应的标签仍然与随机数难以区分, 这与 PRF 所要求的性质是相符的.

8.3.4　相关结论

关于单向函数、伪随机生成器、伪随机函数的相关结论简要概括如下, 更进一步的分析与证明请参考文献 [8-10].

定理 8.2　如果单向函数存在, 则伪随机数生成器、伪随机函数存在.

定理 8.3　如果单向函数存在, 则安全的消息认证码存在.

定理 8.4　如果单向函数存在, 则选择明文安全的对称加密存在.

上述结论展示了单向函数 (单向性) 对于密码学的重要意义——它是产生随机性的重要方法, 是构造对称密码等密码方案所需的基本函数 (基础属性), 它帮助我们透过密码方案复杂的设计描述, 进一步理解密码方案的安全性本质.

8.4　练习题

练习 8.1　时间复杂度为 $O(n)$(线性时间复杂度) 的算法一定比时间复杂度为 $O(2^n)$(指数时间复杂度) 的算法运行更快吗? 为什么?

练习 8.2　回顾 Euclid 算法, 给定两个正整数 r_0, r_1, 其中 $r_0 > r_1$, 计算:

$$r_0 = q_1 r_1 + r_2, \quad 0 < r_2 < r_1,$$
$$r_1 = q_2 r_2 + r_3, \quad 0 < r_3 < r_2,$$
$$\cdots\cdots$$
$$r_{m-2} = q_{m-1} r_{m-1} + r_m, \quad 0 < r_m < r_{m-1},$$
$$r_{m-1} = q_m r_m.$$

则 $r_m = \gcd(r_0, r_1)$.

证明:

(1) 对于 $0 \leqslant i \leqslant m-2$, 有 $\gcd(r_i, r_{i+1}) = \gcd(r_{i+1}, r_{i+2})$;

(2) 对于 $0 \leqslant i \leqslant m-2$, 有 $r_{i+2} < r_i/2$.

练习 8.3　除 SAT 问题外, 请描述你所知道的其他 $\mathcal{NP}$ 类问题, 并解释该问题为何属于 $\mathcal{NP}$ 类问题.

练习 8.4　令 g 是一个单向函数, 那么 $f = g(g(x))$ 是单向函数吗? 为什么?

练习 8.5 有困难谓词的函数一定是单向函数吗? 如果不是, 请举例说明.

练习 8.6 描述单向函数、伪随机数生成器和伪随机函数之间的关系.

练习 8.7 请尝试基于 PRF 构造 PRG, 并进一步构造流密码.

练习 8.8 在对称密码算法设计中, 我们希望对称密码某些部件的性质可以逼近真随机函数、PRF 或 PRG, 以获得更好的混淆与扩散效果. 例如, 若 DES 中的 f 函数是真随机函数, 则 DES 仅需更少的迭代轮数, 便可达到期望的混淆与扩散效果. 但 f 函数与真随机函数的性质仍有差距, 请解释 f 函数与真随机函数的差异.

练习 8.9 对称加密算法一般通过轮函数的多轮迭代以逼近伪随机置换. 如果轮数过少, 则难以达到伪随机性. 即使 DES 中的 f 函数替换为真随机函数, 2 轮的 DES 仍不是伪随机置换, 请解释其原因.

练习 8.10 *RSA 问题: 已知 (N, e, y), 其中 N 是两个足够大的素数的乘积, $3 \leqslant e \leqslant \phi(n)$ 且 $gcd(e, \phi(n)) = 1$, $y = x^e \mod N$, $x \in \mathbb{Z}_N$, 求解 x.

由于目前还未找到有效的多项式时间算法求解 RSA 问题, 因此, RSA 问题仍然被认为是困难问题. 请尝试基于 RSA 困难问题构造 PRG.

提示: x 的最低比特作为困难谓词.

练习 8.11 *线性同余生成器: 设 N 为正整数, 给定 $a, b, s_0 \in \{1, 2, \cdots, N - 1\}$, 序列 $\{s_1, s_2, \cdots\}$ 由以下等式生成, 其中 $i = 1, 2, \cdots$,

$$s_i = a \cdot s_{i-1} + b \mod N.$$

以上算法是否为安全的伪随机生成器? 为什么?

参考文献

[1] Turing A M. On computable numbers, with an application to the entscheidungsproblem. J. of Math, 1936, 58(345-363): 5.

[2] Cook S A. The complexity of theorem-proving procedures. Proceedings of the 3rd Annual ACM Symposium on Theory of Computing, 1971, pages 151-158.

[3] Levin L A. Universal sequential search problems. Problemy Peredachi Informatsii, 1973, 9(3): 115-116.

[4] Simon D R. On the power of quantum computation. SIAM Journal on Computing, 1997, 26(5): 1474-1483.

[5] Shor P W. Algorithms for quantum computation: discrete logarithms and factoring. Proceedings 35th Annual Symposium on Foundations of Computer Science, 1994, pages 124-134.

[6] Grover L K. Quantum mechanics helps in searching for a needle in a haystack. Physical Review Letters, 1997, 79(2):325.

[7]　Barker E, Kelsey J. NIST Special Publication 800-90: Recommendation for random number generation using deterministic random bit generators. National Institute of Standards and Technology, 2016.

[8]　Woodage J, Shumow D. An analysis of NIST SP 800-90a. Advances in Cryptology - EUROCRYPT 2019, volume 11477 of LNCS, 2019, pages 151-180.

[9]　Goldreich O, Goldwasser S, Micali S. How to construct random functions. Journal of the ACM (JACM), 1986, 33(4): 792-807.

[10]　Katz J, Lindell Y. Introduction to modern cryptography. Boca Raton: CRC Press, 2020.

第 9 章

公钥加密

第9章课件

公钥密码的提出创新性地解决了对称密码在密钥分发方面的固有难题, 被誉为密码学发展史上的一次伟大变革. 公钥密码主要包括公钥加密、数字签名、密钥交换等. 本章主要介绍公钥加密, 包括公钥加密基本概念、安全要求及设计原理、RSA 加密、ElGamal 加密、SM2 加密、后量子加密、相关数学困难问题以及公钥密码实现技术等.

9.1 公钥密码概述

公钥密码概述及相关数学基础知识回顾

尽管对称密码可以提供保密性与认证性, 但其在应用中面临以下局限性:

• 如果想要使用对称密码, 如 AES、发送者 (加密者) 和接收者 (解密者) 必须要预先分配好密钥. 然而, 密钥分发本身也涉及保密与认证问题, 用户双方需要通过安全信道完成密钥的分发. 在实际应用中, 安全信道的实现并不容易. 例如, 在 20 世纪 70 年代, 银行采用电子通信系统向客户发送加密的数据资料, 但需要用专职的密钥分发员 (严格选拔且值得信任). 这些密钥分发员携带密码箱不远万里找到客户, 并亲手将箱中的密钥数据交给客户. 客户收到密钥的下一周便可以接收并解密银行发送的加密数据. 由此可见, 密钥分发的成本在当时是非常高昂的.

• 在密钥管理方面, 在一个拥有 n 个用户的网络中, 任何两个用户之间想要实现秘密通信, 都需要共享一个密钥, 那么整个网络需要管理的密钥数目是 $\frac{n(n-1)}{2}$. 当用户数量达到 1000 时, 所需密钥数量将超过 49 万, 这对密钥管理带来巨大压力.

为了解决对称密码的上述问题, 1976 年, Whitfield Diffie 和 Martin Hellman 共同发表了论文《密码学的新方向》[1], 创造性地提出了公钥密码的概念, 解决了不安全信道下的密钥分发问题. 该工作标志着公钥密码学的诞生, 是密码学发展史上的重要里程碑, 密码学从此开启了伟大变革. 1977 年, Ron Rivest、Adi

Shamir 和 Leonard Adleman 给出了具体的公钥密码方案, 即著名的 RSA 密码体制 (包括公钥加密方案与数字签名方案). 关于公钥密码学的起源还有另外一种观点, 早在 1970 年, 英国政府通信总部 GCHQ 的 James Ellis 就已提出公钥密码的概念, 但是由于其工作的保密性质, 该工作直到 1997 年才被正式解密公开. 现在, 公钥密码作为保障信息安全的关键技术, 广泛应用于网络空间各领域, 例如, 网站访问、社交账号登录、电子邮件发送、手机支付等日常应用均受到公钥密码的保护.

公钥密码一般包括公钥加密、数字签名、密钥交换等密码方案, 其基本功能和对称密码相似, 同样可用于保障数据的保密性和认证性. 但是与对称密码不同的是, 公钥密码涉及两个不同的密钥, 分别是公钥与私钥, 其中公钥 (public key) 是公开的, 通常记为 pk, 而私钥 (private key 或 secret key) 是保密的, 通常记为 sk. 由于公钥 pk 和私钥 sk 并不相等, 所以公钥密码也称为非对称密码.

如图 9.1 所示, 考虑以下公钥加密的应用场景: 有 4 位用户, 分别是 A、B、C 和 D, 其中, A 拥有属于自己的公钥 pk_A 和私钥 sk_A. 首先, A 通过某种方式将自己的公钥 pk_A (公开) 发送给其他三位用户, 但保证只有 A 自己知道私钥 sk_A. 之后, B、C 和 D 中任何一人都可以使用 pk_A 向 A 发送加密消息 (pk_A 扮演了加密密钥的角色), 而只有 A 能使用 sk_A 解密相关密文. 同理, B、C、D 也可以将各自的公钥公开 (保密各自的私钥), 从而做到四位用户两两之间实现保密通信. 更一般的, 对于 n 位用户, 只需公开 n 个公钥, 便可以实现 n 位用户两两之间的保密通信.

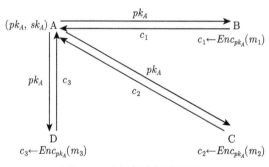

图 9.1　公钥加密的应用场景

值得一提的是, 公钥密码的出现并不意味着对称密码的淘汰. 在安全性上, 公钥密码并不一定比对称密码更安全. 在计算效率上, 由于公钥密码的计算开销通常高于对称密码, 对称密码的计算效率优势明显. 因此, 公钥密码更多地应用于传输对称密码密钥、密钥管理或有公开验证需求的场景; 一旦交互双方实现了对称密钥的分享, 对于通信数据的保密与认证, 对称密码通常仍然是首选.

9.2 安全要求与设计原理

公钥密码的非对称密钥特点决定了它的安全要求与设计原理和对称密码显著不同. 我们首先通过以下例子解释公钥加密的设计原理与基本安全要求.

例子 9.1 用户 A 和 B 位于两个不同的城市, A 有一把锁和对应的钥匙, B 计划将一份机密的纸质文件 m 安全地快递给 A.

解决方案:

(1) A 通过快递员将锁快递 (不必保密) 给 B.

(2) B 收到锁后, 把文件 m 放进一个安全的箱子中, 并用 A 的锁锁住箱子, 然后让快递员将上锁的箱子快递给 A.

(3) A 收到箱子后, 使用她的钥匙打开箱子并拿到箱子里的 m.

假设箱子与锁足够安全, 除了使用钥匙开锁外, 没有其他方法能够打开箱子, 则在整个过程中, 除了 A 与 B 外, 无人可以获知 m 的内容.

可见, 只要快递公司能够将锁和箱子正确送达, 则 A 和 B 就可以在无需特殊秘密信道的情况下完成机密文件的传递. 公钥加密的设计思想与上述解决方案类似, 在一个公钥加密方案中, 公钥 pk 实际扮演了上例中锁的角色, 而对应的私钥 sk 扮演了钥匙的角色, 加了锁的箱子相当于密文. 因此, 公钥加密方案的形式化定义如下.

定义 9.1 公钥加密方案

• 密钥生成算法 $KeyGen$: $(pk, sk) \leftarrow KeyGen(1^\lambda)$.

输入安全参数 λ, 输出公钥私钥对 (pk, sk).

• 加密算法 Enc: $c \leftarrow Enc_{pk}(m)$.

输入公钥 pk 与明文 m, 输出密文 c.

• 解密算法 Dec: $m \leftarrow Dec_{sk}(c)$.

输入私钥 sk 与密文 c, 输出明文 m.

公钥加密方案需满足如下基本要求:

1. 任何获得公钥 pk 的人可以利用公开的 pk 加密明文 m, 从而生成密文 c;

2. 只有知道私钥 sk 的人可以利用 sk 解密密文 c, 从而得到明文 m;

3. 利用公钥 pk 计算私钥 sk 是不可行的.

其中第 2 点与第 3 点为公钥加密基本的安全要求. 特别是第 3 点, 因为公钥 pk 是公开的, 如果敌手可以通过公钥 pk 轻易地推出私钥 sk 相关信息, 则敌手可以解密发送给 A 的任何密文, 从而破坏公钥加密的保密性.

那么, 如何构造公钥加密方案满足上述要求? 公钥加密设计所需的核心性质由一种特殊的单向函数所刻画——陷门单向函数 (trapdoor one-way function) $f(x)$.

定义 9.2   函数 $f(\cdot) : D \to R$ 称为陷门单向函数, 如果满足以下条件:

1. 对于任意 $x \in D$, 计算 $f(x)$ 是容易的;

2. 对于几乎所有 $y \in R$, 任意多项式时间有界的敌手 A 计算 x 满足 $f(x) = y$ 是不可行的, 即

$$\Pr[f\big(A(f(x))\big) = f(x)] \leqslant negl(\lambda),$$

其中, λ 是安全参数, $negl(\lambda)$ 表示关于 λ 的可忽略函数, $A(f(x))$ 表示敌手算法 A 以 $f(x)$ 为输入计算得到的输出;

3. 已知陷门信息, 对于任意 $y \in R$, 计算 x 满足 $f(x) = y$ 是容易的.

注 9.1   在描述计算效率时, 我们常用 "容易" "有效" 表示计算可以在多项式时间内完成, "困难" "不可行" 表示计算难以在多项式时间内完成, 但并非完全不可能.

简单地说, 作为一种特殊的单向函数, 陷门单向函数由原像计算像是容易的, 而由像计算原像是困难的, 除非在某些特殊信息 (陷门) 的帮助下可以有效地求解原像. 上述定义蕴含着对于多项式时间有界的敌手来说, 已知 $f(\cdot)$, 计算陷门信息同样是不可行的. 其中, $f(\cdot)$ 并不一定是置换, 也可以是多对一的函数. 因此, 上述定义也蕴含着对于多项式有界的敌手, 在不知道陷门的条件下计算 y 的任意一个原像都应该是困难的.

事实上, 陷门单向函数是密码学最基础的假设之一, 因为其存在性至今没有得到严格的数学理论证明. 但是, 人们发现了多种可能的具体函数构造, 倾向于满足陷门单向函数的性质. 例如, 著名的 RSA 函数.

例子 9.2   RSA 函数 $f(x) = x^e \bmod n$ 是一种可能的陷门单向函数, 其中 n 是两个充分大的素数的乘积, 满足

1. 已知 x, n 和 e, 计算 $f(x)$ 是容易的 (多项式时间);

2. 已知 y, n 和 e, 计算 x 满足 $y = x^e \bmod n$ 是困难的;

3. 已知 y, n 和 e, 如果知道陷门信息, 即 n 的因子分解 $n = pq$, 那么可以轻易地求出 x 满足 $y = x^e \bmod n$; 仅知道 n 和 e, 计算 n 的因子分解是困难的.

可见, 陷门单向函数的性质似乎能够满足公钥密码的设计需求: 将 x 视为明文, f 的描述视为公钥, 给定 x, 任何知道 f 描述的人可以轻易地生成密文 $f(x)$; f 的陷门信息视为解密私钥, 利用陷门信息可以轻易地计算 $f(x)$ 的原像; 仅由 f 的描述难以计算私钥——陷门信息. 在 9.3 节, 我们将详细介绍此类 RSA 加密方案.

9.3 RSA 加密

RSA 公钥密码以三位发明人 R. Rivest、A. Shamir 与 L. Adleman 的姓氏首字母命名, 是第一个公开发表且完整实现了公钥密码思想的密码方案, 该方案包括加密方案与数字签名方案, 本节我们介绍其中的 RSA 加密方案.

9.3.1 RSA 数学基础

RSA 加密方案的设计基于数论困难问题, 其安全性依赖于大整数因子分解的困难性. 为方便理解, 我们简要介绍所涉及的主要数学基础概念与结论, 更多信息可参考本书 (第 15 章) 的初等数论部分.

定义 9.3 令 $\mathbb{Z}$ 表示所有整数的集合, $\mathbb{Z}^+$ 表示所有正整数的集合. 设 $n \in \mathbb{Z}^+$, $a, b \in \mathbb{Z}$.

• 若 $n|(a-b)$, 即可以找到整数 k, 使得 $a-b = kn$ 成立, 则称 a 同余于 b 模 n, 称 b 是 a 对模 n 的剩余, 记作 $a \equiv b \pmod{n}$.

• 所有模 n 同余的整数组成的集合称为模 n 的一个剩余类. 记 $a \bmod n$ 为 a 所属的模 n 的剩余类. 剩余类 $0 \bmod n, 1 \bmod n, \cdots, n-1 \bmod n$ 构成模 n 的所有剩余类.

• 在模 n 的每个剩余类 $i \bmod n$ 中, 任取 $a_i \in i \bmod n$, $0 \leqslant i < n$, 称 $a_0, a_1, \cdots, a_{n-1}$ 为模 n 的一个完全剩余系, 记为 $\mathbb{Z}_n$. 称 $0, 1, \cdots, n-1$ 为模 n 的最小非负完全剩余系.

• 若 $\gcd(a, n) = 1$, 即 a 与 n 的最大公因子为 1, 则称 $a \bmod n$ 为模 n 的既约剩余类. 模 n 的所有既约剩余类的个数记为 $\varphi(n)$, 通常称 $\varphi(n)$ 为**欧拉 (Euler) 函数**. 在模 n 的每个既约剩余类 $k_i \bmod n$ 中, 任取 $a_i \in k_i \bmod n$, $0 \leqslant i < \varphi(n)$, $0 \leqslant k_i < n$, 则称 $a_0, a_1, \cdots, a_{\varphi(n)-1}$ 是模 n 的既约剩余系, 记为 $\mathbb{Z}_n^*$.

• 若 $\gcd(a, n) = 1$, 则满足 $a^d \equiv 1 \pmod{n}$ 的最小的正整数 d 称为 a 对**模 n 的指数** (也称为**阶**或**周期**), 记作 $\delta_n(a)$. 当 $\delta_n(a) = \varphi(n)$ 时, 称 a 是**模 n 的原根**.

注 9.2 为了简化描述, 符号 $\mathbb{Z}_n$ 通常也表示整数 $0, 1, \cdots, n-1$ 构成的集合, 即

$$\mathbb{Z}_n = \{0, 1, \cdots, n-1\}.$$

例子 9.3 由于 $3|(3-0)$, 因此, 3 同余于 0 模 3, 0 是 3 对模 3 的剩余, 记为 $3 \equiv 0 \bmod 3$. 类似地, 4 同余于 1 模 3, 1 是 4 对模 3 的剩余, 记为 $4 \equiv 1 \bmod 3$, 5 同余于 2 模 3, 2 是 5 对模 3 的剩余, 记为 $5 \equiv 2 \bmod 3$.

进一步将所有整数 $\mathbb{Z}$ 按照模 $n = 3$ 的剩余类进行划分, 可以得到以下三种剩余类:

$$0 \bmod n,$$

$$1 \bmod n,$$

$$2 \bmod n.$$

整数 $0, 3, 6, 9, \cdots$ 属于剩余类 $0 \bmod 3$, 整数 $1, 4, 7, 10, \cdots$ 属于剩余类 $1 \bmod 3$, 整数 $2, 5, 8, 11, \cdots$ 属于剩余类 $2 \bmod 3$, 其中剩余类 $1 \bmod 3$ 与剩余类 $2 \bmod 3$ 中的整数与 3 互素 (最大公因子为 1), $\varphi(3) = 2$.

因此, $0, 1, 2$ 构成模 3 的完全剩余系, 即 $\mathbb{Z}_3 = \{0, 1, 2\}$; $1, 2$ 构成模 3 的既约剩余系, 即 $\mathbb{Z}_3^* = \{1, 2\}$.

关于同余的性质, 我们经常会用到以下定理.

定理 9.1 (费马 (Fermat) 小定理) 设 p 是一个素数 (此时 $\varphi(p) = p - 1$). 对任意的 $a \in \mathbb{Z}_p^*$, 有

$$a^{p-1} \equiv 1 \pmod{p}.$$

定理 9.2 (Euler 定理) 设 $n \in \mathbb{Z}^+$. 对任意的 $a \in \mathbb{Z}_n^*$, 有

$$a^{\varphi(n)} \equiv 1 \pmod{n}.$$

Euler 定理实际上是 Fermat 小定理的推广.

定理 9.3 (中国剩余定理) 假设正整数 $m_0, m_1, \cdots, m_{k-1}$ 两两互素, 则对任意整数 $a_0, \cdots, a_{k-1}$, 一次同余方程组

$$\begin{cases} x \equiv a_0 \pmod{m_0}, \\ x \equiv a_1 \pmod{m_1}, \\ \quad \cdots\cdots \\ x \equiv a_{k-1} \pmod{m_{k-1}} \end{cases} \tag{9.1}$$

有且只有一个解. 这个唯一解是

$$x \equiv M_0 M_0^{-1} a_0 + \cdots + M_{k-1} M_{k-1}^{-1} a_{k-1} \pmod{m},$$

其中

$$m = m_0 \cdots m_{k-1} = m_i M_i \quad (0 \leqslant i \leqslant k - 1)$$

以及

$$M_i M_i^{-1} \equiv 1 \pmod{m_i} \quad (0 \leqslant i \leqslant k - 1).$$

定理 9.4 (Euclid 算法) 给定两个正整数 r_0, r_1, 其中 $r_0 > r_1$ 且 r_1 不能整除 r_0, 重复应用带余数除法得到以下 m 个等式:

$$r_0 = q_1 r_1 + r_2, \quad 0 < r_2 < r_1,$$

$$r_1 = q_2 r_2 + r_3, \quad 0 < r_3 < r_2,$$

$$\cdots\cdots$$

$$r_{m-2} = q_{m-1} r_{m-1} + r_m, \quad 0 < r_m < r_{m-1},$$

$$r_{m-1} = q_m r_m,$$

则 $r_m = \gcd(r_0, r_1)$.

Euclid 算法常用于计算两个正整数的最大公因子. 观察上述 m 个等式, 不难发现每个等式都可表示成关于 r_0, r_1 的形式. 例如, 第一个等式可表示为 $r_0 - q_1 r_1 = r_2$, 将其代入第二个等式可得

$$-q_2 r_0 + (1 + q_1 q_2) r_1 = r_3.$$

以此类推, 上述每个等式可表达为如下形式:

$$s_i r_0 + t_i r_1 = r_i, \ 其中 \ i = 2, 3, \cdots, m.$$

根据上述规律, 进一步可以得到扩展 Euclid 算法.

定理 9.5 (扩展 Euclid 算法) 设 $s_0 = 1, t_0 = 0, s_1 = 0, t_1 = 1$. 对于 $i = 2, \cdots, m$, 令 $s_i = s_{i-2} - s_{i-1} q_{i-1}$, $t_i = t_{i-2} - t_{i-1} q_{i-1}$, 则

$$s_m r_0 + t_m r_1 = \gcd(r_0, r_1).$$

特别地, 扩展 Euclid 算法可用于求模逆运算.

性质 9.1 如果 $\gcd(r_0, r_1) = 1$, 则 $r_1^{-1} \bmod r_0 = t_m \bmod r_0$.

在分析 RSA 加密方案的安全性时, 将会涉及二次剩余 (quadratic residue)、勒让德 (Legendre) 符号和雅可比 (Jacobi) 符号, 相关定义与性质如下.

定义 9.4 (二次剩余) 假设 p 是一个奇素数, d 是一个整数且 $gcd(p, d) = 1$. 若同余方程 $x^2 \equiv d \pmod{p}$ 有一个解 $x \in \mathbb{Z}_p$, 那么称 d 为模 p 的**二次剩余**. 将模 p 的二次剩余的集合记为

$$QR_p = \{a | a \in \mathbb{Z}_p^*, \ 存在 x \in \mathbb{Z}_p^*, \ 满足 x^2 \equiv a \pmod{p}\}.$$

注 9.3 模素数的二次剩余只有两个平方根, 即对于 QR_p 中的每个元素 a, 存在 x 满足 $x^2 \equiv a \pmod{p}$, a 的两个平方根为 $\pm x$.

定理 9.6 (Euler 准则) 假设 p 是一个奇素数, d 是一个整数且 $gcd(p, d) = 1$. 则 d 是一个模 p 二次剩余当且仅当

$$d^{(p-1)/2} \equiv 1 \pmod{p}$$

定义 9.5 (Legendre 符号) 假设 p 是一个奇素数, 则对于任意整数 d, 定义 **Legendre 符号**为

$$\left(\frac{d}{p}\right) = \begin{cases} 0, & \text{当 } p|d \text{ 时}, \\ 1, & \text{当 } d \text{ 为 } p \text{ 的二次剩余时}, \\ -1, & \text{当 } d \text{ 为 } p \text{ 的二次非剩余时}. \end{cases}$$

定理 9.7 假设 p 是一个奇素数, 则 Legendre 符号的性质有

(1) $\left(\dfrac{d}{p}\right) \equiv d^{(p-1/2)} \pmod{p}$;

(2) $\left(\dfrac{d}{p}\right) = \left(\dfrac{d+p}{p}\right)$;

(3) $\left(\dfrac{dc}{p}\right) = \left(\dfrac{d}{p}\right)\left(\dfrac{c}{p}\right)$;

(4) $\left(\dfrac{-1}{p}\right) = \begin{cases} 1, & p \equiv 1 \pmod{4}, \\ -1, & p \equiv 3 \pmod{4}. \end{cases}$

(5) $\left(\dfrac{2}{p}\right) = (-1)^n = \begin{cases} 1, & p \equiv \pm 1 \pmod{8}, \\ -1, & p \equiv \pm 3 \pmod{8}. \end{cases}$

(6) **二次互反律** 设 p, q 均为奇素数, $p \neq q$, 那么

$$\left(\frac{q}{p}\right)\left(\frac{p}{q}\right) = (-1)^{(p-1)/2 \cdot (q-1)/2}.$$

定义 9.6 (Jacobi 符号) 假设 $P > 1$ 是一个奇的整数, $P = p_1 p_2 \cdots p_n, 1 \leqslant i \leqslant n$, 其中 p_i 是素数, 定义 Jacobi 符号为

$$\left(\frac{d}{P}\right) = \prod_{i=1}^{n}\left(\frac{d}{p_i}\right),$$

其中 $\left(\dfrac{d}{p_i}\right)$ 是 Legendre 符号.

定理 9.8 给定 $n = pq$, 其中 p, q 为不同的素数. $a \in \mathbb{Z}_n^*$ 是模合数 n 的二次剩余的充要条件是

$$\left(\frac{a}{p}\right) = 1 \quad \text{且} \quad \left(\frac{a}{q}\right) = 1.$$

需要注意的是, 计算 Jacobi 符号是容易的, 即存在多项式时间算法, 无需知道 n 的分解, 也可以计算 $\left(\dfrac{a}{n}\right)$. 但 Jacobi 符号为 1 的元素, 并不一定是二次剩余, 例如, 满足以下条件的 a:

$$\left(\frac{a}{p}\right) = -1 \quad \text{且} \quad \left(\frac{a}{q}\right) = -1.$$

a 不是二次剩余, 但是其 Jacobi 符号为 1:

$$\left(\frac{a}{n}\right) = \left(\frac{a}{p}\right)\left(\frac{a}{q}\right) = (-1) \times (-1) = 1.$$

RSA 加密的设计与分析主要涉及以下数学困难问题:

- **因子分解问题** 给定一个正整数 n, 将其分解为几个素数的乘积.
- **求解二次剩余（平方根）问题** 设 n 是两个大素数的乘积, 随机选取模 n 的二次剩余 a, 求解满足 $x^2 = a \pmod{n}$ 的 x, 即求解 a 的平方根.
- **判定二次剩余问题** 设 n 是两个大素数的乘积, 随机选取 $a \in \mathbb{Z}_n^+$, 其中 $\mathbb{Z}_n^+$ 表示 $\mathbb{Z}_n^*$ 中所有 Jacobi 符号为 1 的元素构成的集合, 判定 a 是否是模 n 的二次剩余.

上述问题由于至今仍未找到有效的求解算法 (多项式时间算法), 故通常假设求解上述问题是困难的, 即**因子分解假设**、**求解二次剩余 (平方根) 假设**与**判定二次剩余假设**.

注 9.4 给定合数 $n = pq$, 在不知道 n 的分解 p, q 的条件下, 判定 $a \in \mathbb{Z}_n^+$ 是否为二次剩余问题是困难的. 但是, 对于模素数的判定二次剩余问题是容易的, 即存在多项式时间算法, 可对模素数的元素是否为二次剩余进行有效判定 (模素数的 Legendre 符号的计算是容易的), 这意味着已知 p, q, 根据定理 9.8, 判定 $a \in QR_n$ 是容易的.

9.3.2 RSA 加密方案

RSA 加密方案主要包括**密钥生成**、**加密**与**解密**三个算法. 假设用户 A 需要建立 RSA 加密系统, 她的第一步是利用密钥生成算法生成公钥与私钥.

- **密钥生成** $KeyGen$: $(pk, sk) \leftarrow KeyGen(1^\lambda)$.

$KeyGen$ 是一种非确定性算法, 输入安全参数 1^λ, 输出公钥与私钥. 算法描述如下:

1. 随机选择两个互异的大素数 p, q.

2. 计算乘积 $n = p \times q$.

3. 选取正整数 e 满足 $1 < e < \varphi(n)$ 且 $\gcd(e, \varphi(n)) = 1$, 其中 $\varphi(n) = (p-1)(q-1)$ 是 n 的 Euler 函数值.

4. 计算正整数 $d = e^{-1} \pmod{\varphi(n)}$, 即计算 d 满足 $de \equiv 1 \pmod{\varphi(n)}$.

5. 用户 A 的公钥 $pk = (e, n)$, 私钥 $sk = (d, n)$, 明文空间 $\mathbb{P}$ 与密文空间 $\mathbb{C}$ 均为 $\mathbb{Z}_n$. 此处我们将保密的 d 与公开的模 n 共同作为私钥 sk.

注 9.5 从安全角度考虑, 素数 p 与 q 的长度不应低于 1024 比特. 此外, 在当前许多 RSA 应用中, $e = 2^{16} + 1 = 65537$ 是常用设置.

注 9.6 为简化符号表示, 通常也会直接采用 d 和 e 分别表示 RSA 加密的私钥与公钥. 有时也称 d 为解密指数, e 为加密指数.

假如用户 B 得到了用户 A 的公钥 (e, n), 他通过执行以下加密算法实现对明文 $m \in \mathbb{Z}_n$ 的加密进而生成密文 c.

- **加密** Enc: $c \leftarrow Enc_{pk}(m)$.

输入明文 $m \in \mathbb{Z}_n$、公钥 (e, n), 计算

$$c = m^e \pmod{n}.$$

用户 A 收到密文 c 后, 使用自己的私钥 d 对 c 执行以下解密算法恢复明文 m.

- **解密** Dec: $m \leftarrow Dec_{sk}(c)$.

输入密文 $c \in \mathbb{Z}_n$、私钥 (d, n), 计算

$$m = c^d \pmod{n}.$$

RSA 加密方案的正确性 为确保 RSA 加密对于任意明文可以正常加解密, 我们需证明: 给定由 $KeyGen$ 生成的 (pk, sk), 对任意 $m \in \mathbb{Z}_n$, 以下等式成立

$$Dec_{sk}(Enc_{pk}(m)) = m.$$

证明 由公钥与私钥的关系 $ed = 1 \pmod{\varphi(n)}$ 可知, 存在整数 k 使 $ed = k\varphi(n) + 1$, 于是

$$Dec_{sk}(Enc_{pk}(m)) = Dec_{sk}(m^e)$$

$$= m^{ed} \pmod{n}$$

$$= m^{k\phi(n)+1} \pmod{n}.$$

当 $m \in \mathbb{Z}_n^*$ 时, 即 $\gcd(m,n) = 1$, 由 Euler 定理可得 $m^{\varphi(n)} \equiv 1 \pmod{n}$, 因此,

$$Dec_{sk}(Enc_{pk}(m)) = (m^{\phi(n)})^k m = m \pmod{n}.$$

事实上, 对于任意 $m \in \mathbb{Z}_n$, $m^{k\varphi(n)+1} = m \pmod{n}$ 仍然成立:

• 如果 $p \nmid m$, 根据 Fermat 小定理, 我们有 $m^{p-1} = 1 \pmod{p}$, 又因为 $(p-1) \mid \varphi(n)$, 则 $m^{k\varphi(n)+1} = m \pmod{p}$;

• 如果 $p \mid m$, 则 $m = 0 \pmod{p}$ 且 $m^{k\varphi(n)+1} = m \pmod{p}$.

综上, $m^{k\varphi(n)+1} = m \pmod{p}$, 同理可得 $m^{k\varphi(n)+1} = m \pmod{q}$. 因为 p, q 互素, 由中国剩余定理可得 $m^{k\varphi(n)+1} = m \pmod{n}$. □

下面, 我们举个简单的例子来说明 RSA 加密的工作原理和具体过程.

例子 9.4 RSA 加密方案实例.

• 密钥生成: 用户 A 生成素数 $p = 7, q = 11$, 计算

$$n = 7 \times 11 = 77,$$

$$\phi(n) = (7-1) \times (11-1) = 60.$$

她选取 $e = 17$ 并计算 $d = 53$ (Euclid 算法), 满足 $ed = 901 \equiv 1 \pmod{60}$. 用户 A 对外公布她的公钥 (e, n), 但保密她的私钥 d.

• 加密: 若用户 B 需要将明文 $m = 54$ 安全地发送给用户 A, 则用户 B 使用用户 A 的公钥执行 RSA 加密算法.

$$c = m^e \pmod{n} = 54^{17} \pmod{77} = 10 \pmod{77}.$$

然后将密文 $c = 10$ 发送给用户 A.

• 解密: 用户 A 收到 c 后, 利用她的私钥 $d = 53$ 执行 RSA 解密算法.

$$m = c^d \pmod{n} = 10^{53} \pmod{77} = 54 \pmod{77}.$$

RSA 加密明文 54 时, 通过模运算 $\mod 77$ 与幂运算 54^{17}, 将明文 54 映射到一个看似随机的数 10, 从而隐藏了明文的信息.

由于上例采用的模非常小, 故攻击者可采用穷举攻击破解密文, 例如, 穷举 $\mathbb{Z}_{77}$ 中所有可能的明文或所有可能的解密密钥 d. 实际应用中 RSA 的模以及 p, q 需足够大, 例如, 长度为 2048 比特或 4096 比特的模. 在后续章节中, 我们将详细介绍 RSA 加密的相关参数生成问题.

9.3.3 相关计算问题

RSA 加密方案的实现涉及许多数学计算问题, 本节我们简述其中的素性检测、生成素数、计算解密指数、模幂运算和 RSA 快速解密方法等.

9.3.3.1 素性检测与生成素数

在 RSA 密钥生成阶段, 我们需要生成足够大的素数 p 与 q. 生成大素数的基本方法是: 先随机生成一个足够大的奇数, 然后判定该数是否为素数, 即对该数进行素性检测, 如果不是素数, 则需要重新生成随机数并进行素性检测, 直到找到满足要求的素数. 这里涉及两个问题:

- 如何有效地判定一个数是否为素数? 即**素性检测**问题. 如果难以判定某数是否为素数, RSA 密钥生成将是困难的.

- 素数是否足够多? 即**素数分布**问题. 如果素数很少, 则我们很难通过随机选择找到一个素数, 同时也意味着, 不同的 RSA 用户很可能生成相同的素数, 此时, 这些用户之间将没有秘密可言.

上述问题的有效解决直接关系到 RSA 密钥生成的运行效率及安全性. 下面, 我们依次介绍相关解决方法.

素性检测   素性检测是一个古老的数学问题, 一种直接的素性检测方法是试除法.

- 试除法: 假设被检测的整数为 N, 使用小于 N 大于 1 的整数去除 N. 如果所有小于 N 大于 1 的整数 (或者所有小于 $\lceil \sqrt{N} \rceil$ 大于 1 的整数) 都不能整除 N, 则可判定 N 为素数.

该算法的复杂度为 $O(N)$, 即 $O(2^{\log N})$, 是关于输入长度的指数级复杂度. 关于更有效的素性检测方法, 2002 年 Manindra Agrawal、Neeraj Kayal 和 Nitin Saxena 首次给出了素性检测的**确定性**多项式时间算法——AKS 素性检测算法[2], 能够在多项式时间内确定性地判断一个给定的数是否为素数. 但该算法的计算量过大, 没有实践上的可用性.

在实际应用中, 通常采用的是一种多项式时间复杂度的**概率性**算法——Miller-Rabin 素性检测算法. 该算法能测试一个数是否为**可能的**素数. 这意味着被 Miller-Rabin 素性检测判定为素数的数未必真的是素数, 即存在一定的判定错误. 尽管缺乏确定性, 该算法判定正确的概率可以极其接近 1, 并且算法的运行时间能够满足当前的实际需要.

素数分布   我们能够很快地找到一个大素数的原因是素数分布的规则性和稠密性.

定理 9.9 (素数定理)   令 $\pi(x)$ 表示不超过 x 的素数的个数. 当 $x \to \infty$ 时, $\pi(x) \sim \dfrac{x}{\ln x}$.

素数定理告诉我们不超过 N 的素数大约有 $N/\ln N$ 个, 切比雪夫定理 (弱形式的素数定理) 表明第 n 个素数 p_n 一定会出现在区间 $\left(\dfrac{n\ln n}{6}, 16n\ln n\right)$ 里. 例如, 当 RSA 的模长度设置为 2048 比特时, 其素因子 p, q 长度设置为 1024 比特. 一个长度为 1024 比特的随机数是素数的概率约为 $1/\ln 2^{1024} \approx 1/710$. 这意味着, 平均 710 个 1024 比特的随机数中期望会找到一个素数. 所以下述生成大素数的方法在平均的意义下会快速输出一个素数:

1. 利用伪随机数生成器在预定的区间随机选取一个奇数 x.

2. 对 x 实施 Miller-Rabin 算法. 如果 x 没有通过素性测试, 重新回到步骤 1.

3. 如果 x 以高概率通过测试, 则输出 x.

9.3.3.2　计算解密指数

密钥生成阶段需要计算解密指数 d, 满足 $d = e^{-1} \pmod{\varphi(n)}$, 利用秦九韶的大衍求一术或扩展 Euclid 算法 (见第 15 章的初等数论部分) 均可有效计算 d. 1247 年, 我国南宋时期的数学家秦九韶给出了一个计算模逆的优美算法, 他称之为大衍求一术. 该算法的输入是正整数 a, m 满足 $1 < a < m, \gcd(a, m) = 1$, 输出是正整数 u 使得 $ua \equiv 1 \pmod{m}$. 大衍求一术的现代伪代码描述 (参见文献 [3,4]) 如下:

算法 9.1　大衍求一术

---

1. 初始化变量: $x_{11} \leftarrow 1$, $x_{12} \leftarrow a$, $x_{21} \leftarrow 0$, $x_{22} \leftarrow m$
2. 执行以下循环:

　while $(x_{12} \neq 1)$ **do**

　(a)　如果 $x_{22} > x_{12}$

　　(a-1) 计算 $q \leftarrow \left\lfloor \dfrac{x_{22} - 1}{x_{12}} \right\rfloor$

　　(a-2) 计算 $x_{21} \leftarrow x_{21} + qx_{11}$

　　(a-3) 计算 $x_{22} \leftarrow x_{22} - qx_{12}$

　(b)　如果 $x_{12} > x_{22}$

　　(b-1) 计算 $q \leftarrow \left\lfloor \dfrac{x_{12} - 1}{x_{22}} \right\rfloor$

　　(b-2) 计算 $x_{11} \leftarrow x_{11} + qx_{21}$

　　(b-3) 计算 $x_{12} \leftarrow x_{12} - qx_{22}$

3. 输出 x_{11}

9.3.3.3　模幂运算

RSA 的加密和解密运算属于模幂计算, 即计算形如 $g^b \pmod{n}$ 的表达式. 由于运算中涉及的数字通常很大, 例如, 2000 到 3000 比特, 如果直接进行 b 次模乘计算, 如 $\underbrace{g \times g \times \cdots \times g}_{b}$, 需要消耗较长的时间. 为了进一步提升模幂运算效率, 通常采用著名的平方-乘算法 (分治算法).

平方-乘算法原理　假设 b 的二进制长度为 l, 则 b 的二进制表示为

$$b = \sum_{i=0}^{l-1} b_i 2^i,$$

其中 $b_i \in \{0, 1\}$, $i = 0, 1, \cdots, l-1$. 因此, 我们有

$$
\begin{aligned}
g^b &= g^{\sum_{i=0}^{l-1} b_i 2^i} \\
&= g^{b_{l-1}2^{l-1} + b_{l-2}2^{l-2} + \cdots + b_1 2 + b_0} \\
&= (g^{b_{l-1}2^{l-2} + b_{l-2}2^{l-3} + \cdots + b_1})^2 \times g^{b_0} \\
&= ((g^{b_{l-1}2^{l-3} + b_{l-2}2^{l-4} + \cdots + b_2})^2 \times g^{b_1})^2 \times g^{b_0} \\
&= ((\cdots((g^{b_{l-1}})^2 \times g^{b_{l-2}})^2 \times \cdots \times g^{b_2})^2 \times g^{b_1})^2 \times g^{b_0}.
\end{aligned}
\tag{9.2}
$$

平方-乘算法的本质便是由上式最内侧括号的 $g^{b_{l-1}}$ 开始, 通过 l 次平方与乘法 (乘以 g^{b_i}) 的运算, 最终完成 g^b 的计算. 可见, 平方乘算法只需进行最多 $2l$ 次模乘计算即可完成模幂计算.

平方-乘算法描述　计算 $z = g^b \pmod{n}$ 的平方-乘算法描述如下.

算法 9.2　平方-乘

---

1. 初始化变量 $z \leftarrow 1$
2. 执行以下循环:

   for $i \leftarrow l-1$ to 0 do

   (a)　　$z \leftarrow z^2 \pmod{n}$

   (b)　　如果 $b_i = 1$, 则 $z \leftarrow z \times g \pmod{n}$
3. 输出 z

算法复杂度　由算法描述可知, 平方-乘算法主要消耗为至少 l 次至多 $2l$ 次模乘运算, 具体取决于指数 b 的二进制表示中 1 的数量, 而每次模乘的时间复杂度约为 $O((\log n)^2)$(常用模运算时间复杂度如表 9.1 所示). 因此, 模幂运算的复杂度为 $O(\log b \cdot (\log n)^2)$. 对于 RSA 中的模幂运算改进, 蒙哥马利算法有进一步优化. 有兴趣的读者可以参考第 9.14 节或文献 [5].

表 9.1 常用模运算时间复杂度

模运算	时间复杂度
$g_1 \pm g_2 \pmod{n}$	$O(\log n)$
$g_1 \times g_2 \pmod{n}$	$O((\log n)^2)$
$g^{-1} \pmod{n}$	$O((\log n)^3)$
$g^b \pmod{n}$	$O(\log b \cdot (\log n)^2)$

9.3.3.4 RSA 快速解密

本节介绍一种利用中国剩余定理加速 RSA 解密的优化技术. RSA 加密通常选取小的加密指数 e, 例如, $e = 65537$, 但对应的解密指数 d 很接近 n. 由前述平方-乘算法可知, $g^b \pmod{n}$ 模幂计算所需时间与模以及指数的二进制长度密切相关, 这意味着 RSA 解密通常慢于加密运算. 注意到合法的解密者知道模的分解 $n = pq$, 于是可以考虑将解密指数 d 利用 p 与 q 转换成更小的数以提高模幂效率. 中国剩余定理解密方法便是基于此种考虑. 具体地, 我们分别用两个小于 p 和 q 的数 d_p 和 d_q 代替解密指数 d, 它们满足

$$ed_p \equiv 1 \pmod{p-1},$$
$$ed_q \equiv 1 \pmod{q-1}.$$

当得到密文 $c = m^e \pmod{n}$ 时, 解密者先计算 $c_p = c \pmod{p}$ 与 $c_q = c \pmod{q}$, 再计算两个小指数的模幂

$$m_p = c_p^{d_p} \pmod{p},$$
$$m_q = c_q^{d_q} \pmod{q}.$$

最后用中国剩余定理便可以得到明文:

$$m = q \times q^{-1} \times m_p + p \times p^{-1} \times m_q \pmod{n},$$

其中 q^{-1} 与 p^{-1} 分别满足 $q \times q^{-1} = 1 \pmod{p}$ 与 $p \times p^{-1} = 1 \pmod{q}$.

上述解密算法将模 n 的模幂运算转化为较小的模 p 与模 q 上的模幂运算, 尽管需要进行两次模幂运算, 由于模长度降低为原来的 1/2, 仍能够使最终的解密效率提升 $4 \sim 8$ 倍.

RSA 加密的
安全性 (1)

9.4 RSA 加密的安全性 (1)

9.4.1 因子分解与 RSA 问题

RSA 加密的安全性依赖于分解因子的困难性. 如果 RSA 模数 n 的因子 p, q 可以轻易被他人获取, 那么将很容易通过 e 算出私钥 d: 利用秦九韶的大衍求一术

(或扩展 Euclid 算法) 可计算 $e^{-1} \mod (p-1)(q-1)$. 幸运的是, 因子分解问题目前尚未发现多项式时间求解算法, 仍然被认为是困难问题. (因子分解问题属于 $\mathcal{NP}$ 类问题, 但是否属于 $\mathcal{P}$ 类问题仍然是公开问题.) 已知的因子分解算法包括数域筛法、二次筛法、椭圆曲线算法、Pollard $p-1$ 算法、Pollard ρ 算法、Dixon 随机平方法、试除法等, 其中前三种算法为当前实际应用中最有效的算法.

- 数域筛法: 在渐近时间复杂度上优于其他算法. 对于大于 125 位的十进制数通常采用数域筛法. 其时间复杂度是

$$O\left(e^{(1.92+o(1))(\ln n)^{\frac{1}{3}}(\ln\ln n)^{\frac{2}{3}}}\right).$$

- 二次筛法: 是 Dixon 随机平方算法的推广. 通常对于分解小于 115 位的十进制数, 二次筛法是较快的算法. 其时间复杂度是

$$O\left(e^{(1+o(1))\sqrt{\ln n \ln \ln n}}\right).$$

- 椭圆曲线算法: 是 Pollard $p-1$ 算法的推广, 其时间复杂度是

$$O\left(e^{(1+o(1))\sqrt{2\ln p \ln \ln p}}\right).$$

其中 p 是 n 的最小素因子. 当 $p \approx \sqrt{n}$ 时, 它的渐近时间复杂度本质上与二次筛法相同, 但二次筛法一般快于椭圆曲线算法. 然而, 针对具有小素因子的 n, 椭圆曲线算法具有更优的表现.

2020 年, 研究人员使用开源软件 CADO-NFS 利用数域筛法分解了一个 829 比特的 RSA 挑战数 RSA-250, 所用的时间相当于在 2.1 GHz 的 Intel Xeon Gold 6130 上运行 2700 核年.

因子分解的难度与 n 的大小密切相关, 为了防止被轻易分解, n 通常需要足够大. 注意, 仅仅增加 n 的长度并不能保证难以被分解, 已知许多因子分解算法能够对特殊形式的大整数进行有效分解 (相关算法在因子分解章节给出进一步介绍). 随着计算机性能的提升与因子分解算法的改进, RSA 的模长度也在不断增长以确保难以被分解. 早期的数字证书中, RSA 模长度多为 512 比特, 随后 1024 比特 RSA 逐渐推广. 目前, 安全的 RSA 模推荐长度至少为 2048 比特, 1024 比特 RSA 在某些组织机构已被禁用, 到 2030 年, 该长度建议增加至 3072 比特. 值得注意的是, Peter Shor 于 1994 年提出的量子因子分解算法, 这意味着如果未来大规模量子计算机成为现实, 只需要多项式时间复杂度就可以进行有效的因子分解, 包括 RSA 密码在内的基于因子分解的密码方案将难以保障安全.

如果能够保证因子分解问题难以破解, 是否意味着 RSA 加密就是安全的? 换句话说, 是否有可能绕过因子分解问题破解 RSA 明文? 根据 RSA 密文 c 与公钥

(e,n) 求解明文 m 满足 $c = m^e \pmod n$), 称为 **RSA 问题**. 该问题也是困难的数学问题, 至今没有找到多项式时间内的有效求解算法.

注 9.7 我们说 RSA 加密的安全性依赖于分解因子的困难性, 但 RSA 问题与因子分解问题并未证明是等价的.

9.4.2 典型攻击与防范方法

RSA 问题难解并不意味着 RSA 加密一定是安全的, 事实上, RSA 加密在实际应用中存在诸多安全隐患, 令攻击者可以绕过因子分解或 RSA 问题破解明文与密钥. 本节, 我们将介绍几类由于 RSA 加密误用等原因而造成的 RSA 攻击.

9.4.2.1 同模攻击

假设某公司部署了 RSA 加密系统, 公司为其员工分发了 RSA 密钥: 员工 A 得到的公钥是 (n, e_1), 私钥 d_1, 而员工 B 得到的公钥是 (n, e_2), 私钥为 d_2. 需要注意到, 不同员工得到的公钥有相同的模, 但是不同的加密指数. 如果某客户想要给员工 A 和员工 B 发送相同的保密消息 m, 那么客户会使用员工 A 的公钥 e_1 对消息进行加密得到 $c_1 = m^{e_1} \bmod n$, 并将密文 c_1 发送给员工 A. 同理, 客户采用员工 B 的公钥 e_2 对消息进行加密得到 $c_2 = m^{e_2} \bmod n$, 并将 c_2 发送给员工 B, 如图 9.2 所示.

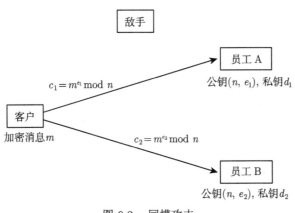

图 9.2 同模攻击

注意, 两个密文满足

$$c_1 = m^{e_1} \bmod n, \quad c_2 = m^{e_2} \bmod n.$$

如果敌手已截获 c_1 和 c_2, 且 e_1 和 e_2 互素, 则敌手不需要攻破密钥就可以恢复明文. 具体方法如下:

(1) 因为 e_1 和 e_2 互素, 则可以使用扩展 Euclid 算法得到 r 满足

$$e_1 r \equiv 1 \bmod e_2.$$

(2) 计算 $s \leftarrow (e_1 r - 1)/e_2$.

(3) 计算 $c_1^r (c_2^s)^{-1}$ 即可恢复明文 m. 原因如下:

$$
\begin{aligned}
c_1^r (c_2^s)^{-1} &= m^{e_1 r} (m^{e_2 s})^{-1} \pmod{n} \\
&= m^{e_1 r - e_2 s} \pmod{n} \\
&= m^{e_1 r - e_2 \cdot (e_1 r - 1)/e_2} \pmod{n} \\
&= m \pmod{n}.
\end{aligned}
$$

注意 同模攻击告诉我们, 不要在用户之间共享模 n, 这可能导致明文泄露.

9.4.2.2 选择密文攻击

回顾选择密文攻击: 假设敌手的目标是解密 c^* 所对应的明文, 敌手的攻击手段是可向解密者提问除 c^* 之外的所有密文, 并得到对应的明文. RSA 加密方案不能抵抗选择密文攻击, 该攻击主要是利用了 RSA 运算的同态性质: 对任意 $m_1, m_2 \in \mathbb{Z}_n^*$, 满足

$$Enc_{pk}(m_1 \cdot m_2) = Enc_{pk}(m_1) \circ Enc_{pk}(m_2),$$

$$(m_1 \cdot m_2)^e = m_1^e \cdot m_2^e \mod n.$$

即明文乘积的密文等于对应密文的乘积. 利用该性质, 敌手可对 c^* 进行选择密文攻击, 并获取对应明文 m^*, 具体步骤如下:

- 随机选择 $x \in \mathbb{Z}_n^*$, 计算

$$c' \leftarrow c^* x^e \mod n.$$

- 向解密者询问 c', 得到对应的明文 m'. 根据同态性质, 有 $m' = m^* x$.
- 计算 $m^* \leftarrow m' x^{-1}$.

为了克服 RSA 加密的上述缺陷, Mihir Bellare 与 Phillip Rogaway 提出了 RSA-OAEP (optimal asymmetric encryption padding), 目前为 PKCS#1 标准. 该方案核心思想是通过采用杂凑函数或单向函数破坏 RSA 同态性, 并进一步抵抗选择密文攻击.

在算法描述上, RSA-OAEP 与前述 RSA 加密的主要区别在于 RSA-OAEP 需对明文进行处理——填充及 Feistel 结构变换. 假设所需单向函数为 G 与 H, 加密过程概述如下 (如图 9.3 所示).

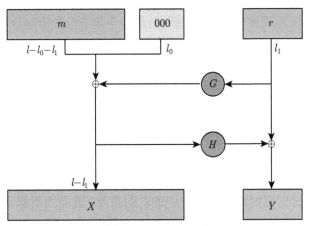

图 9.3　OAEP 流程

1. 随机选择长度为 l_1 比特的数 r, 并对明文 m 进行如下形式的填充:

$$m||\underbrace{0\cdots0}_{l_0}||r$$

满足 $m||0\cdots0||r$ 长度为 l, 其中填充的 0 比特串长度为 l_0, 明文 m 长度为 $l-l_0-l_1$. 记 $M = m||0\cdots0$.

2. 计算

$$X \leftarrow M \oplus G(r),$$

$$Y \leftarrow H(X) \oplus r,$$

注意, 单向函数 G 与 H 的输出长度应与其所异或的字符串匹配.

3. 计算密文 $c \leftarrow (X||Y)^e$.

可见, RSA-OAEP 最终的密文形式如下:

$$Enc_{pk}(m) = (X||Y)^e$$
$$= \left(\Big(M \oplus G(r)\Big)\Big|\Big|\Big(H(M \oplus G(r)) \oplus r\Big)\right)^e \mod n.$$

在解密阶段, 解密者对于密文 c 利用私钥 d 可计算

$$X||Y \leftarrow c^d \mod n.$$

进一步根据 Feistel 结构, 可求出 M. 随后, 解密者进行合法性检验, 即检验 M 中的对应填充位是否为长度为 l_0 的全 0 比特串. 如果是, 则输出明文 m. 否则, 密文出现错误, 终止解密过程.

RSA-OAEP 在每次加密时, 由于引入了随机数 r, 是一种非确定性的算法, 令相同明文可能对应不同密文, 同时, 解密阶段对于填充位的合法性检验, 可有效探测敌手对于密文的篡改, 从而抵御选择密文攻击. 之前所述的选择密文攻击将不再适用, 因为 Feistel 结构的使用破坏了原始 RSA 加密的同态性, 敌手修改的密文 $c' = c^* x^e$ 被解密后难以通过合法性检验, 将被解密算法判定为错误密文.

9.4.2.3 侧信道攻击

侧信道攻击是一种通过物理方法获取密码系统运行过程中泄露的有用信息并进一步破解密码的攻击方法. 其中密码系统运行过程中泄露的有用信息主要有运行时间、能量消耗、电磁泄露、声音等. 侧信道攻击的具体攻击手段是多样的, 例如, 计时攻击通过探测解密运行过程中的时间差异, 进而判断解密指数对应比特位是 0 还是 1(回忆平方-乘算法中, 指数对应比特位是 1 时, 需进行模乘运算, 这通常消耗更长运算时间); 类似地, 密码算法在硬件设备上进行不同运算时所释放的电磁信号具有细微差异, 探测并利用该差异, 敌手能够进一步提取密钥信息. 关于侧信道攻击的更多信息, 可参考文献 [6].

9.4.2.4 低解密指数攻击

如果 RSA 加密方案的解密指数 d 太小, 可能遭受低解密指数攻击. 该攻击能够计算出解密指数, 但前提条件是

$$3d < n^{\frac{1}{4}}, \quad q < p < 2q.$$

低解密指数攻击基于以下定理:

定理 9.10 假设 $\gcd(e,n) = \gcd(t,d) = 1$, 且 $\left| \dfrac{e}{n} - \dfrac{t}{d} \right| < \dfrac{1}{2d^2}$, 则 $\dfrac{t}{d}$ 是 $\dfrac{e}{n}$ 连分数展开的一个渐近分数, 其中 t 满足 $ed - t\varphi(n) = 1$.

因为 n 和 e 都是公开的, $\dfrac{e}{n}$ 连分数展开的渐近分数很容易计算. 实际上, 每个渐近分数的分母恰是利用大衍求一术 (算法 9.1) 计算 $e^{-1} \pmod{n}$ 中某一步的 x_{21} 的值 (参见文献 [4]). 所以我们只需先计算 $c = 2^e \pmod{n}$, 然后在计算 $e^{-1} \pmod{n}$ 过程的每一步检查 $c^{x_{21}} \pmod{n}$ 是否为 2. 如果 $2 = c^{x_{21}} \pmod{n}$, 那么私钥 $d = x_{21}$, 密钥被破解.

9.4.2.5 其他安全隐患

在实际应用中, 由于错误的应用与实现导致 RSA 加密出现安全隐患的问题不容忽视. 2012 年, Lenstra 等[7] 研究发现 660 万份不同的 X.509 证书与 PGP 密钥中, 约有百分之四的用户使用了相同的模 n. 进一步, 在 470 万份不同的 1024 比特 RSA 模中发现了其中 12720 份含有相同的素因子. 根据 RSA 加密密钥生成

算法, 不同的用户随机生成的素数通常应是不同的, 生成相同素数的概率理论上应是极低的. 出现相同素因子的一种可能原因是在使用伪随机生成器生成随机数时, 采用了相同的随机数种子 (seed), 例如, 设备采用了相同的默认出厂设置. 一旦不同用户的模使用了相同的素因子, 这些用户的模会被他人轻易分解, RSA 的安全性随之土崩瓦解.

9.4.3 RSA 安全的参数设置

为了防止各类安全隐患, RSA 加密在应用与实现时应注意以下问题.

• 为防止 n 被轻易分解, p 与 q 应足够大, p 与 q 的推荐长度至少为 1024 比特 (模 n 至少 2048 比特).

• $p-1$ 与 $q-1$ 本身应含有大的素因子, 且 $\gcd(p-1, q-1)$ 应该较小, 以抵抗相关因子分解算法. 例如, p 与 q 为安全素数, 即满足如下形式的素数:

$$p = 2p' + 1, \quad q = 2q' + 1,$$

其中 p' 与 q' 是素数.

• p 与 q 不能太接近, 否则 n 易于分解. 例如, 如果 $|p-q| < n^{\frac{1}{4}}$, 则分解 n 是容易的 (见课后练习).

• 加密指数与解密指数都不能太小. 例如之前介绍的低解密指数攻击表明小于 $n^{1/4}$ 的解密指数 d 可以在多项式时间内被求出 (利用格攻击方法, 这个结论对 $n^{0.292}$ 也成立[8]); 当加密指数 e 太小时, 也存在相关攻击能够破解明文 (见课后练习).

• 防止 $\varphi(n)$ 泄露. 一旦 $\varphi(n)$ 泄露, 存在多项式时间的有效算法求出解密指数, 甚至分解 n.

• 私钥 d 一旦泄露, 应重新生成模 n. 由于存在多项式时间算法利用 d 分解 n, 仅更换 d 而保留模 n, 已不能保证安全性.

上述 RSA 安全问题所涉及的各类破解算法将在下节给出具体介绍.

9.5 *RSA 加密的安全性 (2)

本节我们将继续探讨 RSA 加密相关参数对于安全性的影响, 以进一步理解 RSA 安全性.

RSA加密的
安全性 (2)

9.5.1 $\varphi(n)$ 与因子分解

$\varphi(n) = (p-1)(q-1)$ 是关于 n 的 Euler 函数. 在 RSA 加密的参数设置中, $\varphi(n)$ 是需要保密的, 因为 $\varphi(n)$ 一旦泄露, 那么敌手可以利用 Euclid 算法有效地

求解出 e 模 $\varphi(n)$ 的逆, 即解密指数 d. 另一方面, 敌手是否有可能根据公钥等公开信息直接求解 $\varphi(n)$? 实际上求解 $\varphi(n)$ 并不比因子分解更加容易.

假设已知 n 和 $\varphi(n)$, 我们有

$$\begin{cases} n = pq, \\ \varphi(n) = (p-1)(q-1), \end{cases}$$

将 $q = n/p$ 代入上述 $\varphi(n)$ 表达式, 可以得到

$$p^2 - (n - \varphi(n) + 1)p + n = 0.$$

求解上述一元二次方程, 所得两个根即为 p 与 q.

上述算法告诉我们, 如果可以求出 $\varphi(n)$, 就能够有效地对 n 进行因子分解. 然而, 因子分解仍然是困难问题, 这意味着求解 $\varphi(n)$ 并不比分解 n 容易.

9.5.2 解密指数 d 与因子分解

如果能够求解解密指数 d, 同样能够分解 n. 下面, 我们证明如何利用计算解密指数的算法构造分解 n 的概率多项式时间算法.

基本思想　该算法巧妙地利用 1 模 n 的非平凡平方根. 注意, 当 $n = pq$ 时, 1 模 n 有四个平方根 (1 模 p 与模 q 的平方根分别有 2 个, 且均为 ± 1), 其形式为 ± 1 与 $\pm w$, 其中 $\pm w$ 称为 1 模 n 的非平凡平方根. 如果可以找到 x 满足 $x^2 = 1 \bmod n$, 即找到 1 模 n 的一个平方根, 则有

$$n \mid (x+1)(x-1).$$

如果 x 还满足 $n \nmid x+1$ 且 $n \nmid x-1$, 则 x 是一个非平凡平方根. (否则, 如果 $x = -1$ 或 1, 则有 $n \mid x+1$ 或 $n \mid x-1$.) 当 x 是非平凡平方根时, 我们可以得到

$$p \mid x-1, \ q \mid x+1 \quad \text{或者} \quad q \mid x-1, \ p \mid x+1.$$

这意味着 $x-1$ 的一个因子是 p 或 q, 而 $x+1$ 一个因子是 q 或 p. 下一步, 通过求解最大公因子得到 p 与 q:

$$\gcd(x-1, n) = p \quad (\text{或 } q).$$

因此, 关键问题是如何找到 1 模 n 的非平凡平方根. 假设存在算法 A 能够计算解密指数 d, 即 $d \leftarrow A(e, n)$. 考虑以下性质:

$$ed = 1 \bmod \varphi(n).$$

也就是说, 存在整数 k 满足

$$ed - 1 = k\varphi(n).$$

设 $ed - 1 = 2^s r$, 其中 r 为奇数. (注意, $\varphi(n)$ 是两个偶数的乘积, 则 $ed - 1 = k\varphi(n)$ 也是偶数.)

接下来, 随机选择 $w \in \{1, 2, \cdots, n\}$, 计算 $\gcd(w, n)$. 如果 $\gcd(w, n) \neq 1$, 则可以直接得到 n 的一个素因子, 即 n 成功分解; 否则, 计算 $w^r, w^{2r}, w^{4r}, \cdots$, 直到找到 t, 满足

$$w^{2^t r} = 1 \bmod n.$$

如果此时 $w^{2^{t-1}r} \neq -1 \bmod n$, 则 $w^{2^{t-1}r}$ 即为 1 模 n 的非平凡平方根;

如果此时 $w^{2^{t-1}r} = -1 \bmod n$, 则算法失败, 需重新选择 w 重复上述步骤.

以上即为利用解密指数分解因子的基本思想, 具体算法描述如下.

算法 9.3 利用解密指数 d 分解模 n

1. 随机选择 $w \in \{1, 2, \cdots, n\}$
2. 计算 $x \leftarrow \gcd(w, n)$
3. 如果 $1 < x < n$, 则算法停止 (分解 n 成功)
4. 计算 $d \leftarrow A(e, n)$
5. 计算 $ed - 1 = 2^s r$, 其中 r 为奇数
6. 计算 $v = w^r \bmod n$
7. 如果 $v = 1 \bmod n$, 则算法停止 (分解 n 失败)
8. While $v \neq 1 \bmod n$ do
9. $v_0 \leftarrow v$
10. $v \leftarrow v^2 \bmod n$
11. 如果 $v_0 = -1 \bmod n$, 则算法停止 (分解 n 失败)
12. 计算 $x = \gcd(v_0 - 1, n)$, x 即为 n 的一个因子

算法复杂度分析 如果算法 A 是多项式时间的, 则算法 9.3 是概率多项式时间算法. 观察算法 9.3 中的几个关键步骤: 第 2 步 (以及第 12 步) 利用 Euclid 算法可在多项式时间内可完成, 第 4 步的算法 A 假设是多项式时间的, 第 5 步的分解、第 6 步的模幂运算也都在多项式时间内可完成, 第 8 至 10 步的循环过程中, 循环内的每步平方运算是多项式时间的. 在不断地平方运算中, 实际上是搜索满足 $w^{2^t r} = 1 \bmod n$ 的 t, 其中 $t \in (0, s]$. 如果 t 取到 s, 则满足

$$2^s r = ed - 1 = k\varphi(n).$$

又由 Euler 定理, 我们有

$$w^{2^s r} = w^{k\varphi(n)} = 1 \bmod n.$$

因此, 该循环至多进行 s 次最终会找到一个 t 满足 $v = 1$, 而 s 是关于 $\log n$ 的多项式. 但此时我们还不能判定该算法一定会在多项式时间内求出 d, 因为该算法存在失败的可能. (如果失败的概率过大, 将导致算法无法在多项式时间内完成因子分解.) 事实上, 该算法失败概率不大于 $\frac{1}{2}$. 这意味着该算法期望上运行两次将会成功分解因子. 接下来, 我们分析算法的失败概率为何是 $\frac{1}{2}$.

可能导致算法失败的两个步骤分别是第 7 步和第 11 步, 分别对应于以下等式.

- 第 7 步: $w^r = 1 \bmod n$.
- 第 11 步: 对某一整数 t, $0 \leqslant t \leqslant s-1$, 有 $w^{2^t r} = -1 \bmod n$.

即当随机选择的 w 满足上述等式时, 算法失败. 故分析算法失败概率, 转化为考虑满足上述方程的 w 的个数, (以下分析涉及 $\mathbb{Z}_p^*$ 群相关性质, 可参考第 9.7.1 节 ELGamal 加密数学基础.)

首先考虑第 7 步的方程. 将其转化成如下形式:

$$\begin{cases} w^r = 1 \bmod p, \\ w^r = 1 \bmod q. \end{cases} \tag{9.3}$$

下面, 我们考虑上述方程解的个数.

注意到 $p-1$ 与 $q-1$ 可以表示为如下形式:

$$p - 1 = 2^i p_1, \tag{9.4}$$

$$q - 1 = 2^j q_1, \tag{9.5}$$

其中 p_1 与 q_1 分别为奇数. 又因为 $\varphi(n)|2^s r$, 可以得到以下式子:

$$2^{i+j} p_1 q_1 \mid 2^s r,$$

其中 $2^{i+j} p_1 q_1$ 对应 $\varphi(n)$, 即 $(p-1)(q-1)$. 根据该整除关系, 可以判断出 $i+j \leqslant s$, 同时 $p_1 q_1 \mid r$.

假设 $w = g^u \bmod p$, 其中 g 为 $\mathbb{Z}_p^*$ 的生成元, $0 \leqslant u \leqslant p-1$. 分析满足 (9.3) 中 $w^r = 1 \bmod p$ 的 w 的数量, 转化为分析满足 $g^{ur} = 1 \bmod p$ 中 u 的可能取值数量. 因为 $g^{ur} = 1 \bmod p$, 可以得到 ur 为 $p-1$ 的整数倍, 即 $p-1|ur$. 根据等式 (9.4), 我们有 $2^i p_1|ur$, 可推得 $2^i|u$ (注意, p_1 与 r 为奇数). 因此, $u = 2^i k$, 其中 $0 \leqslant k \leqslant p_1 - 1$. 这意味着 $w^r = 1 \bmod p$ 的解的个数为 p_1.

同理可得 $w^r = 1 \bmod q$ 解的个数为 q_1. 因此, 对于方程组 (9.3) 即 $w^r = 1 \bmod n$ 总共有 $p_1 q_1$ 个解.

接下来, 我们考虑第 11 步的方程解的个数, 即对某一整数 $t, 0 \leqslant t \leqslant s-1$, 满足 $w^{2^t r} = -1 \mod n$ 的 w 的个数. 与第 7 步的分析方法类似, 我们将其转化为

$$\begin{cases} w^{2^t r} = -1 \mod p, \\ w^{2^t r} = -1 \mod q. \end{cases} \tag{9.6}$$

分别考虑 (9.6) 中两个等式解的个数.

进行和之前类似的转换, 即假设 $w = g^u \mod p$, 代入到 $w^{2^t r} = -1 \mod p$, 可得 $g^{u 2^t r} = -1 \mod p$. 因为 $g^{(p-1)/2} = -1 \mod p$, 可以得到

$$u 2^t r = \frac{p-1}{2} \mod p - 1.$$

上式可推得

$$p - 1 \left| \left(u 2^t r - \frac{p-1}{2} \right) \right.,$$

$$2(p-1) \mid (u 2^{t+1} r - (p-1)). \tag{9.7}$$

假设

$$p - 1 = 2^i p_1,$$

$$q - 1 = 2^j q_1,$$

其中 p_1 与 q_1 为奇数. 将 $p - 1 = 2^i p_1$ 代入 (9.7) 得到

$$2^{i+1} p_1 \mid (u 2^{t+1} r - 2^i p_1).$$

进一步有

$$2^{i+1} \left| \left(\frac{u 2^{t+1} r}{p_1} - 2^i \right) \right..$$

对于上式, 如果 $t \geqslant i$, 则上式不成立 (因为此时 $2^{i+1} \mid 2^{t+1}$, 但 $2^{i+1} \nmid 2^i$).

如果 $t \leqslant i - 1$, 则 u 是一个解的充要条件是 u 是 2^{i-t-1} 的奇数倍. 因为此时 $\dfrac{u 2^{t+1} r}{p_1} - 2^i$ 是 2^i 的偶数倍, 可以被 2^{i+1} 整除.

因此, u 的取值可能 (即 $\mathbb{Z}_p^*$ 中奇数倍 2^{i-t-1} 的数量) 是 $\dfrac{p-1}{2^{i-t-1}} \times \dfrac{1}{2} = 2^t p_1$, 即 $w^{2^t r} = -1 \mod p$ 的解的个数为 $2^t p_1$.

同理, 如果 $t \geqslant j$, 则 $w^{2^t r} = -1 \mod q$ 无解; 如果 $t \leqslant j - 1$, 则 $w^{2^t r} = -1 \mod q$ 有 $2^t q_1$ 个解. 根据中国剩余定理, 解的个数如下所示:

$$\begin{cases} 0, & t \geqslant \min\{i, j\}, \\ 2^{2t} p_1 q_1, & t \leqslant \min\{i, j\} - 1, \end{cases}$$

其中 $\min\{i, j\}$ 表示 i 与 j 中的最小值.

不失一般性, 假设 $i \leqslant j$, 满足第 7 步与第 11 步 (导致算法失败) 的 w 至多为

$$p_1 q_1 + p_1 q_1 (1 + 2^2 + 2^4 + \cdots + 2^{2i-2}) = p_1 q_1 \left(1 + \frac{2^{2i} - 1}{3}\right)$$
$$= \frac{2}{3} p_1 q_1 + \frac{2^{2i}}{3} p_1 q_1.$$

注意 $p - 1 = 2^i p_1$, $q - 1 = 2^j q_1$. 由于 $j \geqslant i \geqslant 1$, 可以得到 $p_1 q_1 < \dfrac{n}{4}$, 则 $\dfrac{2}{3} p_1 q_1 < \dfrac{n}{6}$. 又由

$$2^{2i} p_1 q_1 \leqslant 2^{i+j} p_1 q_1$$
$$= (p - 1)(q - 1)$$
$$< n$$

可得到 $\dfrac{2^{2i}}{3} p_1 q_1 < \dfrac{n}{3}$. 因此, 我们有

$$\frac{2}{3} p_1 q_1 + \frac{2^{2i}}{3} p_1 q_1 \leqslant \frac{n}{6} + \frac{n}{3}$$
$$= \frac{n}{2}.$$

上述分析可知, 导致算法失败的 w 的个数最多为 $\dfrac{n}{2}$, 所以算法的成功率至少为 $\dfrac{1}{2}$. 因此, 算法 9.3 是概率多项式时间的.

此外, 算法 9.3 告诉我们一旦解密指数泄露, n 的分解也随之泄露, 故必须重新选择模 n.

9.5.3　RSA 比特安全性

在通常情况下, 已知 RSA 密文 c, 求解明文 m 是困难的. 但这并不一定蕴含着求解明文的部分比特也是困难的, 或许存在有效的方法可在多项式时间内求解出明文的部分比特信息, 例如, 明文的最低位比特. 安全的加密方案应保障不泄露关于明文的任何 1 比特信息. 在本节中, 我们主要考虑 RSA 明文两种特殊的比特信息——明文的最高位比特与最低位比特的安全性, 相关定义如下.

定义 9.7　给定 RSA 密文 c, 满足 $c = Enc_{pk}(m) = m^e \bmod n$,

(1) 计算 m 的最高位比特, 记为 $half(c)$, 其中

$$half(c) = \begin{cases} 0, & 0 \leqslant m < \dfrac{n}{2}, \\ 1, & \dfrac{n}{2} \leqslant m < n. \end{cases} \tag{9.8}$$

(2) 计算 m 的最低位比特, 记为 $parity(c)$, 满足

$$parity(c) = \begin{cases} 0, & m \text{ 是偶数}, \\ 1, & m \text{ 是奇数}. \end{cases} \tag{9.9}$$

我们将证明以下性质:

性质 9.2 如果存在有效的算法能够计算 $half(c)$ 或 $parity(c)$, 则可以构造有效的算法计算 c 的明文.

该结论意味着如果 RSA 问题是困难的, 则计算 $half(c)$ 或 $parity(c)$ 实际也是困难的. 否则, 根据该结论, RSA 加密将被轻易破解.

事实上, **计算** $parity(c)$ **多项式等价于计算** $half(c)$, 即如果存在算法能够有效地计算 $parity(c)$, 则存在算法能够有效地计算 $half(c)$, 反之亦然. 具体地, 可以证明 $parity(c)$ 与 $half(c)$ 存在如下等价关系:

$$half(c) = parity(c \times Enc_{pk}(2)), \tag{9.10}$$

$$parity(c) = half(c \times Enc_{pk}(2^{-1})). \tag{9.11}$$

我们以等式 (9.11) 为例来证明 $half(c)$ 或 $parity(c)$ 的等价关系. 等式 (9.10) 的证明留作课后习题.

证明 考虑以下两种情况.

- 如果 $parity(c) = 0$, 则明文 m 是偶数 (满足 $0 \leqslant m \leqslant n-1$), 且 $0 \leqslant \dfrac{m}{2} \leqslant \dfrac{n-1}{2}$; 又因为 RSA 的同态性质

$$c \times Enc_{pk}(2^{-1}) = Enc_{pk}\left(\dfrac{m}{2}\right),$$

则 $half(c \times Enc_{pk}(2^{-1})) = half\left(Enc_{pk}\left(\dfrac{m}{2}\right)\right) = 0$.

- 如果 $parity(c) = 1$, 则明文 m 是奇数, 设 $m = 2t+1$, 其中 $0 \leqslant t < \dfrac{n-2}{2}$, 则

$$\begin{aligned} c \times Enc_{pk}(2^{-1}) &= Enc_{pk}(m \times 2^{-1}) \\ &= Enc_{pk}\left((2t+1) \times \dfrac{n+1}{2}\right) \end{aligned}$$

$$= Enc_{pk}\left(t + \frac{n+1}{2}\right).$$

因为

$$\frac{n+1}{2} \leqslant t + \frac{n+1}{2} < \frac{n-2}{2} + \frac{n+1}{2} = n - \frac{1}{2},$$

所以, $half(c \times Enc_{pk}(2^{-1})) = 1$.

综上, 等式 (9.11) 成立. □

由于 $parity(c)$ 与 $half(c)$ 的等价关系, 我们仅需讨论如果存在计算 $half(c)$ 的有效算法, 如何利用 $half(c)$ 来解密 c.

基本思想

1. 给定密文 $c = Enc_{pk}(m)$, 计算 $half(Enc_{pk}(m))$, 可求出 m 的最高位比特. 例如, 如果 $half(Enc_{pk}(m)) = 0$, 则可以判断 m 的最高位为 0, 即 $m \in \left[0, \frac{n}{2}\right)$.

2. 利用 $Enc_{pk}(m)$ 的同态性, 可以构造 $Enc_{pk}(2m) = Enc_{pk}(2) \cdot Enc_{pk}(m)$. 计算 $half(Enc_{pk}(2m))$, 可求出 $2m$ 的最高比特. 例如, 如果 $half(Enc_{pk}(2m)) = 0$, 可以判断 $2m \in \left[0, \frac{n}{2}\right)$, $m \in \left[0, \frac{n}{4}\right) \cup \left[\frac{n}{2}, \frac{3n}{4}\right)$. 如果第 1 步的结论是 $m \in \left[0, \frac{n}{2}\right)$, 则可以判断 $m \in \left[0, \frac{n}{4}\right)$.

3. 以此类推, 利用上述二分查找法, 不断缩小 m 的可能取值范围, 直到求出准确的 m. 该过程如图 9.4 所示.

$$half\left(Enc_{pk}(m)\right) = 0 \Leftrightarrow m \in \left[0, \frac{n}{2}\right);$$

$$half\left(Enc_{pk}(2m)\right) = 0 \Leftrightarrow m \in \left[0, \frac{n}{4}\right) \cup \left[\frac{n}{2}, \frac{3n}{4}\right);$$

$$half\left(Enc_{pk}(4m)\right) = 0 \Leftrightarrow m \in \left[0, \frac{n}{8}\right) \cup \left[\frac{n}{4}, \frac{3n}{8}\right) \cup \left[\frac{n}{2}, \frac{5n}{8}\right) \cup \left[\frac{3n}{4}, \frac{7n}{8}\right).$$

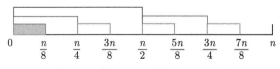

图 9.4 利用 $half$ 求解 RSA 明文

具体算法描述如下.

算法 9.4 利用 $half$ 求解 RSA 明文

---

1. for $i = 0$ to k do   // 其中 $k = \lfloor \log_2 n \rfloor$
2. $c_i \leftarrow half(c)$
3. $c \leftarrow (c \times Enc_{pk}(2)) \mod n$
4. $lo \leftarrow 0$
5. $hi \leftarrow n$
6. for $i = 0$ to k
7. $mid \leftarrow (hi + lo)/2$
8.   如果 $c_i = 1$
         则设置 $lo \leftarrow mid$
         否则设置 $hi \leftarrow mid$
9. 输出 $\lfloor hi \rfloor$ // $\lfloor hi \rfloor$ 即 c 的明文 m

例子 9.5 设 RSA 加密的 $n = 71$, $e = 17$, 密文 $c = 53$, 假设 $half$ 函数可以被有效计算, 且利用算法 9.4 得到的中间状态如表 9.2 所示, 则最终得到明文 $m = 55$.

表 9.2 利用算法 9.4 求解明文的中间状态

i	c_i	lo	mid	hi
0	1	0.00	35.50	71.00
1	1	35.50	53.25	71.00
2	0	53.25	62.13	71.00
3	0	53.25	57.69	62.13
4	0	53.25	55.47	57.69
5	1	53.25	54.36	55.47
6	1	54.36	54.91	55.47
		54.91	55.47	55.47

本节, 我们证明了求解 RSA 加密的 $half$ 与 $parity$ 比特信息是困难的. 然而, 这并不意味着 RSA 加密的其他比特信息也是困难的. 例如, RSA 加密会泄露明文的雅可比 (Jacobi) 符号信息, 即给定 RSA 密文 c, 其明文 m 的 Jacobi 符号 (1 比特信息) 是可以有效计算的, 原因如下:

$$\left(\frac{c}{n}\right) = \left(\frac{m^e}{n}\right) = \left(\frac{m}{n}\right)^e = \left(\frac{m}{n}\right),$$

其中最后一个等号成立是因为加密指数 e 为奇数. 除此之外, 是否还有其他种类的信息泄露呢? 事实上, 我们无法列举明文信息的所有种类, 并对其逐一验证. 但是, 安全的加密方案应保障不会泄露关于明文的任何信息. 如何严格证明密码方案的安全性是密码学研究的一个重要问题, 设计可证明安全的密码方案具有重要的实际意义. 在后续章节, 我们将初步介绍密码的可证明安全技术.

9.6   *素性检测与因子分解

9.6.1   素性检测

素性检测与因子分解

素数的判定与生成在现代密码学中起着至关重要的作用. 许多密码方案的构造需要素数, 例如, 基于因子分解的 RSA 密码、基于离散对数的 ElGamal 加密等, 相关方案的安全性依赖素数的选择. 本节主要介绍两种典型的素性检测算法——Solovay-Strassen 算法以及 Miller-Rabin 算法.

9.6.1.1   Solovay-Strassen 算法

Solovay-Strassen 算法是一种概率性的素性检测算法: 对于要判定的数 n, 如果算法输出 "是合数", 则 n 必是合数; 但如果算法输出 "是素数", n 并不一定真的是素数, 即算法输出 "是素数" 时, 可能会出错, 可以证明其错误概率为 1/2. 因此, 我们说 Solovay-Strassen 算法是一种关于合数 "偏是" 的素性检测算法.

算法原理   Solovay-Strassen 算法主要利用了 Legendre 符号的性质: 假定 p 是一个奇素数, 那么 $\left(\dfrac{a}{p}\right) \equiv a^{(p-1)/2} \pmod{p}$; 如果 p 是合数, 上式不一定成立. 算法详细描述如下所示.

算法 9.5   Solovay-Strassen 算法

---

1. 随机选择一个整数 a, $1 \leqslant a \leqslant n-1$;
2. 如果 $\left(\dfrac{a}{n}\right) \equiv a^{(n-1)/2} \pmod{n}$, 输出 "$n$ 是素数";

    否则 $\left(\dfrac{a}{n}\right) \neq a^{(n-1)/2} \pmod{n}$, 输出 "$n$ 是合数".

算法分析

- 如果 n 是素数, 那么根据 Euler 准则, 对于 $\forall a \in \mathbb{Z}_n^*$, 其必然符合

$$a^{\frac{n-1}{2}} = \left(\frac{a}{n}\right) \bmod n,$$

所以, 若第 2 步出现 $a^{\frac{n-1}{2}} \neq \left(\dfrac{a}{n}\right) \bmod n$, 这意味着 n 必为合数. 这解释了为什么算法输出 "是合数" 时, 总是正确的, 即该算法关于合数问题是 "偏是" 的.

- 但是, 如果第 2 步出现 $a^{\frac{n-1}{2}} = \left(\dfrac{a}{n}\right) \bmod n$, 则 n 可能是素数, 也可能是合数. 因为当 n 为合数时, 存在某些 a 满足 $a^{\frac{n-1}{2}} = \left(\dfrac{a}{n}\right) \bmod n$. 如果在第 1 步中选择到这些特殊的 a, 则会导致算法出错, 将合数 n 误判为素数.

下面将进一步证明算法出错的概率为 $1/2$. 根据上述分析, 该错误概率为当 n 是合数时, $a^{\frac{n-1}{2}} = \left(\dfrac{a}{n}\right) \bmod n$ 成立的概率. 因此, 我们需要计算当 n 为合数时, 满足以上等式的 a 的个数占 $\{1, \cdots, n-1\}$ 的比例.

为了方便证明, 我们引入以下符号:

$$集合 \ G(n) = \left\{ a \mid a \in \mathbb{Z}_n^*, \left(\frac{a}{n}\right) = a^{\frac{n-1}{2}} \bmod n \right\}.$$

实际上, $G(n)$ 是 $\mathbb{Z}_n^*$ 的一个子群, 满足乘法封闭性. 显然, 当 n 为素数时, $G(n) = \mathbb{Z}_n^*$. 当 n 为合数时, 我们有如下结论.

定理 9.11 $G(n) \neq \mathbb{Z}_n^* \Leftrightarrow n$ 是合数.

证明 必要性. 根据上述算法分析, 易知当 $G(n) \neq \mathbb{Z}_n^*$ 时, n 是合数.

由拉格朗日 (Lagrange) 定理, 得 $|G(n)| \big| |\mathbb{Z}_n^*|$, 且 $|G(n)| \leqslant \dfrac{|\mathbb{Z}_n^*|}{2} \leqslant \dfrac{n-1}{2}$, 所以当 n 是合数时, 随机选择 a, 满足 $\left(\dfrac{a}{n}\right) = a^{\frac{n-1}{2}} \bmod n$ 的概率不超过 $\dfrac{1}{2}$, 即

$$\frac{|G(n)|}{|\mathbb{Z}_n/\{0\}|} \leqslant \frac{\frac{n-1}{2}}{n-1} = \frac{1}{2}.$$

充分性. 即证明当 n 是合数时, 可找到一个 a 满足 $\left(\dfrac{a}{n}\right) \neq a^{\frac{n-1}{2}} \bmod n$.

1. 若 $n = p^k q$ (其中 p 为素数, q 为奇数), $k \geqslant 2$, 且 $\gcd(p, q) = 1$. 设 $a = 1 + p^{k-1}q$, 下面证明 $\left(\dfrac{a}{n}\right) \neq a^{\frac{n-1}{2}} \bmod n$.

因为

$$a^{\frac{n-1}{2}} = \left(1 + p^{k-1}q\right)^{\frac{n-1}{2}} = 1 + C_{\frac{n-1}{2}}^1 p^{k-1}q + \cdots + \left(p^{k-1}q\right)^{\frac{n-1}{2}} \bmod n$$

$$= 1 + \frac{n-1}{2} p^{k-1}q \bmod n.$$

注意 $\dfrac{n-1}{2} p^{k-1}q \bmod n \neq 0$. (否则, 可推出 $p \mid 1$, 与 p 是素数矛盾.) 所以

$$a^{\frac{n-1}{2}} \neq 1 \pmod n.$$

又因为

$$\left(\frac{a}{n}\right) = \left(\frac{1 + p^{k-1}q}{p p^{k-1}q}\right) = \left(\frac{1 + p^{k-1}q}{p}\right)\left(\frac{1 + p^{k-1}q}{p^{k-1}q}\right) = 1.$$

所以

$$\left(\frac{a}{n}\right) \neq a^{\frac{n-1}{2}} \pmod n.$$

2. 若 $n = p_1 p_2 \cdots p_s$, 其中 p_i 为互不相同的素数. 设 $a = u \bmod p_1$, 满足 a 是模 p_1 的二次非剩余, 且 $a = 1 \bmod p_2 \cdots p_s$. (由中国剩余定理可知, 这样的 a 是存在的.)

下面证明: $\left(\dfrac{a}{n}\right) \neq a^{\frac{n-1}{2}}$.

因为 a 是模 p_1 的二次非剩余, 可知 $\left(\dfrac{a}{p_1}\right) = -1$.

由 $a = 1 \bmod p_2 \cdots p_s$, 可设 $a = k p_2 \cdots p_s + 1$, 我们有

$$a = 1 \bmod p_i \quad (i = 2, 3, \cdots, s).$$

这意味着

$$\left(\frac{a}{p_i}\right) = 1 \quad (i = 2, 3, \cdots, s).$$

因此

$$\left(\frac{a}{n}\right) = \left(\frac{a}{p_1}\right)\left(\frac{a}{p_2}\right)\cdots\left(\frac{a}{p_s}\right) = (-1) \cdot 1 = -1.$$

另一方面, 由 $a = 1 \bmod p_2 \cdots p_s$ 可得

$$a^{\frac{n-1}{2}} = 1 \bmod p_2 \cdots p_s.$$

这意味着 $a^{\frac{n-1}{2}} \neq -1 \bmod n$(中国剩余定理), 因此

$$a^{\frac{n-1}{2}} \neq \left(\frac{a}{n}\right).$$

综合 1 和 2 分析可知, 当 n 是合数时, $G(n) \neq \mathbb{Z}_n^*$. $\qquad\qquad\qquad\square$

算法复杂度　Solovay-Strassen 算法的主要消耗为模幂计算以及 Jacobi 符号的计算, 其复杂度分别为 $O(\log b (\log n)^2)$ 与 $O((\log n)^3)$, 故 Solovay-Strassen 算法的时间复杂度为 $O((\log n)^3)$. 需要注意的是, 当使用该算法判定为素数时, 由于存在判断错误的可能, 算法通常需多次运行, 以降低错误概率. 例如, 当 n 是合数时, 运行 l 次 Solovay-Strassen 算法仍输出 "n 是素数" 的概率为 $\left(\dfrac{1}{2}\right)^l$.

9.6.1.2　Miller-Rabin 算法

Miller-Rabin 算法, 也称为强伪素数检测算法, 同样也是关于合数偏是的概率算法, 但其错误概率至多为 1/4, 是实际应用中通常所采用的素性检测算法.

算法原理　Miller-Rabin 算法主要利用了如下性质: 若 n 为素数, 则对于任意 $a \in \mathbb{Z}_n^*$, 有 $a^{n-1} = 1 \bmod n$ (Fermat 小定理) 且 $1 \bmod n$ 只有 -1 和 1 两个平方根. 算法具体描述如下.

算法 9.6 Miller-Rabin 算法

1. 将 $n-1$ 表示为 $n-1 = 2^l m$, 其中 m 是奇数
2. 选取随机整数 a, 其中 $1 \leqslant a \leqslant n-1$
3. 计算 $b \leftarrow a^m \mod n$
4. 如果 $b \equiv 1 \mod n$, 则输出 "n 是素数"
5. 执行以下循环:

   for $i \leftarrow 0$ to $l-1$

   (a)　　如果 $b \equiv -1 \mod n$, 则输出 "n 是素数"

   (b)　　否则计算 $b \leftarrow b^2 \mod n$
6. 输出 "n 是合数"

算法分析　Miller-Rabin 算法的计算过程实际是对于 a^m 不断进行平方与判定的过程, 如果第 4 步与第 5 步的循环均未输出 "n 是素数", 即 $b \not\equiv \pm 1 \mod n$, 则算法最终判定 n 是合数. 当 n 为素数时, 如果算法能够执行完第 5 步的所有循环, 此时 $b = a^{2^l m} = a^{n-1} = 1$, 第 $l-1$ 次循环第 5(b) 步所计算的 b 为 1 的平方根. 根据性质: 当 n 为素数时, $1 \mod n$ 只有 -1 和 1 两个平方根. 这意味第 $l-2$ 次循环的第 5(b) 步计算的 b 只能为 1. 以此类推, 第 1 次循环的第 5(b) 步计算 b 也应为 1, 且上一步 (第 5(a) 步) 出现的 b 也应为 1 的平方根, 即 1 或 -1. 但是, 第 4 步与第 5(a) 步均未输出 "n 是素数", 这告诉我们 $b \not\equiv \pm 1$, 故出现矛盾. 因此, 如果算法执行到第 6 步输出了 "n 是合数", 则 n 不可能是素数. 关于上述分析的正式结论与证明描述如下.

定理 9.12　Miller-Rabin 算法对合数问题是偏是的.

证明　利用反证法证明本定理. 假设算法输出 "n 是合数", 但 n 实际是素数. 根据算法描述, 我们有

$$a^m \neq 1 \mod n, \quad a^{2m} \neq -1 \mod n, \quad \cdots, \quad a^{2^{l-1}m} \neq -1 \mod n.$$

因为 n 实际是素数, 由 Fermat 小定理可知 $a^{n-1} = a^{2^l m} = 1 \mod n$. 又因为 1 模素数的平方根只有 ± 1, 可知 $a^{2^{l-1}m} = 1 \mod n$. 以此类推, 我们有

$$a^{2^{l-2}m} = 1 \mod n, \quad \cdots, \quad a^m = 1 \mod n.$$

这与 $a^m \neq 1 \mod n$ 矛盾, 证毕. $\qquad\square$

算法复杂度　通过分析可知, Miller-Rabin 算法的复杂度为 $O((\log n)^3)$. 尽管与 Solovay-Strassen 算法具有相同的渐近复杂度, 但在具体实现效率上, Miller-Rabin 算法拥有更优的表现. 这是因为, Miller-Rabin 算法错误率 (n 是合数, 但输出 "n 是素数" 的概率) 至多为 $\frac{1}{4}$, 该结论的证明可参考文献 [9], 本书不再探讨.

相比于 Solovay-Strassen 算法 1/2 的错误率, Miller-Rabin 算法仅需更少的运行次数便可将错误率降低到可容忍的范围. 例如, 如果需要将素检测的错误概率降低至 2^{-80}, Miller-Rabin 算法需运行 40 次, 而 Solovay–Strassen 算法则需运行 80 次.

9.6.2 因子分解

公钥密码方案的安全性依赖于相关数学问题的困难性, 其中最著名的是因子分解问题和离散对数问题. 特别是因子分解, 它是国际数学界几百年来尚未解决的难题, 也是现代密码学中 RSA 密码建立的基础. 本节主要介绍几种因子分解算法, 包括 Pollard $p-1$ 算法、Pollard ρ 算法和 Dixon 随机平方算法, 简要分析其对 (奇) 合数实现因子分解的复杂度, 以帮助读者进一步理解第 9.4 节中 RSA 安全的参数设置.

9.6.2.1 Pollard $p-1$ 算法

Pollard $p-1$ 算法是一种确定性的因子分解算法, 该算法针对符合某些特殊形式的合数是非常有效的.

算法原理 (1) 令 p 是 n 的一个奇素因子. $p-1$ 总是能够分解为不同素数幂的乘积形式. 例如, $(p-1) = p_1^{t_1} p_2^{t_2} \cdots p_s^{t_s}$, 其中 $p_1, p_2, \cdots, p_s$ 为不同的素数, t_i 为正整数, $p_i^{t_i}$ 称为素数幂 $(1 \leqslant i \leqslant s)$. 为方便表示, 令 $p_i^{t_i} = q_i$. 我们有 $p-1 = q_1 q_2 \cdots q_s$.

(2) 假设对于 $p-1$ 的每一个素数幂 q_i, 满足 $q_i \leqslant B$, 则 $(p-1) \mid B!$. 这是因为 $q_1, q_2, \cdots, q_s$ 为不同的素数幂, 且都小于 B, 所以 $q_1 q_2 \cdots q_s \mid (1 \times 2 \times \cdots \times B)$.

(3) 令 $a = 2^{B!} \bmod n$. 由 Fermat 小定理可知, $2^{p-1} \equiv 1 \bmod p$. 又因为 $(p-1) \mid B!$, 所以 $a \equiv 1 \bmod p$, 即 $p \mid (a-1)$. 也就是说 p 是 $a-1$ 与 n 的一个公因子.

由上述原理可知, 如果 $p-1$ 含有小的素数幂, 并能够正确估计素数幂的上界 B, 则算法可以快速计算出模 p 同余 1 的数 a, 利用 $\gcd(a-1, n)$ 可以得到 p. 算法具体描述如下.

算法 9.7 Pollard $p-1$ 算法

1. 令 $a \leftarrow 2$
2. 执行以下循环   // 计算 $2^{B!} \bmod n$
   for $j \leftarrow 2$ to B
   - 计算 $a \leftarrow a^j \bmod n$
3. 计算 $d \leftarrow \gcd(a-1, n)$
4. 如果 $1 < d < n$, 则输出 d
5. 否则输出 "失败"

算法复杂度　由描述可以看出, 主要消耗时间的步骤在于第 2 步循环的执行, 共 $B-1$ 次循环, 每次循环执行一次模幂运算. 已知模幂运算的时间复杂度为 $O\left(\log B(\log n)^2\right)$, 所以整个循环的复杂度为 $O\left(B\log B(\log n)^2\right)$. 第 3 步利用 Euclid 算法计算最大公因子的时间复杂度为 $O\left((\log n)^3\right)$. 因此, Pollard $p-1$ 算法的时间复杂度为 $O\left(B\log B(\log n)^2+(\log n)^3\right)$. Lenstra 进一步推广了 Pollard $p-1$ 算法, 提出了更有效的椭圆曲线算法, 其复杂度为 $O\left(\mathrm{e}^{(1+o(1))\sqrt{\ln p\ln\ln p}}\right)$.

注意　由上述复杂度分析可知, Pollard $p-1$ 算法的消耗主要取决于循环次数, 换句话说, 算法是否有效取决于 B 的大小. 因此, 如果要保障 RSA 密码的模 n 能够抵抗 Pollard $p-1$ 算法, 则 n 的每个因子 p 需满足 $p-1$ 应该有足够大的素因子, 以确保 B 足够大. 为做到这一点, 通常采用形如 $p=2q+1$ 的安全素数, 其中 q 为大素数.

9.6.2.2　Pollard ρ 算法

Pollard ρ 算法是一种概率性因子分解算法, 当 n 具有小的素因子时, 可有效地进行因子分解. 该算法原理描述如下.

算法原理　如果能够找到两个元素 x_1 与 x_2 满足条件

$$x_1\neq x_2\bmod n\quad\text{且}\quad x_1=x_2\bmod p,\tag{9.12}$$

则利用 $\gcd\left(x_1-x_2,n\right)$ 可计算 n 的因子 p.

问题是如何在 $\mathbb{Z}_n$ 中有效找到这样的 x_1 与 x_2? 注意, $x\bmod p$ 可以理解为一种函数 $H(x):\mathbb{Z}_n\to\mathbb{Z}_p$. 显然, 满足条件 (9.12) 的 (x_1,x_2) 可以看作一对碰撞, 即满足 $H(x_1)=H(x_2)$ 且 $x_1\neq x_2$. 此时, 问题转化为寻找 $H(x)$ 碰撞. 根据生日攻击的结论, 只需要在 $\mathbb{Z}_n$ 范围内选取 $1.17\sqrt{p}$ 个元素, 这些元素构成的集合 X 中期望上超过 50% 的概率存在一对碰撞. 此时, 我们需要存储 $1.17\sqrt{p}$ 个元素, 且需要对这些元素两两之间进行测试, 例如, 对于 $x_1,x_2\in\mathbb{Z}_n$, 计算 $\gcd\left(x_1-x_2,n\right)$, 直到找到 p.

为了进一步降低算法的存储复杂度, 可采用如下方法: 假定函数 $F:\mathbb{Z}_n\to\mathbb{Z}_n$ 能够将 $\mathbb{Z}_n$ 上的元素 "随机地" 映射到 $\mathbb{Z}_n$ 上的某个元素. 实际上, F 并非真正随机, 可采用整系数多项式实现 F. 利用 F 构造序列 $x_1,x_2,\cdots$, 其中 $x_i=F\left(x_{i-1}\right)$, $i\geqslant 2$. 设该序列中的元素构成的集合为 X, 即 $X=\{x_1,x_2,\cdots\}$. 如果 X 中存在两个不同的 x_i,x_j, 使得 $\gcd\left(x_j-x_i,n\right)>1$, 意味着存在如下关系:

$$x_1\bmod p\to x_2\bmod p\to\cdots\to x_i\bmod p\to\cdots\to x_j\bmod p=x_i\bmod p.$$

该过程如图 9.5 所示, 序列在计算到 x_{12} 时出现了 "碰撞" $x_{12}=x_6\bmod p$, 如同形成了一个 "圈". 由于整个序列如同希腊字母 ρ, 故此而得名 Pollard ρ 算法.

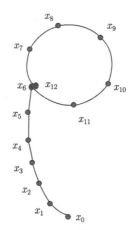

图 9.5　Pollard ρ 算法生成的序列

　　需要注意的是, 由于 $\mathbb{Z}_p$ 是有限的, 所以 "圈" (或碰撞) 必然存在. 进一步, 我们不必对 X 中所有元素两两进行碰撞测试, 也不必存储 X 中所有元素, 仅需对于形如 x_i 与 x_{2i} 的元素测试即可. 可以证明如果序列中存在碰撞, 则必然存在 i 满足 $H(x_i) = H(x_{2i})$(课后练习题). 具体算法描述如下.

算法 9.8　Pollard ρ 算法

---

1. 随机选取 $x_0 \leftarrow \mathbb{Z}_n$, 令 $x = x_0$, $x' = x_0$, $p = 1$
2. 执行以下循环

　　while $p = 1$　　　　　　　　　　// 利用 $F(\cdot)$, 构造序列 $x_1, x_2, \cdots$

　　(a) 计算 $x \leftarrow F(x)$　　　　　　// 计算 x_i

　　(b) 计算 $x' \leftarrow F(F(x'))$　　　// 计算 x_{2i}

　　(c) 计算 $p \leftarrow \gcd(x - x', n)$　　// 检测 x_i, x_{2i} 是否为碰撞
3. 如果 $p = n$, 则输出 "失败"

　　否则输出 p

　　算法复杂度　Pollard ρ 算法第 4 步的循环是主要消耗, 假设每次循环内的计算可有效完成 (关于 $\log n$ 的多项式时间), 则循环的数量是影响算法的主要因素. 设 p 是 n 最小的素因子, 则根据生日攻击, 期望的循环数量为 $O(\sqrt{p})$. 注意, 该算法是概率性的, 如果循环中的 x 与 x' 满足 $x \equiv x' \bmod p$ 且 $x \equiv x' \bmod n$, 则 $n \leftarrow \gcd(x - x', n)$, 此时算法失败, 可以重新运行该算法选取新的 x, 或更换 F. 此外, 每次循环生成 x_i 与 x_{2i}, 仅需消耗常数级存储以完成 x_i 与 x_{2i} 的碰撞检测, 不必存储序列中其他元素.

　　注意　上述复杂度分析告诉我们, Pollard ρ 算法的复杂度主要受 n 中**最小的素因子**影响. 因此, 为了防范 Pollard ρ 算法, **RSA 密码的模的所有素因子都应**

该足够大 (至少 1024 比特).

9.6.2.3 Dixon 随机平方算法

Dixon 随机平方算法是一种概率性算法, 可以较快的分解长度小于 115 位十进制的合数, 本节将简要介绍该算法基本原理.

算法原理 如果可以找到 x, y 满足 $x \neq \pm y \bmod n$ 且 $x^2 = y^2 \bmod n$, 那么 $n \mid (x-y)(x+y)$, 但 $n \nmid x+y$, $n \nmid x-y$, 此时, $\gcd(x \pm y, n)$ 是 n 的一个非平凡因子. 那么如何有效找到这样的 x 和 y? Dixon 给出了如下方法:

1. 设定一组因子基 (小素数的集合), 例如

$$B = \{p_1, p_2, p_3, p_4, \cdots\},$$

其中 $p_1, p_2, p_3, \cdots$ 为小的素数.

2. 随机选取几个整数 z, 使得每个 $z^2 \bmod n$ 的所有素因子都在因子基中. 例如: 随机选取 z_1, z_2, z_3, z_4, 满足

$$z_1^2 = p_1 p_2 \bmod n,$$

$$z_2^2 = p_2 p_3 \bmod n,$$

$$z_3^2 = p_1 p_3 \bmod n,$$

$$z_4^2 = p_2 p_4 \bmod n.$$

3. 将某些 z^2 相乘, 满足所得乘积的每一个素因子的幂次为偶数, 以构造形如 $x^2 = y^2 \bmod n$ 的等式. 例如

$$z_1^2 z_2^2 z_3^2 = p_1^2 p_2^2 p_3^2 \bmod n,$$

$$(z_1 z_2 z_3)^2 = (p_1 p_2 p_3)^2 \bmod n,$$

其中 $x = z_1 z_2 z_3$, $y = p_1 p_2 p_3$.

4. 如果 $x \neq \pm y \bmod n$, 则输出 $\gcd(x \pm y, n)$.

否则, 输出 "失败".

对于所选定的因子基 B 与随机选取的 z, 并非一定能够找到满足要求的 x 与 y. 显然, 这与 B 的大小有关: B 中素因子越多, z^2 能够用因子基表示的概率越大. 实际上, z 也可以采用如下构造方式: 选择 $z_j = j + \lceil \sqrt{kn} \rceil$, 其中 $j = 0, 1, 2, \cdots, k = 1, 2, \cdots$. 这样构造的 z_j^2 模 n 约化后一般比较小, 相较于随机选择的 z_j, 在 B 上更可能完全分解. 研究人员通过分析发现, $|B|$ 的最优选择近似为 $\sqrt{e^{\sqrt{\ln n \ln \ln n}}}$. Pomerance 进一步优化了 Dixon 随机平方算法, 提出了二次筛法[10], 分解 n 的时间复杂度为 $O\left(e^{(1+o(1))\sqrt{\ln n \ln \ln n}}\right)$.

9.7 ElGamal 加密

ElGamal 加密方案最早由 Taher Elgamal 于 1985 年提出, 应用于 GNU Privacy Guard、PGP 等密码系统. ElGamal 加密方案的设计基于离散对数问题 (discrete logarithm problem, DLP). 在正式介绍 ElGamal 加密方案之前, 我们首先简要回顾几个与离散对数问题相关的数学概念与性质, 更多数学基础知识请参考本书第 15 章的抽象代数——群、环、域相关内容.

9.7.1 ElGamal 加密数学基础

定义 9.8 若集合 $\mathbb{G}$ 不为空集, 在 $\mathbb{G}$ 上定义一个二元运算 $\circ$, 若 $\circ$ 满足以下条件, 则称 $\mathbb{G}$ 是一个群.

1. (封闭性) 对于 $\forall a, b \in \mathbb{G}$, 有 $a \circ b \in \mathbb{G}$;
2. (结合律) 对于 $\forall a, b, c \in \mathbb{G}$, 有

$$(a \circ b) \circ c = a \circ (b \circ c);$$

3. (单位元) 存在一个元素 $e \in \mathbb{G}$, 使得 $\forall g \in \mathbb{G}$, 有

$$e \circ g = g \circ e = g;$$

4. (逆元) 对任意元素 $g \in \mathbb{G}$, 都存在一个元素 $g' \in \mathbb{G}$ 使

$$g \circ g' = g' \circ g = e.$$

二元运算可以是加法或乘法, 注意, 此处的加法与乘法是可以自定义的 (例如, 椭圆曲线群上的加法).

定义 9.9 与群相关的概念

- 群中元素的数量称为群的阶 (order), 记作 $|\mathbb{G}|$, 阶数有限的群称为有限群.
- 给定群 $(\mathbb{G}, \circ)$, 若 $\forall a, b \in \mathbb{G}$ 都有 $a \circ b = b \circ a$, 则称此群为**交换群** (也称为阿贝尔 **(Abel)** 群).
- 设 $\mathbb{H}$ 是群 $(\mathbb{G}, \circ)$ 的一个非空子集, 若 $\mathbb{H}$ 对于 $\mathbb{G}$ 的运算作成群, 则称 $\mathbb{H}$ 是 $\mathbb{G}$ 的一个**子群**, 记为 $\mathbb{H} \subseteq \mathbb{G}$.
- 设给定一个群元素 $g \in \mathbb{G}$, 使得 $g^m = e$ 成立的最小的正整数 m 叫做 g 的**阶** (或周期).
- 如果一个群 $\mathbb{G}$ 的所有元素都可以表示为某一固定元素 g 的方幂, 即 $\mathbb{G} = \{g^n | n \in \mathbb{Z}\}$, 则称 $\mathbb{G}$ 为**循环群**, 也可以说 $\mathbb{G}$ 是由元素 g 生成的, 记为 $\mathbb{G} = \langle g \rangle$, 称 g 为 $\mathbb{G}$ 的**生成元**.

定义 9.10 (离散对数问题) 设 $\mathbb{G}$ 为有限乘法群, $g \in \mathbb{G}$ 是阶为 q 的元素. 给定 $X \in \langle g \rangle$, 求解唯一的 $x, 0 \leqslant x \leqslant q-1$, 满足

$$X = g^x,$$

即求解 X 以 g 为底的离散对数 $\log_g X$.

注意 $\langle g \rangle$ 表示生成元为 g 的 q 阶循环群, 满足 $\langle g \rangle \subseteq \mathbb{G}$, 其形式为

$$\langle g \rangle = \{g^i : 0 \leqslant i \leqslant q-1\}.$$

实际应用中, $\mathbb{G}$ 可以是模素数的乘法群 $\mathbb{Z}_p^*$ (设 p 是素数)、有限域乘法群、椭圆曲线群等. 例如, $\mathbb{G} = \mathbb{Z}_p^*$ 是 $p-1$ 阶乘法循环群, 设 g 是生成元, 则 $\langle g \rangle = \mathbb{G}$, $q = p-1$. 为了方便描述, 本节我们考虑 $\langle g \rangle = \mathbb{G}$ 的情况.

求解离散对数问题是困难的, 目前, 求解离散对数问题的算法包括数域筛法、Shanks 算法、Pohlig-Hellman 算法、Pollard ρ、指数演算算法等. 公开报告显示, 2019 年采用数域筛法已经能够破解 795 比特 $\mathbb{Z}_p^*$ 上的离散对数问题 (1024 比特的离散对数问题可能已被破解), 而采用 Pollard ρ 算法能够破解 secp256k1 椭圆曲线的区间离散对数问题 (区间搜索大小 2^{114}). 但是, 至今未找到多项式时间有效解法 (属于 $\mathcal{NP}$ 类问题). 另一方面, 已知 x, 计算 g^x 是容易的, 因此, 我们将 $f(x) = g^x$ 作为可能的单向函数.

9.7.2 ElGamal 加密方案

ElGamal 加密方案的设计源自非交互式 Diffie-Hellman 密钥交换 (non-interactive key exchange, NIKE). 非交互式密钥交换能够让通信双方在知晓彼此公钥的前提下, 无需任何交互, 便可协商出一个共享的对称密钥 (之后, 双方可使用对称密码完成保密通信). 公钥环境下的 Diffie-Hellman 密钥交换协议是非交互式密钥交换的一种具体实现. 考虑在两方环境下, 用户 A 和用户 B 进行 Diffie-Hellman 非交互式密钥交换, 其基本思想如下.

• 假设群的描述 $(\mathbb{G}, q, g)$ 为双方已知的公共参数, A 的公私钥对为 $(pk, sk) = (X, x) = (g^x, x)$, B 的公私钥对为 $(pk', sk') = (Y, y) = (g^y, y)$, 且 A 与 B 已知对方的公钥.

• 双方无需交换任何信息, 可以直接通过对方的公钥和自己的私钥计算共享密钥 g^{xy}:

1. A 利用其私钥 $sk = x$ 与 B 的公钥 Y, 计算 $g^{xy} \leftarrow Y^x$;

2. B 利用其私钥 $sk' = y$ 与 A 的公钥 X, 计算 $g^{xy} \leftarrow X^y$.

此时, 双方可以利用共享密钥 g^{xy} 进一步生成对称密码的密钥, 并采用对称加密实现保密通信.

初步分析可知, 对于没有密钥的敌手, 已知 $(\mathbb{G}, q, g)$ 及公钥 X(或 Y), 求解私钥 x(或 y) 满足 $X = g^x$ (或 $Y = g^y$), 属于离散对数问题, 故是困难的; 而没有私钥 x(或 y), 敌手难以完成步骤 1 或步骤 2 的计算, 因而敌手求解共享密钥 g^{xy} 是困难的. 更多关于密钥交换协议的内容将在第 12 章详细介绍.

下面介绍如何使用非交互式密钥交换构造公钥加密方案. 假设 B 要向 A 发送消息 m. 此时, B 知道 A 的公钥 pk, 其中 $pk = g^x$, 相关设置及群描述同上, 但 B 并没有自己的公钥. B 将使用 A 的公钥加密 m. B 加密 m 的具体步骤如下:

1. B 随机选取 y, 生成临时公私钥对 $(pk', sk') = (g^y, y)$.

2. B 使用 A 的公钥 pk 和自己的私钥 sk' 计算临时密钥 (ephemeral key):

$$k \leftarrow pk^y.$$

3. B 使用临时密钥加密 m:

$$c \leftarrow \mathsf{Enc}(k, m),$$

其中 Enc 可理解为一种密钥为 k 的 "对称加密". 将 c 和自己的临时公钥 pk' 一起发送给 A.

4. A 收到 (pk', c) 后, 使用自己的私钥 sk 和 B 的公钥 pk' 恢复临时密钥:

$$k \leftarrow (pk')^x.$$

由于 $k = (pk')^x = pk^y = g^{xy}$, 进而使用 k 解密 $\mathsf{Enc}(k, m)$ 能够得到 m.

基于上述思想, 我们可以得到 ElGamal 加密方案的构造. 该方案包括**密钥生成**、**加密**与**解密**三个算法, 其具体描述如下.

ElGamal 加密方案

• 密钥生成 KeyGen: $(pk, sk) \leftarrow \mathsf{KeyGen}\left(1^\lambda\right)$.

– 输入安全参数 1^λ, 生成循环群 $\mathbb{G}$ 的描述, 包括群的阶 q 与生成元 $g \in \mathbb{G}$ 等.

– 均匀随机地选择 $x \in \mathbb{Z}_q$, 计算 $X \leftarrow g^x$.

– 公钥为 $pk = (\mathbb{G}, q, g, X)$, 私钥为 $sk = (\mathbb{G}, q, g, x)$. 明文空间为 $\mathbb{G}$, 密文空间为 $\mathbb{G} \times \mathbb{G}$.

• 加密 Enc. $c \leftarrow \mathsf{Enc}(pk, m)$.

– 输入公钥 $pk = (\mathbb{G}, q, g, X)$, 消息 $m \in \mathbb{G}$, 均匀随机地选择 $y \in \mathbb{Z}_q$, 计算

$$c_1 \leftarrow g^y, \quad c_2 \leftarrow X^y \cdot m.$$

– 输出密文 $c = (c_1, c_2)$.

- 解密 Dec. $m \leftarrow \text{Dec}\,(sk, c)$.
- 输入私钥 $sk = (\mathbb{G}, q, g, x)$, 密文 (c_1, c_2), 计算

$$\hat{m} \leftarrow c_2 / c_1^x.$$

- 输出 $\hat{m}$.

为了简化描述, 我们有时将公钥简记为 $pk = X$, 私钥简记为 $sk = x$, $(\mathbb{G}, q, g)$ 为公共参数.

正确性   对于任意的明文 $m \in \mathbb{G}$, 假设其密文为 $(c_1, c_2) = (g^y, X^y \cdot m)$, 则根据解密算法, 我们有

$$\hat{m} = \frac{c_2}{c_1^x} = \frac{X^y \cdot m}{(g^y)^x} = \frac{(g^x)^y \cdot m}{g^{xy}} = \frac{g^{xy} \cdot m}{g^{xy}} = m.$$

例子 9.6   设 $p = 11$, $g = 2$, 则 2 是 $\mathbb{Z}_{11}^*$ 的生成元, 即 $\mathbb{G} = \mathbb{Z}_{11}^* = \langle 2 \rangle$, 且 $q = |\mathbb{G}| = 10$. 用户 A 在 $\mathbb{Z}_{10}$ 中均匀随机地选择出 $x = 3$ 作为私钥, 计算公钥 $X = g^x \bmod 11 = 8$ 并公布.

- 加密: 如用户 B 欲将明文 $m = 4$ 安全地发送给用户 A, 则需要在 $\mathbb{Z}_{10}$ 中均匀地选择 y. 设所选 $y = 7$, 用户 B 使用用户 A 的公钥执行如下加密计算:

$$c_1 = g^y \bmod p = 2^7 \bmod 11 = 7,$$

$$c_2 = X^y \cdot m = 8^7 \cdot 4 \bmod 11 = 8,$$

然后将密文 $c = (c_1, c_2)$ 发送给用户 A.

- 解密: 用户 A 收到 c 后, 利用其私钥 $x = 3$ 执行如下解密计算:

$$m = c_2 / c_1^x = 8 / 7^3 \bmod 11 = 8 \times 2^{-1} \bmod 11 = 8 \times 6 \bmod 11 = 4.$$

安全性分析   与 RSA 加密不同, ElGamal 加密是非确定性的: 每次加密时, 需随机选择 y, 这使得即使对于相同的明文所生成的密文一般也是不同的, 这种性质对于隐藏明文的信息是有利的. $X^y = g^{xy}$ 是 $\mathbb{G}$ 中的随机元素[①], 扮演了临时密钥 k 的角色, 而明文 m 通过与随机元素相乘, 进而得到隐藏. 注意, 密文包括 c_1 与 c_2 两个元素, 实际隐藏明文信息的为 c_2.

如果密文仅含有 c_2, 则此种隐藏明文的方式相当于 "一次一密", 与第 3 章所介绍的具有完美保密性的一次一密的区别在于所基于的运算类型不同. 然而, 我们需要 c_1(蕴含 y 的信息) 帮助解密者恢复临时密钥 g^{xy}. c_1 的引入导致 ElGamal 加密在安全性上无法达到完美保密性, 具有无限计算能力的敌手是可以由 c_1 计

---

① 严格地说, 如果 q 不是素数, 则 $X(\neq 1)$ 可能不是 $\mathbb{G}$ 的生成元. 如果 X 不是 $\mathbb{G}$ 的生成元, 则 X^y 无法生成 $\mathbb{G}$ 中某些元素. 例如, 例子 9.6 中 3 不是 $\mathbb{Z}_{11}^*$ 的生成元, $\mathbb{Z}_{11}^*$ 中 3 的幂次只有 3, 9, 5, 4, 1. 此时, X^y 在 $\mathbb{G}$ 中并非均匀分布.

算 y 的 (破解离散对数问题), 从而求出临时密钥和明文. 但是, 对于多项式时间的敌手, 求解 g^{xy} 目前仍然是困难的. 该问题被称为计算 Diffie-Hellman 问题 (computational Diffie-Hellman, CDH 问题), 其判定版本为判定 Diffie-Hellman 问题 (decisional Diffie-Hellman, DDH 问题), 相关定义如下.

定义 9.11 (CDH 问题)　设 $\mathbb{G}$ 为有限乘法群, $g \in \mathbb{G}$ 是阶为 q 的元素. 给定 $g^x, g^y \in \langle g \rangle$, 计算 g^{xy}.

定义 9.12 (DDH 问题)　设 $\mathbb{G}$ 为有限乘法群, $g \in \mathbb{G}$ 是阶为 q 的元素. 给定 $g^x, g^y, g^z \in \langle g \rangle$, 判定 $xy \equiv z \bmod q$.

关于 ElGamal 加密的安全性, 可以证明: 如果 DDH 问题是困难的, 则 ElGamal 加密方案是 IND-CPA(选择明文攻击下的不可区分) 安全的. 关于 IND-CPA 安全的含义及该结论的证明, 可参考第 9.8 节. 但是, 由于具有乘法同态性质, ElGamal 加密不能抵抗选择密文攻击 (见课后练习).

9.7.3　相关计算问题

ElGamal 加密更一般的实现是定义在 $\mathbb{G}$ 的一个 q 阶子群 $\langle g \rangle$ 上, 即 $\langle g \rangle \subseteq \mathbb{G}$. 关于 $\mathbb{G}$ 与 $\langle g \rangle$ 的实现, 一种典型的做法是选择 $p-1$ 阶乘法群 $\mathbb{Z}_p^*$, 其中 p 为素数, 而 $\langle g \rangle$ 为 $\mathbb{Z}_p^*$ 的 q 阶子群, 其中 q 为素数, 且满足 $q|(p-1)$. 为了保证 $\langle g \rangle$ 上离散对数的安全性, 素数 p 与 q 应足够大, 例如, $|p|$ 为 2048 比特, $|q|$ 为 256 比特. 关于其中素数的生成及注意问题, 请参考 RSA 加密章节的讨论以及第 9.12 节.

关于 q 阶生成元 g 的生成, 如果可以找到模 p 的原根 g_0, 则 $g_0^{(p-1)/q}$ 即为 q 阶生成元. 如何找到模 p 的原根? 一种常用方法是从较小的元素开始, 例如, $a = 2, 3, \cdots$, 利用下述性质逐一进行原根的判定, 直到找到满足要求的 a.

定理 9.13　假定 $p > 2$ 是素数, $a \in \mathbb{Z}_p^*$, 那么 a 是一个模 p 的原根当且仅当 $a^{(p-1)/q} \neq 1 \pmod{p}$ 对于所有满足 $q \mid (p-1)$ 的素数 q 成立.

$\mathbb{G}$ 的另一种常用实现为椭圆曲线群, 相关内容将在第 9.10 节详细介绍.

9.8　*ElGamal 加密安全性证明

本节介绍 ElGamal 加密的正式安全性证明, 让读者初步了解公钥密码可证明安全的基本思想. 在证明安全性之前, 首先需给出公钥加密的安全性定义 (安全模型). 关于公钥加密的安全性存在许多不同的定义, 本节考虑选择明文攻击下的不可区分性 (IND-CPA).

定义 9.13 (IND-CPA 安全)　给定公钥加密方案 $\Pi = (\mathsf{KeyGen}, \mathsf{Enc}, \mathsf{Dec})$ 及敌手 $\mathcal{A}$, 考虑如下实验 $\mathsf{PubK}_{\mathcal{A},\Pi}^{\mathsf{eav}}(\lambda)$:

1. 运行算法 $\mathsf{KeyGen}(1^\lambda)$ 输出公私钥对 (pk, sk).

2. 敌手 $\mathcal{A}$ 得到公钥 pk, 输出明文空间中一对等长的消息 m_0, m_1.

3. 均匀随机地选择比特 $b \in \{0, 1\}$, 计算密文 $c \leftarrow \mathsf{Enc}_{pk}(m_b)$ 并将其发送给 $\mathcal{A}$. 称 c 为挑战密文 (或目标密文).

4. 敌手 $\mathcal{A}$ 输出比特 b'.

5. 如果 $b' = b$, 实验输出 1, 否则输出 0.

如果对于任何概率多项式时间敌手 $\mathcal{A}$ 有以下不等式成立, 则称公钥加密方案 Π 是 IND-CPA 安全的.

$$\Pr\left[\mathsf{PubK}_{\mathcal{A}, \Pi}^{\mathrm{eav}}(\lambda) = 1\right] \leqslant \frac{1}{2} + \mathsf{negl}(\lambda),$$

其中 $\mathsf{negl}(\lambda)$ 是关于安全参数的可忽略函数.

IND-CPA 从区分角度定义安全性, 其理由是: 如果难以区分一个密文所对应的明文, 则说明密文很好地隐藏了明文的信息, 故加密方案是安全的. 相反, 如果密文泄露了明文信息, 则泄露的信息有可能帮助敌手区分密文对应的是 m_0 还是 m_1.

定理 9.14 如果 DDH 问题是困难的, 则 ElGamal 加密方案是 IND-CPA 安全的.

证明 令 Π 表示 ElGamal 加密方案, $\mathcal{A}$ 表示概率多项式时间敌手, 要证明存在可忽略函数 negl 使得

$$\Pr\left[\mathsf{PubK}_{\mathcal{A}, \Pi}^{\mathrm{eav}}(\lambda) = 1\right] \leqslant \frac{1}{2} + \mathsf{negl}(\lambda),$$

即证明 Π 在窃听敌手面前具有不可区分性.

首先, 考虑修改后的加密方案 $\widetilde{\Pi}$, 其密钥生成与 Π 中的 KeyGen 相同. 但是对消息 m 的加密通过均匀随机选择 $y, z \in \mathbb{Z}_p$ 完成, 输出密文

$$(g^y, g^z \cdot m).$$

尽管 $\widetilde{\Pi}$ 实际上并不是一个加密方案 (因为接收方无法解密), 但实验 $\mathsf{PubK}_{\mathcal{A}, \widetilde{\Pi}}^{\mathrm{eav}}(\lambda)$ 依然是良定义的, 因为该实验只依赖于密钥生成算法和加密算法.

由于方案 $\widetilde{\Pi}$ 中密文的第二部分是一个均匀随机的群元素, 与被加密消息无关 (当 z 是从 $\mathbb{Z}_p$ 中均匀随机选取的时候, g^z 是 $\mathbb{G}$ 中一个随机的元素.); 而密文的第一部分也与 m 无关. 因此, 修改后的方案 $\widetilde{\Pi}$ 的密文完美隐藏了 m 的任何信息. 于是, 我们有

$$\Pr\left[\mathsf{PubK}_{\mathcal{A}, \widetilde{\Pi}}^{\mathrm{eav}}(\lambda) = 1\right] = \frac{1}{2}.$$

现在考虑试图解决相对 $\mathbb{G}$ 的 DDH 问题的 PPT 算法 D. D 收到 $(\mathbb{G}, p, g, h_1,$ $h_2, h_3)$, 其中 $h_1 = g^x$, $h_2 = g^y$, h_3 为 g^{xy} 或 $g^z (x, y, z$ 均匀随机选择), 区分 h_3 为哪一种.

算法 $D(\mathbb{G}, p, g, h_1, h_2, h_3)$:

- 设置 $pk = (\mathbb{G}, p, g, h_1)$ 并运行 $\mathcal{A}(pk)$ 得到消息 $m_0, m_1 \in \mathbb{G}$.
- 均匀随机选择比特 b, 设置 $c_1 := h_2$, $c_2 := h_3 \cdot m_b$.
- 将密文 (c_1, c_2) 给 $\mathcal{A}$, 得到输出 b'.
- 如果 $b' = b$, 输出 1; 否则, 输出 0.

下面分析 D 的行为, 有两种情况需要考虑:

情况 1   假设 D 的输入是通过以下方式生成: 首先运行 $(\mathbb{G}, p, g) \leftarrow \mathsf{Gen}(1^\lambda)$, 然后均匀随机选择 $x, y, z \in \mathbb{Z}_p$, 最后设置 $h_1 := g^x$, $h_2 := g^y$, $h_3 := g^z$. D 运行 $\mathcal{A}$ 并将公钥 $pk = (\mathbb{G}, p, g, g^x)$ 作为其输入. 挑战密文构造为

$$(c_1, c_2) = (g^y, g^z \cdot m_b).$$

可以看到, 在这种情况下, 当作为 D 的子程序运行时, $\mathcal{A}$ 的视角与实验 $\mathsf{PubK}^{\mathrm{eav}}_{\mathcal{A}, \widetilde{\Pi}}(\lambda)$ 中 $\mathcal{A}$ 的视角的分布相同. 当 $\mathcal{A}$ 的输出 b' 等于 b 时, D 恰好输出 1, 有

$$\Pr\left[D\left(\mathbb{G}, p, g, g^x, g^y, g^z\right) = 1\right] = \Pr\left[\mathsf{PubK}^{\mathrm{eav}}_{\mathcal{A}, \widetilde{\Pi}}(\lambda) = 1\right] = \frac{1}{2}.$$

情况 2   假设 D 的输入通过以下方式生成: 首先运行 $(\mathbb{G}, p, g) \leftarrow \mathsf{Gen}(1^\lambda)$, 然后均匀随机选择 $x, y \in \mathbb{Z}_p$, 最后设置 $h_1 := g^x$, $h_2 := g^y$, $h_3 := g^{xy}$. D 运行 $\mathcal{A}$ 并将公钥

$$pk = (\mathbb{G}, p, g, g^x)$$

作为其输入. 挑战密文构造为

$$(c_1, c_2) = (g^y, g^{xy} \cdot m_b) = (g^y, (g^x)^y \cdot m_b).$$

可以看到, 在这种情况下, 当作为 D 的子程序运行时, $\mathcal{A}$ 的视角与实验 $\mathsf{PubK}^{\mathrm{eav}}_{\mathcal{A}, \Pi}(\lambda)$ 中 $\mathcal{A}$ 的视角的分布相同. 当 $\mathcal{A}$ 的输出 b' 等于 b 时, D 恰好输出 1, 有

$$\Pr\left[D\left(\mathbb{G}, p, g, g^x, g^y, g^{xy}\right) = 1\right] = \Pr\left[\mathsf{PubK}^{\mathrm{eav}}_{\mathcal{A}, \Pi}(n) = 1\right].$$

在 DDH 问题是困难的假设下, 存在可忽略函数 negl 使得

$$\mathrm{negl}\left(\lambda\right) \geqslant \left|\mathrm{Pr}\left[D\left(\mathbb{G}, p, g, g^x, g^y, g^z\right) = 1\right] - \mathrm{Pr}\left[D\left(\mathbb{G}, p, g, g^x, g^y, g^{xy}\right) = 1\right]\right|$$

$$= \left|\frac{1}{2} - \mathrm{Pr}\left[\mathrm{PubK}_{\mathcal{A},\Pi}^{\mathrm{eav}}\left(\lambda\right) = 1\right]\right|,$$

这意味着 $\mathrm{Pr}\left[\mathrm{PubK}\mathcal{A}_{\mathcal{A},\Pi}^{\mathrm{eav}}\left(n\right) = 1\right] \leqslant 1/2 + \mathrm{negl}\left(\lambda\right)$. $\qquad\square$

9.9 密钥封装机制/数据封装机制

9.9.1 混合加密

相对于对称加密, 公钥加密的基本运算更为复杂, 例如, 公钥密码需要大数的乘法、模幂运算等, 而对称密码的基本运算通常为异或、移位、与等比特操作, 这导致在加密相同长度的明文时, 公钥加密的计算效率远不及对称加密. 因此, 在实际应用中可以先生成一个对称密钥 (临时会话密钥)k, 采用公钥加密方案加密对称密钥 k, 例如, $c_1 = Enc_{pk}(k)$, 而采用对称加密方案 (如 AES、SM4) 以 k 为密钥加密数据 m, 例如, $c_2 = Enc'_k(m)$, 然后, 将 (c_1, c_2) 作为密文发送给对方. 由于该加密方法既有公钥加密又有对称加密, 因此, 被称为**混合加密** (hybrid eneryption), 如图 9.6 所示. 混合加密既发挥了对称加密的高效性, 又利用公钥密码解决了对称密码密钥预分配的问题.

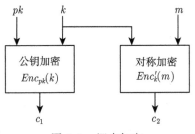

图 9.6 混合加密

9.9.2 KEM/DEM

混合加密中公钥加密的目的是为对称加密的密钥加密, 以将其保密地分享给解密者, 而该过程可以采用密钥封装机制 (key-encapsulation mechanism, KEM) 进一步简化以提升效率.

定义 9.14 密钥封装机制 (KEM)

- 密钥生成算法 $KeyGen$: $(pk, sk) \leftarrow KeyGen(1^\lambda)$

输入安全参数 1^λ, 输出公钥私钥对 (pk, sk).

- 密钥封装算法 $Encap$: $(c, k) \leftarrow Encap(pk)$

输入公钥 pk, 输出密文 c 与对称密钥 k.

- 密钥解封算法 $Decap$: $k \leftarrow Decap_{sk}(c)$

输入私钥 sk 与密文 c, 输出密钥 k.

相对于公钥加密方案, KEM 直接由公钥 pk 生成对称密钥及对应密文, 从而简化了加密过程. 对应地, 采用对称加密的过程被称为数据封装机制 (data-encapsulation mechanism, DEM). KEM 与 DEM 组合可有效实现混合加密, 此类混合加密方法被称为 KEM/DEM, 其流程如图 9.7 所示.

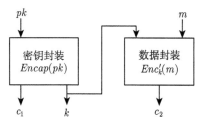

图 9.7　KEM/DEM 混合加密

下面我们介绍一种基于 Diffie-Hellman 问题的 KEM/DEM 具体实现方案——DHIES(Diffie-Hellman integrated encryption scheme), 该方案的椭圆曲线版本被称为 ECIES. DHIES/ECIES 由 Michel Abdalla、Mihir Bellare 与 Phillip Rogaway 提出[11], 该方案被纳入 ISO/IEC 18033-2、IEEE 1363a、ANSI X9.63 等标准. DHIES/ECIES 加密流程如图 9.8 所示.

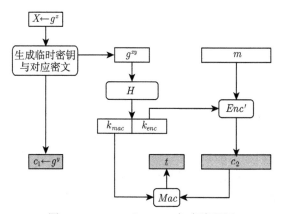

图 9.8　DHIES/ECIES 加密流程图

DHIES/ECIES 令 $\Pi_{SE} = (Enc', Dec')$ 表示对称加密方案, $\Pi_{MAC} = (Mac, Vrfy)$ 表示消息认证码方案, 假设 Π_{SE} 与 Π_{MAC} 的密钥长度均为 λ 比特.

- 密钥生成 KeyGen: $(pk, sk) \leftarrow$ KeyGen (1^λ).

− 输入安全参数 1^λ, 生成循环群 $\mathbb{G}$ 的描述, 包括群的阶 q 与生成元 $g \in \mathbb{G}$ 等. 令 $H : \mathbb{G} \to \{0,1\}^{2\lambda}$ 表示杂凑函数.

− 均匀随机地选择 $x \in \mathbb{Z}_q$, 计算 $X \leftarrow g^x$.

− 公钥为 $pk = (\mathbb{G}, q, g, X, H)$, 私钥为 $sk = (\mathbb{G}, q, g, x, H)$.

- 加密 Enc: $c \leftarrow$ Enc (pk, m).

− 输入公钥 $pk = (\mathbb{G}, q, g, X, H)$, 明文 m, 均匀随机地选择 $y \in \mathbb{Z}_q$, 计算

$$c_1 \leftarrow g^y,$$

$$k_{enc} || k_{mac} \leftarrow H(X^y),$$

$$c_2 \leftarrow Enc'_{k_{enc}}(m),$$

$$t \leftarrow Mac_{k_{mac}}(c_2).$$

− 输出密文 $c = (c_1, c_2, t)$.

- 解密 Dec: $m \leftarrow$ Dec (sk, c).

− 输入私钥 $sk = (\mathbb{G}, q, g, x, H)$, 密文 (c_1, c_2, t):

* 如果 $c_1 \notin \mathbb{G}$, 则输出错误符号 $\perp$;

* 计算 $k_{enc} || k_{mac} \leftarrow H(c_1^x)$;

* 如果 $Vrfy_{k_{mac}}(c_2) \neq 1$, 则输出错误符号 $\perp$;

* 输出 $m \leftarrow Dec'_{k_{enc}}(c_2)$.

DHIES/ECIES 的设计思想类似于 ElGamal 加密, 将 $X^y = g^{xy}$ 作为临时密钥, 但 X^y 是 $\mathbb{G}$ 上的 (伪) 随机元素, 并不能直接用作对称密钥 (并非随机比特串). 因此, 需要借助 H 作为密钥派生函数 (key derivation function, KDF) 进一步由 X^y 提炼出 (伪) 随机比特串 $k_{enc} || k_{mac}$, 其中 k_{enc} 与 k_{mac} 分别用于对称加密与消息认证码的密钥. 值得注意的是, 消息认证码的加入, 为密文提供了完整性检验的功能, 使 DHIES/ECIES 可进一步抵抗选择密文攻击.

9.10 椭圆曲线密码学

椭圆曲线相关数学基础知识回顾

椭圆曲线密码学 (ECC) 的创立, 对于现代密码学的发展具有深远意义. 1985 年, Koblitz 和 Miller 独立地提出了在 Diffie-Hellman 密钥交换协议里采用椭圆曲线有理点群代替有限域的乘法群. 由于椭圆曲线有理点群的离散对数问题尚无较一般 (无特殊结构的) Abel 群上的更好解法, 我们可以在相对小的有限域上实现基于椭圆曲线的密码方案且保有足够的安全性, 这意味着 ECC 具有更小的通信开销. ECC 为公钥密码学增添了新的活力

并成为当今诸多实际应用中的首要选择. 本节介绍椭圆曲线的基础数学知识与椭圆曲线密码方案.

9.10.1 基本概念

椭圆曲线是由方程 (9.13) 所确定的光滑曲线, 该方程是关于变量 x 和 y 的非奇异三次多项式方程.

$$E : y^2 + a_1 xy + a_3 y = x^3 + a_2 x^2 + a_4 x + a_6. \tag{9.13}$$

本节只讨论系数 $a_1, \cdots, a_6$ 在 $\mathbb{Z}_p = \{0, 1, 2, \cdots, p-1\}$ 上的椭圆曲线, 其中 $p > 3$ 是一个素数. 注意, $\mathbb{Z}_p$ 中的元素在模 p 的意义下能够进行加、减、乘、除 (除数不为 0) 运算, 是一个有限域. 在这种情况下, 椭圆曲线的方程可简化为

$$E : y^2 = x^3 + ax + b, \tag{9.14}$$

其中 $a, b \in \mathbb{Z}_p$, 且应满足**非奇异性** (等价于其判别式非零), 即

$$\Delta = -16(4a^3 + 27b^2) \pmod{p} \neq 0.$$

相反, 对于奇异曲线 (判别式 $\Delta = -16(4a^3 + 27b^2) \pmod{p} = 0$), 无法得到所需要的代数结构. 例如, 曲线 $y^2 = x^3 - 432x + 3456$ 是一个奇异曲线 (在点 $(12, 0)$ 处不能确定唯一一条切线), 它在实数域上的图像如图 9.9 所示.

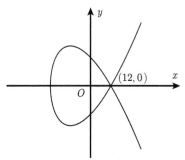

图 9.9 奇异曲线 $y^2 = x^3 - 432x + 3456$

考虑以下集合

$$E(\mathbb{Z}_p) = \{(x, y) \in \mathbb{Z}_p \times \mathbb{Z}_p : y^2 = x^3 + ax + b\} \cup \{\mathcal{O}\},$$

这个集合包含了满足椭圆曲线方程的坐标均在 $\mathbb{Z}_p$ 中的全体点 ($\mathbb{Z}_p$-有理点), 即方程 (9.14) 在 $\mathbb{Z}_p$ 上的所有解, 以及一个特殊的点 $\mathcal{O}$, 我们称之为无穷远点. 集合 $E(\mathbb{Z}_p)$ 称为**非奇异椭圆曲线**.

下面, 我们将在集合 $E(\mathbb{Z}_p)$ 上定义一种称为 "加法" 的运算 "+". 因为曲线方程 (9.14) 是三次的, 一个重要的几何观察是曲线上两个点的连线必然通过曲线上的另一个点. 我们制定的代数规则满足曲线上任意三个共线的点相加必是无穷远点 $\mathcal{O}$.

可用**实数域**上的图像对点的加法给以简单的几何描述: 取定椭圆曲线上两点 P 与 Q, 通过 P 和 Q 的直线与椭圆曲线相交于第三点 (图 9.10 中的 $-R$), 这个交点关于 x-轴的对称点便是 $P + Q$. 注意, $\mathbb{Z}_p$ 上的椭圆曲线为离散的点, 没有直观的曲线展示.

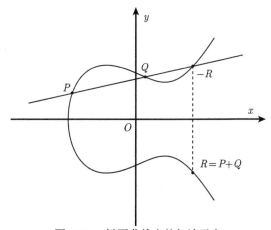

图 9.10　椭圆曲线点的加法示意

椭圆曲线加法运算细则定义如下:

1. 对任何 $P \in E(\mathbb{Z}_p)$,

$$P + \mathcal{O} = \mathcal{O} + P = P.$$

在该意义上, $\mathcal{O}$ 称为单位元.

2. 如果 $P = (x, y) \in E(\mathbb{Z}_p)$ 不是无穷远点, 定义

$$-P = (x, -y) \quad \text{且} \quad P + (-P) = \mathcal{O},$$

我们称 $-P$ 为 P 的**逆元**. $\mathcal{O}$ 的逆元是它本身.

3. 如果 $P = (x_P, y_P), Q = (x_Q, y_Q) \in E(\mathbb{Z}_p)$ 不是无穷远点, 定义

$$P + Q = R,$$

其中 $R = (x_R, y_R)$ 由以下公式计算.

- 如果 $P \neq -Q$, 则

$$x_R = \lambda^2 - x_P - x_Q,$$

$$y_R = \lambda(x_P - x_R) - y_P,$$

其中 $\lambda = \begin{cases} \dfrac{y_P - y_Q}{x_P - x_Q}, & P \neq \pm Q, \\ \dfrac{3x_P^2 + a}{2y_P}, & P = Q. \end{cases}$

- 如果 $P = -Q$, 则 $R = \mathcal{O}(P$ 与 Q 的连线与 E 相交于无穷远点).

关于上述椭圆曲线点的加法运算, 有以下重要性质.

- (封闭性) 加法在 $E(\mathbb{Z}_p)$ 上是封闭的, 即对任何 $P, Q \in E(\mathbb{Z}_p)$,

$$P + Q \in E(\mathbb{Z}_p).$$

- (结合律) 对任何 $P, Q, R \in E(\mathbb{Z}_p)$,

$$(P + Q) + R = P + (Q + R).$$

- (交换律) 对任何 $P, Q \in E(\mathbb{Z}_p)$,

$$P + Q = Q + P.$$

- (单位元) 存在关于加法的单位元 $\mathcal{O}$.
- (逆元) 对任何 $P \in E(\mathbb{Z}_p)$, 存在关于加法的逆元 $-P$.

以上性质说明, $E(\mathbb{Z}_p)$ 关于点的加法构成 Abel 群. 此外, 该群是一个有限集合, 如果我们记 n 为 $E(\mathbb{Z}_p)$ 中元素个数, 则有

$$|n - (p + 1)| \leqslant 2\sqrt{p}.$$

例子 9.7　设 $\mathbb{Z}_{13}$ 上的椭圆曲线方程为

$$E : y^2 = x^3 + 7x + 6 \bmod 13.$$

容易求得点的集合 $E(\mathbb{Z}_{13})$ 为

$$\{\mathcal{O}, (1, 1), (1, 12), (5, 6), (5, 7), (6, 2), (6, 11), (10, 6), (10, 7), (11, 6), (11, 7)\}.$$

群 $E(\mathbb{Z}_{13})$ 的运算规则由表 9.3 给出.

表 9.3

+	$\mathcal{O}$	(1,1)	(1,12)	(5,6)	(5,7)	(6,2)	(6,11)	(10,6)	(10,7)	(11,6)	(11,7)
$\mathcal{O}$	$\mathcal{O}$	(1,1)	(1,12)	(5,6)	(5,7)	(6,2)	(6,11)	(10,6)	(10,7)	(11,6)	(11,7)
(1,1)	(1,1)	(10,6)	$\mathcal{O}$	(11,6)	(6,11)	(5,6)	(10,7)	(6,2)	(1,12)	(11,7)	(5,7)
(1,12)	(1,12)	$\mathcal{O}$	(10,7)	(6,2)	(11,7)	(10,6)	(5,7)	(1,1)	(6,11)	(5,6)	(11,6)
(5,6)	(5,6)	(11,6)	(6,2)	(6,11)	$\mathcal{O}$	(5,7)	(1,1)	(11,7)	(10,6)	(10,7)	(1,12)
(5,7)	(5,7)	(6,11)	(11,7)	$\mathcal{O}$	(6,2)	(1,12)	(5,6)	(10,7)	(11,6)	(1,1)	(10,6)
(6,2)	(6,2)	(5,6)	(10,6)	(5,7)	(1,12)	(11,7)	$\mathcal{O}$	(11,6)	(1,1)	(6,11)	(10,7)
(6,11)	(6,11)	(10,7)	(5,7)	(1,1)	(5,6)	$\mathcal{O}$	(11,6)	(1,12)	(11,7)	(10,6)	(6,2)
(10,6)	(10,6)	(6,2)	(1,1)	(11,7)	(10,7)	(11,6)	(1,12)	(5,6)	$\mathcal{O}$	(5,7)	(6,11)
(10,7)	(10,7)	(1,12)	(6,11)	(10,6)	(11,6)	(1,1)	(11,7)	$\mathcal{O}$	(5,7)	(6,2)	(5,6)
(11,6)	(11,6)	(11,7)	(5,6)	(10,7)	(1,1)	(6,11)	(10,6)	(5,7)	(6,2)	(1,12)	$\mathcal{O}$
(11,7)	(11,7)	(5,7)	(11,6)	(1,12)	(10,6)	(10,7)	(6,2)	(6,11)	(5,6)	$\mathcal{O}$	(1,1)

这是一个含有 11 个元素的循环群, 每个非无穷远点都可以生成此群, 例如 $G = (5,7)$ 是 $E(\mathbb{Z}_{13})$ 的生成元.

9.10.2 标量乘

椭圆曲线密码是定义在椭圆曲线群 $E(\mathbb{Z}_p)$ 上的密码方案, 相关运算基于如上定义的加法, 其中最常用的运算是**标量乘**. 标量乘运算的快速实现对提高椭圆曲线密码学系统的效率有决定性的作用.

对于椭圆曲线 $E(\mathbb{Z}_p)$ 上的点 P 和正整数 k, 标量乘 kP 是指 P 自身累加 k 次, 即

$$kP = \overbrace{P + P + \cdots + P}^{k}.$$

事实上, 这是一种群元素求幂运算的特殊情况, 二分法 (平方-乘算法) 是处理此类问题的一般方法. 我们对 k 进行 2-进制展开,

$$k = b_{l-1}2^{l-1} + b_{l-2}2^{l-2} + \cdots + b_1 2 + b_0,$$

其中 $b_i \in \{0,1\}, 0 \leqslant i \leqslant l-1$. 计算标量乘 kP 的算法如下.

算法 9.9 标量乘计算

1. 令 $Q = \mathcal{O}$
2. 执行以下循环
   for $i = l-1$ to 0
   - 计算 $Q \leftarrow 2Q$
   - 如果 $b_i = 1$, 计算 $Q \leftarrow Q + P$
3. 输出 Q

我们用 $25P$ 的计算来进一步理解上述算法.

例子 9.8   计算 $25P$. 由于 $25 = 2^4 + 2^3 + 1$, 用此方法计算 $25P$ 的过程是下面公式中依次由里向外对括号内的运算进行处理的过程:

$$25P = 2\big(2(2(2P + P))\big) + P.$$

关于算法 9.9 有很多优化, 特别是对一些特殊的椭圆曲线, 研究人员发展了许多利于计算的理论框架以提升标量乘计算效率.

9.10.3　椭圆曲线 ElGamal 加密方案

本节简要介绍 Kobliz 给出的椭圆曲线形式的 ElGamal 加密算法, 目前常用的椭圆曲线加密标准 ECIES 和国密 SM2 加密是该算法在安全性与效率的进一步改进与优化.

椭圆曲线 ElGamal 加密方案继承了 ElGamal 加密的设计思想, 将其中的群 $\mathbb{G}$ 用椭圆曲线群实现, 相关运算为椭圆曲线上的加法运算. 需要注意的是, 由于参与加法运算的元素应为椭圆曲线上的点, 因此需要一个公开的函数 f 将明文 m 映射到椭圆曲线 E 上的一个点 P_m, 即把明文编码成 E 的点. 例如, 可将 m 转换成点的 x-坐标, 再求得相应的 y-坐标. 函数 f 还应是可逆的, 以便能够把 E 的点解码成明文. 以下为椭圆曲线 ElGamal 加密方案的具体描述.

- 密钥生成 KeyGen $\left(1^\lambda\right)$.

－输入安全参数 1^λ, 生成有限域上的椭圆曲线 (加法) 循环群 $\mathbb{G}$ 的描述, 包括有限域上椭圆曲线方程、阶为 q 的生成元 $G \in \mathbb{G}$ 等, 其中有限域称为基域, 点 G 称为基点.

－均匀随机地选择 $d \in \mathbb{Z}_q$, 计算 $P \leftarrow dG$.

－公钥为 $pk = (\mathbb{G}, q, G, P)$, 私钥为 $sk = (\mathbb{G}, q, G, d)$.

- 加密 Enc (pk, m): 输入公钥 $pk = (\mathbb{G}, q, G, P)$、明文 m, 均匀随机地选择 $k \in \mathbb{Z}_q$, 计算

$$c_1 \leftarrow kG, \quad c_2 \leftarrow kP + P_m,$$

其中 $P_m = f(m)$, 即将 m 编码为椭圆曲线上的点 P_m.

输出密文 $c = (c_1, c_2)$.

- 解密 Dec (sk, c): 输入私钥 $sk = (\mathbb{G}, q, G, d)$, 密文 (c_1, c_2), 计算

$$\hat{P}_m \leftarrow c_2 - dc_1,$$

输出 $\hat{m} \leftarrow f^{-1}(\hat{P}_m)$.

容易证明解密的正确性:

$$c_2 - dc_1 = (kP + P_m) - d(kG) = kdG + P_m - dkG = P_m.$$

椭圆曲线密码的安全性 椭圆曲线密码的安全性基于**椭圆曲线离散对数问题**的困难性. 椭圆曲线离散对数问题是离散对数问题的一种特殊形式:

已知椭圆曲线 E 上的点 G 和它的标量乘 kG, 求解正整数 k.

目前已知求解椭圆曲线离散对数问题的最好方法是 Pollard ρ 算法. 对于椭圆曲线 E 和它的一个阶为 q 的基点 G, 对于点 $P = kG$, 这个方法采用随机游走技术创造碰撞来求解未知的 k. Pollard ρ 算法的复杂度是 $O(\sqrt{q})$. 在实际应用的椭圆曲线密码系统中, 我们选取合适的曲线 E 和基点 G 使得 G 的阶 q 与基域的元素个数 p 大小相当, 目前它们的大小为 256 比特. 攻击此类椭圆曲线密码系统大约需要 $\sqrt{2^{256}} = 2^{128}$ 步, 在安全性上相当于 AES-128. 此外, 在与同等安全性的 RSA 相比, 椭圆曲线密码具有更短的模 (密钥) 与更小计算开销. 有报告指出, 256 比特的椭圆曲线密码学体制可以达到 3072 比特 RSA 的安全性.

但是在量子计算的框架下, 有限域和椭圆曲线上的离散对数问题均存在量子多项式时间算法, 所以一旦大规模量子计算机成为现实, 它们不再是能够保障安全的困难问题.

9.11 国密标准 SM2 加密

为满足电子认证服务系统等应用需求, 中国国家密码管理局于 2010 年发布了《SM2 椭圆曲线公钥密码算法标准》, 涵盖数字签名、密钥交换以及公钥加密. 2017 年, 我国自主研发的 SM2 椭圆曲线标准的数字签名算法加入 ISO 国际标准.

SM2 推荐了一条 256 比特素域上的椭圆曲线, 其系数的选取也考虑到了数学计算的方便, 使相关密码学运算更加快捷. 该曲线定义在 $\mathbb{Z}_p$ 上, 其中素数

$$p = 2^{256} - 2^{224} - 2^{96} + 2^{64} - 1$$

$$= 115792089210356248756420345214020892766250353991924191454\,4211$$

$$93933289684991999.$$

令 $W = 32$, 则 p 可表达为如下形式:

$$p = 2^{8W} - 2^{7W} + 0 \cdot 2^{6W} + 0 \cdot 2^{5W} + 0 \cdot 2^{4W} - 2^{3W} + 2^{2W} + 0 \cdot 2^W - 2^0.$$

这样的表达式只有 5 个非零系数, 具有**稀疏性质**. 可以核验, 256 比特的具有同样稀疏性的素数只有两个, 另一个是 NIST 推荐的素数 p_{256}.

固定这样的基域, 对于选取安全的椭圆曲线十分重要. SM2 标准中建议的曲线有如下 Weierstrass 方程表达形式:

$$E : y^2 = x^3 + ax + b \bmod p,$$

其中系数 a, b 分别为

$a = 115792089210356248756420345214020892766250353991924191454421193933289684991996 = -3 \bmod p,$

$b = 18505919022281880113072981827955639221458448578012075254857346196103069175443.$

曲线 E 的安全性的重要指标之一是群 $E(\mathbb{Z}_p)$ 的阶 n 是素数. 这一点在 SM2 曲线的选取中得到了充分的考虑. n 的十进制表达式是

$n = 115792089210356248756420345214020892760061623724957744567843809356293439045923.$

n 是一个素数且满足 $p - n = 188730266966446886577384576996245946076.$

由 n 是素数可推出点群 $E(\mathbb{Z}_p)$ 是循环群, 即存在一个点 G (生成元), 使得对任何 $P \in E(\mathbb{Z}_p)$, 总有一个正整数 k 使得 $P = kG$ 成立. 在具体实现中, SM2 标准选择使用生成元 $G = (G_x, G_y)$, 其中具体坐标是

$G_x = 2296314654723705055947953136255007457880256729534161697037519484060413961543\mathbf{1},$

$G_y = 8513236920982856882561899061711249641308838886319045050832835366075888772015\mathbf{68}.$

在本节里, 我们对 SM2 的公钥加密算法给出详细的描述. SM2 加密同上一节的一般椭圆曲线 ElGamal 加密方案相比有很多相似, 包含了便于实现的具体技术流程.

密钥生成　SM2 椭圆曲线公钥密码的公钥和私钥的产生和核验过程如下.

• **私钥的选取**　用户 A 用随机数发生器产生整数 d_A 使 $1 \leqslant d_A \leqslant n - 2$. d_A 即是用户 A 的私钥.

• **公钥的导出**　用户 A 用其私钥 d_A 和基点 G 计算点 $P_A = d_A G$. P_A 即是用户 A 的公钥.

• **公钥的验证**　设 $P_A = (x_{P_A}, y_{P_A})$. 我们须核验

1. P_A 不是无穷远点 $\mathcal{O}$. 此要求在 SM2 的情况应自动成立, 因为 G 的阶是 n 而 $d_A \in [1, n-2]$. 同样下面的第 3 条也是为了更进一步确定 P_A 是椭圆曲线上的点.

2. P_A 在曲线上, 即 $y_{P_A}^2 = x_{P_A}^3 - 3x_{P_A} + b \pmod{p}$.

3. $nP_A = \mathcal{O}$.

令 H_v 表示国密 SM3 杂凑函数算法, 其中 v 表示杂凑函数输出长度. H_v 用来核验数据的完整性. 我们还需要一个密钥派生函数 $KDF(Z, klen)$, 它通过一个输入字符串 Z, 输出一个 $klen$ 比特长的伪随机字符串.

算法 9.10 密钥派生函数算法 KDF

输入: 字符串 Z, 输出长度 $klen$.

输出: $klen$ 比特的字符串.

$ct = 1;$

$\text{for}\left(i \text{ from } 1 \text{ to } \left\lceil\dfrac{klen}{v}\right\rceil\right)$

$\qquad h_{a_i} = H_v(Z\|ct);$

$\qquad ct{+}{+};$

$\text{if } (v|klen)$

$\qquad h_{a!_{\lceil\frac{klen}{v}\rceil}} = h_{a_{\lceil\frac{klen}{v}\rceil}};$

else

$\qquad h_{a!_{\lceil\frac{klen}{v}\rceil}} = LSB_{klen-v\lfloor\frac{klen}{v}\rfloor}(h_{a_{\lceil\frac{klen}{v}\rceil}});$

$\text{return } h_{a_1}\|h_{a_2}\|\cdots\|h_{a_{\lceil\frac{klen}{v}\rceil-1}}\|h_{a!_{\lceil\frac{klen}{v}\rceil}}$

现在, 我们介绍国密 SM2 的加密和解密的详细步骤.

加密 用户 B 通过用户 A 的公钥 P_A 对长度为 $klen$ 比特的 M 进行加密.

1. 用随机数发生器产生整数 k 使 $1 \leqslant k \leqslant n-1$;

2. 计算点 $C_1 = kG = (x_1, y_1)$;   //视 C_1 为字符串

3. 计算 $kP_A = (x_2, y_2)$;   //视 x_2, y_2 为字符串

4. 计算 $t = KDF(x_2\|y_2, klen)$;

5. 如果 $(t = \overbrace{0\cdots0}^{klen})$, 则返回 1;

6. 计算 $C_2 = M \oplus t$;

7. 计算 $C_3 = H(x_2\|M\|y_2)$;

8. 输出 $C = C_1\|C_2\|C_3$.

解密 用户 A 收到密文 C 并依照下述算法用其私钥 d_A 计算出原始明文 M.

1. 将 C_1 转化成椭圆曲线上的点;

2. 如果相应坐标不满足椭圆曲线方程, 则输出错误;

3.　　计算 $d_A C_1 = (x_2, y_2)$;　　　　　　　　　　//视 x_2, y_2 为字符串

4.　　计算 $t = KDF(x_2 \| y_2, klen)$;

5.　　　　如果 $(t = \overbrace{0 \cdots 0}^{klen})$, 则输出错误;

6.　　计算 $M' = C_2 \oplus t$;

7.　　计算 $u = H(x_2 \| M' \| y_2)$, 如果 $u \neq C_3$, 则输出错误;

8.　　输出 M'.

9.12　*求解离散对数问题

求解离散
对数问题

给定 $X, g \in \mathbb{G}$, 其中 g 为生成元且 $|\mathbb{G}| = n$, 如何求解离散对数 x 满足 $X = g^x$? 显然, 最直接的方法是在 $\{1, \cdots, n\}$ 中穷举搜索 x, 时间复杂度为 $O(n)$. 除了穷举搜索外, 是否存在复杂度更优的算法? 本节将介绍几类基础的离散对数求解算法, 包括 Shanks 算法、Pohlig-Hellman 算法、Pollard ρ 算法以及指数计算算法.

9.12.1　Shanks 算法

算法原理　X 关于 g 的离散对数可以进一步表示为 $x = mj + i$, 其中 $m = \lceil \sqrt{n} \rceil$, $0 \leqslant i, j \leqslant m - 1$. 因此, 我们有以下等式关系:

$$X = g^{mj+i},$$
$$Xg^{-i} = g^{mj}.$$

由于以上等式关系, 我们可以根据已知的 g 与 X, 通过分别遍历 $i, j \in [0, m-1]$, 计算 Xg^{-i} 与 g^{mj}, 形成列表 $L_1 = \{(j, g^{mj})\}$ 与 $L_2 = \{(i, Xg^{-i})\}$. 在列表中搜索满足条件 $Xg^{-i} = g^{mj}$ 的 i 和 j, 则 $\log_g X = mj + i$. 具体算法描述如下.

算法分析　相对于复杂度为 $O(n)$ 的穷举搜索破解离散对数问题, Shanks 算法是时间和空间的折中算法, 其时间复杂度和空间复杂度均为 $O(\sqrt{n})$: 算法在第 2 步与第 4 步需进行复杂度为 $O(m) = O(\sqrt{n})$ 次循环, 这是本算法中时间复杂度最高的步骤. 在第 3 步与第 4 步分别消耗 $O(\sqrt{n})$ 的空间复杂度以存储 L_1 与 L_2.

注意　Shanks 算法告诉我们, 基于离散对数的密码方案在进行参数选取时, 群的阶应该足够大, 以抵抗 Shanks 算法的攻击. 例如, 要抵抗复杂度为 2^{128} 的 Shanks 算法攻击, 群的阶至少为 2^{256}.

算法 9.11 Shanks 算法

---

1. 计算 $m \leftarrow \lceil \sqrt{n} \rceil$

2. 执行以下循环

   for $j \leftarrow 0$ to $m - 1$

   - 计算 g^{mj}

3. 对 m 个有序对 (j, g^{mj}) 关于第二个坐标排序, 得到列表 L_1

4. 执行以下循环

   for $i \leftarrow 0$ to $m - 1$

   - 计算 Xg^{-i}

5. 对 m 个有序对 (i, Xg^{-i}) 关于第二个坐标排序, 得到列表 L_2

6. 在 L_1 与 L_2 中搜索, 寻找满足以下条件的 i, j

$$(j, Y_1) \in L_1, \ (i, Y_2) \in L_2 \ \text{且} \ Y_1 = Y_2$$

7. 输出 $\log_g X \leftarrow (mj + i) \mod n$

9.12.2 Pohlig-Hellman 算法

算法原理 假设阶 n 可以被有效分解, 即能够将 n 表示为不同素数幂乘积的形式:

$$n = q_1^{c_1} \cdots q_t^{c_t},$$

其中 q_i 是素数, $1 \leqslant i \leqslant t$. 因此, 求解 $\log_g X \mod n$ 可转化为求解以下方程组:

$$\begin{cases} \log_g X \mod q_1^{c_1}, \\ \cdots\cdots \\ \log_g X \mod q_t^{c_t}. \end{cases} \tag{9.15}$$

即转化到求解较小的模 $q_i^{c_i}$ 的离散对数问题, 即求解 $\log_g X \mod q_i^{c_i}$, 最后利用中国剩余定理 (CRT) 求解方程组 (9.15), 从而得到 $\log_g X \mod n$.

上述方法的关键是如何求解较小模的离散对数问题, 即

$$\text{计算} \ a = \log_g X \mod q^c.$$

注意到 a 可以表示为如下形式:

$$a = a_0 + a_1 q + a_2 q^2 + a_3 q^3 + \cdots + a_{c-1} q^{c-1} \mod q^c,$$

其中 $0 \leqslant a_i \leqslant q - 1$. 所以 $\log_g X \mod n$ 可以用 $a + q^c S$ 表示, 即

$$\log_g X = a_0 + a_1 q + a_2 q^2 + \cdots + a_{c-1} q^{c-1} + q^c S.$$

那么如何确定系数 a_i? 此时需要用到如下性质:

性质 9.3 a_0 满足等式 $X^{n/q} = g^{a_0 n/q}$.

证明 $X^{n/q} = (g^{\log_g X})^{n/q}$

$$= (g^{a_0 + a_1 q + a_2 q^2 + \cdots + a_{c-1} q^{c-1} + q^c S})^{n/q}$$

$$= (g^{a_0 + K \cdot q})^{n/q} \qquad //\text{其中} Kq \text{表示表达式中所有} q \text{的倍数的和}$$

$$= g^{a_0 n/q} g^{nK} \qquad //\text{注意} g^{nK} = 1 \mod n$$

$$= g^{a_0 n/q}. \qquad\qquad\qquad\qquad\qquad \square$$

利用性质 9.3, 按如下方法可以在 $[0, q-1]$ 范围内搜索 a_i, 正确的 a_i 将满足性质 9.3.

• 计算 a_0: 利用 $X^{n/q} = g^{n a_0/q}$, 搜索 a_0. 注意, 该步骤可理解为求解 $X^{n/q}$ 以 $g^{n/q}$ 为底的离散对数问题.

• 计算 a_1: 设 $X_1 = X g^{-a_0}$. 注意, X_1 消除了含有 a_0 的因子, 且 $X_1^{1/q}$ 同样符合性质 9.3 中 X 的形式:

$$X_1^{1/q} = (g^{a_1 q + a_2 q^2 + \cdots + a_{c-1} q^{c-1} + q^c S})^{1/q}$$

$$= g^{a_1 + a_2 q + \cdots + a_{c-1} q^{c-2} + q^{c-1} S}.$$

因此, 可利用 $X_1^{n/q^2} = g^{n a_1/q}$, 搜索 a_1.

• 计算 a_i: 类似地, 设 $X_i = X g^{-\left(a_0 + a_1 q + \cdots + a_{i-1} q^{i-1}\right)} = X_{i-1} g^{-a_{i-1} q^{i-1}}$, 利用 $X_i^{n/q^{i+1}} = g^{n a_i/q}$, 搜索 a_i.

依次确定出 $a_0, a_1, \cdots, a_c$ 后, 便可计算 $x = \sum_{i=0}^{c-1} a_i q^i$. 算法具体描述如下.

算法 9.12 计算 $x = \log_g X \mod q^c$

---

1. 令 $j \leftarrow 0$, $X_j \leftarrow X$

2. 执行以下循环

   while $j \leqslant c - 1$

   (a) 计算 $Y \leftarrow X_j^{n/q^{j+1}}$

   (b) 搜索满足 $Y = (g^{n/q})^{a_j}$ 的 a_j

   (c) 计算 $X_{j+1} \leftarrow X_j g^{-a_j q^j}$

   (d) 计算 $j \longleftarrow j + 1$

3. 输出 $(a_0, \cdots, a_{c-1})$

算法分析 Pohlig-Hellman 算法中利用中国剩余定理 (CRT) 求解 $\log_g X \bmod n$ 可在多项式时间内有效完成, 所以, (如果 n 已被有效分解) 该算法主要开销在于利用算法 9.12 计算 $a = \log_g X \bmod q^c$, 而算法 9.12 的主要开销在第 2(b) 步中在 $[0, q-1]$ 范围搜索满足条件的 a_i. 因此, 该算法的时间复杂度为 $O(cq)$. 当然, 第 2(b) 步也可利用 Shanks 算法求解 Y 以 $g^{n/q}$ 为底的离散对数, 则时间复杂度可降为 $O(c\sqrt{q})$.

注意 Pohlig-Hellman 算法告诉我们, 基于离散对数的密码方案在进行参数选取时, 群的阶应该含足够有大的**素因子**, 以抵抗 Pohlig-Hellman 算法的攻击.

9.12.3 Pollard ρ 算法

算法原理 本节介绍的 Pollard ρ 算法本质上与用于因子分解的 Pollard ρ 算法相似, 同样是一种基于生日攻击的概率性算法. 不同之处在于, 寻找碰撞的形式不同. 我们说 (a_i, b_i) 与 (a_{2i}, b_{2i}) 是一对碰撞, 如果它们满足:

$$g^{a_{2i}} X^{b_{2i}} = g^{a_i} X^{b_i}.$$

上述碰撞意味着

$$g^{a_{2i}-a_i} = X^{b_i-b_{2i}},$$
$$g^{\frac{a_{2i}-a_i}{b_i-b_{2i}}} = X.$$

$(a_{2i} - a_i)(b_i - b_{2i})^{-1} \bmod n$ 即为所求离散对数 (假设 $b_i - b_{2i} \bmod n$ 可逆). 因此, 该问题转化为: 如何有效地找到满足碰撞条件的 (a_i, b_i) 与 (a_{2i}, b_{2i})? 为此, 我们需要一种函数 f 以有效地生成 "随机" 的序列, 在该序列中寻找碰撞.

函数 $f : \langle g \rangle \times \mathbb{Z}_n \times \mathbb{Z}_n \to \langle g \rangle \times \mathbb{Z}_n \times \mathbb{Z}_n$ 的定义如下:

$$f(Y, a, b) = \begin{cases} (X \cdot Y, a, b+1), & Y \in S_1, \\ (Y^2, 2a, 2b), & Y \in S_2, \\ (g \cdot Y, a+1, b), & Y \in S_3. \end{cases}$$

其中, S_1, S_2 与 S_3 是群 $\mathbb{G}$ 的一个划分, 满足 $\mathbb{G} = S_1 \cup S_2 \cup S_3$. 例如: 当群 $\mathbb{G} = \mathbb{Z}_p^*$ 时, 可以划分为

$$\begin{cases} S_1 = \{Y \mid Y = 1 \bmod 3\}, \\ S_2 = \{Y \mid Y = 0 \bmod 3\}, \\ S_3 = \{Y \mid Y = 2 \bmod 3\}. \end{cases}$$

利用 f, 按如下方式生成序列 $\{(Y_0, a_0, b_0), (Y_1, a_1, b_1), \cdots\}$:

$$(Y_i, a_i, b_i) = \begin{cases} (1, 0, 0), & i = 0, \\ f(Y_{i-1}, a_{i-1}, b_{i-1}), & i \geqslant 1. \end{cases}$$

在该序列中寻找 (Y_i, a_i, b_i) 与 (Y_{2i}, a_{2i}, b_{2i}) 满足 $Y_i = Y_{2i}$. 注意, a_i 与 b_i 分别记录了 g 与 X 的指数变化, $Y_i = Y_{2i}$ 意味着对应的 (a_i, b_i) 与 (a_{2i}, b_{2i}) 满足碰撞条件

$$g^{a_i} X^{b_i} = g^{a_{2i}} X^{b_{2i}},$$

即可利用 (a_i, b_i) 与 (a_{2i}, b_{2i}) 求解离散对数. 该算法具体描述如下.

算法 9.13　Pollard ρ 算法

---

1. 计算 $(Y, a, b) \leftarrow f(1, 0, 0)$, $(Y', a', b') \leftarrow f(Y, a, b)$
2. 执行以下循环
   while $Y \neq Y'$ // 生成序列 $\{(Y_0, a_0, b_0), (Y_1, a_1, b_1), \cdots\}$
   (a) 计算 $(Y, a, b) \leftarrow f(Y, a, b)$ // 生成 (Y_i, a_i, b_i)
   (b) 计算 $(Y', a', b') \leftarrow f(f(Y', a', b'))$ // 生成 (Y_{2i}, a_{2i}, b_{2i})
3. 如果 $\gcd(b' - b, n) \neq 1$, 则输出 "失败";
   否则, 输出 $(a - a')(b - b')^{-1} \bmod n$.

算法分析　类似于 Pollard ρ 因子分解算法的分析, 算法 9.13 的主要开销在于第 2 步: 搜索碰撞. 根据生日攻击, 该步骤的循环次数期望上为 $O(\sqrt{n})$, 其中 n 为群的阶数, 故该算法的时间复杂度为 $O(\sqrt{n})$.

注意　基于离散对数的密码方案参数选取群的阶应该含足够大, 以抵抗 Pollard ρ 算法攻击.

9.12.4　指数演算算法

指数演算算法适用于 $\mathbb{Z}_p^*$ 上的离散对数问题. 注意, 之前介绍的 Shanks 算法、Pohlig-Hellman 算法、Pollard ρ 算法均为通用算法, 可适用于任何群的离散对数问题, 例如, $\mathbb{Z}_p^*$、椭圆曲线群等.

算法原理　为了求解 $X = g^x$ 关于 g 的离散对数 x, 随机选择 s, 计算 $X \cdot g^s$, 如果 $X \cdot g^s$ 能够分解为小素数幂的乘积形式, 例如,

$$X g^s = p_1^{c_1} p_2^{c_2} \cdots p_B^{c_B} \pmod{p},$$

即

$$X g^s = g^{c_1 \log_g p_1 + c_2 \log_g p_2 \cdots + c_B \log_g p_B} \pmod{p}.$$

并且, 如果已知 $\log_g p_1, \log_g p_2, \cdots, \log_g p_B$, 则

$$x = c_1 \log_g p_1 + \cdots + c_B \log_g p_B - s \pmod{p-1}.$$

注意, 求解 $\log_g p_i$ 本身为离散对数问题 $(1 \leqslant i \leqslant B)$, 但是针对提前选定的一系列小素数 p_i, 指数演算算法提供了求解 $\log_g p_i$ 的巧妙方法. 指数演算算法主要过程描述如下.

1. 建立因子基 $\{p_1, p_2, \cdots, p_B\}$, 其中 $p_i(1 \leqslant i \leqslant B)$ 为小素数.

2. 通过构造同余方程组, 求解 $\log_g p_i$:

(a) 随机选取 $x_j \in [1, p-1]$, 计算 g^{x_j};

(b) 将 g^{x_j} 用因子基表示:

$$g^{x_j} = p_1^{a_{1j}} p_2^{a_{2j}} \cdots p_B^{a_{Bj}} \pmod{p}.$$

上式意味着指数上存在如下关系:

$$x_j = a_{1j} \log_g p_1 + \cdots + a_{Bj} \log_g p_B \pmod{p-1}.$$

(c) 利用上述方法可构造方程组

$$\begin{cases} x_1 = a_{11} \log_g p_1 + \cdots + a_{B1} \log_g p_B \pmod{p-1}, \\ \qquad\qquad \cdots\cdots \\ x_C = a_{1C} \log_g p_1 + \cdots + a_{BC} \log_g p_B \pmod{p-1}. \end{cases}$$

通过解上述方程组, 得到 $\log_g p_1, \log_g p_2, \cdots, \log_g p_B$.

3. 随机选择 $s, 1 \leqslant s \leqslant p-2$, 计算 $X \cdot g^s$.

4. 如果 $X \cdot g^s$ 可用因子基表示:

$$X g^s = p_1^{c_1} p_2^{c_2} \cdots p_B^{c_B} \pmod{p},$$

则可计算离散对数:

$$\log_g X = c_1 \log_g p_1 + \cdots + c_B \log_g p_B - s \pmod{p-1}.$$

算法分析 指数演算算法的第 1 步与第 2 步为预计算阶段, 主要功能为建立因子基并求解因子基中各素数的离散对数, 该过程相关计算占据算法的主要开销, 其时间复杂度为 $e^{(1+o(1))\sqrt{\log p \log\log p}}$. 显然, 如果增加因子基中的素数数量, 则第 4 步中 $X \cdot g^s$ 能被因子基中素数分解的可能性越高, 但预计算的复杂度也将提升. 研究分析显示, 因子基可设置为所有小于 T 的素数, 其中 T 可以选择 $e^{\frac{1}{2}\sqrt{\log p \log\log p}}$.

注意 对于基于 $\mathbb{Z}_p^*$ 上离散对数的密码方案, 如果其公钥等相关参数能够被 "小" 素数分解, 则将面临指数演算算法的攻击.

9.12.5 离散对数的比特安全性

尽管离散对数问题告诉我们求解 $\log_g X$ 是困难的, 但这并不意味着求解 $\log_g X$ 的部分比特信息是困难的. 对于 $\mathbb{Z}_p^*$ 上的离散对数问题的部分信息, 我们将证明以下事实, 其中 $L_i(X)$ 表示 $\log_g X$ 的第 i 比特 (从最低位起).

1. 求解 $\log_g X$ 的最低比特 $L_1(X)$ 是容易的.
2. 设 $p - 1 = 2^s t$ 其中 t 为奇数, 则求解 $L_1(X), \cdots, L_s(X)$ 是容易的.
3. 求解 $L_{s+1}(X)$ 是困难的.

求解 $L_1(X)$ 利用二次剩余的性质可求解 $L_1(X)$, 首先回顾二次剩余相关结论 (关于二次剩余的更多介绍, 请参考本书第 15 章). 令 QR 表示 $\mathbb{Z}_p^*$ 中所有二次剩余构成的集合, QNR 表示 $\mathbb{Z}_p^*$ 中所有二次非剩余构成的集合.

- 设 g 是 $\mathbb{Z}_p^*$ 上的原根, 则 $g \in QNR$.
- 二次剩余 $\times$ 二次剩余 $=$ 二次剩余.
- 二次非剩余 $\times$ 二次剩余 $=$ 二次非剩余.
- 二次非剩余 $\times$ 二次非剩余 $=$ 二次剩余.

根据上述性质, 我们有以下推论.

推论 9.1 设 $X, g \in \mathbb{Z}_p^*$, 其中 g 为原根. 如果 $X \in QR$, 那么 $\log_g X$ 最低位 $L_1(X)$ 即可判定是 0. 反之, $L_1(X) = 1$.

证明 设 $X = g^x$. 由于 $g \in QNR$, 根据上述二次剩余的运算性质, g 进行偶数次相乘后得到二次剩余, g 进行奇数次相乘后得到二次非剩余, 所以指数 x 的奇偶性决定了 g^x 是否为二次剩余. 因此, 如果 $X \in QR$, x 必然是偶数, 即 $L_1(X) = 0$; 否则, $L_1(X) = 1$. $\square$

根据上述推论, 我们可以通过判定 X 是否为二次剩余, 从而计算 $L_1(X)$. 而 $\mathbb{Z}_p$ 上的二次剩余判定是容易的 (计算 X 的 Legendre 符号). 注意, $\mathbb{Z}_N$ (其中 N 为合数) 上的二次剩余判定是困难的.

求解 $L_2(X), \cdots, L_s(X)$ 考虑 $s \geqslant 2$ 的情况. X 可以表示为如下形式:

$$X = g^x = g^{a_n 2^n + \cdots + a_2 2^2 + a_1 2^1 + a_0} \bmod p.$$

我们首先求解 $L_2(X) = a_1$.

(1) 若 $X \in QR$, 则存在多项式时间算法可求出 X 的两个平方根 $\pm g^{\frac{x}{2}}$, 其中

$$g^{\frac{x}{2}} = g^{a_n 2^{n-1} + \cdots + a_2 2 + a_1}.$$

而 $-g^{\frac{x}{2}}$ 可表示为以下形式:

$$-g^{\frac{x}{2}} = g^{\frac{x}{2} + \frac{p-1}{2}} = g^{\frac{x}{2} + 2^{s-1} t},$$

其中 t 为奇数. 注意到 $\frac{x}{2}$ 与 $\frac{x}{2} + 2^{s-1}t$ 具有相同的奇偶性 ($2^{s-1}t$ 为偶数). 因此, 可以通过对 X 的任意一个平方根 ($g^{\frac{x}{2}}$ 或 $g^{\frac{x}{2} + \frac{p-1}{2}}$) 进行二次剩余判定, 从而确定 a_1 的奇偶性, 即 $L_2(X)$.

(2) 若 $X \in QNR$, 则计算

$$X/g = g^{a_n 2^n + \cdots + a_2 2^2 + a_1 2^1}$$

的两个平方根. 此时, $X/g \in QR$ 符合 (1) 的形式, 同理可求 $L_2(X)$.

求解 $L_{s+1}(X)$　关于 $L_{s+1}(X)$ 的计算, 我们有以下结论.

定理 9.15　计算 $L_{s+1}(X)$ 是困难的.

证明　如果存在有效算法 (多项式时间算法) 可计算 $L_{s+1}(X)$, 则求解离散对数问题 $\log_g X$ 是容易的. 为方便阐述证明思想, 我们仅考虑 $s = 1$(即假设存在计算 $L_2(X)$ 的有效算法) 且 $p = 3 \bmod 4$ 的情况, 其他情况同理可得. 注意, 当 $p = 3 \bmod 4$ 时, 有以下结论:

(1) $-1 \in QNR$;

(2) 若 $X \in QR$, 则 X 的平方根为 $\pm X^{\frac{p+1}{4}}$;

(3) 若 $X \neq 0$, 则 $L_1(X) \neq L_1(p-X)$.

考虑 X 的以下形式:

$$X = g^x = g^{a_n 2^n + \cdots + a_2 2^2 + a_1 2^1 + a_0} \bmod p,$$

其中 $a_i \in \{0, 1\}$, $0 \leqslant i \leqslant n$. 下面, 我们展示如何构造算法逐比特求解 $a_0, a_1, \cdots, a_n$, 即计算 $\log_g X$.

(1) 利用二次剩余判定求解 $L_1(X)$.

(2) 考虑

$$X_1 = g^{x_1} = g^{a_n 2^{n-1} + \cdots + a_2 2 + a_1}.$$

如果可以得到 X_1, 则利用 $L_1(X_1)$ 可求出 a_1. 关于 X_1 有以下两种情况:

－ 如果 $X \in QR$ 即 $a_0 = 0$, 则 X_1 是 X_0 的一个平方根.

－ 如果 $X \in QNR$ 即 $a_0 = 1$, 则 X_1 是 X_0/g 的一个平方根.

若 $X \in QR$, 则可求出 X 的两个平方根 $g^{\frac{x}{2}}$ 与 $g^{\frac{x}{2} + \frac{p-1}{2}} = g^{\frac{x}{2}+t}$, 但 $\frac{x}{2}$ 与 $\frac{x}{2}+t$ 具有不相同的奇偶性 (t 为奇数). 这意味着其中一个平方根属于 QR, 另一个根属于 QNR. 如何判定哪个平方根才是 $X_1 = g^{x_1} = g^{a_n 2^{n-1} + \cdots + a_2 2 + a_1}$？此时, 需利用假设 $L_2(X)$ 帮助我们进行判定, 方法如下:

• 计算 $a_1 \leftarrow L_2(X)$.

• 如果 $a_1 = 0$, 则 $X_1 \in QR$;

　如果 $a_1 = 1$, 则 $X_1 \in QNR$.

再通过对平方根的二次剩余判定, 可确定哪个根是 X_1. 类似的, 利用 X_1 进一步得到

$$X_2 = g^{x_2} = g^{a_n 2^{n-2} + \cdots + a_3 2 + a_2}.$$

从而利用 $L_1(X_2)$ 可得到 a_2. 以此类推, 可以得到 $\log_g X$ 的所有比特 $a_n, \cdots, a_1, a_0$.
具体算法描述如下.

算法 9.14   利用 $L_2(X)$ 计算 $\log_g X$

1. 计算 $a_0 \leftarrow L_1(X)$.
2. 计算 $X \leftarrow X/g^{a_0} \bmod p$.
3. 令 $i = 1$, 执行以下循环:
   while $X \neq 1$
   (a) 计算 $a_i \leftarrow L_2(X)$.
   (b) 计算 $Y \leftarrow X^{(p+1)/4} \bmod p$.   // 计算 X 的平方根.
   (c) 如果 $L_1(Y) = a_i$, 则 $X \leftarrow Y$;
       否则, $X \leftarrow p - Y \bmod p$.
   (d) 计算 $X \leftarrow X/g^{a_i} \bmod p$.
   (e) 计算 $i \leftarrow i + 1$.
4. 输出 $a_n, \cdots, a_0$.

上述算法中, 第 3 步循环的次数为 n, 每次循环多项式时间可以完成. 所以,
在存在有效算法 (多项式时间算法) 计算 $L_2(X)$ 的假设下, 上述离散对数问题求
解算法可在多项式时间内完成. 注意, 算法的第 3(b) 步是针对满足 $p = 3 \bmod 4$
的素数 p 计算 X 的平方根. 对于一般的素数 p, 同样存在多项式时间算法计算平
方根.

但是, 求解离散对数仍是公开的困难问题, 这意味着对于 $s = 1$ 的情况, 计算
$L_2(X)$ 的有效算法目前并不存在, 计算 $L_2(X)$ 仍然是困难的. 对于 $s > 1$ 的情况,
同理可得计算 $L_{s+1}(X)$ 是困难的.   □

总结   对于 $\mathbb{Z}_p^*$ 上的离散对数问题, 其中 p 满足 $p - 1 = 2^s t$, t 为奇数, 则求
解离散对数的低位 $1, 2, \cdots, s$ 比特都是容易的, 但是求解第 $s + 1$ 比特是困难的.

9.13   后量子公钥加密

9.13.1   后量子密码概述

相比于目前已知的基于经典模型设计的最优算法, 针对某些数学困难问题设
计的基于量子计算模型的算法拥有更高的效率, 而这将对密码方案的安全性产生
重要影响.

例子 9.9 几种典型的量子算法及其对密码方案安全性的影响.

(1) 求解无结构的搜索问题的 Grover[12] 算法可以比经典算法有二次加速 (quadratic speedup), 因此能够更快地搜索对称密码的密钥, 这将影响对称密码密钥长度的选取: 现有对称密码的密钥长度应加倍, 以抵抗 Grover 算法的攻击.

(2) 求解周期查找问题的 Simon 算法是概率多项式时间的, 同样可以应用到某些对称密码方案的分析, 降低破解复杂度.

(3) Shor 算法可以在概率多项式时间内求解整数分解问题和离散对数问题, 而这两个问题是目前公钥密码设计中使用最广泛的两类问题. 因此, 随着实用的量子计算机研制不断取得突破, 目前使用的公钥密码方案面临的安全威胁最大. 不同于对称密码, 即使加倍公钥密码密钥长度也无法有效抵抗 Shor 算法的攻击.

为了应对量子计算对密码方案安全性带来的挑战, 研究人员开始研究后量子密码 (post-quantum cryptography, PQC), 也称抗量子密码 (quantum-resistant cryptography), 以寻找能够抵抗量子计算攻击的公钥密码系统. 为此, 包括我国在内的许多国家和国际组织开展了一系列后量子密码竞赛和标准化计划. 表 9.4 展示了参加 2018 年全国密码算法设计竞赛的后量子密码方案 (公钥加密). 表 9.5 展示了美国国家标准与技术研究院 (NIST) 后量子密码标准化活动公布的拟标准化密码方案与第四轮候选方案.

表 9.4 全国密码算法设计竞赛 (加密方案)[13]

第一轮 (征集方案)	基于格	D-NTRU	Aigis-enc	LADAC	LAKE	LAKA
		LAC.KEX	LAC.PKE	TALE	HEL.KEM(PKE)	HEL.KEX
		AKCN-E8	AKCN-MLWE	SKCN-MLWE	OKCN-LWE	COLA
		AKCN-LWE	OKCN-SEC	AKCN-LWR	SCloud	
	基于编码	Loong-1	Loong-2	Piglet-1	Piglet-2	ECC^2
	基于多变量	Square-Free				
	基于同源	SIAKE				
	其他	CAKE				
第二轮 (获奖方案)	基于格	Aigis-enc	LAC.KEX	LAC.PKE	TALE	SCloud
		AKCN-E8	AKCN-MLWE	OCKN(原名 SKCN-MLWE)		
	基于编码	Piglet-1				
	基于同源	SIAKE				

其中, 美国 NIST 于 2016 年公开征集后量子密码标准化提案, 历时 6 年经过 3 轮评估, 于 2022 年 7 月公布了四个拟标准化算法, 包括 CRYSTALS-Kyber 公钥加密/密钥封装算法和 CRYSTALS-Dilithium、Falcon、SPHINCS+ 三个数字签名算法. 截止到 2023 年 8 月, CRYSTALS-Kyber、CRYSTALS-Dilithium 和 SPHINCS+ 的标准化草案已经发布, 并于 2024 年投入使用.

表 9.5　NIST 拟标准化方案与第四轮候选方案

	公钥加密/密钥封装	数字签名
拟标准化	CRYSTALS-Kyber	CRYSTALS-Dilithium
		Falcon
		SPHINCS+
第四轮候选	BIKE	
	Classic McEliece	
	HQC	——
	SIKE	

　　PQC 算法评估主要考虑以下三个评估准则.

　　• **安全性**　为量化方案安全性, 在可证明安全方面, 公钥加密/密钥封装机制需满足 IND-CCA2 安全性、IND-CPA 安全性, 数字签名满足 EUF-CMA 安全性, 在安全等级方面, 基于不同的计算开销模型 (包括经典和量子) 对 AES 和 SHA 进行暴力攻击所需的计算资源, 划分了五个安全等级, 如表 9.6 所示.

表 9.6　安全等级

等级	安全要求
1	至少与 AES128 的密钥穷举搜索攻击的计算资源相当
2	至少与 SHA3-256 的碰撞攻击的计算资源相当
3	至少与 AES192 的密钥穷举搜索攻击的计算资源相当
4	至少与 SHA3-384 的碰撞攻击的计算资源相当
5	至少与 AES256 的密钥穷举搜索攻击的计算资源相当

　　• **开销与性能**　考虑方案的计算开销与数据传输开销, 包括公钥/签名/密文长度、公私钥操作计算效率、密钥生成计算效率; 考虑 Intel x64 平台和 ARM 平台的软件实现性能和内存开销、集成电路硬件实现性能和逻辑门数.

　　• **算法与实现特性**　考虑方案的灵活性、简单性、可采用性、抵抗侧信道攻击等, 如计时攻击、能量攻击、错误攻击.

　　表 9.7 展示了 NIST 拟标准化的四个后量子密码方案的安全性与开销.

　　按照功能来分, 后量子密码的基本功能主要包括加密 (包括密钥封装) 和数字签名. 本节主要讨论后量子密码中的加密 (包括密钥封装) 方案的构造. 从构造密码方案所基于的困难问题来分类, 后量子加密主要包括格密码 (lattice-based cryptography)、编码密码 (code-based cryptography)、同源密码 (isogeny-based cryptography) 以及多变量密码 (multivariate cryptography) 等. 从方程组求解的角度来分类, 由于线性方程组是容易求解的, 为了提高困难性, 格密码和编码密码基于近似的线性方程组求解, 多变量密码和同源密码基于非线性的方程组求解. 值得注意的是, 一些后量子密码方案的设计借鉴了经典密码方案的框架 (例如 ElGamal 方案的框架).

表 9.7   NIST 拟标准化后量子密码方案的安全性与开销   (长度单位: 字节)

方案	安全等级	公钥长度	私钥长度	密文/签名长度
Kyber512	1	800	1632	768
Kyber768	3	1184	2400	1088
Kyber1024	5	1568	3168	1568
Dilithium	2	1312	2528	2420
	3	1952	4000	3293
	5	2592	4864	4595
Falcon-512	1	897	7553	666
Falcon-1024	5	1793	13953	1280
SPHINCS+-128s	1	32	64	7856
SPHINCS+-128f	1	32	64	17088
SPHINCS+-192s	3	48	96	16224
SPHINCS+-192f	3	48	96	35664
SPHINCS+-256s	5	64	128	29792
SPHINCS+-256f	5	64	128	49856

格密码   格理论在密码学中扮演着双重角色, 早期主要是应用在密码分析 (例如, LLL 算法), 后来应用于密码设计. 格理论可以实现功能丰富的密码方案, 包括加密、签名等基本方案, 以及全同态加密[14] 和不可区分混淆[15] 等高级密码方案. Hoffstein、Pipher 和 Silverman[16] 提出的 NTRU 公钥加密系统是较早的格密码方案. 虽然该方案没有严格的可证明安全性, 但是目前为止仍未发现重大的安全性问题. 此外, 该方案使用了环结构, 具有较高的实现效率. Ajtai[17] 在 1996 年提出了一类平均情况的小整数解 (short integer solution, SIS) 问题, 并将格上某些最坏情况问题归约到该平均情况问题 (worst-case to average-case reduction). Regev[18] 在 2005 年提出了容错学习 (learning with errors, LWE) 问题, 并将格上某些最坏情况问题归约到该平均情况问题. SIS 问题和 LWE 问题是一对对偶问题, 被广泛应用于格密码方案的设计中[19]. 为了提高方案的效率, 研究人员提出了基于 (代数整数) 环结构、模结构、群环结构等变体. 2012 年, Banerjee、Peikert 和 Rosen[20] 提出了舍入学习 (learning with rounding, LWR) 问题. NIST 拟标准化的公钥加密/密钥封装机制 CRYSTALS-Kyber 基于模 LWE (module LWE) 问题, 数字签名 CRYSTALS-Dilithium 基于模 LWE (module LWE) 和模 SIS (module SIS) 问题, 数字签名 Falcon 基于 NTRU 格最短向量问题和 SIS 问题.

编码密码   编码密码基于编码译码的困难性, 主要用于实现加密功能, 并且和格密码的设计互相借鉴. 基于编码的公钥加密方案常用的加密方式为: McEliece 型、Niederreiter 型和 ElGamal 型. McEliece 于 1978 年提出了第一个基于编码的密码系统的公钥加密方案[21], 该方案经历了长时间的密码分析仍然没有发现重大的安全问题, 但是方案的参数规模比较大. 在 McEliece 型和 Niederreiter 型公钥密码方案中, 主要使用的编码有三类: Goppa 码、QC-MDPC (quasi-cyclic moderate-density parity-check) 码和 QC-LRPC (quasi-cyclic low-rank parity-check) 码. 第三类的加密方式类似于 ElGamal 的加密形式, 例如, NIST 候选算法中 HQC、BIKE 等方案就是基于上述加密方式构造的.

同源密码　同源密码主要包括 ordinary isogeny Diffie-Hellman (OIDH)、supersingular isogeny Diffie-Hellman (SIDH) 和 commutative SIDH (CSIDH) 等公钥加密算法. 2006 年, Rostovtsev 和 Stolbunov[22] 提出将普通椭圆曲线之间的同源用于方案构建. 他们提出了一种同源 Diffie-Hellman 方案, 即 OIDH, 以构造抗量化公钥加密和密钥协商协议. 2011 年, Jao 和 De Feo[23] 提出了一种新的超奇异椭圆曲线同系 Diffie-Hellman 方案, 即 SIDH. 随后, Castryck 等[24] 于 2018 年提出了一种新的基于超奇异椭圆曲线的交换同源结构, 即 CSIDH. 基于这些结构, 人们提出了基于同源的签名/加密算法、密钥交换协议等. 同源密码为构造后量子密码提供了更多的可能性, 但是, 2022 年 7 月, 研究人员[25] 攻破了 SIDH, 因此对于如何基于此类问题设计安全的密码方案需要更多的研究.

9.13.2　Kyber 加密

CRYSTALS (cryptographic suite for algebraic lattices) 是基于模格的密码套装, 包括密钥封装算法 Kyber 和数字签名算法 Dilithium, 该方案较好地实现了效率和安全性的均衡, 入选了 NIST 标准化方案. Kyber 密钥封装最早由 Bos 等提出[26], 其安全性基于容错学习假设. 为方便读者理解 Kyber 的基本设计原理, 本节介绍一种简化版的 Kyber 加密方案.

计算假设　容错学习 (learning with error, LWE) 问题最早由 Oded Regev 提出, 目前尚无概率多项式时间 (量子) 求解算法, 属于 $\mathcal{NP}$ 困难问题. LWE 问题的形式与我们熟知的线性方程组求解有关. 对于一个线性方程组

$$\begin{cases} a_{11}s_1 + \cdots + a_{1n}s_n = b_1, \\ a_{21}s_1 + \cdots + a_{2n}s_n = b_2, \\ \qquad\qquad \cdots\cdots \\ a_{k1}s_1 + \cdots + a_{kn}s_n = b_k. \end{cases}$$

当 $k \geqslant n$ 时, 一般可以借助高斯消元法在多项式时间内有效地求出满足上述方程组的解 $\boldsymbol{s} = (s_1, \cdots, s_n)^{\mathrm{T}}$ (通常用黑体小写字母代表向量, 且向量默认为列向量). 然而, 对于 $\mathbb{Z}_q$ 上的方程组, 如果添加了未知的噪声或错误 $e_1, \cdots, e_k$ (如下所示),

$$\begin{cases} a_{11}s_1 + \cdots + a_{1n}s_n + e_1 = b'_1 \bmod q, \\ a_{21}s_1 + \cdots + a_{2n}s_n + e_2 = b'_2 \bmod q, \\ \qquad\qquad \cdots\cdots \\ a_{k1}s_1 + \cdots + a_{kn}s_n + e_k = b'_k \bmod q. \end{cases}$$

上述方程组采用矩阵形式可简化表示为

$$\boldsymbol{As} + \boldsymbol{e} = \boldsymbol{b} \bmod q,$$

其中 $\boldsymbol{s} = (s_1, \cdots, s_n)^{\mathrm{T}}$, $\boldsymbol{e} = (e_1, \cdots, e_k)^{\mathrm{T}}$, $\boldsymbol{b} = (b'_1, \cdots, b'_k)^{\mathrm{T}}$,

$$\boldsymbol{A} = \begin{bmatrix} a_{11} & a_{12} & \cdots & a_{1n} \\ a_{21} & a_{22} & \cdots & a_{2n} \\ \vdots & \vdots & & \vdots \\ a_{k1} & a_{k2} & \cdots & a_{kn} \end{bmatrix} = \begin{bmatrix} \boldsymbol{a}_1^{\mathrm{T}} \\ \vdots \\ \boldsymbol{a}_k^{\mathrm{T}} \end{bmatrix}.$$

此时, 求解 $\boldsymbol{s}$ 不再容易. LWE 问题即形如上述带有噪声的线性方程组求解问题.

定义 9.15 (LWE 问题) 给定 $\{(\boldsymbol{a}_i^{\mathrm{T}}, \boldsymbol{a}_i^{\mathrm{T}}\boldsymbol{s} + e_i)\}_{i=1}^k$, 其中 $\boldsymbol{s} \leftarrow \mathbb{Z}_q^n$, $\boldsymbol{a}_i \leftarrow \mathbb{Z}_q^n$, $e_i \leftarrow \chi$, χ 是 $\mathbb{Z}$ 上的概率分布, 求解 $\boldsymbol{s} \in \mathbb{Z}_q^n$.

注意上述符号的含义: $\mathbb{Z}_q$ 表示模 q 的有限整数环, $\leftarrow$ 表示从集合 (或分布) 中随机均匀采样 (或按指定分布采样), 例如, $\boldsymbol{a}_i \leftarrow \mathbb{Z}_q^n$ 表示在集合 $\mathbb{Z}_q^n$ 中均匀随机选取 $\boldsymbol{a}_i$, $e_i \leftarrow \chi$ 表示按概率分布 χ 采样得到 e_i. 此处, 按分布 χ 采样通常得到 "小" 的数, 例如, 区间 $[-B, \cdots, B]$ 上的均匀分布, 其中 $B \ll q/2$.

对应地, 可以得到如下判定版本的 LWE 问题.

定义 9.16 (判定 LWE 问题) 给定 $\{(\boldsymbol{a}_i^{\mathrm{T}}, b_i)\}_{i=1}^k$, 区分其属于以下哪种分布:

- $(\boldsymbol{a}_i^{\mathrm{T}}, b_i) \leftarrow \mathbb{Z}_q^n \times \mathbb{Z}_q$, 其中 $i = 1, \cdots, k$;
- $(\boldsymbol{a}_i^{\mathrm{T}}, b_i) \in \mathbb{Z}_q^n \times \mathbb{Z}_q$, 其中 $\boldsymbol{a}_i^{\mathrm{T}}\boldsymbol{s} + e_i$, $\boldsymbol{s} \leftarrow \mathbb{Z}_q^n$, $\boldsymbol{a}_i \leftarrow \mathbb{Z}_q^n$, $e_i \leftarrow \chi$, $i = 1, \cdots, k$.

LWE 问题及其判定版本目前均无 (量子) 概率多项式时间求解算法, 因此, 我们假设求解 LWE 问题及其判定版本是困难的 (LWE 假设), 以构造相关抗量子密码方案. Kyber 采用的是 LWE 问题的一种变体——模 LWE 问题 (判定版本). 在介绍该问题之前, 我们先引入相关符号表示: 令 $R = \mathbb{Z}[X]/(X^n + 1)$, $R_q = \mathbb{Z}_q[X]/(X^n + 1)$. 黑体小写字母代表系数取自 R 或者 R_q 的向量, 黑体大写字母代表系数取自 R 或者 R_q 的矩阵. $e \leftarrow \beta_\eta$ 表示生成 $e \in R$, 满足 e 的每项系数根据分布 B_η[①]生成. (注意, R 中的元素采用多项式表示.) $\boldsymbol{s} \leftarrow \beta_\eta^k$ 表示生成 k 维向量 $\boldsymbol{s} \in R^k$, 满足 $\boldsymbol{s}$ 每个分量 (多项式) 的每项系数根据分布 B_η 生成. $\lceil x \rfloor$ 表示有理数 x 的四舍五入后的值.

---

① 中心二项分布 B_η 的采样: 随机选择 $\{(a_i, b_i)\}_{i=1}^\eta \leftarrow (\{0,1\}^2)^\eta$, 其中 η 为正整数, 输出 $\Sigma_{i=1}^\eta (a_i - b_i)$.

定义 9.17 (模 LWE 问题) 区分以下两种采样的分布:

- $(\boldsymbol{a}_i, b_i) \leftarrow R_q^k \times R_q$, 其中 $i = 1, \cdots, k$;
- $(\boldsymbol{a}_i, b_i) \in R_q^k \times R_q$, 其中 $\boldsymbol{a}_i \leftarrow R_q^k$, 而 $b_i = \boldsymbol{a}_i^{\mathrm{T}} \boldsymbol{s} + e_i$, $\boldsymbol{s} \leftarrow \beta_\eta^k$, $e_i \leftarrow \beta_\eta$, $i = 1, \cdots, k$.

对于给定的 $\{(\boldsymbol{a}_i, b_i)\}$, 目前仍未找到概率多项式时间 (量子) 算法以判断其属于上述哪一种分布, 模 LWE 问题仍属于困难问题. 因此, $(\boldsymbol{a}_i, \boldsymbol{a}_i^{\mathrm{T}} \boldsymbol{s} + e_i)$ 的分布与 $R_q^k \times R_q$ 上的均匀分布是计算不可区分的. 所谓模 LWE 假设即假设求解模 LWE 问题是困难的.

Kyber 加密方案 (简化版)

- **密钥生成算法** *Kyber.KeyGen*: 输入安全参数 1^λ,

1. 生产随机矩阵 $\boldsymbol{A} \leftarrow R_q^{k \times k}$, 其中 $\boldsymbol{A} = \begin{bmatrix} \boldsymbol{a}_1^{\mathrm{T}} \\ \vdots \\ \boldsymbol{a}_k^{\mathrm{T}} \end{bmatrix}$, $\boldsymbol{a}_i \leftarrow R_q^k$, $i = 1, \cdots, k$.

2. 根据分布 B_η 采样生成 $(\boldsymbol{s}, \boldsymbol{e}) \leftarrow \beta_\eta^k \times \beta_\eta^k$, 其中 $\boldsymbol{e} = \begin{bmatrix} e_1 \\ \vdots \\ e_k \end{bmatrix}$.

3. 计算 $\boldsymbol{t} = \boldsymbol{A}\boldsymbol{s} + \boldsymbol{e}$, 即 $t = \begin{bmatrix} \boldsymbol{a}_1^{\mathrm{T}} \boldsymbol{s} + e_1 \mod q \\ \vdots \\ \boldsymbol{a}_k^{\mathrm{T}} \boldsymbol{s} + e_k \mod q \end{bmatrix}$.

4. 输出公钥 $pk = (\boldsymbol{A}, \boldsymbol{t})$, 私钥 $sk = \boldsymbol{s}$. (注意, q, k, R_q^k, η 均为公开参数.)

- **加密算法** *Kyber.Enc*: 输入公钥 pk 与明文 $m \in \{0, 1\}^n$,

1. 根据分布 B_η 采样生成 $\boldsymbol{r} \leftarrow \beta_\eta^k$, $\boldsymbol{e_1} \leftarrow \beta_\eta^k$, $e_2 \leftarrow \beta_\eta$.

2. 计算

$$\boldsymbol{u} = \boldsymbol{A}^{\mathrm{T}} \boldsymbol{r} + \boldsymbol{e}_1 \mod q,$$

$$v = \boldsymbol{t}^{\mathrm{T}} \boldsymbol{r} + e_2 + \left\lfloor \frac{q}{2} \right\rceil \cdot m \mod q.$$

此处, m 理解为 $\mathbb{Z}_2^n$ 上的 n 维向量 $\boldsymbol{m} = (m_1, \cdots, m_n)$.

3. 输出密文 $c = (\boldsymbol{u}, v)$.

- **解密算法** *Kyber.Dec*: 输入解密密钥 sk 与密文 c,

1. 计算 $m' = v - \boldsymbol{s}^{\mathrm{T}} \boldsymbol{u}$;

2. 判断 $m' = (m'_1, \cdots, m'_n)$ 的每个分量更接近于 0 还是 $\left\lfloor \frac{q}{2} \right\rceil$. 对于 $i = 1, \cdots, n$, 如果 m'_i 更接近于 0, 则输出 $m_i = 0$; 如果 m'_i 更接近于 $\left\lfloor \frac{q}{2} \right\rceil$, 则输出

$m_i = 1$.

正确性 对于按上述密钥生成算法与加密算法生成的密钥与密文, 考虑其解密结果:

$$
\begin{aligned}
m' &= v - \boldsymbol{s}^{\mathrm{T}} \boldsymbol{u} \\
&= \boldsymbol{t}^{\mathrm{T}} \boldsymbol{r} + e_2 + \left\lfloor \frac{q}{2} \right\rceil \cdot m - \boldsymbol{s}^{\mathrm{T}} (\boldsymbol{A}^{\mathrm{T}} \boldsymbol{r} + \boldsymbol{e}_1) \\
&= (\boldsymbol{A}\boldsymbol{s})^{\mathrm{T}} \boldsymbol{r} + \boldsymbol{e}^{\mathrm{T}} \boldsymbol{r} + e_2 + \left\lfloor \frac{q}{2} \right\rceil \cdot m - (\boldsymbol{A}\boldsymbol{s})^{\mathrm{T}} \boldsymbol{r} - \boldsymbol{s}^{\mathrm{T}} \boldsymbol{e}_1 \\
&= \left\lfloor \frac{q}{2} \right\rceil \cdot m + (\boldsymbol{e}^{\mathrm{T}} \boldsymbol{r} + e_2 - \boldsymbol{s}^{\mathrm{T}} \boldsymbol{e}_1) \\
&= \left\lfloor \frac{q}{2} \right\rceil \cdot m + e',
\end{aligned}
$$

其中, 我们令 $e' = \boldsymbol{e}^{\mathrm{T}} \boldsymbol{r} + e_2 - \boldsymbol{s}^{\mathrm{T}} \boldsymbol{e}_1$, 通过适当设置模 LWE 问题的相关参数, e' 以高概率满足 $\|e'\|_\infty < \left\lfloor \frac{q}{4} \right\rceil$. (即 $\|e'\|_\infty \geqslant \left\lfloor \frac{q}{4} \right\rceil$ 的概率可忽略.) 当 $\|e'\|_\infty < \left\lfloor \frac{q}{4} \right\rceil$ 时, 我们有

- 当 $m_i = 0$ 时, $m_i' \in \left(-\left\lfloor \frac{q}{4} \right\rceil, +\left\lfloor \frac{q}{4} \right\rceil \right)$;
- 当 $m_i = 1$ 时, $m_i' \in \left(\left\lfloor \frac{q}{2} \right\rceil - \left\lfloor \frac{q}{4} \right\rceil, \left\lfloor \frac{q}{2} \right\rceil + \left\lfloor \frac{q}{4} \right\rceil \right)$.

因此, 可根据 m' 的每个分量 m_i' 是在 0 或 $\left\lfloor \frac{q}{2} \right\rceil$ 附近, 得到正确的 m.

解密错误 Kyber 将 m "提升" 到 $\left\lfloor \frac{q}{2} \right\rceil \cdot m$ 是为了在解密时能够正确滤除噪声 e' 的干扰 (前提是 $\|e'\|_\infty < \left\lfloor \frac{q}{4} \right\rceil$). 然而, 由于 e' 的生成受特殊概率分布影响, 有可能出现 $\|e'\|_\infty \geqslant \left\lfloor \frac{q}{4} \right\rceil$ 的情况, 此时会得到错误的解密结果. 合理设置相关参数, 可使解密错误降为可忽略的概率.

安全性分析 根据模 LWE 假设, $\boldsymbol{t} = \boldsymbol{A}\boldsymbol{s} + \boldsymbol{e}$ 与 $\boldsymbol{u} = \boldsymbol{A}^{\mathrm{T}} \boldsymbol{r} + \boldsymbol{e}_1$ 均与 R_q^k 上的随机向量计算不可区分, $\boldsymbol{t}^{\mathrm{T}} \boldsymbol{r} + e_2$ 与 R_q 上的随机元素计算不可区分. Kyber 使用伪随机的 $\boldsymbol{t}^{\mathrm{T}} \boldsymbol{r} + e_2$ 隐藏 $\left\lfloor \frac{q}{2} \right\rceil \cdot m$, 使得最终的密文 $(\boldsymbol{u}, v)$ 与 $R_q^k \times R_q$ 上的随机元素计算不可区分.

正式的 Kyber 加密方案在具体实现上有很多优化, 能够进一步提升加解密效率, 且可以证明是 IND-CPA 安全的. 在此基础上, 将 Fujisaki-Okamoto (FO) 转换应用于 Kyber 加密, 便可得到 IND-CCA 安全的密钥封装算法 (KEM).

9.14   *公钥密码的软件实现——大数运算

公钥密码算法实现的最底层是各种对大数的操作, 本节将介绍对大数操作的相关算法. 对于软件实现来说, 处理器提供的加法指令往往只能适用于其本身位宽大小数的运算, 如 32 位处理器往往只能支持 32 比特数之间的乘法. 但是公钥密码 (例如 RSA、ElGamal 加密等) 往往需要更大的数之间的乘法, 如 1024 位、2048 位等. 所以, 公钥密码软件实现的一个主要问题就是如何用 "简单" 的基本运算去实现大数运算. 而硬件电路实现的本质上是使用各种门来搭建所需要的功能, 其基本操作则是位运算, 所以基本问题也是 "简单" 的基本运算去实现大数运算. 在本节中, 假设处理器可以处理的数大小为 $\beta = 2^\omega$(对于硬件实现, 我们有 $\omega = 1$); 我们用罗马小写字母表示参与大数运算的数, 如 x, y, z 等, 并把每个数 (如 x, y) 进一步表示为

$$x = x_{n-1}\beta^{n-1} + x_{n-2}\beta^{n-2} + \cdots + x_1\beta + x_0,$$

$$y = y_{n-1}\beta^{n-1} + y_{n-2}\beta^{n-2} + \cdots + y_1\beta + y_0,$$

其中对于任意 $i \in \{0, \cdots, n-1\}$, 有 $x_i < \beta$. 显然, $x_{n-1}, x_{n-2}, \cdots, x_0$ 是可以被处理器 (或者单个门) 所计算的.

9.14.1   大数加法

考虑对两个大数 x, y 的加法, 结果为 z, 注意 z 表示为如下形式:

$$z = z_{n-1}\beta^{n-1} + z_{n-2}\beta^{n-2} + \cdots + z_1\beta + z_0.$$

对于 $i \in \{0, \cdots, n-1\}$, 计算

$$z_i \leftarrow x_i + y_i + a_i \mod 2^\omega,$$

其中 a_i 是 $i-1$ 位置上加法的进位值, 我们有

$$a_i = \begin{cases} 0, & i = 0 \text{ 或 } x_{i-1} + y_{i-1} + a_{i-1} < 2^\omega, \\ x_{i-1} + y_{i-1} + a_{i-1} - 2^\omega + 1, & i \neq 0 \text{ 且 } x_{i-1} + y_{i-1} + a_{i-1} \geqslant 2^\omega. \end{cases}$$

以上方法又称为链式加法.

9.14.2   大数乘法

考虑对两个大数 x, y 的乘法, 结果为 z, 下面介绍**长乘法**与 **Karatsuba 乘法**.

9.14.2.1　长乘法

对于 $i, j \in \{0, \cdots, n-1\}$, 计算:

$$t_{i,j} \leftarrow x_i y_j + a_{i,j},$$

其中 $a_{i,j}$ 是计算 $t_{i,j-1}$ 的进位值, 我们有

$$a_{i,j} = \begin{cases} 0, & i = 0 \text{ 或 } x_{i-1}y_j + a_{i-1} < 2^{\omega}, \\ x_{i-1}y_j + a_{i-1,j} - 2^{\omega} + 1, & i \neq 0 \text{ 且 } x_{i-1}y_j + a_{i-1,j} \geqslant 2^{\omega}. \end{cases}$$

然后, 记 $t_j = (t_{n,j}, t_{n-1,j}, \cdots, t_{0,j}, \overbrace{0, \cdots, 0}^{j})$, 接着只需要使用链式加法计算

$$z = t_{n-1} + \cdots + t_0.$$

9.14.2.2　Karatsuba 乘法

前面介绍的长乘法所需的基础乘法数量为 n^2 个, 其复杂度为 $O(n^2)$. 在 1962 年 Anatoly Karatsuba 首次提出了低于以上复杂度的乘法, 称为 Karatsuba 乘法, 该算法基本思想介绍如下.

假设 $\log_2(n)$ 为正整数, 乘数 x 与 y 可以写成以下形式:

$$x = x_H \beta^{n/2} + x_L,$$

$$y = y_H \beta^{n/2} + y_L.$$

然后, 计算

$$a = x_H y_H,$$

$$d = x_L y_L,$$

$$e = (x_H + x_L)(y_H + y_L).$$

此时, 乘法的结果为

$$xy = a\beta^2 + e\beta + d.$$

接下来, 在 a, d, e 的计算中, x_H, x_L, y_H 和 y_L 也可以进一步分别分成两部分并利用上面的方法计算. 类似的可以以递归的思路拆解 $\log_2 n$ 层. 最终的乘法复杂度为 $O(n^{\log_2 3}) \approx O(n^{1.585})$. 下面我们举一个 10 进制的例子.

例子 9.10 已知 $\beta = 10$, $x = 1223$, $y = 3445$, 计算 xy.

首先乘数可以写成 $x = 12 \times 100 + 23$, $y = 34 \times 100 + 45$, 然后我们计算:

$$a = 12 \times 34,$$

$$d = 23 \times 45,$$

$$e = (12 + 23) \times (34 + 45) = 35 \times 79.$$

接着, 对于 12×34 的计算, 我们进一步分解: $12 = 1 \times 10 + 2$, $34 = 3 \times 10 + 4$, 然后计算

$$a' = 1 \times 3 = 3,$$

$$d' = 2 \times 4 = 8,$$

$$e' = (1 + 2) \times (3 + 4) = 3 \times 7 = 21.$$

此时, 有 $a = 12 \times 34 = 3 \times 100 + 21 \times 10 + 8 = 518$. 利用相同的方法, 可以计算 $d = 23 \times 45 = 1035$, $e = 35 \times 79 = 2765$. 那么, 最终乘法的结果为

$$1223 \times 3445 = a \times 100^2 + e \times 100 + d = 4213235.$$

Karatsuba 算法是第一个复杂度突破 $O(n^2)$ 的算法, 之后也涌现出了许多计算大数乘法的优秀方法. 2019 年, 研究人员[27] 终于把复杂度降到了 $O(n \log n)$. 但是, 这些乘法的复杂度只是在渐近意义上比较低, 只有当 n 足够大时才会比 Karatsuba 算法更加高效. 我们注意到, 对于密码算法所涉及的大数, Karatsuba 算法仍是最高效. 以 RSA 为例, García 等[28] 分析了只有当模长度达到 2^{17} 比特的时候, Karatsuba 算法的效率才不是最优的, 而目前 RSA 的模只到 2^{12} 比特, 即 RSA-4096.

9.14.3 大数模乘

模运算是密码算法的常用运算, 在进行加法、乘法运算之后往往会伴随取模运算. 其原因一方面是为了把计算的状态值限定到一个区间内; 另一方面也是基于安全性考虑, 例如 RSA 问题、素数域上的离散对数问题等. 计算取模运算最直接的方法就是除以模数取余. 但是对于比较大的数来说, 大数的除法实现的代价比较大, 往往远大于相同位数的大数乘法. 所以我们需要考虑更高效的模运算. 一般模运算往往会和它前面的运算连在一起考虑, 如前面的运算是加法运算, 加上模运算就是模加; 而前面是乘法就组成了模乘.

对于模加来说, 若加数和被加数都小于模数 (在实践中最常见的情况), 那么后面的模运算只需要进行一次条件减法即可. 令加数和被加数为 x 和 y, 模数为 q, 有

$$x + y \mod q = \begin{cases} x + y, & x + y < q, \\ x + y - q, & x + y \geqslant q. \end{cases}$$

但是, 模乘运算相对较为复杂, 主要原因也很容易理解: 两个小于 q 的数的积可能会远远大于 q (即使减多个 q 之后还是大于 q). 直接除以 q 取余数的确能得到正确结果, 但是我们希望找到一个实现代价更小的方法. 我们这里给出一种最经典的模乘算法——Montgomery 模乘法.

9.14.3.1　Montgomery 模乘法

假设 q 为素数, 考虑素数域上的模乘法. 令乘数和被乘数分别为 x 和 y, 令 $R = 2^k > q$, 其中 k 是正整数, 那么此时计算 $xy \mod R$ 的代价非常低, 只需要保留计算结果的低 k 比特即可. 但是我们真正的目标是计算 $xy \mod q$, 而 Montgomery 模乘法的思想就是通过计算 $xy \mod R$ 最终实现对 $xy \mod q$ 的计算. 它的基本操作是先把 x 和 y 映射到 Montgomery 域上 (即采用 Montgomery 表示法表示 x 和 y), 然后在 Montgomery 域上进行相应的乘法运算, 最后再脱掉 Montgomery 表示得到普通模乘的结果.

Montgomery 域的映射操作可以表示为

$$\hat{x} = xR \mod q,$$

$$\hat{y} = yR \mod q.$$

我们可以计算 $\hat{z} = \hat{x}\hat{y}R^{-1} \mod q$, 其中 R^{-1} 是模乘逆元. 进而有 $\hat{z} = xyR \mod q$, 不难看出 $\hat{z}$ 也通过 Montgomery 表示法把 z 映射在 Montgomery 域. $xy \mod q = \hat{z}R^{-1} \mod q$ 是转换回普通表示法的操作. 此处暂时不考虑普通表示法和 Montgomery 表示法之间转换带来的代价, 而先关注 $\hat{z} = \hat{x}\hat{y}R^{-1} \mod q$ 的计算过程.

我们只需要一次大数乘法即可完成对 $t = \hat{x}\hat{y}$ 的计算, 此时需要考虑的问题就变成如何计算 $\hat{z} = tR^{-1} \mod q$. 直接计算 $tR^{-1} \mod q$ 需要一次乘法和一次模运算. 这里我们给出一个不需要模 q 的算法, 称为 Montgomery 约减算法, 该算法也是 Montgomery 模乘法的精髓所在. 下面先给出算法 9.15 的计算过程.

算法分析　首先设想, 如果 t 能够被 R 整除, 那么直接计算 t/R 就可以得到一个较小的数 (因为 $R > q$ 且 $t < q^2$). 更进一步来讲, 这个数大概率小于 q, 即使大于 q 我们也可以通过一次减去 q 的操作完成模 q 运算. 但实际情况是 t 可能

不能够被 R 整除, 这时直接计算 t/R 的方法就不再适用. 相应的解决方案是找到一个 m, 使得 $t + mq$ 能够被 R 整除. 显然, $t + mq \bmod q = t \bmod q$, 也就有 $(t + mq)R^{-1} \bmod q = tR^{-1} \bmod q$. 最终, 问题转变为如何找到满足条件的 m. 由 $t + mq$ 能够被 R 整除可得

$$t + mq \bmod R = 0.$$

即

$$m = -q^{-1}t \bmod R = q^*t \bmod R = ((t \bmod R)q^*) \bmod R.$$

算法 9.15　Montgomery 约减算法

输入: t, R, q, q^*, 其中 $q^* = -q^{-1} \bmod R$

输出: $\hat{z} = tR^{-1} \bmod q$

1. $m \leftarrow ((t \bmod R)q^*) \bmod R$
2. $\hat{z} \leftarrow (t + mq)/R$
3. 如果 $\hat{z} \geqslant q$ 则输出 $\hat{z} \leftarrow \hat{z} - q$; 否则, 输出 $\hat{z}$

至此, 我们实现了 Montgomery 约减算法, 并可以在此基础上高效计算 $\hat{z} = \hat{x}\hat{y}R^{-1}$. 为了得到更加完整的实现过程, 我们不得不考虑从普通表示法到 Montgomery 表示法以及从 Montgomery 表示法到普通表示法的转换. 遗憾的是, 在两个表示法之间的转换中, 模运算不可避免. 也就是说, 当计算 $xy \bmod q$ 时, 至少需要 3 次传统的模 q 操作 (x 到 $\hat{x}$、y 到 $\hat{y}$ 和 $\hat{z}$ 到 z). 虽然使用 Montgomery 模乘算法看似降低了计算效率, 但是考虑到在实际应用中通常是多个模乘和模加运算的组合, Montgomery 模乘算法仍然可以应用在中间的计算过程中以达到提高计算效率的目的. 先将普通表示法下的输入映射到 Montgomery 域上, 然后使用 Montgomery 模乘进行高效的模乘和模加运算, 最后将结果转换回普通表示法即可. 这样, 对于任意 ℓ 个模乘, 也只需要 3 次模 q 操作, 随着 ℓ 的不断增加, 平摊下来的代价就比较小了.

9.14.3.2　Barrett 模约减

根据前面的介绍, 我们知道, 即便是使用了 Montgomery 模乘法, 也是需要模素数 q 的操作, 虽然 Montgomery 模乘法可以大大减少取模的操作. 所以, 设计一个比直接计算除法更加高效的取模运算往往也是很有必要的. 下面我们介绍此类算法的典型代表——Barrett 模约减.

Barrett 模约减的目标是对于一个数 x 计算 $x \bmod q$. 一个最基本的想法是, 令浮点数 $s = \dfrac{1}{q}$, 那么我们有

$$x \bmod q = x - \lfloor xs \rfloor q.$$

以上等式成立的原因是因为 $\lfloor xs \rfloor$ 是一个整数. 我们很容易证明

$$x - \lfloor xs \rfloor\, q \geqslant x - xsq = 0,$$

以及

$$x - \lfloor xs \rfloor\, q < x - (xs - 1)q = q.$$

然后, 令 $\dfrac{m}{2^k} = \dfrac{1}{q}$, 那么此时有 $m = \dfrac{2^k}{q}$. 通常, 我们使用整数 $m = \left\lfloor \dfrac{2^k}{q} \right\rfloor$. 这么做的原因是, 可以比较高效地计算 $\dfrac{m}{2^k}$. 因为 $m \geqslant 1$, 我们有 $2^k = mq > q$.

此时, 可以用下面的公式直接计算取模的操作:

$$x \mod q \leftarrow x - ((xm) \gg k)q,$$

其中 $\gg k$ 表示右移 k 位. 但是, 我知道, $\dfrac{m}{2^k} \leqslant \dfrac{1}{q}$, 这时候可能出现 $x - ((xm) \gg k)q > q$ 的情况. 但是 $x - ((xm) \gg k)q$ 也已经足够小了. 可以验证一定有

$$\begin{aligned}
x - ((xm) \gg k)q &= x - \left\lfloor \left(x \left\lfloor \dfrac{2^k}{q} \right\rfloor \right) / 2^k \right\rfloor q \\
&< x - \left\lfloor \left(\dfrac{x2^k}{q} - x \right) / 2^k \right\rfloor q \\
&< x - \left(\left(\dfrac{x2^k}{q} - x \right) / 2^k - 1 \right) q \\
&= xq/2^k + q.
\end{aligned}$$

那么, 我们只需要再增加以下过程即可得到完整的 Barrett 模约减.

1. $t \leftarrow x - ((xm) \gg k)q$.

2. $\text{result} \leftarrow \begin{cases} t - q, & t \geqslant q, \\ t, & t < q. \end{cases}$

我们知道, 最终的结果

$$\text{result} < xq/2^k. \tag{9.16}$$

最后, 我们还需要讨论和 k 取值有关的一些问题. 显然, 对于特定的 x 和 q, Barrett 模约减中 k 的取值是有要求的. 例如, 当 $k = 7$, $q = 101$, $x = 1000$ 的时候, 我们计算:

1. $t \leftarrow 1000 - ((1000 \cdot \lfloor 2^7/101 \rfloor) \gg 7) \cdot 101 = 293$.

2. result $\leftarrow t - q = 192 > 101$

我们发现结果是不正确的, 需要再减去一个 101 结果才能在 q 之内. 这是因为, 根据式 (9.16), 我们知道为了保证结果 result $< q$, $x \leqslant 2^k$ 是一个充分条件. 然后, 我们再考虑一个情况, 当 $k = 7$, $q = 101$, $x = 150$ 的时候, 计算:

1. $t \leftarrow 150 - \left((150 \cdot \lfloor 2^7/101 \rfloor) \gg 7\right) \cdot 101 = 49$.

2. result $\leftarrow t = 49 < 101$.

可以发现, 此时即便 $x > 2^k$, 我们得到的结果也是正确的, 那么就说明 $x \leqslant 2^k$ 并不是 Barrett 成功的必要条件. 所以, 下面给出一个关于 x 的更好的界. 前面介绍了 $\frac{m}{2^k}$ 是一个针对 $1/q$ 的近似, 就可以计算出这个近似的误差为 $e = \frac{1}{q} - \frac{m}{2^k}$, 那么计算得到结果的误差则是: xe. 只需要令 $xe < 1$, 误差就可以被取整的操作抹去. 此时, 有 $x < 1/e$. 那么, 对于以上的例子, 我们有 $e = 1/q - m/2^k = 27/12928$. 因此, 当 $x < 1/e = 478.81$ 的时候, Barrett 模约减一定成功.

9.14.4 大数模幂

本节介绍大数模幂的计算方法, 令底数为 g, 指数为 x, 模数为 q, 我们需要高效、安全地计算 $g^x \mod q$. 假设 x 二进制形式为 $x_{l-1}, \cdots, x_1, x_0$, 其中 $x_i \in \{0, 1\}$, $0 \leqslant i \leqslant n$. 最简单的方法就是平方-乘算法 9.2, 即对 x 二进制形式的每个比特进行如下计算:

1. 令 $y \leftarrow 1, i \leftarrow \ell - 1$.

2. 执行以下循环:

while $i \geqslant 0$,

- 计算 $y \leftarrow y^2 \mod q$.
- 如果 $x_i = 1$ 则计算 $y \leftarrow g \times y \mod q$.
- 计算 $i \leftarrow i - 1$.

3. 输出 y.

但是以上的方法存在严重的侧信道泄露, 主要的原因是每次循环中, x_i 比特的值会对应不同的操作, 如 $x_i = 1$ 的时候, 会多一个 $g \times y$ 的操作, 而乘法运算的差异可能暴露对应 x_i 的信息. 我们这里介绍一个称为 Montgomery's ladder 的算法以防止上述侧信道泄露.

1. 令 $g_1 \leftarrow 1, g_2 \leftarrow g$.

2. 执行以下循环:

for $i \geqslant \ell - 1$ down to 0,

- 如果 $x_i = 0$, 则计算 $g_1 \leftarrow g_1^2 \mod q$, $g_2 \leftarrow g_1 \times g_2 \mod q$.
- 否则, 计算 $g_1 \leftarrow g_1 \times g_2 \mod q$, $g_2 \leftarrow g_2^2 \mod q$.

3. 输出 g_1.

我们发现, 每次循环中, x_i 比特的值所对应不同的操作是一致的, 只是顺序不同, 因此, 敌手难以根据乘法运算的差异区分 x_i 的信息.

9.15 练习题

练习 9.1 现有两个 RSA 加密系统, 它们的公钥分别为 $(65537, n_1)$ 和 $(65537, n_2)$. 已知 $n_1 \neq n_2$ 并且 n_1 和 n_2 有大于 1 的公因子. 你能在短时间内计算出这两个 RSA 加密系统的私钥吗? 请描述计算方法.

练习 9.2 设 $n = pq$ (假定 $p > q$) 为一个 3076 比特的 RSA 模数. 下面的程序表明当 $p - q$ 很小时, 此类 RSA 加密可以被破解:

$x \leftarrow \lfloor 2\sqrt{n} \rfloor$;

while (**true**)

    if $(x * x - 4 * n$ is a square of an integer) **break**;

    $x \leftarrow x + 1$;

return $(x - 1)$;

(1) 已知 $p - q < 10 \cdot 2^{768}$. 利用关系 $p + q - 2\sqrt{n} = \dfrac{(p-q)^2}{p + q + 2\sqrt{n}}$ (以及 $p + q > 2\sqrt{n}$), 证明上面的程序一定在 100 步之内终止.

(2) 如果 S 是上面程序的输出, 证明 $p = \dfrac{S + \sqrt{S^2 - 4n}}{2}$.

练习 9.3 请描述 RSA-OAEP 的解密算法.

练习 9.4 对 RSA 加密方案做如下修改: $ed = 1 \mod \lambda(n)$, 其中

$$\lambda(n) = \frac{(p-1)(q-1)}{\gcd (p-1, q-1)}.$$

证明修改后方案的正确性.

练习 9.5 实现 Miller-Rabin 算法, 测试 Miller-Rabin 算法运行效率 (2048bit, 4096bit).

练习 9.6 已知 $n = 3026533$, 利用中国剩余定理加速 RSA 解密算法, 设加密指数 $e = 3$, 解密指数 $d = 2015347$, 密文 $c = 152702$, 求明文 m.

练习 9.7 证明: $half(c) = parity(y \times Enc_{pk}(2))$

练习 9.8 设 $p - q = 2d > 0$, 且 $n = pq$. 证明 $n + d^2$ 是完全平方数.

练习 9.9 设 $n = pq$ 是两个奇素数的乘积, 给定小的正整数 d 满足 $n + d^2$ 是完全平方数.

(1) 如何利用上述信息分解 n?

(2) 利用上述方法分解 $n = 2189284635403183$.

练习 9.10　当使用 Solovay-Strassen 算法对 n 进行素性检测时, 如果运行 l 次该算法后, 均输出 "是素数", 请问 n 是合数的概率是多少?

练习 9.11　请证明 Pollard ρ 算法 (算法 9.8) 的以下结论:

设 $x_1, \cdots, x_s$ 为一组序列, 满足 $x_i = F(x_{i-1}), 1 < i \leqslant s$. 如果存在 $x_I = x_J$, 其中 $1 \leqslant I < J \leqslant s$, 则存在 i 满足 $i < J$ 且 $x_i = x_{2i}$.

练习 9.12　ElGamal 加密为什么不能抵抗选择密文攻击? 请给出具体攻击方法.

练习 9.13　考虑 $\mathbb{Z}_p^*$ 上的 ElGamal 加密, 如果 $p-1$ 含有小素因子, 存在何种安全隐患?

练习 9.14　设 $p = 163$, 考虑有限域 $\mathbb{Z}_p = \{0, 1, 2, \cdots, p-1\}$ 上的椭圆曲线:

$$E : y^2 \equiv x^3 + 2 \pmod{p}.$$

今固定 E 上一点 $P = (2, 70)$.

验证 $(78, 86)$ 在曲线上并找出正整数 x 使

$$xP = (78, 86),$$

计算标量乘 $100P$.

练习 9.15　如果 RSA 密码的模 $n = pq$, 但 $\gcd(p-1, q-1)$ 较大, 请问存在何种安全隐患?

练习 9.16　设 $\mathbb{Z}_{13}$ 上的方程如下所示:

$$y^2 = x^3 + 6 \bmod 13, \tag{9.17}$$

$$y^2 = x^3 + 2x + 8 \bmod 13, \tag{9.18}$$

$$y^2 = x^3 + 2x \bmod 13. \tag{9.19}$$

(1) 判断以上方程是否为 $\mathbb{Z}_{13}$ 上的椭圆曲线方程.

(2) 求出上述方程在 $\mathbb{Z}_{13}$ 上所有的解.

(3) 回顾本章例子 9.7 中 $\mathbb{Z}_{13}$ 上的椭圆曲线方程

$$E : y^2 = x^3 + 7x + 6 \mod 13,$$

其对应的群 $E(\mathbb{Z}_{13})$ 是含有 11 个元素的循环群, 具体元素如下:

$$\{\mathcal{O}, (1, 1), (1, 12), (5, 6), (5, 7), (6, 2), (6, 11), (10, 6), (10, 7), (11, 6), (11, 7)\}.$$

请基于上述群 $E(\mathbb{Z}_{13})$, 给出椭圆曲线 ElGamal 公钥加密的实例.

(4) 在实现椭圆曲线密码方案时, 需注意检查点是否属于指定的椭圆曲线群, 即点是否满足椭圆曲线方程或点的阶是否与指定的阶一致. 例如, 点 $Q = (5, 0)$ 显然不是第 (3) 问所述椭圆曲线上的点. 假设用户未对该点作相关检查, 而直接采用椭圆曲线点加运算细则计算 kQ, 请分析 kQ 的计算结果.

练习 9.17 利用 Pohlig-Hellman 算法求解 $\log_a b$,

(1) $p = 41, a = 6, b = 29$;

(2) $p = 37, a = 2, b = 29$.

参考文献

[1] Diffie W, Hellman M. New directions in cryptography. IEEE Transactions on Information Theory, 1976, 22(6): 644-654.

[2] Agrawal M, Kayal N, Saxena N. Primes is in P. Annals of Mathematics, 2004, 160(2): 781-793.

[3] Xu G W. On solving a generalized Chinese remainder theorem in the presence of remainder errors. Geometry, Algebra, Number Theory, and Their Information Technology Applications, 2018, volume 251 of PROMS: 461-476.

[4] Xu G W, Li B. On the algorithmic significance and analysis of the method of DaYan deriving one. arXiv preprint arXiv:1610.01175, 2016[2023-10-13]. https://arxiv.org/abs/1610.01175.

[5] Montgomery P L. Modular multiplication without trial division. Mathematics of Computation, 1985, 44(170): 519-521.

[6] Jana S, Shmatikov V. Memento: Learning secrets from process footprints. 2012 IEEE Symposium on Security and Privacy, IEEE, 2012, pages 143-157.

[7] Lenstra A K, Hughes J P, Augier M, et al. Ron was wrong, Whit is right. Cryptology ePrint Archive, 2012[2023-10-15]. https://eprint.iacr.org/ 2012/064.pdf.

[8] Boneh D. Twenty years of attacks on the RSA cryptosystem. Notices of the AMS, 1999, 46(2): 203-213.

[9] Rabin M O. Probabilistic algorithm for testing primality. Journal of Number Theory, 1980, 12(1): 128-138.

[10] Pomerance C. The quadratic sieve factoring algorithm. Workshop on the Theory and Application of Cryptographic Techniques, 1984, volume 209 of LNCS: 169-182.

[11] Abdalla M, Bellare M, Rogaway P. The oracle DiffieHellman assumptions and an analysis of DHIES. Topics in Cryptology—CT-RSA 2001, 2001, volume 2020 of LNCS: 143-158.

[12] Grover Y L K. A fast quantum mechanical algorithm for database search. Proceedings of the Twenty-eighth Annual ACM Symposium on Theory of Computing, 1996, pages 212-219.

[13] CACR. 全国密码算法设计竞赛, 2018[2023-10-20]. https://sfjs.cacrnet.org.cn/site/content/309.html.

[14] Gentry C. Fully homomorphic encryption using ideal lattices. Annual ACM Symposium on Theory of Computing, 2009, pages 169-178.

[15] Garg S, Gentry C, Halevi S, et al. Candidate indistinguishability obfuscation and functional encryption for all circuits. SIAM Journal on Computing, 2016, 45(3): 882-929.

[16] Hoffstein J, Pipher J, Silverman J H. NTRU: A ring-based public key cryptosystem. International Algorithmic Number Theory Symposium, 1998, volume 1423 of LNCS: 267-288.

[17] Ajtai M. Generating hard instances of lattice problems. Proceedings of the Twenty-eighth Annual ACM Symposium on Theory of Computing, 1996, volume 1644 of STOC'96: 99-108.

[18] Regev O. On lattices, learning with errors, random linear codes, and cryptography. Journal of the ACM (JACM), 2009, 56(6): 1-40.

[19] Lyubashevsky V, Peikert C, Regev O. On ideal lattices and learning with errors over rings. Advances in Cryptology—EUROCRYPT 2010: 29th Annual International Conference on the Theory and Applications of Cryptographic Techniques, 2010, volume 6110 of LNCS:1-23.

[20] Banerjee A, Peikert C, Rosen A. Pseudorandom functions and lattices. Annual International Conference on the Theory and Applications of Cryptographic Techniques, 2012, volume 7237 of LNCS: 719-737.

[21] McEliece R J. A public-key cryptosystem based on algebraic coding theory. Coding Thv, 1978, 4244: 114-116.

[22] Rostovtsev A, Stolbunov A. Public-key cryptosystem based on isogenies. Cryptology ePrint Archive, 2006. https://eprint.iacr.org/ 2006/145.pdf.

[23] Jao D, De Feo L. Towards quantum-resistant cryptosystems from supersingular elliptic curve isogenies. International Workshop on PostQuantum Cryptography, 2011, volume 7071 of LNCS: 19-34.

[24] Castryck W, Lange T, Martindale C, et al. CSIDH: an efficient post-quantum commutative group action. Advances in Cryptology—ASIACRYPT 2018: 24th International Conference on the Theory and Application of Cryptology and Information Security, 2018, volume 11274 of LNCS: 395-427.

[25] Castryck W, Decru T. An efficient key recovery attack on SIDH. Advances in Cryptology—EUROCRYPT 2023: 42nd Annual International Conference on the Theory and Applications of Cryptographic Techniques, Cham, 2023, volume 14008 of LNCS: 423-447.

[26] Bos J, Ducas L, Kiltz E, et al. Crystalskyber: A CCA-secure module-lattice-based KEM. In 2018 IEEE European Symposium on Security and Privacy (EuroS&P), IEEE, 2018, pages 353-367.

[27] Harvey D, Van der Hoeven J. Integer multiplication in time $O(n \log n)$. Annals of Mathematics, 2021, 193(2): 563-617.

[28] García L C C. Can Schönhage multiplication speed up the RSA decryption or encryption? Technische Universität Darmstadt, 2007.

第 10 章

数字签名

第10章课件

在日常生活与工作中, 我们常常需要在信件、合同等纸质文件上签署自己的名字, 从而向他人表示确认、同意文件的内容, 其他人可以通过对比签名字迹来确认签名内容的真实性. 在网络空间中, 电子数据同样需要被确认且数据的真实性能够被他人 (公开) 验证. 为了满足该功能需求, 数字签名应运而生. 作为一种重要的认证技术, 数字签名已经广泛应用于网络空间诸多领域, 例如, 网页浏览、电子支付、电子邮件等. 本章将介绍数字签名的基本原理、典型方案及其安全性.

10.1 数字签名概述

数字签名概述

数字签名用于实现认证性, 包括确认消息的完整性与消息来源的真实性, 即确认消息在传输过程中未被篡改, 并且消息是由所声明的用户签署的. 具体来说, 数字签名作为一种公钥密码, 签名者使用其私钥 sk 对消息签名, 任何知道签名者公钥 pk 的用户均可以验证签名的合法性.

与手写签名不同, 数字签名的签名者对于不同的消息生成的数字签名是不同的, 且数字签名的合法性可以 "公开验证", 即任何知道签名者公钥的用户都可以验证签名的真伪, 但不知道签名私钥的敌手难以伪造签名. 此外, 数字签名也满足不可否认性——签名者对其生成过的数字签名通常是不能否认的.

定义 10.1 数字签名方案由以下三个概率多项式时间算法组成:

- 密钥生成算法 $KeyGen$: $(sk, vk) \leftarrow KeyGen(1^\lambda)$.

输入安全参数 1^λ, 输出 (sk, vk), 其中 sk 为签名私钥, vk 为验证公钥.

- 签名算法 $Sign$: $\sigma \leftarrow Sign_{sk}(m)$.

输入签名私钥 sk 与要签署的消息 m, 输出签名 σ, 其中 $m \in \mathbb{M}$, $\mathbb{M}$ 为消息空间.

- 验证算法 $Vrfy$: $b \leftarrow Vrfy_{vk}(m, \sigma)$.

输入验证公钥 vk, 消息 m 与签名 σ, 输出 b, 其中 $b \in \{0, 1\}$. $b = 1$ 表示验证通过, 即签名是合法的, $b = 0$ 表示验证不通过, 即签名不合法.

我们通过下面的例子理解数字签名的使用.

例子 10.1 用户 A 想要向用户 B 发送一份邮件 m, 并让 B 相信这份邮件 m 是确实来自于 A 且内容未被他人篡改. A 使用数字签名实现该认证功能, 该过程如图 10.1 所示.

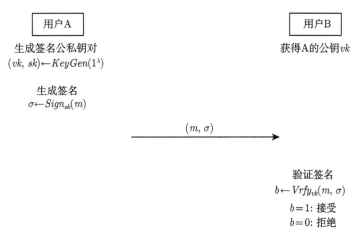

图 10.1 数字签名实现认证功能

(1) 假设 A 的验证公钥和签名私钥分别是 vk_A 与 sk_A, 并且 B 通过可靠途径获得了 A 的公钥 vk_A.

(2) A 运行签名算法, 对邮件 m 生成签名:

$$\sigma \leftarrow Sign_{sk_A}(m),$$

然后将邮件 m 及其签名 σ 一并发送给 B.

(3) B 收到 (σ, m) 后, 使用 A 的公钥验证签名 σ:

$$b \leftarrow Vrfy_{vk_A}(m, \sigma).$$

如果 $b = 1$, 则表示该邮件确实来自于 A 且未被篡改. 否则, 验证不通过, 邮件可能为伪造或被篡改.

与 MAC 的区别 从功能上看, 数字签名与消息认证码 (MAC) 都能提供认证性, 即验证消息完整性与消息来源的真实性, 但 MAC 是对称密码, MAC 标签的生成方与验证方需要共享相同的秘密密钥 k, 这意味着 MAC 不具有公开可验证性, 并且验证方同样可以使用 k 生成 MAC 标签, 第三方无法确认 MAC 标签究竟由谁生成, 因此, MAC 无法实现不可否认性.

数字签名的公开可验证性与不可否认性使其较 MAC 拥有更为广泛的应用场景, 其中, 数字证书是数字签名最为典型的应用. 数字证书是可信机构为用户发放的公开可验证的证书, 用以证明用户信息 (身份、公钥、代码等) 的真实性, 其本质是可信机构对用户信息的数字签名 $\sigma = Sign_{sk}(m)$, 其中 sk 为可信机构的私钥, m 为用户信息, 任何持有可信机构公钥 vk 的第三方, 可以通过验证证书签名以确认相关用户信息的真实性. 例如, 操作系统升级程序需携带数字证书及相关签名信息, 以证明升级程序来源于真实厂商, 而非恶意代码; 使用浏览器访问网站时, 通过验证网站证书以确认网站的真实性, 防范虚假网站盗取用户信息.

10.2 安全要求与设计原理

要设计一个安全的数字签名, 首先要了解何为数字签名的 "安全". 接下来, 我们结合数字签名的攻击目的与攻击手段, 介绍数字签名的安全定义.

1. 攻击目的: 攻击者针对数字签名的攻击目的是破坏其认证功能, 在表现形式上为伪造数字签名并确保伪造的签名能够通过验证, 根据破坏性强弱可分为以下三个层次.

(1) 完全破解: 敌手能够获得签名者的签名私钥, 获得私钥的敌手可以对任意消息伪造签名.

(2) 选择性伪造: 敌手能够针对某些**被指定的** (目标) 消息伪造签名.

(3) 存在性伪造: 敌手能够输出可以通过验证的签名与消息即可, 对所签署的消息没有任何限制.

敌手攻击目的的难度从上到下依次降低.

2. 攻击手段: 根据敌手的能力以及掌握的信息, 可分为以下三个层次.

(1) 唯密钥攻击: 敌手只能获取到签名者的验证公钥.

(2) 已知消息攻击: 敌手可获取某些消息及其对应的签名, 通过分析这些信息进行攻击.

(3) 选择消息攻击: 敌手可以主动选择任意的消息并能够获取其对应的签名, 通过分析这些信息进行攻击.

敌手的攻击手段从上到下依次增强.

能够抵抗的敌手攻击目的越弱、攻击手段越强, 密码方案的安全性就越高. 因此, 对于数字签名, 通常考虑选择消息攻击卜的存在性伪造, 并通过下述敌手与签名者间的互动游戏 $Exp_A^{EUF\text{-}CMA}$ 来刻画数字签名的安全性.

设签名方案为 $\Pi_{sig} = (KeyGen, Sign, Vrfy)$, 其对应的 $Exp_A^{EUF\text{-}CMA}$ 游戏描述如下:

1. 签名者运行密钥生成算法 $(sk, vk) \leftarrow KeyGen(1^\lambda)$, 将公钥 vk 发送给敌手 A.

2. 敌手 A 能够向签名者询问任何消息的签名, 即敌手向签名者询问消息 m, 签名者计算 $\sigma \leftarrow Sign_{sk}(m)$, 将 σ 发送给 A, 并将每次询问的消息记录在集合 Q 中. 注意, 敌手可以进行多次签名询问.

3. A 最终输出伪造的 "消息-签名" 对 (m^*, σ^*).

如果 (m^*, σ^*) 满足 $Vrfy_{vk}(m^*, \sigma^*) = 1$ 并且 $m^* \notin Q$, 我们说敌手 A 赢得了上述游戏, 记为 $Exp_A^{EUF\text{-}CMA} = 1$.

定义 10.2 (选择消息攻击下的存在性不可伪造 EUF-CMA)　如果对于任意多项式时间敌手 A, 赢得上述游戏的概率是可忽略的, 即

$$\Pr[Exp_A^{EUF\text{-}CMA} = 1] \leqslant negl(\lambda),$$

则称数字签名方案 $\pi_{sig} = (KeyGen, Sig, Vrfy)$ 可以达到选择消息攻击下的存在性不可伪造, 即数字签名方案是安全的.

由上述分析可知, 我们希望只有拥有密钥的用户才可以生成合法的数字签名, 敌手即使看到签名也无法获取密钥并伪造用户签名. 为了满足该要求, 数字签名的设计需要基于具有单向性的函数. 回顾单向函数 f 的性质: 已知 x 计算 $y \leftarrow f(x)$ 是容易的, 但是, 给定 y 求解原像 x 满足 $f(x) = y$ 是困难的. 如果将 x 看作签名私钥, y 看作签名公钥, 则签名可以看作是一种特殊的证明——签名者在不暴露原像 x 的条件下, 证明其知道 x 满足 $y = f(x)$, 而所签署的消息根据具体的单向函数被嵌入在该证明中. 基于现有的数学困难问题假设, 我们可以给出不同的单向函数的具体实现, 进而可以构造出性质与功能各异的数字签名方案. 接下来, 我们将介绍几类基于具体数学困难问题的数字签名方案.

10.3 RSA 数字签名

RSA数字
签名

本节我们介绍一种典型的基于因子分解的数字签名方案——RSA 数字签名. RSA 数字签名属于 RSA 密码体制 (包括加密与签名), 由 R. Rivest、A. Shamir 与 L. Adleman 提出. RSA 数字签名与 RSA 加密的描述相似, 但却有本质不同, 为了深入理解其关键设计, 我们首先展示一种简化的 RSA 数字签名基本方案.

• 密钥生成 $KeyGen$: 该方案的密钥生成与 RSA 加密 (第 9 章) 相同, 其中 $vk = (n, e)$ 是验证公钥, $sk = (n, d)$ 是签名私钥, 消息空间 $\mathbb{M} = \mathbb{Z}_n$.

• 签名 $Sign$: 输入消息 m, 签名私钥 (n, d), 计算签名

$$\sigma \leftarrow m^d \bmod n,$$

其中 $m \in \mathbb{Z}_n$.

• 验证 $Vrfy$: 输入签名者公钥 (n, e)、消息 m 与签名 σ, 计算

$$m' \leftarrow \sigma^e \bmod n.$$

如果 $m' = m$, 则签名合法, 输出 1; 否则非法, 输出 0.

签名验证算法的正确性由以下等式易得

$$m' = \sigma^e \bmod n = (m^d)^e \bmod n = m.$$

注意, 上式相等利用了 $ed \equiv 1 \bmod \phi(n)$.

可见, 简化的 RSA 数字签名基本方案的描述与 RSA 加密方案非常相似, 不同之处在于, 在加密方案中使用公钥 e 计算密文 $c = m^e \bmod n$, 但在签名方案中使用私钥 d 计算签名 $\sigma = m^d \bmod n$.

安全性分析　直观上, 由于因子分解的困难性, 敌手难以由公钥求出签名私钥 d 进而难以伪造签名 m^d. 但是简化的 RSA 数字签名基本方案是不安全的——不知道签名密钥 d 的敌手可以伪造签名. 我们列举以下两种直接的攻击.

例子 10.2 (唯密钥攻击下的存在性伪造)　当敌手获取到签名者的公钥 (n, e) 后, 随机选取 $\sigma' \in \mathbb{Z}_n$ 作为签名, 再计算 $m' \leftarrow \sigma'^e \bmod n$ 作为消息. 可以验证 (m', σ') 能够通过验证算法, 因此, 敌手成功伪造了对消息 m' 的签名 σ'.

例子 10.3 (已知消息攻击下的存在性伪造)　假设敌手已知签名者对消息 m_1 的签名 σ_1 以及对消息 m_2 的签名 σ_2. 注意, (m_1, σ_1) 与 (m_2, σ_2) 满足

$$\sigma_1 = Sign_{sk}(m_1) = m_1^d \bmod n,$$

$$\sigma_2 = Sign_{sk}(m_2) = m_2^d \bmod n.$$

由 RSA 密码的乘法同态性可知

$$\sigma_1 \sigma_2 = m_1^d \cdot m_2^d = (m_1 m_2)^d.$$

因此, 可以直接将 $\sigma_1 \sigma_2$ 作为对消息 $m_1 m_2$ 的伪造签名, 可以验证 $(m_1 m_2, \sigma_1 \sigma_2)$ 满足 $Vrfy_{vk}(m_1 m_2, \sigma_1 \sigma_2) = 1$.

上述存在性伪造攻击中, 敌手或将任意一个群元素解释为签名并反向求解对应消息, 或利用同态性将已知的消息与签名组合为新的消息与签名. 为了防范相关攻击, 需在签名中添加杂凑函数, 通过先对消息进行杂凑运算, 然后对消息的杂凑值进行签名, 以限制敌手反向求解消息的能力并消除同态性, 此处使用的杂凑函数 H 的值域应为 $\mathbb{Z}_n$, 即 $H: \{0,1\}^* \rightarrow \mathbb{Z}_n$, 此类杂凑函数称为满域杂凑 (full domain hash, FDH) 函数. 由此类杂凑函数构建的 RSA 数字签名称为 RSA-FDH, 其正式描述如下.

RSA-FDH 数字签名方案

• 密钥生成 *KeyGen*: 输入安全参数 1^λ, 输出签名私钥与验证公钥. 具体算法包括: 随机选取两个互异的大素数 p 和 q, 计算 $n = pq$, $\phi(n) = (p-1)(q-1)$,

选择 $e \in \{1, \cdots, \phi(n)\}$, 满足 $gcd(e, \phi(n)) = 1$, 计算 d, 满足 $ed \equiv 1 (\mathrm{mod}\phi(n))$. $vk = (n, e)$ 是验证公钥, $sk = (n, d)$ 是签名私钥. 设 $H : \{0,1\}^* \to \mathbb{Z}_n$ 是杂凑函数. 消息空间 $M = \{0,1\}^*$.

- 签名 $Sign$: 输入消息 $m \in \mathbb{M}$, 签名私钥 (n, d), 计算签名

$$\sigma \leftarrow H(m)^d \bmod n.$$

- 验证 $Vrfy$: 输入签名者公钥 (n, e)、消息 m 与签名 σ, 验证

$$H(m) \overset{?}{=} \sigma^e \bmod n.$$

如果上述等式成立, 则签名合法, 输出 1; 否则非法, 输出 0.

正确性 可以证明合法生成的签名能够满足验证算法的等式, 因为

$$\sigma^e = H(m)^{de} = H(m) \bmod n.$$

安全性分析 之前讨论的存在性伪造攻击对于上述方案中不再可行.

- 唯密钥攻击下的存在性伪造: 如果敌手随机选择 $\sigma' \in \mathbb{Z}_n$ 作为签名, 可以计算 $m' = \sigma'^e \bmod n$, 但由于杂凑函数的单向性, 难以计算出消息 m 使得

$$H(m) = m'.$$

- 已知消息攻击下的存在性伪造: 杂凑函数的输出可以破坏数学结构, 消除同态性, 对于已知消息的敌手, 很难找到 m_1 与 m_2 满足

$$H(m_1) \cdot H(m_2) = H(m_1 m_2),$$

因此, $\sigma_1 \sigma_2 = H(m_1)^d \cdot H(m_2)^d = H(m_1 m_2)^d$ 难以成立.

值得注意的是, 杂凑函数的抗碰撞性 (即找到两个消息 $m_1 \neq m_2$ 满足 $H(m_1) = H(m_2)$ 是困难的) 对于抵抗选择消息攻击是非常重要的.

- 选择消息攻击下的存在性伪造: 如果敌手能够找到杂凑函数的碰撞, 即找到两个不同的消息 m_1 与 m_2 满足 $H(m_1) = H(m_2)$, 且能够得到关于 m_1 的签名 σ_1, 则 σ_1 可以作为 m_2 的伪造签名, 因为

$$\sigma_1 = H(m_1)^d = H(m_2)^d,$$

这意味着一个签名可以解释为对不同消息的签名, 此时无法保障认证性. 但是, 对于满足抗碰撞性的杂凑函数, 敌手难以找到碰撞消息并进行上述伪造攻击.

此外, 由于杂凑函数 $H : \{0,1\}^* \to \mathbb{Z}_n$ 的压缩特性, 可以将**任意长度**的消息先压缩为 $\mathbb{Z}_n$ 上的元素, 然后计算签名, 这极大提升了签名方案的消息数据处理效率. 然而, 如果杂凑函数不是满域的, 例如, 杂凑函数值域为 $\{0,1\}^{256}$, 但 $|n| = 2048$, 则存在攻击可能.

10.4　ElGamal 数字签名

ElGamal 数

字签名

ElGamal 数字签名由 Taher ElGamal 在 1985 年提出, 其改进形式 DSS 于 1991 年被美国国家标准与技术研究院 (NIST) 确定为数字签名标准. 不同于 RSA 签名, ElGamal 签名方案基于求解离散对数的困难性 (DLP), 其签名算法是一种非确定性算法, 这意味着针对同一个消息可以生成许多不同的有效签名. ElGamal 签名方案具体描述如下.

• 密钥生成 *KeyGen*: 输入安全参数 1^λ, 输出 ElGamal 签名的私钥与验证公钥. 具体参数如下: 假设素数 p 满足在群 $\mathbb{G} = \mathbb{Z}_p^*$ 上的离散对数问题是困难的, g 是群 $\mathbb{Z}_p^*$ 的生成元, 阶为 $p-1$. 随机选择 $x \in [1, 2, \cdots, p-1]$, 计算 $y = g^x \bmod p$. 公钥 $vk = (y, g, p)$, 私钥 $sk = x$.

• 签名 *Sign*: 输入消息 $m \in \mathbb{M}$ 与签名者私钥 x, 其中消息空间 $\mathbb{M} = \{0, 1\}^*$. 随机选择 $k \in [1, 2, \cdots, p-1]$, 满足 k 与 $p-1$ 互素, 计算

$$r = g^k \bmod p,$$

$$s = (H(m) - xr)k^{-1} \bmod (p-1),$$

其中杂凑函数 $H : \{0, 1\}^* \to \mathbb{Z}_p^*$. 输出签名 $\sigma = (r, s)$.

• 验证 *Vrfy*: 输入签名者公钥 (y, g, p)、消息 m 以及签名 σ, 验证以下等式是否成立:

$$y^r r^s \stackrel{?}{=} g^{H(m)} \bmod p. \tag{10.1}$$

如果上述等式成立, 则签名合法, 输出 1; 否则, 输出 0.

正确性　如果签名是正确生成的, 可以得到

$$y^r r^s = g^{xr} g^{ks} = g^{ks+xr} = g^{H(m)} \bmod p.$$

因此, 验证等式成立.

安全性分析　ElGamal 签名方案运行在群 $\mathbb{G}$ 上, 其安全性依赖于群 $\mathbb{G}$ 上离散对数问题的困难性和杂凑函数的安全性. 为了进一步理解该结论, 考虑敌手针对 ElGamal 签名以下几种伪造攻击的尝试, 即没有私钥 x 的条件下, 敌手尝试寻找消息 m 及 (r, s) 满足验证等式 (10.1).

• 在给定消息 m 的条件下, 敌手首先随机选择 r, 进而求解满足验证等式的 s. 此时, 计算 s 相当于计算离散对数 $\log_r(g^{H(m)} y^{-r})$, 因此, 利用该方法伪造 m 的签名是困难的.

• 在给定消息 m 的条件下, 敌手首先随机选择 s, 进而求解满足验证等式的 r. 此时, 需要计算关于 r 的方程 $y^r r^s = g^{H(m)} \bmod p$. 但是, 目前并没有关于该方

程有效的解法; 此外, 目前也没有有效的方法可以找到一对 r 和 s 满足验证等式. 因此, 通过求解 r 或 (r, s) 进而伪造 m 的签名是困难的.

• 首先随机选择 (r, s), 进而求解消息 m. 此时, 需要计算 m 满足 $H(m) = \log_g y^r r^s$, 这要求敌手能够求解离散对数以及杂凑函数原像. 因此, 该方法在计算上也是不可行的.

注意 杂凑函数对于保障 ElGamal 签名的安全性具有重要作用. 如果没有杂凑函数的保护, 则 ElGamal 签名易遭受存在性伪造攻击.

例子 10.4 (唯密钥攻击下的存在性伪造) 假设 ElGamal 签名没有使用杂凑函数, 即未对消息使用杂凑函数进行压缩. 此时, 签名算法修改为

$$r = g^k \bmod p,$$

$$s = (m - xr)k^{-1} \bmod (p - 1).$$

其中, $m \in \mathbb{Z}_p^*$. 对应的, 验证等式修改为

$$y^r r^s = g^m \bmod p. \tag{10.2}$$

针对上述无杂凑函数的 ElGamal 签名, 可以实施以下唯密钥攻击下的存在性伪造: 随机选择 $i, j \in \mathbb{Z}_p^*$, 满足 $\gcd(j, p - 1) = 1$, 令 $r = g^i y^j \bmod p$, 则根据验证等式 (10.2),

$$y^r (g^i y^j)^s = g^m \bmod p$$

等价于

$$y^{r+js} = g^{m-is} \bmod p.$$

因此, 为了满足验证等式 $y^r r^s = g^m \bmod p$, 令 $r + js \equiv 0 \bmod (p-1)$, $m - is \equiv 0 \bmod (p-1)$, 可以求解

$$s = -rj^{-1} \bmod (p-1),$$

$$m = -irj^{-1} \bmod (p-1).$$

容易验证, 上述方法伪造的 (r, s) 与 m 能够通过等式 (10.2) 验证.

此外, 使用 ElGama 数字签名时, 还需要注意以下问题.

1. 随机数 k 不能泄露, 否则可以求解密钥:

$$x = (H(m) - ks)r^{-1} \bmod (p-1).$$

2. 每次签名需要使用不同的随机数 k, 否则可以求解密钥:

假设在对消息 m_1 与消息 m_2 的签名过程中使用了相同的 k, 得到的签名分别为 (r, s_1) 与 (r, s_2), 其中 $r = g^k \bmod p$. 我们将以下两个签名的验证等式相除

$$y^r r^{s_1} = g^{H(m_1)},$$

$$y^r r^{s_2} = g^{H(m_2)}.$$

可以得到

$$g^{k(s_1-s_2)} = g^{H(m_1)-H(m_2)} \mod p,$$

$$k(s_1 - s_2) = H(m_1) - H(m_2) \mod (p-1).$$

令 $d = \gcd(s_1 - s_2, p-1)$, 我们有

$$k(s_1 - s_2)/d = (H(m_1) - H(m_2))/d \mod (p-1)/d.$$

此时 $(s_1 - s_2)/d$ 与 $(p-1)/d$ 互素, 因而可计算 $(s_1 - s_2)/d \mod (p-1)/d$ 的逆元. 令 $e = ((s_1 - s_2)/d)^{-1} \mod (p-1)/d$, 可得

$$k = e(H(m_1) - H(m_2))/d + i(p-1)/d \mod (p-1),$$

其中 $0 \leqslant i \leqslant (d-1)$. 对于 d 种可能的 i, 可以通过等式 $r = g^k \mod p$ 检测出唯一正确的 i 与 k, 从而计算 $x = (H(m) - ks)r^{-1} \mod (p-1)$.

10.5　Schnorr 数字签名

Schnorr 数字签名

1989 年, Claus Schnorr 提出了一种 ElGamal 签名的变形方案——Schnorr 数字签名方案. 相比 ElGamal 签名, Schnorr 签名缩短了签名长度, 且降低了签名的计算开销.

Schnorr 签名的设计起源于 Schnorr 身份识别协议 (本书第 13 章内容), 简单地说, Schnorr 身份识别协议是一种特殊的证明, 它允许证明者 P 在不泄露 $\log_g y$ 的条件下向 V 证明: P 知道 y 关于 g 的离散对数 $\log_g y = x$, 即满足 $y = g^x$. 证明结束后, V 除了 y, g 等公开参数外, 并没有获得 x 的相关信息. 该协议包含三个步骤 (假设 y, g 是公开的参数, P 知道 $\log_g y = x$.)

　　1. 承诺阶段: P 随机选择 k, 计算 $R = g^k$, 并将 R 发送给 V.

　　2. 挑战阶段: V 随机选择 c 发送给 P.

　　3. 响应阶段: P 计算 $s = k + xc$, 并将 s 发送给 V.

V 收到 s 后, 验证以下等式是否成立

$$R = g^s y^{-c}.$$

如果成立, 则 V 接受 P 的证明, 即相信 P 知道 $\log_g y = x$.

如果, P 已知 x 满足 $y = g^x$, 则根据上述步骤计算出的 s 可以使得 $g^k = g^s y^{-c}$ 成立, 这是因为

$$g^s y^{-c} = g^{k+xc}(g^x)^{-c} = g^k = R$$

相反, 如果 P 并不知道 $\log_g y$, 则难以生成满足上述等式的 R 与 s.

而 Schnorr 数字签名则是上述证明的 "非交互" 形式——证明者采用杂凑函数生成挑战 c, 并将要签署的消息嵌入杂凑函数中, 从而将上述证明过程转化为 "非交互" 的. 由于此类证明并没有泄露关于秘密 x 的额外信息, 我们称其为零知识证明. 更多关于零知识证明与身份识别协议的介绍, 请参考本书第 13 章.

Schnorr 数字签名由以下三个算法组成:

* 密钥生成 $KeyGen$: 输入安全参数 1^λ, 输出 Schnorr 签名的私钥与验证公钥. 具体参数如下: 假设素数 p 满足在 $\mathbb{Z}_p^*$ 上求解离散对数问题是困难的, 并且素数 q 满足 $q|p-1$, g 是 $\mathbb{Z}_p^*$ 中的一个 q 阶元素 ($\langle g \rangle$ 是 $\mathbb{Z}_p^*$ 的一个 q 阶循环子群). 随机选取 $x \in \mathbb{Z}_q^*$, 计算 $y = g^x \bmod p$, 公钥为 (p,q,g,y), 私钥为 x.

* 签名 $Sign$: 输入消息 m 与签名者私钥 x, **选择随机数** $k \in [1,2,\cdots,q-1]$, 计算

$$c = H\left(m||(g^k \bmod p)\right),$$

$$s = k + xc \pmod{q}.$$

其中杂凑函数 $H : \{0,1\}^* \to \mathbb{Z}_q^*$. 输出签名 (c,s).

* 验证 $Vrfy$: 输入签名者公钥 (p,q,g,y)、消息 m 以及签名 (c,s), 验证以下等式是否成立:

$$H\left(m||(g^s y^{-c} \bmod p)\right) \overset{?}{=} c. \tag{10.3}$$

如果上式成立, 则签名合法, 输出 1; 否则, 输出 0.

正确性   如果签名是正确生成的, 则根据验证等式, 我们有

$$H\left(m||(g^s y^{-c} \bmod p)\right) = H\left(m||(g^{k+xc} g^{-xc} \bmod p)\right) = H\left(m||(g^k \bmod p)\right) = c.$$

注意   ElGamal 签名运算所在的群是 $\mathbb{Z}_p^*$, 最终签名 (r,s) 是两个 $\mathbb{Z}_p^*$ 上的元素, 但是, Schnorr 签名运算所在的群实际是 $\mathbb{Z}_p^*$ 的 q 阶子群 $\langle g \rangle$, 相关杂凑函数的值域为 $\mathbb{Z}_q^*$, 最终的签名 (c,s) 为 $\mathbb{Z}_q^*$ 上的二元组. 假设素数 p 的长度为 1024-bit, 素数 q 的长度为 160-bit, 则 Schnorr 签名 (c,s) 的长度仅为 320-bit. 基于当前设备计算性能的快速提升, 考虑到其对离散对数问题与杂凑函数的安全性 (抗碰撞性) 产生的潜在影响, 推荐 $|p|$ 为 2048 比特, $|q|$ 为 256 比特.

安全性分析   类似于 ElGamal 签名方案的安全性分析, Schnorr 签名方案的安全性依赖于离散对数问题的困难性和杂凑函数的安全性. 例如, 考虑敌手在没有

私钥 x 的条件下进行伪造, 如果随机选择 c, 则需要寻找 m 与 s 满足 $H(m||g^s y^{-c}) = c$, 但这需要求解杂凑函数原像并解决离散对数问题. 注意到, 杂凑函数绑定了 m 与 g^k 的关系: $H(m||g^k) = c = H(m||g^s y^{-c})$, 该式成立的关键是

$$g^k = g^s y^{-c}.$$

在 x 未知的条件下, 即使敌手已知合法的消息-签名对 m 与 (c, s), 也难以通过修改 m, s 或 c 并保持验证等式成立 (假设 (c, s) 对应的等式为 $g^k = g^s y^{-c}$):

- 如果敌手能够找到新的 (s', c') 满足 $g^k = g^{s'} y^{-c'}$, 则有

$$g^s y^{-c} - g^{s'} y^{-c'}.$$

假设 $\gcd(c' - c, q) = 1$, 则可以得到

$$y = g^{\frac{s' - s}{c' - c}}.$$

即可以求出 y 关于 g 的离散对数 $\log_g y = \dfrac{s' - s}{c' - c}$, 这与离散对数问题是困难的矛盾.

- 如果敌手找到的 (s', c') 满足 $g^k \neq g^{s'} y^{-c'}$, 则根据杂凑函数的性质, $c' = H(m'||g^s y^{-c'})$ 难以成立.

10.6 DSA 数字签名

DSA (digital signature algorithm) 由美国国家技术与标准研究院 (NIST) 于 1991 年提出, 并在 1994 年采纳为美国数字签名标准 (DSS). DSA 是 ElGamal 签名的变形, 同时吸收了 Schnorr 签名的设计思想, 以压缩签名长度. DSA 数字签名由以下三个算法组成:

- 密钥生成 *KeyGen*: 该算法与 Schnorr 的密钥生成算法类似. 假设素数 p 满足在 $\mathbb{Z}_p^*$ 上求解离散对数问题是困难的, 并且素数 q 满足 $q|p-1$, g 是 $\mathbb{Z}_p^*$ 中的一个 q 阶元素. 随机选取 $x \in [1, 2, \cdots, q-1]$, 计算 $y = g^x \bmod p$, 公钥为 (p, q, g, y), 私钥为 x.

- 签名 *Sign*: 输入消息 m 与签名者私钥 x, 任选随机数 $k \in [1, 2, \cdots, q-1]$, 计算

$$r = (g^k \bmod p) \bmod q,$$

$$s = (H(m) + xr)k^{-1} \bmod q.$$

其中杂凑函数 $H : \{0, 1\}^* \to \mathbb{Z}_q^*$. 输出签名 (r, s).

• 验证 $Vrfy$: 输入签名者公钥 (p,q,g,y)、消息 m 和签名 (r,s), 验证以下等式是否成立:

$$r \overset{?}{=} (g^{H(m)s^{-1}} y^{rs^{-1}} \bmod p) \bmod q.$$

如果上式成立, 则签名合法, 输出 1; 否则, 输出 0.

正确性 如果签名是正确生成的, 则有

$$(g^{H(m)} y^r)^{s^{-1}} = g^{(H(m)+xr)s^{-1}} = g^k = r.$$

因此, 验证等式成立.

在验证算法中, 需要计算 $s^{-1} \bmod q$, 因此, 在签名阶段需要保证 s 存在逆元. 如果 $s=0$, 那么需要重新选择随机数 k, 直到生成合法的 s. 此外, k, k^{-1} 和 r 的值都与消息 m 无关, 因此可以预计算, 以节省签名时的计算时间.

假设素数 p 的长度 1024-bit, 素数 q 的长度为 160-bit, 则 DSA 签名 (r,s) 的长度为 320-bit. 基于目前计算机性能及安全性考虑, 推荐 $|p|$ 为 2048 比特, $|q|$ 为 256 比特, 杂凑函数输出 256 比特.

注意 DSA 计算 r 时, 需先进行 $\bmod p$ 运算, 再进行 $\bmod q$ 运算, 最终的 r 是 $[1, 2, \cdots, q-1]$ 中的元素. 而 ElGamal 签名中的 r 是群 $\mathbb{G} = \mathbb{Z}_p^*$ 中的元素.

安全性分析 与 ElGamal 签名和 Schnorr 签名的分析类似, DSA 的安全性同样依赖于求解离散对数的困难性和杂凑函数的安全性.

本章所述 ElGamal 签名、Schnorr 签名以及 DSA 签名均基于乘法循环群 $\mathbb{Z}_p^*$(或 q 阶子群) 上的运算. 事实上, 此类基于离散对数的数字签名可进一步推广至其他循环群, 例如, 椭圆曲线群. $\mathbb{Z}_p^*$ 上的数字签名转化为椭圆曲线上的数字签名的主要思路为: 两者算法的核心表达形式是相似的, 仅需将 $\mathbb{Z}_p^*$ 替换为椭圆曲线群, $\mathbb{Z}_p^*$ 中的元素替换为椭圆曲线上的点, 其中的乘法运算替换为椭圆曲线上的点加运算. 典型的椭圆曲线数字签名是 ECDSA, 现应用于 TLS 1.3 协议. 该方案最早由 Scott Vanstone 于 1992 年提出, 是 DSA 方案的椭圆曲线变体, 之后成为 ISO 标准 (ISO/IEC 14888-3)、美国国家标准 (ANSIX9.62, FIPS 186-2) 等标准.

随着密码分析与计算机技术的快速发展, 早期相关标准已不能满足当前及未来一段时间的安全需求, 例如, 80 比特的安全强度已不能满足当前安全需求, 故 160 比特的杂凑函数和 $|q|$ 不再是安全的参数设置 (生日攻击). 最新的 ECDSA 标准所使用的杂凑函数输出长度应为 256 比特或 512 比特 (FIPS186-5). 其他参数选择及安全强度如表 10.1 所示. 更多关于 ECDSA 标准的更新可参考文献 [1].

表 10.1　　ECDSA 安全参数[1]

$|q|$	可比安全强度
224-255 比特	至少 112 比特
256-383 比特	至少 128 比特
384-511 比特	至少 192 比特
$\geqslant$ 512 比特	至少 256 比特

10.7　国密标准 SM2 数字签名

SM2 数字签名方案发布于 2010 年, 属于我国 SM2 椭圆曲线公钥密码算法标准. SM2 签名采用了与 DSA 相似的设计原理, 安全性同样依赖于求解离散对数的困难性和杂凑函数的安全性, 但在验证效率上具有优势.

SM2 数字签名方案的密钥生成算法及相关系统参数的描述与 SM2 加密的类似, 设椭圆曲线 $E(\mathbb{F}_q)$ 的方程系数为 $a, b \in \mathbb{F}_q$, 基点 $G = (x_G, y_G)$ 的阶为 n. 令 H 表示国密 SM3 杂凑函数算法. 设用户 A 的可辨别标识为 ID_A, 其长度 (占用两个字节) 为 $ENTL_A$, 私钥为 d_A, 公钥为 $P_A = d_A G = (x_{P_A}, y_{P_A})$. 假设用户 A 对消息 M 进行签名.

算法 10.1　签名算法 $Sign$

输入: 消息 M, 椭圆曲线系数 $a(= -3), b$, 用户 A 的私钥 d_A.

输出: 签名 $(\bar{r}, \bar{s})$.

1. 计算 $\overline{M} \leftarrow H(ENTL_A \| ID_A \| a \| b \| x_G \| y_G \| x_{P_A} \| y_{P_A}) \| M$;
2. 计算 $e \leftarrow H(\overline{M})$; 注意, e 视为 256 比特整数;
3. 用随机数发生器产生整数 k, 满足 $1 \leqslant k \leqslant n - 1$;
4. 计算点 $kG = (x_1, y_1)$; 注意, x_1 视为整数;
5. 计算 $r \leftarrow (e + x_1) \pmod{n}$; 如果 $r = 0$ 或 $r + k = n$, 返回第 3 步;
6. 计算 $s = (1 + d_A)^{-1}(k - rd_A) \pmod{n}$; 如果 $s = 0$, 返回第 3 步;
7. 将 (r, s) 转化为字节串对 $(\bar{r}, \bar{s})$, 输出 $(\bar{r}, \bar{s})$.

假设用户 B 收到消息 M' 和签名 $(\bar{r}', \bar{s}')$. B 依照下述算法验证签名的合法性.

正确性　在验证阶段, 假如验证者得到的 (r', s') 是签名者正确生成的 (r, s), 并且消息 M 也未被篡改. 那么

$$sG + tP_A = sG + (r + s)P_A = sG + (r + s)d_A G$$

$$= s(1 + d_A)G + rd_A G = (k - rd_A)G + + rd_A G$$

$$= kG,$$

所以 $sG+tP_A$ 的 x-坐标必然是生成签名阶段 kG 的 x-坐标 x_1. 因此, $r = (e+x_1)$ $(\bmod\ n)$. 相反, 如果 (r,s,M) 中任何一个分量在传输中或在其他情况出错, 都会导致签名验证失败.

算法 10.2 验证算法 $Vrfy$

输入: 消息 M' 和签名 $(\bar{r}', \bar{s}')$, 用户 A 的信息和公钥 P_A.

输出: 验证通过或验证错误.

1. 将字节串对 $(\bar{r}', \bar{s}')$ 转化成 2-维整数向量 (r', s');
2. 如果 $r' \notin [1, n-1]$ 或 $s' \notin [1, n-1]$, 则输出验证错误;
3. 计算 $\overline{M}' \leftarrow H(ENTL_A\|ID_A\|a\|b\|x_G\|y_G\|x_{P_A}\|y_{P_A})\|M'$;
4. 计算 $e' \leftarrow H(\overline{M}')$, 将 e' 视为 256 比特整数;
5. 计算 $t \leftarrow (r' + s') \pmod{n}$;
6. 如果 $t = 0$, 则输出验证错误;
7. 计算点 $s'G + tP_A = (x_1', y_1')$;
8. 如果 $r' = (e' + x_1') \pmod{n}$, 则输出验证通过.

SM2 数字签名同之前介绍的 ECDSA 有许多不同之处. 在 ECDSA 中, 需计算随机数 (nonce) k 关于 n 的模逆, 而 SM2 签名是计算 $(1 + d_A)$ 关于 n 的模逆; SM2 签名的私钥 d_A 要求满足 $d_A < n-1$, 该要求不能放宽至 $d_A < n$, 因为 $d_A = n-1$ 将导致 $(1+d_A)$ 关于 n 不可逆. 当然, 由于 d_A 选取的随机性, $(1+d_A)$ 出现不可逆的概率是可忽略的. 此外, 相比于 ECDSA, SM2 签名的验证过程不再需要计算任何数关于 n 的模逆, 这个设计令 SM2 在验证签名方面具有效率优势.

10.8 后量子数字签名

10.8.1 后量子数字签名概述

由于基于整数分解和离散对数问题的数字签名无法抵抗量子计算机的攻击, 因此, 后量子安全的数字签名近年来备受关注. 包括我国在内的多个国家积极开展后量子数字签名的研制及标准化工作, 以应对未来量子计算的潜在威胁. 表 10.2 展示了 2018 年全国密码算法设计竞赛的后量子数字签名参赛方案. 2022 年, 美国 NIST 公布了拟标准化的三个后量子数字签名方案[2], 分别是基于格的 CRYSTALS-Dilithium、基于格的 Falcon 以及基于杂凑函数的 SPHINCS+.

从构造基于的困难问题来分类, 后量子签名主要包括基于格的签名、基于杂凑函数的签名、基于对称密码的签名、基于多变量的签名等.

基于格 基于格的签名方案可以选择多种格相关的困难问题, 由此得到的方案可以在效率和安全性等性能指标上进行权衡. 格签名方案主要有两种构造框架:

表 10.2　全国密码算法设计竞赛 (签名方案) [3]

第一轮	基于格	Aigis-sig	FatSeal	LASNET
		GoShine	NSG	木兰
	基于多变量	Square-Free		
	基于同源	ESS		
	其他	PKP-DSS	Higncryption	Gamma
第二轮	基于格	Aigis-sig	FatSeal	木兰
	其他	PKP-DSS		

1. **Hash-and-Sign 框架**　该框架的公钥是一个可以高效计算的单向陷门函数 $f(x)$, 私钥是可以辅助高效计算 $f^{-1}(x)$ 的陷门. 对消息 m 进行签名的过程是首先使用杂凑函数 H 计算 $H(m)$, 然后输出签名 $\sigma = f^{-1}(H(m))$. 验证过程是判断 $f(\sigma) = H(m)$ 是否成立. 使用该框架的早期代表性工作之一是 Goldreich, Goldwasser 与 Halevi 设计的 GGH 方案[4]. 该方案尽管安全性有缺陷[5], 但是为之后的方案设计提供了重要参考. Gentry、Peikert 与 Vaikuntanathan 提出的 GPV[6] 方案是基于该框架且具有可证明安全性的方案. Falcon 也是此类构造框架的典型代表.

2. **Fiat-Shamir 变换＋拒绝采样框架**　该框架基本思想是采用 Fiat-Shamir 变换将交互的身份识别方案转换为一个非交互的签名方案. Lyubashevsky 首先提出使用该框架构造格签名方案. 为了保证签名的分布和密钥无关, Lyubashevsky 提出了使用拒绝采样技术. 该构造框架下的代表性方案之一是 Ducas 等[7] 提出的基于模格的签名方案 Dilithium.

基于杂凑函数　基于杂凑函数的签名方案的后量子安全性依赖于底层杂凑函数的抗碰撞性. 相关构造一般基于一次性签名方案, 如 Lamport[8] 方案, Winternitz 方案等, 然后结合 Merkle[9] 树等技术实现多次签名. 基于杂凑的签名分为有状态和无状态这两种类型. 在基于有状态的杂凑签名方案中, 签名者必须跟踪已经使用的密钥对, 有效地存储状态并在每次签名生成后更新它. 无状态方案不需要管理状态, 而且更容易实现. 与无状态方案相比, 有状态方案的优点是签名更小, 运行速度更快. 此类方案的典型代表是 Bernstein 等提出的 SPHINCS[10] 及其改进 SPHINCS+[11].

基于编码　基于编码的数字签名方案安全性依赖于求解相关编码问题的困难性, 在构造方法上主要包括 Hash-and-Sign 与 Fiat-Shamir 两种框架. 例如, Stern[12] 提出的第一个实用的基于编码的身份识别方案, 即基于 syndrome decoding 问题, 进一步利用 Fiat-Shamir 转化方法, 可将 Stern 方案转换为签名方案. CFS 数字签名是 Courtois, Finiasz 与 Sendrier[13] 提出的一种基于 syndrome decoding 问题的签名方案, 属 Hash-and-Sign 框架. CFS 公钥规模大, 签名效率低, 但签名长度短. 尽管目前基于编码的相关签名方案在效率上还无法匹敌基于格的方案, 未能进入 NIST 后量子密码征集活动第三轮并入选最终标准, 但是, 随着基于编码的设计技术的不断发展, 此类方案在性能、带宽等方面上仍有较大改进空间.

基于对称密码 基于对称密码的签名方案采用了一类基于多方安全计算的零知识证明技术——MPC-in-the-head 零知识证明, 其安全性仅依赖对称密码, 且签名能够具有较小的公钥长度. 此类方案的典型代表是 Picnic[14]. 在计算性能表现方面, Picnic 能够优于基于杂凑函数的数字签名 SPHINCS+, 但尚不及 Dilithium[15] 与 Falcon[16]. 目前的 MPC-in-the-head 零知识证明技术也使得 Picnic 签名的长度大于其他后量子签名. 在安全性方面, 尽管能够提供更为保守的安全强度 (对称密码的单向性), 但是由于采用了新型对称加密算法 LowMC[17], 其安全性有待进一步考察. 基于上述原因, Picnic 算法止步于 NIST 后量子密码标准化计划第三轮.

基于多变量 基于多变量的数字签名方案主要基于有限域上多元二次方程组 (multivariate quadratic, MQ) 问题的困难性. 该类方案的优点是性能快、签名大小短, 但密钥大小相对较大. 虽然 MQ 问题 (在最坏情形下) 被证明是 $\mathcal{NP}$-完全问题, 但是由于具体方案构造中使用的是特殊的方程组, 因此方案的可证明安全性仍然需要进一步研究.

10.8.2 Dilithium 数字签名

Dilithium 签名由 Léo Ducas 等提出, 属于 CRYSTALS 密码套装 (cryptographic suite for algebraic lattices). 由于较好地实现了效率和安全性的均衡, Dilithium 已入选 NIST 标准化方案, 其标准化版本称为 ML-DSA. Dilithium 签名基于模 LWE 问题 (MLWE) 与模 SIS 问题 (MSIS), 并采用 Fiat-Shamir with Aborts 设计框架, 其基本设计思想类似于 Schnorr 签名——通过对交互式身份识别协议使用 Fiat-Shamir 变换得到签名方案, 同时, 为了确保签名的分布和密钥的分布统计独立, 采用了拒绝采样技术. 为了便于理解 Dilithium 的设计, 本节介绍一种简化版的 Dilithium.

计算假设 Dilithium 签名的安全性依赖于求解 MLWE 问题与 MSIS 问题的困难性, 在公钥加密章节我们已介绍过 MLWE 问题, 下面我们简要介绍 MSIS 问题.

定义 10.3 (短整数解问题 (short integer solution, SIS)) 给定 $\boldsymbol{A} \leftarrow \mathbb{Z}_q^{n \times m}$, 其中 $n, m, q, \gamma \in \mathbb{N}$ 是正整数, 求解非零向量 $\boldsymbol{x} \in \mathbb{Z}^m$, 满足 $\boldsymbol{A} \cdot \boldsymbol{x} = 0 \mod q$ 且 $\|\boldsymbol{x}\|_\infty \leqslant \gamma$.

与 LWE 问题类似, SIS 问题也是求解线性方程组的解. 直观上, 求解线性方

程组应是容易的 (因为存在多项式时间的高斯消元法). 然而, 当我们限定了解 $\boldsymbol{x}$ 的大小, 即限定了 $\|\boldsymbol{x}\|_\infty$ 的上界 γ, 问题开始变得困难. 例如, 如果我们要求 γ 很小, 则可能不存在满足条件的解. 通常当 $n \ll m$, $\gamma \ll q$, 对于充分大的 n 满足 $q > \gamma \cdot poly(n)$ 时, 尚未找到 (量子) 多项式时间算法求解 SIS 问题, 此时, 求解 SIS 问题是困难的. 因此, 我们可以假设求解 SIS 问题是困难的, 即所谓的 SIS 假设.

定义 10.4 (模短整数解问题 (Module-SIS, MSIS))　给定 $\boldsymbol{A} \leftarrow R_q^{m \times k}$, 求解非零向量 $\boldsymbol{x}$, 满足 $[\boldsymbol{I}|\boldsymbol{A}] \cdot \boldsymbol{x} = 0$ 且 $\|\boldsymbol{x}\|_\infty \leqslant \gamma$.

MSIS 问题是 SIS 问题在 $R_q^{m \times k}$ 上的推广形式, 目前同样未找到 (量子) 多项式时间的求解算法. 所谓 MSIS 假设即假设求解 MSIS 问题是困难的.

设计原理　Dilithium 本质是一种 Schnorr 类型的数字签名, 而 Schnorr 类数字签名的核心是关于离散对数的 (零知识) 证明. 回顾关于离散对数 $\log_g y$ 的交互式 (零知识) 证明:

(1) 承诺阶段: 证明者 P 随机选择 k, 计算 g^k, 并将 g^k 发送给验证者 V.

(2) 挑战阶段: V 随机选择 c 发送给 P.

(3) 响应阶段: P 计算 $s = k + xc$, 并将 s 发送给 V.

V 收到 s 后, 验证以下等式是否成立, 如果成立, 则 V 接受 P 的证明.

$$g^k = g^s y^{-c}.$$

类似地, 我们可以构造关于 MLWE 秘密向量的证明, 即 P 向验证者 V 证明: P 知道具有 "短" 系数的 $(\boldsymbol{s}_1, \boldsymbol{s}_2)$ 满足 $\boldsymbol{t} = \boldsymbol{A}\boldsymbol{s}_1 + \boldsymbol{s}_2$, 同时不泄露 $(\boldsymbol{s}_1, \boldsymbol{s}_2)$. 证明方法如下:

1. 承诺阶段: P 随机生成具有短系数的 $\boldsymbol{y}$, 计算 $\boldsymbol{A}\boldsymbol{y}$, 并将 $\boldsymbol{A}\boldsymbol{y}$ 发送给 V.

2. 挑战阶段: V 随机生成具有短系数的 c, 并将 c 发送给 P.

3. 响应阶段: P 计算 $\boldsymbol{z} \leftarrow \boldsymbol{y} + c\boldsymbol{s}_1$, 并将 $\boldsymbol{z}$ 发送给 V.

V 收到 $\boldsymbol{z}$ 后, 验证 $\boldsymbol{z}$ 的系数是否足够短, 并验证下式是否成立:

$$\boldsymbol{A}\boldsymbol{y} \approx \boldsymbol{A}\boldsymbol{z} - c\boldsymbol{t}. \tag{10.4}$$

如果成立, 则 V 接受 P 的证明.

如果 P 知道满足 $\boldsymbol{t} = \boldsymbol{A}\boldsymbol{s}_1 + \boldsymbol{s}_2$ 的 $(\boldsymbol{s}_1, \boldsymbol{s}_2)$, 且 $(\boldsymbol{s}_1, \boldsymbol{s}_2)$ 足够小, 则按上述证明方法计算的 $\boldsymbol{A}\boldsymbol{y}$ 与 $\boldsymbol{z}$ 满足 (10.4) 式, 这是因为

$$\boldsymbol{A}\boldsymbol{z} - c\boldsymbol{t} = \boldsymbol{A}(\boldsymbol{y} + c\boldsymbol{s}_1) - c(\boldsymbol{A}\boldsymbol{s}_1 + \boldsymbol{s}_2) = \boldsymbol{A}\boldsymbol{y} - c\boldsymbol{s}_2 \approx \boldsymbol{A}\boldsymbol{y},$$

其中要确保 "$\approx$" 成立, $c\boldsymbol{s}_2$ 应足够小. 相反, 如果不知道 $(\boldsymbol{s}_1, \boldsymbol{s}_2)$, 则难以生成满足上式的 $\boldsymbol{A}\boldsymbol{y}$ 与 $\boldsymbol{z}$.

类似于 Schnorr 签名, 只需采用杂凑函数生成挑战 c 便可将上述证明转化为非交互的形式, 同时在杂凑函数的输入中嵌入要签署的消息, 即可得到基于MLWE的数字签名. 需要注意的是, $z = y + cs_1$ 含有秘密 s_1 的信息, 其中 y 的大小需适当设置: y 需要足够 "大", 以隐藏 s_1, 但是, y 也要足够 "小", 以确保 z 足够小, 且难以由 Ay 求出 y, 进而防范伪造. 为此, 使用**拒绝采样**的方法以选出合适的 y: 如果签名者计算出的 z 的系数超过了某个范围, 则 "中止" (abort), 签名者需重新选择 y 并计算 $z \leftarrow y + cs_1$, 直到找到满足要求的 z.

Dilithium 数字签名 (简化版) 记 $q = 2^{23} - 2^{13} + 1$, $n = 256$, $R_q = \mathbb{Z}_q[X]/(X^n + 1)$. 对于正整数 a, $S_a = [-a, -a+1, \cdots, a-1, a]$. 对任意 $w \in \mathbb{Z}_q$ 可表示为如下形式:

$$w = w_1 \cdot 2\gamma_2 + w_0.$$

其中 $2\gamma_2$ 设置为 $q-1$ 的因子, w_1 与 w_0 为整数, 且满足 $-\gamma_2 < w_0 \leqslant \gamma_2$. 令 $\text{HighBits}(w, 2\gamma_2) = w_1$[①], $\text{LowBits}(w, 2\gamma_2) = w_0$. 简单地说, $\text{HighBits}(w, 2\gamma_2)$ 表示 w 相对于 $2\gamma_2$ 的倍数, $\text{LowBits}(w, 2\gamma_2)$ 表示 w 模 $2\gamma_2$ 的余数. 令 H 表示杂凑函数, 其输出为 R_q 上的多项式, 且满足多项式的系数取值为 ± 1 与 0, 其中取值为 ± 1 的系数恰有 60 个, 其余系数为 0.

算法 10.3 密钥生成算法 Dilithium.KeyGen(1^λ)

1. $A \leftarrow R_q^{k \times l}$;
2. $(s_1, s_2) \leftarrow S_\eta^l \times S_\eta^k$;
3. $t \leftarrow As_1 + s_2$;
4. 输出公钥 $pk = (A, t)$, 私钥 $sk = (s_1, s_2)$.

算法 10.4 签名算法 Dilithium.Sign(sk, m)

输入: 私钥 sk, 消息 m.

1. $z \leftarrow \bot$;
2. while $z = \bot$ do;
3. $y \leftarrow S_{\gamma_1 - 1}^l$;
4. $w_1 \leftarrow \text{HighBits}(Ay, 2\gamma_2)$;
5. $c \leftarrow H(m||w_1)$;
6. $z \leftarrow y + cs_1$;
7. 如果 $||z||_\infty \geqslant \gamma_1 - \beta$ 或者 $||\text{LowBits}(Ay - cs_2, 2\gamma_2)||_\infty \geqslant \gamma_2 - \beta$;
8. 则 $z \leftarrow \bot$;
9. 输出 $\sigma = (z, c)$.

---

① 当 w 接近于 $q-1$ 或 0 时, 对 w 的近似取值会导致HighBits产生较大误差, 因此, 当 $w - w_0 = q - 1$ 时, 设置 $w_1 = 0$, $w_0 = w_0 - 1$.

算法 10.5　验证算法　Dilithium.Verify(pk, m, σ)

输入: 公钥 pk, 签名消息 m, 签名 $\sigma = (\boldsymbol{z}, c)$.

1. $\mathbf{w}'_1 \leftarrow \text{HighBits}(\boldsymbol{Az} - c\boldsymbol{t}, 2\gamma_2)$;
2. 如果 $\|\boldsymbol{z}\|_\infty < \gamma_1 - \beta$ 且 $c = H(m\|\boldsymbol{w}'_1)$;
3. 则输出 1(验证通过); 否则, 输出 0(验证不通过).

正确性　如果签名 $\sigma = (\boldsymbol{z}, c)$ 是合法生成的, 则有

$$\boldsymbol{Az} - c\boldsymbol{t} = \boldsymbol{A}(\boldsymbol{y} + c\boldsymbol{s}_1) - c(\boldsymbol{As}_1 + \boldsymbol{s}_2)$$

$$= \boldsymbol{Ay} - c\boldsymbol{s}_2. \tag{10.5}$$

设 β 表示 $c\boldsymbol{s}_1$ 与 $c\boldsymbol{s}_2$ 的系数的最大可能取值, 即 $\|c\boldsymbol{s}_i\|_\infty \leqslant \beta$, $i = 1, 2$. (注意, c 中含有 60 个 ± 1, 而 $\boldsymbol{s}_1$ 与 $\boldsymbol{s}_2$ 系数的最大值为 η, 因此, $\beta \leqslant 60\eta$.) 又因为 $\|\text{LowBits}(\boldsymbol{Ay} - c\boldsymbol{s}_2, 2\gamma_2)\|_\infty < \gamma_2 - \beta$(满足签名算法第 7 步的检查要求), 因此, 即使 $\boldsymbol{Ay} - c\boldsymbol{s}_2$ 加上 $c\boldsymbol{s}_2$ 得到 $\boldsymbol{Ay}$, $\|\text{LowBits}(\boldsymbol{Ay}, 2\gamma_2)\|_\infty$ 也不会超过 γ_2, 即 $\boldsymbol{Ay} - c\boldsymbol{s}_2$ 加上 $c\boldsymbol{s}_2$ 不会导致其对于 $2\gamma_2$ 的倍数发生变化. 因此, $\boldsymbol{Ay}$ 与 $\boldsymbol{Az} - c\boldsymbol{t}$ 相对于 $2\gamma_2$ 的倍数相等:

$$\text{HighBits}(\boldsymbol{Ay}, 2\gamma_2) = \text{HighBits}(\boldsymbol{Az} - c\boldsymbol{t}, 2\gamma_2). \tag{10.6}$$

即 $\boldsymbol{w}_1 = \boldsymbol{w}'_1$, 从而满足验证等式 $c = H(m\|\boldsymbol{w}'_1) = H(m\|\boldsymbol{w}_1)$.

安全性分析　Dilithium 的公钥 $pk = (\boldsymbol{A}, \boldsymbol{t})$ 与私钥 $sk = (\boldsymbol{s}_1, \boldsymbol{s}_2)$ 满足

$$\boldsymbol{t} = \boldsymbol{As}_1 + \boldsymbol{s}_2,$$

其中 $(\boldsymbol{s}_1, \boldsymbol{s}_2) \leftarrow S_\eta^l \times S_\eta^k$. 根据 MLWE 假设, $pk = (\boldsymbol{A}, \boldsymbol{t})$ 的分布与 $R_q^{k \times l} \times R_q^k$ 上的随机分布不可区分, 故敌手难以由 pk 求出 sk.

在签名算法的第 4 步中, 向量 $\boldsymbol{Ay}$ 的每个系数 w 可以表示为如下形式:

$$w = w_1 \cdot 2\gamma_2 + w_0,$$

其中 $|w_0| \leqslant \gamma_2$. 签名者将 $\boldsymbol{Ay}$ 的 HighBits 设置为 $\boldsymbol{w}_1$, 则 $\boldsymbol{w}_1$ 的每个系数均为满足上式的 w_1.

签名算法第 2 步到第 8 步的循环操作是为了实现拒绝采样, 以生成符合以下两条要求的 $\boldsymbol{y}$ 与 $\boldsymbol{z}$:

1. $\|\boldsymbol{z}\|_\infty < \gamma_1 - \beta$.
2. $\|\text{LowBits}(\boldsymbol{Ay} - c\boldsymbol{s}_2, 2\gamma_2)\|_\infty < \gamma_2 - \beta$.

对于第 1 条要求, 如果不限制 z 的系数最大值或 γ_1 设置得过大, 则敌手生成满足验证式 (10.6) 的 z 是容易的. 因此, 要求 $\|z\|_\infty < \gamma_1 - \beta$ 且 γ_1 足够小, 以保障不知道密钥的敌手难以求解 z.

对于第 2 条要求, 如果 $\|\mathrm{LowBits}(Ay - cs_2, 2\gamma_2)\|_\infty \geqslant \gamma_2 - \beta$, 则根据正确性分析, $\|cs_2\|_\infty \leqslant \beta$, 而 $Ay - cs_2$ 加上 cs_2 后, $\mathrm{LowBits}(Ay - cs_2, 2\gamma_2)$ 会因为与 cs_2 相加而超过 γ_2, 进而导致

$$\mathrm{HighBits}(Ay, 2\gamma_2) \neq \mathrm{HighBits}(Ay - cs_2, 2\gamma_2),$$

即

$$\mathrm{HighBits}(Ay, 2\gamma_2) \neq \mathrm{HighBits}(Az - ct, 2\gamma_2).$$

而上述不等式意味着签名验证失败. 另一方面, 如果 γ_2 设置得过大, 则 $\mathrm{HighBits}(Ay, 2\gamma_2)$ 的取值范围相应变小, 寻找满足等式 (10.6) 的 z, c, y 的难度, 即求解 MSIS 问题的难度, 也将降低. 为保障签名安全, FIPS204[18] 针对 Dilithium 的标准化版本 ML-DSA 给出了具体参数设置, 其中一种设置如表 10.3 所示.

表 10.3 ML-DSA-87 参数取值

参数	ML-DSA-87
q	8380417
γ_1	2^{19}
γ_2	$(q-1)/32$
(k, l)	$(8, 7)$
η	2

注意 与简化版 Dilithium 的相比, 正式的 Dilithium 数字签名方案及其标准化版本 ML-DSA 采用了许多优化技术以降低公钥与签名规模、提升方案的实现效率, 例如, 利用伪随机生成器压缩矩阵表示、使用 NTT 实现多项式乘法等. 更多关于 Dilithium 方案的介绍, 请参考文献 [15, 18].

10.9 练习题

练习 10.1 阐述数字签名与加密在功能上的差异.

练习 10.2 列举数字签名的应用场景.

练习 10.3 从功能、效率及安全性方面, 分析数字签名与消息认证码 (MAC) 的异同.

练习 10.4 解释杂凑函数在 RSA 数字签名中的作用.

练习 10.5 如果 ElGamal 签名未使用杂凑函数, 请给出一种已知消息攻击下的存在性伪造.

练习 10.6 如果 DSA 数字签名中没有使用杂凑函数, 请给出一种攻击方法.

练习 10.7 火焰病毒 (Flame) 是一种发现于 2012 年的电脑病毒, 该病毒通过伪装成微软的系统更新, 侵入用户电脑窃取私密数据, 包括录音、截取屏幕画面、侵入邻近的蓝牙设备等. 该病毒包含了一个伪造的数字签名, 被伪造签名的主体是微软的数字证书认证机构. 当时该证书依旧在使用 MD5 作为签名算法的杂凑函数. 病毒开发者成功地通过选择前缀碰撞攻击法找到 MD5 碰撞, 满足伪造证书的杂凑值与真实证书的杂凑值相等, 令伪造证书看起来像是来自微软, 从而使病毒代码被误认为是来自微软的系统更新.

(1) 阐述数字签名在数字证书中的作用;

(2) 请根据以上描述, 试分析病毒开发者如何利用 MD5 碰撞伪造数字证书, 并进一步窃取用户信息.

练习 10.8 构造 DSA 的椭圆曲线变体 ECDSA.

提示: DSA 签名过程中计算 $r = (g^k \bmod p) \bmod q$, 其中 g 为 q 阶子群 $\mathbb{G}$ 的生成元. $(g^k \bmod p) \bmod q$ 将 $\mathbb{G}$ 中的随机元素 $g^k \bmod p$ 映射为 $\mathbb{Z}_q$ 中的元素. 而在椭圆曲线 DSA 即 ECDSA 中, 相关计算运行在阶为 n 的椭圆曲线群, 设 G 为椭圆曲线群中阶为 n 的基点 (生成元), 则上述步骤对应于计算随机的点 $kG = (x_1, y_1)$, 并通过 $r = x_1 \bmod n$(将域元素 x_1 转化为整数, 再进行模运算) 将随机点映射为 $\mathbb{Z}_n$ 中的元素.

1. 请根据上述提示, 尝试给出 ECDSA 的完整描述.

2. 若已知关于消息 m 的 ECDSA 签名 σ, 如何在不知签名私钥的条件下, 给出关于 m 的 ECDSA 签名 "伪造" σ', 满足 $\sigma \neq \sigma'$ 且 σ' 通过验证. (提示: 椭圆曲线中点 P 与 $-P$ 具有相同的横坐标.)

练习 10.9 现有基于椭圆曲线的数字签名方案 Π, 其方案描述如下:

• 密钥生成: 设 $\mathbb{Z}_p$ 上阶为 q 的椭圆曲线群为 $\mathbb{G}$, 其中 P 是 $\mathbb{G}$ 的生成元, p, q 为素数, 随机选取 $x \in [1, \cdots, q-1]$, 计算 $Q = xP$, 公钥为 Q, P, 私钥 x.

• 签名: 设消息 $m \in [1, q-1]$, 选择随机数 $r \in [1, \cdots, q-1]$, 计算 $R = rP$ 与 $s = r - xm \bmod q$, 输出签名: (R, s).

• 验证: $mQ + sP \stackrel{?}{=} R$, 如果相等, 则签名为真, 输出 1, 否则输出 0.

1. 该签名是否安全? 如不安全, 请给出一种伪造攻击.

2. 如何改进该方案, 请尝试给出改进方案 Π^+ 的描述.

3. 若上述改进方案 Π^+ 的椭圆曲线 E 采用 96 比特的素数模 p, 请给出一种攻击方法.

4. 若上述改进方案的 p 足够大 (例如 256 比特), 但 q 为 120 比特, 请给出一种攻击方法.

参考文献

[1] NIST. Digital signature standard (DSS), FIPS publication 186-5, 2023[2023-12-30]. https://doi. org/10.6028/NIST.FIPS.186-5.

[2] NIST. Call for additional digital signature schemes for the post-quantum cryptography standardization process, 2022[2023-12-30]. https://csrc.nist.gov/ csrc/media/Projects/pqc-dig-sig/documents/call-for-proposals dig-sig-sept-2022.pdf.

[3] CACR. 全国密码算法设计竞赛, 2018[2023-12-30]. https://sfjs.cacrnet.org.cn/site/ content/309.html.

[4] Goldreich O, Goldwasser S, Halevi S. Public-key cryptosystems from lattice reduction problems. Annual International Cryptology Conference, Springer of LNCS, 1997, 1294: 112-131.

[5] Nguyen P Q, Regev O. Learning a parallelepiped: Cryptanalysis of GGH and NTRU signatures. Annual International Conference on the Theory and Applications of Cryptographic Techniques, Springer of LNCS, 2006, 4004: 271-288.

[6] Gentry C, Peikert C, Vaikuntanathan V. Trapdoors for hard lattices and new cryptographic constructions. Proceedings of the Fortieth Annual ACM Symposium on Theory of Computing, 2008, pages 197-206.

[7] Ducas L, Kiltz E, Lepoint T, et al. Crystals-dilithium: A lattice-based digital signature scheme. IACR Transactions on Cryptographic Hardware and Embedded System, 2018, pages 238-268.

[8] Lamport L. Constructing digital signatures from a one way function. Berkeley: University of California, 1979.

[9] Merkle R C. A certified digital signature. Conference on the Theory and Application of Cryptology, Springer of LNCS, 1989, 435: 218-238.

[10] Bernstein D J, Hopwood D, Hülsing A, et al. SPHINCS: Practical stateless hash-based signatures. Annual International Conference on the Theory and Applications of Cryptographic Techniques, Springer of LNCS, 2015, 9056: 368-397.

[11] Bernstein D J, Hülsing A, Kölbl S, et al. The SPHINCS+ signature framework. Proceedings of the 2019 ACM SIGSAC conference on computer and communications security, CCS'19, Association for Computing Machinery, 2019, page 2129-2146.

[12] Stern J. A new identification scheme based on syndrome decoding. In Annual International Cryptology Conference, Springer of LNCS, 1993, 773: 13-21.

[13] Courtois N T, Finiasz M, Sendrier N. How to achieve a mceliece-based digital signature scheme. In Advances in Cryptology—ASIACRYPT 2001, Springer of LNCS, 2001, 2248 : 157-174.

[14]　Chase M, Derler D, Goldfeder S, et al. The picnic signature scheme. Submission to NIST Post-Quantum Cryptography project, 2020[2023-12-30]. https://csrc. nist.gov/Projects/post-quantum-cryptography/post-quantum-cryptography-standardization/round-3-submissions.

[15]　Ducas L, Kiltz E, Lepoint T, et al. Crystals-dilithium: A lattice-based digital signature scheme. IACR Transactions on Cryptographic Hardware and Embedded Systems, 2018, pages 238-268.

[16]　Fouque P A, Hoffstein J, Kirchner P, et al. Falcon: Fast-fourier lattice-based compact signatures over NTRU. Submission to the NIST's post-quantum cryptography standardization process, 2018, 36: 1–75[2023-12-30]. https://csrc.nist.gov/Projects/post-quantum-cryptography/post-quantum-cryptography-standardization/round-3-submissions.

[17]　Albrecht M R, Rechberger C, Schneider T, et al. Ciphers for MPC and FHE. In Advances in Cryptology—EUROCRYPT 2015: 34th Annual International Conference on the Theory and Applications of Cryptographic Techniques, Springer of LNCS, 2015, 9056: 430-454.

[18]　NIST. Module-lattice-based digital signature standard, 2023[2023-12-30]. https://doi. org/10.6028/NIST.FIPS.204.ipd.

第 11 章

*其他公钥密码体制

第11章课件

随着各类实际应用对公钥密码的需求日益增长, 公钥密码的种类也随之不断丰富. 除了公钥加密与数字签名外, 公钥密码还包含许多功能各异的方案, 本章将介绍其中几类典型代表——基于身份的密码、同态密码、门限密码以及签密.

11.1 基于身份的密码

基于身份的密码 (identity-based cryptography, IBC) 是一种新型公钥密码体制. 该密码体制更接近于现实通信模式, 可直接根据通信对象的身份, 比如: 电子邮箱地址、身份证号或者手机号等信息, 推导出公钥, 然后进行加密通信.

在传统公钥密码体制 (public-key cryptography, PKC) 中, 用户的公钥可看作一串随机的字符, 不包含用户身份的信息, 容易被攻击者使用其他公钥替换, 导致加密信息泄露. 因此, 在具体应用中, 需要借助公钥基础设施 (public key infrastructure, PKI), 基于可信的证书发布机构 (certificate authority, CA) 为用户和公钥颁发证书, 建立公钥与用户身份的联系, 防止公钥被替换. 1984 年, Shamir[1] 首次提出了基于身份的密码体制的概念, 给出了建立用户身份和公钥关系的新方法. 在基于身份的密码中, 私钥生成器 (private key generator, PKG) 拥有系统主私钥, 可以为系统中所有的用户生成可用于解密和签名的身份私钥. 与基于证书的公钥密码相比, 该密码体制的用户身份和公钥之间存在天然的绑定关系, 使得任何人在获得用户唯一的身份信息后, 能向该用户发送加密消息, 而不用担心公钥被替换的问题, 避免了公钥密码体制中一系列的证书申请、颁发、传输、验证和撤销等步骤.

本节介绍基于身份的密码体制中三个典型的密码方案, 包括: 基于身份的加密、基于身份的签名和基于身份的非交互密钥交换.

11.1.1 双线性群和相关困难假设

首先, 我们介绍本节所需的预备知识——双线性群和相关的困难假设. 双线性群系统[2] 包含两个阶为素数 q 的循环群 $(\mathbb{G}, \mathbb{G}_T)$ 和双线性映射 $e: \mathbb{G} \times \mathbb{G} \to \mathbb{G}_T$, 其中, e 满足以下条件:

- 双线性性 (bilinear): 对任意 $P, Q \in \mathbb{G}$ 和 $a, b \in \mathbb{Z}_q$, 有 $e(P^a, Q^b) = e(P, Q)^{ab}$.

- 非退化性 (non-degenerate): 对任意的 $P \in \mathbb{G}$, 满足 $e(P, P) \neq 1_{\mathbb{G}_T}$, 其中 $1_{\mathbb{G}_T}$ 表示 $\mathbb{G}_T$ 的单位元.

- 可计算性 (computability): 对于任意 $P, Q \in \mathbb{G}$, 存在多项式时间算法计算 $e(P, Q)$.

在本节中, 使用 $\mathcal{G}$ 表示双线性群生成器, 其输入安全参数 λ, 输出双线性群系统参数 $pp = (q, \mathbb{G}, \mathbb{G}_T, e)$.

计算双线性 Diffie-Hellman 假设 (computational bilinear Diffie-Hellman assumption, CBDH)[2] 是指在双线性群 $(q, \mathbb{G}, \mathbb{G}_T, e) \leftarrow \mathcal{G}(1^\lambda)$ 中, 对于任意概率多项式时间的敌手 $\mathcal{A}$, 存在可忽略函数 negl, 使得

$$\Pr[\mathcal{A}(P, aP, bP, cP) = e(P, P)^{abc}] \leqslant \mathsf{negl}(\lambda),$$

上式的概率来自于 $P \xleftarrow{R} \mathbb{G}^*$, $a, b, c \xleftarrow{R} \mathbb{Z}_q^*$, 其中, $\mathbb{G}^* = \mathbb{G} \backslash \{\mathcal{O}\}$, $\{\mathcal{O}\}$ 表示 $\mathbb{G}$ 的单位元.

判定双线性 Diffie-Hellman 假设 (decisional bilinear Diffie-Hellman assumption, DBDH) 是指分布 (P, aP, bP, cP, T_0) 和分布 (P, aP, bP, cP, T_1) 是计算不可区分的, 其中 $T_0 \xleftarrow{R} \mathbb{G}_T$, $T_1 = e(P, P)^{abc}$.

11.1.2 基于身份的加密

Boneh 和 Franklin[2] 给出了基于身份的加密 (identity-based encryption, IBE) 的形式化定义, 并基于计算双线性 Diffie-Hellman (CBDH) 假设设计了首个实用的 IBE 方案.

基于身份的加密方案包含了四个多项式时间算法 IBE= (Setup, Extract, Enc, Dec), 具体描述如下:

- Setup(1^λ) → (mpk, msk): 系统建立算法输入安全参数 λ, 输出主公钥 mpk 和主私钥 msk.

- Extract(msk, id) → sk_{id}: 密钥提取算法输入主私钥 msk 和用户身份 $id \in I$, 输出用户私钥 sk_{id}.

- Enc(mpk, id, m) → c: 加密算法输入主公钥 mpk, 用户身份 $id \in I$ 和明文 m, 输出密文 c.

- Dec(sk_{id}, c) → m: 解密算法输入用户私钥 sk_{id} 和密文 c, 输出明文 m.

由上述 IBE 方案定义可见, 加密者在加密过程中将主公钥 mpk 及解密者的身份 id 作为加密公钥进而加密明文 m. 与经典公钥加密相比, IBE 方案由于在加密过程引入了解密者 id, 能够进一步防范攻击者对公钥的恶意替换 (假设主公钥是可信的).

正确性 对于任意 $(mpk, msk) \leftarrow \mathsf{Setup}(1^\lambda)$, 身份 $id \in I$ 和消息 m, 计算 $sk_{id} \leftarrow \mathsf{Extract}(msk, id)$ 和密文 $c \leftarrow \mathsf{Enc}(mpk, id, m)$, 满足 $\mathsf{Dec}(sk_{id}, c) = m$.

安全性 定义 IBE 的选择密文和身份攻击下不可区分性 (IND-ID-CCA)[2]. 令 $\mathcal{A}$ 是攻击 IBE 的概率多项式时间的敌手, 定义其在安全实验 $\mathrm{IND\text{-}ID\text{-}CCA}_{\mathcal{A},\mathrm{IBE}}(\lambda)$ 中的优势如下:

$$\mathsf{Adv}_{\mathcal{A}}(\lambda) = \Pr\left[b = b' \left| \begin{array}{l} (mpk, msk) \leftarrow \mathsf{Setup}(1^\lambda); \\ (id^*, m_0, m_1, state) \leftarrow \mathcal{A}_1^{\mathcal{O}_{\mathsf{ext}}, \mathcal{O}_{\mathsf{dec}}}(pp, mpk); \\ b \xleftarrow{R} \{0, 1\}, c^* \leftarrow \mathsf{Enc}(mpk, id^*, m_b); \\ b' \leftarrow \mathcal{A}_2^{\mathcal{O}_{\mathsf{ext}}, \mathcal{O}_{\mathsf{dec}}}(state, c^*); \end{array} \right. \right] - \frac{1}{2},$$

其中, $\mathcal{O}_{\mathsf{ext}}$ 表示用户私钥提取谕言机, 输入用户身份 $id \in I$, 输出用户身份私钥 $sk_{id} \leftarrow \mathsf{Extract}(msk, id)$. $\mathcal{O}_{\mathsf{dec}}$ 表示解密谕言机, 输入用户身份 $id \in I$ 和密文 c, 输出明文 $m \leftarrow \mathsf{Dec}(\mathsf{Extract}(msk, id), c)$. 在上述安全实验中, $\mathcal{A}_1$ 不能将已经询问过的身份作为挑战身份 id^*, $\mathcal{A}_2$ 不能向 $\mathcal{O}_{\mathsf{ext}}$ 询问挑战身份 id^*, 且不能向 $\mathcal{O}_{\mathsf{dec}}$ 询问 (id^*, c^*). 如果对于任意概率多项式时间的敌手 $\mathcal{A}$, 存在可忽略函数 negl, 使得 $\mathsf{Adv}_{\mathcal{A}}(\lambda) \leqslant \mathsf{negl}(\lambda)$, 则 IBE 方案满足 IND-ID-CCA 安全. 类似 IND-ID-CCA 的定义, 选择明文和身份攻击下不可区分性 (IND-ID-CPA) 的安全定义要求去掉解密谕言机 $\mathcal{O}_{\mathsf{dec}}$.

Boneh–Franklin IBE 方案 Boneh 和 Franklin[2] 基于双线性 Diffie-Hellman 假设给出了 IBE 方案的构造. 该构造分为两个步骤: 在第一步中, 构造 IND-ID-CPA 的 BasicIdent 方案, 随后基于 Fujisaki-Okamoto 转换获得 IND-ID-CCA 安全的 IBE 方案.

首先介绍 Boneh-Franklin 的 BasicIdent 方案如下:

- $\mathsf{Setup}(1^\lambda)$: 系统建立算法生成双线性群系统 $\mathcal{G}(1^\lambda) \rightarrow pp = (q, \mathbb{G}, \mathbb{G}_T, e)$, 选择 $\mathbb{G}$ 群的任意生成元 P, 随机选择 $s \xleftarrow{R} \mathbb{Z}_q^*$, 计算 $P_{pub} = sP$; 选择密码学杂凑函数 $H_1 : \{0, 1\}^* \rightarrow \mathbb{G}^*$ 和 $H_2 : \mathbb{G}_T \rightarrow \{0, 1\}^n$. 令消息空间 $\mathcal{M} = \{0, 1\}^n$, 系统主公钥 $mpk = (pp, P, P_{pub}, H_1, H_2)$, 系统主私钥 $msk = s$.

- $\mathsf{Extract}(msk, id)$: 密钥提取算法输入主私钥 $msk = s$ 和用户身份 id, 输出身份私钥 $sk_{id} = sH_1(id)$.

- $\mathsf{Enc}(mpk, id, m)$: 加密算法输入系统主公钥 mpk, 用户身份 $id \in I$, 明文 $m \in \mathcal{M}$, 随机选择 $r \xleftarrow{R} \mathbb{Z}_q^*$, 计算

$$c_1 = rP, \quad c_2 = m \oplus H_2\big(e(P_{pub}, rH_1(id))\big),$$

输出密文 $c = (c_1, c_2)$.

- $\mathsf{Dec}(sk_{id}, c)$: 解密算法输入身份私钥 sk_{id} 和密文 $c = (c_1, c_2)$, 输出

$$c_2 \oplus H_2\big(e(c_1, sk_{id})\big).$$

正确性　如果 $c = (c_1, c_2)$ 是正确生成的, 则满足

$$c_2 \oplus H_2\big(e(c_1, sk_{id})\big)$$

$$= m \oplus H_2\big(e(P_{pub}, rH_1(id))\big) \oplus H_2\big(e(c_1, sk_{id})\big)$$

$$= m \oplus H_2\big(e(P_{pub}, rH_1(id))\big) \oplus H_2\big(e(rP, sH_1(id))\big)$$

$$= m \oplus H_2\big(e(P_{pub}, rH_1(id))\big) \oplus H_2\big(e(sP, rH_1(id))\big)$$

$$= m.$$

安全性　可以证明 Boneh-Franklin IBE 的 BasicIdent 方案满足以下安全性.

定理 11.1　在 $\mathcal{G}$[①] 生成的双线性群系统中, 如果 CBDH 假设成立, 则 Boneh-Franklin IBE 的 BasicIdent 版本在随机谕言机模型下满足 IND-ID-CPA 安全性.

进一步对 BasicIdent 方案使用 Fujisaki-Okamoto 转换[3] 可获得 IND-ID-CCA 安全的 IBE 方案[2], 具体方案介绍如下:

- Setup(1^λ): 类似 BasicIdent 方案的系统建立算法, 并额外选择杂凑函数 $H_3 : \{0,1\}^n \times \{0,1\}^n \to \mathbb{Z}_q^*$ 和 $H_4 : \{0,1\}^n \to \{0,1\}^n$.
- Extract(msk, id): 类似 BasicIdent 方案的私钥提取算法.
- Enc(mpk, id, m): 加密算法选择随机数 $\sigma \in \{0,1\}^n$, 令 $r = H_3(\sigma, m)$, 计算

$$c_1 = rP,$$

$$c_2 = \sigma \oplus H_2\big(e(P_{pub}, rH_1(id))\big),$$

$$c_3 = m \oplus H_4(\sigma).$$

输出密文 $c = (c_1, c_2, c_3)$.

- Dec(sk_{id}, c): 解密算法计算

$$c_2 \oplus H_2\big(e(c_1, sk_{id})\big) = \sigma,$$

利用 σ 计算 $m = c_3 \oplus H_4(\sigma)$, $r = H_3(\sigma, m)$. 如果 $c_1 \neq rP$, 则拒绝解密, 否则输出 m.

11.1.3　基于身份的签名

与普通数字签名相比, 基于身份的签名 (identity-based signature, IBS) 同样可保障认证性与不可否认性. 不同之处在于, 基于身份的签名的验证过程中, 签名者的身份扮演了验证公钥的角色. 基于身份的签名的形式化定义[4] 如下:

基于身份的签名方案包含了四个多项式时间算法 IBS = (Setup, Extract, Sign, Verify), 具体描述如下:

---

① 假设 $\mathcal{G}$ 为安全的双线性群实例生成器.

- Setup$(1^\lambda) \to (mpk, msk)$: 系统建立算法输入安全参数 λ, 输出主公钥 mpk 和主私钥 msk.

- Extract$(msk, id) \to sk_{id}$: 密钥提取算法输入主私钥 msk 和用户身份 $id \in I$, 输出用户签名私钥 sk_{id}.

- Sign$(sk_{id}, m) \to \sigma$: 签名算法输入签名私钥 sk_{id} 和消息 m, 输出签名值 σ.

- Verify$(mpk, id, m, \sigma) \to 0/1$: 签名验证算法输入主公钥 mpk, 用户身份 id, 消息 m 和签名值 σ, 输出 0 或者 1. 其中, 0 表示验证失败, 1 表示验证成功.

正确性 对于任意 $(mpk, msk) \leftarrow$ Setup(1^λ), 身份 $id \in I$ 和消息 m, 计算用户签名私钥 $sk_{id} \leftarrow$ Extract(msk, id) 和签名值 $\sigma \leftarrow$ Sign(sk_{id}, m), 满足 Verify$(mpk, id, m, \sigma) \to 1$.

安全性 定义基于身份的签名的选择消息攻击下的存在不可伪造性 (existentially unforgeability under an adaptive chosen message attack)[4]: 令 $\mathcal{A}$ 是攻击基于身份的签名的概率多项式时间的敌手, 定义其在安全实验 Sig-forge$_{\mathcal{A},\text{IBS}}$ 中的优势如下:

$$\mathsf{Adv}_\mathcal{A}(\lambda) = \Pr\left[\mathsf{Verify}(mpk, id^*, m^*, \sigma^*) \to 1 \;\middle|\; \begin{array}{l} (mpk, msk) \leftarrow \mathsf{Setup}(1^\lambda); \\ (id^*, m^*, \sigma^*) \leftarrow \mathcal{A}^{\mathcal{O}_{\text{ext}}, \mathcal{O}_{\text{sign}}}(mpk); \end{array} \right].$$

其中, $\mathcal{O}_{\text{ext}}$ 表示用户私钥提取谕言机, 输入用户身份 $id \in I$, 输出用户签名私钥 $sk_{id} \leftarrow$ Extract(msk, id). $\mathcal{O}_{\text{sign}}$ 表示用户签名谕言机, 输入用户身份 id' 和消息 m', 输出签名 $\sigma' \leftarrow$ Sign$($Extract$(msk, id'), m')$. 在上述实验中, 敌手输出挑战身份 id^*, 以及对应的签名伪造 (m^*, σ^*), 要求敌手未对身份 id^* 进行密钥提取询问, 且未对 (id^*, m^*) 进行签名询问.

如果对于任意概率多项式时间的敌手 $\mathcal{A}$, 存在可忽略函数 negl, 使得

$$\mathsf{Adv}_\mathcal{A}(\lambda) \leqslant \mathsf{negl}(\lambda),$$

则 IBS 方案满足选择消息和身份攻击下存在不可伪造性.

Cha-Cheon IBS 方案 本节介绍一种典型的 IBS 方案——Cha-Cheon IBS 方案[4], 其描述如下:

- Setup(1^λ): 系统建立算法选择 $\mathbb{G}$ 上的生成元 P, 选择随机的 $s \xleftarrow{R} \mathbb{Z}_q$, 计算 $P_{pub} = sP$, 选择杂凑函数 $H_1 : \{0,1\}^* \times \mathbb{G} \to \mathbb{Z}_q$ 和 $H_2 : \{0,1\}^* \to \mathbb{G}$. 系统参数为 (P, P_{pub}, H_1, H_2), 系统主私钥为 s.

- Extract(msk, id): 密钥提取算法输入主私钥和用户身份 id, 计算身份私钥 $sk_{id} = sH_2(id)$.

- Sign$(sk_{id}, m) \to \sigma$: 签名算法输入签名私钥和消息 m, 选择随机的 $r \xleftarrow{R} \mathbb{Z}_q$, 计算

$$U = rH_2(ID),$$

$$h = H_1(m, U),$$

$$V = (r + h) \cdot sk_{id}.$$

输出签名值 $\sigma = (U, V)$.

• Verify$(mpk, id, m, \sigma) \to 0/1$: 签名验证算法输入主公钥, 用户身份, 消息和签名值, 计算 $h = H_1(m, U)$, 判断 $(P, P_{pub}, U + hH_2(id), V)$ 是否为一个合法的 Diffie-Hellman 组, 即

$$e(P, V) = e\big(P_{pub}, U + hH_2(id)\big).$$

如果是, 则输出 1, 否则输出 0.

正确性　如果签名是合法生成的, 则有

$$\begin{aligned}
e(P, V) &= e\big(P, (r + h) \cdot sk_{id}\big) \\
&= e\big(P, (r + h) \cdot sH_2(id)\big) \\
&= e\big(sP, (r + h) \cdot H_2(id)\big) \\
&= e\big(sP, rH_2(id) + hH_2(id)\big) \\
&= e\big(P_{pub}, U + hH_2(id)\big).
\end{aligned}$$

安全性　可证明 Cha-Cheon IBS 方案满足如下安全性.

定理 11.2　在 $\mathcal{G}$ 生成的双线性群系统中, 如果 CBDH 假设成立, 则 Cha-Cheon IBS 方案在随机谕言机模型下满足选择消息和身份攻击下的存在不可伪造性.

11.1.4　基于身份的非交互密钥交换

基于身份的非交互密钥交换能够利用参与方的身份完成密钥交换功能, 其形式化定义[5] 如下.

定义 11.1　基于身份的非交互密钥交换 (identity-based non-interactive key exchange, IB-NIKE) 方案[5] 包含以下多项式时间算法:

• Setup$(1^\lambda, n)$: 系统建立算法输入安全参数 1^λ 和参与方数量 n[①], 输出主公钥 mpk 和主私钥 msk. 令 I 表示身份空间, SHK 表示分享密钥空间.

• Extract(msk, id): 密钥提取算法输入主私钥 msk 和用户身份 $id \in I$, 计算身份私钥 sk_{id}.

---

① $n = 2$ 时可以省略.

- Share($sk_{id}, \mathcal{I}$) → shk: 分享算法输入身份私钥 sk_{id} 和参与密钥交换的用户的身份列表 $\mathcal{I} \in I^n$, 输出分享密钥 shk.

正确性 对任意的 $\lambda \in \mathbb{N}$, $n \geqslant 2$, $(mpk, msk) \leftarrow$ Setup($1^\lambda, n$), 参与用户的身份列表 $\mathcal{I} \in I^n$, $id \in I$, $sk_{id} \leftarrow$ Extract(msk, id), 要求 Share($sk_{id}, \mathcal{I}$) 协同生成一个共同的群密钥 $skh_{\mathcal{I}}$.

安全性 IB-NIKE 方案的自适应安全定义[6] 如下: 令 $\mathcal{A}$ 是攻击 IB-NIZK 的概率多项式时间的敌手, 定义其优势如下

$$
\mathrm{Adv}_{\mathcal{A}}(\lambda) = \Pr \left[b = b' \left| \begin{array}{l} (mpk, msk) \leftarrow \mathsf{Setup}(1^\lambda, n); \\ \mathcal{I} \leftarrow \mathcal{A}^{\mathcal{O}_{\mathrm{ext}}, \mathcal{O}_{\mathrm{rev}}}(mpk); \\ shk_0^* \xleftarrow{R} SHK, shk_1^* \leftarrow shk_{\mathcal{I}}; \\ b \xleftarrow{R} \{0, 1\}; \\ b' \leftarrow \mathcal{A}^{\mathcal{O}_{\mathrm{ext}}, \mathcal{O}_{\mathrm{rev}}}(shk_b^*); \end{array} \right. \right] - \frac{1}{2},
$$

其中, $\mathcal{O}_{\mathrm{ext}}$ 表示用户私钥提取谕言机, 输入用户身份 $id \in I$, 输出用户身份私钥 $sk_{id} \leftarrow$ Extract(msk, id). $\mathcal{O}_{\mathrm{rev}}$ 表示群密钥展示谕言机, 输入用户身份列表 $\mathcal{I}$, 输出群分享密钥 $shk_{\mathcal{I}} \leftarrow \mathcal{O}_{\mathrm{rev}}(\mathcal{I})$. 敌手 $\mathcal{A}$ 不能向 $\mathcal{O}_{\mathrm{ext}}$ 询问 $id \in \mathcal{I}$, 且不能向 $\mathcal{O}_{\mathrm{rev}}$ 询问 $\mathcal{I}$. 如果对于任意概率多项式时间的敌手 $\mathcal{A}$, 存在可忽略函数 negl, 使得 $\mathrm{Adv}_{\mathcal{A}}(\lambda) \leqslant \mathrm{negl}(\lambda)$, 则 IB-NIZK 是自适应安全的. 类似自适应安全的定义, IB-NIKE 的选择性安全要求敌手在看到 mpk 之前提交挑战身份列表 $\mathcal{I}$; IB-NIKE 的半自适应安全要求去掉群密钥展示谕言机 $\mathcal{O}_{\mathrm{rev}}$.

Sakai-Ohgishi-Kasahara IB-NIKE 方案 本节介绍 Sakai-Ohgishi-Kasahara(SOK)IB-NIKE 方案[7] 如下:

- Setup($1^\lambda, 2$): 输入安全参数 1^λ 和参与方数量, 运行双线性群生成器 $\mathcal{G}$, 输入安全参数 1^λ, 输出 $pp = (q, \mathbb{G}, \mathbb{G}_T, e)$, 选择身份映射函数 $H_1 : I \to \mathbb{G}$ 和分享密钥编码函数 $H_2 : \mathbb{G}_T \to \{0, 1\}^n$, 随机选择 $s \xleftarrow{R} \mathbb{Z}_q^*$ 和 $P \xleftarrow{R} \mathbb{G}^*$, 计算 $P_{pub} = sP$, 输出主公钥 $mpk = (pp, P, P_{pub}, H_1, H_2)$ 和主私钥 $msk = s$.

- Extract(msk, id): 输入主私钥 $msk = s$ 和用户身份 $id \in I$, 输出身份私钥 $sk_{id} = sH_1(id)$.

- Share($sk_{id_a}, \mathcal{I}$) → shk: 输入身份私钥 sk_{id_a} 和身份列表 $\mathcal{I} = (id_a, id_b)$, 输出分享密钥 $shk \leftarrow H_2\big(e(sk_{id_a}, H_1(id_b))\big)$.

在 SOK IB-NIKE 中, 身份密钥是 "公开可检查的", 即存在一个有效的算法 SKCheck, 可检查 sk 是否为相对于主公钥 mpk 下关于身份 id 的有效身份密钥, 具体算法如下:

- SKCheck(mpk, sk, id)：输入主公钥 mpk，身份私钥 sk 和身份 id，如果

$$e\big(P_{pub}, H_1(id)\big) = e(P, sk),$$

则输出 1，否则输出 0.

正确性　如果用户 A 按上述协议正确生成 $shk \leftarrow H_2\big(e(sk_{id_a}, H_1(id_b))\big)$，则用户 B 按分享算法，输入身份私钥 sk_{id_b} 和身份列表 $\mathcal{I} = (id_b, id_a)$，计算得分享密钥 shk' 满足

$$
\begin{aligned}
shk' &= H_2\big(e(sk_{id_b}, H_1(id_a))\big) \\
&= H_2\big(e(sH_1(id_b), H_1(id_a))\big) \\
&= H_2\big(e(H_1(id_b), sH_1(id_a))\big) \\
&= H_2\big(e(H_1(id_b), sk_{id_a})\big) \\
&= H_2\big(e(sk_{id_a}, H_1(id_b))\big) \\
&= shk.
\end{aligned}
$$

安全性　可证明 SOK IB-NIKE 满足以下安全性.

定理 11.3　在 $\mathcal{G}$ 生成的双线性群系统中，如果 CBDH 假设成立，则 SOK IB-NIKE 方案在随机谕言机模型下满足自适应安全.

11.2　同态密码

近些年来，云计算技术飞速发展，这项技术不仅可以为个人用户提供海量的"云"存储空间而且允许用户将复杂的运算外包给云端服务器，极大地减轻了个人用户的硬件购买与维护负担，实现了存储与计算资源的共享. 然而，用户数据存储与计算的外包也引发了新型安全问题：用户数据存在被云服务商窃取的风险. 传统的加密技术可以保障用户数据在云端不被泄露，但是也阻碍了云端服务器对用户数据进行处理，例如，用户利用对称加密将个人明文数据加密后上传至云服务器，云服务器由于无法解密密文，进而无法对其明文数据进行诸如关键词查询等有效的计算处理. 当然，用户可将其密钥分享给服务器，但这破坏了服务器不能获取用户隐私的安全要求. 因此，如何让云服务器能够对密文数据进行有效处理，同时保障用户数据隐私，这对隐私保护技术提出了新的挑战.

同态加密为解决此类隐私保护问题提供了一种可行的解决方案. 早在 1978 年，Rivest、Adleman 和 Dertouzos[8] 观察到 RSA 加密方案有同态性质，即

$$Enc(m_1) \times Enc(m_2) = Enc(m_1 \times m_2),$$

或者
$$Dec(c_1) \times Dec(c_2) = Dec(c_1 \times c_2).$$

这种同态性质可以由交换图 11.1 表示. 该性质一方面对 RSA 的安全性有影响, 但是另一方面启发他们提出了隐私同态的概念. 加密算法是保障明文隐私的变换, 但是 RSA 加密方案同时满足乘法同态, 即密文的乘积对应明文乘积的密文, 因此 RSA 加密方案是一种相对于乘法的隐私同态变换. Rivest、Adleman 和 Dertouzos 极富远见地设想了数据库银行的应用场景: 用户将自己的明文数据加密之后存储至一个不可信的服务器上, 之后服务器可以仅通过对密文的操作, 以对用户所要求的查询做出正确的 "密文" 应答, 用户通过解密该密文结果, 可得到正确的明文查询结果, 该过程服务器无法获取用户的明文数据信息. 一个自然的问题是如何设计支持对密文任意操作且安全的密码方案, 即全同态密码方案.

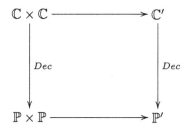

图 11.1 RSA 加密同态性质示意图 ($\mathbb{P}$ 与 $\mathbb{C}$ 分别表示明文空间与密文空间)

11.2.1 同态加密基本概念

下面, 我们给出同态加密的正式定义. 通常一个公钥加密算法包含三个算法, 密钥生成算法 ($KeyGen$)、加密算法 (Enc) 和解密算法 (Dec). 但是在同态加密中, 除了上述三个算法之外, 还包含第四个算法, 即密文计算算法 ($Eval$). 即一个同态加密方案包含下面四个算法:

• 密钥生成算法 $KeyGen$ 是一个随机化算法, 其输入为安全参数 1^λ, 输出为公钥 pk 和私钥 sk.

• 加密算法 Enc 是随机化算法, 其输入为公钥 pk 和 1 比特的明文 $m \in \{0,1\}$, 输出为密文 c.

• 解密算法 Dec 是确定性算法, 其输入为私钥 sk 和密文 c, 并输出明文 m.

• 密文计算算法 $Eval$ 的输入为公钥 pk, 运算电路 C 和密文列表 $c_1 = Enc(pk, m_1), \cdots, c_l = Enc(pk, m_l)$, 并且输出密文

$$c^\star = Eval(pk, C, c_1, \cdots, c_l),$$

其中电路 C 刻画了对于明文数据的可能运算.

同态加密需满足以下性质.

- **正确性**

- 对于任意安全参数 λ, 对于任意明文 $m \in \{0,1\}$ 和由密钥生成算法生成的任意公私钥对 (pk, sk), 均有

$$m = Dec(sk, Enc(pk, m)).$$

-- 对于任意安全参数 λ, 对于任意明文 $m_1, m_2, \cdots, m_l$ 和符合条件的运算电路 C, 均有

$$C(m_1, m_2, \cdots, m_l) = Dec(sk, c^\star).$$

该性质如图 11.2 所示, 其中对明文的操作电路 C 需要 l 个明文作为输入.

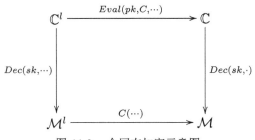

图 11.2　全同态加密示意图

- **紧凑性**　对于任意安全参数 λ, 假如存在一个多项式 f, 使得同态加密方案的解密算法能够用一个规模至多为 $f(\lambda)$ 的电路来表示, 那么, 同态加密方案便是紧凑的. 紧凑性即意味着算法的解密电路不依赖于密文的长度或者密文运算函数的复杂度.

- **安全性**　这里考虑选择明文攻击下的安全性. 对于任意的多项式时间的敌手 $\mathcal{A}$, 对于密钥生成算法生成的任意公私钥对 (pk, sk), 如果以下不等式成立:

$$|\Pr[\mathcal{A}(pk, Enc(pk, 0)) = 1] - \Pr[\mathcal{A}(pk, Enc(pk, 1)) = 1]| \leqslant negl(\lambda),$$

则称同态加密方案在选择明文攻击下是不可区分的 (也称 IND-CPA 安全).

根据同态加密方案允许对密文计算的操作种类和次数, 可以将其分为三类: 部分同态加密方案 (partial homomorphic encryption, PHE), 近似同态加密方案 (somewhat homomorphic encryption, SWHE) 和全同态加密方案 (fully homomorphic encryption, FHE).

部分同态加密方案仅对加法或乘法满足同态性. 比如 RSA 加密体制[9] 仅满足乘法同态性质, Paillier 加密体制[10] 仅满足加法同态性质. 部分同态加密方案已经有许多应用, 例如电子投票[11] 和私有信息检索[12]. 然而, 这些应用都被限制

只能进行一种类型的同态操作, 换句话说, 部分同态加密方案只能用于那些只需要同种同态操作运算的具体应用中. 近似同态加密方案对加法和乘法都满足同态性质, 但是由于噪声的限制只能进行有限次同态运算. 在近似同态加密方案中, 密文的噪声随着同态运算的进行而增长, 所以通常存在同态运算数量上界. 上述的两个问题都限制了同态加密在现实世界中更广泛的应用.

全同态加密方案满足加法和乘法的同态性质, 并且能在无限次运算后保持同态性质. 因为由加法和乘法可以构造出所有的运算, 所以全同态加密方案对任意的运算都支持同态性质. 在 2009 年, 全同态加密研究取得了突破性进展, Gentry[13] 提出了第一个全同态加密方案, 取得了 "密码学的圣杯". 该方案基于理想格设计, 为后续全同态加密方案的设计与改进提供了坚实且富有启发性的框架提供了一个有力的框架. 但是, Gentry 最初的方案不是基于标准的困难问题, 而且效率不高. 随着 Gentry 工作的提出, 全同态加密领域出现了许多优秀工作在效率与安全性方面做出了显著改进.

11.2.2 ElGamal 同态加密方案

ElGamal 加密在明文空间上具有乘法同态性, 即对于任意 $m_1, m_2 \in \mathbb{P}$, 满足

$$Enc_{pk}(m_1) \times Enc_{pk}(m_2) = Enc_{pk}(m_1 \times m_2).$$

此外, 还存在具有加法同态的 ElGamal 加密方案变体. 具体介绍如下.

指数 ElGamal 加密 Cramer 等[14] 构造了指数 ElGamal 加密方案 (exponential ElGamal/lifted ElGamal), 能够实现明文空间上的加法同态, 其算法描述如下.

算法 11.1 指数 ElGamal 加密方案

- 密钥生成 KeyGen (1^λ): 输入安全参数 1^λ, 运行 $(\mathbb{G}, p, g, h) \leftarrow \mathcal{G}(1^\lambda)$, 其中 $\mathcal{G}$ 为概率多项式时间算法, $\mathbb{G}$ 为循环群, g, h 为其生成元, p 为群的阶. 均匀随机地选择 $x \in \mathbb{Z}_p$, 计算 $X \leftarrow g^x$. 公钥为 $(\mathbb{G}, p, g, h, X)$, 私钥为 $(\mathbb{G}, p, g, h, x)$. 随机数和明文空间为 $\mathbb{Z}_p$.
- 加密 Enc (pk, m): 输入公钥 $pk = (\mathbb{G}, p, g, h, X)$, 明文 $m \in \mathbb{Z}_p$, 均匀随机地选择 $r \in \mathbb{Z}_p$, 输出密文 $(g^r, X^r \cdot h^m)$.
- 解密 Dec (sk, c): 输入私钥 $sk = (\mathbb{G}, p, g, x)$, 密文 (c_1, c_2), 计算 $h^m := c_2/c_1^x$, 从 h^m 中恢复出 m.

注意, 由 h^m 计算 m 属于离散对数问题, 一般是困难的. 为了确保正常解密, 通常要求 m 属于小的消息空间, 例如, $m \in \{0, 1\}$, 从而可以有效求解 m.

指数 ElGamal 加密方案在消息空间 $\mathbb{Z}_p$ 上具有加法同态性: 给定实例 m_1 的密文 (x_1, y_1), 实例 m_2 的密文 (x_2, y_2), 可验证 $(x_1 x_2, y_1 y_2)$ 是关于 $m_1 + m_2$ 的密文. 目前指数 ElGamal 加密方案已被纳入 ISO 标准.

11.2.3　CKKS 同态加密方案

CKKS 是一种分层的同态密码方案, 能够同时满足加法和乘法的同态性质. 在 Cheon 等[15] 最初的设计中, CKKS 具有一个预设的层数, 进行同态计算将消耗相应的层数, 剩余的层数不足时则无法进行同态计算. 随后, Cheon 等[16] 给出了针对 CKKS 的自举操作, 其能够刷新剩余的层数, 从而使 CKKS 成为**全同态加密方案**. 本节, 我们将主要介绍分层的 CKKS 的同态加密方案, 关于 CKKS 的自举操作可参考文献 [16].

令 L 是一个正整数, 表示 CKKS 初始密文模数的比特数. 对任意整数 $l \in [1, L]$, 定义 $q_l = 2^l$. 令正整数 N 是一个 2 的幂, 记 $R = \mathbb{Z}[X]/(X^N + 1)$ 为 $2N$ 次分圆环. 对任意整数 $q > 1$, 记 $R_q = R/qR$. 此外, 令 χ_s, χ_e, χ_r 分别为密钥、错误和加密的分布, 其中 χ_s 为集合 $\{s \in \{0, \pm 1\}^N : s$ 的汉明重量为 $h\}$ 上的均匀分布, χ_e 为 $\mathbb{Z}^N$ 上的离散高斯分布, χ_r 定义在 $\{0, \pm 1\}^N$ 上使得其每个位置取 1 或 -1 的概率为 $\rho/2$, 取 0 的概率为 $1 - \rho$. 令 Δ 为 CKKS 方案的缩放因子, 其作用为减小解密噪声对消息造成的精度损失. Δ 一般可取为 2 的幂. CKKS 的明文空间是复数向量空间 $\mathbb{C}^{\frac{N}{2}}$.

算法 11.2　CKKS 加密方案包含以下算法

- 密钥生成 KeyGen(1^λ) : 输入安全参数 1^λ, 取 $s \leftarrow \chi_s$, $a \leftarrow \mathcal{U}(R_{q_L})$, $e \leftarrow \chi_e$, $e' \leftarrow \chi_e$ 以及 $a' \leftarrow \mathcal{U}(R_{q_L^2})$, 这里 $\mathcal{U}(\cdot)$ 表示相应集合上的均匀分布. 输出私钥 $sk = (1, s) \in R_{q_L}^2$, 公钥 $pk = (-as + e, a) \in R_{q_L}^2$, 以及同态计算密钥 $evk = (-a' \cdot s + e' + q_L \cdot s^2, a') \in R_{q_L^2}^2$.

- 加密 Enc($m, pk; \Delta$) : 输入明文 $m \in \mathbb{C}^{\frac{N}{2}}$, 公钥 pk, 取 $v \leftarrow \chi_r$, $e_0, e_1 \leftarrow \chi_e$. 计算 $\mathfrak{m} = \lfloor \Delta \cdot \tau^{-1}(m) \rceil$, 其中 $\tau : \mathbb{R}[X]/(X^N + 1) \to \mathbb{C}^{\frac{N}{2}}$ 是一个用于消息编解码的环同构. 输出密文 $ct = v \cdot pk + (\mathfrak{m} + e_0, e_1) \mod q_L$.

- 解密 Dec($ct, sk; \Delta$) : 输入密文 $ct = (c_0, c_1) \in R_{q_l}^2$, 私钥 sk. 计算 $\mathfrak{m}' = c_0 + c_1 \cdot s \mod q_l$. 输出 $m' = \frac{1}{\Delta} \cdot \tau(\mathfrak{m}')$.

- 同态加法 Add(ct_1, ct_2) : 输入密文 $ct_1, ct_2 \in R_{q_l}^2$, 输出加法密文 $ct_{add} = ct_1 + ct_2 \mod q_l$.

- 同态乘法 Mult($ct_1, ct_2, evk; \Delta$) : 输入密文 $ct_1 = (b_1, a_1), ct_2 = (b_2, a_2) \in R_{q_l}^2$ 和同态计算密钥 evk. 计算 $(d_0, d_1, d_2) = (b_1 b_2, a_1 b_2 + a_2 b_1, a_1 a_2)$ 并计算 $ct'_{mult} = (d_0, d_1) + \lfloor q_L^{-1} \cdot d_2 \cdot evk \rceil \mod q_l$. 输出 $ct_{mult} = \lfloor \Delta^{-1} \cdot ct'_{mult} \rceil \mod (q_l/\Delta)$.

- 重缩放 RS($ct, q_l, q_{l'}$) : 输入密文 $ct \in R_{q_l}^2$, 模数 q_l 和 $q_{l'}$ 使得 $l' < l$, 输出 $ct' = \left\lfloor \frac{q_{l'}}{q_l} ct \right\rceil \in R_{q_{l'}}^2$.

此外, CKKS 还支持 Galois 变换等线性操作[15]. 在 CKKS 方案中, 用于消息编解码的同构 τ 可以取为 $\tau(f(x)) = (f(\xi), f(\xi^3), \cdots, f(\xi^{N-1}))$, 其中 $\xi = e^{\frac{\pi i}{N}}$ 为 $2N$ 次本原单位根. 同构 τ 使得 CKKS 可以对复数或实数的消息 m 进行加密和同态计算. 此外, CKKS 方案将解密噪声当作同态计算误差的一部分, 而不是像 BGV/FV

方案[17,18] 那样通过取整消除解密噪声. 具体来说, 考虑消息 m 的 CKKS 密文 $ct = v \cdot pk + (\mathfrak{m} + e_0, e_1)$, 其中 $\mathfrak{m} = \lfloor \Delta \cdot \tau^{-1}(m) \rceil = \Delta \cdot \tau^{-1}(m) + e_{\mathrm{rnd}}$, 这里 e_{rnd} 为取整产生的误差. 通过解密过程可得 $\mathfrak{m}' = c_0 + c_1 s = \mathfrak{m} + ve + e_0 + e_1 s = \Delta \cdot \tau^{-1}(m) + \tilde{e}$, 这里 $\tilde{e} = ve + e_0 + e_1 s + e_{\mathrm{rnd}}$ 为解密噪声. 因此 $\mathrm{Dec}(ct, sk; \Delta) = m + \frac{1}{\Delta}\tau(\tilde{e})$. 从而当 $\tilde{e}$ 足够小时, 误差 $\frac{1}{\Delta}\tau(\tilde{e})$ 不太可能破坏 m 的有效数字. 加解密同构 τ 的设计和解密噪声的处理构成了 CKKS 近似计算的核心.

注意到在 CKKS 的同态乘法中, 输入密文 ct_1, ct_2 的模数为 q_l, 而输出密文的模数为 q_l/Δ. 即同态乘法使得密文从层数 q_l 降低到层数 q_l/Δ. 当需要对不同层数的密文做同态计算时, 可以先通过重缩放将较高层数的密文降至较低层数上, 再进行同态计算. 当层数不足时, 则无法进行同态乘法操作.

CKKS 方案的安全性依赖于环 LWE 问题的困难性, 即对于 $s \leftarrow \chi_s, e \leftarrow \chi_e, a \leftarrow \mathcal{U}(R_{q_L})$, 区分 $-as + e$ 与 R_{q_L} 上的均匀分布是计算困难的. 目前, CKKS 已被纳入一些同态加密库的实现中, 如 IBM 的 HElib[19], 微软的 SEAL[20] 等, 其用于隐私保护机器学习的研究也得到了很多关注[21,22].

11.3 门限密码

密码方案能够提供相应安全性保障的重要前提是密钥未被泄露. 在实际应用中, 密钥往往存储于单一设备中, 并在该设备上运行相关密码方案. 如果该设备中的密钥被窃取, 则密码方案将形同虚设. 然而, 窃取设备密钥的相关攻击并不少见, 例如, Meltdown 攻击可利用相关漏洞读取设备内核内存中的密钥等敏感信息. 将密钥存储于单一设备的方式令该设备成为攻击者重点攻击对象, 因而面临更多的安全风险. 那么如何化解此类密钥泄露的安全风险? **门限密码** 为此类问题提供了一种有效解决方案.

基本思想 我国古代兵书《六韬》曾记载过一种名为 "阴书" 的情报传递技术, 其描述如下.

"...... 书皆一合而再离, 三发而一知. 再离者, 分书为三部; 三发而一知者, 言三人, 人操一分, 相参而不知情也. "

其大意为, 将书信内容 (秘密) 拆分为三个部分, 分别由三位信使送信, 每位信使只携带其中的一部分, 且不知道其他信使所携带部分的内容. 除非敌人能够捕获全部三位信使, 否则无法获知书信秘密. 可见, "阴书" 通过将秘密拆分为多个份额, 分别由多位信使保管, 进而将秘密泄露的风险转化为由多名信使共同承担, 而门限密码正是应用此类分散风险的思想.

门限密码应用秘密分享技术 (secret-sharing) 将秘密分割为不同的秘密份额

(share), 并将份额分别分发给不同的参与方 (设备), 且满足以下两个基本性质:

　　• 即使不超过门限值 (threshold) 数量的参与方被攻击腐化, 并不会泄露原始秘密;

　　• 在此基础上, 满足门限数量的参与方利用各自持有秘密份额, 通过相互协作可完成指定的密码功能, 且该过程能够确保原始秘密不泄露, 进而避免单点故障 (single point of failure).

　　例如, 门限解密方案中, 解密密钥的份额被分发给多个用户 (设备), 给定密文后, 只有足够多的 (达到门限值) 用户 (设备) 共同协作才能解密对应明文; 门限签名方案中, 签名密钥的份额被分发给多个用户 (设备), 在签名阶段, 只有足够多的 (达到门限值) 用户 (设备) 共同协作才能产生合法签名. 由于上述特殊功能, 门限密码在云外包隐私计算、区块链隐私保护、共识协议、电子投票等场景均有重要应用. 例如, 在区块链系统引入门限签名, 当应用于交易签署时, 可以降低签名私钥泄露的风险; 当应用于区块链共识时, 参与投票的签名总长度可被进一步压缩. 本节将以门限签名为例, 介绍门限密码关键技术.

11.3.1　门限签名基本概念

　　1991 年, Yvo Desmedt 等提出了 (t, n) 门限签名方案 (TSS), 其中 t 为门限值, n 为成员集合大小, 满足 $0 < t \leqslant n$, 每个成员都拥有签名私钥的一个秘密份额. (t, n) 门限签名方案要求 n 位成员中, 有不少于 t 个成员协作才能生成的门限签名. 换句话说, 即使敌手拥有了 $t - 1$ 个成员的秘密份额, 也不能生成合法的门限签名. 可见, 门限签名的生成表明该签名已被成员集合中足够多的成员所认可, 故门限签名可应用于电子投票、共识协议等需要群体中多位成员共同决策的场景.

　　一个 (t, n) 门限签名, 主要由以下三个子算法组成:

　　(1) 密钥生成协议 $TKeyGen$: 参与方 $P_i (1 \leqslant i \leqslant n)$ 生成私钥 sk_i, $P_1, \cdots, P_n$ 共同协作生成群公钥 vk. 设 vk 对应的群私钥为 sk, 各参与方 P_i 的私钥 sk_i 称为 sk 的份额 (share), 该密钥生成过程即为 sk 的秘密分享.

　　(2) 签名协议 $TSign$: 不少于 t 个参与方共同协作, 将各自秘密份额 sk_i 作为私有输入, 待签名的消息 m 及公钥 vk 作为公共输入, 输出门限数字签名 σ.

　　(3) 验证算法 $TVrfy$: 输入消息 m、签名 σ 与群公钥 vk, 验证签名的真伪, 输出 0(签名非法) 或 1(签名合法).

　　在安全性方面, 门限签名与传统签名类似, 应达到选择消息攻击下的存在性不可伪造. 此外, 门限签名还需满足以下基本要求:

　　• 对于密钥生成协议, 所有各方应输出相同且正确的公钥, 同时不会泄露各自的秘密信息;

• 对于签名协议, 要求诚实的参与方能够生成正确的签名, 同时确保在签名过程中不会发生秘密份额的泄露.

下面将介绍门限签名的关键技术——秘密分享以及一种具体的门限签名 FROST.

11.3.2 秘密分享

作为门限密码的关键技术, 秘密分享能够将秘密分解为多个份额 (share), 同时保障足够多的份额可以恢复原始秘密. 具体地, 一个 (t, n) 秘密分享方案通常由秘密分发者 D 和参与方 $P_1, \cdots, P_n$ 共同参与, 主要包括以下两个子协议:

• **秘密分发协议** 秘密分发者 D 将秘密 s 分解为 n 个份额 $s_1, s_2, \cdots, s_n$, 分别由 $P_1, \cdots, P_n$ 持有, 即 P_i 持有份额 s_i $(1 \leqslant i \leqslant n)$.

• **秘密恢复协议** 任意**不少于门限值** t $(0 < t \leqslant n)$ 个参与方利用各自份额, 能够合作恢复原始秘密 s.

注 11.1 *秘密分享方案在安全性方面要求, 少于 t 个参与方合作无法获得关于 s 的任何信息.*

1979 年, Adi Shamir 提出了一种 (t, n) 的门限方案, 称为 Shamir 秘密分享. 该方案利用了拉格朗日插值多项式的性质: **次数不超过 $t-1$ 的多项式可以由多项式上的任意 t 个点唯一确定**. 例如, 给定多项式 $f(x) = a_2 x^2 + a_1 x + a_0$ 上任意三点, 如 $(0, 1)$ $(1, 0)$, $(2, 1)$, 可唯一确定曲线 $f(x) = x^2 - 2x + 1$ (如图 11.3 所示).

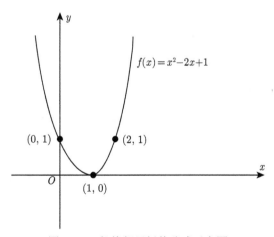

图 11.3　拉格朗日插值公式示意图

Shamir 秘密分享方案基于有限域上的拉格朗日插值, 具体描述如下.

- **参数设置** 设秘密分发者为 D, n 个参与方为 $P_1, \cdots, P_n$, 门限为 t. 秘密 $s \in \mathbb{Z}_q$, 其中 q 为素数.

- **秘密分发** 秘密分发者 D 随机地选择 $a_1, a_2, \cdots, a_{t-1} \in \mathbb{Z}_q$, 定义如下多项式:

$$f(x) = a_{t-1}x^{t-1} + a_{t-2}x^{t-2} + \cdots + a_1 x + a_0 \in \mathbb{Z}_q[x],$$

其中 $f(x)$ 是次数不超过 $t-1$ 的多项式, 且满足 $f(0) = a_0 = s$. 然后, 任意选择 n 个不同的非零整数 $x_1, x_2, \cdots, x_n \in \mathbb{Z}_q$, 对于 $i = 1, 2, \cdots, n$, 分别计算 $y_i = f(x_i) \in \mathbb{Z}_q$, 将每一对 (x_i, y_i) 作为秘密份额 s_i 分发给参与方 P_i. 注意, 为了防止多项式 $f(x)$ 泄露, 此时可将 $f(x)$ 销毁.

- **秘密恢复** 任意 t 个参与方利用各自份额合作恢复秘密 s. 假设他们的秘密份额为 $(x_1, y_1), (x_2, y_2), \cdots, (x_t, y_t)$, 计算 $t-1$ 次的多项式:

$$g(x) = \sum_{i=1}^{t} y_i \prod_{\substack{j=1 \\ j \neq i}}^{t} \frac{x - x_j}{x_i - x_j}. \tag{11.1}$$

计算 $g(0)$, 即为秘密 s.

正确性 令

$$L_i(x) := \prod_{\substack{j=1 \\ j \neq i}}^{t} \frac{x - x_j}{x_i - x_j} \in \mathbb{Z}_q[x].$$

容易得到, $L_i(x_i) = 1$ 但 $L_i(x_j) = 0$, $j \neq i$. 从而拉格朗日插值多项式可表示为

$$g(x) = L_1(x) \cdot y_1 + \cdots + L_t(x) \cdot y_t \in \mathbb{Z}_q[x].$$

当 $j \in \{1, \cdots, t\}$ 时, 满足 $g(x_j) = f(x_j) = y_j$. 又因为 f 和 g 都是次数最多为 $t-1$ 的多项式, 所以根据多项式的一般性质, f 和 g 是相同的多项式. 因此恢复出的秘密 $s = f(0) = g(0)$.

注 11.2 在秘密分享方案中, x_i 通常是公开的, 例如, x_i 设置为与参与方身份有关的信息 $x_i = i$, 此时, 每个参与方实际的秘密份额 $s_i = y_i$.

定义拉格朗日系数 $\lambda_1, \lambda_2, \cdots, \lambda_t \in \mathbb{Z}_q$:

$$\lambda_i = L_i(0) = \prod_{\substack{j=1 \\ j \neq i}}^{t} \frac{-x_j}{x_i - x_j} \in \mathbb{Z}_q[x].$$

注意到, λ_i 与 s 无关, 在给定参与方集合的条件下可以预计算. 因此, 秘密 s 可采用以下线性组合的形式计算

$$s = g(0) = \sum_{i=1}^{t} \lambda_i \cdot y_i.$$

安全性分析

性质 11.1　少于 t 个参与方合作难以恢复秘密 s.

证明　假设现有 $t-1$ 个参与方合作试图恢复 s, 其份额为 $(x_1', y_1'), \cdots,$ (x_{t-1}', y_{t-1}'). 任意给定 $(0, s')$, 其中 $s' \in \mathbb{Z}_q$, 由拉格朗日插值的性质可知, 可确定唯一的次数不超过 t 的多项式, 经过点 $(x_1', y_1'), \cdots, (x_{t-1}', y_{t-1}')$ 与 $(0, s')$. 这意味着任意的 $s' \in \mathbb{Z}_q$ 作为秘密都可能产生份额 $(x_1', y_1'), \cdots, (x_{t-1}', y_{t-1}')$, 此时, 敌手猜中原始秘密 s 的概率至多为 $1/q$. □

11.3.3　可验证秘密分享

Shamir 秘密分享隐含了秘密分发者 D 和参与方都是诚实的条件. 但是, 实际应用中可能存在以下问题:

• 在秘密分发阶段, 如果秘密分发者 D 是恶意的, 那么他可能向参与方发送错误的秘密份额, 导致参与方无法恢复正确的秘密;

• 在秘密恢复阶段, 如果存在恶意的参与方, 那么他可以发送错误的秘密份额, 导致最终无法恢复正确的秘密, 或通过使用恶意选取的秘密份额从诚实参与方窃取其秘密信息.

在 Shamir 秘密分享方案中, 诚实参与方都无法识别敌手的上述恶意行为. 为了解决该问题, 研究人员提出了可验证秘密分享 (verifiable secret sharing, VSS) 的概念, 目的是让每个参与方可以利用秘密分发者 D 事先公开的 "承诺" 来验证自己分配到的份额是否正确, 以及他人所出示的秘密份额的正确性. 本节将介绍两种常用秘密分享方案, 分别是 Feldman 可验证秘密分享与 Pedersen 可验证秘密分享.

Feldman 可验证秘密分享　1987 年, Feldman 在 Shamir 秘密分享基础上添加了验证公开承诺的步骤, 提出了非交互式 VSS 协议, 方案描述如下:

• **参数设置**　选取大素数 p, q, 其中 $q|p-1$, $\mathbb{G}_q$ 是 $\mathbb{Z}_p^*$ 的 q 阶子群, g 是 $\mathbb{G}_q$ 的生成元. 设 s 为要分享的秘密. 公开 $p, q, \mathbb{Z}_p^*, \mathbb{G}_q$.

• 在 Shamir 秘密共享的秘密分发阶段, D 随机选择 $t-1$ 个多项式系数 $(a_1, a_2, \cdots, a_{t-1})$, 生成随机多项式

$$f(x) = a_{t-1}x^{t-1} + a_{t-2}x^{t-2} + \cdots + a_1 x + a_0 \in \mathbb{Z}_q[x],$$

满足 $f(0) = a_0 = s$. 对每个多项式系数 a_i $(0 \leqslant i \leqslant t-1)$ 计算其承诺

$$\phi_i = \mathsf{com}(a_i) = g^{a_i}.$$

广播公开承诺

$$C = (\phi_0, \phi_1, \cdots, \phi_{t-1}).$$

向参与方 P_j 秘密地发送份额 $s_j = (x_j, y_j), j = 1, \cdots, n.$

• 每个参与方 P_j 收到份额 $s_j = (x_j, y_j)$ 后, 验证以下等式是否成立:

$$g^{y_j} = \prod_{i=0}^{t-1} \phi_i^{x_j{}^i} \in \mathbb{Z}_q \tag{11.2}$$

如果成立, 则接受该份额; 否则, 说明秘密份额不是由 $f(x)$ 正确生成的, 该份额无效.

• 在 Shamir 秘密分享的秘密恢复阶段, 参与方同样利用等式 (11.2) 验证其收到的份额是否有效. 当所有参与方的份额都验证通过时, 可根据拉格朗日插值公式 (11.1) 计算出秘密 s.

注意　必须确保每个参与方视图中的 C 是相同的. 通常, 需使用额外的技术以保证参与方视图的一致性, 例如, 运行可达成共识的子协议, 令参与方确认其接收的承诺 C 与其他成员是一致的.

Pedersen 可验证秘密分享　与 Feldman VSS 类似, Pedersen VSS 同样采用承诺帮助参与方验证份额的合法性, 不同之处在于, Pedersen VSS 采用了信息论安全的承诺, 其形式为

$$\mathsf{com}(a) = g^a h^b,$$

其中 a 为被承诺的消息, b 为随机数 g, h 为 $\mathbb{G}$ 的生成元. 此类承诺称为 **Pedersen 承诺**. 相比于 Feldman 所采用的承诺 $\mathsf{com}(a) = g^a$, Pedersen 承诺能够达到信息论安全的**隐藏性** (hiding)——即使敌手具有无限能力也无法从 $g^a h^b$ 获取关于消息 a 的任何信息. 这是因为给定 $\mathsf{com}(a) = g^a h^b$, 对于任意的 $a' \in \mathbb{Z}_q$, 都存在唯一的 $b' \in \mathbb{Z}_q$ 满足

$$a + \log_g h \cdot b = a' + \log_g h \cdot b' \mod q. \tag{11.3}$$

即满足

$$\mathsf{com}(a) = g^a h^b = g^{a'} h^{b'}.$$

敌手无法确定哪一个 a' 才是真正的 a. 另一方面, Pedersen 承诺仅能达到计算上的**绑定性** (binding). 所谓绑定性指被承诺值 a 与承诺 $\mathsf{com}(a)$ 之间的一一对应关系, 我们希望承诺对应唯一的被承诺值. 但是对于 Pedersen 承诺, 如果承诺者有能力计算 $\log_g h$(破解离散对数问题), 则承诺者可以根据等式 (11.3) 为 $\mathsf{com}(a) = g^a h^b$ 给出不同的被承诺值 (a', b'), 满足 $(a, b) \neq (a', b')$, 从而破坏这种唯一的对应

关系 (绑定性). 相反, 如果敌手仅具有多项式计算能力, 则难以破坏 Pedersen 承诺的绑定性.

Pedersen 可验证秘密分享方案描述如下:

- **参数设置** 选取大素数 p, q, 其中 $q | p - 1$, $\mathbb{G}_q$ 是 $\mathbb{Z}_p^*$ 的 q 阶子群, g, h 是 $\mathbb{G}_q$ 的生成元. 设 s 为要分享的秘密. 公开 $p, q, \mathbb{Z}_p^*, \mathbb{G}_q$.

- 在 Shamir 秘密共享的秘密分发阶段, D 随机选择 $(a_1, a_2, \cdots, a_{t-1}) \in \mathbb{Z}_q^{t-1}$ 与 $(b_0, b_1, \cdots, b_{t-1}) \in \mathbb{Z}_q^t$, 生成以下随机多项式:

$$f(x) = a_{t-1} x^{t-1} + a_{t-2} x^{t-2} + \cdots + a_1 x + a_0 \in \mathbb{Z}_q[x],$$

$$h(x) = b_{t-1} x^{t-1} + b_{t-2} x^{t-2} + \cdots + b_1 x + b_0 \in \mathbb{Z}_q[x],$$

满足 $f(0) = a_0 = s$. 公开对上述多项式的承诺

$$E_0 = g^{a_0} h^{b_0}, \ E_1 = g^{a_1} h^{b_1}, \cdots, \ E_{t-1} = g^{a_{t-1}} h^{b_{t-1}}.$$

并将份额 $s_j = (x_j, f(x_j), h(x_j))$ 秘密地发送给参与方 P_j, $j = 1, \cdots, n$.

- 在 Shamir 秘密分享的秘密恢复阶段, 利用上述承诺加法同态性质, 验证以下等式是否成立:

$$g^{f(x_j)} h^{h(x_j)} = \prod_{i=0}^{t-1} E_i^{x_j^i}. \tag{11.4}$$

如果成立, 则接受该份额; 否则, 该份额无效.

- 在 Shamir 秘密分享的秘密恢复阶段, 参与方利用等式 (11.4) 验证其收到的份额是否有效. 当所有参与方的份额都验证通过时, 可根据拉格朗日插值公式 (11.1) 恢复原始秘密 s.

11.3.4 分布式密钥生成

以上可验证秘密分享方案中, 尽管参与方可验证所收到的份额是否合法, 但是, 如果秘密 s 由一个秘密分发者 D 生成并分发, 即使密钥 s 仅仅在某一时刻被存储于 D 的缓存中, 一旦 D 被攻破, s 将被完全泄露. 为了避免该问题, 可以让参与方共同生成 s, 但每个参与方并不知道 s, 而是仅持有 s 的份额. 如果将 s 用作密钥, 则满足上述功能的密码协议称为**分布式密钥生成** (distributed key generation, DKG). DKG 协议将对第三方的信任平等地分散到每一位参与方, 各参与方均扮演 D 的角色进行秘密分享, 最终的密钥 s 由各参与方的秘密份额 "隐含" 地确定: 协议并不输出 s, 每个参与方不知道 s, 但对 s 的生成具有等同的贡献 (影响), 且应确保密钥 s 的均匀随机性.

Pedersen DKG   Pedersen 提出了一种无可信第三方的两轮 DKG, 其中每个参与者分别作为 Feldman VSS 协议的秘密分发者与参与方进行两轮交互, 其概述如下:

第一轮   每个参与方 P_i 随机选择一个 $t-1$ 阶的多项式 $f_i(x)$, 并向其他所有参与者广播对该多项式的承诺.

第二轮   每个参与方 P_i 利用 $f_i(x)$ 为其他所有参与方 P_ℓ 生成并分发份额 $(\ell, f_i(\ell))$, 同时接收来自其他参与方 P_ℓ 的份额. 根据第一轮的承诺, P_i 检验收到份额的合法性. 如果检查通过, 那么 P_i 计算 $s_i = (i, \sum_{i=1}^{n} f_\ell(i))$ 作为其密钥份额.

协议执行完毕后, 最终的密钥由以下等式隐含确定:

$$s = \sum_{i=1}^{n} f_i(0).$$

每个参与方仅持有密钥份额 $\sum_{i=1}^{n} f_\ell(i)$, 无法获取 s. 此外, 如果 $f_i(x)$ 是随机生成的, 则 $f_i(0)$ 是均匀随机的, 进而 s 是均匀随机的.

11.3.5　FROST 门限签名方案

FROST (flexible round-optimized Schnorr threshold) 是一种基于 Schnorr 签名设计的门限签名[23], 由 Chelsea Komlo 与 Ian Goldberg 于 2020 年合作提出. 该签名能够降低签名阶段的网络通信开销, 允许签名操作并发执行. 此外, FROST 的签名阶段既可以作为两轮协议使用, 也可以被优化为具有预处理阶段的单轮签名协议.

设计原理   回顾 Schnorr 签名的核心设计思想: 设 $Y = g^x$ 为签名公钥, x 为私钥. 对于消息 m 签名时, 计算 $R = g^r$, $c = H(m||R)$ 以及 $z = r + xc$, 签名可定义为 (c, z) 或 (R, z), 其核心验证等式为

$$R = g^z Y^{-c}.$$

FROST 将 Schnorr 签名的私钥 x 采用分布式密钥生成 (DKG) 实现, 即每个参与方 P_i 拥有私钥的份额 s_i, 对应的参与方公钥 $Y_i = g^{s_i}$. 假设采用 (t, n) 的秘密分享, 则任意 t 个参与方的公钥 Y_i 满足 $Y = \prod_{i=1}^{t} Y_i^{\lambda_i}$, 其中 λ_i 为拉格朗日系数; 在签名阶段, 参与方生成 Schnorr 签名形式的子签名 (签名份额)(R_i, z_i), 满足

$$R_i = g^{z_i} \cdot Y_i^{-c \cdot \lambda_i}. \tag{11.5}$$

将足够多的签名份额所对应的等式 (11.5) 相乘, 我们有

$$\prod_{i=1}^{t} R_i = g^{z_1 + \cdots + z_t} \cdot \left(\prod_{i=1}^{t} Y_i^{\lambda_i} \right)^{-c}.$$

又因为 $Y = \prod_{i=1}^{t} Y_i^{\lambda_i}$, 可得

$$\prod_{i=1}^{t} R_i = g^{z_1 + \cdots + z_t} \cdot Y^{-c}.$$

因此, 令 $R = \prod R_i$, $z = z_1 + \cdots + z_t$, 即为满足 Schnorr 验证等式的门限签名. 此外, FROST 利用秘密分享的可验证性进一步识别恶意参与方与无效份额, 确保门限签名的顺利生成.

FROST 门限签名方案包括分布式密钥生成协议、预处理协议、签名协议与验证协议四个部分, 具体描述如下:

- **分布式密钥生成协议**

分布式密钥生成协议的功能是参与方 $P_1, \cdots, P_n$ 共同协作生成群公钥及并完成秘密分享, 包括以下两轮交互.

第一轮 每个参与方选择一个随机多项式并承诺, 经过一轮广播后检查其所收到的承诺是否合法, 具体过程如下.

1. 每个参与方 P_i 生成 $\mathbb{Z}_q$ 上随机多项式:

$$f_i(x) = \sum_{j=0}^{t-1} a_{ij} x^j,$$

其中 $a_{ij}(0 \leqslant j \leqslant t-1)$ 是 $\mathbb{Z}_q$ 上随机选取的元素.

2. 每个参与方 P_i 计算关于常数项 a_{i0} 的**知识证明** σ_i:

(1) 随机选择 $r_i \leftarrow \mathbb{Z}_q$, 计算 $R_i = g^{r_i}$;

(2) 计算 $c_i = H(i, \Phi, g^{a_{i0}}, R_i)$, Φ 表示上下文 (用于防止重放攻击), H 表示杂凑函数;

(3) 计算 $\mu_i = r_i + a_{i0} \cdot c_i$.

得到 $\sigma_i = (R_i, \mu_i)$.

3. 每个参与方 P_i 计算并公开对多项式的承诺 $\boldsymbol{C}_i = (\phi_{i0}, \cdots, \phi_{i(t-1)})$, 其中 $\phi_{ij} = g^{a_{ij}}$, $j = 0, 1, \cdots, t-1$.

4. 每个参与方 P_i 向其余参与方广播 $\boldsymbol{C}_i, \sigma_i$, 其中, 知识证明 σ_i 用以证明 P_i 知道 ϕ_{i0} 所对应的 "知识" a_{i0}, 以防止恶意密钥攻击 (rogue key attack)[24].

5. 每个参与方 P_i 收到来自其余 $n-1$ 个参与方的 $\boldsymbol{C}_\ell, \sigma_\ell$ 后, 其中 $\ell \in \{1, 2, \cdots, n\}$, $\ell \neq i$, 执行以下步骤验证每个 $\sigma_\ell = (R_\ell, \mu_\ell)$:

(1) 计算 $c_\ell = H(\ell, \Phi, \phi_{\ell 0}, R_\ell)$;

(2) 验证等式 $R_\ell = g^{\mu_\ell} \cdot \phi_{\ell 0}^{-c_\ell}$ 是否成立. 如果每个 σ_ℓ 均验证通过, 则 P_i 接受 $\boldsymbol{C}_\ell$, 可删除 $\{\sigma_\ell : 1 \leqslant \ell \leqslant n\}$; 否则协议中止.

第二轮 生成群公钥 $Y = \prod_{j=1}^{n} \phi_{j0}$, 其对应群私钥 $\sum_{i=1}^{n} a_{i0}$ 通过 Feldman VSS 在各参与方之间完成秘密分享, 具体步骤如下.

1. 每个参与方 P_i 利用其多项式 $f_i(x)$, 为其余每个参与方 P_ℓ 分发份额 $(\ell, f_i(\ell))$, 之后销毁 f_i 及份额 $f_i(\ell)$. 注意, P_i 需保存自己的份额 $(i, f_i(i))$.

2. 当每个参与方 P_i 接收到来自其余参与方的份额 $(i, f_\ell(i))$ 时, 验证以下等式是否成立:

$$g^{f_\ell(i)} = \prod_{k=0}^{t-1} \phi_{\ell k}^{i^k \bmod q}.$$

如果不成立, 协议中止.

3. 每个参与方 P_i 计算其长期 (long-lived) 签名私钥份额:

$$s_i = \sum_{\ell=1}^{n} f_\ell(i).$$

安全存储 s_i, 并销毁所有 $f_\ell(i)$.

4. 每个参与方 P_i 计算其 (验证) 公钥份额 $Y_i = g^{s_i}$ 和群公钥 $Y = \prod_{j=1}^{n} \phi_{j0}$. 任何参与方都可以利用下式计算其他参与方的公钥份额:

$$Y_i = \prod_{j=1}^{n} \prod_{k=0}^{t-1} \phi_{jk}^{i^k \bmod q}.$$

- **预处理协议**

每个参与方 P_i 在签名前执行预处理操作, 为签名预先计算 π 个 nonce(一次性非重复数值) 与承诺份额对.

1. 创建一个空的承诺列表 L_i, 对于 $1 \leqslant j \leqslant \pi$, 执行以下操作:

(1) 随机选择一次性的 nonce: $(d_{ij}, e_{ij}) \leftarrow \mathbb{Z}_q^* \times \mathbb{Z}_q^*$;

(2) 计算承诺份额 $(D_{ij}, E_{ij}) = (g^{d_{ij}}, g^{e_{ij}})$;

(3) 将 (D_{ij}, E_{ij}) 添加至列表 L_i. 存储 (d_{ij}, D_{ij}) 和 (e_{ij}, E_{ij}) 以备签名使用.

2. 公开 (i, L_i).

- **签名协议**

令 $\mathcal{SA}$ 表示签名聚合者, 可以是某一参与方, 其功能是收集参与方签名份额, 并生成门限签名; S 表示签名参与方集合, 其大小为 α 满足 $t \leqslant \alpha \leqslant n$; B 表示 S 中的签名参与方的承诺列表 $\langle (i, D_i, E_i) \rangle_{i \in S}$; L_i 表示 P_i 在预处理阶段发布的承诺集合, H_1, H_2 表示值域为 $\mathbb{Z}_q^*$ 上的杂凑函数.

1. $\mathcal{SA}$ 从参与方 $P_i \in S$ 的 L_i 中取出可用于此次签名的承诺 (D_i, E_i), 从而构建 B.

2. 对每个 $i \in S$, $\mathcal{SA}$ 向 P_i 发送给 (m, B).

3. P_i 接收到 (m, B) 后, 检查 m 的合法性, 以及 B 中的每一对 $D_\ell, E_\ell \in \mathbb{G}^*$. 如果检查不通过, 协议中止.

4. 每个参与方 P_i 执行以下步骤:

(1) 对于每个 $\ell \in S$, 计算 $\rho_\ell = H_1(\ell, m, B)$;

(2) 计算 $R = \prod_{\ell \in S} D_\ell \cdot (E_\ell)^{\rho_\ell}$;

(3) 计算 $c = H_2(R, Y, m)$.

注意: 此处的 R 与 c 分别扮演了 Schnorr 签名中承诺与挑战的角色, 其中 R 关于 g 的离散对数为 $r = \sum_{i \in S} r_i = \sum_{i \in S}(d_i + e_i \cdot \rho_i)$.

5. P_i 用 s_i 计算回应 $z_i = d_i + (e_i \cdot \rho_i) + \lambda_i \cdot s_i \cdot c$, 其中 λ_i 表示集合 S 上的拉格朗日系数.

6. P_i 从本地存储中安全删除 $((d_i, D_i), (e_i, E_i))$, 发送 z_i 给 $\mathcal{SA}$.

7. $\mathcal{SA}$ 按照如下操作检验签名份额并计算签名:

(1) 对于 S 中的每个 i, 计算 $\rho_i = H_1(i, m, B)$ 与 $R_i = D_{ij} \cdot (E_{ij})^{\rho_i}$;

(2) 计算 $R = \prod_{i \in S} R_i$ 和 $c = H_2(R, Y, m)$;

(3) 检查每个回应 z_i 是否满足: $g^{z_i} = R_i \cdot Y_i^{c \cdot \lambda_i}$. 如果等式不成立, 则识别并报告有恶意行为的参与方, 协议中止;

(4) 计算 $z = \sum_{i \in S} z_i$;

(5) 输出关于 m 的签名 $\sigma = (R, z)$.

• **验证协议**

验证协议与 Schnorr 签名验证算法相同, 即给定消息 m 的 FROST 门限签名 $\sigma = (R, z)$, 任何拥有群公钥 Y 的用户验证以下等式:

$$R = g^z Y^{-c},$$

其中 $c = H_2(R, Y, m)$. 如相等, 则输出 1 表示签名合法; 否则输出 0.

安全性   可以证明在离散对数假设下, 当敌手控制的参与方少于 t 时, FROST 可以达到选择消息攻击下存在性不可伪造 (EUF-CMA). 需要注意的是, 门限签名在实际应用中面临复杂的攻击威胁, 例如, 在异步网络环境下, 敌手对于网络通信的控制, 将影响参与方对签名参与方集合、相关承诺、签名聚合者等信息达成共识, 进而影响门限签名的生成.

11.4 签密

在具体应用场景中保密性与认证性通常需要同时提供以保障系统安全性. 例如, 用户 A 需要将数据 m 发送至用户 B, 要求除 A 与 B 外其他人无法获取 m(保密性), 同时, B 能够确认 m 由 A 发布 (认证性). 对于此类需求, 可以采用先签名后加密或先加密后签名的方法同时提供保密性和认证性. 具体如下: 设用户 A 的签名算法为 $(Sign, Vrfy)$, 对应签名公私钥对为 (pk_A, sk_A), 用户 B 的公钥加密算法为 (Enc, Dec), 对应公私钥对为 (pk_B, sk_B).

- **先加密后签名** (encrypt-then-sign, EtS)　用户 A 计算

$$c = Enc_{pk_B}(m), \quad \sigma = Sign_{sk_A}(c).$$

将 (c, σ) 发送给 B. 用户 B 收到 (c, σ) 后, 验证 $Vrfy_{pk_A}(c, \sigma) \overset{?}{=} 1$, 如果成立, 计算并输出 $m = Dec_{sk_B}(c)$; 否则, 终止.

- **先签名后加密** (sign-then-encrypt, StE)　用户 A 计算

$$\sigma = Sign_{sk_A}(m), \quad c = Enc_{pk_B}(m||\sigma).$$

将 c 发送给 B. 用户 B 收到 c 后, 计算 $m||\sigma = Dec_{sk_B}(c)$, 验证 $Vrfy_{pk_A}(m, \sigma) \overset{?}{=} 1$. 如果成立, 则输出 m; 否则, 终止.

　　注 11.3　*先加密后签名方法存在一定隐患: 敌手截获 (c, σ) 后, 可将 σ 替换为自己的签名 σ', 在不知道 m 的条件下篡改了消息的发布者, 且不被接收者察觉.*

　　上述两种方法的计算和通信开销是加密和签名的相关开销之和. 为了进一步提升效率, Zheng 于 1996 年提出了签密方案[23], 这一方案能够同时保障保密性和认证性, 效率上优于签名与加密的上述组合. 目前, 签密方案已成为国际标准 ISO/IEC 29150[24].

11.4.1　签密基本概念

　　一个典型的签密算法包括以下三个算法:

　　(1) 密钥生成算法 $KeyGen$: 输入安全参数 1^λ, 输出发送者和接收者的公私钥对, 分别记为 (pk_s, sk_s) 与 (pk_r, sk_r).

　　(2) 签密算法 $Signcrypt$: 输入消息 m, 发送者的私钥 sk_s 和接收者的公钥 pk_r, 输出密文 c.

　　(3) 解签密算法 $Unsigncrypt$: 输入密文 c, 发送者的公钥 pk_s 和接收者的私钥 sk_r, 输出消息 m 或者错误符号 $\perp$(表示密文不合法).

　　安全要求　签密的安全模型需考虑保密性与认证性: 敌手从密文 c 中获取明文 m 的任何信息 (破坏保密性); 敌手冒充发送者伪造出一个新消息的密文 (破坏认证性). 因此, 一个安全的签密方案应同时满足保密性和认证性需求, 例如, 方案的安全性达到在选择密文攻击下不可区分 (IND-CCA) 以及在选择消息攻击下存在性不可伪造 (EUF-CMA).

11.4.2 Zheng 签密方案

Zheng 签密方案基于离散对数问题, 是 ElGamal 签名的变体与加密技术的巧妙结合, 具体包括两种相似的签密方案, 分别记为 SCS1 和 SCS2. 令 H 表示杂凑函数, KH_k 是一个带密钥 k 的杂凑函数, (Enc, Dec) 表示对称密码的加密算法和解密算法. 假设用户 A 是发送者, 用户 B 是接收者.

- 密钥生成算法: 选择大素数 p 和 q, 满足 $q|p-1$, g 是 $\mathbb{Z}_p^*$ 上的 q 阶元素. 用户 A 随机选择 $x_a \in [1, \cdots, q-1]$, 计算 $y_a = g^{x_a} \bmod p$. 用户 A 的私钥为 x_a, 公钥为 y_a. 类似地, 用户 B 随机选择 $x_b \in [1, \cdots, q-1]$, 计算 $y_b = g^{x_b} \bmod p$, 用户 B 的私钥为 x_b, 公钥为 y_b.

- 签密算法: 输入消息 m, 发送者私钥 x_a, 接收者公钥 y_b, 随机选择 $x \in [1, \cdots, q-1]$, 计算 $k = H(y_b{}^x \bmod p)$, 设 $k = k_1 \| k_2$; 计算

  1. $c = Enc_{k_1}(m)$;
  2. $r = KH_{k_2}(m)$;
  3. 如果使用 SCS1, $s = x/(r + x_a) \bmod q$;
     如果使用 SCS2, $s = x/(1 + x_a r) \bmod q$.
     输出 m 的签密密文 $\sigma = (c, r, s)$.

- 解签密算法: 输入签密密文 $\sigma = (c, r, s)$, 发送者公钥 y_a, 接收者私钥 x_b,

  1. 如果使用 SCS1, 计算 $k = H\left((y_a \cdot g^r)^{s \cdot x_b} \bmod p\right)$;
     如果使用 SCS2, 计算 $k = H\left((g \cdot y_a^r)^{s \cdot x_b} \bmod p\right)$;
  2. 将 k 分割为 k_1 与 k_2;
  3. 计算 $m = Dec_{k_1}(c)$;
  4. 检查 $KH_{k_2}(m) \overset{?}{=} r$, 如果相等, 则接受 m; 否则返回错误符号 $\perp$.

正确性 以 SCS1 为例, 对于任意明文正确执行 SCS1 签名算法生成的 (c, r, s), 我们有以下等式成立:

$$(y_a \cdot g^r)^{s \cdot x_b} = (g^{x_a} \cdot g^r)^{\frac{x}{r+x_a} \cdot x_b} = g^{x \cdot x_b} = y_b{}^x \bmod q.$$

上述等式意味着签密算法中生成的 k 与解签密算法第 1 步生成的 k 相等, 故 (c, r, s) 可被正确解密并通过验证.

安全性 Zheng 签密方案能够满足不可伪造性、保密性. 关于签密的更多安全性讨论可参考文献 [24–26].

11.5 练习题

练习 11.1 请阐述基于身份的密码与公钥密码在功能上的差异.

练习 11.2 请针对指数 ElGamal 加密方案给出一种选择密文攻击.

练习 11.3　请用 Shamir 秘密共享方法构建一个 $(5,7)$ 门限秘密分享方案.

练习 11.4　在一个 $(3,5)$ Shamir 秘密分享方案中, $p = 1234567890133$, 5 个参与方所拥有的数对分别为: $(1,575238837979)$, $(2,761681772895)$, $(3,679442875356)$, $(4,328522145362)$, $(5,943487473046)$. 计算重构出的秘密值.

练习 11.5　恶意密钥攻击 (rogue-key attack) 是指在分布式密钥生成协议中, 故手根据诚实参与方选择的公钥份额, 适应性地将自己的公钥份额设置为某个特殊的元素, 满足所有的公钥份额在组合时, 故手得到一个可以控制的全局公钥 (群公钥), 进而达到伪造签名的目的.

考虑以下由 P_1 和 P_2 参与的两方密钥生成协议 (设协议相关运算在阶为 q 的循环群 $\mathbb{G} = \langle g \rangle$ 上):

1. P_1 随机选择私钥份额 $s_1 \in \mathbb{Z}_q$, 计算公钥份额 $Q_1 = g^{s_1}$, 并向 P_2 发送公钥份额 Q_1;

2. P_2 随机选择私钥份额 $s_2 \in \mathbb{Z}_q$, 计算公钥份额 $Q_2 = g^{s_2}$, 并向 P_1 发送公钥份额 Q_2.

3. P_1 与 P_2 本地计算全局公钥为 $Q = Q_1 \cdot Q_2$.

如果 P_1 与 P_2 均诚实地执行上述协议, 则他们可以共同确定一个全局公钥 Q, 每一方均对 Q 的生成有贡献, 且都不知道 Q 对应的 $\log_g Q$. 然而, 上述协议存在 Rogue-key 攻击.

1. 如果 P_2 是恶意的, 他可以将全局公钥 Q 设置为任意元素, 并获知 $\log_g Q$. 请给出 P_2 的攻击方法.

2. 尝试探讨如何防范 Rogue-key 攻击.

练习 11.6　请证明 FROST 门限签名的正确性, 即对于任意的消息 m, 任意 t 个诚实的参与方合作生成的门限签名 σ 可以通过验证.

练习 11.7　设用户 A 的签名算法为 $(Sign, Vrfy)$, 签名公私钥对为 (pk_A, sk_A), 用户 B 的公钥加密算法为 (Enc, Dec), 加密公私钥对为 (pk_B, sk_B). 考虑如下同时提供保密性与认证性的方案:

$$c = Enc_{pk_B}(m), \quad \sigma = Sign_{sk_A}(m).$$

将 (c, σ) 发送给 B. 用户 B 收到 (c, σ) 后, 解密 $m = Dec_{sk_B}(c)$, 验证

$$Vrfy_{pk_A}(m, \sigma) \overset{?}{=} 1,$$

如果成立, 则输出 m; 否则, 终止. 请问该方案是否安全? 为什么?

参考文献

[1] Shamir A. Identity-based cryptosystems and signature schemes. In Advances in Cryptology, Proceedings of CRYPTO'84, 1984, volume 196 of LNCS: 47-53.

[2] Boneh D, Franklin M K. Identity-based encryption from the weil pairing. In Advances in Cryptology- CRYPTO 2001, 2001, volume 2139 of LNCS: 213-229.

[3] Fujisaki E, Okamoto T. How to enhance the security of public-key encryption at minimum cost. In Public Key Cryptography, Second International Workshop on Practice and Theory in Public Key Cryptography, PKC'99, 1999, volume 1560 of LNCS: 53-68.

[4] Cha J C, Cheon J H. An identity-based signature from Gap Diffie-Hellman Groups. In Public Key Cryptography- PKC 2003, 2003, volume 2567 of LNCS: 18-30.

[5] Chen Y, Huang Q, Zhang Z Y. Sakai-Ohgishi-Kasahara identity-based non-interactive key exchange revisited and more. Int. J. Inf. Sec., 2016, pages 15-33.

[6] Hofheinz D. Fully secure constrained pseudorandom functions using random oracles. IACR Cryptol. ePrint Arch., 2014, page 372[2023-10-23]. https://eprint.iacr.org/2014/372.

[7] Sakai R, Ohgishi K, Kasahara M. Cryptosystems based on pairing. The 2000 Symposium on Cryptography and Information Security, 2000.

[8] Rivest R L, Adleman L, Dertouzos M L, et al. On data banks and privacy homomorphisms. Foundations of Secure Computation, 1978, 4(11): 169-180.

[9] Rivest R L, Shamir A, Adleman L. A method for obtaining digital signatures and public-key cryptosystems. Communications of the ACM, 1978, 21(2): 120-126.

[10] Paillier P. Public-key cryptosystems based on composite degree residuosity classes. Advances in Cryptology—EUROCRYPT 1999: International Conference on the Theory and Applications of Cryptographic Techniques, volume 1592 of LNCS: 223-238.

[11] Benaloh J D C. Verifiable Secret-Ballot Elections. New Haven: Yale University, 1987.

[12] Kushilevitz E, Ostrovsky R. Replication is not needed: Single database, computationally-private information retrieval. Proceedings 38th Annual Symposium on Foundations of Computer Science, IEEE, 1997, pages 364-373.

[13] Gentry C. A Fully Homomorphic Encryption Scheme. Stanford: Stanford University, 2009.

[14] Cramer R, Gennaro R, Schoenmakers B. A secure and optimally efficient multi-authority election scheme. Advances in Cryptology - EUROCRYPT 1997: International Conference on the Theory and Applications of Cryptographic Techniques, volume 1233 of LNCS, pages 103-118. Springer, 1997.

[15] Cheon J H, Kim A, Kim M, et al. Homomorphic encryption for arithmetic of approximate numbers. In Advances in Cryptology–ASIACRYPT 2017: 23rd International Conference on the Theory and Applications of Cryptology and Information Security, Springer of LNSC, 2017, 10624: 409-437.

[16] Cheon J H, Han K, Kim A, et al. Bootstrapping for approximate homomorphic encryption. Advances in Cryptology—EUROCRYPT 2018: 37th Annual International Conference on the Theory and Applications of Cryptographic Techniques, Springer of LNSC, 2018, 10820: 360-384.

[17] Brakerski Z, Gentry C, Vaikuntanathan V. (Leveled) fully homomorphic encryption without bootstrapping. ACM Transactions on Computation Theory (TOCT), 2014, 6(3): 1-36.

[18] Fan J F, Vercauteren F. Somewhat practical fully homomorphic encryption. Cryptology ePrint Archive, 2012 [2023-10-10]. https://eprint.iacr.org/2012/144.

[19] Halevi S, Shoup V. Design and implementation of HElib: a homomorphic encryption library. Cryptology ePrint Archive, 2020. https://eprint.iacr.org/2020/1481.

[20] Chen H, Laine K, Player R. Simple encrypted arithmetic library-seal v2. 1. In Financial Cryptography and Data Security: FC 2017, Springer of LNSC, 2017, 10323: 3-18.

[21] Kim M, Song Y, Li B, et al. Semi-parallel logistic regression for gwas on encrypted data. BMC Medical Genomics, 2020, 13: 1-13.

[22] Han K, Hong S, Cheon J H, et al. Logistic regression on homomorphic encrypted data at scale. In Proceedings of the AAAI Conference on Artificial Intelligence, 2019, 33: 9466-9471.

[23] Komlo C, Goldberg I. Frost: Flexible round-optimized schnorr threshold signatures. In Selected Areas in Cryptography, 2021, volume 12804 of LNCS: 34-65.

[24] Ristenpart T, Yilek S. The power of proofs-of-possession: Securing multiparty signatures against rogue-key attacks. Advances in Cryptology—EUROCRYPT 2007: 26th Annual International Conference on the Theory and Applications of Cryptographic Techniques, Barcelona, Spain, May 20-24, 2007. Proceedings 26, pages 228-245. Springer, 2007.

[25] Zheng Y L. Digital signcryption or how to achieve cost(signature & encryption) $\ll$ cost(signature) + cost(encryption). In Advances in Cryptology—CRYPTO'97, 1997, volume 1297 of LNCS, pages 165-179.

[26] Information technology, security techniques, signcryption. Technical report [2023-12-10]. https:// www.iso.org/standard/45173.html.

第 12 章

密钥建立协议

第12章课件

在实际部署密码系统时, 通常需要对基础的密码算法进行综合应用, 构成**密码协议**, 从而为不同的应用场景提供所需的安全性保障. 在各类密码协议中, **密钥建立** (key establishment) **协议**是最为基础且重要的一类密码协议, 能够在参与协议的两个或多个参与实体之间建立共享的秘密信息, 通常用于建立在一次通信中所使用的临时会话密钥 (session key). 例如, 在保障网站安全访问的 TLS 协议中, 客户端与服务器之间使用对称加密保护会话信息不被泄露, 为了实现对称加密, 我们需要密钥建立协议为通信双方安全地生成该对称加密的随机密钥, 以保障只有客户端与服务器共享该密钥. 密钥建立协议作为 TLS、SSH、IPsec 等网络安全协议的重要组件, 已经广泛应用于网络空间, 例如, 网站访问、通信软件、物联网、区块链、匿名网络等. 本章将介绍密钥建立相关协议, 包括密钥传输、密钥协商等内容.

12.1 密钥建立概述

密钥是密码方案中需要保密的重要信息, 密钥建立协议能够实现密钥在不同参与方之间的安全分发与共享. 依据密钥生成方式的不同, 密钥建立协议可分为两类:

1. **密钥传输** (key transport) **协议**, 指协议的一个参与方可以建立或获取一个秘密值 (密钥), 并将该秘密值安全地传输 (或分发) 给协议中其他参与方.

2. **密钥协商** (key agreement) **协议**, 又称为密钥交换 (key exchange) 协议[①], 指协议的两个或多个参与方使用各自的密钥参数, 协同计算并推导出一个密钥, 且协议参与方难以预先确定该共享密钥.

此外, 依据协议参与方数目的不同, 密钥建立协议可分为两方协议和多方协议. 两方密钥建立协议是指协议中两个参与方以点到点 (end-to-end) 的方式建立会话密钥; 多方密钥建立协议是指 3 个及其以上的参与方建立会话密钥.

---

① 密钥建立协议也可视为广义的密钥交换协议.

12.2　安全要求

在不同的应用场景中, 密钥建立协议需满足与之相应的安全要求. 简单地说, 密钥建立协议 (包括密钥传输协议和密钥协商协议) 的基本安全要求如下:

- 协议结束后, 各合法参与方能够共享一个相同的密钥 K, (除可信第三方除外) 任何其他参与方难以获知 K 的信息 (保密性).

- 在某些密钥建立协议中, 要求参与方能够确认对方的身份 (认证性).

以两方密钥建立协议为例, 假设要建立密钥的两方分别为 P_A 与 P_B, 相关安全要求可进一步进行如下划分.

1. 隐式密钥认证 (implicit key authentication): 除参与方 P_A 和当前与其交互的参与方 P_B 可获得所建立的密钥外, 其他任何一方都难以获得该密钥的任何信息. 注意, 隐式密钥认证可保证合法参与方 P_A 与 P_B 得到相同的密钥, 但并不能保证参与方 (如 P_A) 可识别与其通信的对方 (如 P_B) 的身份.

2. 密钥确认 (key confirmation): 当参与方 P_A (或 P_B) 获得密钥 K 后, 能够确认对方 P_B (或 P_A)(身份可能未被鉴别) 已经得到 K.

3. 显式密钥认证 (explicit key authentication): 同时提供隐式密钥认证和密钥确认.

4. 实体认证 (entity authentication): 参与方 (某一方或双方) 能够鉴别当前与之交互者的身份.

一个密钥建立协议至少应满足隐式密钥认证要求, 根据不同的应用需求, 密钥建立协议可能还需要同时满足其他安全要求. 例如, 基于认证的密钥建立 (authenticated key establishment) 协议要求在议定的参与方间建立会话密钥, 提供隐式密钥认证, 同时能够认证参与方身份 (实体认证). 事实上, 目前存在许多种关于密钥建立协议的安全要求刻画. 这是因为相对于加密、签名等基础密码方案, 密钥建立协议通常需要参与方间的多次交互, 这为敌手提供了更为丰富的攻击手段与攻击目的. 除了监听信道信息等被动攻击外, 敌手可采用修改信道信息、重放、冒充合法参与方等主动攻击手段. 综合上述手段, 敌手破坏密钥保密性与认证性的方式与后果也是多样的. 例如, 敌手可能知道某些已经使用过的会话密钥, 利用这些会话密钥, 破解当前密钥建立协议生成的会话密钥, 或者利用所获取的当前会话密钥, 破解之前会话的密钥; 冒充参与方 P_A 与参与方 P_B 建立会话密钥; 影响协议最终输出的密钥, 使其偏离独立的均匀分布. 此处, 我们仅列举以下两种常见的安全要求.

- 已知会话密钥安全 (known session key security): 即使攻击者知道某些使用过的会话密钥, 密钥建立仍然可以使得协议参与方使用该协议建立新的安全会话密钥.

• 前向安全 (forward security): 即使某个时段使用的秘密信息暴露, 并不会泄露之前建立的会话密钥.

12.3 密钥传输

密钥传输 (或分发) 是指在协议中密钥分发方主动向密钥接收方发送密钥 (临时会话密钥), 而密钥接收方只是被动地接收而未参与密钥的生成. 其中, 密钥接收方可以是一个也可以是多个. 注意, 密钥协商协议生成的密钥通常由双方共同确定, 但在实际应用中, 有时很难区分密钥传输和密钥协商. 本节将介绍两类典型的密钥传输协议, 分别是基于对称密码的密钥传输协议与基于公钥密码的密钥传输协议.

12.3.1 基于对称密码的密钥传输

为了实现参与方 A 与 B 能够**安全**地共享相同的密钥, 最直接的方法是采用物理传递方式, 例如, 由 A 生成密钥 K, 当 A 与 B 现场见面时, A 亲手将密钥 K 转交给 B, 或者, 由 A 与 B 共同信任的第三方 C 生成密钥 K, 然后 C 分别与 A 和 B 现场交付密钥. 直观上, 对于亲手交付的物理传递方式, 敌手无法影响或获取密钥信息, 因此, 可以实现 A 与 B 安全地共享密钥. 但是, 对于相距千里的远程用户之间显然难以通过此类物理传递方式有效实现密钥的分享. 在现代通信网络中, 存在大量的主机节点, 每个主机节点上承载着多个用户和进程, 这些用户 (或进程) 之间要实现安全通信, 需要两两之间共享密钥. 采用上述现场交付的方式在海量用户间实现密钥共享更是不切实际的.

为了密钥传输的实用性, 可以考虑以下借助现代通信网络的密钥传输方法: 如果 A 与 B 之间之前已经通过某种方式共享了相同的密钥 K', 那么, A 与 B 之间可以建立安全信道传输 K, 例如, A 在生成密钥 K 后, 可以使用对称加密 $c = Enc_{K'}(K)$, 将密文 c 通过公开信道传输给 B, 而 B 可以利用 K' 由 c 解密出 K. 该方法可以快速实现密钥共享, 但是却存在安全隐患. 一旦 A 与 B 之间的密钥 K' 泄露, 意味着 K (包括之后以此方法共享的密钥) 也随之泄露.

设计原理 为了解决上述问题, 目前广泛使用的是依赖可信第三方 (trusted authority, TA), 为通信双方分发密钥 (临时会话密钥). 可信第三方是通信双方共同信任的实体, 且假设可信第三方预先与通信双方分别共享**长期的主密钥**, 利用该密钥可实现用户与可信第三方间的安全信道, 进而利用该安全信道分发临时会话密钥.

在密钥传输协议中, TA 通常为密钥分发中心 (key distribution center, KDC),

如图 12.1 所示, KDC 分别与用户 P_A、P_B 共享长期主密钥 K_A 与 K_B, 用户 P_A 可以利用主密钥 K_A 为其与 KDC 之间的通信提供保密性与认证性, 即建立 P_A 与 KDC 之间的安全信道. 例如, K_A 包含对称加密与消息认证码的密钥信息, 可使用对称加密与消息认证码实现保密性与认证性. 同理, 用户 P_B 与 KDC 也可基于 K_B 建立安全信道. 利用该安全信道, 可为 P_A 与 P_B 实现临时会话密钥 K_S 的安全高效分发.

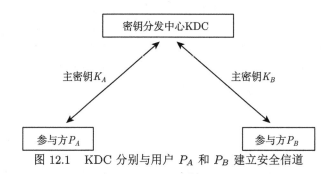

图 12.1   KDC 分别与用户 P_A 和 P_B 建立安全信道

该方法涉及两类密钥——**主密钥**与**会话密钥**. 主密钥是长期使用的密钥, 通常使用物理传递的方式实现主密钥的共享, 例如, 在密钥传输协议中, 用户与 KDC 采用物理传递方式实现主密钥共享. 会话密钥是临时使用的"一次性"密钥, 通常用于保护临时会话, 但会话结束或连接断开后便丢弃, 对于新的会话, 需要采用新的会话密钥. 两类密钥的关系如图 12.2 所示, 处于高等级的主密钥通常用于生成和保护会话密钥, 而处于低等级的会话密钥用于保护通信数据. 注意, 尽管用户与 KDC 的主密钥采用物理传递方式, 当面对大量用户时, 相比于两两用户间直接进行密钥的物理传递, 这种借助 KDC 的方式能够更高效地实现两两用户间的密钥共享. 例如, 对于 N 个用户的网络, 要实现用户两两之间的安全通信, 需要 $\lceil N(N-1)/2 \rceil$ 个密钥. 当 $N = 1000$ 时, 大约需 50 万个密钥, 这意味着如果用户间采用物理传递密钥的方法, 需要完成约 50 万次物理传递, 该成本显然是巨大

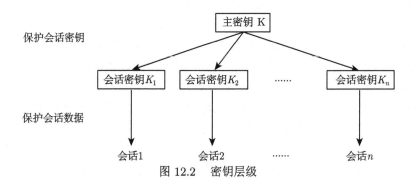

图 12.2   密钥层级

的. 而借助 KDC, 仅需初始的 1000 次物理传递密钥, 随后的会话不再需要物理传递密钥.

这种密钥层级对于安全是有利的. 类似于一次一密, 由于每次的会话数据都由不同的一次性会话密钥保护, 这意味着用相同密钥加密生成的密文数量非常少, 这极大降低了密文被破解风险. 此外, 即使某次会话密钥泄露, 不会引起其他会话的数据泄露, 进一步降低了密钥泄露带来的损失.

12.3.1.1 Needham-Schroeder 协议

Needham-Schroeder 协议[1] 由 Roger Needham 和 Michael Schroeder 于 1978 年提出, 是最早的会话密钥分发方案之一. 该协议借助可信第三方 TA(或 KDC), 完成用户 A 与 B 之间的密钥传输 (如图 12.3). 假设用户 A 和 TA 的共享主密钥是 K_A, 用户 B 和 TA 的共享主密钥是 K_B. E 是对称加密算法, D 是对称解密算法. ID_A 和 ID_B 分别是用户 A 和用户 B 的标识符.

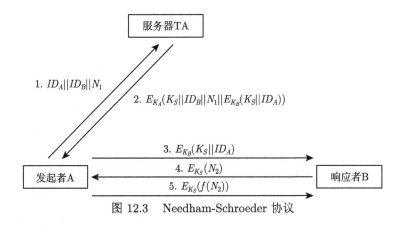

图 12.3　Needham-Schroeder 协议

协议的具体执行步骤如下:

1. A 向 TA 发出请求 $ID_A||ID_B||N_1$, 要求 TA 分配 A 与 B 通信的会话密钥. 其中 N_1 称为 nonce (number used only once), 是由 A 生成的只能使用一次的数, 用以唯一标记此次消息传递. 在具体实现上, nonce 通常是随机生成的 (不重复的) "随机数" (或伪随机数), 有时也可以使用时间戳、计数器的值作为 nonce, 为了起到唯一标记的作用, 需保证每次使用的值是不同的.

2. TA 随机选择 K_S 作为 A 与 B 的会话密钥, 使用与 A 共享的主密钥 K_A 生成密文

$$y_1 = E_{K_A}\Big(K_S||ID_B||N_1||E_{K_B}(K_S||ID_A)\Big),$$

并将 y_1 反馈给 A. 注意, 密文 y_1 对应的明文为 $K_S||ID_B||N_1||E_{K_B}(K_S||ID_A)$,

其中

- K_S 为 TA 分配的一次性会话密钥;
- $ID_B||N_1$ 是之前 A 的请求所含信息;
- $E_{K_B}(K_S||ID_A)$ 则是使用 K_B (TA 与 B 的主密钥) 加密得到的密文, 该密文所对应的明文为会话密钥 K_S 和 A 的标识符 ID_A.

3. A 使用 K_A 解密 y_1 得到 $K_S||ID_B||N_1||E_{K_B}(K_S||ID_A)$, 进而得到会话密钥 K_S, 并检查其中 $ID_B||N_1$ 是否与其在第 1 步请求中的 $ID_B||N_1$ 匹配. 如果匹配, 则将 $E_{K_B}(K_S||ID_A)$ 发送给 B.

4. B 使用 K_B 解密 $E_{K_B}(K_S||ID_A)$ 得到 $K_S||ID_A$, 进而得到会话密钥 K_S 以及请求者的身份 ID_A; B 生成 nonce N_2, 使用 K_S 计算 N_2 的密文 $y_2 = E_{K_S}(N_2)$, 并将 y_2 发送给 A.

5. A 使用 K_S 解密 y_2 得到 N_2, 计算 $f(N_2)$, 生成密文 $y_3 = E_{K_S}(f(N_2))$, 并将 y_3 发送给 B. 其中, $f(N_2)$ 表示一种关于 N_2 的函数, 例如, $f(N_2) = N_2 + 1$.

6. B 使用 K_S 解密 y_3, 并检查其明文是否等于 $f(N_2)$. 如果相等, 则 B "接受" K_S 作为其与 A 的会话密钥; 否则 "拒绝".

安全分析　Needham-Schroeder 协议中, 所有涉及会话密钥 K_S 的传输都采用了加密保护 (第 2 步和第 3 步), 使得除了 TA, A, B 以外的其他人 (在被动攻击下) 难以获取 K_S 的信息. 事实上, A 与 B 在第 3 步时已经实现了 K_S 的共享, 第 4, 5, 6 步通过采用会话密钥 K_S 加密的方式, 使 A 和 B 确认对方确实获得了 K_S, 即密钥确认.

协议并未采用消息认证码, 没有提供直接的认证性. 但是, A 通过检验第 2 步消息的解密是否与第 1 步匹配, 间接确认当前与其交互的是 TA, 因为只有 TA 拥有 K_A 并生成关于 $ID_B||N_1$ 正确的密文, 类似地, B 通过解密第 3 步的消息, 间接确认了该密文由 TA 生成且请求发起会话的是 A, 但是, B 并不能确认当前发送第 3 步消息的就是 A(这为下文所述的攻击埋下隐患). 需要注意的是, 这种使用对称加密提供间接认证的方法存在一定程度的安全隐患, 因为对称加密本身并不保证认证性, 这取决于具体的对称加密算法.

重放攻击 (replay attack) 是一种网络攻击方法, 指敌手将之前通过监听等手段获取的 (合法) 消息进行重新发送, 以达到欺骗对方的目的, 常用于各类交互式协议. nonce 唯一标记的作用, 使其可应用于交互式协议中以抵抗重放攻击, 例如, Needham-Schroeder 协议第 3 步中, A 需要检查在第 2 步所收到的 N_1 是否为当前会话中第 1 步的 nonce, 从而确认第 2 步消息并非其他 (历史) 会话消息的重放; 在第 6 步中, B 需要检查在第 5 步收到的 $f(N_2)$ 是否与其在第 4 步发送的 N_2 匹配, 从而确定第 5 步的消息并非重放, 进而确定所收到的会话密钥 K_s 并非重放. 然而, 即便如此, Needham-Schroeder 协议仍然存在重放攻击的隐患.

Denning-Sacco 攻击   1981 年, Denning 和 Sacco 发现了针对 Needham-Schroeder 的一种重放攻击. 该攻击描述如下: 假设敌手 O 记录了在 A 和 B 之间进行的一次 Needham-Schroeder 协议会话, 记为 S, 并以某种方式得到了会话 S 的会话密钥 K_S. 这种攻击模型称为**已知会话密钥攻击**. 然后 O 发起一次新的与 B 之间进行的 Needham-Schroeder 会话, 记为 S', O 直接从会话 S' 的第 3 步开始, 将之前在会话 S 使用过的消息 $E_{K_B}(K_S \| ID_A)$ 发送给 B. Denning-Sacco 攻击如图 12.4 所示.

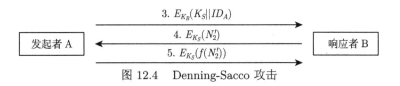

图 12.4   Denning-Sacco 攻击

注意到, 当 B 回复 $E_{K_S}(N_2')$ 之后, O 能够使用已知的密钥 K_S 进行解密, 生成 $f(N_2')$, 并对结果进行加密, 并在会话 S' 的第 5 步, 将 $E_{K_S}(f(N_2'))$ 发送给 B. B 解密这条消息并 "接受" 该会话密钥 K_S.

下面分析该攻击的后果, 在 O 和 B 之间进行的会话 S' 的最后, B 认为他获得了一个 "新" 的会话密钥 K_S, 并且这个 K_S 是和 A 共享的, 这是因为在 $E_{K_B}(K_S \| ID_A)$ 中出现的是 ID_A. 但实际上, B 是与 O 共享了 "旧" 的密钥 K_S, A 甚至并未意识到会话 S' 的存在, 也未必还持有 K_S, 因为在与 B 进行的前一个会话 S 结束之后, A 可能已经丢弃了密钥 K_S. 所以, 在这个攻击中 B 从以下两个方面被欺骗了.

1. B 期望的协议发起方 A 并不知道在会话 S' 中分配的密钥 K_S.

2. 会话 S' 的密钥被除了 B 与期望的发起方 A(以及 TA) 之外的人知道, 即被敌手 O 知道.

12.3.1.2   Kerberos 协议

20 世纪 80~90 年代, 美国麻省理工学院基于 Needham-Schroeder 协议开发了 Kerberos 协议, 用以保护 Athena 项目的网络服务器. 该协议是 Windows 域环境中的默认身份验证协议, 可为分布式环境提供双向验证, 并被 RFC1510 采纳, 其设计目标是通过密钥系统为客户/服务器应用程序提供认证服务. Kerberos 协议历经多个版本, 本节介绍其第 5 版本的简化形式, 以展示该协议实现密钥传输的功能与原理.

Kerberos 协议的设计原理与 Needham-Schroeder 协议类似, 但是, Kerberos 协议通过添加有效期与时间戳, 限定了敌手进行重放攻击的能力——超过有效期的会话消息及会话密钥被视为是无效的. 具体协议描述如下 (主要流程如图 12.5

所示): 参与方 P_A 和服务器 TA 共享对称密钥为 K_A, 参与方 P_B 和服务器 TA 共享对称密钥是 K_B, L 为使用期限, $time$ 为时间戳. P_A, P_B 和 TA 所使用的对称密码算法的加密和解密分别为 E 和 D. ID_A 和 ID_B 分别是参与方 P_A 和参与方 P_B 的标识符.

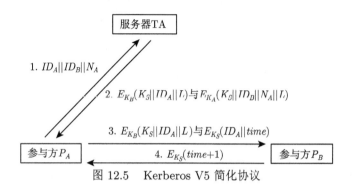

图 12.5   Kerberos V5 简化协议

1. P_A 向 TA 发出请求: P_A 生成 nonce N_A, 并将 ID_A, ID_B 和 N_A 发送给 TA.

2. TA 随机选择一个会话密钥 K_S 和一个有效期 L. 然后计算

$$t_B = E_{K_B}(K_S||ID_A||L) \text{ 和 } y_1 = E_{K_A}(K_S||ID_B||N_A||L),$$

TA 将 t_B 和 y_1 发送给 P_A. 注意, L 是 TA 指定的密钥使用期限, 在这个期限内使用的 K_S 是有效的.

3. P_A 使用密钥 K_A 解密 y_1, 得到 $K_S||ID_B||N_A||L$. P_A 检查 $ID_B||N_A$ 是否与其在第 1 步的请求信息匹配, 以及检查其当前时间 $time$ 在该密钥的使用期限 L 之内, 以防止敌手重放 TA 在历史会话中使用过的 "旧" 的 y_1. 然后, 计算 $y_2 = E_{K_S}(ID_A||time)$. 最后, P_A 将 t_B 和 y_2 发送给 P_B.

4. P_B 使用密钥 K_B 解密 t_B, 得到 $K_S||ID_A||L$, 使用密钥 K_S 解密 y_2 得到 $ID_A||time$. 检查从 t_B 和 y_2 中解密的 ID_A 是一致的. 这使得 P_B 确信在 t_B 中所加密的会话密钥与用于 y_2 加密的密钥是相同的, 同时, 通过检验 $time$ 及 P_B 的本地时间均不超过 L 来验证密钥 K_S 没有过期. 然后, P_B 计算 $y_3 = E_{K_S}(time+1)$, 并将 y_3 发送给 P_A.

5. P_A 使用密钥 K_S 解密 y_3, 并检查其结果是否为 $time+1$. 由于密文 y_3 的生成需要 K_S, 因此该检查使 P_A 确信 P_B 已经获得了会话密钥 K_S.

安全性分析   Kerberos 协议与 Needham-Schroeder 协议的主要流程相似, 因此, 类似于 Needham-Schroeder 协议的安全性分析, 可知 Kerberos 协议在被动攻击下也可以实现会话密钥的安全分享, 并提供一定程度的认证性保障, 不同之处

主要有以下几点:

- Needham-Schroeder 协议的第 2 步对发送给 P_B 的信息进行了双重加密——先用 K_B 加密, 再用 K_A 加密, 这是没有必要的, 因此, Kerberos 协议的第 2 步不再对使用 K_B 加密生成的密文再次加密.

- TA 指定的有效期 L (第 2 步) 以及 P_A 添加的时间戳 $time$ (第 3 步), 使得 P_B 可以探测消息的重放. 例如, 当敌手实施 Denning-Sacco 攻击时, 需要在第 3 步发送 $E_{K_B}(K_S||ID_A||L)$ 与 $E_{K_S}(ID_A||time')$, 其中 $E_{K_B}(K_S||ID_A||L)$ 为重放的历史消息 (敌手不知道 K_B, 无法伪造 $E_{K_B}(K_S||ID_A||L)$ 密文), 而 P_B 可在第 4 步通过检查 L 与自己当前的本地时间是否匹配, 判定该消息是否是重放. 但是, 如果敌手实施攻击的时间在 L 之内, P_B 也无法探测重放. 这意味着 L 需设置得 "足够小", 以探测敌手重放, 然而, 如果 L 过小, 也可能导致 P_B 将合法消息误判为重放, 所以此类时间戳机制要求网络中所有参与方的时钟同步. 在实践中, 难以提供完美的时钟同步, P_B 的本地时间可能与 P_A 及 TA 的时间有所差异, 同时考虑网络传输延迟等因素, 会导致 P_B 收到 L 时, 其本地时间已超过 L, 因此 L 的设置需考虑此类因素导致的时间误差. 综上, Kerberos 协议只能在一定程度上防范 Denning-Sacco 攻击.

- Kerberos 协议在第 3、4 步完成双方密钥确认的功能, 其中 $time$ 同时起到 nonce 的作用, 帮助 P_A 确认 P_B 收到了 K_S. 而在 Needham-Schroeder 协议中, 双方需要进行第 4、5 步, 利用额外添加的 nonce N_2 完成该功能.

12.3.1.3 ISO/IEC11770-2 标准

国际标准 ISO/IEC11770-2 提供了一种基于对称密码的密钥传输协议, 协议主要流程如图 12.6 所示, 具体执行步骤如下: 假设参与方 P_A 与服务器 TA 共享主密钥 K_A, 参与方 P_B 与服务器 TA 共享主密钥 K_B, E 是一个对称加密算法. ID_A 和 ID_B 分别是参与方 P_A 和参与方 P_B 的标识符.

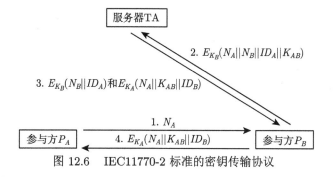

图 12.6 IEC11770-2 标准的密钥传输协议

1. P_A 选择一个随机数 N_A, 并将其发送给 P_B.

2. P_B 选择一个随机数 N_B, 以及一个随机会话密钥 K_{AB}, 并在密钥 K_B 下加密得到密文 $E_{K_B}(N_A||N_B||ID_A||K_{AB})$, 随后发送给服务器 TA.

3. TA 用与 P_B 共享的主密钥 K_B 解密收到的密文 $E_{K_B}(N_A||N_B||ID_A||K_{AB})$ 得到 $N_A||N_B||ID_A||K_{AB}$, 计算 $E_{K_B}(N_B||ID_A)$ 和 $E_{K_A}(N_A||K_{AB}||ID_B)$ 并发回给 P_B.

4. P_B 使用与 TA 共享的密钥 K_B 解密收到的密文 $E_{K_B}(N_B||ID_A)$, 并获得随机数 N_B 和 P_A 的标识符 ID_A. P_B 验证解密获得的随机数是否与其在第 2 步发送的一致, 若一致则将转发 $E_{K_A}(N_A||K_{AB}||ID_B)$ 给 P_A.

5. P_A 用与 TA 共享的密钥 K_A 解密 $E_{K_A}(N_A||K_{AB}||ID_B)$, 得到一个随机数 N_A、随机会话密钥 K_{AB} 和 P_B 的标识符 ID_B. P_A 验证得到的随机数 N_A 是否与自己在第 1 步发送的一致, 如果一致, 接受会话密钥 K_{AB}.

与 Needham-Schroeder 协议及 Kerberos 协议不同, 该协议的发起者并未与 TA 直接交互, 且会话密钥并非由 TA 生成, 此类设计有哪些优势? 关于该协议的分析留作本节练习.

12.3.1.4 Bellare-Rogaway 密钥传输协议

Bellare 和 Rogaway 在 1993 年和 1995 年分别给出了可证明安全性的两方和三方会话密钥传输协议[2,3]——首次对认证密钥传输协议的安全性给出了正式定义, 并对所提协议给出了安全性证明. 本节给出其三方协议[2] 的简化描述, 主要流程如图 12.7 所示. 假设参与方 P_A 和服务器 TA 共享对称密钥 $K_A = K_{A1}||K_{A2}$, 参与方 P_B 和服务器 TA 共享对称密钥 $K_B = K_{B1}||K_{B2}$, 其中 K_{A1} 与 K_{B1} 用于对称加密算法 E 的密钥, K_{A2} 与 K_{B2} 用于消息认证码 MAC 的密钥. ID_A 和 ID_B 分别是 P_A 和 P_B 的身份标识符. 具体步骤如下:

1. P_A 选择一个随机数 r_A, 并将 ID_A、ID_B 和 r_A 发送给 P_B.

2. P_B 选择一个随机数 r_B, 并将 ID_A、ID_B、r_A 和 r_B 发送给 TA.

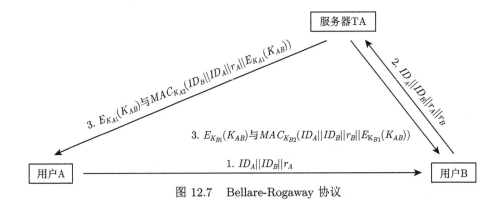

图 12.7 Bellare-Rogaway 协议

3. TA 随机选择一个会话密钥 K_{AB}, 然后采用 "先加密后 MAC" 的模式计算

$$c_{A1} = E_{K_{A1}}(K_{AB}),$$
$$c_{A2} = MAC_{K_{A2}}(ID_B||ID_A||r_A||c_{A1}),$$
$$c_{B1} = E_{K_{B1}}(K_{AB}),$$
$$c_{B2} = MAC_{K_{B2}}(ID_A||ID_B||r_B||c_{B1}).$$

TA 将 (c_{A1}, c_{A2}) 发送给 P_A, (c_{B1}, c_{B2}) 发送给 P_B.

4. P_A 检查 (c_{A1}, c_{A2}) 的合法性, 即使用 K_{A2} 验证关于消息 $ID_B||ID_A||r_A||c_{A1}$ 的 MAC 是否合法:

$$c_{A2} \stackrel{?}{=} MAC_{K_{A2}}(ID_B||ID_A||r_A||c_{A1}).$$

注意, $ID_B||ID_A||r_A$ 是 P_A 已知的, 其中 r_A 是 P_A 在第 1 步选择的随机数. 如果上述等式成立, 则采用 K_{A1} 解密 c_{A1}, 得到并接受 K_{AB}. 类似地, P_B 检查 (c_{B1}, c_{B2}) 的合法性, 解密并接受 K_{AB}.

安全性分析　由于 MAC 的使用, 该方案能够提供明确的认证性: 当 P_A 验证通过 (c_{A1}, c_{A2}) 的 MAC 时, P_A 确信该消息确实来自 TA(只有自己和 TA 拥有 MAC 密钥 K_{A2}), 且是 TA 对当前会话的回复 (nonce r_A 的作用). 同理, P_B 也相信得到了 TA 为其分配的 "新" 的会话密钥. 由于 c_{A1} 与 c_{B1} 采用了对称加密, 保护了会话密钥 K_{AB} 不被泄露. 值得注意的是, 密钥确认并非总是必需的安全要求, 该协议没有提供密钥确认. 比如, 当 P_A 得到 K_{AB} 时, 并不知道 P_B 是否已经得到 K_{AB}, 甚至不知道 P_B 是否收到 TA 发送的消息. 尽管如此, (假设 TA 是可信的)P_A (或 P_B) 至少可以确信除了 P_B (或 P_A) 之外任何人都难以得到会话密钥 K_{AB} 的任何信息.

在防范 Denning-Sacco 攻击方面, 本协议并没有采用时间戳, 而是采用随机数作为 nonce, 具体而言, r_A 与 r_B 作为挑战被 P_A 与 P_B 发送, P_A 与 P_B 通过检验所收到的回答是否与其发送的挑战匹配, 以确定该回答是否属于当前会话, 从而防范敌手假冒 TA 或某个参与方进行消息重放. 这是因为敌手只是已知某次会话共享的会话密钥, 并不知道长期主密钥, 在进行重放时难以针对当前 r_A 或 r_B 给出相应的 MAC 伪造. 然而, 能够抵抗 Denning-Sacco 攻击并不意味着协议是一定是安全的, 可能存在未知的攻击会对协议安全性产生威胁. Bellare 和 Rogaway 工作[2,3] 的重要意义在于为会话密钥传输协议建立了形式化的安全模型, 刻画了敌手可能的手段, 定义了该模型下密钥传输协议的安全性, 并证明了其所提出的协议在该模型下的安全性, 即能够抵抗该模型蕴含的敌手所有可能的攻击. 关于证明相关内容在此不作详述, 感兴趣的读者请查阅文献 [2] 与 [3].

在各类基于对称加密的密钥传输协议中, 通常需要引入可信第三方 (KDC) 协助用户建立信任进而实现密钥的安全传输, 同时也降低了大规模密钥分发的开销, 然而, 一旦 KDC 被攻击, 将直接面临会话密钥泄露的风险. 为了进一步削弱对可信第三方的依赖, 我们在下一节介绍基于公钥密码的密钥传输协议, 此类协议无需依赖 KDC.

12.3.2　基于公钥密码的密钥传输

设计原理　基于公钥密码的密钥传输通常采用公钥加密与数字签名实现会话密钥的保密性与认证性. 具体而言, 参与方利用对方的公钥加密会话密钥, 同时使用签名确保当前会话所传输消息的认证性. 需要注意的是, 参与方需确信所收到的对方公钥的是**真实的**, 即公钥确实属于预期的用户, 而非他人假冒. 在实际应用中, 为了保障公钥的真实性需要用到证书与公钥基础设施 (PKI), PKI 相关内容将在第 12.5.1 节介绍. 为了方便理解本节协议, 我们假设基于公钥密码的密钥传输中的各参与方已经得到对方真实的公钥.

本节介绍一种基于公钥的密钥传输协议——ISO/IEC11770-3 标准协议. 令 E 表示公钥加密算法, $Sign$ 表示签名算法, (pk_{A1}, sk_{A1}) 与 (pk_{A2}, sk_{A2}) 分别表示参与方 P_A 用于加密和签名的公私钥对, (pk_{B1}, sk_{B1}) 与 (pk_{B2}, sk_{B2}) 分别表示参与方 P_B 用于加密和签名的公私钥对. 假设 P_A 与 P_B 互相拥有对方身份标识符 ID_A 和 ID_B 以及身份标识符对应的公钥. ISO/IEC11770-3 标准的密钥传输协议主要流程如图 12.8 所示, 具体步骤如下.

1. P_A 随机选取一个随机数 N_A 并发送给 P_B.

2. P_B 在收到 N_A 后, 执行如下步骤:

(a) 选择一个随机数 N_B 以及一个会话密钥 K_{AB}.

(b) 使用 P_A 的加密公钥 pk_{A1} 加密自己的身份标识符号 ID_B 和选择的会话密钥 K_{AB}, 即计算

$$c \leftarrow E_{pk_A}(ID_B \| K_{AB}).$$

(c) 使用自己的签名私钥 sk_B 将 P_A 的标识符、N_A、N_B 和 c 作为消息进行签名, 即计算

$$\sigma \leftarrow Sign_{sk_B}(ID_A \| N_A \| N_B \| c).$$

(d) 将 $ID_A \| N_A \| N_B \| c \| \sigma$ 发送给 P_A.

3. P_A 收到消息后, 首先使用 P_B 的公钥 pk_{B2} 验证签名 σ 并检查第一个随机数 N_A 是否与自己在第 1 步发送的随机数一致. 如果通过验证且随机数一致, P_A 利用其解密密钥 sk_{A1} 解密 c, 得到并接受会话密钥 K_{AB}.

安全性分析　P_B 采用公钥加密 $E_{pk_A}(ID_B \| K_{AB})$ 保障了会话密钥 K_{AB} 的

保密性, P_A 使用随机数 N_A 保证密钥的新鲜性 (freshness) 以及对参与方 P_B 的实体认证: 如果对方是真正的 P_B, 他能够对 N_A 所标记的当前会话产生合法的回应. 注意, P_B 并没有得到 P_A 的密钥确认.

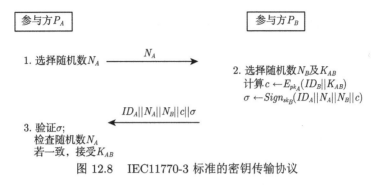

图 12.8   IEC11770-3 标准的密钥传输协议

12.4   密钥协商

密钥协商是参与方在公开信道上实现密钥共享的另一种常用密码协议, 但是, 与密钥传输不同, 密钥协商生成的会话密钥并非由某一方选择, 而是由各参与方协同计算生成的. 密钥协商协议通常基于公钥密码构造, 其安全性依赖数学困难问题, 本节将介绍几类典型的密钥协商协议.

12.4.1   Diffie-Hellman 密钥协商协议

1976 年, Diffie 与 Hellman 在其开创性的工作《密码学的新方向》中首次提出了公钥密码的概念, 解决了在公开信道实现密钥预分配的问题, 相关解决方案即是 Diffie-Hellman 密钥协商协议, 也称为 Diffie-Hellman 密钥交换协议 (key exchange). 该协议基于离散对数问题的困难性 (DLP, 详见本书 ElGamal 加密方案章节), 能够实现通信双方 P_A 与 P_B 共享相同的会话密钥, 协议流程如图 12.9 所示, 具体描述如下.

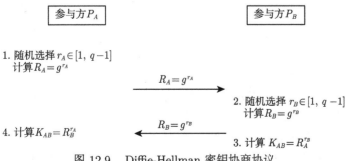

图 12.9   Diffie-Hellman 密钥协商协议

协议 12.1 (Diffie-Hellman 密钥协商)　设 $\mathbb{G}$ 为有限乘法群, $g \in \mathbb{G}$ 是阶为 q 的元素, $\langle g \rangle$ 表示生成元为 g 的 q 阶循环群. 群 $\mathbb{G}$ 的相关描述信息 $(\mathbb{G}, g, q)$ 是公开的.

1. P_A 随机选择 $r_A \in [1, q-1]$, 计算 $R_A = g^{r_A}$, 并将 R_A 发送给 P_B.
2. P_B 随机选择 $r_B \in [1, q-1]$, 计算 $R_B = g^{r_B}$, 并将 R_B 发送给 P_A.
3. P_A 计算 $K_{AB} = R_B^{r_A}$; P_B 计算 $K_{AB} = R_A^{r_B}$.

根据 $\mathbb{G}$ 上的运算性质可知

$$K_{AB} = R_B^{r_A} = (g^{r_B})^{r_A} = g^{r_B r_A} = (g^{r_A})^{r_B} = R_A^{r_B}.$$

因此, P_A 与 P_B 通过上述协议可以得到相同的 $K_{AB} \in \mathbb{G}$, 且 K_{AB} 由 P_A 生成的 R_A 及 P_B 生成的 R_B 共同确定. 如果 R_A 与 R_B 在协议开始之前已经通过其他方式被对方获取, 例如, 作为 P_A 与 P_B 公钥进行公开, 则该协议无需交互, 只需直接进行第 2 步, 即得到该协议的非交互版本. 非交互 Diffie-Hellman 密钥协商在本书 ElGamal 加密方案章节已做介绍. 类似于非交互 Diffie-Hellman 密钥协商的分析, 如果 DLP 问题是困难的 (准确地说, DDH 问题是困难的), 则监听模式下的敌手难以从 R_A 与 R_B 获取 K_{AB} 的任何信息.

注意, 从 Diffie-Hellman 协议中得到的共享秘密 $g^{r_A r_B}$ 是群 $\mathbb{G}$ 中的元素. 在实际应用中, Diffie-Hellman 协议通常用于生成对称密码的密钥, 但由于 $g^{r_A r_B}$ 是群 $\mathbb{G}$ 中的元素, 不能直接用作对称密码密钥 (回顾对称密码对于密钥的要求). 应使用密钥派生函数 (key derivation function, KDF) 将 $g^{r_A r_B}$ 转化为所需长度的随机比特串, 以作为对称密码的密钥, 例如, 使用 KDF 将 $g^{r_A r_B} \in \mathbb{G}$ 转化为 $\{0,1\}^{128}$ 中的随机元素作为 AES 的密钥.

然而, 这并不意味着上述 Diffie-Hellman 密钥协商协议是安全的, 事实上, 它难以抵抗主动攻击——中间人攻击.

中间人攻击 (man-in-the-middle attack, MITM)　攻击者 O 可以假冒 P_A, 与 P_B 进行交互, 同时, 攻击者 O 假冒 P_B, 与 P_A 进行交互, 让 P_A 与 P_B 误以为与对方建立了安全的会话密钥, 之后, 攻击者 O 作为 P_A 与 P_B 通信的 "中间人" 可针对 P_A 与 P_B 发送的会话消息进行拦截与 "转发", 从而窃取信息或假冒合法用户. 攻击方法如图 12.10 所示, 具体描述如下:

1. 攻击者 O 拦截 P_A 发送给 P_B 的消息 $R_A = g^{r_A}$, 随机选择 $r'_A \in [1, q-1]$, 计算 $R'_A = g^{r'_A}$, 假冒 P_A 将 R'_A 发送给 P_B;

2. 攻击者 O 拦截 P_B 发送给 P_A 的消息 $R_B = g^{r_B}$, 随机选择 $r'_B \in [1, q-1]$, 计算 $R'_B = g^{r'_B}$, 假冒 P_B 将 R'_B 发送给 P_A.

在 P_A 看来, 他在与 P_B 交互, 按协议根据收到的 R'_B, 将计算得到 $K'_{AB} =$

$R_B^{\prime r_A} = g^{r_A r_B'}$；同理, P_B 会认为与 P_A 交互, 并基于 R_A', 计算得到 $K_{AB}'' = R_A^{\prime r_B} = g^{r_A' r_B}$. 显然, $K_{AB}' \neq K_{AB}''$. 但是, 攻击者 O 可计算得到 K_{AB}' 和 K_{AB}''. 在随后的会话中, O 可以假冒 P_B 利用 K_{AB}' 与 P_A 建立安全通信, 假冒 P_A 利用 K_{AB}'' 与 P_B 建立安全通信. P_A 与 P_B 误以为在与对方进行安全的会话, 但实际上所传递的信息对于攻击者 O 都是 "透明" 的.

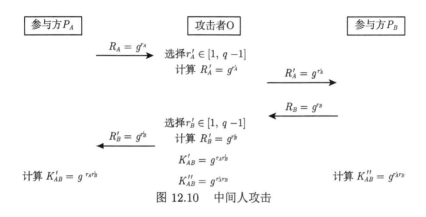

图 12.10　中间人攻击

中间人攻击能够成功的根本原因是基础的 Diffie-Hellman 密钥交换协议缺乏认证, 合法用户无法确认所收到消息来源的真实性, 例如, P_A 无法确认所收到的 R_B 是否真的来源于 P_B. 为了解决该问题, 我们需要在协议中引入认证技术.

12.4.2　认证密钥协商协议

认证密钥协商 (authenticated key exchange, AKE) 允许两个或者多个用户在不安全的网络信道上进行身份/消息认证并协商会话密钥, 从而建立安全信道进行通信. AKE 协议在各个现实网络中应用广泛, 其中在 802.11 无线网络 (包括 WEP/WPA/WPA2/WPA3) 以及 5G-AKA 协议中均有应用, 受到了学界和业界的高度关注. 本节主要介绍一种经典的 AKE 协议——端到端密钥协商 (station to station, STS).

STS 协议由 Diffie、van Oorschot 和 Wiener 于 1992 年提出[4]. 该协议本质是一种带有认证功能的 Diffie-Hellman 协议. 该协议使用经过 "认证" 的公钥与数字签名提供认证性. 这里, 经过 "认证" 的公钥指可确认该公钥的真实性, 例如, 能够确认公钥 pk_A 的拥有者确实为 P_A. 在实际应用中, 要确认公钥的真实性需要借助可信第三方——证书认证机构 (certificate authority, CA), 用户在 CA 进行注册, 并得到 CA 为用户颁发的证书 (certificate). 该证书的本质是 CA 对于用户身份与公钥的数字签名, 其作用是验证用户公钥的合法性, 即证明该公钥确属于该用户. 例如, CA 为用户 P_A 颁发的证书的主要信息如下:

$$\mathrm{Cert}(P_A) = (ID_A, pk_A, \sigma_{CA,A}),$$

其中 ID_A 是 P_A 的身份识别信息, $\sigma_{CA,A} = Sign_{sk_{CA}}(ID_A\|pk_A)$ 是 CA 利用其签名私钥 sk_{CA} 对消息 $ID_A\|pk_A$ 的数字签名. 假设 CA 及其公钥是可信的, 则任何人可以使用 CA 的公钥验证签名 σ_A 的合法性, 从而确认 pk_A 属于 P_A. 关于 CA 及证书的详细内容将在公钥分发与 PKI 章节详细介绍.

　　STS 协议在许多系统中有应用, 其中在华为鸿蒙系统中, 为实现用户个人数据在多个终端设备间的安全传输, 设备认证模块通过建立和验证设备间信任关系来将多个设备安全地连接起来. 本质上是主控设备和配件设备基于口令认证密钥交换协议 (PAKE) 完成认证会话密钥协商从而建立信任关系, 使主控设备与配件设备间安全交互并交换各自公钥, 在确认对端与本设备的信任关系后, 基于双方的身份公私钥对, 与通信对端设备基于 STS 协议进行密钥协商并建立安全信道, 确保设备间通信数据的端到端加密传输. STS 协议主要过程如图 12.11 所示, 具体步骤描述如下.

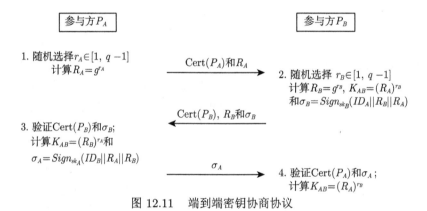

图 12.11　端到端密钥协商协议

　　协议 12.2 (端到端密钥协商)　设 $\mathbb{G}$ 为有限乘法群, $g \in \mathbb{G}$ 是阶为 q 的元素, $\langle g \rangle$ 表示生成元为 g 的 q 阶循环群, 公开 $(\mathbb{G}, g, q)$. 令 (sk_A, pk_A) 表示 P_A 的签名私钥/公钥对, (sk_B, pk_B) 表示 P_B 的签名私钥/公钥对, $\mathrm{Cert}(P_A)$ 与 $\mathrm{Cert}(P_B)$ 分别表示 CA 为 P_A 与 P_B 颁发的证书, 其中

$$\mathrm{Cert}(P_A) = (ID_A, pk_A, \sigma_{CA,A}),$$
$$\mathrm{Cert}(P_B) = (ID_B, pk_B, \sigma_{CA,B}).$$

协议执行步骤如下:

　　1. P_A 随机选择 $r_A \in [1, q-1]$, 然后计算 $R_A = g^{r_A}$, 并将 $\mathrm{Cert}(P_A)$ 和 R_A 发送给 P_B.

2. P_B 随机选择 $r_B \in [1, q-1]$, 然后计算 $R_B = g^{r_B}$, $K_{AB} = (R_A)^{r_B}$ 和 $\sigma_B = Sign_{sk_B}(ID_A || R_B || R_A)$, 并将 Cert($P_B$), R_B 和 σ_B 发送给 P_A.

3. P_A 首先利用 Cert(P_B) 验证 pk_B 的合法性, 若无效, 则 "拒绝" 并退出; 使用 pk_B 验证签名 σ_B, 若无效, 则 "拒绝" 并退出; 否则 "接受", 计算 $K_{AB} = (R_B)^{r_A}$ 和 $\sigma_A = Sign_{sk_A}(ID_B || R_A || R_B)$, 并将 σ_A 发送给 P_B.

4. P_B 首先利用 Cert(P_A) 验证 pk_A 的合法性, 若无效, 则 "拒绝" 并退出; 使用 pk_A 验证 σ_A, 若无效, 则 "拒绝" 并退出; 否则 "接受", 计算 $K_{AB} = (R_A)^{r_B}$.

安全性分析　STS 协议包含 Diffie-Hellman 协议的主要步骤, 能够保持对会话密钥的保密性, 并对所发送的消息添加了签名认证机制: P_A 发送的消息由 σ_A 提供认证, P_B 发送的消息由 σ_B 提供认证, 从而使得双方可以确认当前与之交互的是所期望的合法用户. 注意, 相比于 Diffie-Hellman 协议, 该协议增加了一步交互——P_A 需要反馈对于 $ID_B || R_A || R_B$ 的签名. 此时, 中间人攻击不再适用: 敌手 O 由于没有用户 P_A 与 P_B 的签名私钥, 无法冒充 P_A 或 P_B 对其发送的 R'_A 及 R'_B 提供合法签名.

12.4.3　口令认证密钥协商协议

在很多应用场景中, 通信双方之间仅共享一个 "短" 的秘密, 如口令或个人识别号码 (PIN). 为方便描述, 我们将这样的 "短" 秘密统称为 "口令". 由于长度短, 口令容易被用户记忆, 因此使用方便. 但是, 长度短也意味着不能提供足够高的熵, 例如, 人们能够记忆的口令的熵通常不超过 40 比特, 故易遭受穷举搜索攻击, 一般不能直接用作对称密码的密钥. 一个自然的问题是, 为了确保安全性同时兼顾使用的方便性, 是否可以利用低熵口令帮助用户进一步协商高熵密钥? 该问题的解决方案正是口令认证密钥交换 (password authenticated key exchange, PAKE) 协议. 最早的 PAKE 协议可追溯到 Bellovin 和 Merrittin 于 1992 年提出的加密密钥交换 (encrypted key exchange, EKE) 协议[5]. 该协议使用简单易记忆的低熵的口令来生成高熵的会话密钥, 而非使用智能卡等硬件来存储的 "长" 密钥. 此外, 该方案不需要公钥基础设施 (public key infrastructure, PKI) 来完成公钥注册、管理和撤销等操作, 避免了额外的开销. 目前, PAKE 协议在华为鸿蒙系统、苹果 IOS 系统、Amazon Web Services、物联网设备等诸多系统和应用中均有使用, 例如, 在华为鸿蒙和苹果 iCloud 中使用的安全远程协议 (secure remote protocol)、Amazon Web Services 等应用中经常使用的 Jablon 的安全包装程序和编码器密钥交换 (secure packager and encoder key exchange, SPEKE) 协议. 本章节将介绍经典的 EKE 协议.

EKE 协议以 Diffie-Hellman 密钥协商协议为基础, 通过五步消息交互完成两个通信主体彼此间的密钥交换及其认证. 协议主要流程如图 12.12 所示, 具体协

议描述如下:

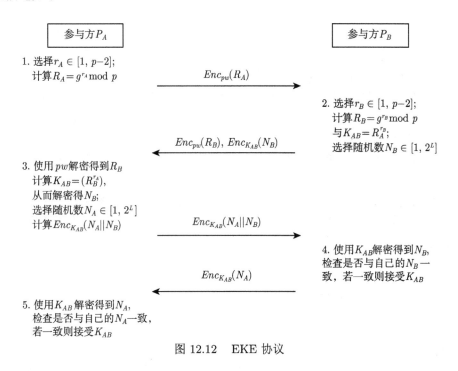

图 12.12　EKE 协议

协议 12.3 (EKE 协议)　令 p 表示大素数, g 为 $\mathbb{Z}_p^*$ 的一个 $p-1$ 阶乘法生成元, L 表示安全参数, Enc 表示对称加密算法. 假定 pw 为参与方 P_A 和参与方 P_B 共享的口令, 这里我们假设 pw 二进制长度与对称加密 Enc 的密钥长度匹配. EKE 协议执行步骤如下:

1. P_A 随机选取一个元素 r_A, $1 \leqslant r_A \leqslant p-2$, 计算 $R_A = g^{r_A} \bmod p$, 并将 R_A 用共享的口令 pw 加密得到 $Enc_{pw}(R_A)$, 然后将 $Enc_{pw}(R_A)$ 发送给 P_B.

2. P_B 首先随机选取一个元素 r_B, $1 \leqslant r_B \leqslant p-2$, 计算 $R_B = g^{r_B} \bmod p$, 并将 R_B 用共享的口令 pw 加密得到 $Enc_{pw}(R_B)$, 其次 P_B 用共享口令 pw 解密收到的消息得到 R_A, 计算会话密钥 $K_{AB} = R_A^{r_B}$. P_B 选取一个随机数 N_B, $1 \leqslant N_B \leqslant 2^L$, 并用会话密钥 K_{AB} 加密得到 $Enc_{K_{AB}}(N_B)$, 最后, P_B 将 $Enc_{pw}(R_B)$ 与 $Enc_{K_{AB}}(N_B)$ 发送给 P_A.

3. P_A 首先用共享口令 pw 解密收到的第一部分消息得到 R_B, 计算会话密钥 $K_{AB} = (R_B)^{r_A}$, P_A 用会话密钥 K_{AB} 解密 $Enc_{K_{AB}}(N_B)$ 得到 N_B, 随后 P_A 选取一个随机数 N_A, $1 \leqslant N_A \leqslant 2^L$, 并将 N_A 和 N_B 一起用会话密钥 K_{AB} 加密得到 $Enc_{K_{AB}}(N_A \| N_B)$, 最后参与方 P_A 将 $Enc_{K_{AB}}(N_A \| N_B)$ 发送给参与方 P_B.

4. P_B 用会话密钥解密收到的消息得到 N_A 和 N_B, 检查 N_B 是否与自己选择的随机数一致, 如果一致, P_B 则接受 K_{AB}, 并将 N_A 用会话密钥 K_{AB} 加密得到 $Enc_{K_{AB}}(N_A)$, 并将加密的消息 $Enc_{K_{AB}}(N_A)$ 发送给 P_A.

5. P_A 用会话密钥解密收到的消息得到 N_A, 检查 N_A 是否与自己选择的随机数一致. 如果上述检查通过, 则接受 K_{AB}.

安全性分析 不难看出, EKE 协议的第 1 步与第 2 步遵从 Diffie-Hellman 协议的计算方式, 得到 R_A, R_B 与 K_{AB}. 第 3、4、5 步类似于 Needham-Schroeder 协议, 通过发送 nonce N_A 与 N_B 作为挑战, 以确认当前交互者以及完成密钥确认功能. 但 Diffie-Hellman 协议由于缺乏认证, 导致中间人攻击, EKE 协议则利用 pw 作为对称密码密钥加密 R_A 与 R_B, 在一定程度上起到认证作用: 只有知道口令 pw 的参与方才能正确加解密 R_A 与 R_B, 并通过第 4、5 步验证. 值得注意的是, 由于 pw 的熵较小 (如 40 比特), 敌手可以采用穷举攻击, 猜测 pw 可能的值, 但由于 $Enc_{pw}(R_A)$ 与 $Enc_{pw}(R_B)$ 所加密的明文为 $\mathbb{Z}_p^*$ 上的随机数, 没有冗余信息 (例如, 特定的格式等) 帮助敌手在第 1、2 步确定所猜测的 pw 是否正确. 当然, 结合第 3、4、5 步, 通过多次尝试猜测 pw, 敌手仍能够实施中间人攻击 (相关攻击方法作为课后练习). 在实际应用中, 系统通常会限制参与方尝试交互的最大次数, 以防止猜测口令进行攻击.

12.5 公钥分发

公钥分发

在公钥密码学中, 如何保障公钥的真实性至关重要. 例如, 当用户 A 想要使用公钥加密给素未谋面的用户 B 发送加密消息时, 用户 A 该如何确认用户 B 的公钥是真实的 (而不是用户 C 的)? 当用户 A 需要使用用户 B 的验证公钥验证带有用户 B 数字签名的支付信息时, 用户 A 如何确保该验证公钥就是用户 B 的? 一种简单的解决方案是, 用户 B 将其公钥发送给用户 A. 这样做同样存在确认真实性的问题——用户 A 如何确认当前与其交互的就是 B. 当然, 类似于对称密钥的分发, 用户 B 与用户 A 可以采用物理方式 (如现场交付) 解决认证性问题, 但该方式开销巨大, 更不适用于大规模的公钥分发. 那么, 用户 A 该如何有效地获得用户 B 的公钥? 不仅如此, 还存在一些系列公钥的管理问题: 例如, 如果用户 B 发现其私钥已泄露或丢失, 用户 B 如何 "撤销" 或升级他的公钥? 现实应用中通常利用证书 (certificate) 对公钥进行认证, 并采用公钥基础设施 (public key infrastructure, PKI) 对证书进行管理和控制.

12.5.1 PKI

PKI 是一套技术、流程、策略、软硬件平台, 用以管理证书及其公私钥, 其主要功能包括证书的颁发、撤销等.

- **证书颁发** 为用户颁发证书. 通常 PKI 有一个或者多个可信机构——证书认证机构 (certificate authority, CA) 来控制新证书的颁发. 当用户向 CA 提出证书颁发请求时, 用户的身份和相关凭证通常需要通过非密码手段进行验证. 随后, CA 安全地为用户生成公私钥对并生成相应证书, 注意, 用户的公私钥对也可由用户自己生成, 将公钥发送给 CA, 而私钥由用户自己负责保管. CA 通过安全的方式把证书传送到持有者手中.

- **证书撤销** 当发生一些不可预见的情况时, 如私钥丢失、被盗、身份变更或其他利用私钥进行的诈骗活动等, 在证书有效期内时 (有效期在证书中指定) 撤销证书. 证书撤销的作用类似于银行卡被盗后, 需挂失并补办新卡, 以防止不法分子继续使用被盗银行卡. 由于证书本身并没有标识它是否被撤销, 因此需要辅助机制来帮助用户识别证书是否被撤销.

- **密钥备份** 用户的私钥由 PKI 的可信机构安全存储, 以防参与方丢失或忘记该私钥.

- **密钥恢复** 允许用户对丢失的或忘记的私钥恢复或激活.

- **密钥更新** 由于密钥周期性更新需求或其他 (安全) 原因, 允许用户对密钥进行更新, 并发布新证书.

证书是 PKI 的重要组成部分, 是验证公钥真实性的重要依据, 其本质是可信机构 CA 针对用户身份与公钥的数字签名——通过 CA 的数字签名将用户的身份、公钥等信息进行绑定, 任何人获得该证书 (数字签名) 后, 均可使用 CA 的公钥验证证书的合法性, 从而确认证书所绑定的用户公钥的真实性. 实际应用中, 证书还需包含颁发者、证书持有者、有效期等信息, 常用的 X.509 v3 证书的格式主要包含以下信息.

- **版本号**: 证书具有不同的版本, 该字段用以区分不同版本的证书.

- **序列号**: 类似于每个人拥有唯一的身份证号, 证书的序列号是唯一标识该证书的一串数字.

- **证书签名算法**: 证书所使用的签名算法 (包括杂凑算法).

- **颁发者**: 颁发证书的 CA 的名称.

- **有效期**: 证书的生效日期与终止日期.

- **证书使用者**: 使用该证书的用户的相关身份信息 (CA 为该用户颁发的证书).

- **证书使用者的公钥算法信息**: 使用者的公钥算法及公钥信息.

- **扩展**: 刻画证书密钥用法、扩展密钥用法等信息.

- **证书签名值**: CA 对证书所有其他字段的数字签名, 如图 12.13 所示.

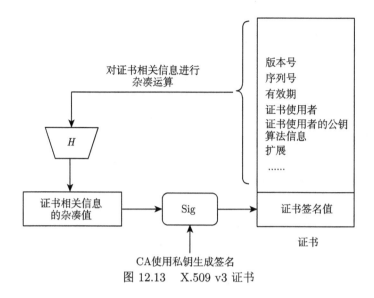

图 12.13　　X.509 v3 证书

12.5.2　基于证书的公钥分发

借助 PKI, 可利用证书解决公钥分发问题, 其主要思想如下.

• 用户 B 向 CA 提出证书颁发请求 (包含 B 的身份、公钥 pk_B 等信息), CA 为用户 B 生成证书 Cert, 其中包含用户 B 的身份、公钥、CA 数字签名等信息. Cert 形式如下:

$$\text{Cert}=\{\text{版本号}, \text{序列号}, \text{有效期}, ID_B, pk_B, \cdots, \sigma_{CA}\},$$

其中 CA 的数字签名 $\sigma_{CA} = Sign_{sk_{CA}}(\text{版本号}||\text{序列号}||\text{有效期}||ID_B||pk_B||\cdots)$.

• 用户 B 将 Cert 发送给用户 A.

• 用户 A 检查证书的合法性, 如果检查通过, 则 A 相信 pk_B 确实属于用户 B. 相关检查主要包括:

– 检查证书是否处于有效期之内;

– 检查证书是否被撤销;

– 验证证书上的 CA 签名 (假定 CA 是可信的, 且其验证公钥已被 A 安全地获取).

注意, 证书本身并不包含撤销信息, PKI 通常采用证书撤销列表 (certificate Revocation list, CRL) 实现该功能. CRL 是所有被撤销的但还没过有效期的证书序列号列表. CRL 由 CA 整理并签发, 周期性进行更新. 因此, 在进行撤销检查时, 用户 A 需访问 CRL, 检查 Cert 的证书序列号是否在 CRL 中.

12.6　传输层安全协议标准 TLS 1.3

传输层安全 (transport layer security, TLS) 协议标准由互联网工程任务组 (internet engineering task force, IETF) 工作组制定和维护, 其前身是由网景公司设计的 SSL(secure socket layer) 协议. TLS 是保护互联网通信的重要安全协议, 用于在两个通信应用之间提供保密性和认证性, 例如, 网页浏览器、FTP、电子邮件、VPN 等领域. SSL/TLS 历经多个版本, 当前最新版本为 TLS 1.3 (2018 年).

TLS 协议由 TLS 握手协议 (TLS handshake) 和 TLS 记录协议 (TLS record) 组成. TLS 握手协议主要负责服务器向客户端认证自身 (单向认证), 进而与客户端协商密钥. TLS 记录协议使用握手协议协商的密钥对消息数据进行加密与认证 (采用基于 AES 的认证加密 AEAD, 例如, AES128-GCM-SHA256).

下面, 我们以网站访问为例, 主要介绍 TLS 1.3 的握手协议. 当客户端 C 想要访问网站 S 时, 将执行以下步骤 (如图 12.14).

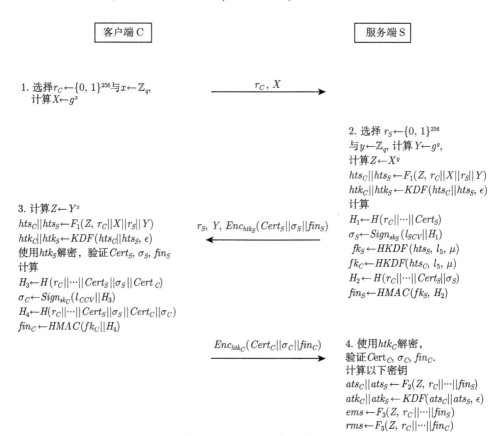

图 12.14　TLS 1.3 握手协议

协议 12.4 (TLS 1.3 握手协议)　采用基于椭圆曲线群上的 Diffie-Hellman 密钥协商协议, 其中椭圆曲线群的阶为 q, 生成元为 g. 本协议用到服务器的证书, 但客户端的证书是可选项 (可不提供). 令 $Cert_C$ 与 $Cert_S$ 分别表示客户端与服务器端的证书 (包含各自的公钥信息). 假设颁发 $Cert_S$ 的 CA 的证书已安装在客户端浏览器. 设 sk_C 与 sk_S 分别表示客户端与服务器的签名私钥. 令 H 表示杂凑函数, $HMAC$ 表示消息认证码, KDF, $HKDF$, F_1, F_2, F_3 表示密钥派生函数.

1. 客户端 C 随机选择 $r_C \leftarrow \{0,1\}^{256}$, $x \leftarrow \mathbb{Z}_q$, 计算 $X \leftarrow g^x$. 将 $\{r_C, X\}$ 发送给服务器, 即

$$C \xrightarrow{\{r_C, X\}} S.$$

2. 服务器端 S 随机选择 $r_S \leftarrow \{0,1\}^{256}$, $y \leftarrow \mathbb{Z}_q$, 计算 $Y \leftarrow g^y$. S 计算 $Z \leftarrow X^y$, 并进一步得到以下密钥:

$$hts_C || hts_S \leftarrow F_1(Z, r_C || X || r_S || Y),$$

$$htk_C || htk_S \leftarrow KDF(hts_C || hts_S, \epsilon),$$

其中 ϵ 为固定的标签信息, hts_C 与 hts_S 分别是客户端与服务器在握手阶段的 "秘密", 分别用以生成客户端与服务器在握手阶段的密钥 (handshake traffic key) htk_C 与 htk_S, 该密钥用以保护握手阶段的消息, 如握手阶段的需要保密的扩展信息、应用数据等. 服务器生成签名

$$H_1 \leftarrow H(r_C || \cdots || Cert_S),$$

$$\sigma_S \leftarrow Sign_{sk_S}(l_{SCV} || H_1),$$

其中 l_{SCV} 是固定的标签信息, H_1 表示服务器当前接收与本步将要发送的所有消息的杂凑值. 计算

$$fk_S \leftarrow HKDF(hts_S, l_5, \mu),$$

$$fk_C \leftarrow HKDF(hts_C, l_5, \mu),$$

$$H_2 \leftarrow H(r_C || \cdots || Cert_S || \sigma_S),$$

$$fin_S \leftarrow HMAC(fk_S, H_2).$$

其中 l_5 表示固定的标签信息, μ 表示 HKDF 的输出长度. 使用 htk_S 加密 $Cert_S$

$||\sigma_S||fin_S$, 将 $\{r_S, Y, Enc_{htk_S}(Cert_S||\sigma_S||fin_S)\}$ 发送给客户端, 即

$$C \xleftarrow{\{r_S, Y, Enc_{htk_S}(Cert_S||\sigma_S||fin_S)\}} S.$$

3. 客户端收到消息后, 计算 $Z \leftarrow Y^x$, 同第 2 步计算方法, 可得 $hts_C||hts_S$ 与 $htk_C||htk_S$. 使用 htk_S 解密消息, 分别验证 $Cert_S, \sigma_S, fin_S$ 是否合法, 其中 fin_S 的验证需用到 fk_S, 该密钥由 hts_S 生成, 此外, 客户端使用安装在其浏览器中的 CA 证书验证 $Cert_S$. 计算

$$H_3 \leftarrow H(r_C||\cdots||Cert_S||\sigma_S||Cert_C),$$
$$\sigma_C \leftarrow Sign_{sk_C}(l_{CCV}||H_3),$$
$$H_4 \leftarrow H(r_C||\cdots||Cert_S||\sigma_S||Cert_C||\sigma_C),$$
$$fin_C \leftarrow HMAC(fk_C, H_4).$$

其中 l_{CCV} 表示固定标签信息, $Cert_C$ 是可选项, 如果客户端没有证书, 可不加入该项. 使用 htk_C 加密 $Cert_C||\sigma_C||fin_C$, 将密文 $Enc_{htk_C}(Cert_C||\sigma_C||fin_C)$ 发送给服务器 S, 即

$$C \xrightarrow{Enc_{htk_C}(Cert_C||\sigma_C||fin_C)} S.$$

4. 服务器使用 htk_C 解密密文, 分别验证 $Cert_C$ (如果有), σ_C, fin_C 是否合法 (需用到 fk_C). 计算以下密钥:

$$ats_C||ats_S \leftarrow F_2(Z, r_C||\cdots||fin_S),$$
$$atk_C||atk_S \leftarrow KDF(ats_C||ats_S, \epsilon),$$
$$ems \leftarrow F_3(Z, r_C||\cdots||fin_S),$$
$$rms \leftarrow F_3(Z, r_C||\cdots||fin_C),$$

其中 atk_C 与 atk_S 分别表示客户端与服务器的应用流量密钥 (application traffic key), 用于记录层的认证加密 (AEAD). 同理, 客户端也可计算得到上述密钥.

安全性分析　TLS 1.3 握手协议共有 3 步交互, 第 1 步与第 2 步完成了 Diffie-Hellman 密钥协商基本功能, 第 2 步、第 3 步采用证书、数字签名与 MAC 完成认证与密钥确认功能, 其中整个握手协议传输的脚本都会被签名, 以确保协议所有数据的认证性, 且对握手协议中的证书、数字签名、MAC 等信息进行了加密, 以提供更好的保密性. 注意到, 尽管采用了对称密码, 但服务器和客户端并未采用相同的密钥进行加密或认证, 而是采用了较为复杂的密钥派生策略, 生成了多种密

钥, 使客户端与服务器采用不同的密钥分别加密/认证握手消息与应用数据: 客户端使用 htk_C 加密客户端发送的握手协议消息, fk_C 认证其发送的握手协议消息, atk_C 加密其在记录层发送的应用数据; 服务器使用 htk_S 加密服务器发送的握手协议消息, fk_S 认证其发送的握手协议消息, atk_S 加密其在记录层发送的应用数据. 该策略降低了临时密钥使用频次, 防范重放攻击潜在隐患, 进一步提升了协议安全强度. 相比于 TLS 1.2, TLS 1.3 降低了消息传送时延, 我们说 Diffie-Hellman 密钥协商模式下的 TLS 1.3 是 1-RTT 的, 指客户端在收到服务器的第 2 步回复后, 就可以使用会话密钥传输应用数据了, 在此之前, 消息数据经历了客户端与服务器之间的 1 次往返, 而 TLS 1.2 是 2-RTT 的.

此外, TLS 1.3 移除了之前版本中某些可能引发协议安全问题的密码算法:

• 移除采用 RSA 加密进行密钥传输. 之前版本的 TLS 协议中, 服务器端可持有 RSA 加密的公私钥对 (长期密钥), 客户端可采用服务器端的 RSA 公钥加密传送用以生成会话密钥的机密数据. 然而, 服务器的 RSA 私钥一旦泄露, 将导致之前所有采用 RSA 公钥加密的机密数据遭到泄露, 进而暴露之前所有的会话密钥. 而 Diffie-Hellman 密钥协商中, 每次生成随机的一次性 $X = g^x$ 与 $Y = g^y$, 即使泄露某次会话的 x 或 y, 导致本次会话的密钥泄露, 但并不会暴露之前的会话密钥信息, 即可以达到所谓的**前向安全**.

• 移除 RC4、AES-CBC、SHA1、MD5 等密码算法, 这些算法或本身已不再安全如 SHA1、MD5, 或在协议实现中容易出现因使用不当导致出现安全问题 (如 CBC 模式的 BEAST 与 Lucky 攻击, RC4 在 HTTPS 协议中的攻击). 在对称加密算法方面, TLS 1.3 采用基于 AES 或 CHACHA20 的认证加密模式.

除了采用 Diffie-Hellman 密钥协商模式, TLS 1.3 还提供了预分享密钥模式 (pre-shared key, PSK)——借助客户端与服务器之前预分享的密钥完成协议. 预分享的密钥 PSK 可以通过带外建立 (out-of-band), 也可以在先前的连接会话中建立, 例如, 在恢复会话 (session resumption) 时, 利用上次会话建立的密钥作为 PSK, 完成当前会话协议. 在 PSK 模式下, 可实现 0-RTT 数据传输, 即客户端在协议开始的第 1 步便可使用 PSK 对数据实现加密与认证 (不需要发送证书), 并将相关数据传递给对方. 尽管 0-RTT 降低了数据传输时延, 但代价是不能提供前向安全性.

12.7 量子密钥分发

量子密钥分发

量子密钥分发 (quantum key distribution, QKD) 是利用量子力学特性实现密钥安全分发的密码协议. 本节将介绍 BB84 量子密钥分发协议[6], 该协议由 Charles H. Bennett 和 Gilles Brassard 于 1984 年提出.

12.7.1　量子密钥分发基础知识

量子　特定条件下微观的物理量不能连续分割, 则此物理量叫做量子化的. 此时物理量会有一个最小的单位. 例如, 特定频率的光的最小能量单位是光子 (光量子), 原子中电子的能量也是可量子化的, 同样存在最小能量单位. 在量子密钥分发协议中, 通常采用光子进行通信, 每个光子被划分为四种状态, 分别为处于 0°, 90°, −45°, 45° 的偏振态, 对应符号表示为 →, ↑, ↘, ↗, 这四种偏振态分别对应四种比特信息, 如表 12.1 所示.

表 12.1　量子状态与比特

经典比特	0	1	0	1
量子状态	→	↑	↘	↗

如何制备具有特定偏振态的量子? 可以用测量的方法使量子态按概率塌缩到所需的态上. 这需要用到不同的基 (basis) 对量子进行测量:

• 采用水平方向的基进行测量可以得到水平方向的偏振态 →, 采用垂直方向的基测量可以得到垂直方向的偏振态 ↑. 两种基共同构成直线基, 符号表示为 +, 即采用直线基 + 制备偏振态 → 与 ↑;

• 采用 −45° 方向的基进行测量可以得到 −45° 方向的偏振态 ↘, 采用 45° 方向的基测量可以得到 45° 方向的偏振态 ↗. 两种基共同构成对角基, 符号表示为 ×, 即采用对角基 × 制备偏振态 ↘ 与 ↗.

例如, 对于比特串 00110, 分别采用 + × × + × 制备的量子偏振态分别为 → ↘ ↗ ↑ ↘.

量子的不确定性　当我们尝试观测一个未知的量子状态时, 通常会以某种形式改变该量子的状态. 此处, 观测量子的实现方法也是采用基去测量量子状态. 测量对于量子状态的影响如下:

• 对于一个具有 ↑ 或 → 偏振态的量子, 当采用直线基 + 去测量该量子时, 将不改变该量子的状态, 即测量后, 量子偏振态仍为 ↑ 或 →; 但是, 当采用对角基 × 去测量时, 测量后量子的状态以 50% 的概率变为 ↘, 以 50% 的概率变为 ↗.

• 对于一个具有 ↘ 或 ↗ 偏振态的量子, 当采用直线基 + 去测量该量子时, 测量后量子的状态以 50% 的概率变为 ↑, 以 50% 的概率变为 →; 但是, 当采用对角基 × 去测量时, 将不改变该量子的状态, 即测量后量子偏振态仍为 ↘ 或 ↗.

量子的不可克隆性　在计算机上实现经典比特信息的复制是容易做到的, 但是, 在量子世界, 无法精确复制一个量子系统的状态, 即不可能构造一个能够完全复制任意量子比特, 而不对原始量子比特产生干扰的系统.

12.7.2 BB84 协议

设计原理 假设参与密钥协商的双方是用户 A 与用户 B, 用户 A 随机选择不同的基制备不同状态的光子 (每个光子对应 1 比特信息), 作为可能的密钥通过量子信道 (例如光纤) 发送给用户 B, 用户 B 采用测量的方式接收光子, 并解码为比特信息. 在传送过程中, 可能遭遇敌手监听攻击, (例如, 敌手可采用截获并测量 A 发送的量子, 然后再将它们发给 B.) 但是, 任何针对密钥的窃听都需要对光子进行测量, 根据量子的不可克隆性与不确定性, 任何测量都可能改变量子态本身. B 收到光子后, 双方再通过经典信道公开部分光子的状态信息进行核对, 以检测是否存在光子状态的改变, 如果没有发现光子状态的改变, 则未公开状态信息的光子可作为会话密钥, 否则, 意味着存在敌手监听与密钥泄露, 应丢弃此次会话密钥.

注意, 经典信道下的密钥建立协议采用密码算法 "隐藏" 密钥信息, 但是, QKD 协议的密钥在量子信道以量子形式进行传输, 传输过程中并没有做任何隐藏, 密钥是否安全送达, 取决于是否存在敌手监听, 而 QKD 能够巧妙地利用量子力学特性探测敌手监听行为.

BB84 协议的流程如图 12.15 所示, 具体步骤如下:

1. 用户 A 随机生成比特串作为可能的密钥, 对应于其中的每一比特, 随机选取直线基或对角基, 以制备对应的光量子状态, 并通过量子信道 (如光纤) 将量子逐个发送给用户 B. 例如表 12.2.

表 12.2

A 生成的随机比特	1	0	0	1	0	1	1	0
A 随机选择的基	+	+	×	+	×	×	×	+
A 制备与传输的量子偏振态	↑	→	↘	↑	↘	↗	↗	→

2. 用户 B 随机选取直线基或对角基逐个测量收到的每一个量子状态, 并解码成对应比特信息. 例如表 12.3.

表 12.3

B 随机选择的基	+	×	×	×	+	×	+	+
B 测量得到的量子偏振态	↑	↗	↘	↗	→	↗	→	→
B 解码得到的比特串	1	1	0	1	0	1	0	0

3. A 与 B 通过经典信道 (如互联网通信) 比对双方所选择的基, 共同确定相同基的所在的位置, 这些位置对应的比特串称为筛选后的比特串. 上例中的量子序列, 由左向右分别为第 1、2、3、4、5、6、7、8 个量子, A 与 B 在 1、3、6、8 个量子采用了相同的基, 筛选后的比特串信息如表 12.4.

表 12.4

A 随机选择的基	+	+	×	+	×	×	×	+
B 随机选择的基	+	×	×	×	+	×	+	+
A 与 B 相同的基	+		×			×		+
A 筛选后的比特串	1		0			1		0
B 筛选后的比特串	1		0			1		0

4. A 与 B 在各自筛选后的比特串中抽样部分比特在经典信道传输比较. 如果相同, 则双方将**未被抽样**的比特作为会话密钥; 否则, 存在攻击, 丢弃此次会话生成的密钥. 例如, 双方协定抽样第 6、8 位置的比特进行公开比对, A 与 B 确认相关位置的比特均为 0、1, 则双方将第 1、3 位置的比特 1、0 用作为会话密钥.

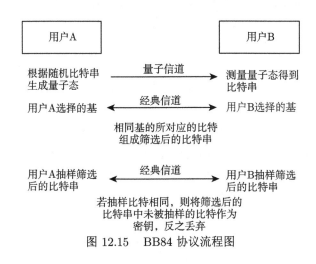

图 12.15　BB84 协议流程图

安全性分析　第 1 步中, A 将所选择的随机比特制备成对应量子并发送给 B, 第 2 步中, B 使用随机的基逐个测量 A 发来的量子状态, 由于双方采用的基通常有所差异, 这可能导致量子状态发生变化, 例如, 对于第 2 个量子, A 采用 + 制备的量子态 →, 对应比特 0, 但是 B 采用 × 测量, 导致量子态以 50% 概率改变为 ↗, 对应的比特信息也改变为 1, 导致双方该位置的比特信息不一致. 使用不同的基测量的量子对应的比特可能存在差异, 不能用作密钥. 因此, 双方需确定出使用相同基的量子的位置, 这些位置对应的比特信息将用于进一步生成密钥.

在第 3 步中, 双方借助经典信道可以确定相同的基的位置, 例如, A 与 B 在公告板上公开各自的基, 从而得知对方基的信息. 注意, 仅公开基的信息并未泄露对应的比特信息, 例如, 公开 +, 并不能确定其对应的比特是 0 还是 1. 筛选出相同基的位置后, 双方在这些位置对应的比特也并不一定相同. 根据量子的特性, 在第 1 步没有敌手攻击 (测量) 的条件下, A 与 B 相同的基所对应的量子状态, 应该是完全相同的, 对应的比特信息也应是相同的, 相反, 如果存在监听, 则有可能改变量子状态, 导致这些位置的比特信息出现差异. 例如, 在量子信道上, 存在敌手采用基 ×+×+×+×+ 进行测量, 产生的影响如表 12.5 所示.

表 12.5　存在敌手监听的 QKD

A 生成的随机比特	1	0	0	1	0	1	1	0
A 随机选择的基	+	+	×	+	×	×	×	+
A 制备与传输的量子偏振态	↑	→	↘	↑	↘	↗	↗	→
E 随机选择的基	×	+	×	+	×	+	×	+
E 测量得到的量子偏振态	↗	→	↘	↑	↘	→	↗	→
B 随机选择的基	+	×	×	×	+	×	+	+
B 测量得到的量子偏振态	↑	↗	↘	↗	→	↘	→	→
B 解码得到的比特串	1	1	0	1	0	0	0	0
A 与 B 相同的基	+		×			×		+
A 筛选后的比特串	1		0			1		0
B 筛选后的比特串	1		0			0		0

由于敌手的测量会导致某些量子状态发生改变, 例如, 第 6 个量子态原本为 ↗ (比特 1), 但由于敌手对于该量子采用了直线基 + 测量, 导致其以 50% 的概率改变为 →. 而接收者 B 采用对角基 × 测量 →, 使得该量子态以 50% 的概率改变为 ↘, 对应比特 0. 因此, 在第 4 步中, A 与 B 双方在筛选后的比特串中随机采样部分比特进行公开, 用以检测敌手, 例如, 双方将第 6、8 位置的比特公开: A 是 10, 但 B 是 00, 这种不一致说明量子传输过程可能存在监听干扰. 如果没有敌手监听, 用以检测的比特串应相同. 由于用于检测的比特已经公开, 因此选择其余未被公开的比特用于生成此次会话密钥.

值得注意的是, QKD 检测敌手的方法并不能 100% 排除敌手窃听的可能, 即检测比特串完全相同并非意味着不存在敌手测量, 因为, 存在敌手进行了测量但未被检测到的可能:

1. 敌手进行测量的量子并未被采样检测 (只是抽取部分比特进行检测).

2. 敌手进行测量的量子被采样检测, 但敌手恰巧对于该量子采用了与 A 相同的基进行测量, 因此, 并未改变量子态. 由于 A 的基是随机选择的, 敌手选到与 A 相同的基的情况发生的概率为 1/2.

3. 敌手进行测量的量子被采样检测, 敌手对于该量子采用了与 A 不同的基进行测量, 但是, 对应的比特信息相同. 例如, 对于第一个量子, A 采用 + 制备 ↑, E 采用 × 测量 ↑, 以 50% 概率得到 ↗, 两种量子态的均对应比特 1, 因此, 通过检测比特无法探测此类敌手测量. 此类情况发生的概率是 $1/2 \times 1/2 = 1/4$.

可见 QKD 能否有效检测敌手很大程度上取决于用于检测的比特的数量及选取位置. 通常检测比特选取得越多, 实施监听的敌手不被发现的概率越小.

例子 12.1　A 与 B 采用 BB84 量子密钥分发协议协商密钥, 假设敌手 E 针对 A 传输的每个量子都进行了观测, 若要保证以超过 99.9999999％ 的概率检测到敌手, 请问至少要抽取多少检测比特?

答: 对于每一个用于检测的量子, 存在以下情况令敌手的测量行为无法被检测到:

1. 敌手的基恰巧与 A 的基相同, 此概率为 $1/2$.

2. 敌手的基与 A 的基不同, 但是 B 测量后, 该量子对应的比特与 A 的相同, 此概率为 $1/2 \times 1/2 = 1/4$.

因此, 一个用于检测的比特未探测出被敌手测量的概率为 $1/2 + 1/4 = 3/4$. 为了满足至少 99.9999999％ 的检测成功概率, 我们考虑以下等式:

$$1 - (3/4)^n = 0.999999999,$$

其中 $(3/4)^n$ 表示 n 个比特均未检测到敌手测量的概率, 可以求出 $n = 72$. 这意味着 A 与 B 要选出至少 72 个比特用于检测, 才能保证超过 99.9999999％ 的概率检测到敌手.

在实际应用中, 除了敌手观测外, 量子信道与测量设备引起的噪声同样可以干扰量子状态, 且此类噪声难以避免. 因此, 对于 A 与 B 检测比特中不同的比特数量需存在一定的容忍度, 当不同的比特数量超过一定的阈值时, 才认为此次通信受到攻击 (如监听). 剩余用于生成密钥的比特也有可能出现错误, 故仍需进一步处理 (例如, 纠错与隐私放大), 以提取正确的对称密钥.

尽管量子力学原理在理论上可确保 BB84 协议具有 "绝对的安全性", (注意此处安全仅指保密性, 并未讨论认证性问题. QKD 通常需借助经典信道实现的认证性, 缺乏认证的 QKD 存在中间人攻击, 即敌手可冒充合法用户参与密钥协商.) 然而, 由于实际 QKD 系统中相关设备器件, 如光源、探测器等, 并不满足理论模型要求, 导致真实系统的 QKD 会存在安全问题. 例如, 在光源方面, BB84 协议要求使用理想的单光子源, 即每个比特对应一个光子, 但在实际中难以达到理想单光子光源, 这导致每个比特实际对应多个光子, 敌手可采取光子数分束 (photon number splitting, PNS) 攻击, 将额外的光子进行分离以获取比特信息, 剩余光子继续传给 B; 在探测器方面, 存在针对探测器的时移攻击、强光致盲攻击等. 除敌手攻击外, 实际的 QKD 系统在传输距离上也存在较大局限, 随着传输距离越长, 信道衰减越大, 当噪声占比超过一定界限, 将导致密钥协商失败.

随着量子技术的飞速发展, QKD 在安全性与传输距离等方面不断取得突破. 2012 年, 研究人员提出测量设备无关的量子密钥分发协议[7] 解决了测量端的安全问题; 2016 年, 全球第一颗量子科学实验卫星 "墨子号" 在我国成功发射, 率先实现了千公里级的星地双向量子纠缠分发、星地高速 QKD 等; 2023 年, 潘建伟教授等科研人员首次实现了光纤中 1002 公里点对点远距离量子密钥分发, 创下了光纤无中继量子密钥分发距离的世界纪录.

12.8 练习题

练习 12.1 尝试分析本章介绍的国际标准 ISO/IEC11770-2 的密钥传输协议:

1. 分析总结该协议与 Needham-Schroeder 协议在设计上的异同;

2. 该协议如何保障会话密钥的保密性?

3. 该协议中的参与方能否确认对方身份 (认证性)?

4. 该协议是否能够抵抗 Denning-Sacco 攻击?

练习 12.2 本章介绍的国际标准 ISO/IEC11770-3 的密钥传输协议未提供双方的密钥确认及实体认证功能, 请尝试改进该协议, 提供相关功能.

练习 12.3 用户 A 需要将个人支付信息 m 秘密地发送给银行 B. 假设存在可信的服务器 S 帮助双方完成秘密传输, A 与 S 之间的预先共享密钥为 sk_A, B 与 S 之间的预先共享密钥为 sk_B, 对称加密算法为 Enc. A、B 和 S 采用的密码协议如下所述:

(1) A 生成随机数 r, 发送 $ID_A, ID_B, Enc_{sk_A}(r)$ 给服务器 S;

(2) 服务器 S 解密 $Enc_{sk_A}(r)$ 得到 r, 计算 $Enc_{sk_B}(r)$, 并将其发送给 A;

(3) A 计算 $Enc_r(m)$, 并将 $Enc_r(m), Enc_{sk_B}(r)$ 发送给 B;

(4) B 利用 sk_B 解密 $Enc_{sk_B}(r)$ 得到 r, 再使用 r 解密 $Enc_r(m)$ 得到 m.

1. 上述协议存在安全隐患: 敌手可轻易获取 m. 请尝试分析上述协议, 给出一种获取 m 的攻击方法.

2. 为了防范上述攻击, 请在该协议基础上给出改进方法.

练习 12.4 用户 A、B、C 三方采用 $\mathbb{Z}_p^*$ 上的 Diffie-Hellman 密钥协商协议协商密钥, 假设 $p = 17$, $g = 3$. A 首先与 B 执行协议, A 选择 $r_A = 4$, B 选择 $r_B = 15$; 随后, A 再与 C 执行协议时, C 选择 $r_C = 18$, 但 A 仍然选择 $r_A = 4$.

1. 计算上述协议过程中, A、B、C 生成的数据, 即随机元素 R_A, R_B, R_C 以及临时密钥 K_{AB}, K_{AC}.

2. 如果用户 B 被攻击, 导致 r_B 泄露, 会对密钥 K_{AB} 与 K_{AC} 产生何种影响? 如果是 A 被攻击导致 r_A 泄露呢?

3. 所谓前向安全, 指即使用户的当前会话状态信息 (如用户 A 的 r_A) 被泄露, 敌手也无法获取 A 历史会话的临时密钥. Diffie-Hellman 密钥协商协议是否能够达到前向安全? 本题所述协议在具体执行时能否达到前向安全? 如何避免此类问题?

练习 12.5 编写小规模参数 (50 比特)Diffie-Hellman 密钥协商程序.

练习12.6　考虑以下基于公钥的密钥传输协议: 设协议采用的签名方案为 $(Sign,\ Vrfy)$, 公钥加密方案为 $(Enc,\ Dec)$, 用户 A 的签名公私钥对为 (vk_A, sk_A), 加密公私钥对为 (pk_A, sk'_A); 用户 B 的签名公私钥对为 (vk_B, sk_B). $Cert_A$ 与 $Cert_B$ 分别表示 A 与 B 的证书, 其中 $Cert_A$ 包含 A 的加密公钥 pk_A 及签名验证公钥 vk_A, $Cert_B$ 包含 B 的签名验证公钥 vk_B:

1. B 选择一个随机数 N_1, 将 N_1 和 $Cert_B$ 发给 A.
2. A 检查证书 $Cert_B$ 中 B 的签名验证公钥 vk_B 的合法性. 计算

$$\sigma_A = Sign_{sk_A}(N_1||ID_B),$$

将 $(\sigma_A, Cert_A)$ 发送给 B.

3. B 检查证书 $Cert_A$ 中 A 的签名验证公钥 vk_A 及加密公钥 pk_A 的合法性. 然后验证签名

$$Vrfy_{vk_A}(N_1||ID_B, \sigma_A) = true.$$

如果验证不通过, 则 B "拒绝". 否则, B 选择一个随机的会话密钥 K_{AB}, 计算

$$c = Enc_{pk_A}(K_{AB}),\ \sigma_B = Sign_{sk_B}(c||ID_A).$$

然后将 (c, σ_B) 发送给 A.

4. A 验证

$$Vrfy_{vk_B}(c||ID_A, \sigma_B) = true.$$

如果验证不通过, 则 A "拒绝"; 否则, 解密 c 得到会话密钥 $K_{AB} = Dec_{sk'_A}(c)$.

请分析上述协议是否为一个安全的密钥传输协议. 如果不是, 请给出攻击方法.

练习12.7　本章介绍的口令认证密钥协商协议 EKE 存在敌手穷举猜测口令的安全隐患:

1. 该协议的相关计算在乘法群 $\mathbb{Z}_p^*$ 上, 如果将该乘法群替换为椭圆曲线上的有限群, 例如, R_A 与 R_B 是椭圆曲线上的点, 会存在何种潜在隐患?

2. 如果该协议没有对参与方尝试交互的次数做出限制, 请给出一种中间人攻击方法.

练习12.8　本章介绍的 QKD 协议缺乏认证机制, 易遭受中间人攻击, 请给出详细的攻击方法.

练习12.9　A 与 B 之间采用 QKD 协议协商对称加密的密钥, A 与 B 双方约定对于筛选后的 64 个比特进行检测. 如果敌手 E 针对 A 传输的每个量子都进

行了测量, 则上述检测方法成功探测到敌手的概率是多少?

参考文献

[1] Needham R M, Schroeder M D. Using encryption for authentication in large networks of computers. Commun. ACM, 1978, 21:993-999.

[2] Bellare M, Rogaway P. Entity authentication and key distribution. Annual International Cryptology Conference, Springer of LNCS, 1993, 773: 232-249.

[3] Mihir Bellare and Phillip Rogaway. Provably secure session key distribution: the three party case. Proceedings of the Twenty-seventh Annual ACM Symposium on Theory of Computing, 1995, pages 57-66.

[4] Diffie W, Oorschot P C V, Wiener M J. Authentication and authenticated key exchanges. Designs, Codes and Cryptography, 1992, 2(2): 107-125.

[5] Bellovin S M, Merritt M. Encrypted key exchange: passwordbased protocols secure against dictionary attacks. In Proceedings 1992 IEEE Computer Society Symposium on Research in Security and Privacy, IEEE, 1992, 72-84.

[6] Bennet C H. Quantum cryptography: Public key distribution and coin tossing. In Proceedings of the IEEE International Conference on Computers, 1984, 175-179.

[7] Lo H K, Marcos Curty, and Bing Qi. Measurement-device-independent quantum key distribution. Physical Review Letters, 2012, 108(13): 130503.

第 13 章

零知识证明

第13章课件　零知识证明

　　零知识证明 (zero-knowledge proof, ZKP) 是一种运行在证明者和验证者之间的特殊两方安全计算协议, 它允许证明者向验证者证明某一公开断言是正确的, 且验证者不能获得除此以外的任何信息. 零知识证明自 1985 年诞生以来[1], 便成为了构造各类密码学协议的有力工具, 如安全多方计算、身份认证、电子投票等. 零知识证明特殊的属性与功能使其在隐私计算领域具有重要应用, 因而备受关注. 本章聚焦零知识证明, 主要介绍其基本定义、对所有 $\mathcal{NP}$ 语言的零知识证明系统和 Σ 协议.

13.1 交互式证明系统

　　在介绍交互式证明系统的概念之前, 我们首先引入相关符号表示并回顾 $\mathcal{NP}$ 语言的定义.

　　符号　令 $\lambda \in \mathbb{N}$ 表示统计安全参数, $\kappa \in \mathbb{N}$ 表示计算安全参数. negl 表示可忽略函数, PPT 表示概率多项式时间 (probabilistic polynomial time). 对于正整数 n, $[n]$ 表示集合 $\{1, \cdots, n\}$; $x \xleftarrow{\text{R}} X$ 表示从集合 X 中随机均匀采样得到 x. 令 $\approx, \approx_s$ 和 $\approx_c$ 分别表示两个分布簇完美不可区分、统计不可区分和计算不可区分.

　　定义 13.1 ($\mathcal{NP}$ 语言)　对于语言 L, 如果存在一个布尔关系 $R_L \subseteq \{0,1\}^* \times \{0,1\}^*$ 和一个确定的图灵机 M 使得 R_L 可由 M 在确定的多项式时间内识别, 并且 $x \in L$ 当且仅当存在一个 w 使得 $(x,w) \in R_L$ 且 $|w| \leqslant p(|x|)$, 那么 L 属于 $\mathcal{NP}$. 我们通常称 w 为 $x \in L$ 的证据.

　　例子 13.1　令语言 L 为循环群 $\mathbb{G} = \langle g \rangle$, 阶为素数 p, 则有离散对数关系 $R_L = \mathbb{G} \times \mathbb{Z}_p$ 以及图灵机 M: 输入群元素 $X \in \mathbb{G}$ 以及元素 $w \in \mathbb{Z}_p$, 若 $X = g^w$, 则输出 1, 否则输出 0. 其中, X 的离散对数值 w 为 $X \in \mathbb{G}$ 的证据.

　　令 (P, V) 为一对交互的算法 (形式化为交互的图灵机, 如图 13.1), 除了照常接受输入、使用随机带, 它们还可以交替地向对方传递消息.

　　记 $(P(w), V(z))(x)$ 为图灵机 V 在双方停止交互后的输出, 其中 x 为 P 和

V 的公共输入, w 和 z 分别为 P 的隐私输入和 V 的辅助输入. 下面给出交互式证明 (IP) 系统 (interactive proof system) 的正式定义.

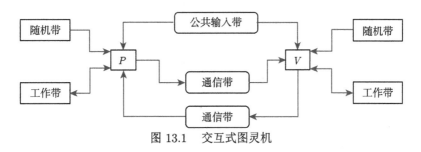

图 13.1 交互式图灵机

定义 13.2 (交互式证明系统) 设 (P, V) 为一对交互的图灵机, 其中 P 为 (计算能力无限的) 证明者, V 为概率多项式时间的验证者. 如果 (P, V) 满足以下条件, 那么称它为对语言 L 的一个交互式证明系统.

- 完备性 (completeness): 如果证明者与验证者都诚实地执行证明系统规定的指令, 那么对于真断言, 验证者一定会接受该断言, 即 $\forall x \in L$, 都有

$$\Pr\left[(P(w), V(z))(x) = 1\right] = 1.$$

- 合理性 (soundness): 即使是计算能力无限的证明者也难以使验证者接收某个错误断言, 即 $\forall x \notin L$, 都存在一个可忽略函数 negl 使得

$$\Pr\left[(P(w), V(z))(x) = 1\right] \leqslant \mathsf{negl}(|x|).$$

注 13.1   如果适当放宽上述合理性条件, 将计算能力无限的证明者弱化为概率多项式时间的证明者, 即为交互式论证系统 (interactive argument system).

13.2 零知识证明系统

交互式证明系统的两个性质中, 完备性是针对诚实执行协议指令的证明者与验证者的性质, 与安全性无关; 合理性保护验证者不受恶意证明者的欺骗. 但是, 交互式证明系统并没有给出针对证明者的安全保护措施. 下面介绍零知识性的定义, 它要求证明结束时验证者除了相信证明者所证明的断言为真外不能获得任何额外的 "知识", 这保证了证明者所拥有的 "知识" 没有泄露.

定义 13.3 (零知识性 (zero-knowledge))   设 (P, V) 为一个对语言 L 的交互式证明系统, 如果对任意的概率多项式时间的验证者 V^* 都存在一个概率多项式时间的模拟器 $\mathcal{S}$, 使得对任意 $x \in L$, 都有

$$\mathrm{View}_V\left[(P(x, w), V^*(x))\right] \approx_c \mathcal{S}^{V^*}(x),$$

那么称该证明系统 (P, V) 满足计算零知识性 (完美、统计零知识性可类似给出). 其中, $\text{View}_V[(P(x, w), V^*(x))]$ 表示验证者在交互过程中的视图, 包括它的输入 x、随机带和接收到的消息. 由于给定这些信息即可确定验证者发送给证明者的消息, 因此不需要将发出的信息包含在视图内.

上述定义保证了无论恶意的验证者如何偏离协议规定的指令, 都不能通过交互证明获得任何额外信息, 我们称这个强化的零知识性为全零知识 (full zero knowledge). 如果将该定义条件放宽, 使得零知识性只针对诚实的验证者, 即一直按照协议预先定义的验证算法进行交互的验证者, 则可得到弱化的零知识性, 通常称为**诚实验证者零知识** (honest-verifier zero-knowledge, HVZK).

下面以对图同构语言的零知识证明协议为例帮助深化理解. 设 $G = (V, E)$ 为由顶点集合 V 和边集 $E \subseteq V \times V$ 组成的无向图, 其中 $(v_0, v_1) \in E$ 表示点 v_0 和 v_1 之间存在一条边. 不失一般性地, 记点集为 $[n] = \{1, \cdots, n\}$, 其中 n 为非负整数. 对于两个图 $G_0 = (V_0, E_0)$ 和 $G_1 = (V_1, E_1)$, 如果存在一个双射 $\phi : V_0 \to V_1$ 使得 $(v_0, v_1) \in E_0$ 当且仅当 $(\phi(v_0), \phi(v_1)) \in E_1$, 那么称**图 G_0 和 G_1 同构**, 记为 $G_0 \equiv G_1$. 例如, 图 13.2 中 G_0 与 G_1 同构.

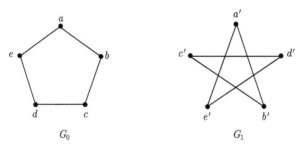

图 13.2　图 G_0 与 G_1 同构: $\phi(a) = a'$, $\phi(b) = b'$, $\phi(c) = c'$, $\phi(d) = d'$, $\phi(e) = e'$

定义图同构语言 GI 为

$$\text{GI} = \{(G_0, G_1) : G_0, G_1 \text{ 均为无向图且 } G_0 \equiv G_1\}.$$

图同构的零知识证明　为证明图 G_0 和 G_1 同构, 证明者首先随机选取 G_0 和 G_1 的同构图 H 并发送给验证者, 验证者随机选取挑战 b, 证明者给出置换 ϕ 证明 G_b 与 H 同构, 验证者收到 ϕ 后, 验证 $H \overset{?}{=} \phi(G_b)$, 如果相等则输出 "1" 表示接受本次证明, 否则拒绝. 具体的零知识证明协议如图 13.3 所示. 记 iso(G) 为图 G 的所有同构图的集合.

定理 13.1　图 13.3 中描述的对GI 语言的零知识证明协议满足完备性、合理性和零知识性.

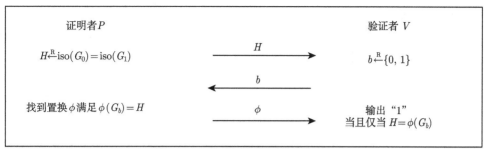

图 13.3 对 GI 的零知识证明协议

证明 下面依次证明协议满足上述三个性质.

完备性 若 $G_0 \equiv G_1$, 则 $G_0 \equiv H \equiv G_1$ 且证明者一定能找到一个置换 ϕ 使得验证者输出 "1".

合理性 当 $G_0 \not\equiv G_1$ 时, 对于恶意证明者 P^* 输出的任意 H, 最多仅有一个 b' 使得 $H \equiv G_{b'}$. 由于验证者随机选取挑战 b, 如果 $b \neq b'$, 那么任何置换均不能使验证者输出 "1". 因此该协议的合理性误差至多为 $1/2$.

零知识性 对于任意的 PPT 验证者 V^*, 可以构造模拟器 $\mathcal{S}$ 如算法 13.1 所示, 在给定图 G_0 和 G_1 时输出验证者的视图. 模拟器 $\mathcal{S}$ 首先猜测验证者的挑战 b' 并随机选取图 $G_{b'}$ 的同构图 H. 若验证者发送的挑战正好为 b', 则模拟器对挑战做出相应回应; 否则, 模拟器重新猜测挑战并调用验证者算法直至猜测成功. 具体地, 模拟器 $\mathcal{S}(G_0, G_1)$ 算法描述如下:

算法 13.1 模拟器 $\mathcal{S}(G_0, G_1)$

---
repeat

1. 选择一个随机置换 ϕ;
2. 猜测 V 的挑战比特 b 为 b';
3. 发送初始消息 $H \leftarrow \phi(G_{b'})$ 给验证者 V^*;
4. 使用新的随机带 r_{V^*} 调用 $V^*(G_0, G_1)$;
5. 接收到来自验证者 V^* 的 b;

until $b' = b$ 输出 $x = (G_0, G_1), r_{V^*}, H, \phi$

下面证明对于任意的 $x = (G_0, G_1) \in \mathrm{GI}$, 我们有

$$\mathrm{View}_V[(P(x, w), V^*(x))] \approx \mathcal{S}^{V^*}(x).$$

由命题 13.2 和命题 13.3 可知, 当 $\mathcal{S}$ 在某一轮迭代模拟成功时, 它的输出与验证者的真实视图是不可区分的, 并且 $\mathcal{S}$ 在 n 轮迭代后仍失败的概率至多为 2^{-n}.

命题 13.2 对于任意的 $x = (G_0, G_1) \in \mathrm{GI}$, 当 $\mathcal{S}(x)$ 在某一轮迭代模拟成功时, 它的输出 $\mathcal{S}^{V^*}(x)$ 与 $\mathrm{View}_V[(P(x, w), V^*(x))]$ 分布一致.

证明　$\mathcal{S}$ 的输出为 $(G_0, G_1), r_{V^*}, H, \phi$. 根据算法的构造可知, r_{V^*} 服从均匀分布. 由于置换 ϕ 是均匀随机选取的, 所以 H 在 $\mathrm{iso}(G_0) = \mathrm{iso}(G_1)$ 中也是均匀的. 此外, 在给定 H 和 b 的情况下, ϕ 是一个均匀随机置换使得 $H = \phi(G_b)$. 这正好与验证者的视图分布一致.　　　　　　　　　　　　　　　　　　　　　　　　　$\square$

命题 13.3　对于任意的 $x = (G_0, G_1) \in \mathrm{GI}$, $\mathcal{S}(x)$ 在某一轮迭代模拟成功的概率至少为 $1/2$.

证明　由于 $G_0 \equiv G_1$, 所以模拟器构造的图 $H = \phi(G_{b'})$ 在 $\mathrm{iso}(G_0) = \mathrm{iso}(G_1)$ 中是均匀分布的, 并且模拟器猜测的比特 b' 与 H 的分布是独立的. 因此, 对于验证者 V^* 输出的任意挑战比特 b, 都有 $\Pr[b = b'] = 1/2$.　　　　　$\square$

综上完成定理 13.1 的证明.　　　　　　　　　　　　　　　　　　　　　　$\square$

公开抛币的零知识证明　如果零知识证明/论证系统 (P, V) 中的所有验证者消息除最后输出外都是真随机串, 那么称该系统为公开抛币的零知识证明系统. 上述对 GI 语言的零知识证明协议即为公开抛币的.

13.3　对所有 $\mathcal{NP}$ 语言的零知识证明系统

Goldreich、Micali 和 Wigderson[2] 在 1991 年提出, 存在一个对任意 $\mathcal{NP}$ 语言的零知识证明协议, 表明了零知识证明不仅仅针对特殊的语言, 而是可以针对所有 $\mathcal{NP}$ 语言, 意味着零知识证明的应用前景十分广阔.

对任意 $\mathcal{NP}$ 语言 L 的零知识证明协议构造分为两步:

1. 构造一个对 $\mathcal{NP}$ 完全语言 L' 的零知识证明 Π;

2. 将待证明的语言 L 的实例 x 通过 Cook-Levin 定理归约至 L' 的实例 x' 上, 并以 x' 为输入运行证明系统 Π.

因此, 对任意 $\mathcal{NP}$ 语言的零知识证明协议构造关键在于给出对 $\mathcal{NP}$ 完全语言的零知识证明系统. 下面介绍 Blum 提出的对图的哈密顿 (Hamilton) 圈 ($\mathcal{NP}$ 完全语言) 的零知识证明.

设图 $G = (V, E)$ 为拥有 n 个顶点的无向图, 则其对应的 n 维邻接矩阵 $M = (m_{i,j})_{1 \leqslant i,j \leqslant n}$: $m_{i,j} = 0$ 当且仅当 $e_{i,j} \in E$. 若图 G 中有一条经过所有顶点的封闭路径 G_{circle}, 则称 G 是 Hamilton 图, 称这条封闭的路径 G_{circle} 为 Hamilton 圈. 例如, 图 13.2中所示的 G_0 与 G_1 为 Hamilton 图, 其 Hamilton 圈分别为 a, b, c, d, e, a 与 a', b', c', d', e', a'.

判断一个图是否为 Hamilton 图是一个 $\mathcal{NP}$ 完全问题, 且所有的 Hamilton 图的集合构成一个 $\mathcal{NP}$ 完全语言, 记为 HAM. 令 Com 为一个计算隐藏且完美绑定的比特承诺方案. 对于矩阵 $M = (m_{i,j})_{1 \leqslant i,j \leqslant n}$ 和 $R = (r_{i,j})_{1 \leqslant i,j \leqslant n}$, 其中 $r_{i,j}$ 为承诺所使用的随机数. 定义 Com(M, R) 为由矩阵元素的承诺值构成的矩阵, 即

$$\mathsf{Com}(M, R) = \{\mathsf{Com}(m_{i,j}, r_{i,j})\}_{1 \leqslant i,j \leqslant n}.$$

对图的 Hamilton 圈的零知识证明, 即证明者证明图 G 为 Hamilton 图但不泄露其 Hamilton 圈 G_{circle}. 该协议具体构造如下:

1. 证明者随机选取置换 ϕ 和随机矩阵 $R = (r_{i,j})_{1 \leqslant i,j \leqslant n}$, 生成图 $\phi(G)$ 及其邻接矩阵 $M_{\phi(G)} = (m_{i,j})_{1 \leqslant i,j \leqslant n}$, 计算 $C = \mathsf{Com}(M_{\phi(G)}, R)$ 并发送给验证者.

2. 验证者收到承诺后, 随机选取挑战 $b \in \{0,1\}$ 并发送给证明者.

3. 证明者根据挑战 b 作回应:

• 如果 $b = 0$, 证明者打开承诺 C, 发送 ϕ, $M_{\phi(G)}$ 和 R;

• 如果 $b = 1$, 证明者将图 G 上的 Hamilton 圈 G_{circle} 转移到 $\phi(G)$ 上, 并打开与 $\phi(G_{\text{circle}})$ 对应的承诺, 发送 $(m_{i,j}, r_{i,j})_{e_{i,j} \in \phi(G_{\text{circle}})}$.

4. 验证者首先验证证明者是否正确打开承诺, 其次:

• 如果 $b = 0$, 验证 $\phi(G)$ 是否为图 G 基于 ϕ 的同构图;

• 如果 $b = 1$, 验证打开的承诺是否对应一个 Hamilton 圈.

如果上述验证通过, 则输出 1, 表示接受本次证明; 否则, 拒绝.

定理 13.4   图 13.4 中描述的对 HAM 语言的零知识证明协议满足完备性、合理性和零知识性.

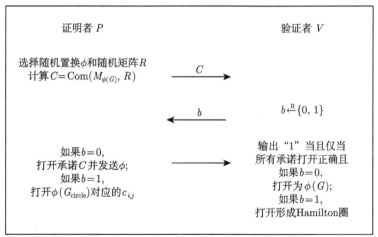

图 13.4   对图的 Hamilton 圈的零知识证明

证明   下面依次证明协议满足上述三个性质.

完备性   如果 P 知道图 G 中的 Hamilton 圈 G_{circle}, 那么对 V 发送的挑战比特 b, P 总能成功回应. 如果 $b = 0$, 通过揭示 ϕ 和所有 $m_{i,j}$, P 可以证明 $\phi(G)$ 与 G 同构; 如果 $b = 1$, 通过揭示 $\phi(G)$ 上的 Hamilton 圈 $\phi(G_{\text{circle}})$, P 可以证明 $\phi(G)$ 为 Hamilton 图.

合理性　直觉上, 如果 P 不知道图 G 中的 Hamilton 圈 G_{circle}, 那么 P 可以首先预测挑战比特 b, 并根据 b 的值选择要么正确生成图 G 的同构图 $\phi(G)$, 并计算该同构图的承诺; 要么任意构造一个拥有 $|G_V|$ 个顶点的 Hamilton 图 G', 并计算 G' 的承诺. 由于 P 不知道图 G 中的 Hamilton 圈且由承诺的绑定性保证了 P 不能同时达到两个条件, 即承诺值为 G 的同构图且 P 知晓该图的 Hamilton 圈. 由于挑战比特 b 为从 $\{0,1\}$ 中均匀随机选取的, 因此 P 在每一轮正确预测 b 的概率为 $1/2$. 通过顺序执行该协议 λ 次, 可将合理性误差降至 $2^{-\lambda}$.

零知识性　零知识性要求 P 在交互过程中没有泄露任何关于图 G 中的 Hamilton 圈 G_{circle} 的信息. 简单来说, 根据选择比特 b 的值, 验证者或可知道 G 在置换 ϕ 下的同构图 $\phi(G)$ 或可知道 $\phi(G)$ 上的 Hamilton 圈 $\phi(G_{\text{circle}})$, 但不能同时得知这两条信息. 而只有在同时获得这两点时, V 才能恢复出 G_{circle}. 只要在每一次执行协议时, P 都重新选择置换 ϕ, 那么 V 就不能获得关于 G_{circle} 的任何信息.

下面正式证明对于任意 PPT 的恶意验证者 V^*, 都存在一个 PPT 的模拟器 $\mathcal{S}$ 可以模拟 V^* 的视图, 且模拟视图与真实视图计算不可区分. V^* 与诚实证明者交互产生的视图包括 (G, C, b), 以及若 $b = 0$ 则还包括 $M_{\phi(G)}, R, \phi$, 若 $b = 1$, 则还包括 $(m_{i,j}, r_{i,j})_{e_{i,j} \in \phi(G_{\text{circle}})}$. 模拟器 $\mathcal{S}$ 构造如算法 13.2.

算法 13.2　模拟器 $\mathcal{S}(G)$

repeat

1. 选择一个随机矩阵 R;

2. 猜测 V 的挑战比特 b 为 b';

3. **if** $b' = 0$ **then**

4. 　　选择一个随机置换 ϕ, 计算 $C = \text{Com}(M_{\phi(G)}, R)$;

5. **else if** $b' = 1$ **then**

6. 　　任意构造一个拥有 $|G_V|$ 个顶点的 Hamilton 图 G', 并计算承诺 $C = \text{Com}(M_{G',R})$;

7. **endif**

8. 接收到来自验证者 V^* 的 b; **until** $b' = b$;

9. **if** $b = 0$ **then**

10. 　　$C, b, \phi, M_{\phi(G)}$;

11. **else if** $b = 1$ **then**

12. 　　$C, b, (m_{i,j}, r_{i,j})_{e_{i,j} \in G'_{circle}}$;

13. **endif**

输出 $x = (G_0, G_1), r_{V^*}, H, \phi$

当 $b = 0$ 时, 显然有 $\langle P, V^* \rangle (g) \equiv \langle \mathcal{S}, V^* \rangle (g)$; 当 $b = 1$ 时, 由底层承诺方案的计算隐藏性质保证了 $\langle P, V^* \rangle (g) \approx_c \langle \mathcal{S}, V^* \rangle (g)$. 综合这两类情况, 可得该协议满足计算零知识性.

综上完成定理 13.4 的证明.　　　　　　　　　　　　　　　　　　　□

注 13.2 为保证统计合理性, 上述零知识证明协议中的承诺方案需满足计算隐藏性和完美绑定性, 否则一个计算能力无限的证明者 P^* 仅需在第 1 步发送一个任意的承诺即可在第 3 步将承诺打开为任意需要的消息. 因此, 上述证明系统仅达到计算上的零知识性. 但若使用完美隐藏且计算绑定的承诺方案, 则可获得满足计算合理性且完美零知识性的零知识证明协议.

由于承诺方案可基于任意的单向函数构造[3], 因此可以得到如下定理:

定理 13.5 假设单向函数存在, 那么任意 $\mathcal{NP}$ 语言 L 都存在一个零知识证明系统, 满足完美完备性和计算零知识性, 同时拥有可忽略的合理性误差.

13.4 Σ 协议

第 13.3 节中给出的对图的 Hamilton 圈的零知识证明协议需要证明者与验证者执行三轮交互, 这种三轮交互协议是零知识证明中使用最广泛的一类协议, 即 Σ 协议. 本节正式介绍 Σ 协议的定义, 并例举一些针对具体语言的高效的 Σ 协议.

13.4.1 知识的证明

我们首先讨论关于合理性的一种加强的变体: 知识合理性. 简单来说, 合理性要求恶意的证明者不能使验证者接收某一错误断言; 而知识合理性进一步要求, 一旦诚实的验证者接收某个 $\mathcal{NP}$ 断言, 那么我们一定能高效地提取出这个断言的一个证据, 从而说明证明者知道该证据 (知识). 拥有知识合理性的交互式证明系统即为知识的证明 (proof of knowledge), 而 Σ 协议本质上是一类特殊的知识的证明.

定义 13.4 (知识的证明) 设 $\langle P, V \rangle$ 为对 $\mathcal{NP}$ 语言 L 的交互式证明系统, 且其合理性误差为 $\kappa \in [0, 1]$. 如果对任意 $x \in L$ 和任意 (即使是计算能力无限的) 证明者 P^*, 且 $\Pr[\langle P^*, V \rangle(x) = 1] = p_x^* \geqslant \kappa$, 都存在一个 PPT 的知识提取器 E, 使得

$$\Pr[E^{P^*}(x) \in R(x)] \geqslant \mathsf{poly}(p_x^* - \kappa),$$

其中, E^{P^*} 表示 E 可以将 P^* 当作谕言机调用 (oracle), 那么称 $\langle P, V \rangle$ 为知识的证明系统.

13.4.2 Σ 协议的定义

接下来给出 Σ 协议的形式化定义.

定义 13.5 (Σ 协议) 我们称 $\langle P, V \rangle$ 为一个对 $\mathcal{NP}$ 语言 L 的 Σ 协议, 如果 $\langle P, V \rangle$ 满足以下 3 轮公开抛币的交互形式 (如图 13.5). ① 承诺: P 发送初始消息 a 给 V. ② 挑战: V 发送随机挑战 c 给 P. ③ 回应: P 发送回应 z 给 V 以及如下三个性质.

- **完备性.** 如果 P 和 V 都诚实地执行证明系统规定的指令, 那么对于所有 $x \in L$, 验证者一定会接受 x.

- **特殊合理性.** 对于任意 $x \in L$, 都存在一个 PPT 的知识提取器 E, 在给定 x 和任意两个初始消息相同且为验证者所接受的副本 (a, c, z), (a, c', z') (其中 $c \neq c'$) 时, 可提取出一个 w, 使得 $(x, w) \in R_L$.

- **特殊诚实验证者零知识性.** 对于任意 $x \in L$, 都存在一个 PPT 的模拟器 $\mathcal{S}$, 在给定 x 和挑战 e 的情况下, 可以生成一个副本 (a, c, z), 使得该副本与诚实的证明者和验证者之间真实交互所产生的副本是不可区分的.

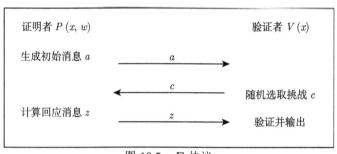

图 13.5　Σ 协议

13.4.3　Σ 协议示例

下面例举三个针对具体数论语言的高效的 Σ 协议.

例子 13.2　对离散对数的 Σ 协议 (Schnorr 协议). 令 $\mathbb{G} = \langle g \rangle$ 为一个生成元为 g 且阶为素数 q 的循环群. 设 $x \in \mathbb{G}$ 为群中任意一个群元素, 其以 g 为底的离散对数为 $w = \log_g(x)$. 证明者通过如下 Σ 协议向验证者证明自己拥有 $x \in \mathbb{G}$ 的证据 w: 证明者在 $\mathbb{Z}_q$ 中随机选取一个域元素 r, 并计算 $a = g^r$ 发送给验证者; 验证者随机选取挑战 $c \in \mathbb{Z}_q$ 发送给证明者; 证明者计算回应 $z = r + c \cdot w \bmod q$ 返回给验证者; 验证者验证是否有 $g^z = a \cdot x^c$ (如图 13.6).

定理 13.6　图 13.6 中描述的协议为对离散对数的 Σ 协议.

证明　下面依次证明上述协议满足 Σ 协议的三个性质.

完备性　若 P 和 V 诚实地执行协议, 则一定有 $g^z = g^{r+c \cdot w} = g^r \cdot (g^w)^c = a \cdot x^c$.

特殊合理性　给定两个初始消息相同、挑战不同且为验证者所接受的副本 (a, c, z), (a, c', z'), 其中 $c \neq c'$, 由于 $g^z = g^{r+c \cdot w}$ 且 $g^{z'} = g^{r+c' \cdot w}$, 可构造提取器如下: 直接输出 $w = (z - z')/(c - c')$. 容易验证 w 为 x 的离散对数值.

特殊诚实验证者零知识性　给定 x 和挑战随机串 c, 可构造模拟器如下: 随机选取 $z \xleftarrow{\text{R}} \mathbb{Z}_q$, 计算 $a = g^z/x^c$, 输出 (a, c, z), 其中 z 与 c 相互独立, 服从 $\mathbb{Z}_q$ 上

的均匀分布, a 由 c, z 唯一确定, 且服从 $\mathbb{G}$ 上的均匀分布. 在真实的 P, V 交互中, a 服从 $\mathbb{G}$ 上的均匀分布, c 和 z 分别服从 $\mathbb{Z}_q$ 上的均匀分布, 且给定 c, z 可由验证等式唯一确定初始消息 a. 因此模拟器生成的 (a, c, z) 可为验证者所接受且与真实交互中生成的副本分布一致.

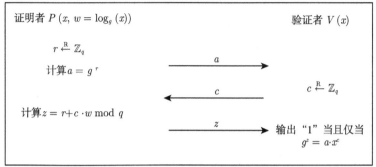

图 13.6　对离散对数的 Σ 协议

综上完成定理 13.6 的证明. □

例子 13.3　对 Pedersen 承诺打开的 Σ 协议. 令 $\mathbb{G} = \langle g \rangle$ 为一个生成元 g 为且阶为 q 的循环群. 设 $h \in \mathbb{G}$ 为群中任意一个群元素, 且 h 以 g 为底的离散对数值未知. 证明者可通过图 13.7 所示的 Σ 协议向验证者证明自己拥有 Pedersen 承诺 x 的打开, 即知晓 (m, r) 使得 $x = g^m h^r$.

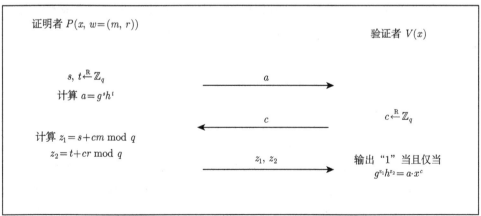

图 13.7　对 Pedersen 承诺打开的 Σ 协议

本协议证明与例 13.2 类似, 作为课后习题请读者尝试给出相关证明.

例子 13.4　对 RSA 加密方案的 Σ 协议 (Guillou-quisquater, GQ 协议). 令 (n, e) 为 RSA 的公钥, 其中 e 为素数, 将 (n, e) 设为公共参数. GQ 协议允许证明

者向验证者证明自己知晓 $x \in \mathbb{Z}_n^*$ 的 e 次方根, 即对于断言 $x \in \mathbb{Z}_n^*$, 拥有证据 w 使得 $w^e = x \bmod n$, 且不泄露除此以外的任何信息. 由于 (n, e) 为 RSA 的公钥, 所以从 $w \in \mathbb{Z}_n^*$ 到 $x = w^e \in \mathbb{Z}_n^*$ 的映射为双射. 因此, 每一个断言都拥有唯一的证据. GQ 协议如图 13.8 所示.

定理 13.7   图 13.8 中描述的协议为对 RSA 加密方案的 Σ 协议.

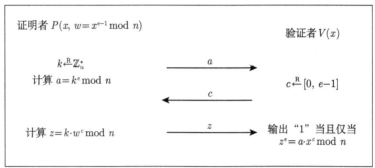

图 13.8   对 RSA 加密方案的 Σ 协议

证明   下面依次证明上述协议满足 Σ 协议的三个性质.

完备性   若 P 和 V 诚实地执行协议, 则一定有

$$z^e = (k \cdot w^c)^e = k^e \cdot w^{c \cdot e} = a \cdot x^c \bmod n.$$

特殊合理性   对于两个初始消息相同、挑战不同且为验证者所接受的副本 (a, c, z), (a, c', z'), 其中 $c \neq c'$, 由于 $z^e = a \cdot x^c \bmod n$ 且 $z'^e = a \cdot x^{c'} \bmod n$, 所以有

$$\left(\frac{z}{z'}\right)^e = x^{c-c'} \bmod n,$$

从而

$$\frac{z}{z'} = w^{c-c'} \bmod n.$$

又因 $c \neq c'$ 且两者均属于 $[0, e-1]$, 所以有 $0 < |c - c'| < e$ 且 $c - c'$ 与 e 互素, 即 $\gcd(e, c - c') = 1$. 因此, 给定 (a, c, z), (a, c', z'), 可构造提取器 E 如下: 根据扩展 Euclid 算法, 找到整数 α, β 使得 $e\alpha + (c - c')\beta = 1$, 输出 $w = x^\alpha \cdot \left(\frac{z}{z'}\right)^\beta$. 容易验证 $w = x^\alpha \cdot \left(\frac{z}{z'}\right)^\beta = w^{e\alpha} \cdot w^{(c-c')\beta} = w$, 即 w 为 x 的 e 次方根.

特殊诚实验证者零知识性   给定 $x \in \mathbb{Z}_n^*$ 和挑战随机串 $c \in [0, e-1]$, 可构造模拟器如下: 随机选取 $z \xleftarrow{\text{R}} \mathbb{Z}_n^*$, 计算 $a = z^e / x^c \bmod n$, 输出 (a, e, z). 由于在真

实的诚实证明者与验证者交互中, c 和 z 分别在挑战空间和 $\mathbb{Z}_n^*$ 中均匀分布, 是相互独立的; 给定 c 和 z, a 可由验证等式唯一确定, 且在 $\mathbb{Z}_n^*$ 中均匀分布. 因此, 模拟器 (a, e, z) 可为验证者所接受且与真实交互中生成的副本分布一致.

综上完成定理 13.7 的证明. □

13.4.4 Fiat-Shamir 范式

第 13.4.3 节中, 我们给出了几个交互式 Σ 协议的示例, 证明者需要通过三轮交互才能使验证者确信断言为真, 但在一些场景下, 交互的代价是巨大的, 甚至难以实现, 如证明者需要向多个验证者证明同一断言为真时, 与多个验证者一一执行交互式证明, 不仅实现起来阻碍重重, 而且交互中产生的通信与计算开销也会随验证者人数增加而线性增大. 对于此类情况, 非交互式零知识证明对于降低通信与计算开销可起到关键性作用. 它允许证明者独立运行证明算法为断言生成证明, 任何验证者可通过验证算法验证证明的有效性.

下面展示如何通过 Fiat-Shamir 范式将 Σ 协议转化为非交互形式. 为避免混淆, 称该非交互 Σ 协议为 Σ 证明. 简单来说, 证明者不需要接收来自验证者的挑战, 而是通过计算断言与初始消息的杂凑值来代替挑战. 设 $\Pi = \langle P, V \rangle$ 为一个对 $\mathcal{NP}$ 语言 L 的 Σ 协议, $(a, c, z) \in A \times C \times Z$ 为 P, V 交互产生的副本. 令 $H : X \times A \to C$ 为一个杂凑函数, 则基于 Fiat-Shamir 范式的 Σ 证明系统 $\Pi_{\mathrm{FS}} = (\mathsf{Prove}, \mathsf{Vrfy})$ 定义如下:

- $\pi \leftarrow \mathsf{Prove}(x, w)$: 输入断言 x 和证据 w, 首先调用算法 $P(x, w)$ 得到初始消息 a, 再通过杂凑函数计算挑战 $c \leftarrow H(x, a)$, 将 c 输入算法 $P(x, w)$ 得到回应 z, 输出 Σ 证明 $\pi = (a, z)$.

- $b \leftarrow \mathsf{Vrfy}(x, \pi)$: 输入断言 x 和证明 π, 计算挑战 $c \leftarrow H(x, a)$, 运行 $V(x)$ 算法验证 (a, c, z) 是否为有效证明, 若是, 则输出 $b = 1$; 否则输出 $b = 0$.

例如, 应用 Fiat-Shamir 范式可将 Schnorr 协议转化为如图 13.9 所示的非交互式零知识证明.

若将 H 形式化为随机谕言机, 则图 13.9 所示协议是可证明安全的.

目前, 非交互零知识证明主要存在两种模型: 公共参考串 (common reference string, CRS) 模型和随机谕言机 (random oracle, RO) 模型. 在 CRS 模型下, 证明者和验证者均可读取由可信第三方生成的公共参考串, 且证明算法与验证算法均与此公共参考串密不可分; 在 RO 模型下, 证明者和验证者均可将某一随机函数作为谕言机访问, 且根据谕言机的输出进一步生成或验证证明. 本节介绍的基于 Fiat-Shamir 范式获得的 Σ 证明属于 RO 模型下的非交互零知识证明, 使用的杂凑函数 H 形式化为随机谕言机.

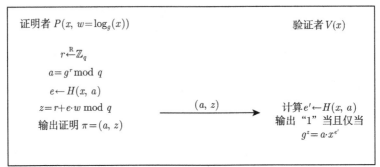

图 13.9 非交互的 Schnorr 协议

13.5 练习题

练习 13.1 关于本章例子 13.3: 对 Pedersen 承诺打开的 Σ 协议, 请证明该协议满足完备性、特殊合理性、特殊诚实验证者零知识性.

练习 13.2 设 $\mathbb{G} = \langle g \rangle$ 是阶为素数 q 的循环群. 证明者向验证者证明自己拥有 $y_1, y_2 \in \mathbb{G}$ 的证据 $w = (w_1, w_2)$, 满足以下关系:

$$y_1 = g^{w_1}, \quad y_2 = g^{w_2}.$$

(1) 请为上述问题设计 Σ 协议, 并证明其满足完备性、特殊合理性、特殊诚实验证者零知识性;

(2) 请将上述协议转化为非交互的 Σ 证明.

练习 13.3 请阐述非交互的 Schnorr 协议与 Schnorr 数字签名的联系.

练习 13.4 Cui 等[4] 提出了零知识证明友好的 Twisted ElGamal 加密方案. Twisted ElGamal 加密方案由以下算法构成:

• 密钥生成 KeyGen (1^λ): 输入安全参数 1^λ, 运行 $(\mathbb{G}, p, g, h) \leftarrow \mathcal{G}(1^\lambda)$, 其中 $\mathcal{G}$ 为概率多项式时间算法, $\mathbb{G}$ 为循环群, g, h 为其生成元, p 为群的阶. 设置公共参数 $\mathsf{pp} = (\mathbb{G}, g, h, p)$. 随机数和消息空间为 $\mathbb{Z}_p$. 选择私钥 $sk \xleftarrow{\text{R}} \mathbb{Z}_p$, 设置公钥 $pk = g^{sk}$.

• 加密 Enc $(pk, m; r)$: 随机选择 $r \leftarrow \mathbb{Z}_p$, 计算 $c_1 = pk^r, c_2 = g^r h^m$, 输出 $c = (c_1, c_2)$.

• 解密 Dec (sk, c): 计算 $h^m = c_2 / c_1^{sk^{-1}}$, 从 h^m 中恢复出 m.

与指数 ElGamal 加密相比, Twisted ElGamal 同样在消息空间 $\mathbb{Z}_p$ 上具有加法同态性, 关键区别在于, 将会话密钥和密钥封装部分进行了交换. 密文的第二部分可以被视为对于消息 m 的 Pedersen 承诺, 该结构可兼容所有断言形式为 Pedersen 承诺的零知识证明.

假设加密者对于明文 m 采用 Twisted ElGamal 加密, 生成密文 (c_1, c_2). 请设计零知识证明协议, 满足: 加密者在不泄露 (r, m) 的条件下证明 (c_1, c_2) 符合 Twisted ElGamal 的密文形式.

参考文献

[1] Goldwasser S, Micali S, Rackoff C. The knowledge complexity of interactive proof-systems (extended abstract)//Robert Sedgewick, editor, Proceedings of the 17th Annual ACM Symposium on Theory of Computing, 1985, 291-304.

[2] Goldreich O, Micali S, Wigderson A. Proofs that yield nothing but their validity for all languages in NP have zero-knowledge proof systems. J. ACM, 1991, 38(3): 691-729.

[3] Naor M. Bit commitment using pseudo-randomness//Gilles Brassard, ed. Advances in Cryptology- CRYPTO'89, 9th Annual International Cryptology Conference, Springer of LNSC, 1989, 435: 128-136.

[4] Cui H R, Zhang K Y, Chen Y, et al. MPC-in-MultiHead: A multi-prover zero-knowledge proof system- (or: How to jointly prove any NP statements in ZK). In ESORICS 2020, Springer, 2020, 332-351.

第 14 章

电子支付与数字货币

近年来, 移动支付已成为人们日常消费的主要支付方式. 不同于传统现金支付, 移动支付依托于电子支付系统, 支付对象是以电子信息为载体的 "数字货币", 支付过程仅需扫码、指纹或刷脸等简单操作便可快速完成, 为我们的生活工作带来极大便利. 另一方面, 以比特币为代表的密码货币 (cryptocurrency) 狂潮席卷全球, 作为新兴的 "另类" 数字货币, 密码货币引发的创新性技术——区块链技术更是吸引了学术界与产业界的广泛关注. 数字货币究竟是什么? 数字货币的安全性又是如何保障的? 比特币、区块链等新兴技术真的是更加 "安全" 与 "公平" 吗? 本章将探讨数字货币背后的核心密码技术——电子支付协议的设计与分析, 从密码技术角度解答上述问题, 在内容上主要介绍典型的 SET 协议、电子现金 (eCash)、比特币、区块链以及拜占庭共识协议.

14.1 电子支付与数字货币概述

货币是支付商品、劳务等过程中被普遍接受的物品, 它的基本功能是充当交易媒介与价值尺度. 货币的形式从早期的贵重金属发展到纸币, 再到当今移动支付中使用的数字货币, 反映了人们对于高效、安全的交易方式的不断追求. 从广义角度讲, 数字货币包含一切以电子形式存在的货币[1], 例如, 信用卡、支付宝、微信支付等① 所支付的货币. 与传统纸币不同, 数字货币通常并不具有 "看得见、摸得着" 实体形式. 从实现技术上讲, 数字货币本质是一种电子支付系统, 其功能是以电子数据信息作为交易媒介, 保障用户在网络空间中安全可靠地完成交易支付功能.

数字货币最早兴起于 20 世纪 80 年代的电子支付技术, 特别是随着信用卡、借记卡等银行卡的推广, 数字货币开始广泛应用, 对人们的生活产生了巨大影响. 数字货币的使用令支付过程更加高效: 省去了交易过程中现金携带与找零的麻烦, 避免了银行排队提款、汇款的繁琐, 为人们带来更便捷的支付体验以及更低的交

---

① 支付宝、微信支付等是商业银行存款货币的载体, 起到零售支付基础设施的作用[2].

易成本, 极大地提升了货币在市场中的流通速度, 数字货币对现金的替代作用逐渐显现. 另一方面, 数字货币的电子支付方式也日新月异, 从使用银行卡现场刷卡支付, 到利用电脑完成网上支付, 再到近年来的手机移动支付, 数字货币技术飞速发展. 除了进一步提升货币交易媒介职能的效率、降低社会成本, 安全性是数字货币相较于传统纸币的另一独特优势. 基于密码与网络通信技术, 数字货币易于实现对交易双方身份的确认, 以及对交易时间、金额等信息的记录监管, 这有利于保护金融消费者的合法权益, 同时打击洗钱、贪污、受贿、诈骗等违法违规行为.

但是, 相比于传统纸币, 数字货币面临新的风险与安全隐患. 传统纸币的主要威胁来源于伪造纸币——假币, 纸币的安全性主要依赖于物理防伪技术, 以防止不法分子生产使用假币. 对于数字货币, 为确保其安全可靠需解决的问题更为复杂多样, 电脑病毒、黑客入侵、自然灾害等, 都有可能造成系统与设备故障, 进而导致数字资产被盗取或无法正常使用等. 近年来, 比特币、以太币等密码货币的出现, 引发了区块链等新兴技术的研究热潮同时, 也带来了新的挑战. 由于缺乏真实资产背书、发行总量受限、价格异常波动、缺乏监管等原因, 此类密码货币不能稳定承担支付手段和价值贮藏等货币职能, 会对经济和金融安全造成负面影响[2].

安全的数字货币对于个人安全与国家安全具有重要意义. 由于近年来数字货币新兴技术不断涌现, 各类假借 "金融创新" 和 "区块链" 等名义的商业欺诈、恶意应用盗取支付信息等案件频发, 如何保护个人数字资产、消费隐私等问题, 已成为人们关注的焦点. 在国家安全层面, 数字货币作为数字经济重要的支付基础设施, 承担着维护国家经济与金融安全的重要使命. 我国已将数字人民币作为未来重要金融基础设施积极开展研发和试点工作, 数字人民币是由中国人民银行发行的数字形式的法定货币[2].

综上, 安全是数字货币应用的首要前提.

14.2 安全要求与设计原理

数字货币的基本安全要求是能够保障其作为货币的交易功能, 即在支付结束后, 合法的交易参与方的余额发生了正确的变化. 简单地说, 数字货币的基本安全要求指支付结束后, 只有合法的付款方与收款方的余额发生变化, 满足议定收款方的货币增加数量 = 议定付款方的货币减少数量, 并且付款方的余额不能小于 0. 为了满足该要求, 数字货币协议需确认参与方身份、余额、交易金额等信息的真实性, 即实现认证功能. 值得注意的是, 身份信息并非一定是参与方的真实社会身份, 而是参与方在该数字货币系统中的身份标识. 例如, 在比特币等密码货币系统中, 交易参与方以自己的公钥或者地址作为身份标识参与交易. 从该安全要求看, 数字货币可以说是一种认证系统. 因此, 数字货币协议需采用**数字签名**、**消息认证**

码等提供认证功能的密码技术.

在设计模式上, 按支付过程中被认证的主体可将数字货币协议分为认证账户模式与认证货币模式. 认证账户模式验证数字货币拥有者的账户真实性或合法性. 具体来说, 认证账户模式利用数字签名等技术确认参与方是否为某账户的拥有者, 根据其账户情况进一步确认是否能够提取/存入相应金额, 并更新交易后相关账户的余额状态. 交易过程通常需要数字货币支付机构 (如, 银行) 在线参与, 以认证交易参与方身份, 并实时记录更新的账户状态. 这是目前数字货币采用的最广泛的一种设计模式, 如中国银联、Visa、MasterCard 等, 主要的技术标准有 EMV 标准、SET 标准、3D-secure 标准等. 近年来兴起的以比特币为代表的密码货币, 本质上也是属于认证账户模式. 不同之处在于, 比特币等密码货币系统中没有类似银行的中心机构, 系统中的所有参与者都可以扮演 "银行" 的角色, 本地记录所有交易信息——账本, 共同维护所有账户状态的更新. 由于没有统一的可信第三方的帮助, 如何确保不同的参与者记录账本的一致性, 是影响此类密码货币安全性与效率的关键问题. 该问题涉及密码学领域一个有趣的研究方向——共识协议, 相关解决方案将在第 14.5 节详细讨论.

相反, 认证货币模式更类似于现金交易中验证纸币真伪, 通过确认交易中的数字货币为某合法机构发行, 验证数字货币本身的真实性或合法性. 由于交易过程中第三方机构 (如支付机构等) 不必实时在线参与交易双方的认证, 类似于现金交易, 因此, 认证货币模式的数字货币可应用于具有隐私保护需求的场景, 防范第三方获取交易敏感信息. 此类数字货币的典型代表如电子现金 eCash[3]. 需要注意的是, 由于数字货币本身依赖于电子数据, 而电子数据是容易复制的. 因此, 如果没有支付机构或其他可信第三方协助认证, 认证货币模式下的数字货币易造成重复花费. 如何有效防范重复花费行为, 同时保有现金交易的优势, 如离线支付, 是此类设计模式面临的主要挑战.

可见, 数字货币的安全要求不仅限于交易双方的收支平衡, 参与方身份、交易金额等交易信息通常也都是需要保护的. 当然, 数字货币的安全要求远不仅于此. 不同的应用场景对数字货币的安全性与性能有着不同的需求. 设计安全的数字货币协议以满足应用场景要求的安全性与性能是一项复杂的工作. 下面, 我们将从经典的 SET 协议出发, 介绍数字货币的基本设计理念与分析方法.

14.3　SET 协议

SET 协议

SET 协议全称 Secure Electronic Transaction, 是 Master Card、Visa 等公司于 1997 年推出的一种电子支付协议, 用来保障用户、商家和银行之间使用信用卡进行网上交易的安全性. 这里的安全性主要指保密性和认证性, 具体包括: 认证交易双方身份、保障交易信息的保密性、完整性以及不可抵赖性. 为了达到上述安全要求, SET 协议主要采用了如下密码技术:

- RSA 加密算法、DES 加密 (提供保密性).
- RSA 签名算法、杂凑函数 SHA-1 等 (提供认证性与不可抵赖性).

为了简化符号表示, 我们统一使用 Sig 表示签名算法, H 表示杂凑函数, Enc 表示加密算法, 对称加密与公钥加密以密钥符号区分, 例如, $Enc(pk, \cdot)$ 表示是公钥加密, $Enc(sk, \cdot)$ 表示是对称加密.

SET 协议主要涉及持卡人、商家、认证中心、支付网关和持卡人发卡行. 在协议执行之前, 各个参与方 (持卡人、商家、支付网关和持卡人发卡行) 需到认证中心进行认证 (图 14.1). 认证中心为各方颁发数字证书, 即认证中心对参与方的身份、公钥等信息进行数字签名. 假设各参与方已生成各自密钥并取得相关数字证书. 令 C、M、P 分别表示持卡人、商家与支付网关, 则其证书分别用 $Cert_C$, $Cert_M$, $Cert_P$ 表示.

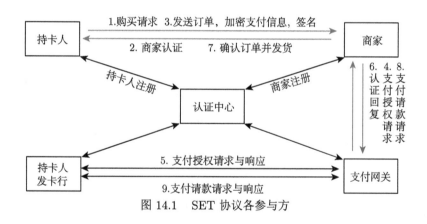

图 14.1　SET 协议各参与方

SET 协议主要过程可分为以下三个阶段:

- **购买请求阶段**　持卡人发起购买请求, 商家回应自己的身份信息; 持卡人验证商家身份信息后, 向商家发送订单, 加密支付信息和签名.
- **支付授权阶段**　商家请求支付网关对购买者的身份合法性和购买能力进行确认, 支付网关对此向持卡人发卡行进行请求确认, 并将结果返回给商家. 商家在确认购买者身份合法且有足够的购买能力后, 确认订单并发货.
- **支付请款阶段**　商家请求支付网关对本次交易进行支付转账, 支付网关请求持卡人发卡行进行相应的操作, 持卡人发卡行确认并完成转账.

各阶段具体的步骤如下 (与图 14.2 中序号对应), 其中 Sig, H, Enc 分别表示签名算法、杂凑函数、加密算法.

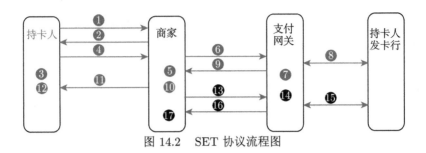

图 14.2　SET 协议流程图

协议 14.1 (SET 协议)　首先为购买请求阶段, 持卡人和商家进行交互以确认身份并发起订单 (步骤 1~6):

1. 持卡人向商家发送购买请求 REQ.

2. 商家用自己的私钥 sk_M 签名购买请求响应 $RES\,1$, 并向持卡人发送商家的证书 $Cert_M$, 支付网关的证书 $Cert_P$ 和签名:

$$Sig\big(sk_M, H(RES\,1)\big), \quad Cert_M, \quad Cert_P.$$

注 14.1　签名算法 Sig 通常已包含杂凑函数 H 的运算过程, 在本章中, 有时为了强调杂凑运算, 我们将消息的杂凑值以签名算法输入的形式明确列出, 例如, $Sig(sk_M, RES\,1)$ 记为 $Sig(sk_M, H(RES\,1))$.

3. 持卡人利用证书验证签名 (首先利用认证中心的公钥验证证书, 再利用该公钥验证签名), 以确认商家身份合法性.

4. 持卡人执行以下步骤, 并向商家发送订单信息与支付信息, 具体内容构成如下:

(1) 持卡人的订购信息 OI 和支付指令 PI 的杂凑值 $H(PI)$, 持卡人的证书 $Cert_C$, 以及用持卡人私钥 sk_C 签署的签名

$$\sigma_1 = Sig\big(sk_C, H(H(OI)\|H(PI))\big),$$

上述信息简记为

$$OI, \quad H(PI), \quad Cert_C, \quad \sigma_1.$$

注意, 此处对所签署的消息 OI 与 PI 使用了三次杂凑函数, 且发送的是 PI 的杂凑值 $H(PI)$, 而在通常的数字签名使用中, 仅需对消息使用一次杂凑函数, 并需发送原始消息. 在随后的验证步骤, 我们将看到这个设计的巧妙之处.

(2) 随机选择临时密钥 sk_1, 用支付网关公钥 pk_P, 将加密持卡人的账号 acc 和临时密钥 sk_1 进行公钥加密, 得到的密文

$$Enc(pk_P, acc\|sk_1).$$

(3) 用临时密钥 sk_1, 将用持卡人私钥 sk_C 签署的关于订购信息和支付指令的签名进行对称加密, 得到的密文·

$$Enc(sk_1, \sigma_1\|H(OI)\|PI).$$

注 14.2 商家可以获知订购信息 OI, 但不知道支付指令 PI. 这是由于商家仅收到支付指令 PI 的杂凑值 $H(PI)$, 商家难以从 $H(PI)$ 获取到支付指令 PI. (2) 和 (3) 加密了相关支付信息, 用于之后的支付授权. 由于使用了加密且商家没有支付网关的私钥, 因此商家难以从密文获取持卡人账号和 sk_1, 进而难以从 (3) 中获取关于 PI 的信息.

5. 商家通过验证签名来确认订单信息的正确性, 即根据 (1) 中的 OI、$H(PI)$、$Cert_C$, 以验证签名是对消息 $H(OI)\|H(PI)$ 的合法签名, 并保存 (加密的) 支付信息以供之后步骤使用.

6. 商家执行以下步骤, 并向支付网关发送如下信息, 以请求支付授权:

(1) 随机选取临时密钥 sk_2, 用支付网关的加密公钥 pk_P, 将临时密钥 sk_2 进行公钥加密, 得到的密文

$$Enc(pk_P, sk_2).$$

(2) 生成支付授权请求 $AuthREQ$, 并用其签名私钥 sk_M 生成关于 $AuthREQ$ 的签名 $\sigma_2 = Sig(sk_M, H(AuthREQ))$, 用临时密钥 sk_2, 将支付授权请求 $AuthREQ$ 及其签名进行对称加密, 得到的密文

$$Enc(sk_2, \sigma_2\|AuthREQ).$$

(3) 第 5 步中保存的支付信息

$$Enc(pk_P, acc\|sk_1), Enc(sk_1, \sigma_1\|H(OI)\|PI).$$

注意该密文实际加密的明文是 acc、关于 $H(OI)\|H(PI)$ 的签名、$H(OI)$ 以及 PI.

(4) 商家的证书 $Cert_M$ 和持卡人的证书 $Cert_C$.

之后为支付授权阶段, 商家与支付网关交互, 确认持卡人的身份的合法性和购买能力并发货 (步骤 7~12).

7. 收到商家的消息后, 支付网关解密 (1) 和 (2) 中的密文, 得到 $AuthREQ$ 及其签名 $Sig(sk_M, H(AuthREQ))$, 验证该签名以确认该请求发出者的真实性. 支付网关使用 sk_P 解密 (3) 中的密文, 得到 acc、关于 $H(OI)\|H(PI)$ 的签名、$H(OI)$

以及 PI, 验证该签名以确认持卡人授权支付本次交易的真实性. 此外, 支付网关验证相关交易标志信息是否与 PI 匹配.

注 14.3　注意到支付网关仅获取到 $H(OI)$, 而不知道具体订单信息 OI. 此时, 可以看出相同的签名 $\sigma_1 = Sig\big(sk_C, H(H(OI)\|H(PI))\big)$, 由于 3 次杂凑函数的使用, 在支付网关验证时, 向支付网关隐藏了订单信息, 而在商家验证时 (第 5 步), 向商家隐藏了支付指令信息.

8. 支付网关向持卡人发卡行确认持卡人账户的合法性, 包括确认持卡人身份的合法性和账户资金是否足够本次订单支付. 我们省略了支付网关与发卡行之间的具体交互. 此处, 假设发卡行已确认持卡人及其账户的合法性, 并反馈给支付网关.

9. 支付网关执行以下步骤, 并向商家反映授权信息, 具体内容构成如下:

(1) 随机选取临时密钥 sk_3, 用商家的加密公钥 pk_M, 将临时密钥 sk_3 进行公钥加密, 得到的密文

$$Enc(pk_M, sk_3).$$

(2) 生成支付授权响应 $AuthRES$, 并使用支付网关的签名私钥 sk_P 对其进行签名, 得到 $\sigma_3 = Sig\big(sk_P, H(AuthRES)\big)$, 用密钥 sk_3, 对支付授权响应 $AuthRES$ 及其签名进行对称加密, 得到的密文

$$Enc(sk_3, \sigma_3\|AuthRES).$$

(3) 用支付网关的加密公钥 pk_P, 将随机选取的临时密钥 sk_4 与账户信息 acc 进行公钥加密, 得到的密文

$$Enc(pk_P, sk_4\|acc).$$

(4) 用支付网关的签名私钥 sk_P 生成关于请款凭据 $CapTok$ 的签名 $\sigma_4 = Sig\big(sk_P, H(CapTok)\big)$. 用密钥 sk_4, 将请款凭据 $CapTok$ 及其签名进行对称加密, 得到的密文

$$Enc(sk_4, \sigma_4\|CapTok).$$

(5) 支付网关的证书 $Cert_P$.

10. 商家解密第 9 步 (1) 和 (2) 中的密文, 得到 $AuthRES$ 及其签名 $Sig(sk_P, H(AuthRES))$, 利用支付网关的签名验证公钥验证该签名, 以确认支付授权的合法性, 并将其余内容保存以供之后支付请款阶段使用.

11. 商家向持卡人回应订单并发货, 回应内容包括商家的证书 $Cert_M$ 和商家对响应值的签名 $Sig(sk_M, H(RES\,2))$.

12. 持卡人验证订单回应是否正确.

最后为支付请款阶段, 商家向支付网关申请该笔交易的付款转账 (步骤 13~17).

13. 商家向支付网关发送支付请款请求, 内容包括:

(1) 用支付网关公钥 pk_P, 将随机选取的临时密钥 sk_5 进行公钥加密, 得到的密文

$$Enc(pk_P, sk_5).$$

(2) 生成支付请款请求 $CapREQ$, 并用商家签名私钥 sk_M 生成 $CapREQ$ 的签名 $\sigma_5 = Sig(sk_M, H(CapREQ))$, 用临时密钥 sk_5, 将 $CapREQ$ 及其签名进行对称加密, 得到的密文

$$Enc(sk_5, \sigma_5 \| CapREQ).$$

(3) 在第 10 步中保存的密文

$$Enc(pk_P, sk_4 \| acc), Enc(sk_4, \sigma_4 \| CapTok).$$

(4) 商家的证书 $Cert_M$.

14. 支付网关解密并验证支付请求.

15. 支付网关向持卡人发卡行申请转账, 将订单相应金额从持卡人的账户转账至商家的账户.

16. 如转账成功, 支付网关向商家发送支付请款回应, 表示订单金额已转至商家账户内, 回应内容如下:

(1) 用商家公钥 pk_M, 将随机选取的临时密钥 sk_6 进行公钥加密, 得到的密文

$$Enc(pk_M, sk_6).$$

(2) 生成于支付请款回应 $CapRES$, 并用支付网关签名私钥 sk_P 生成关于 $CapRES$ 的签名 $\sigma_6 = Sig(sk_P, H(CapRES))$, 用密钥 sk_6, 将 $CapRES$ 及其签名进行对称加密, 得到的密文

$$Enc(sk_6, \sigma_6 \| CapRES).$$

(3) 支付网关的证书 $Cert_P$.

17. 商家验证支付请款回应.

图 14.3 概括了 SET 协议的主要交互内容.

SET 协议几乎每一个步骤都能为相关消息提供认证性与保密性: 协议参与各方都能够验证消息来源的真实性, 特别是在消费者隐私保护方面, 它向商家隐藏了持卡人的支付信息, 同时向支付网关隐藏了持卡人的订单信息. 虽然 SET 协议在安全性方面具有以上优点, 但受限于当时的网络通信与计算机性能, PKI 建设

尚不成熟, 协议相对复杂、效率较低, 导致 SET 协议并没有被大规模推广与应用.

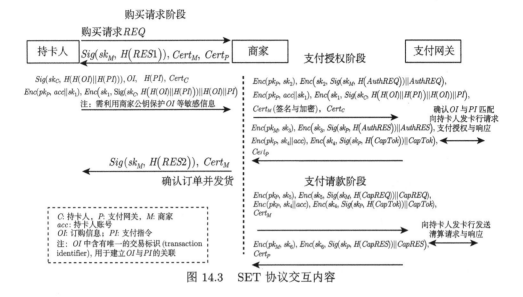

图 14.3　　SET 协议交互内容

由于 SET 协议的失败, 2003 年 VISA 在全球范围内采用新的网络银行交易安全规范 3-D Secure, 该协议在设计上做出了简化, 主要依赖 SSL/TLS 协议提供保密性与认证性保护. 2018 年, Visa、美国运通、万事达卡、中国银联等联合推出了支持移动端应用的 3-D Secure 2.0, 成为目前应用最为广泛的电子支付协议之一.

14.4　eCash 协议

eCash 协议

尽管 SET 协议可以为用户提供一定程度的隐私保护, 但银行仍然可以知道用户账户的消费情况, 如消费时间与金额. 那么, 是否有可能向银行隐藏相关消费信息? 注意到, 当我们使用现金进行交易时, 银行是难以获取我们的现金消费信息的. 因此, 在数字世界中是否可以打造类似于现金交易的支付系统以进一步隐藏个人消费信息? 早在 20 世纪 80 年代初, 密码学家就已对该问题给出了解决方案. 1982 年, 密码学家 David Chaum 提出了 eCash(电子现金), 其目的正是为了保护消费者隐私. eCash 能够达到像现金交易般的不可追踪, 即除了交易双方外其他参与方 (如银行) 无法获取交易相关信息, 如支付者的身份、支付金额等, 但在特殊情况下, 可确认支付者身份或支付者可提供支付证明, 同时在电子现金被盗时, 能终止被盗现金的使用. 可以说, eCash 是最早的注重隐私保护的密码货币.

eCash 的设计主要基于一类特殊的数字签名——盲签名. 它使用数字签名表

示数字 "现金", 并以此建立支付系统, 同时使用盲签名的特殊性质来隐藏支付信息, 以达到不可追踪性. 下面, 我们将介绍盲签名算法及相关性质.

14.4.1 盲签名

作为一种特殊的数字签名, 盲签名 (blind signature) 除了具备普通数字签名的属性, 如不可伪造性、不可抵赖性, 还可以向签名者隐藏所签署的消息, 从而隐藏请求签名的用户身份与其所获取的签名之间的关联性. 具体来说, 盲签名具备两个特性:

1. 消息的内容对于签名者是不可见的, 签名者在不知道签名内容的情况下也能完成签名.

2. 签名公开后, 签名者不能追踪签名.

例如, 用户 A 想让用户 B 为她签署消息 m_0, 而用户 L 想让用户 B 为她签署消息 m_1, 通过使用盲签名方案, 用户 A 与用户 L 都可以在对用户 B 不暴露 m_0 与 m_1 的条件下, 分别获得用户 B 的签名 $\sigma_0 = Sig(sk_B, m_0)$ 与 $\sigma_1 = Sig(sk_B, m_1)$. 假设 (σ_0, m_0) 事后被公开, 任何人都可以验证该签名为用户 B 的合法签名, 但是即便是签名者用户 B 也无法分辨 (σ_0, m_0) 是当时用户 A 请求的签名还是用户 L 请求的签名. 由于盲签名这种特殊的性质, 它可以用于需要实现用户匿名性的密码协议中, 例如电子支付协议、选举协议等.

设要签署的消息为 m, 实现盲签名的主要流程为

1. 盲化消息阶段: 用户 A 选择随机数 r 对消息 m 进行 "盲化" 得到 m', 即利用 r 隐藏消息 m, 随机数 r 称为盲因子. 用户 A 将盲化后的消息 m' 发送给用户 B.

2. 盲签名阶段: 用户 B 对 m' 签名后, 将其签名 $\sigma' = Sig(sk_B, m')$ 发送回用户 A.

3. 去盲阶段: 用户 A 通过消除盲因子, 从签名 σ' 中提取到用户 B 关于原始消息 m 的签名 $\sigma = Sig(sk_B, m)$.

通过上述方法, 用户 B 在签名过程中并没有得到原始消息 m, 但用户 A 最终得到了用户 B 关于 m 的签名 $\sigma = Sig(sk_B, m)$.

下面, 我们介绍一种盲签名的具体算法——RSA 盲签名, 以实现上述功能. 该盲签名的主要描述如算法 14.1 所示, 相关参数设置及密钥生成与 RSA 签名相同, 故此处省略相关描述 (关于 RSA 签名详细介绍, 请参考本书数字签名章节) 设用户 B 为签名者, 其公钥 $pk_B = (e, n)$、私钥 $sk_B = (d, n)$, 其中 n 为模.

在盲签名验证阶段, 任何人可使用用户 B 的公钥对 (σ, m) 进行验证. 方法与 RSA 签名验证类似, 不再赘述.

算法 14.1　RSA 盲签名

设用户 B 的公钥 $pk_B = (e, n)$, 私钥 $sk_B = (d, n)$, 其中 n 为模.

1. 盲化消息阶段: 用户 A 随机选择 $r \in Z_n^*$ (盲因子), 使用用户 B 的验证公钥 e 计算

$$m' = mr^e \bmod n.$$

此处利用随机的 r^e 隐藏消息 m. 将 m' 发送给用户 B.

2. 盲签名阶段: 用户 B 对 m' 进行签名, 计算

$$\sigma' = m'^d = (mr^e)^d = m^d r \bmod n.$$

将 σ' 发送给用户 A.

3. 去盲阶段: 用户 A 对 σ' 消除盲因子, 计算

$$\sigma = \sigma' r^{-1} = m^d \bmod n.$$

注意, 只有用户 A 知道 r, 由于 r 的隐藏作用, 即使事后公开了 (σ, m), 签名者用户 B 无法将 m 的签名 σ 与 m' 的签名 σ' 联系起来, 从而达到不可追踪性的目标. 此外, 尽管 RSA 盲签名与 RSA 签名非常相似, 但 RSA 盲签名阶段不能使用杂凑函数压缩 m', 即用户 B 不能对 $H(m')$ 进行签名, 否则, 将破坏 RSA 问题的乘法同态性质, 导致用户 A 将无法消除盲因子并提取 m 的签名.

14.4.2　eCash 协议的构造

基于上述盲签名, 我们介绍 eCash 协议的主要构造方法. 该协议主要由提款协议、支付协议和存款协议三部分构成 (主要流程如图 14.4 所示), 协议参与方为付款方、收款方以及银行. 我们假设协议各参与方与银行之间的通信采用认证信道, 即银行与其用户均可确认对方身份及消息的真实性.

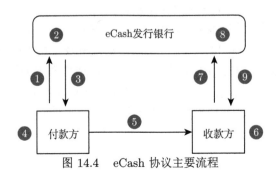

图 14.4　eCash 协议主要流程

协议 14.2 (提款协议) 提款协议的目标是付款方通过与 eCash 发行银行交互以提取固定金额的电子现金, 主要分为以下步骤:

1. 付款方选择随机数 m 作为所提取电子现金的唯一标识号, 其作用是在存款阶段银行检测电子现金是否被重复花费. 付款方将 m 盲化后的消息 m' 发送给银行.

2. 银行对 m' 进行盲签名 $\sigma' = Sig(sk_B, m')$, 其中 sk_B 为银行的私钥, 并扣除付款方账户固定金额.

3. 银行向付款方发送签名 σ'.

4. 付款方消除盲化因子, 得到 $\sigma = Sig(sk_B, m)$. (σ, m) 代表固定金额的电子现金.

协议 14.3 (支付协议) 付款方得到电子现金后, 便可以向收款方进行支付, 支付协议分为以下步骤:

5. 付款方发向收款方发送电子现金 (σ, m).

6. 收款方使用银行公钥验证电子现金真伪, 即验证 σ 是否为 m 的合法签名.

此时, 收款方仅能确认该电子现金的真伪性, 即 σ 是否为银行签署发行, 并没有确认该电子现金是否曾经被使用过 (双花问题).

协议 14.4 (存款协议) 收款方运行存款协议向银行确认双花问题并提取该电子现金对应金额的现金. 存款协议主要包括以下步骤:

7. 收款方向银行发送电子现金 (σ, m).

8. 银行检查 m 是否被记录过 (电子现金是否被使用过), 验证电子现金真伪 (签名合法性); 若未发现 m 相关记录且通过签名验证, 银行将记录 m, 并向收款方账户转账相应金额.

9. 银行通知收款方已成功存款.

从协议描述可以看出, 银行向付款方发送的是 σ', 从收款方收到的是 σ, 根据盲签名的性质, 银行无法分辨 σ 是否对应当初向付款方发放的 σ', 因此, 银行仅知道付款方的提款行为, 但无法追踪付款方的具体消费情况. 当然, eCash 也存在局限性, 协议中付款方只能提取固定面额的电子现金, 并且支付过程中支付金额受到提款时所得电子现金的面额限制. 每种面额的电子现金对应不同公钥的盲签名, 如表 14.1 所示. 这将导致每次提款和存款任意额度的电子现金时, 通常对应不同签名的组合, 这意味着当处理较大金额时, 生成与验证多个签名将降低 eCash 运行效率.

表 14.1 eCash 各种面额及其对应公钥 e

e	3	5	7	11	13	17	19	23
面额	$ 0.005	$ 0.01	$ 0.02	$ 0.04	$ 0.08	$ 0.16	$ 0.32	$ 0.64

本节关于 eCash 协议的描述, 重点关注盲签名在 eCash 中的应用, 如何进一步完善该协议, 如保障认证性、保密性、不可伪造性等, 作为课后题请读者进一步思考.

14.5　比特币与区块链

比特币与
区块链

2008 年, 一位自称中本聪 (Nakamoto Satoshi) 的用户向密码学讨论组 Cryptography Mailing List 公布了他的论文《比特币: 一种点对点的电子现金系统》[4]. 该论文提出一种特殊的数字货币系统——比特币 (bitcoin), 其研究动机是基于密码证明技术降低或消除交易参与方对于第三方的信任依赖, 从而构造无需可信第三方的支付系统. 回顾传统的电子支付协议, 如 SET 协议, 均需交易用户向银行提出交易申请, 由银行完成记录交易信息、反馈认证状态、更新账户余额等操作. 如果没有银行参与, 用户无法确认支付过程中信息的真实性, 如账户余额、支付是否成功等. 因此, 支付协议通常需要银行扮演可信第三方的角色. 事实上, 支付协议中的第三方不仅有银行, 协议中公钥密码的使用通常还需要依赖另一位可信第三方——PKI 的证书发布机构 CA. 因此, 如何设计无可信第三方的支付系统是一个具有挑战性的问题.

此外, 比特币提出之时, 正值美国次贷危机引发大规模世界金融危机, 一些欧美国家政府采用了量化宽松的货币政策, 超额发行货币导致了严重的通货膨胀. 相反, 比特币不是由某个国家发行的法定货币, 其发行总量由系统设定的参数决定, 也不需要依赖银行等权威机构参与交易. 事实上, 在比特币系统中, 每一位系统参与者都参与了记录账本与发行货币 (挖矿) 的过程, 即所有参与者共同维护了一个公开的分布式账本, 所以, 比特币也被称为去中心化的货币或者支付系统.

可见, 相较于传统中心化的数字货币, 比特币拥有以下优势:

1. 支付系统不依赖于对第三方的信任, 也不受中心机构的控制;

2. 由于是分布式的系统, 可以有效避免单点故障, 即使某些参与方出现故障, 其余的参与方也能保障交易的执行, 即系统具有强壮性;

3. 系统中的每一个参与方不需要将个人真实身份与系统中身份进行绑定 (无需 PKI), 因此可以提供一定的伪匿名性, 以保护用户的隐私.

然而, 比特币带来的负面作用同样不可忽视, 如比特币 "挖矿" 导致高昂的能源消耗与极低的交易处理性能、去中心化导致监管缺失, 进而令比特币成为非法交易的媒介. 尽管如此, 比特币在无可信第三方支付方面的技术创新得到学术界广泛关注, 特别是其所蕴含的区块链技术, 引发了各领域对区块链的应用与研发热潮. 在本节中, 我们将介绍比特币的核心协议以及一类低耗能的区块链协议——基于权益证明的区块链协议.

14.5.1 比特币

如前所述, 在传统支付协议中, 银行扮演记账人角色, 所有交易信息记录由银行记录在其账本上, 例如, 用户 A 向用户 B 支付 10 元, 交易过程中银行通过查阅其账本, 以确认参与方账户及交易的合法性 (确认用户 A 的账户是否有足够的余额), 交易结束后, 银行需在其账本上更新相关账户信息 (用户 A 账户减少 10 元, 用户 B 账户增加 10 元). 在比特币系统中, 没有统一的可信中心维护账本信息, 每一位参与用户都可扮演中心的角色, 在用户本地进行账本存储与维护, 记录系统中所有用户的交易信息, 该过程如图 14.5 所示. 但是, 不同的用户在本地存储的账本可能并不一致, 进而可能导致支付系统由于矛盾的交易记录无法确认交易的合法性. 因此, 如何有效保障各个用户的账本记录的一致性, 是关乎比特币系统安全与可用性的核心问题. 下面, 我们将逐一阐述比特币解决该问题的几个关键机制.

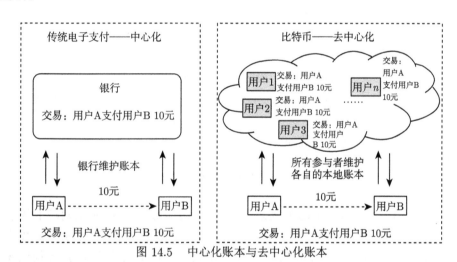

图 14.5　中心化账本与去中心化账本

14.5.1.1　领导者选举——工作量证明

考虑以下场景: 用户 A 的余额为 10 元, 她发起一笔交易 TX, 其内容是用户 A 支付用户 B 10 元. 该交易通过网络传递给系统所有用户, 大部分用户都正确地记录了这笔交易, 但是, 有一些用户却记录了不同的交易 TX': 用户 A 支付用户 C 10 元, 且该交易同样也可以验证的确是用户 A 发起的 (例如, 恶意的 A 发起具有矛盾的两笔交易, 两笔交易均有 A 的合法数字签名). 如果这两笔交易都被认可并存入了公共账本, 将会导致双重花费 (double-spending), 即同一笔钱被花费了两次. 注意, 用户 A 只有 10 元. 因此, 所有用户需要一种统一账本记录的规则, 以消除 "矛盾" 的记录. 一个自然的想法, 在系统用户中选出一位用户作为领导者记录交易, 假设领导者记录了 TX, 并公开该记录, 其余所有参与者都遵从领导者的交易记录, 并将 TX 记录在自己的本地账本上, 此时, 另一笔与领导者记录交易矛盾的交易 TX' 则被作废.

这正是大多数区块链协议确保账本一致性的基本思想: 通过某种方式选出领导者, 并以领导者发布的记录为准, 让所有用户就此记录达成共识. 但是, 在分布式系统中, 所有用户都是平等的, 那么究竟谁才有资格成为领导者? 比特币使用了一种名为工作量证明 (proof of work, PoW) 的方法选取领导者. 通俗地说, 该方法要求所有用户一起求解一个数学难题, 谁最先解决了数学难题并给出答案, 谁就能成为领导者. 算出答案的用户 L 作为领导者公开自己的答案与交易记录, 其余用户在收到 L 的消息后, 首先要验证该答案是否正确, 如果正确, 那么就承认 L 是领导者, 并根据 L 的记录更新自己的账本记录.

然而, 如果有多位用户同时解决了难题, 谁才是最终的领导者? (注意, 领导者只能有一位.) 经验告诉我们, 提升数学问题的难度, 能够解决问题的用户数量自然会减少, 多位用户同时公布答案的概率也会降低.

因此, 所采用的数学难题需要满足以下性质:

1. 难度足够大, 从而确保在一段时间内仅有一位用户能够给出答案;

2. 验证答案是否正确应该是简单有效的, 这有利于系统用户快速确认领导者的合法性.

在比特币中, 数学难题是寻找 x 满足

$$H(x) < D,$$

其中 $H(\cdot)$ 用杂凑函数 SHA256 实现, 即寻找杂凑函数的原像, 使其对应的像小于某个公开的门限值 D. SHA256 符合我们对数学难题的要求: 由于杂凑函数的单向性, 给定 x 计算 $H(x)$ 是容易的, 但是, 给定满足特定条件的像 y, 寻找原像 x 满足 $H(x) = y$ 是困难的.

要求 $H(x)$ 小于门限值 D 等价于要求 $H(x)$ 的前 d 个比特 (高位 d 比特) 均为 0, 其中 d 也被称为难度系数, 其大小与 D 有关. 假设 $H(\cdot)$ 的输出是均匀随机的 (尽管实际中并非如此), 即 $H(x)$ 每个比特是 0 的概率为 1/2. 此时, 寻找前 d 个比特为 0 的 $H(x)$ 所对应的原像 x, 期望的时间复杂度为 2^d. 目前, 除了穷举搜索外, 对于该问题还没有找到更优的原像求解算法. 用户找到并公开满足条件的 x, 实际上也证明了他消耗了足够多的算力 (工作量) 进行了穷举搜索工作. 因此, 穷举搜索满足 $H(x) < D$ 的 x 的过程称为**工作量证明**或 PoW.

注 14.4　比特币系统通过调整难度系数, 将 “解题” 时间控制在 10 分钟左右, 即平均每十分钟才能找到一个 x 满足 $H(x) < D$. 2023 年, 比特币系统的全网

算力约为 480EH/s, 即每秒能够约执行 2^{69} 次杂凑运算, 而 10 分钟可达到约 2^{78} 次杂凑运算. 这从另一方面也反映了以 2^{80} 为安全界部署密码方案的策略已面临严重隐患 (回忆生日攻击).

激励机制与比特币发行 由于数学问题的难度要求, 寻找 x 是个 "漫长" 的过程. 但比特币系统的激励机制会默认奖励成功找到 x 并且记录了账本的领导者一定数量的比特币. 这个过程类似于矿工花费力气挖掘出了黄金矿石. 因此, 比特币系统寻找原像的过程被形象地称为**挖矿**. 事实上, 这种奖励机制正是**比特币的货币发行方式**. 奖励的比特币数量由最早期的每发布一个区块奖励 50 个比特币缩减到现在的每个区块奖励 6.25 个比特币, 比特币的发行总量保持在 2100 万个. 此外, 该奖励机制也有助于吸引与激励更多用户主动参与维护系统账本, 这对于保障比特币系统的正常运行十分重要.

14.5.1.2 账本记录防篡改——链式结构

尽管按照上述协议规则诚实的用户将遵从领导者提出的交易记录、维护并存储本地账本, 但是因为没有可信第三方保存整个账本, 账本仍可能被敌手轻易修改. 事实上, 任何用户都有能力修改账本历史记录 (至少能够修改本地历史记录). 例如, 在之前的例子中, 敌手将用户账本中的历史交易 TX 替换为 TX'. 用户难以分辨账本的历史记录是否被替换或修改.

那么如何防止恶意敌手修改甚至伪造账本历史记录? 换句话说, 我们如何保证比特币能够满足以下安全要求:

定义 14.1 (持久性 (persistency)) 当一笔交易 TX 被确认记录在公共账本上后, TX 以及 TX 之前的交易记录都是难以更改的.

为了防止账本被篡改, 比特币采用类似于 Merkle-Damgård 的链式结构来构建账本, 基本思想是将交易数据进行分组, 每一个分组称为一个区块 (block), 区块之间通过杂凑函数建立连接关系. 更重要的是, 比特币还将 PoW 挖矿机制与链式结构通过杂凑函数进行巧妙的融合, 以增加敌手篡改难度. 账本数据结构如图 14.6 所示, 每一个区块 B_i 主要包含三种数据: 交易数据 TX_i, 前一个区块的杂凑值 h_{i-1} 以及随机数 (nonce)r_i, 并满足 $H(h_{i-1}||TX_i||r_i) < D$. 具体来说, 在比特币运行过程中,

1. 每一个用户 (矿工) 将新收集到的 (多笔) 合法交易 TX_i 与上一个区块的杂凑值 h_{i-1} 一同打包进区块, ("上一个区块" 指用户本地链条中最末端的区块.) 之后, 进行工作量证明 (挖矿): 通过穷举搜索 r_i 并计算 $h_i = H(h_{i-1}||TX_i||r_i)$, 直到找到满足 $h_i < D$ 的 r_i. 这意味着该用户将成为可能的领导者, 并有权发布区块 B_i.

2. 其他用户收到 B_i 后, 验证 B_i 合法性 (包括对 B_i 中交易的验证、h_i 是否

小于 D 等), 将通过验证的 B_i 追加至其本地链末端.

3. 依次类推, 下一位领导者为了发布新区块 B_{i+1} 并得到奖励, 会将新收集到的合法交易与 h_i 进行打包, 并搜索满足条件的 r_{i+1}.

4. 通过领导者不断贡献新的区块, 逐渐形成一条由交易区块构成的链, 称为**区块链** (blockchain).

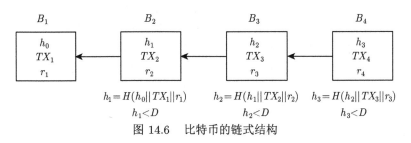

图 14.6　比特币的链式结构

注意, 按照比特币的规则, 领导者只能在链的末端追加新的区块数据. 此外, 整条链的第一个区块为创世区块 (genesis block), 相关数据由系统预先设定.

如果敌手想要修改某个历史区块, 例如, 将区块 B_2 的交易 TX_2 修改为 TX_2^*, 为了满足 PoW 要求, 即 $H(h_1||TX_2^*||r_2) < D$, 敌手通常需要重新进行工作量证明, 即重新搜索满足条件的 r_2. 不仅如此, 即使找到新的满足条件的 r_2, 对应的杂凑函数输出 h_2 也会发生了变化, 这将导致区块 B_3 的 $H(h_2||TX_3^*||r_3) < D$ 可能不再成立, 因此, 敌手将不得不再搜索新的 r_3, 以确保不等式成立. 由此产生的连锁反应, 使敌手要对 B_2 之后的所有区块重新进行工作量证明, 才能保障篡改的账本数据被用户接受. 要做到这一点, 其代价 (算力资源) 通常远远超出一般用户或组织的所能承受的.

直观上, 要篡改的区块在链上的位置越靠前 (出现越早), 篡改的难度也就越大. 密码学家已经证明, 只要敌手拥有的算力不超过整个系统算力的 1/2, 它能够成功修改距离链末端为 T 的目标区块的概率小于一个关于 T 的可忽略函数, 其中距离链末端为 T 指目标区块与链上最后一个区块之间相距 T 个区块.

14.5.1.3　解决分歧——最长链原则

尽管 PoW 和链式结构保证了领导者选举和账本记录是难以更改的, 但比特币系统运行过程中仍然可能会出现用户账本记录不一致的情况. 导致该现象出现的可能原因包括:

1. 尽管 PoW 的难度设置保证了短时间内出现不止一个领导者区块的概率很小, 但仍有可能发生;

2. 恶意参与者故意隐瞒自己的领导者区块, 直到有其他领导者区块出现时再广播.

这两种现象都会导致在相近的时间内, 出现了两个领导者区块, 如区块 B_3 和区块 B_3^*, 而由于网络延迟, 恶意攻击、设备故障等原因, 部分用户先收到了区块 B_3, 因此认定区块 B_3 为下一个区块, 但是另外一部分用户先收到了区块 B_3^*, 故认定区块 B_3^* 为下一个区块, 如图 14.7 所示, 用户 A 与用户 B 认为区块 B_2 之后的区块 B_3, 故会沿着 B_3 继续挖矿, 而用户 C 认为区块 B_2 之后的区块是 B_3^*, 故沿着 B_3^* 继续挖矿.

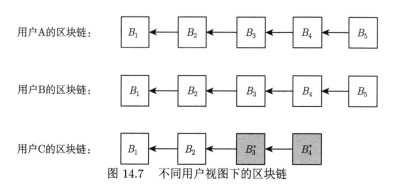

图 14.7　不同用户视图下的区块链

这时, 从全局角度看, 区块链在区块 B_3 与区块 B_3^* 的位置出现了一个分叉, 如图 14.8 所示, 区块 B_3 和区块 B_3^* 拥有共同的父区块 B_2, 而区块 B_3 和区块 B_3^* 分别对应一条不同的链 (分支). 不同的用户可能会在不同的分支上产生新的区块, 从而造成进一步的分歧. 如前所述, 每位用户在本地存储各自认可的链, 即公共账本, 若分歧一直存在, 则会使得用户最终确认的公共账本是不一致的.

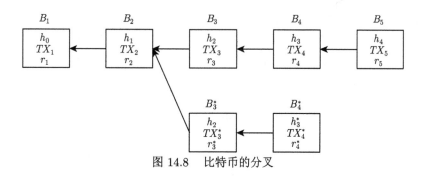

图 14.8　比特币的分叉

为了解决该问题, 比特币采用**最长链原则**: 当用户拥有多条不同的链时 (出现分叉), 用户选择其中最长的链为主链, 并在主链上继续挖矿, 其余链将被废弃. 事实上, 最长链原则本质是基于 "少数服从多数" 的思想: 区块代表了算力的投入, 最长的链意味着其在所有分支中占据了最多数的算力, 因此拥有更快的增长速度, 所以其他用户也会选择加入最长链的增长.

上述规则表明, 当一笔交易被打包进一个区块并且该区块被记录到某用户的链上时, 并不意味着该交易就一定会被其他用户确认并记录在账本, 因为这个区块可能只是一个临时的分支, 之后会由于其他更长的分支出现而被抛弃.

那么究竟如何确认一笔交易或区块是否会被抛弃? 或者说如何判定区块是否会处于最终的主链上? 在比特币系统中, 当一个区块 (如 B_3) 之后按顺序依次增加了 6 个新区块, 即代表该区块将来被抛弃的概率极小, 因而可以认为 B_3 已经被确认处于主链上, 即绝大多数比特币用户已经确认了 B_3 及其所打包的交易, 将来不会被抛弃. 产生 6 个新区块的时间在比特币系统中约为 1 小时, 因此, 当一个区块产生后, 通常需要等待 1 小时方可确认其是否被记录于主链, 这就是比特币交易的**确认延迟**.

当然, 上述事实成立的前提是系统中恶意用户的算力占比不超过一半, 或者说诚实用户的算力占据了大多数. 诚实用户将遵从协议, 其 "诚实" 算力将集中在一条主链上进行挖矿, 敌手虽然可以利用自身算力与有限的网络延迟在短期造成诚实用户的分歧, 但由于敌手算力与诚实算力的差距, 随着区块被放入主链上的时间越久, 诚实用户认可的主链长度优势将愈发显著, 所有诚实用户就主链达成共识的概率就越高 (趋近于 1).

注 14.5　用户 A 挖到区块并发布后, 需要得到其他用户的认可, 才能真正成为领导者 (并获得系统奖励). 但是, 在比特币系统中, 用户 A 并不会直接得到其他用户的认可反馈 (投票). 要确认此事, 只能等待并观察后续出现的区块是否引用了 A 的区块, 并以此间接判断全网大多数用户对 A 作为领导者的认可程度.

下面我们给出一个使用比特币进行交易的具体例子.

例子 14.1　用户 A 向用户 B 支付 10 个比特币.

假设用户 A 的签名公私钥对 (pk_A, sk_A), 用户 B 的签名公私钥对 (pk_B, sk_B). 用户 A 发起一笔交易, 交易主要内容 m 为用户 A 支付用户 B 10 个比特币. 用户 A 用自己的数字签名认证该交易, 即 $\sigma = Sig(sk_A, m)$, 我们用

$$TX = (pk_A \| pk_B \| 10 \| \sigma)$$

表示上述交易信息. 比特币系统对交易 TX 的执行过程如下 (如图 14.9 所示).

1. 用户 A 在比特币网络广播 TX.

2. 比特币用户 (矿工) 在收到 TX 后, 需要确认支付授权, 即确认交易的合法性. 一方面确认付款方是否授权, 即验证付款方用户 A 的签名 σ 是否合法. 另一方面需要所有用户共同达成系统授权: 系统授权需要所有用户都确认 pk_A 对应的账户余额大于等于 10, 也即确认用户 A 有支付能力. 这时需要回溯账本历史 (或查找本地记录的所有未被花费的账户信息), 查找涉及 pk_A 的交易记录, 并确

认 pk_A 当前对应的余额, 如图 14.10 所示. 此时, 每位用户仅能根据本地存储的账本 (区块链) 进行上述检验.

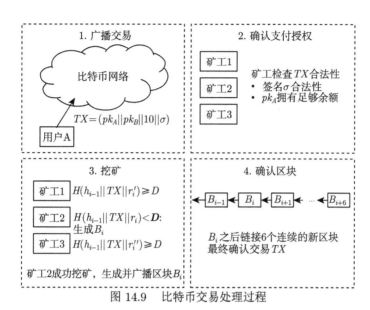

图 14.9　比特币交易处理过程

3. 当用户 (矿工) 确认交易的合法性后 (与本地账本记录匹配), 开始挖矿, 即求解满足 $H(h_{i-1}||TX||r_i) < D$ 条件的 r_i, 其中 h_{i-1} 为该用户当前本地存储的最新区块的杂凑值. 如果某位用户成功挖矿并形成区块 B_i, 其内容包括 h_{i-1}, TX, r_i 及挖矿用户信息等, 则他将 B_i 添加至本地链的末尾, 并广播区块 B_i, 希望其他用户能够跟随 B_i 继续添加区块.

4. 如果区块 B_i 之后出现了 6 个连续的新区块, 那么说明大部分用户都确认了区块 B_i, 即达成比特币系统授权, 可确认交易 TX 成功完成. 此时意味着, pk_A 对应的用户 A 账户减少了 10 个比特币, pk_B 对应的用户 B 账户增加了 10 个比特币. 注意, 只有拥有 pk_B 对应私钥 sk_B 的用户, 才能使用这 10 个比特币. 同时, 挖到区块 B_i 的用户也最终得到系统奖励的比特币.

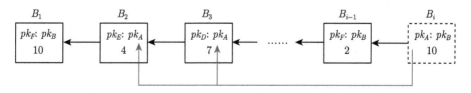

图 14.10　回溯交易历史, 在区块 B_2 与 B_3 中分别由账户 pk_E 与 pk_D 向 pk_A 支付了 4 个比特币与 7 个比特币, 因此, pk_A 当前余额为 11 个比特币 (大于 10), 满足支付要求

14.5.1.4　安全性

作为一种支付系统, 比特币应满足本章前面所讨论的支付系统安全性需求. 但比特币的去中心化设置, 使其在安全性刻画上又有其特殊性. Garay 等[5] 从共识角度抽象出比特币骨干协议应具备的基本安全性质, 即公共前缀、链增长与链质量. 其含义简述如下.

公共前缀: 各位用户的区块链在移除末端一定数量的区块后应是相同的, 即所有用户的区块链应具有相同的共同前缀.

链增长: 在固定时间内, 区块链的区块增加数量不应低于某个门限值, 即区块链的增长速度应足够快.

链质量: 在任何时刻, 任何诚实用户的区块链中 "诚实" 区块的数量占比不应低于某个门限值, 即诚实用户生成的区块数量应足够多.

上述三个性质蕴含着比特币作为一种去中心化的公共账本应具有的一致性 (consistency)、效率 (efficiency) 及公平性 (fairness). 目前密码学家已经证明比特币骨干协议在运行足够长时间后能够满足上述三个性质 (渐近安全性).

14.5.1.5　问题与挑战

比特币利用 PoW 达成共识的方法也被称为中本聪共识协议 (Nakamoto consensus), 此类共识已在许多区块链系统中得以应用. 基于中本聪共识的区块链实现了分布式维护公共记录, 利用挖矿获得密码货币的激励机制使得参与者能够主动维护公共账本, 足够多的用户区块链副本保障了区块链系统的强壮性, 并且如果该系统中有超过半数的参与者 (算力) 遵守规则维护区块链系统, 就能够保持公共账本的安全性. 目前, 中本聪共识协议的安全性已经得到严格证明[5-7]. 但是, 此类共识协议还存在许多问题, 其中几个关键问题如下:

* 巨大的能源消耗. PoW 挖矿需要大量的计算资源, 通过昼夜不停地运行以求解杂凑函数难题, 而这会造成巨大的能源消耗. 据统计, 比特币一年消耗的电量可高达惊人的 149.37 太瓦时, 超过了某些国家的年耗电量.

* 交易效率低下. 中本聪共识协议为了保证安全性, 需要保持较低的区块生成速率 (平均 10 分钟生成一个区块), 而且区块不能太大, 仅为 1 MB 左右, 否则会导致较大的区块传播延迟. 因此每个区块能够包含的交易数量很少 (通常不超过 4000 笔), 导致比特币平均每秒只能确认约 7 笔交易. 因此, 在交易吞吐量方面, 比特币无法与传统支付系统如 Visa 每秒上万笔的交易性能匹敌.

* 缺乏有效监管. 比特币去中心化的设置为监管带来了挑战. 尽管采用数字签名, 但用户的公钥并不需要证书证明其真实性, 用户的真实身份与其公钥并没有直接关联, 这令比特币交易具有一定的 "匿名性", 导致比特币成为勒索病毒、毒品交易等不法交易的工具.

此外, 随着时间的推移, 计算性能与密码分析技术不断进步, 目前 "安全" 的算法未来 (或现在) 存在破解的可能, 用户的数字资产面临潜在威胁. 但去中心化的设置导致此类系统的升级难以有效实现, 对于潜在的安全隐患不能得到及时有效的解决.

综上, PoW 及去中心化的设置是一把双刃剑, 它为区块链带来安全的同时, 也造成了巨大的能源消耗、极低的交易效率以及监管的灰色地带. 如何在保障安全性的前提下, 提升区块链的交易效率、降低能耗、引入有效监管机制是一个具有挑战性的问题. 针对该问题, 研究人员提出了许多新型区块链方案, 在安全性、效率及能耗方面各有千秋.

14.5.2 基于 PoS 的区块链共识协议

为了解决 PoW 区块链面临的上述问题, 研究人员提出了基于权益证明 (proof of stake) 的区块链, 简记为 PoS. 基于 PoS 的区块链在某些方面与基于 PoW 的区块链类似, 如同样采用了以区块为单位的链式数据结构, 同样采用了去中心化的运行模式且需要领导者来统一所有用户的记录等. 但与基于 PoW 的区块链不同, 基于 PoS 的区块链协议在领导者选举过程中并非通过求解难题完成领导者选举, 而是采用特殊的密码函数进行 "抽签" 以选举领导者. 在选举过程中, 每个参选用户当选为领导者的概率与自己所持有的权益比例呈线性关系. 这意味着参与者所持有的权益比例越高, 他当选为领导者的概率也就越大. PoS 背后的逻辑是权益持有比例越高的用户维护系统正常运行的动机愈加强烈: 如果系统产生故障或终止, 他们将面临更多的损失. 由于不再依赖于消耗算力求解困难问题, PoS 区块链的运行能耗大为降低, 且选举领导者产生区块的时间极大缩短, PoS 被认为是 PoW 的有效替代候选.

2017 年, Kiayias 等提出一种可证明安全的 PoS 区块链协议——Ouroboros[8]. 这是第一个可证明安全的 PoS 区块链协议. 与比特币相比, Ouroboros 在交易吞吐量、能耗等方面做出了极大提升, 其中平均出块时间约为 20 秒. 本节将介绍 Ouroboros 协议的主要思想与关键技术. 首先, 我们介绍 Ouroboros 中几个重要的概念.

用户: 权益持有人 (stakeholder) Ouroboros 系统的每位用户都持有一定比例的资源 (例如, 持有的密码货币), 我们称之为权益. 持有权益的用户称为权益持有人. 权益持有人凭借其持有的权益竞选领导者. 在 Ouroboros 系统运行之初, 所有用户初始的权益分布信息被记录于第一个区块 (创世区块, genesis block). 随着系统的运行, 权益持有人的权益分布情况将会发生变化. 此外, Ouroboros 中每位权益持有人在本地存储区块链.

时间: epoch 与 slot 在 Ouroboros 执行过程中, 时间被划分为若干段时期, 每段时期称为一个 epoch. 在每一个 epoch 内, 时间又被细分为若干个 slot. slot 是 Ouroboros 运行的基本时间单位.

区块: genesis block 每个 epoch 也有对应的 "创世区块", 用于记录每个 epoch 开始之前, 参与竞选的权益持有人的权益分布情况、随机种子 ρ (用于领导者选举函数) 等信息.

Ouroboros 主要运行过程如下.

1. 系统初始化 生成创世区块, 公开权益持有人信息, 如权益、公钥等.

2. 区块生成 权益持有人从网络中收集交易信息, 更新本地存储交易信息. 在每个 slot 中, 执行一次**领导者选举**. 如果权益持有人被选为当前 slot 的领导者, 则将其收集的交易打包生成新区块并签名, 作为当前 slot 的合法区块, 将其追加在本地区块链末尾并广播该区块. 其他权益持有人收到该区块后, **验证区块合法性**, 通过验证后, 将其追加在本地区块链末尾. 进入下一个 slot, 重复步骤 2. 通过持续地运行区块生成步骤, 区块串联成链 (账本) 并在每位权益持有人本地进行存储.

关于上述描述中**领导者选举**与**验证区块合法性**, 我们下面给出具体解释.

领导者选举 主要通过以下步骤实现.

• 权益持有人运行可验证伪随机函数 VRF (verifiable random function) 生成伪随机数 y. VRF 的输入主要包括当前 epoch 的 ρ、slot 序号、权益持有人的 VRF 私钥等, 输出伪随机数 y 及证明 π. VRF 是一种带密钥的确定性密码算法, 具有如下性质:

(1) y 是伪随机的;

(2) 给定 VRF 的公开输入 (除了权益持有人的 VRF 私钥以外的输入) 及输出, 任何人可使用权益持有人的 VRF 公钥及证明 π 验证 y 是由其公开输入正确计算得到的.

这意味着即使 VRF 的公开输入是相同的, 不同的权益持有人利用其私钥计算得到的 y 通常是不同的 (伪随机性), 但对于权益持有人来说输入固定后其生成的 y 应该是唯一的 (确定性) 且可以验证 (可验证性).

• 权益持有人运行领导者选举函数 LE, 其形式如下:

$$LE(stk; y) = \begin{cases} 1, & \text{如果满足 } y < 2^{\ell} \cdot (1 - (1 - f)^{\frac{stk}{Stake}}), \\ 0, & \text{否则}, \end{cases}$$

其中 stk 表示权益持有人持有的权益, $Stake$ 表示参与选举的所有权益持有人的权益总量, ℓ 表示 VRF 输出的二进制长度. 当 LE 输出 1 时, 表示成功当选领导者; 否则, 失败. 用户持有权益的比例 $\dfrac{stk}{Stake}$ 反映在函数 $\phi(\alpha) = 1 - (1 - f)^{\alpha}$

中. 根据 VRF 的性质, y 是 0 到 2^ℓ 之间的一个 (伪) 随机的数. 如果用户占有的权益比例越大, 则 $\phi\left(\dfrac{stk}{Stake}\right)$ 越大, $y < 2^\ell \cdot \phi\left(\dfrac{stk}{Stake}\right)$ 成立的可能性越高, 即当选为领导者的成功率越大. 适当选取难度系数 f, 根据 ϕ 的性质, 可得

$$\phi\left(\frac{stk}{Stake}\right) \approx \frac{stk}{Stake} \cdot f.$$

这种领导者选举设置可以在一定程度上抵抗**女巫攻击**. 所谓女巫攻击, 指敌手通过制造更多 "分身" 来参加选举, 通过增加己方选举人数量, 以提升其当选成功率. PoW 类区块链协议 (如比特币) 通过算力求解难题的方式抵抗女巫攻击: 敌手更多的分身意味着分身个体算力的降低, 并不能提升其挖矿成功概率. PoS 类区块链协议利用权益作为稀有资源来防止女巫攻击. 例如, 在 Ouroboros 中, 若实施女巫攻击, 敌手需为每个分身分配权益份额, 这意味着敌手的权益将被切分为更小的权益份额, 每个权益份额由一位敌手 "分身" 使用并参与领导者选举, 但根据上述 ϕ 的性质, 这难以提升其当选概率.

注意, Ouroboros 规定在一个 slot 中只能有一个合法的区块, 但是, 上述领导者选举方法可能导致一个 slot 中没有任何 (领导者) 区块产生, 也可能导致多个领导者产生, 而每位领导者会发布不同的区块. 同一 slot 出现多个区块将使区块链产生分叉, 进而导致不同用户存储的 "账本" 不一致. Ouroboros 采用最长链原则解决上述分歧. 但与比特币最长链原则稍有不同, 当 Ouroboros 用户收到多个同样长的链时, 从分叉点对应的区块 slot 向前数 s 个 slot, 优先选择这 s 个 slot 中增长块数最多的链. 注意到敌手的出块速度通常慢于诚实者 (假设诚实者的权益比例高于敌手), 该方法有利于所有诚实者统一跟随 "诚实的" 链继续产生区块.

验证区块合法性 Ouroboros 用户在收到区块后, 需验证该区块的提出者是合法的领导者. 因此, Ouroboros 区块除了包含交易信息外, 还包含领导者选举成功的证明 (y, π) 以及领导者签名. 每位用户在收到领导者发布的区块后, 需要验证以下内容.

- 验证领导者关于区块的签名.
- 验证 y 是 VRF 正确生成的. 用户需使用领导者的 VRF 公钥验证 π 与 y 的合法性.
- 验证 $LE(stk, y) = 1$ 是否成立.
- 验证区块中交易的合法性.

其中权益持有人的签名公钥与 VRF 公钥及权益信息 stk 存储在创世区块中, 可以公开获取. 上述验证通过后, 用户方能承认该区块的合法性, 并将其追加至本地区块链.

安全性 与比特币类似, Ouroboros 在安全要求方面同样需满足区块链的三

个基本性质, 即公共前缀、链增长与链质量. 但是, 与比特币不同的是, PoS 类协议会面临长程攻击 (long-range attack) 的威胁. 所谓长程攻击, 指敌手可以对区块链上处于更 "早" 位置的区块进行分叉, 例如, 创世区块附近的位置分叉, 进而沿着新的分支, 敌手自己生成更长的新链, 以覆盖当前链, 这意味着从分叉点到最新区块内的所有区块及交易历史会被改写. 在 PoW 类协议中, 除非敌手具有超过 50% 的算力, 否则很难实现长程攻击. 但是, 在 PoS 类协议中, 敌手可以腐化某些用户 (获得其私钥), 这些用户在历史某些时刻持有权益, 但在当前时刻已没有权益 (由于交易支付等原因, 令其权益已经转移到其他用户). 注意, 当前时刻敌手持有的权益仍没有超过 50%, 但敌手可以通过腐化用户获得使用其历史权益的能力. 因此, 敌手可以从腐化用户持有权益的历史时刻开始分叉, 利用腐化用户的私钥信息及当时的权益快速完成领导者选举并生成区块, 进而生成更长的分支链 (只含有敌手生成的区块), 以覆盖当前的链.

为此, Ouroboros 设置了相应机制 (如采用前向安全的数字签名等) 以抵御长程攻击. 关于 Ouroboros 的详细介绍, 如 VRF、ϕ 函数、前向安全数字签名、安全证明等, 可参考文献 [8–11].

14.6　拜占庭共识协议

区块链技术的一项重要功能是能够让分布式系统中的用户就区块交易达成一致. 实际上, 这也是分布式计算领域的经典问题: 如何令分布式系统中各个节点就某一指令或状态达成一致, 即使某些节点是恶意的. 为了更形象地解释该问题, 我们将介绍著名的拜占庭将军问题.

14.6.1　拜占庭将军问题

古老的拜占庭帝国疆域辽阔, 驻扎在各地的军团相距遥远, 统领各军团的将军之间通过信使互通信息 ("点对点" 通信). 现在, 各位将军计划围攻敌人城堡. 对于此次攻城作战, 如果要取得胜利, 必须所有将军共同发起进攻, 但凡一位将军撤退都将导致作战失败. 另一方面, 如果放弃攻城, 所有将军都应共同撤退, 以避免兵力损失. 因此, 各位将军必须在作战前就 "进攻" 和 "撤退" 问题进行**协商**并达成**共识**, 如图 14.11 所示.

在协商方式上, 每位将军可将个人意见通过信使发送给其他将军, 如果一切顺利的话, 将军们可以通过该方式交流各自意见并达成一致意见. 但该问题的挑战在于, 并非所有将军都是诚实的, 如果某位恶意的将军向部分将军发送了 "进攻" 的意见, 但向其余将军发送了 "撤退" 的意见 (如图 14.11中的恶意将军), 这可能导致部分将军误认为所有将军都同意进攻, 故发动进攻, 而另一部分将军认为有将军同意撤退, 故取消进攻, 造成军事行动不一致, 进而导致失败. 因此, 拜占庭将军问题是如何设计一种安全的协商方式 (协议), 即使在恶意将军或信使存在的情况下, 仍然能令所有诚实的将军就 "进攻" 与 "撤退" 问题达成共识.

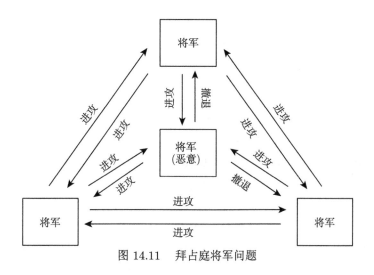

图 14.11　拜占庭将军问题

在分布式系统中, 各个节点相当于将军, 对于客户端的请求, 我们希望即使在恶意节点存在的情况下, 所有诚实的节点能够对该请求做出一致的执行反馈 ("进攻" 还是 "撤退"), 能够实现该功能的协议称为拜占庭共识协议. 其中, 恶意的节点可以不遵守协议的运行规则, 如不发送消息或发送矛盾的消息等, 以破坏一致性. 此类恶意节点被称为**拜占庭节点**.

基本性质　拜占庭共识协议通常需满足以下基本性质:
- 安全性 (safety): 所有诚实节点的输出相同.
- 活性 (liveness): 对于任何来自客户端的合法请求, 所有诚实节点最终都会有对应该请求的输出.

一个拜占庭共识协议能否满足以上性质需要考虑协议运行所面临的网络环境及敌手能力. 拜占庭共识协议常用网络模型包括同步网络模型、半同步网络模型及异步网络模型, 分别刻画了消息在网络传播中不同的延迟情况.
- 同步网络模型: 消息在网络中传播时可能遭遇延迟, 但所有消息延迟都有统一且可预知的上界, 消息在延迟上界内最终都会被接收方收到.
- 异步网络模型: 消息在网络中传播时可能遭遇任意延迟 (延迟上界未知), 但消息最终一定会被接收方收到. 此类模型下, 通常难以区分消息处于延迟状态还是根本没有发送.
- 半同步网络模型: 介于同步与异步之间的模型, 消息在网络中传播时可能遭遇任意延迟, 但在 (未知的) 全局稳定时间 (global stabilization time, GST) 之后, 网络可达到同步状态, 即消息会在一个已知的延迟上界内送达.

14.6.2 拜占庭容错协议

实用拜占庭容错协议 (practical byzantine fault tolerance), 简记为 PBFT 协议, 由 Castro 与 Liskov 于 1999 年提出[12], 该协议在半同步网络环境下能够保证安全性和活性. 若系统中共有 N 个节点, 那么协议最多可以同时容忍 $\left\lfloor \dfrac{N-1}{3} \right\rfloor$ 个拜占庭节点.

我们假设具有 N 个节点的 PBFT 协议中, 每个节点都知道所有参与协议的节点, 且节点之间具有认证信道 (可采用数字签名或 MAC 实现). 不妨设 $N = 3f + 1$, 其中 f 为拜占庭节点数量. 协议在运行过程中会经历一系列的状态配置 (configuration), 称为视图 (view). 每个视图中, 都有一个特殊的节点, 称为主节点 (primary), 其余节点称为备份节点 (backups). 主节点扮演领导者角色, 负责收集客户端的请求并将其传递给所有节点, 以期各 (诚实) 节点对请求做出一致的执行反馈. 主节点由 $p = v \bmod N$ 确定, 其中 p 是主节点 id, v 是当前视图编号.

假设客户端向分布式系统发出请求 m, 并希望得到一致的回复, 则系统运行 PBFT 协议. 协议主要包括三个阶段, 分别是预准备 (pre-prepare)、准备 (prepare) 和提交 (commit), 主要流程如图 14.12 所示, 主要步骤描述如下.

1. **预准备阶段** 客户端发送消息 m 给主节点 p, 协议开始进入预准备阶段. 主节点收到客户端发送来的消息后, 为该请求分配唯一的序列号 n 并生成 pre-prepare 消息 $[(\text{PRE-PREPARE}, v, n, d)_{\sigma_p}, m]$, 其中 $(x)_{\sigma_i}$ 表示 x 及节点 i 对 x 的签名, d 为 m 的消息摘要 (杂凑值). 主节点将 pre-prepare 消息发送至其余备份节点. 当备份节点收到 pre-prepare 消息后, 将对该消息进行如下检查:

(1) 验证请求消息及 pre-prepare 消息的真实性 (客户端请求消息通常应包含客户端签名), 例如, 检验 pre-prepare 消息的签名是否由主节点 p 生成, d 是否为消息 m 的摘要等;

(2) 检查 v 是否与当前视图一致;

(3) 确认没有接受过标有视图 v 和序列号 n 但包含不同摘要的 pre-prepare 消息;

(4) 确认 n 在合理范围内.

如果上述检验通过, 则节点接受该 pre-prepare 消息, 进入准备阶段.

2. **准备阶段** 进入准备阶段的节点, 以节点 i 为例, 执行以下步骤:

(1) 向其余节点发送 prepare 消息 $(\text{PREPARE}, v, n, d, i)_{\sigma_i}$ 并记录 pre-prepare 消息及 prepare 消息.

(2) 当节点 (包括主节点) 收到 prepare 消息后, 检验相关签名是否合法、视图编号是否与当前视图匹配、序号是否在合理范围、是否与 pre-prepare 消息匹配, 如果通过, 则接受并记录该 prepare 消息.

(3) 如果节点接受并记录了来自 $2f+1$ 个不同节点的 prepare 消息 (包括节点 i 自己的消息), 则该节点进入提交阶段.

3. 提交阶段 进入提交阶段的节点, 以节点 i 为例, 执行以下步骤:

(1) 生成 commit 消息 $(\mathrm{COMMIT}, v, n, d, i)_{\sigma_i}$ 并将其发送给其他节点.

(2) 其他节点收到 commit 消息后, 验证签名合法性、视图是否与当前视图匹配、序列号是否位于合理范围. 如果通过验证, 则接受并记录 commit 消息.

(3) 如果节点 i 接受并记录了 $2f+1$ 个不同的且与 prepare 消息匹配的 commit 消息 (包括节点 i 本身的 commit 消息), 则执行请求 m 并反馈客户端.

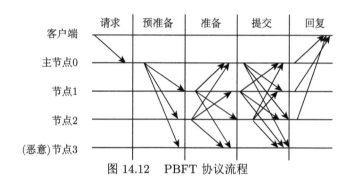

图 14.12　PBFT 协议流程

协议分析 预准备阶段和准备阶段保证了诚实节点对同一视图内的请求的总顺序达成一致. 如果有两个节点分别收到了视图 v 编号为 n 的不同请求, 如诚实节点 i 收到了请求 m 的 $2f+1$ 个 prepare 消息, 诚实节点 j 收到了请求 m' 的 $2f+1$ 个 prepare 消息. 由于最多有 f 个恶意节点, 这意味着至少 $f+1$ 个诚实节点发送了 m 的 prepare 消息, $f+1$ 个诚实节点发送了 m' 的 prepare 消息. 另一方面, 诚实节点共有 $2f+1$ 个, 所以存在一个诚实节点既发送了 m 的 prepare 消息也发送了 m' 的 prepare 消息, 但诚实节点依照协议不会接受同一视图与编号下的不同请求并发送 prepare 消息. 因此, 我们有 $m = m'$.

节点 i 完成准备阶段后, 能够判定网络中至少 $2f+1$ 个节点收到了请求 m 的 prepare 消息, 但并不能确认其他节点也能做出同样的判定. 因为网络延迟、恶意干扰等原因其他节点此时可能并未收到 $2f+1$ 个 prepare 消息. 因此我们需要提交阶段以进一步确认.

在提交阶段, 收到 $2f+1$ 个 commit 消息意味着节点 i 能够确认: 至少 $f+1$ 个诚实节点能够判定网络中有足够多的节点收到了请求 m 的 prepare 消息, 因此,

能够确认有至少 $f+1$ 个诚实节点已经进入了提交阶段, 从而保证了对请求 m 的一致执行, 即安全性. 注意, 在提支阶段与准备阶段, N 个节点中的每个节点都需要向其余 $N-1$ 个节点发送消息, 故消息复杂度达到 $O(N^2)$.

上述协议中, 诚实节点似乎可以就请求 m 的执行达成一致. 但我们并没有考虑主节点作恶或其他诚实节点消息被延迟的情况, 而这会导致部分诚实节点无法及时反馈并达成一致, 进而破坏活性. PBFT 中的视图转换协议 (view-change) 用以解决上述问题 (消息复杂度达到 $O(N^3)$), 进一步保障了协议在网络进入同步环境后的活性. 关于视图转换协议的详细介绍, 请参考文献 [12].

14.6.3　相关工作与进展

在 PoW 类、PoS 类区块链共识协议中, 用户 (节点) 当选领导者后提交的区块仍有成为分叉并被丢弃的可能. 而拜占庭共识协议可以达到更高质量的一致性与更快的共识速度: 一旦诚实节点确定输出结果, 通常不会再产生分歧. 因此, 拜占庭共识协议已成为当前构造区块链系统的一种重要技术. 但拜占庭共识协议的运行一般依赖于许可 (permissioned) 环境, 即参与协议的用户需知道其他用户的身份与系统用户总数, 例如, PBFT 中节点需要使用签名及 PKI 确认消息来源的真实性以及是否有足够数量的节点收到了相关消息. PoW 类、PoS 类区块链共识协议能够在无许可 (permissionless) 环境下达成共识, 即用户不需要知道其他用户的身份与数量, 稀有资源 (算力、权益等) 即是用户能够参与协议的唯一凭证. 此外, PoW 类、PoS 类区块链共识协议相对于拜占庭共识拥有更低的交互复杂度. 因此, PoW 类、PoS 类区块链共识适用于开放式的应用场景, 而拜占庭共识在相对封闭的应用场景 (例如, 联盟链, 由一个或多个组织运营的区块链网络) 下拥有更优的效率与安全表现.

近年来, 在 PoW 类、PoS 类区块链共识协议研究方面, 研究人员详细评估了此类协议在不同网络环境下的安全性表现[5-7,13], 为进一步提升交易吞吐量, 新型 PoW 类、PoS 类区块链协议相继提出, 如 [8-11,14-17] 等, 其中基于有向无环图 (DAG) 的构造[14] 可以将区块链吞吐量提升至接近网络带宽, 同时能够保障安全性. 同时, 新型拜占庭类共识协议不断涌现[18-22], 如半同步网络环境下的 Hotstuff 能够将消息复杂度降低至 $O(N)$, Honeybadger、Beat、Dumbo 等能够在异步环境下高效地完成共识.

14.7　练习题

练习 14.1　SET 协议的签名 $\sigma_1 = Sig(sk_C, H(H(OI)\|H(PI)))$, 通过使用 3 次杂凑函数, 巧妙地向相关验证者隐藏了敏感信息: 在支付网关验证时, 向支付

网关隐藏了订单信息, 而在商家验证时, 向商家隐藏了支付指令信息. 但是, 我们通常使用加密算法隐藏信息, 那么使用杂凑函数隐藏订单信息与支付信息是否存在安全隐患? 为什么?

练习 14.2 结合 TLS 1.3 协议设计, 请尝试对 SET 协议的购买请求阶段与支付授权阶段进行改进.

练习 14.3 本章介绍的 eCash 协议是否安全? 是否存在伪造电子现金的可能 (回顾 RSA 数字签名安全性分析)? 依据支付协议的安全要求, 如认证性、保密性等, 该协议哪些环节可能存在隐患? 请尝试进一步完善 eCash 协议.

练习 14.4 如果降低比特币的 PoW 困难问题求解难度, 能够缩短区块产生时间, 进而提升比特币交易效率. 但是, 比特币系统仍然维持平均每十分钟产生一个区块, 这极大限制了比特币的交易处理性能. 试分析比特币维持该出块率的原因. 降低 PoW 求解难度将对比特币安全性产生何种影响?

练习 14.5 在 Ouroboros 协议的领导者选举中, VRF 的计算需要使用 ρ, ρ 在每个 epoch 都会进行更新, 且 ρ 要求是随机且不可预测的. 请问 ρ 的作用是什么? 如果使用固定的 ρ 会有什么安全隐患?

练习 14.6 在拜占庭将军问题中, 如果只有三位将军参与军事行动, 其中一位将军是恶意的, 请问他们能否就 "进攻" 与 "撤退" 问题达成一致?

参考文献

[1] 狄刚. 数字货币辨析. 中国金融, 2018, 17: 52-54.

[2] 穆长春. 顺应技术演进和经济发展趋势 积极推进以我为主的法定数字货币. 旗帜, 2020, 11: 65-66.

[3] Chaum D. Blind signatures for untraceable payments. Advances in Cryptology-CRYPTO 1982, pages 199-203. Springer US, 1983.

[4] Nakamoto S. Bitcoin: A peer-to-peer electronic cash system, 2008. http://www. bitcoin.org/bitcoin.pdf.

[5] Garay J A, Kiayias A, Leonardos N. The bitcoin backbone protocol: Analysis and applications. Advances in Cryptology—EUROCRYPT 2015, volume 9057 of LNCS: 281-310.

[6] Pass R, Seeman L, Shelat A. Analysis of the blockchain protocol in asynchronous networks. Advances in Cryptology—EUROCRYPT 2017, volume 10211 of LNCS: 643-673.

[7] Wei P W, Yuan Q, Zheng Y L. Security of the blockchain against long delay attack. Advances Cryptology—ASIACRYPT 2018, volume 10274 of LNCS: 250-275.

[8] Kiayias A, Russell A, David B, et al. Ouroboros: A provably secure proof-of-stake blockchain protocol. Advances in Cryptology—CRYPTO 2017, volume 10401 of LNCS: 357-388.

[9] David B, Gaži P, Kiayias A, et al. Ouroboros Praos: An adaptively-secure, semi-synchronous proof-of-stake blockchain. Advances in Cryptology—EUROCRYPT 2018, 2018, volume 10821 of LNCS: 66-98.

[10] Badertscher C, Gaži P, Kiayias A, et al. Ouroboros genesis: Composable proof-of-stake blockchains with dynamic availability. Proceedings of the 2018 ACM SIGSAC Conference on Computer and Communications Security, 2018, 913-930.

[11] Kerber T, Kiayias A, Kohlweiss M, et al. Ouroboros crypsinous: Privacy-preserving proof-of-stake. 2019 IEEE Symposium on Security and Privacy (SP), IEEE, 2019, 157-174.

[12] Castro M, Liskov B, et al. Practical byzantine fault tolerance. In OsDI, 1999, 99: 173-186.

[13] Dembo A, Kannan S, Tas E N, et al. Everything is a race and nakamoto always wins. Proceedings of the 2020 ACM SIGSAC Conference on Computer and Communications Security, 2020, 859-878.

[14] Bagaria V, Kannan S, Tse D, et al. Prism: Deconstructing the blockchain to approach physical limits. Proceedings of the 2019 ACM SIGSAC Conference on Computer and Communications Security, 2019, 585-602.

[15] Yu H F, Nikolić I, Hou R, et al. Ohie: Blockchain scaling made simple. 2020 IEEE Symposium on Security and Privacy (SP), IEEE, 2020, pages 90-105.

[16] Sompolinsky Y, Zohar A. Secure high-rate transaction processing in Bitcoin. Financial Cryptography and Data Security, 2015, 507-527.

[17] Gilad Y, Hemo R, Micali S, et al. Algorand: Scaling byzantine agreements for cryptocurrencies. Proceedings of the 26th Symposium on Operating Systems Principles, 2017, 51-68.

[18] Yin M, Malkhi D, Reiter M K, et al. HotStuff: BFT consensus with linearity and responsiveness. Proceedings of the 2019 ACM Symposium on Principles of Distributed Computing, 2019, 347-356.

[19] Miller A, Xia Y, Croman K, et al. The honey badger of BFT protocols. Proceedings of the 2016 ACM SIGSAC conference on computer and communications security, 2016, 31-42.

[20] Guo B Y, Lu Z L, Tang Q, et al. Dumbo: Faster asynchronous BFT protocols. Proceedings of the 2020 ACM SIGSAC Conference on Computer and Communications Security, 2020, 803-818.

[21] Duan S S, Reiter M K, Zhang H B. Beat: Asynchronous BFT made practical. Proceedings of the 2018 ACM SIGSAC Conference on Computer and Communications Security, 2018, 2028-2041.

[22] Zhang H B, Duan S S. PACE: Fully parallelizable BFT from repro-posable byzantine agreement. Proceedings of the 2022 ACM SIGSAC Conference on Computer and Communications Security, 3151-3164, 2022.

第 15 章

数学基础

第15章课件

数学是密码学的重要基础, 为了准确理解密码方案的设计与安全性分析, 本章主要介绍密码学所涉及的基本数学知识, 包括初等数论、抽象代数与概率论. 相关数学知识与本书各章节内容关系如下:

- 对称密码: 抽象代数、概率论.
- 公钥密码: 抽象代数、初等数论、概率论.

学习过相关数学知识的读者可略过本章内容, 未学习过的读者在学习具体密码方案时, 可根据上述对应关系, 有选择性地学习本章内容. 此外, 本章仅介绍基本的概念与结论, 并未详细介绍相关定理与性质的证明分析过程, 对此感兴趣的读者推荐阅读文献 [1].

15.1 初等数论

初等数论在当前的密码学研究中发挥着重要作用. 下面我们介绍一些与整除相关的基础知识, 主要包括整除理论、同余和模运算.

15.1.1 整除理论

定义 15.1 设 $a, b \in \mathbb{Z}$, 如果存在 $q \in \mathbb{Z}$, 满足 $b = aq$, 则 b 可被 a 整除, 记作 $a|b$, 并且称 b 是 a 的倍数, a 是 b 的因子 (也可称为约数、除数). 否则 b 不能被 a 整除, 或 a 不整除 b, 记作 $a \nmid b$.

定理 15.1 对任意的 $a, b, c \in \mathbb{Z}$, 我们有

(1) $a|a$, $1|b$, $a|0$;

(2) $a|b \Leftrightarrow a|-b \Leftrightarrow -a|b$;

(3) $a|b$ 且 $b|c$, 则 $a|c$;

(4) $a|b$ 且 $b|a$, 则 $a = \pm b$;

(5) $a|b$ 且 $b|c$, 则对任意的 $x, y \in \mathbb{Z}$, 有 $a|xb + yc$;

(6) 若 $m \in \mathbb{Z}$ 且 $m \neq 0$, 则 $a|b \Leftrightarrow ma|mb$;

(7) 若 $b \neq 0$, 则 $a|b \Rightarrow |a| \leqslant |b|$;

(8) 若 $b \neq 0$, 则存在唯一的 $q, r \in \mathbb{Z}$ 使得 $a = bq + r$, 并且 $0 \leqslant r < b$.

定义 15.2　设整数 $p \neq 0, \pm 1$. 如果 p 除了显然因子 $\pm 1, \pm p$ 外不再有其他因子, 则称 p 为素元 (常称为素数), 否则称 p 为合数.

定理 15.2 (素数的性质)

1. 若 $n > 2$ 是一个合数, 则存在一个素数 p, 使得 $p|n$. 并且 n 的最小真因子为素数.

2. 素数有无穷多个.

3. 将素数从小到大排列, 令 p_n, $\pi(x)$ 分别表示第 n 个素数与不超过 x 的素数的个数, 则

(1) $p_n \leqslant 2^{2^{n-1}}$, $n = 1, 2, \cdots$;

(2) $\pi(x) > \log_2 \log_2 x$, $x \geqslant 2$.

定理 15.3 (算术基本定理)　N 为任意大于 1 的自然数, 并且 a 不是素数, 则必有

$$a = p_1 p_2 \cdots p_n,$$

其中 $p_j (1 \leqslant j \leqslant n)$ 是素数, 且在不计次序的意义下, 上述表达式是唯一的.

定理 15.4 (素数定理)　令 $\pi(x)$ 为不超过 x 素数的个数, 则当 $x \to \infty$ 时, $\pi(x) \sim \dfrac{x}{\ln x}$.

最大公因子和最小公倍数是整除理论中两个基本概念.

定义 15.3　假设 a_1, a_2 是两个整数, 如果 $d|a_1$ 且 $d|a_2$, 则称 d 是 a_1 和 a_2 的**公因子**. 如果对任意的 $d'|a_1, d'|a_2$ 都有 $d'|d$, 则称 d 是 a_1 和 a_2 的**最大公因子**, 记作 $d = (a_1, a_2)$ 或 $d = \gcd(a_1, a_2)$. 如果 a_1, a_2 均不等于零, 且 $a_1|l, a_2|l$, 则称 l 是 a_1, a_2 的**公倍数**. 若对 a_1, a_2 任意的公倍数 l' 都有 $l|l'$, 则称 l 为 a_1 和 a_2 的**最小公倍数**, 记作 $l = [a_1, a_2]$.

Euclid 算法是数论领域最基本的算法之一, 用于确定两个正整数的最大公因子, 也可以直接用于求解一次不定方程. 下面介绍 Euclid 算法和扩展 Euclid 算法的内容.

定理 15.5 (Euclid 算法)　给定两个整数 a, b, 其中 $b \neq 0$ 且 b 不能整除 a, 重复应用带余数除法得到下面 $k + 1$ 个等式:

$$a = q_0 b + r_0, \quad 0 < r_0 < |b|,$$

$$b = q_1 r_0 + r_1, \quad 0 < r_1 < r_0,$$

$$r_0 = q_2 r_1 + r_2, \quad 0 < r_2 < r_1,$$

$$\cdots\cdots$$

$$r_{k-3} = q_{k-1}r_{k-2} + r_{k-1}, \quad 0 < r_{k-1} < r_{k-2},$$

$$r_{k-2} = q_k r_{k-1} + r_k, \quad 0 < r_k < r_{k-1},$$

$$r_{k-1} = q_{k+1}r_k.$$

则 $r_k = \gcd(a,b)$

假设 a,b 的二进制长度分别为 m,n, 则上述过程需要的除法次数至多为 $2n$, 带余除法 $a = bq + r$ 的时间复杂度为 $O((\log_2 a)(\log_2 q))$, 并且商 $q_0, q_1, \cdots, q_{k+1}$ 满足 $\sum_{k=0}^{k+1} \log_2 q_i = \log_2 \prod_{i=0}^{k+1} q_i \leqslant \log_2 a$, 则 Euclid 算法所需要的运算次数为 $O(\log_2^2 a)$.

利用上面算法的数据, 令初始条件为

$$s_{-2} = 1, \quad t_{-2} = 0, \quad r_{-2} = a,$$
$$s_{-1} = 0, \quad t_{-1} = 1, \quad r_{-1} = b,$$

递归条件为

$$s_{i+1} = s_{i-1} - q_i s_i,$$
$$t_{i+1} = t_{i-1} - q_i t_i,$$
$$r_{i+1} = r_{i-1} - q_i r_i,$$

其中 $i = 0, 1, \cdots, k$. 可以用归纳法证明, 对每一对 $s_i, t_i (i = -2, -1, \cdots, k)$ 都有

$$as_i + bt_i = r_i,$$

特别地, $as_k + bt_k = \gcd(a,b)$.

定理 15.6 (扩展的 Euclid 算法) 给定整数 a,b, 可以按照上述方法构造整数 x,y 使得

$$ax + by = \gcd(a,b).$$

扩展的 Euclid 算法相较 Euclid 算法增加了逆推的过程, 运算次数与 Euclid 算法一样, 同样为 $O(\log_2^2 a)$.

特别地, 当 $\gcd(a,b) = 1$ 时, 利用扩展的 Euclid 算法, 给定整数 a,b, 可找到整数 x,y, 满足 $ax + by = 1$, 即 $y = b^{-1} \pmod{a}$, 其中, 模运算在第 15.1.2 节给出, y 称为 b 对 a 的逆.

15.1.2 同余和模运算

同余理论是初等数论的重要组成部分, 是研究整数问题的重要工具之一.

定义 15.4 设 n 是一个正整数. 若 $n|a-b$, 即可以找到整数 k, 使得 $a-b = kn$ 成立, 则称 a 同余于 b 模 m, 称 b 是 a 对模 n 的剩余, 记作

$$a \equiv b \pmod{n}, \tag{15.1}$$

否则, 就说 a 不同余于 b 模 n, 或 b 不是 a 对模 n 的剩余, 记作

$$a \not\equiv b \pmod{n}.$$

关系式 (15.1) 称为模 n 的同余式, 简称同余式. 当 $0 \leqslant b < n$, 称 b 是 a 对模 n 最小非负剩余; 当 $1 \leqslant b \leqslant n$, 则称 b 是 a 对模 n 的最小正剩余; 当 $-n/2 < b \leqslant n/2$ (或 $-n/2 \leqslant b < n/2$), 则称 b 是 a 对模 n 的绝对最小剩余.

例子 15.1   令 $n = 7, a = 12$, 则 $b = 5$ 是 a 对模 n 的最小非负剩余, 也是 a 对模 n 的最小正剩余; $b = -2$ 是 a 对模 n 的绝对最小剩余.

定理 15.7   设 n 是一个正整数, 对任意的 $a, b, c \in \mathbb{Z}$, 我们有

(1) $a \equiv a \pmod{n}$; $a \equiv b \pmod{n} \Leftrightarrow b \equiv a \pmod{n}$; $a \equiv b \pmod{n}$ 且 $b \equiv c \pmod{n}$, 则 $a \equiv c \pmod{n}$. 即同余是一个等价关系.

(2) 对 $a', b' \in \mathbb{Z}$, 若 $a \equiv a' \pmod{n}$, $b \equiv b' \pmod{n}$, 则

$$a \pm b = a' \pm b' \pmod{n}, \quad a \cdot b \equiv a' \cdot b' \pmod{n}.$$

(3) 若 $a \equiv b \pmod{n}$ 且 $d|n, d \geqslant 1$, 则

$$a \equiv b \pmod{d}.$$

(4) 设 $m = \gcd(a, n)$, 对任意的 $z, z' \in \mathbb{Z}$, $az \equiv az' \pmod{n}$ 当且仅当

$$z \equiv z' \pmod{m}.$$

若 $m = 1$, 则 $z \equiv z' \pmod{n}$.

(5) 设 $m = \gcd(a, n)$, 其中 $\gcd(a, n)$ 表示 a 与 n 的最大公因子 (也可简记为 (a, n)). 若 $m = 1$, 则存在 c, 使得

$$ca \equiv 1 \pmod{n}.$$

此时我们将 c 称为 a 对 n 的逆, 记作 $a^{-1} \pmod{n}$.

(6) 同余式组

$$
\begin{aligned}
&a \equiv b \pmod{n_1}, \\
&a \equiv b \pmod{n_2}, \\
&\qquad \cdots\cdots \\
&a \equiv b \pmod{n_k}.
\end{aligned}
\tag{15.2}
$$

同时成立的充要条件为

$$a \equiv b \, (\mathrm{mod} \, [n_1, n_2, \cdots, n_k]).$$

其中 $[n_1, n_2, \cdots, n_k]$ 为 n_j 的最小公倍数.

同余是一个等价关系, 因此可以对整数按同余关系进行分类.

定义 15.5 若 $n \in \mathbb{Z}^*$, 则所有对 n 同余的数组成的集合称为模 n 的一个剩余类. 记 $a \, \mathrm{mod} \, n$ 为 a 所属的模 n 的剩余类. 若 $(a, n) = 1$, 我们称 $a \, \mathrm{mod} \, n$ 为模 n 的既约剩余类. 模 n 的所有既约剩余类的个数记为 $\varphi(n)$, 通常称 $\varphi(n)$ 为 **Euler 函数**.

例子 15.2 若 $n = 6$, 则 $1 \, (\mathrm{mod} \, 6), 5 \, (\mathrm{mod} \, 6)$ 为模 6 的两个既约剩余类, $\varphi(6) = 2$.

定义 15.6 模 n 的所有剩余类的组成的集合记为 $\mathbb{Z}_n$, 模 n 的所有既约剩余类的组成的集合记为 $\mathbb{Z}_n^*$.

例子 15.3 若 $n = 6$, 记 $\bar{i}, 0 \leqslant i < n$ 为模 m 的一个剩余类, 则 $\mathbb{Z}_n = \{\bar{0}, \bar{1}, \bar{2}, \bar{3}, \bar{4}, \bar{5}\}$, $\mathbb{Z}_n^* = \{\bar{1}, \bar{5}\}$.

Euler 定理和 Fermat 小定理是公钥密码学中的两个重要定理.

定理 15.8 (Euler 定理) 若 a 与 n 互素, 那么

$$a^{\varphi(n)} \equiv 1 \quad (\mathrm{mod} \, n).$$

定理 15.9 (Fermat 小定理) 假设 p 是一个素数, 此时 $\varphi(p) = p - 1$, 那么对任意的 $a, (a, p) = 1$ 有

$$a^{p-1} \equiv 1 \quad (\mathrm{mod} \, p).$$

中国剩余定理是一种求解一次同余式组的方法, 是数论中一个重要定理.

定理 15.10 (中国剩余定理) 假设正整数 $m_0, m_1, \cdots, m_k$ 两两既约, 则对任意整数 $a_0, \cdots, a_{k-1}$, 一次同余方程组

$$x \equiv a_i \quad (\mathrm{mod} \, m_i), \quad 0 \leqslant i \leqslant k - 1, \tag{15.3}$$

在模 m 的意义下有且只有一个解. 这个唯一解是

$$x \equiv M_0 M_0^{-1} a_0 + \cdots + M_{k-1} M_{k-1}^{-1} a_{k-1} \quad (\mathrm{mod} \, m),$$

其中

$$m = m_0 \cdots m_{k-1} = m_i M_i \quad (0 \leqslant i \leqslant k - 1),$$

以及

$$M_i M_i^{-1} \equiv 1 \pmod{m_i} \quad (0 \leqslant i \leqslant k - 1).$$

二次剩余是初等数论中非常重要的结果, 不仅可用来判断二次同余式是否有解, 还有很多其他的用途.

定义 15.7 假设 p 是一个奇素数, d 是一个整数且 $(p, d) = 1$. 若同余方程 $x^2 \equiv d \pmod{p}$ 有一个解 $x \in \mathbb{Z}_p$, 那么称 d 为模 p 的**二次剩余**. 我们可以将模 p 的二次剩余记为

$$QR_p = \{a | a \in \mathbb{Z}_p^*, \ 存在 x \subset \mathbb{Z}_p^*, x^2 \equiv a \pmod{p}\}.$$

定理 15.11 (Euler 准则) 假设 p 是一个奇素数, d 是一个整数且 $(p, d) = 1$. 则 d 是一个模 p 二次剩余当且仅当

$$d^{(p-1)/2} \equiv 1 \pmod{p}.$$

Legendre 符号和 Jacobi 符号是与二次剩余相关的两个重要的数论函数, 其定义如下.

定义 15.8 假设 p 是一个奇素数, 则对于任意整数 d, 定义 **Legendre 符号**为

$$\left(\frac{d}{p}\right) = \begin{cases} 0, & p | d, \\ 1, & d \text{ 为 } p \text{ 的二次剩余}, \\ -1, & d \text{ 为 } p \text{ 的二次非剩余}. \end{cases}$$

定理 15.12 假设 p 是一个奇素数, 则 Legendre 符号的性质有

(1) $\left(\dfrac{d}{p}\right) \equiv d^{(p-1)/2} \pmod{p}$.

(2) $\left(\dfrac{d}{p}\right) = \left(\dfrac{d+p}{p}\right)$.

(3) $\left(\dfrac{dc}{p}\right) = \left(\dfrac{d}{p}\right)\left(\dfrac{c}{p}\right)$.

(4) $\left(\dfrac{-1}{p}\right) = \begin{cases} 1, & p \equiv 1 \pmod{4}, \\ -1, & p \equiv 3 \pmod{4}. \end{cases}$

(5) $\left(\dfrac{2}{p}\right) = (-1)^n = \begin{cases} 1, & p \equiv \pm 1 \pmod{8}, \\ -1, & p \equiv \pm 3 \pmod{8}. \end{cases}$

(6) (**二次互反律**) 设 p, q 均为奇素数, $p \neq q$, 那么

$$\left(\frac{q}{p}\right)\left(\frac{p}{q}\right) = (-1)^{(p-1)/2 \cdot (q-1)/2}.$$

定义 15.9 假设 $P > 1$ 是一个奇的整数, $P = p_1 p_2 \cdots p_n, 1 \leqslant i \leqslant n$, 其中 p_i 是素数, 定义 **Jacobi 符号**为

$$\left(\frac{d}{P}\right) = \prod_{i=1}^{n}\left(\frac{d}{p_i}\right),$$

其中 $\left(\dfrac{d}{p_i}\right)$ 是 Legendre 符号.

原根是数论中一个重要概念, 可以用于构造模的既约剩余系. 下面我们介绍原根的定义和重要的性质.

定义 15.10 设 $n \geqslant 1$, $\gcd(a, n) = 1$. 满足 $a^d \equiv 1 \pmod{n}$ 的最小的正整数 d 称为 a 对**模 n 的指数** (也称为**阶**或**周期**), 记作 $\delta_n(a)$. 当 $\delta_n(a) = \varphi(n)$ 时, 称 a 是**模 n 的原根**.

定理 15.13 原根的性质有

(1) 模 n 有原根的充要条件是 $n = 1, 2, 4, p, 2p, p^m$, 其中 p 是奇素数, m 是任意正整数.

(2) 设 p 是素数, 则模 p 的原根存在.

(3) 设 p 是奇素数, 则对任意 $\alpha \geqslant 1$, 模 $p^{\alpha}, p^{2\alpha}$ 的原根存在.

(4) 设 p 是奇素数, $n = 1, 2, 4, p^{\alpha}, p^{2\alpha}, \varphi(n)$ 的所有不同的素因子为 $q_1, q_2, \cdots, q_s$, 则 g 是模 n 的原根的充要条件为

$$g^{\varphi(n)/q_i} \not\equiv 1 \pmod{n}, \quad i = 1, 2, \cdots, s.$$

(5) 若一个数 m 有原根, 则它原根的个数为 $\varphi(\varphi(m))$. 若 g 是它的一个原根, 则所有原根的集合为

$$\{g^i | (i, \varphi(m)) = 1, 1 \leqslant i < \varphi(m)\}.$$

(6) 设 g 为模 n 的任一原根, 则 $\{g^0, g^1, \cdots, g^{\varphi(n)-1}\}$ 构成模 n 的既约剩余系.

15.2 群、环、域

群、环和域是抽象代数或近世代数的基本组成部分. 群是近世代数的一个重要研究内容, 在公钥密码学中具有着非常重要的作用. 环比群复杂, 但是在环中相

关问题的研究及处理问题的方法与群论中有许多相似之处. 域是具有某些特殊性质的环, 域的实例有很多, 例如全体有理数的集合、全体实数的集合、全体复数的集合按普通意义下的加、乘运算构成域. 群、环、域在密码学中有着非常广泛的应用. 下面我们介绍群、环、域的概念和重要性质.

15.2.1　群

定义 15.11　若集合 $\mathbb{G} \neq \varnothing$, 即 $\mathbb{G}$ 不为空集, 在 $\mathbb{G}$ 上定义一个的二元运算 $\circ$(即满足封闭性), 若 $\circ$ 满足下面的条件, 则称 $\mathbb{G}$ 是一个群.

(1) (结合律) 对于 $\forall a, b, c \in \mathbb{G}$, 有

$$(a \circ b) \circ c = a \circ (b \circ c);$$

(2) (单位元) 存在一个元素 $e \in \mathbb{G}$, 使得 $\forall g \in \mathbb{G}$, 有

$$e \circ g = g \circ e = g;$$

(3) (逆元) 对任意元素 $g \in \mathbb{G}$, 都存在一个元素 $g' \in \mathbb{G}$ 使

$$g \circ g' = g' \circ g = e.$$

定义 15.12　几个与群相关的概念:

(1) 具有有限多个元素的群称为**有限群**, 否则称为**无限群**. 一个有限群所含元素的个数称为**群的阶**, 记为 $|\mathbb{G}|$.

(2) 给定群 $(\mathbb{G}, \circ)$, 若 $\forall a, b \in \mathbb{G}$ 都有 $a \circ b = b \circ a$, 则称此群为**交换群** (也称为 **Abel 群**).

(3) 设给定一个群元素 $g \in \mathbb{G}$, 使得 $g^m = e$ 成立的最小的正整数 m 叫做 g 的阶 (或周期). 若这样的 m 不存在, 则称 g 的阶为无限.

(4) 如果一个群 $\mathbb{G}$ 的所有元素都可以表示为某一固定元素 a 的方幂, 即 $\mathbb{G} = \{a^n | n \in \mathbb{Z}\}$, 则称 $\mathbb{G}$ 为**循环群**, 也可以说 $\mathbb{G}$ 是由元素 a 生成的, 记为 $G = \langle a \rangle$, 称 a 为 G 的**生成元**.

定理 15.14　设 g 是群 $\mathbb{G}$ 中的一个有限阶元素并且 g 的阶为 m, 则对任意的正整数 n, $a^n = e$ 当且仅当 $m | n$.

同态映射是研究代数结构一个重要工具.

定义 15.13　给定两个群 $\mathbb{G}, \mathbb{G}'$, 如果存在 $\mathbb{G}$ 到 $\mathbb{G}'$ 的一个映射 $f: \mathbb{G} \to \mathbb{G}'$, 使得对 $\forall a, b \in \mathbb{G}$ 都有

$$f(ab) = f(a)f(b),$$

则称 f 是 $\mathbb{G}$ 到 $\mathbb{G}'$ 上的一个同态映射. 若 f 是 $\mathbb{G}$ 到 $\mathbb{G}'$ 的满射, 则称 f 是满同态, 记为 $\mathbb{G} \sim \mathbb{G}'$, 此时称 G' 为 f 下的同态像. 若 $\mathbb{G}$ 到 $\mathbb{G}'$ 的同态映射 f 是单射, 则称 f 是 $\mathbb{G}$ 到 $\mathbb{G}'$ 的单一同态. 若 f 是群 $\mathbb{G}$ 到 $\mathbb{G}'$ 的双射, 则称 f 是 $\mathbb{G}$ 到 $\mathbb{G}'$ 的一个同构映射, 也就是说 $\mathbb{G}$ 与 $\mathbb{G}'$ 同构, 记为 $\mathbb{G} \cong \mathbb{G}'$.

针对映射的描述, 需要注意的是: 若对于任意的 $b \in \mathbb{G}'$, 都能找到一个元素 $a \in \mathbb{G}$, 使得 $f(a) = b$, 则称 f 为 $\mathbb{G}$ 到 $\mathbb{G}'$ 的满射; 若对任意的 $a_1 \neq a_2$, 都有 $f(a_1) \neq f(a_2)$, 则称 f 为 $\mathbb{G}$ 到 $\mathbb{G}'$ 的单射; 若 f 既是单射又是满射, 则 f 为 $\mathbb{G}$ 到 $\mathbb{G}'$ 的双射 (也称为**一一映射**).

定义 15.14 设 H 是群 $(\mathbb{G}, \circ)$ 的一个非空子集, 若 H 对于 $\mathbb{G}$ 的运算作成群, 则称 H 是 $\mathbb{G}$ 的一个**子群**, 记为 $H \subseteq G$.

定理 15.15 子群具有以下性质:

(1) 设 $\mathbb{G}$ 是一个群, $\mathbb{G}$ 的非空子集 H 是 G 的一个子群 $\Leftrightarrow$ 若 $a, b \in H$, 则 $ab^{-1} \in H$.

(2) 循环群的子群仍然是循环群.

(3) 设 $\mathbb{G}$ 是一个群, 对任意的 $a \in \mathbb{G}$, 定义 $\langle a \rangle = \{a^i | i \in \mathbb{Z}\}$, 则 $\langle a \rangle$ 是子群. 且若 $\langle a \rangle$ 是循环子群, 则 $\langle a \rangle$ 的阶等于 a 的阶.

定义 15.15 设 H 是 $\mathbb{G}$ 的一个子群, 对 $\forall a \in \mathbb{G}$, 称 $aH = \{ah | h \in H\}$ 为子群 H 的一个**左陪集**; 同理, 称 $Ha = \{ha | h \in H\}$ 为子群 H 的一个**右陪集**.

定义 15.16 设 H 是 $\mathbb{G}$ 的一个子群, 则 H 的右陪集 (或左陪集) 的个数称为 H 在 $\mathbb{G}$ 里的指数, 记为 $[\mathbb{G} : H]$, 其中 $[\mathbb{G} : 1]$ 表示 $\mathbb{G}$ 的阶.

定理 15.16 设 H 是 $\mathbb{G}$ 的子群, 陪集具有以下性质:

(1) 对于任意的左陪集 aH, bH, 满足 $aH = bH$ 或者 $aH \cap bH = \varnothing$.

(2) $\mathbb{G}$ 的关于 H 左陪集的数量等于右陪集的数量.

定义 15.17 (拉格朗日定理) 若 $\mathbb{G}$ 是一个有限群, 则 $\mathbb{G}$ 的阶等于 H 的阶乘以 H 在 $\mathbb{G}$ 中的指数. 也就是说若 H 是有限群 $\mathbb{G}$ 的一个子群, 则 H 的阶一定整除 $\mathbb{G}$ 的阶

定义 15.18 若 H 是 $\mathbb{G}$ 的子群, 并且对 $\forall a \in \mathbb{G}$ 都满足 $aH = Ha$, 则称 $\mathbb{H}$ 是 $\mathbb{G}$ 的一个**不变子群** (或**正规子群**), 记为 $H \lhd \mathbb{G}$.

定义 15.19 设 $\mathbb{G}$ 是一个群且 H 是 $\mathbb{G}$ 的不变子群, 则 H 的陪集所作成的群称为一个**商群**, 记作 $\mathbb{G}/H$.

定义 15.20 设 $\mathbb{G}, \mathbb{G}'$ 是两个群, ϕ 是 $\mathbb{G}$ 到 $\mathbb{G}'$ 的同态满射. 则 $\mathbb{G}'$ 的单位元 e' 在 ϕ 作用下的逆像构成 $\mathbb{G}$ 的一个子集, 称该子集为同态满射 ϕ 的**核**, 记为 $\ker \phi$.

定理 15.17 设 H 是群 $\mathbb{G}$ 的子群, 正规子群的性质有

1. 下列条件等价:

(1) $H \lhd G$.

(2) 对于每一个 $g \in \mathbb{G}$, $gHg^{-1} = H$.

(3) 对于每一个 $g \in \mathbb{G}$, $gHg^{-1} \subseteq H$.

(4) 对于每一个 $g \in \mathbb{G}$ 和每一个 $h \in H$, $ghg^{-1} \in H$.

2. 模 H 的陪集的集合在运算 $(aH) \cdot (bH) = (ab)H$ 下构成一个群.

3. 设 $\mathbb{G}, \mathbb{G}'$ 是群, f 是 $\mathbb{G}$ 到 $\mathbb{G}'$ 的同态满射, 则 $\ker f$ 是 $\mathbb{G}$ 的正规子群. 而且 G' 同构于商群 $\mathbb{G}/\ker f$, 即 $\mathbb{G}/\ker f \cong \mathbb{G}'$. 反之, 如果 N 是 $\mathbb{G}$ 的正规子群, 则映射 $\varphi \colon \mathbb{G} \to \mathbb{G}/N \colon \varphi(a) = aN$ 是 $\mathbb{G}$ 到 G/N 的满同态且 $\ker \varphi = N$.

定义 15.21 设 K 为一个特征不是 $2, 3$ 的域, 假定 $a, b \in K$ 满足 $4a^3 + 27b^2 \neq 0$, 则称 $E \colon y^2 = x^3 + ax + b$ 定义了一个**椭圆曲线**.

全体满足方程 E 的点 $(x, y) \in K^2$, 加上一个无穷远点 $\mathcal{O}$ 组成椭圆曲线 (仍以 E 表示).

定义 15.22 设 E 为椭圆曲线, $P = (x_1, y_1)$, $Q = (x_2, y_2) \in E$ 且 $\mathcal{O}$ 是椭圆曲线上无穷远点, 定义 E 上加法运算 "$+$":

(1) $P + \mathcal{O} = P$.

(2) 若 $x_1 = x_2$, $y_1 = -y_2$, 则 $P + Q = \mathcal{O}$.

(3) 其他情形, $P + Q = (x_3, y_3)$, 其中

$$x_3 = \lambda^2 - x_1 - x_2, \quad y_3 = \lambda(x_1 - x_3) - y_1,$$

$$\lambda = \begin{cases} \dfrac{y_2 - y_1}{x_2 - x_1}, & P \neq Q, \\[2mm] \dfrac{3x_1^2 + a}{2y_1}, & P = Q. \end{cases}$$

一般情况下, 将 $P + P + \cdots + P$ 记为 nP, 且 $0P = \mathcal{O}$.

定理 15.18 椭圆曲线上的所有有理点关于上述加法运算 "$+$" 构成一个交换群.

定义 15.23 设 p 是一个素数, $\mathbb{G}_1, \mathbb{G}_2$ 是阶为 p 的 (可能相同的) 加法群, $\mathbb{G}_T$ 是阶为 p 的乘法群. 映射

$$e \colon \mathbb{G}_1 \times \mathbb{G}_2 \longrightarrow \mathbb{G}_T$$

称为**双线性映射**, 如果满足

1. 双线性: 对任意 $P_1 \in \mathbb{G}_1, P_2 \in \mathbb{G}_2, a, b \in \mathbb{Z}$, 有

$$e(aP_1, bP_2) = e(P_1, P_2)^{ab}.$$

2. 非退化性: 对任意 $P_1 \neq 0_{\mathbb{G}_1}, P_2 \neq 0_{\mathbb{G}_2}, e(P_1, P_2) \neq 1_{\mathbb{G}_T}$.

密码学中使用的双线性对还要求 e 是单向函数 (即正向计算容易, 反向计算困难). 常用的双线性映射包括椭圆曲线上的 Weil 配对和 Tate 配对.

15.2.2 环

定义 15.24 设 R 是一个非空集合, 并且在 R 上定义加法 (+) 和乘法 (*), 如果它们满足

(1) $(R, +)$ 是一个加群;

(2) 乘法封闭且满足结合律, 对任意的 $a, b, c \in R$,

$$a * b \in R, \quad a * (b * c) = (a * b) * c;$$

(3) 乘法对加法满足左右分配律, 对任意的 $a, b, c \in R$,

$$a * (b + c) = a * b + a * c, \quad (b + c) * a = b * a + c * a,$$

则称 $(R, +, *)$ 是一个**环**, 也可以简记为 R.

例子 15.4 $R = \{a + bi : a, b \in \mathbb{Z}, i \text{ 是虚数单位}\}$ 对于普通的加法和乘法作成一个环. 这样的 R 称为**高斯整数环**.

定义 15.25 环 R 中的几个基本定义:

(1) 若任意的 $a, b \in R$ 都有 $ab = ba$, 则称 R 叫做**交换环**.

(2) 若存在一个元素 $e \in R$, 使得对于任意的 $a \in R$ 都有 $ea = ae = a$, 则称 e 为 R 上的**单位元**.

(3) 设 $e \in R$ 是环 R 的单位元, 若对于任意的元素 $a \in R$ 都存在一个非零元素 $b \in R$, 使得

$$ab = ba = e.$$

则称 b 为 a 的一个**逆元**, 记 a 的逆元为 a^{-1}.

(4) 设 $a \in R$, 且 $a \neq 0$, 如果存在元素 $b \in R$, $b \neq 0$ 使 $ab = 0$, 则称 a 是环 R 的一个**左零因子**, 同样可定义**右零因子**.

(5) 设 R 是一个无零因子环, 则 R 的非零元相同的阶 (相对于加法) 叫做 R 的**特征**.

定义 15.26 设 R 是一个环, 则

(1) 若它是一个交换的有单位元的无零因子环, 那么就说 R 是一个**整环**.

(2) 若它是一个有单位元的环, 且 R 中每一个不等于零的元有一个逆元, 那么就说 R 是一个**除环**.

(3) 若它是一个交换的有单位元的环, 且 R 中每一个不等于零的元有一个逆元, 那么就说 R 是一个**域**.

15.2.3　域

定义 15.27　一个至少包含两个元素的环 R 称为**域**, 若 R 满足以下条件:

(1) 是交换环;

(2) 有一个单位元;

(3) 每一个不等于零的元有一个逆元.

例子 15.5　$R = \{a + b\sqrt{2} : a, b \in \mathbb{Q}\}$ 对于普通的加法和乘法作成一个域.

定义 15.28　具有有限多个元素的域 $\mathbb{F}$ 称为**有限域** (也称为 **Galois 域**). 一个有限域 $\mathbb{F}$ 所含元素的个数称为**有限域的阶**, 阶为 q 的有限域一般记为 $\mathbb{F}_q$. 如果域 $\mathbb{F}$ 不含有任何真子域, 则称 $\mathbb{F}$ 为**素域**.

定理 15.19　有限域有如下性质:

(1) 有限域的特征是一素数. 特征为 p 的有限域必含有 p^d 个元, 其中 d 是正整数, 记作 $\mathbb{F}_{p^d}$.

(2) 设 p 为素数, d 为正整数, 则总存在元素个数为 p^d 的有限域 $\mathbb{F}_{p^d}$.

(3) $\mathbb{F}_{p^n}$, $\mathbb{F}_{p^m}$ 为有限域, 则 $\mathbb{F}_{p^m} \subset \mathbb{F}_{p^n}$ 当且仅当 $m|n$.

(4) 在特征为 p 的有限域中, $(a \pm b)^{p^n} = a^{p^n} \pm b^{p^n}$.

定理 15.20　设 $\mathbb{K}$ 为 $\mathbb{F}$ 的子域, M 是 $\mathbb{F}$ 的任意子集. 令所有包含 M 和 $\mathbb{K}$ 的子域的交为 $\mathbb{K}(M)$, 称为添加 M 中的元素得到的 $\mathbb{K}$ **扩域** (也称为**扩张**). 当 $M = \{\theta_1, \theta_2, \cdots, \theta_n\}$ 时, 记 $\mathbb{K}(M) = \mathbb{K}(\theta_1, \theta_2, \cdots, \theta_n)$. 特别地, 称 $\mathbb{K}(\theta)$ 为**单扩域** (也称为**单扩张**), θ 称为 $\mathbb{K}(\theta)$ 在 $\mathbb{K}$ 上的定义元.

定义 15.29　有理数域 $\mathbb{Q}$ 的有限次扩域 $\mathbb{K}$ 叫做**代数数域**, 简称为**数域**.

定义 15.30　$\alpha \in \mathbb{C}$ 称为**代数整数**, 如果存在首项系数等于 1 的多项式 $f(x) \in \mathbb{Z}[x]$ 使得 $f(x) = 0$.

定理 15.21　数域 $\mathbb{K}$ 中的代数整数的集合 (记为 $\mathcal{O}_\mathbb{K}$) 是一个环 (称为 $\mathbb{K}$ 的代数整数环).

例子 15.6　考虑分圆域 $\mathbb{K} = \mathbb{Q}(\zeta_{p^n})$, 其中 $\zeta_{p^n} = e^{2\pi i/p^n}$, p 为素数, n 为正整数, 那么 $\mathcal{O}_\mathbb{K} = \mathbb{Z}[\zeta_{p^n}]$.

密码算法中经常使用有限域, 例如域 $\mathbb{F}_{2^n}$. 注意到, 直接用模运算 mod 2^n 不能构成域, 一般需借助域上的多项式来构造.

定义 15.31　若一个多项式的系数是域 $\mathbb{F}$ 的元素, 则称该多项式为域 $\mathbb{F}$ 上的**多项式**.

域上的多项式进行运算时, 加法和乘法运算与普通多项式类似, 只是系数的运算是在域 $\mathbb{F}$ 上进行的. 例如, 域 $\mathbb{F}_2$ 上的多项式, 记为 $\mathbb{F}_2[x]$, 是密码学中使用较多的多项式, 在进行运算时, 加法和减法相当于每一项 x^i 对应的系数做异或运算 $\oplus$, 乘法可先按普通多项式的乘法转为多个单项式之和, 再通过加法进行计算.

例子 15.7 $p(x) = x^2 + x + 1 \in \mathbb{F}_2[x]$, $q(x) = x^3 + x + 1 \in \mathbb{F}_2[x]$, 则

$$p(x) + q(x) = (x^2 + x + 1) + (x^3 + x + 1) = x^3 + x^2,$$

$$p(x)q(x) = (x^2 + x + 1)(x^3 + x + 1)$$

$$= x^5 + x^4 + x^3 + x^3 + x^2 + x + x^2 + x + 1$$

$$= x^5 + x^4 + 1.$$

容易看出, 域上的多项式集合构成一个环, 称为**多项式环**. 域上的多项式环和整数环有一些类似的性质. 类似于整数的带余除法, 对域上的多项式, 也可以定义带余除法, 此时, 商和余项是多项式. 给定 n 次多项式 $p(x)$ 和 $m(m \leqslant n)$ 次多项式 $q(x)$, 则用 $q(x)$ 除 $p(x)$, 可得商 $s(x)$ 和余数 $r(x)$, 满足

$$p(x) = s(x)q(x) + r(x).$$

其中, $s(x)$ 的次数为 $n - m$, $r(x)$ 的次数小于或等于 $m - 1$. 若 $r(x) = 0$, 则称 $q(x)$ 整除 $p(x)$, 或 $q(x)$ 是 $p(x)$ 的一个因式.

例子 15.8 $p(x) = x^3 + x + 1 \in \mathbb{F}_2[x]$, $q(x) = x^2 + x + 1 \in \mathbb{F}_2[x]$, 则

$$p(x) = (x + 1)q(x) + x.$$

定义 15.32 若域 $\mathbb{F}$ 上的多项式 $f(x)$ 不能表示为两个域 $\mathbb{F}$ 上的次数低于 $f(x)$ 的多项式的积, 则称 $f(x)$ 为**不可约多项式或素多项式**.

例子 15.9 $\mathbb{F}_2[x]$ 中的一次多项式只有 x 和 $x+1$. 对 $p(x) = x^2 + x + 1 \in \mathbb{F}_2[x]$ 来说, 若 $p(x)$ 是可约的, 则一定可以写成两个一次多项式的乘积, 从而在 $\mathbb{F}_2$ 中有根. 因为 $0, 1$ 都不是 $p(x)$ 的根, 所以 $p(x)$ 是不可约多项式. 而 $q(x) = x^2 + 1 \in \mathbb{F}_2[x]$ 是可约的, 因为

$$(x + 1)(x + 1) = x^2 + x + x + 1 = x^2 + 1.$$

类似整数环 $\mathbb{Z}$ 里的定义, 多项式环也可以定义模运算、利用 Euclid 算法计算两个多项式的最大公因子及利用扩展的 Euclid 算法计算多项式的逆元等.

例子 15.10 高级加密标准 AES 的 S 盒在构造时, 采用模 $\mathbb{F}_2[x]$ 上的不可约多项式 $a(x) = x^8 + x^4 + x^3 + x + 1$, 计算多项式的逆元. 例如, 对多项式

$b(x) = x^2 + x + 1$, 利用 Euclid 算法计算 $\gcd(a(x), b(x))$ 如下:

$$a(x) = q_0(x)b(x) + r_0(x), \text{ 其中}, q_0(x) = x^6 + x^5 + x^3, r_0(x) = x + 1,$$
$$b(x) = q_1(x)r_0(x) + r_1(x), \text{ 其中}, q_1(x) = x, r_1(x) = 1,$$
$$r_0(x) = q_2(x)r_1(x), \text{ 其中}, q_2(x) = r_0(x) = x + 1.$$

从而, 根据扩展的 Euclid 算法有

$$s_0(x) = 1, \quad s_1(x) = -q_1(x) = -x,$$
$$t_0(x) = -q_0(x), \quad t_1(x) = 1 + q_0(x)q_1(x) = x^7 + x^6 + x^4 + 1.$$

容易验证

$$t_1(x)b(x) = (x^7 + x^6 + x^4 + 1)(x^2 + x + 1)$$
$$= x^9 + x^5 + x^4 + x^2 + x + 1$$
$$= 1 \bmod a(x),$$

即 $b^{-1}(x) = t_1(x) \bmod a(x)$.

例子 15.10 演示了有限域 $\mathbb{F}_{2^8} = \mathbb{F}_2[x]/(x^8 + x^4 + x^3 + x + 1)$ 中进行求逆计算. 一般地, 下面说明用多项式算术来构造域 $\mathbb{F}_{2^n}$ 的具体方式.

$\mathbb{F}_2[x]$ 中的所有次数小于等于 $n - 1$ 的多项式均具有如下形式:

$$f(x) = a_{n-1}x^{n-1} + a_{n-2}x^{n-2} + \cdots + a_1x + a_0. \tag{15.4}$$

其中, 对 $i = 0, \cdots, n - 1$, 有 $a_i \in \mathbb{F}_2$, 即 $a_i \in \{0, 1\}$. 从而, $\mathbb{F}_2[x]$ 中共有 2^n 个不同的多项式满足式 (15.4). 而且, 每个多项式可以由 n 个二进制系数 $(a_{n-1}a_{n-2} \cdots a_1 a_0)$ 唯一表示, 从而, 任一 n-bit 的二进制串均与一个形如式 (15.4) 的多项式一一对应.

例子 15.11 $\mathbb{F}_2[x]$ 中的所有次数小于等于 3 的多项式与 4-bit 的二进制串对应关系如表 15.1 所示.

表 15.1   多项式与二进制比特串对应关系

二进制	0000	0001	0010	0011	0100	0101	0110	0111
多项式	0	1	x	$x+1$	x^2	x^2+1	x^2+x	x^2+x+1
二进制	1000	1001	1010	1011	1100	1101	1110	1111
多项式	x^3	x^3+1	x^3+x	x^3+x+1	x^3+x^2	x^3+x^2+1	x^3+x^2+x	x^3+x^2+x+1

借助于某个 $\mathbb{F}_2[x]$ 中的 n 次不可约多项式 $m(x)$, 在以下运算规则下, 满足式

(15.4) 的 2^n 个不同的多项式构成一个有限域 $\mathbb{F}_{2^n}$.

- 遵循普通多项式的运算规则及以下两条限制.
- 系数运算以 2 为模, 即加法运算是 x^i 对应项系数做异或运算.
- 如果乘法运算的结果是次数大于 $n-1$ 的多项式, 则进行 $\mathrm{mod}\ m(x)$ 的运算并取余式.

例子 15.12 以 $p(x) = x^2 + x + 1 \in \mathbb{F}_2[x]$ 和 $q(x) = x^3 + x + 1 \in \mathbb{F}_2[x]$ 为例, 说明加法和乘法的运算规则.

加法运算是对应项系数做异或运算, 如例子 15.11 所示,

$$p(x) + q(x) = x^3 + x^2,$$

$p(x) + q(x)$ 是表 15.1 中的多项式. 乘法运算需进行模运算, 选取 4 次不可约多项式 $m(x) = x^4 + x + 1$, 则

$$p(x)q(x) = x^5 + x^4 + 1 = x^2 \bmod (x^4 + x + 1).$$

从而, $p(x)q(x)$ 是表 15.1 中的多项式.

根据以上讨论, 可以证明, 表 15.1中的多项式构成交换环, 单位元为 1, 每一个不等于 0 的多项式均可通过扩展的 Euclid 算法得到一个逆元也在表 15.1 中, 从而构成域 $\mathbb{F}_{2^4}$.

另一种构造有限域 $\mathbb{F}_{2^n}$ 的方式是使用生成元. 该方法同样基于次数为 n 的不可约多项式 $m(x)$. 可以证明, 方程 $m(x) = 0$ 的一个根 g 是不可约多项式 $m(x)$ 定义的有限域的生成元. 从而, 域中的元素对应 g 的幂次 $g^k (k = 0, 1, \cdots, 2^n - 2)$ 及 0 元素. 域元素的加法与多项式的加法类似, 乘法只需对指数进行模 $2^n - 1$ 的加法, 即 $g^{k_1} g^{k_2} = g^{k_1 + k_2 (\bmod\ 2^n - 1)}$.

例子 15.13 考虑上面讨论的由不可约多项式 $m(x) = x^4 + x + 1$ 定义的有限域 $\mathbb{F}_{2^4}$. 设元素 g 为 $m(x)$ 的一个根 (由于 $m(x) \in \mathbb{F}_2[x]$, 此处指在 $\mathbb{F}_2$ 的扩域中的根, 不是这个方程的实数解), 即 $g^4 + g + 1 = 0$, 移项可得

$$g^4 = g + 1,$$

从而,

$$g^5 = g(g^4) = g(g + 1) = g^2 + g,$$
$$g^6 = g(g^5) = g(g^2 + g) = g^3 + g^2,$$
$$g^7 = g(g^6) = g(g^3 + g^2) = g^4 + g^3 = g^3 + g + 1,$$

$$\cdots\cdots$$

$$g^{14} = (g^7)^2 = (g^3 + g + 1)^2 = g^3 + 1.$$

可以验证, $g^k(k = 0, 1, \cdots, 14)$ 产生了 $\mathbb{F}_{2^4}$ 的所有非零多项式, 且对任意的 k, 有 $g^k = g^{k \mod 15}$.

从而, 0 和 $g^k(k = 0, 1, \cdots, 14)$ 构成域 $\mathbb{F}_{2^4}$.

15.3　模和线性空间

考虑环 (或者域) 的作用, 可以定义模 (或者向量空间) 结构.

定义 15.33　假设 R 是一个含幺交换环. 称一个集合 M 为 R-模, 如果满足如下条件:

1. M 对于其上定义的加法构成交换群;

2. R 在 M 上的作用

$$\varphi : R \times M \longrightarrow M,$$

$$(r, m) \longmapsto rm,$$

满足

(a) $(s + t)m = sm + tm, \ \forall s, t \in R, m \in M$,

(b) $(st)m = s(tm), \ \forall s, t \in R, m \in M$,

(c) $s(m + n) = sm + sn, \ \forall s \in R, m, n \in M$,

(d) $1m = m, \ \forall m \in M$.

注 15.1　模是比线性空间更一般的结构, 二者有很多应用.

1. 格密码中使用较多的是 $\mathbb{Z}$-模, 以及 R-模, 其中 R 是代数整数环.

2. 当 $R = \mathbb{F}$ 为一个域时, 满足上述条件的集合 M 称为一个 $\mathbb{F}$-向量空间, 也称 $\mathbb{F}$-线性空间.

3. 在线性编码中使用较多的是 $\mathbb{F}_q$-向量空间.

4. 在量子计算中使用较多的是 $\mathbb{C}$-向量空间.

格可以如下定义, 是一个 $\mathbb{Z}$-模.

定义 15.34　设 $\boldsymbol{b}_1, \boldsymbol{b}_2, \cdots, \boldsymbol{b}_n$ 是 $\mathbb{R}^m$ 中 n 个线性无关的向量 $(m \geqslant n)$, $\mathbb{Z}$ 为整数集, 称

$$\mathcal{L}(\boldsymbol{b}_1, \boldsymbol{b}_2, \cdots, \boldsymbol{b}_n) = \left\{ \sum_{i=1}^{n} x_i \boldsymbol{b}_i : x_i \in \mathbb{Z} \right\}$$

为 $\mathbb{R}^m$ 中的一个格, 简记为 L, 称 $\boldsymbol{b}_1, \boldsymbol{b}_2, \cdots, \boldsymbol{b}_n$ 为格 L 的一组**基**, m 为格 L 的**维数**, n 为格 L 的**秩**.

格 L 的基也常写成矩阵的形式, 即以 $\boldsymbol{b}_1, \boldsymbol{b}_2, \cdots, \boldsymbol{b}_n$ 为列向量构成矩阵 $\boldsymbol{B} = [\boldsymbol{b}_1, \boldsymbol{b}_2, \cdots, \boldsymbol{b}_n] \in \mathbb{R}^{m \times n}$, 那么格 L 可以写成

$$\mathcal{L}(\boldsymbol{B}) = \{\boldsymbol{B}\boldsymbol{x} : \boldsymbol{x} \in \mathbb{Z}^n\}.$$

定义格的行列式 $\det(L) = \sqrt{\boldsymbol{B}^{\mathrm{T}}\boldsymbol{B}}$. 当 $m = n$ 时, 称格 L 为 n 维满秩的, 此时格 L 的行列式为矩阵 $\boldsymbol{B}$ 的行列式的绝对值即 $\det(L) = |\det(\boldsymbol{B})|$.

定义 15.35 对任意的格基 $\boldsymbol{B}$, 我们定义**基本域**为

$$\mathcal{P}(\boldsymbol{B}) = \{\boldsymbol{B}\boldsymbol{x} | \boldsymbol{x} \in \mathbb{R}^n, \forall i : 0 \leqslant x_i < 1\}.$$

定义 15.36 一个矩阵 $\boldsymbol{U}$ 称为幺模的, 若 $\det(\boldsymbol{U}) = \pm 1$.

定理 15.22 两个基 $\boldsymbol{B}_1, \boldsymbol{B}_2 \in \mathbb{R}^{m \times n}$ 是等价的, 当且仅当存在幺模矩阵 $\boldsymbol{U}$ 使得 $\boldsymbol{B}_2 = \boldsymbol{B}_1\boldsymbol{U}$.

定义 15.37 定义在有限域 $\mathbb{F}_q$ 上的长度为 n 维数为 k 的线性码是线性空间 $\mathbb{F}_q^n$ 的子空间 $\mathbb{F}_q^k$.

量子计算中使用如下的 Dirac 记号.

定义 15.38 n 维复向量空间 $\mathbb{C}^n$ 中的列向量记为

$$|v\rangle = \begin{bmatrix} v_1 \\ v_2 \\ \vdots \\ v_n \end{bmatrix},$$

$|v\rangle$ 的**埃尔米特转置** (即**共轭转置**) 记为 $\langle v|$, 即

$$\langle v| = [\overline{v_1}, \overline{v_2}, \cdots, \overline{v_n}].$$

Dirac 记号也称 bra-ket 记号, bra 为左矢 $\langle \cdot |$, ket 为右矢 $| \cdot \rangle$.

例子 15.14 $\mathbb{C}^2$ 的计算基底向量使用 ket 记号记为

$$|0\rangle = \begin{bmatrix} 1 \\ 0 \end{bmatrix}, \quad |1\rangle = \begin{bmatrix} 0 \\ 1 \end{bmatrix}.$$

定义 15.39 给定 n 维复向量空间 $\mathbb{C}^n$ 中的列向量

$$
|u\rangle = \begin{bmatrix} u_1 \\ u_2 \\ \vdots \\ u_n \end{bmatrix}, \quad |v\rangle = \begin{bmatrix} v_1 \\ v_2 \\ \vdots \\ v_n \end{bmatrix}.
$$

二者的内积是

$$
\langle u|v\rangle = \sum_{i=1}^{n} \bar{u}_i v_i.
$$

特别地, 向量 $|v\rangle$ 的长度为

$$
\| |v\rangle \| = \sqrt{\langle v|v\rangle}.
$$

定义 15.40 给定 $|u\rangle \in \mathbb{C}^m$, $|v\rangle \in \mathbb{C}^n$, 二者的**张量积** (tensor product) 是

$$
|uv\rangle = |u\rangle\,|v\rangle = |u\rangle \otimes |v\rangle = \begin{bmatrix} u_1 v_1 \\ u_1 v_2 \\ \vdots \\ u_1 v_n \\ \vdots \\ u_m v_1 \\ u_m v_2 \\ \vdots \\ u_m v_n \end{bmatrix}.
$$

例子 15.15 对于 $V = \mathbb{C}^2$, 一组基 $|0\rangle$, $|1\rangle$, 考察如下的两个线性算子.

1. A 的作用如下:

$$
A: V \longrightarrow V,
$$

$$
|0\rangle \longmapsto |0\rangle,
$$

$$
|1\rangle \longmapsto |0\rangle.
$$

则对应的矩阵表示为

$$
\boldsymbol{A} = \begin{bmatrix} 1 & 1 \\ 0 & 0 \end{bmatrix}.
$$

2. H 的作用如下:

$$H : V \longrightarrow V,$$

$$|0\rangle \longmapsto \frac{1}{\sqrt{2}}(|0\rangle + |1\rangle),$$

$$|1\rangle \longmapsto \frac{1}{\sqrt{2}}(|0\rangle - |1\rangle).$$

则对应的矩阵表示为

$$\boldsymbol{H} = \frac{1}{\sqrt{2}} \begin{bmatrix} 1 & 1 \\ 1 & -1 \end{bmatrix}.$$

量子力学原理要求量子门的作用是可逆的, 对应的线性算子矩阵表示要求是如下的酉矩阵.

定义 15.41 矩阵 U 称为**酉矩阵**, 如果 $U^\dagger U = UU^\dagger = I$, 其中 $U^\dagger$ 是 U 的埃尔米特转置 (即共轭转置), I 是单位矩阵.

例子 15.16 例子 15.15 中, A 不是酉矩阵, 因而不对应量子门运算. H 是酉矩阵, 对应作用于单量子系统的量子门 (即 Hadamard 门). 如下定义的矩阵:

$$\boldsymbol{F} = \frac{1}{2} \begin{bmatrix} 1 & 1 & 1 & 1 \\ 1 & i & -1 & -i \\ 1 & -1 & 1 & -1 \\ 1 & -i & -1 & i \end{bmatrix},$$

可以验证它也是酉矩阵, 对应作用于双量子系统的傅里叶变换的量子门.

15.4 概率论

本节主要介绍密码学中几个常用的概率论概念与结论.

定义 15.42 把试验 E 的所有可能结果组成的集合称为 E 的**样本空间** Ω, Ω 中的元素, 即试验 E 中的每个结果, 称为**样本点**, 用 ω 表示. 称 Ω 的子集为 E 的随机事件, 简称**事件**. 在一次试验中, 当且仅当这一子集中的一个样本点出现时, 称这一事件发生.

事件的**概率**刻画了事件出现的可能性大小, 其取值范围是 $[0,1]$. 例如, 事件 A 的概率表示事件 A 发生的可能性大小, 符号记为 $\Pr[A]$, $0 \leqslant \Pr[A] \leqslant 1$. 注意, $\Pr[\Omega] = 1$.

定义 15.43 设 A, B 是两个事件, 且 $\Pr[A] > 0$, 称

$$\Pr[B|A] = \frac{\Pr[AB]}{\Pr[A]}$$

为事件 A 发生的条件下 B 发生的**条件概率**.

定理 15.23 条件概率的性质:

(1) 对于每个事件 B, 有 $\Pr[B|A] \geqslant 0$;

(2) 对于必然事件 Ω, 有 $\Pr[\Omega|A] = 1$;

(3) 若可列个事件 $B_1, B_2, \cdots$ 是两两不相容的, 则有

$$\Pr\left[\bigcup_{i=1}^{+\infty} B_i \Big| A\right] = \sum_{i=1}^{+\infty} \Pr[B_i|A].$$

定义 15.44 设事件 A 与 B, 如果满足

$$\Pr[AB] = \Pr[A]\Pr[B]$$

则称事件 A 与 B **相互独立**.

定理 15.24 (全概率公式) 设事件 $A_1, A_2, \cdots, A_n$ 两两互不相容, $\Pr[A_i] > 0$, $i = 1, 2, \cdots, n$, $\bigcup_{i=1}^{n} A_i = \Omega$, 则对任一事件 B, 有

$$\Pr[B] = \sum_{i=1}^{n} \Pr[A_i B] = \sum_{i=1}^{n} \Pr[A_i]\Pr[B|A_i].$$

由条件概率公式, 进一步可以得到著名的 Bayes 公式.

定理 15.25 (Bayes 公式) 设事件 $A_1, A_2, \cdots, A_n$ 两两互不相容, $\Pr[A_i] > 0$, $i = 1, 2, \cdots, n$, $\bigcup_{i=1}^{n} A_i = \Omega$, 则对任一事件 B $(\Pr[B] > 0)$, 有

$$\Pr[A_k|B] = \frac{\Pr[A_k]\Pr[B|A_k]}{\Pr[B]} = \frac{\Pr[A_k]\Pr[B|A_k]}{\displaystyle\sum_{i=1}^{n} \Pr[A_i]\Pr[B|A_i]}, \quad k = 1, 2, \cdots, n.$$

定理 15.26 (并集上界 (union bound)) 设事件 $A_1, A_2, \cdots, A_n$, 则我们有

$$\Pr\left[\bigcup_{i=1}^{n} A_i\right] \leqslant \sum_{i=1}^{n} \Pr[A_i].$$

定义 15.45 设随机试验 E 的样本空间为 Ω, **随机变量** X 是定义在 Ω 上的实值函数 $X(\Omega)$, 对于任意的样本点 $\omega \in \Omega$, 都有一个实数 $X = X(\omega)$ 与之对应.

定义 15.46 如果随机变量 X 的所有可能取值是有限个或无限多个, 则称 X 为**离散型随机变量**. 设离散型随机变量 X 的所有可能值为 $x_k (k = 1, 2, \cdots)$, X 的各个可能取值的概率, 即事件 $\{X = x_k\}$ 的概率为

$$\Pr[X = x_k] = p_k, \quad k = 1, 2, \cdots.$$

根据概率的定义, p_k 满足以下条件

(1) $p_k \geqslant 0, k = 1, 2, \cdots$;

(2) $\sum_{k=1}^{+\infty} p_k = 1$.

定义 15.47 设 X 是一个随机变量, x 是任意实数, 函数

$$F(x) = \Pr[X \leqslant x]$$

称为 X 的**分布函数**. 对于任意实数 $x_1, x_2, x_1 < x_2$, 有

$$\Pr[x_1 < X \leqslant x_2] = \Pr[X \leqslant x_2] - \Pr[X \leqslant x_1] = F(x_2) - F(x_1).$$

定理 15.27 分布函数 $F(x)$ 的基本性质有

(1) $F(x)$ 是单调不减函数, 即当 $x_1 < x_2$ 时, $F(x_1) \leqslant F(x_2)$;

(2) $0 \leqslant F(x) \leqslant 1$, 且 $F(-\infty) = \lim\limits_{x \to -\infty} F(x) = 0$, $F(+\infty) = \lim\limits_{x \to +\infty} F(x) = 1$;

(3) $F(x)$ 是一个右连续函数, 即对于任意的实数 x, 有 $F(x + 0) = F(x)$.

定义 15.48 对于随机变量 X 的分布函数 $F(x)$, 如果存在非负可积函数 $f(x)$, 使对于任意实数 x 有

$$F(x) = \Pr[X \leqslant x] = \int_x^{-\infty} f(t) \mathrm{d}t,$$

则称 X 为连续型随机变量, 其中 $f(x)$ 称为 X 的**概率密度函数**, 简称**概率密度** (或**密度函数**).

定理 15.28 概率密度 $f(x)$ 的性质:

(1) 非负性 $f(x) \geqslant 0$;

(2) 正则性 $\int_{+\infty}^{-\infty} f(x) \mathrm{d}x = 1$;

(3) 对任意的 $x_1, x_2 (x_1 < x_2)$ 有

$$\Pr[x_1 < X \leqslant x_2] = F(x_2) - F(x_1) = \int_{x_2}^{x_1} f(x)\mathrm{d}x.$$

(4) 若 $f(x)$ 在点 x 处连续, 则有 $F'(x) = f(x)$.

定义 15.49　如果连续型随机变量 X 的概率密度为

$$f(x) = \begin{cases} \dfrac{1}{b-a}, & a < x < b, \\ 0, & \text{其他}. \end{cases}$$

则称 X 在区间 (a,b) 上服从**均匀分布**, 记为 $X \sim U(a,b)$. 它的分布函数为

$$F(x) = \begin{cases} 0, & x < a, \\ \dfrac{x-a}{b-a}, & a \leqslant x < b, \\ 1, & x \geqslant b. \end{cases}$$

定义 15.50　如果连续型随机变量 X 的概率密度为

$$f(x) = \frac{1}{\sqrt{2\pi}\sigma}\mathrm{e}^{-\frac{(x-\mu)^2}{2\sigma^2}}, \quad -\infty < x < +\infty,$$

其中 $\mu, \sigma(\sigma > 0)$ 为常数, 则称 X 服从参数为 μ 和 σ 的**正态分布**.

定义 15.51　设二维随机变量 (X, Y) 的联合分布函数、关于 X 和 Y 的边缘分布函数分别为 $F(x,y), F_X(x), F_Y(y)$. 若对任意的实数 , 有

$$F(x,y) = F_X(x)F_Y(y),$$

则称随机变量 X 与 Y **相互独立**.

参考文献

[1]　王小云, 王明强, 孟宪萌, 等. 公钥密码学的数学基础. 2 版. 北京: 科学出版社, 2022.